岩土工程测试技术

龚晓南　杨仲轩　主编

中国建筑工业出版社

图书在版编目（CIP）数据

岩土工程测试技术/龚晓南，杨仲轩主编. —北京：
中国建筑工业出版社，2017.10
ISBN 978-7-112-21366-5

Ⅰ. ①岩… Ⅱ. ①龚… ②杨… Ⅲ. ①岩土工
程-测试技术 Ⅳ. ①TU4

中国版本图书馆 CIP 数据核字（2017）第 250363 号

本书首先介绍岩土工程测试新技术和岩土工程测试中的物联网技术，然后介绍建筑、交通、海洋等工程领域测试和监测技术及其工程应用。全书分 14 章，为：概述、岩土工程原位测试技术、岩土工程物探技术、岩土工程光纤测试与监测技术、岩土工程测试中的物联网技术、铁路路基工程监测技术、码头结构监测技术、离岸深水防波堤监测技术、跨海基础设施与结构物测试技术、隧道工程监测技术、基坑工程监测、城市轨道交通工程监测技术、边坡工程监测技术、桩基完整性测试中的若干疑难问题研究与分析。

本书可供从事土木工程设计、施工、监测、研究、工程管理单位工程技术人员和大专院校土木工程及其相关专业师生参考。

责任编辑：王　梅　辛海丽
责任设计：李志立
责任校对：王　瑞　李美娜

岩土工程测试技术

龚晓南　杨仲轩　主编

*

中国建筑工业出版社出版、发行（北京海淀三里河路 9 号）

各地新华书店、建筑书店经销

霸州市顺浩图文科技发展有限公司制版

大厂回族自治县正兴印务有限公司印刷

*

开本：787×1092 毫米　1/16　印张：33½　字数：835 千字
2017 年 11 月第一版　　2017 年 11 月第一次印刷
定价：**99.00** 元
ISBN 978-7-112-21366-5
（31091）

前　言

随着现代化进程的飞速发展，各类土木工程日新月异，呈现高、大、深、重的发展趋势，对岩土工程测试技术提出了更高的要求。在土木工程建设需求推动下，在飞速发展的测试技术促进下，近年来岩土工程测试技术发展很快。为了加强土木工程各行业间，设计、施工、科研和厂商间的交流，促进岩土工程测试新技术的推广应用，进一步提高岩土工程测试技术水平，中国工程院土木、水利与建筑工程学部，中国土木工程学会土力学及岩土工程分会，浙江省科学技术协会和浙江大学滨海和城市岩土工程研究中心共同主办的"岩土工程西湖论坛"2017年的主题选为岩土工程测试技术。为了配合"岩土工程西湖论坛（2017）"，论坛组委会邀请全国各地岩土工程专家编写出版"岩土工程测试技术"。

岩土工程测试技术的重要性，主要体现在岩土工程设计、施工的复杂性和特殊性。重型厂房、高层建筑、铁路桥隧、高坝大库以及为开发海洋资源、城市地下空间而进行的各种重大工程等的顺利建设，无不与岩土工程地质条件及工程结构的精准探测息息相关。岩土工程普遍采用信息化施工方法，通过监测施工过程中地层及结构的力学响应，利用测试结果及时调整施工、趋利避害、做出决策。岩土工程检测与监测已经贯穿于勘察、设计、施工、运营的全部过程，是精心设计、精心施工的重要手段。

岩土工程测试技术不仅在工程实践中十分重要，在岩土工程理论的形成及发展过程中也起了重要的作用。达西定律、固结理论、摩尔库仑强度理论等土力学经典理论，大多建立在试验测试的基础之上。

本书系统地介绍了岩土工程测试的目的和意义，分析了岩土工程测试技术的发展现状及趋势，并介绍了岩土工程测试技术的主要原理和方法。本书共分为测试技术和工程应用两个部分。在测试技术部分主要介绍了原位测试技术、物探技术、光纤测试技术及物联网技术等的基本理论及成果；在工程应用部分系统介绍了交通、港航、隧道、基坑、边坡、桩基、跨海基础设施等具体工程的最新监测系统及技术，如自动化监测、超前预报技术等，从而便于研究人员及工程技术人员参考及应用。

本书共14章，由浙江大学杨仲轩和龚晓南编写第1章，杭州市勘测设计研究院岑仰润编写第2章，浙江省物化勘查院赵竹占编写第3章，南京大学施斌编写第4章，杭州鲁尔物联科技胡辉和浙江大学董梅编写第5章，石家庄铁道大学杜彦良和赵维刚编写第6章，南京水利科学研究院蔡正银编写第7、8章，中交第一航务工程局叶国良编写第9章，同济大学朱合华编写第10章，浙江开天工程技术有限公司吴慧明编写第11章，华东勘测设计研究院陈文华编写第12章，浙江大学尚岳全编写第13章，浙江大学王奎华编写第14章。全书由杨仲轩和龚晓南负责统稿。在编写过程中，编者参考和引用了大量文献资料，在此对其原作者深表谢意。

由于编者水平有限，书中纰漏之处在所难免，敬请读者批评指正。

目　　录

1 概述

1.1 岩土工程测试的意义

岩土工程是土木工程的分支，是运用工程地质学、土力学、岩石力学的理论与方法，解决各类工程中关于岩石、土的工程技术问题的科学。其内容包括：岩土工程勘探、岩土工程设计、岩土工程治理、岩土工程监测、岩土工程检测等。

岩土工程测试就是对岩土体的工程性质进行观测和度量，得到岩土体的各种物理力学指标的试验工作。随着现代化建设事业的飞速发展，各类建设工程呈现高、大、深、重的发展趋势，给岩土工程领域带来了新的发展契机，如一系列新理论及新设计方法的出现，同时也对岩土工程测试技术提出了更高的要求。发展岩土工程测试技术具有重要的意义，主要体现在：

1）岩土工程测试技术推动了岩土工程理论的形成和发展。理论分析、室内外测试和工程实践是岩土工程分析的三个重要方面。岩土工程的许多理论是建立在试验的基础之上，如太沙基（Terzaghi）的有效应力原理建立在压缩试验中孔隙水压力的测试基础上，达西（Darcy）定律建立在渗透试验的基础上，剑桥（Cambridge）模型建立在正常固结黏土和超固结黏土三轴压缩试验的基础上。

2）岩土工程测试技术是保证岩土工程设计合理可行的重要手段。随着经济社会的发展，工程实践中出现了更多、更复杂的岩土工程问题，需要运用创新的工程设计方法来解决问题。创新的设计方法要求测试技术不断发展突破，提高岩土体物理力学参数的测试水平，进而保证岩土工程设计的合理、经济、可行。

3）岩土工程测试技术是岩土工程施工质量与安全的重要保障。现场测试已成为岩土工程施工，特别是大型岩土工程信息化施工中不可分割的重要组成部分。监测技术在基坑工程、桩基工程、边坡工程、地下工程、路基工程等工程的施工中发挥着越来越重要的作用。

4）岩土工程测试技术是保证大型重要岩土工程长期安全运行的重要手段。在重大岩土工程的运营过程中，如地质条件复杂的越江海隧道、大型地下空间、大型高陡边坡、高速铁路路基等工程需要在运营期间对岩土工程及其结构的变形、受力、渗流、沉降等进行长期监测，以保证其运营期的安全，避免重大工程事故的发生。

1.2 岩土工程测试的内容

岩土工程测试技术一般分为室内试验技术、原位测试技术和现场监测技术三个方面，在整个岩土工程中占有特殊而重要的地位。

1.2.1　室内试验技术

室内试验技术能进行各种理想条件下的控制实验，在一定程度上容易满足理论分析的要求。室内试验主要包括土的物理力学指标室内试验、岩土的物理力学指标室内试验、利用相似材料完成的岩土工程模型试验和采用数值方法完成的数值仿真试验。以下仅列举一些试验的具体名称。

1）土的物理力学指标室内试验主要包括：土的含水量试验、土的密度试验、土的颗粒分析试验、土的界限含水量试验、相对密度试验、击实试验、回弹模量试验、渗透试验、固结试验、黄土湿陷试验、三轴压缩试验、无侧限抗压强度试验、直剪试验、反复直剪强度试验、土的动力特性试验、自由膨胀率试验、膨胀力试验、收缩试验、冻土密度试验、冻土温度试验、未冻土含水量试验、冻土导热系数试验、冻胀量试验和冻土融化压缩试验等。

2）岩石的物理力学指标室内试验主要包括：含水量试验、颗粒密度试验、块体密度试验、吸水试验、渗透性试验、膨胀性试验、耐崩解性试验、冻融试验、岩土断裂韧度测试试验、单轴压缩强度和变形试验、三轴压缩强度和变形试验、抗拉强度试验、点荷载强度试验等。

3）岩土工程模型试验主要采用相似理论，用与岩土工程原型力学性质相似的材料，按照几何常数缩制成室内模型，在模型上模拟各种加载和开挖过程，研究岩土工程的变形和破坏等力学现象。模型试验种类繁多，主要包括：岩土工程开挖施工过程围岩破坏规律试验、岩土工程加固机理研究、地下工程开挖引起的地表损害规律研究、岩爆机理研究、地下洞室支护设计优化分析、离心模型试验等。

4）数值仿真试验利用计算机进行岩土工程问题的研究，具有可以模拟大型岩土工程、模拟复杂边界条件、成本低、精度高等特点。岩土工程数值仿真试验主要方法包括：有限元法、离散元法、边界元法、有限差分法、不连续变形法、颗粒流法、无单元法等。

1.2.2　原位测试技术

原位测试可以最大限度地减小试验前对岩土体的扰动，避免扰动对试验结果的影响。原位测试结果可以直接反映岩土材料的物理力学状态，更接近工程实践的实际情况。同时，对于某些难以采样进行室内测试的岩土材料（如承受较大固结压力的砂层），原位测试是必需的。在原位测试方面，地基中的位移场、应力场测试，地下结构表面的土压力测试，地基土的强度特性及变形特性测试等是研究的重点。原位测试技术可以分为土体的原位测试试验和岩体的原位测试试验两大类。

1）土体的原位测试试验主要包括：载荷试验、静力触探试验、动力触探试验、标准贯入试验、十字板剪切试验、旁压试验、现场剪切试验、地基土动力特性原位测试试验、场地土波速测试、场地微震观测、循环荷载板试验、地基土刚度系数测试、振动衰减测试、渗透试验等。

2）岩体的原位测试试验主要包括：地应力测试、弹性波测试、回弹试验、岩体变形试验、岩体强度试验等。其中地应力是存在于地层中的未受工程扰动的天然应力，也称原岩应力，它是引起地下工程开挖变形和破坏的根本作用力。地应力测试的结果对地下工程洞室和巷道的合理布置、地下洞室围岩稳定性数值分析和地下工程支护设计方案的优化设计具有重要意义，应引起充分重视。

1.2.3 现场监测技术

现场监测技术是随着大型复杂岩土工程的出现而逐渐发展起来的，在水电工程大型地下厂房群、城市地铁建设中的车站及区间隧道、大型城市地下空间、跨海基础设施与结构物、大断面盾构隧道、高陡边坡灾害监测及加固等工程施工中，由于信息化施工的普及，现场监测已成为保证工程安全施工的重要手段之一。以下仅简介现场监测技术涉及的领域和分类。

1) 岩土工程现场监测涉及的领域众多，主要包括：水利水电工程、铁路、公路交通、矿山、城市建设、国防建设、港口建设、地下空间开发与利用等。

2) 岩土工程现场监测的分类。按开展监测的时间，岩土工程现场监测可分为施工期监测和运营期监测。按监测的建筑物类型，岩土工程现场监测可分为大坝监测、地下洞室监测、隧道监测、地铁监测、基坑监测、边坡监测、支挡结构监测等。按影响因素，岩土工程现场监测可分为对人类活动进行的监测、自然地质灾害监测。按监测物理量的类型，岩土工程现场监测可分为变形监测、应力（压力）应变监测、渗流监测、温度监测和动态监测等。按监测变量，岩土工程现场监测可分为原因量监测和效应量监测，原因量即环境参量，它们的变化将引起建筑物性态的变化；效应量是建筑物对原因量变化而产生的响应。

1.3 岩土工程测试技术发展现状与展望

1.3.1 岩土工程测试技术发展现状

随着现代化科学技术的发展，现代测试技术较传统机械式的测试技术已发生了根本性的变革，在符合岩土力学理论和满足工程要求的前提下，电子计算机技术、电子测量技术、光学测试技术、航测技术、电磁场测试技术、声波测试技术、遥感测试技术等先进技术在岩土工程测试技术中得到了广泛应用，进而推动了岩土工程测试技术的快速发展，更先进、精密的测试设备相继问世，使测试结果的可靠性、可重复性得到很大的提高。经过多年的发展，岩土工程测试技术的主要进展包括：

1) 测试方法和试验手段的不断更新。岩土工程测试技术与现代科技结合，一些传统测试方法得以改进。如近年来，采用原位测试技术确定土工参数在国内外普遍受到重视。该方法特别适用于对深层土和难以取土样（如砂土、卵砾石等）或难以保证土样质量的土进行土工参数确定。岩土工程物探技术通过探测对象与其周围介质间的物性差异（电性、磁性、波速、温度等），目前广泛应用于工程地质勘察及工程质量鉴定与检测中。表面水平位移观测采用全站仪，深层侧向位移观测出现了梁式倾斜仪，分层沉降观测中开始采用磁环式沉降仪等，试验手段得到不断更新。

2) 大型工程的自动监测系统不断出现。软基加固、公路路基、基坑支护等工程现场监测很多采用了先进的实时自动化监测，如多通道无线遥测隧道围岩位移系统已用于工程实践，基于地理信息系统（GIS）和可视化技术的大型边坡安全监测系统已经有了成功的使用等。

3）一系列新型技术应用于岩土工程测试中。如国内外已有将光纤测试技术用于岩土工程现场监测中的实例。光纤布拉格光栅传感器已经用于深基坑钢筋混凝土内支撑应变监测。大测距的分布式光纤技术，开始实现由点到线的监测，甚至可以完成重大工程的三维在线监测。声发射技术在岩体监测预警、地应力测试等领域得到了广泛应用等。此外，瞬变电磁仪、红外成像仪、近景摄影测量技术、地质雷达等新型技术探测精度高、抗干扰能力强，正逐渐成为岩土工程勘察及监测预警中不可或缺的技术手段。

4）监测数据的分析和反馈技术提高迅速。基于物联网技术的岩土工程安全监测系统能够可靠方便、高效快捷地实现岩土工程安全监测自动化、无损化，是近年来逐渐兴起的新型监测技术。先进的三维地质建模软件、数据库系统、数据挖掘和专家系统等正在得到逐步应用。人工神经网络技术、时间序列分析、灰色系统理论、因素分析法等数据处理技术得到了广泛应用。岩土工程反分析研究取得了重要进展，反分析得到的综合弹性模量等参数成为岩土工程围岩稳定性数值模拟分析的重要基础，在岩土工程信息化施工中发挥了巨大作用。岩土工程施工监测信息管理、监测预警系统的发展成绩显著。

5）第三方监测得到日益推广和认可。实施城市地下工程施工第三方监测是保证施工安全和工程质量十分重要的举措，有效地避免了施工过程中可能发生的事故。此外，对于城市地铁工程、跨海基础设施等重大岩土工程问题，监测不仅在施工过程中开展，还需在运营过程中进行，岩土工程地运营期间地长期健康监测系统的建立和研究已经发展为岩土工程领域的重要课题之一。

1.3.2 岩土工程测试技术发展展望

随着岩土工程规模的不断增大，工程施工技术要求越来越高，测试技术成为保证安全施工的重要手段。为满足不断发展的岩土工程对测试技术的要求，岩土工程测试技术需进一步发展，具体发展趋势如下：

1）国产设备的改进及进口设备国产化。目前，国产岩土工程现场监测仪器的信息化程度及其监测精度有待进一步提高，以满足当前日益提高的岩土工程测试技术的要求。此外，国外设备虽然具有较好的精度和较高的信息化程度，但造价高昂，一定程度上限制了其在岩土工程测试领域的应用。因此需要进一步消化吸收先进的国外监测仪器技术，促进先进仪器国产化，降低监测仪器的成本。

2）新型测试仪器及测试技术的开发。针对岩土工程测试中出现的新问题，依靠现有测试设备及技术难以完成相应测试任务，如岩土体物理力学性质和参数的原位直接测试、高可靠性地应力测试技术、盾构隧道施工超前预报技术、多物理场复杂受力过程监测技术等。

3）岩土工程施工监测系统自动化及监测可靠性的提升。目前已有的适合现场施工人员使用的工程软件较少，且功能相对单一、集成性较差，导致数据分析实时性差，自动化、信息化程度低，及时反馈指导施工水平较差。因此，需进一步研究利用监测数据开展工程施工风险预测预报的完善系统，发挥监测工作的优化设计和及时反馈指导施工的作用。运用物联网技术与地理信息系统（GIS）等技术，将数据库管理、分析预测与综合信息发布功能三者高度集成，从而指导工程施工及运营期的健康监测与诊断。

4）岩土工程第三方监测水平的提高。目前针对第三方监测还没有国家性的法规进行明确规定和管理，第三方监测管理需得到进一步规范，急需对第三方监测的内容、责任主体、监测指标及管理信息系统数据标准等进行统一的管理和规定，从而确保岩土工程施工质量和安全。

参考文献

［1］ 龚晓南. 21 世纪岩土工程发展展望［J］. 岩土工程学报，2000，22（2）：238-242

［2］ 刘泉声，徐光苗，张志凌. 光纤测量技术在岩土工程中的应用［J］. 岩石力学与工程学报，2004，23（2）：310-314

［3］ 刘松玉，蔡正银. 土工测试技术发展综述［J］，土木工程学报，2012，45（3）：151-165

［4］ 王复明. 岩土工程测试技术［M］. 郑州：黄河水利出版社，2012

［5］ 王钟琦，孙广忠，刘双光. 岩土工程测试技术［M］. 北京：中国建筑工业出版社，1986

［6］ 宰金珉. 岩土工程测试与监测技术［M］. 北京：中国建筑工业出版社，2008

［7］ 郑颖人，赵尚毅，邓楚键，等. 有限元极限分析法发展及其在岩土工程中的应用［J］. 中国工程科学，2006，8（12）：39-61

［8］ 中华人民共和国建设部，国家质量监督检验检疫总局. 岩土工程勘察规范（GB 50021—2001）［S］. 北京：中国建筑工业出版社，2009

［9］ 中华人民共和国住房和城乡建设部，国家质量监督检验检疫总局. 工程岩体试验方法标准（GB/T 50266—2013）［S］. 北京：中国计划出版社，2013

2 岩土工程原位测试技术

2.1 引言

岩土工程原位测试技术是在岩土现场原有的位置，对基本保持天然原状的岩土体，测试其工程性质的各种测试技术的总称。广义上讲，所有在现场进行岩土体工程性质测试的技术都可以归类为原位测试技术。通常意义上的岩土工程原位测试技术指的是岩土工程勘察中常用的以地基土、岩为主要测试对象的原位测试技术，包括载荷试验、静力触探试验、动力触探试验、标准贯入试验、十字板剪切试验、旁压试验、扁铲试验、现场剪切试验及抽水试验等。本章主要介绍这些试验的基本方法，对一些岩土工程勘察中涉及的其他原位测试技术也在最后做简要介绍。

原位测试在岩土工程勘察、设计、检测监测中应用广泛，是获得岩土工程参数的主要手段之一。由于是在天然原状下测定的地基土的工程特性，避免了采样、运输及试验过程中的扰动，所取得的数据远比室内试验所得的数据更能反映真实情况，与室内试验相互补充，相辅相成，可以更加全面地测试分析地基土的性状。在国内外岩土工程界，原位测试技术越来越得到重视，在理论分析、设备开发、技术方法、标准化及工程应用方面，均取得了长足的进展，在工程实践中得到推广应用，获得明显的社会和经济效益。

当然，原位测试不可避免也有其局限性及适用性，在实际应用中，应根据岩土条件、设计对参数的要求、地区经验和测试方法的适用性等因素选用合适的测试方法。试验中应注意仪器设备的检验与标定，保证试验成果的可靠性，在分析测试成果资料时，要利用地区性经验，并与室内试验及工程反算参数进行对比，检验其可靠性。

岩土工程常用原位测试技术方法、测试参数及成果应用情况见表 2.1-1。

岩土工程主要原位测试技术一览表　　　　　　　　　　表 2.1-1

原位测试方法	试验测定参数	试验成果应用
载荷试验	比例界限压力 p_0、极限压力 p_u 等指标	评定地基土承载力,估算土的变形模量,判断黄土的湿陷性和膨胀岩土的膨胀性,计算土的基床系数等
静力触探试验	单桥比贯入阻力 p_s、双桥锥尖阻力 q_c、侧壁摩阻力 f_s、摩阻比 R_f、孔压静力触探的孔隙水压力 u	判别土层均匀性和划分土层,估算地基土承载力和压缩模量,选择桩基持力层,估算单桩承载力,判断沉桩可能性,判别地基土液化可能性及等级
动力触探试验	动力触探击数 N_{10}、$N_{63.5}$、N_{120}	判别土层均匀性和划分地层,估算地基土承载力和压缩模量,选择桩基持力层,估算单桩承载力,判断沉桩可能性
标准贯入试验	标准贯入击数 N	判别土层均匀性和划分土层,估算地基承载力和压缩模量,判别地基液化可能性及等级,判定砂土密实度及内摩擦角,选择桩基持力层,估算单桩承载力,判断沉桩可能性

原位测试方法	试验测定参数	试验成果应用
十字板剪切试验	原状土抗剪强度 C_u 和重塑土抗剪强度 C'_u	测求饱和黏性土的不排水抗剪强度及灵敏度,判断软黏性土的应力历史,估算地基土承载力和单桩承载力,计算边坡稳定性
旁压试验	初始压力 p_0、临塑压力 p_f、极限压力 p_L 和旁压模量 E_m	测求地基土的临塑荷载和极限荷载强度,从而估算地基土的承载力,测求地基土的变形模量,估算桩基承载力,计算土的侧向基床系数
扁铲侧胀试验	扁胀模量 E_D、土类指数 I_D、侧胀水平应力指数 K_D 和侧胀孔压指数 U_D	划分土层,区分土类,计算土的侧向基床系数
现场直剪试验	法向应力 σ、剪应力 τ	计算地基土剪切面的摩擦系数 f、内摩擦角 φ、黏聚力 c,为地下建筑物、岩质边坡的稳定分析提供抗剪强度参数
抽水试验	影响半径 R、渗透系数 k	评价岩土勘察场地含水层渗透性,为岩土施工降水方案提供参数

2.2 载荷试验

2.2.1 概述

地基土的载荷试验是确定各类地基土承载力和变形特性参数的综合性测试手段,主要分为平板载荷试验和螺旋板载荷试验。平板载荷试验是在岩土体原位,用一定尺寸的承压板,施加竖向荷载,同时观测承压板沉降,测定岩土体承载力和变形特性。平板载荷试验根据试验位置不同,又可分为浅层平板载荷试验和深层平板载荷试验。浅层平板载荷试验适用于地下水位以上浅层地基土,试验基本理论基础为刚性平板作用于均质土各向同性半无限弹性介质表面。深层平板载荷试验适用于深层地基土和大直径桩的桩端土,试验深度不应小于5m,试验基本理论基础为刚性圆形板作用于均质土各向同性半无限弹性介质内部。螺旋板载荷试验是将螺旋板旋入地下预定深度,通过传力杆向螺旋板施加竖向荷载,同时量测螺旋板沉降,测定土的承载力和变形特性。螺旋板载荷试验是由常规的平板载荷试验演变发展而来的,该试验最初是从挪威技术学院 Janbu 等人提出并研制的现场压缩仪开始的,适用于深层或地下水位以下难以采取原状土试样的砂土、粉土和灵敏度高的软黏性土。螺旋板载荷试验基本理论基础与平板载荷试验相同,当板的埋深较浅时,按浅层考虑,当埋深较深时,按深层考虑。

载荷试验因其直观、实用,在岩土工程实践中广为应用。必须指出,由于载荷试验一般采用缩尺模型,而土力学中的承载力并不是地基土的固有特性,而是与基础相关的一个概念,所以对试验影响土层范围及尺寸效应应充分估计,载荷试验成果应与其他测试方法得到的结果对比综合分析,并结合地区经验与场地特点将试验成果应用于岩土工程分析评价。

2.2.2 平板载荷试验 (PLT：Plate Loading Test)

(1) 试验设备

平板载荷试验设备包括承压板、反力装置、加载与量测设备等组成部分。承压板宜采用圆形刚性承压板。对土基，试验承压板面积不应小于 $0.25m^2$，对软土和粒径较大的填土不应小于 $0.5m^2$。深层平板载荷试验宜选用 $0.5m^2$。对岩基，不宜小于 $0.07m^2$。

（2）试验技术要点

浅层平板载荷试验的试坑宽度或直径不应小于承压板宽度或直径的 3 倍。深层平板载荷试验试井直径应等于承压板直径，当试井直径大于承压板直径时，紧靠承压板周围土的高度不应小于承压板直径。试坑或试井底的岩土应避免扰动，保持其原状结构和天然湿度，并在承压板下铺设不超过 20mm 的砂垫层找平，尽快安装试验设备。

平板载荷试验应采用分级维持荷载沉降相对稳定法（常规慢速法），有地区经验时，可采用分级加荷沉降非稳定法（快速法）或等沉降速率法。加荷等级宜取 10～12 级，并不应少于 8 级，荷载量测精度不应低于最大荷载的 ±1%。对土基，每级荷载施加后，间隔 5min、5min、10min、10min、15min、15min 测读一次沉降，以后间隔 30min 测读一次沉降，当连读两小时每小时沉降量小于等于 0.1mm 时，可认为沉降已达相对稳定标准，施加下一级荷载。对岩基，间隔 1min、2min、2min、5min 测读一次沉降，以后每隔 10min 测读一次沉降，当连续三次读数小于等于 0.01mm 时，可认为沉降已达相对稳定标准，施加下一级荷载。

平板载荷试验出现以下任意一种情况时，终止试验：承压板周边的土出现明显侧向挤出，周边岩土出现明显隆起或径向裂缝持续发展；本级荷载的沉降量大于前级荷载沉降量的 5 倍，荷载与沉降曲线出现明显陡降；在某级荷载下 24h 沉降速率不能达到相对稳定标准；总沉降量与承压板直径（或宽度）之比超过 0.06。

（3）资料整理与成果应用

根据载荷试验结果分析，可绘制荷载（p）与沉降（s）曲线，绘制各级荷载下沉降（s）与时间（t）或时间对数（$\lg t$）曲线。根据 p-s 曲线拐点，必要时结合 s-$\lg t$ 曲线特征，确定比例界限压力和极限压力。当 p-s 呈缓变曲线时，可取对应于某一相对沉降值（即 s/d，d 为承压板直径）的压力评定地基土承载力。根据各曲线可以估算土基的变形模量 E_0 及估算地基土基床反力系数。

土的变形模量应根据 p-s 曲线的初始直线段，按均质各向同性半无限弹性介质的弹性理论计算。

浅层平板载荷试验的变形模量 E_0（MPa），可按式（2.2-1）计算：

$$E_0 = I_0(1-\mu^2)\frac{pd}{s} \tag{2.2-1}$$

深层平板载荷试验和螺旋板载荷试验的变形模量 E_0（MPa），可按式（2.2-2）计算：

$$E_0 = \omega \frac{pd}{s} \tag{2.2-2}$$

式中　I_0——刚性承压板的形状系数，圆形承压板取 0.785；方形承压板取 0.886；

　　　μ——土的泊松比（碎石土取 0.27，砂土取 0.30，粉土取 0.35，粉质黏土取 0.38，黏土取 0.42）；

　　　d——承压板直径或边长（m）；

　　　p——p-s 曲线线性段的压力（kPa）；

s——与 p 对应的沉降（mm）；

ω——与试验深度和土类有关的系数，可按表 2.2-2 选用。

深层载荷试验计算系数 ω　　　　表 2.2-2

d/z ＼ 土类	碎石土	砂土	粉土	粉质黏土	黏土
0.30	0.477	0.489	0.491	0.515	0.524
0.25	0.469	0.480	0.482	0.506	0.514
0.20	0.460	0.471	0.474	0.497	0.505
0.15	0.444	0.454	0.457	0.479	0.487
0.10	0.435	0.446	0.448	0.470	0.478
0.05	0.427	0.437	0.439	0.461	0.468
0.01	0.418	0.429	0.431	0.452	0.459

注：d/z 为承压板直径和承压板底面深度之比。

基准基床系数 K_v 可根据承压板边长为 30cm 的平板载荷试验，按式（2.2-3）计算：

$$K_v = \frac{p}{s} \qquad (2.2\text{-}3)$$

式中　p/s——p-s 关系曲线直线段的斜率，如 p-s 曲线无直线段，p 可取临塑荷载 p_0 的 1/2，s 为相应于 p 值的沉降值。

对于承压板边长不为 30cm 的平板载荷试验，其所测基床系数 K_{v1} 可通过修正转换为基准基床系数 K_v，修正方法按式（2.2-4）和式（2.2-5）计算：

对黏性土：　　　　　　$K_v = 3.28 B K_{v1}$　　　　　　　　（2.2-4）

对砂性土：　　　　　　$K_v = \dfrac{4B^2}{(B+0.305)^2} K_{v1}$　　　　　（2.2-5）

式中　B——承压板的直径或宽度（m）；

　　　K_{v1}——承压板边长不为 30cm 的载荷试验所测的基床系数，可按式（2.2-3）计算取值。

2.2.3　螺旋板载荷试验（SPLT：Screw Plate Loading Test）

（1）试验设备

螺旋板载荷试验设备包括螺旋形承压板、传力杆、反力装置、加载和量测系统等组成部分。反力装置由地锚或重物及构架组合而成，提供反力应大于最大试验荷载的 1.2 倍。螺旋形载荷板、传力杆等构件要求有足够的强度和刚度，并保持传力系统垂直。

（2）试验技术要点

螺旋板载荷试验应在钻孔中进行，钻孔钻进时应在离试验深度 200～300mm 处停钻，并清除孔底受压或受扰动土层。螺旋板头入土时，应按每转一圈下入一个螺距进行操作，减少对土的扰动。螺旋形承压板完全进入天然土层中，并紧密接触。

采用应力法加载方式，用油压千斤顶分级加荷，每级荷载对砂类土、中～低压缩性的黏性土、粉土宜采用 50kPa，对高压缩性黏性土宜采用 25kPa。每加一级荷载后，第 1 小时内按 5min、10min、15min、15min、15min 间隔观测沉降，以后按 30min 的时间间隔观测沉降，达到相对稳定后施加下一级荷载。相对稳定标准为 2h 内每小时沉降量不超过 0.1mm。采用应变法加载方式，对砂类土和中～低压缩性黏性土宜采用 1～2mm/min 加荷速率，每下沉 1～2mm 测读压力一次；对高压缩性黏性土宜采用 0.25～0.50mm/min 加荷速率，每下沉 0.25～0.50mm 测读压力一次。终止试验条件同平板载荷试验。

(3) 资料整理与成果应用

资料整理方法与平板载荷试验相同。

2.2.4　特殊土载荷试验

除一般的地基土及岩石外，平板载荷试验还广泛应用于各种特殊土地基的载荷试验，如湿陷性黄土浸水载荷试验、膨胀土浸水载荷试验等，也用于复合地基载荷试验。对于湿陷性黄土载荷试验，应按现行国家标准《湿陷性黄土地区建筑规范》GB 50025 有关规定执行。除一般载荷试验所得成果外，湿陷性土载荷试验主要用于判定湿陷性土的湿陷性和测定湿陷起始压力。膨胀土浸水载荷试验主要用于确定膨胀土地基的承载力和浸水时的膨胀变形量。复合地基载荷试验通过在承压板下、桩上及桩间土上与压板接触面部位分别安设土压力盒，可以用载荷试验测定桩土应力比。

2.3　静力触探试验 (CPT：Cone Penetration Test)

2.3.1　概述

静力触探试验是把标准规格的金属电测探头匀速压入土中，并测定探头阻力等数据的一种测试方法，严格意义上讲是准静力触探试验。静力触探试验适用于软土、一般黏性土、粉土和砂土，具有勘探和测试双重功能，对于地层变化较大的复杂场地以及不易取得原状土样的饱和砂土和高灵敏度的软黏土地层的勘察具有独特的优越性，对静压类桩基的设计施工具有直接指导作用。

由于静力触探试验探头贯入土体机理十分复杂，要把试验数据 p_s、q_c、f_s 和 u 与土的物理力学参数建立理论关系十分困难。其基本理论基础包括贯入阻力的理论、贯入时超静孔隙水压力以及停止贯入时超静孔隙水压力的消散理论等。在工程上广泛应用的是在以上理论分析的基础上根据区域和土层特点，建立一定的统计经验关系，即半理论半经验方法。此外，静力触探试验不能直接识别土层，并且对碎石土类等难以贯入的土不适用，因此还需要钻探与其配合完成岩土工程勘察任务。

静力触探试验的历史可以追溯很远，是人们在工程实践中逐步创造发明的一种勘探测试技术，国内外都有通过钻进工具感触判断地层软硬变化的实践。1917 年瑞典铁路工程中就正式采用了螺纹钻头的静力触探试验，通过施加固定的压力，旋转固定的次数，记录入土深度，以此判断地层软硬。1932 年，一位荷兰公共工程部门的工程师在铁路路堤上应用了现代工程意义上的静力触探试验，试验用机械装置把带有双层管的圆锥形探头压入土中，在地面上用压力表分别量测套筒侧壁与周围土层间的摩阻力 f_s 和探头锥尖贯入土层时所受的阻力 q_c，利用电阻应变测试技术，直接从探头中量测贯入阻力，并定义为比

贯入阻力 p_s。实践表明，其工作原理和测试设备非常有效。此后陆续发展了电测静力触探仪及可测孔隙水压力的电测式静力触探（CPTU：Piezocone Penetration Test），可以同时测量锥头阻力、侧壁摩擦力和孔隙水压力等数据，更好地了解土的工程性质及提高测试精度。在我国，陈宗基、王钟琦等及许多科研生产单位为引进研制静力触探仪做了大量工作，有力地促进了我国静力触探测试技术的发展。

当前，国内外静力触探试验的发展主要表现为：试验设备不断改进，应用领域日益扩展。在探头方面，随着探头的改进，陆续发展了孔隙水压力静力触探测试（CPTU）、波速静力触探测试（SCPTU）、旁压静力触探测试（CPT-PMT）、放射性同位素静力触探测试（RI-CPT）、电阻率静力触探测试（R-CPTU）和振动静力触探（Vibro-CPT）以及视频成像静力触探技术（GeoVIS）等。在贯入系统方面，发展了独立贯入系统、履带式贯入系统、车载式贯入系统、集装箱式贯入系统等几大类。应用领域也从陆地扩展到近岸、海床等。

2.3.2　试验设备

静力触探仪一般由三部分构成：探头，即阻力传感器；量测记录仪表；贯入系统：包括触探主机与反力装置，共同作用将探头压入土中。

探头是静力触探仪的关键部件。它包括摩擦筒和锥头两部分，有严格的规格与质量要求。目前，静力触探可根据工程需要采用单桥探头、双桥探头或带孔隙水压力量测的单、双桥探头，可测定比贯入阻力（P_s）、锥尖阻力（q_c）、侧壁摩阻力（f_s）和贯入时的孔隙水压力（u）。此外，还有可测波速、孔斜、温度及密度等的多功能探头。探头的功能越多，测试成果也越多，用途也越广，但相应的测试成本及维修费用也越高。因此，应根据测试目的和条件，选用合适的探头，保证实验成果具有较好的可比性和通用性，也便于开展技术交流。《岩土工程勘察规范》GB 50021—2001（2009 年版）对探头的规定如下：探头圆锥锥底截面积应采用 $10cm^2$ 或 $15cm^2$，单桥探头侧壁高度应分别采用 57mm 或 70mm，双桥探头侧壁面积应采用 $150\sim300cm^2$，锥尖锥角应为 $60°$。单桥探头外形见图 2.3-1，孔压探头形状见图 2.3-2。

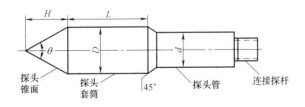

图 2.3-1　单桥探头外形图

量测记录仪表主要有以下 4 种类型：①电阻应变仪；②自动记录绘图仪；③数字式测力仪；④数据采集仪（微机控制）。目前，计算机采集和处理数据已在静力触探测试中得到了广泛应用。计算机控制的实时操作系统使得触探时可同时绘制锥尖阻力与深度关系曲线、侧壁摩阻力与深度关系曲线，终孔时，可自动绘制摩阻比与深度关系曲线。通过人机对话能进行土的分层，并能自动绘制出分层柱状图，打印出各层层号、层面高程、层厚、标高以及触探参数值。

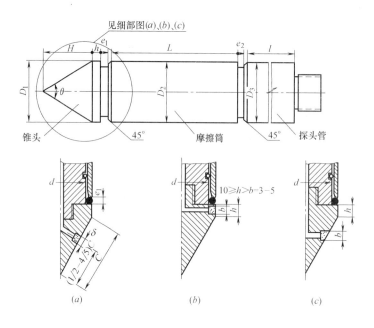

图 2.3-2　孔压探头形状图

静力触探贯入系统由触探主机（贯入装置）和反力装置两大部分组成。触探主机的作用是将底端装有探头的探杆一根一根地压入土中。触探主机按其贯入方式不同，可以分为间歇贯入式和连续贯入式；按其传动方式的不同，可分为机械式和液压式；按其装配方式不同可分为车装式、拖斗式和落地式等。

2.3.3　试验技术要点

静力触探试验的技术要求应符合下列规定：探头应匀速垂直压入土中，贯入速率为 1.2m/min。探头测力传感器应连同仪器、电缆进行定期标定，室内探头标定测力传感器的非线性误差、重复性误差、滞后误差、温度漂移、归零误差均应小于 1‰FS，现场试验归零误差应小于 3‰，绝缘电阻不小于 500MΩ。深度记录的误差不应大于触探深度的 ±1‰。当贯入深度超过 30m，或穿过厚层软土后再贯入硬土层时，应采取措施防止孔斜或断杆，也可配置测斜探头，量测触探孔的偏斜角，校正土层界线的深度。孔压探头在贯入前，应在室内保证探头应变腔为已排除气泡的液体所饱和，并在现场采取措施保持探头的饱和状态，直至探头进入地下水位以下的土层为止；在孔压静探试验过程中不得上提探头。当在预定深度进行孔压消散试验时，应量测停止贯入后不同时间的孔压值，其计时间隔由密而疏合理控制。试验过程不得松动探杆。

2.3.4　资料整理与成果应用

静力触探贯入过程中，探头受摩擦而发热，探杆会倾斜和弯曲，探头入土深度很大时探杆也会有一定量的压缩，仪器记录深度的起始面与地面不重合，这些因素会使测试结果产生偏差。因而原始数据一般应进行修正，修正的方法按《静力触探技术规则》 TBJ 37—93 的规定进行，主要为深度修正和零漂处理。

静力触探试验结束后，应绘制各种贯入曲线：单桥和双桥探头应绘制 p_s-z 曲线、q_c-z 曲线、f_s-z 曲线、R_f-z 曲线；孔压探头尚应绘制 u_i-z 曲线、q_t-z 曲线、f_t-z 曲线、B_q-z 曲线和孔压消散曲线：u_t-$\lg t$ 曲线；

其中　R_f——摩阻比；

$\quad\quad u_i$——孔压探头贯入土中量测的孔隙水压力（即初始孔压）；

$\quad\quad q_t$——真锥头阻力（经孔压修正）；

$\quad\quad f_t$——真侧壁摩阻力（经孔压修正）；

$\quad\quad B_q$——静探孔压系数，$B_q = \dfrac{u_i - u_0}{q_t - \sigma_{v0}}$；

$\quad\quad u_0$——试验深度处静水压力（kPa）；

$\quad\quad \sigma_{v0}$——试验深度处总上覆压力（kPa）；

$\quad\quad u_t$——孔压消散过程时刻 t 的孔隙水压力。

根据静力触探贯入曲线的线型特征及各参数大小，结合相邻钻孔资料及地区经验公式和图表可以判定土类、划分土层，有效地对土体的空间分布以及工程特性进行确定。分层时要注意两种现象，其一是贯入过程中的临界深度效应，另一个是探头越过分层面前后所产生的超前与滞后效应。这些效应的根源均在于土层对于探头的约束条件有了变化。根据长期的经验确定了以下划分方法：上下层贯入阻力相差不大时，取超前深度和滞后深度的中点，或中点偏向于阻值较小者 5～10cm 处作为分层面；上下层贯入阻力相差一倍以上时，取软层最靠近分界面处的数据点偏向硬层 10cm 处作为分层面；上下层贯入阻力变化不明显时，可结合 f_s 或 R_f 的变化确定分层面。

除进行力学分层外，利用静力触探试验成果，还可以估算土的塑性状态或密实度、强度、压缩性、地基承载力、单桩承载力、沉桩阻力，进行液化判别等，根据孔压消散曲线可估算土的固结系数和渗透系数。

2.4　圆锥动力触探试验（DPT：Dynamic Penetration Test）

2.4.1　概述

圆锥动力触探试验简称动力触探或动探，是利用一定的锤击动能，将标准规格的圆锥形探头打入土中，根据每打入土中一定距离所需的锤击数来判定土的力学特性和相关参数的一种原位测试方法，具有勘探和测试双重功能。动力触探最先在欧洲各国得到广泛应用，是因为这些国家广泛分布着粗颗粒土层及冰积层，取土样比较困难，适合采用动力触探方法。在我国，该技术由南京水利实验处在 20 世纪 50 年代初引进推广，至 20 世纪 50 年代后期得到普及，期间很多单位做了很有价值的试验研究，积累了大量的使用经验。20 世纪 70 年代制定了相应的规范，在试验设备类型上趋于统一和标准化，加快了动力触探技术发展进程，目前已成为我国粗颗粒土的地基勘察测试的主要手段。

圆锥动力触探试验的基本原理可以用能量平衡法来分析。在一次锤击作用下的动能转换按能量守恒原理，其关系为：

$$E_m = E_k + E_c + E_f + E_p \tag{2.4-1}$$

式中　E_m——穿心锤下落能量；

　　　E_k——锤与触探器碰撞时损失的能量；

　　　E_c——触探器弹性变形所消耗的能量；

　　　E_f——贯入时用于克服杆侧壁摩阻力所耗能量；

　　　E_p——由于土的塑性变形而消耗的能量；

　　　E_e——由于土的弹性变形而消耗的能量。

考虑在动力触探测试中，只能量测到土的永久变形，故将和弹性有关的变形略去，可推导得土的动贯入阻力 q_d 为：

$$q_d = \frac{M}{M+m} \cdot \frac{M \cdot g \cdot H}{A \cdot e} \qquad (2.4\text{-}2)$$

式中　q_d——动贯入阻力（MPa）；

　　　e——贯入度（cm），每击贯入的深度；

　　　M——落锤质量（kg）；

　　　H——落距（m）；

　　　m——触探器质量（kg）；

　　　A——圆锥探头底面积（cm²）；

　　　g——重力加速度，其值为 9.81m/s^2。

平均传至探头的能量，消耗于探头贯入土中所做功（$E_p = R_d \times A \times h/N$），可见平均传至探头的能量与探头单位面积的动贯入阻力相关。当规定一定的贯入深度，采用一定规格（规定的探头截面、圆锥角和质量）的落锤和规定的落距，那么，锤击数 N 的大小就直接反映了动贯入阻力的大小，即直接反映被贯入土层的密实程度和力学性质。因此，实践中常采用贯入土层一定深度所需的锤击数作为圆锥动力触探试验的试验指标。

2.4.2　试验设备

圆锥动力触探试验的类型一般分为轻型、重型和超重型三种，分别适应相应的土层，详见表 2.4-1。

圆锥动力触探类型　　　　　　　　　　　表 2.4-1

类型		轻型	重型	超重型
落锤	锤的质量（kg）	10	63.5	120
	落距（cm）	50	76	100
探头	直径（mm）	40	74	74
	锥角（°）	60	60	60
探杆直径（mm）		25	42	50～60
指　标		贯入 30cm 的读数 N_{10}	贯入 10cm 的读数 $N_{63.5}$	贯入 10cm 的读数 N_{120}
主要适用岩土		浅部的填土、砂土、粉土、黏性土	砂土、中密以下的碎石土、极软岩	密实和很密的碎石土、软岩、极软岩

各种动力触探试验设备的重量相差悬殊，但其仪器设备的形式却大致相同。目前常用的机械式动力触探中的轻型动力触探仪的贯入系统见图 2.4-1，它包括了穿心锤、导向

杆、锤垫、探杆和探头五个部分。其他类型的贯入系统在结构上与此类似，差别主要表现在细部规格上。轻型动力触探使用的落锤质量小，可以使用人力提升的方式，故锤体结构相对简单。重型和超重型动力触探的落锤如图 2.4-2 所示，由于落锤质量大，使用时需借助机械脱钩装置。新型的动力触探设备研制发展主要有两个方向，一是设备更加自动化、便捷化，二是针对不同的应用领域与测试要求更加专业化。如便携式可变能量动力触探仪等新型动力触探仪，与常规动力触探仪相比，在自动化和专业应用方面有了进一步发展。由于设备可单人操作、自动记录，在山区、交通不便或场地操作空间比较有限的区域使用，更能发挥实用价值。

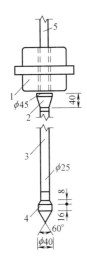

图 2.4-1　轻型动力触探仪（单位：mm）

1—穿心锤；2—钢时与锤垫；3—触探

杆；4—圆锥探头；5—导向杆

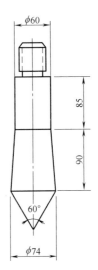

图 2.4-2　重型、超重型动力触探探头尺寸（单位：mm）

2.4.3　试验技术要点

圆锥动力触探试验技术要求应符合下列规定：为确保恒定的锤击能量，应采用固定落距的自动落锤装置。探杆连接后的最初 5m 最大偏斜度不应超过 1%，大于 5m 后的最大偏斜度不应超过 2%。锤击贯入应连续进行，同时防止锤击偏心、探杆倾斜和侧向晃动，保持探杆垂直度；锤击速率每分钟宜为 15～30 击；贯入深度 0～10m 时每贯入 1m，宜将探杆转动一圈半；使触探能保持垂直贯入，并减少探杆的侧阻力；当贯入深度超过 10m，每贯入 20cm 宜转动探杆一次；每一触探孔应连续贯入，只是在接探杆时才允许停顿。对轻型动力触探，当 $N_{10} > 100$ 或贯入 15cm 锤击数超过 50 时，可停止试验；对重型动力触探，当连续三次 $N_{63.5} > 50$ 时，可停止试验或改用超重型动力触探。当击数超过正常范围，如遇软黏土层，可记录每击的贯入度；如遇硬土层，可记录一定击数下的贯入度。

2.4.4　资料整理与成果应用

单孔连续圆锥动力触探试验应绘制锤击数与贯入深度关系曲线。在计算单孔分层贯入指标平均值时，应剔除临界深度以内的数值、超前和滞后影响范围内的异常值。根据各孔分层的贯入指标平均值，用厚度加权平均法计算场地分层贯入指标平均值和变异系数。其中，轻型动力触探不考虑杆长修正，根据每贯入 30cm 的实测击数绘制 $N_{10} \sim h$ 曲线图。重型动力触探 $N_{63.5}$ 和超重型动力触探 N_{120} 根据国际标准《岩土工程勘察规范》GB 50021—2001（2009 年版）附录 B 公式进行修正。

根据圆锥动力触探试验指标和地区经验，可进行力学分层，分层时注意超前滞后现象，不同土层的超前滞后量是不同的。上为硬土层下为软土层，超前约为 0.5~0.7m，滞后约为 0.2m；上为软土层下为硬土层，超前约为 0.1~0.2m，滞后约为 0.3~0.5m。此外应用试验成果还可评定土的均匀性和物理性质（状态、密实度）、土的强度、变形参数、地基承载力、单桩承载力，查明土洞、滑动面、软硬土层界面，检测地基处理效果等。

2.5 标准贯入试验（SPT：Standard Penetration Test）

2.5.1 概述

标准贯入试验简称标贯试验，是用质量为 63.5kg 的穿心锤，以 76cm 的落距，将标准规格的贯入器，自钻孔底部预打 15cm，记录再打入 30cm 的锤击数，即标准贯入击数 N 来判定土的物理力学特性和相关参数的一种原位测试方法。

标准贯入试验是一种特殊类型的动力触探，其与圆锥动力触探不同之处在于触探头不是圆锥头，而是贯入器（一定规格的可开合式取土器），并且不能连续贯入，每贯入 0.45m 必须提钻一次，然后换上钻头进行回转钻进至下一试验深度，重新开始试验。该试验方法简单易掌握，适用于砂土、粉土及黏性土，可同时取样，便于直接观察描述土层情况，作为一种重要的原位测试手段，在国内外应用广泛。影响标贯试验击数的因素众多，如土层上覆土压力、地下水、钻进方法、贯入速度、试验孔径、贯入深度、钻杆垂直度等，导致其工作状态和边界条件十分复杂。因此关于其机理的研究尚不十分明晰，同时试验数据离散性相对较大，精度较低。

标准贯入试验技术自 20 世纪 40 年代末期发展起来后，尽管理论并不十分完善，但其源于实践，通过长期大量的使用，积累了相当的经验，在工程实践中发挥着不可替代的作用，在美国及日本应用最为广泛。在我国，20 世纪 50 年代初期由南京水利实验处研制并在治淮工程中得到广泛的推广，积累了大量的使用经验，20 世纪 60 年代起在国内得以普及。

2.5.2 试验设备

标准贯入设备主要由贯入器、落锤系统和钻杆组成。贯入器由具有刃口的贯入器靴、对开式贯入器身（对开管）和带有排水阀的贯入器头组成。落锤系统由穿心锤、锤垫、导向杆和自动落锤装置组成。钻杆用作触探杆，将锤击能量传导至贯入器。试验设备的规格和精度见表 2.5-1。

我国使用的贯入器和落锤系统分别见图 2.5-1 和图 2.5-2。

2.5.3 试验技术要点

标准贯入试验的设备和测试方法在国内外已基本统一，其测试程序和相关技术要点如

标准贯入试验设备规格和精度 表 2.5-1

部位名称		规格	精度
贯入器	对开管	外径　51mm 内径　35mm	±1mm ±1mm 粗糙度 3.2 椭圆度 0.08mm 同轴度 0.05mm
		长度 >500mm	—
	贯入器靴	长度　50～76mm 刃口厚度　1.6mm 刃口角度　18°～20°	—
穿心锤		质量 63.5kg	±0.5kg
导向杆		自由落锤高度　76cm	±2cm
钻杆		直径 42mm	弯曲度≤1‰

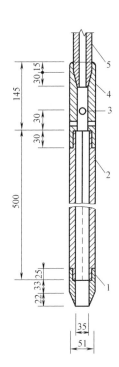

图 2.5-1　我国使用的标准贯入试验贯入器
（单位：mm）
1—贯入器靴；2—贯入器身；3—排水孔；
4—贯入器头；5—钻杆接头

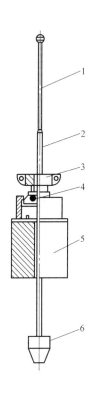

图 2.5-2　偏心轮缩径式落锤系统
1—上导杆；2—下导杆；3—吊环；4—偏心轮；
5—穿心锤；6—锤座

下：先用钻具（外径宜为 76～150mm）钻至试验土层标高以上 0.15m 处，停止钻进，清除孔底残土，残土厚度不得超过 5cm。清孔时，应避免试验土层受到扰动。当在地下水位以下的土层中进行试验时，应使孔内水位保持高于地下水位，以免出现涌砂和塌孔；必要时，应下套管或用泥浆护壁。贯入前应拧紧钻杆接头，将贯入器放入孔内，避免冲击孔底，注意保持贯入器、钻杆、导向杆联接后的垂直度。孔口宜加导向器，以保证穿心锤中心施力。采用自动落锤装置，将贯入器以每分钟击打 15～30 次的频率，先打入土中 0.15m，不计锤击数；然后开始记录每打入 0.10m 及累计 0.30m 的锤击数 N，并记录贯入深度与试验情况。若遇密实土层，锤击数超过 50 击时，可终止试验，并记录 50 击的贯入深度，并换算成相应于贯入 30cm 时的标贯击数 N。每一深度的锤击过程不应有中间停顿，如因故发生中间停止，应记录原因和停止间歇时间。旋转钻杆，然后提出贯入器，取贯入器中的土样进行鉴别、描述记录，并测量其长度。并根据需要采取扰动土试样。

2.5.4 资料整理与成果应用

标准贯入试验成果 N 可直接标在工程地质剖面图上，也可绘制单孔标准贯入击数 N 与深度关系曲线或直方图。统计分层标贯击数平均值时，应剔除异常值。在实际应用 N 值时，需根据具体的岩土工程问题，参照有关规范或经验公式考虑是否进行杆长修正或其他修正，采用何种方法修正。

标准贯入试验是砂土液化判别的主要现场试验手段之一，我国《建筑抗震设计规范》GB 50011—2010（2016 年版）规定：（1）当初步判别认为需进一步作液化判别时，应采用标准贯入试验判别地面下 20m 范围内土的液化；（2）对可不进行天然地基及基础的抗震承载力验算的各类建筑，可只判别地面下 15m 范围内的土的液化；（3）当饱和砂土和饱和粉土的标准贯入锤击数实测值（未经杆长修正）N 小于或等于液化判别标准贯入锤击数 N_{cr} 时，应判为液化土。

在地面下 20m 深度范围内，液化判别标准贯入锤击数临界值 N_{cr} 可按下式计算：

$$N_{cr} = N_0 \beta \left[\ln(0.6 d_s + 1.5) - 0.1 d_w \right] \sqrt{3/\rho_c} \tag{2.5-1}$$

式中　N_0——液化判别标准贯入锤击数基准值，按规范相关表格取用；

$\quad\quad d_s$——饱和土标准贯入试验点深度（m）；

$\quad\quad d_w$——地下水位深度，宜按建筑使用期内年平均最高水位或近期内年最高水位采用；

$\quad\quad \rho_c$——黏粒百分含量，当小于 3 或为砂土时，应采用 3；

$\quad\quad \beta$——调整系数，设计地震第一组取 0.80，第二组取 0.95，第三组取 1.05。

标准贯入试验锤击数 N 值除用作砂土液化判别外，还可对砂土、粉土、黏性土的物理状态、土的强度、变形参数、地基承载力、单桩承载力，成桩的可能性等作出评价。

2.6　十字板剪切试验 (VST：Vane Shear Test)

2.6.1　概述

十字板剪切试验是用插入软土中的标准十字板探头，以一定速率扭转，量测其转动导致土破坏时的抵抗力矩，测定土的不排水抗剪强度。该试验的适用范围一般限于饱和软黏土，对于其他类型的土，十字板剪切试验会有较大的误差。

十字板剪切试验于 1928 年首先在瑞士提出，我国从 1954 年开始使用十字板剪切试验，在沿海软土地区被广泛使用。与钻探取样室内试验相比，十字板剪切试验不需采取土样，可以在现场基本保持天然应力状态下进行扭剪，土体的扰动较小，可简单可靠测得饱和软黏性土不排水抗剪强度和灵敏度。这种方法测得的抗剪强度值，相当于试验深度处天然土层的不排水抗剪强度，理论上相当于三轴不排水剪的总强度，或无侧限抗压强度的一半。

十字板剪切试验按贯入方式可分为钻孔十字板剪切试验和贯入电测十字板剪切试验，其基本原理都是：施加一定的扭转力矩，将土体剪坏，测定土体对抗扭剪的最大力矩，通过换算得到土体抗剪强度值（假定 $a=0$）。假设土体是各向同性介质，即水平面的不排水抗剪强度 C_{uh} 与垂直面上的不排水抗剪强度 C_{uv} 相同：$C_{uh}=C_{uv}$。旋转十字板头时，在土体中形成一个直径为 D，高为 H 的圆柱剪切破坏面。由于假设土体是各向同性的，因此该圆柱剪损面的侧表面及顶底面上各点的抗剪强度相等，则旋转过程中，土体产生的最大抗扭矩 M 由圆柱侧表面的抵抗扭矩 M_1 和圆柱上下底面的抵抗扭矩 M_2 组成。

$$M=M_1+M_2 \tag{2.6-1}$$

式中：

$$M_1=C_u\pi DH\frac{D}{2} \tag{2.6-2}$$

$$M_2=\left[2C_u\left(\frac{1}{4}\pi D^2\right)\frac{D}{2}\right]\alpha \tag{2.6-3}$$

则：

$$M=\frac{1}{2}C_u\pi HD^2+\frac{1}{4}C_u\pi\alpha D^3=\frac{1}{2}C_u\pi D^3\left(\frac{H}{D}+\frac{\alpha}{2}\right) \tag{2.6-4}$$

所以，

$$C_u=\frac{2M}{\pi D^3\left(\dfrac{H}{D}+\dfrac{\alpha}{2}\right)} \tag{2.6-5}$$

式中 α——与圆柱顶底面剪应力的分布有关的系数，见表 2.6-1；

M——十字板稳定最大扭转矩（即土体的最大抵抗扭矩）。

表 2.6-1

α 值			
圆柱顶底面剪应力分布	均匀	抛物线	三角形
α	2/3	3/5	1/2

2.6.2 试验设备

十字板剪切试验主要有三种仪器类型：开口钢环式十字板剪切仪、轻便式十字板剪切仪和电测式十字板剪切仪。

开口钢环式十字板剪切仪利用蜗轮旋转将十字板头插入土层中，用开口钢环测出抵抗力矩，计算抗剪强度。

轻便式十字板剪切仪是一种在开口钢环式十字板剪切仪基础上改造简化的设备。它不需要用钻探设备钻孔和下套管，只是用人力将十字板压入试验深度，人力施加扭力和反力，通过固定在旋转把手上的拉力钢环测定扭力矩。但因其难以控制剪切速率、难以维持仪器在一个水平面上，同时测试精度不高，目前少有使用。

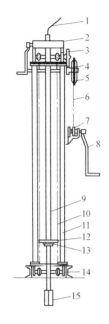

图 2.6-1 电测式十字板剪切仪示意图

1—电缆；2—施加扭力装置；3—大齿轮；

4—小齿轮；5—大链轮；6—链条；

7—小链轮；8—摇把；9—探杆；

10—链条；11—支架立杆；12—山形板；

13—垫压块；14—槽钢；15—十字板头

电测式十字板剪切仪是近年来发展起来的，与上述两种仪器的区别在于测力装置不用钢环，而是十字板头上端连接一个贴有电阻应变片的扭力传感器。利用静力触探的贯入装置，将十字板头压入到土层不同使用深度，借助回转系统旋转十字板头，用电子仪器量测土的抵抗力矩。试验过程中不必进行轴杆摩擦力校正，操作容易，试验成果比较稳定。另外，同一场地还可以用一套仪器进行静力触探试验，因此得到了广泛使用。电测式十字板剪切仪示意图见图 2.6-1。

十字板规格及十字板常数 K 值见表 2.6-2。

2.6.3 试验技术要点

十字板剪切试验点的布置，对均质土竖向间距可为 lm，对非均质或夹薄层粉细砂的软黏性土，宜先作静力触探，结合土层变化，选择软黏土进行试验。

十字板剪切试验的主要技术要求应符合下列规定：十字板板头形状宜为矩形，径高比 1：2，板厚宜为 2～3mm。十字板头插入钻孔底的深度不应小于钻孔或套管直径的 3～5 倍。十字板插入至试验深度后，至少应静止 2～3min，方可开始试验；扭转剪切速率宜采用（1°～2°）/10s，并应在测得峰值强度后继续测记 1min。在峰值强度或稳定值测试完后，顺扭转方向连续转动 6 圈后，测定重塑土的不排水抗剪强度。对开口钢环十字板剪切仪，应修正轴杆与土间的摩阻力的影响。

十字板规格及十字板常数 K 值　　　　　　　　　　　　　　表 2.6-2

十字板规格 $D \times H$(mm)	十字板头尺寸(mm)			钢环率定时的力臂 R(mm)	十字板常数 K(m^{-2})
	直径 D	高度 H	厚度 B		
50×100	50	100	2～3	200	436.78
				250	545.97
50×100	50	100	2～3	210	458.62
75×150	75	150	2～3	200	129.41
				250	161.77
75×150	75	150	2～3	210	135.88

2.6.4 资料整理与成果应用

影响十字板剪切试验的因素较多，主要有十字板头规格、剪应力的分布、土的各向异性、十字板剪切速率、排水条件、圆柱破坏面的形成、触变效应、试验方法等。总体而言，十字板不排水抗剪强度一般认为是偏高的，土的长期强度只有峰值强度的60%～70%。实测十字板不排水抗剪强度要经过修正以后，才能用于实际工程问题。修正方法应根据土层条件、地区经验及参数使用综合确定。

十字板剪切试验成果分析包括下列内容：计算各试验点土的不排水抗剪峰值强度、残余强度、重塑土强度和灵敏度；绘制单孔十字板剪切试验土的各类强度及灵敏度随深度的变化曲线，需要时绘制抗剪强度与扭转角度的关系曲线。十字板剪切试验成果可按地区经验，确定地基承载力、单桩承载力，检验地基加固效果，计算边坡稳定，判定黏性土的固结历史。

2.7　旁压试验（PMT：Pressuremeter Test）

2.7.1　概述

旁压试验是利用可侧向膨胀的旁压仪，在钻孔中对测试段孔壁施加径向压力，量测其变形，根据孔壁变形与压力的关系，求取地基土的变形模量、承载力等力学参数的一种原位测试方法。

在1930年前后，德国工程师寇可娄（Kögler）发明了可在钻孔中进行横向载荷测试的仪器，可以说是最早的旁压仪。1957年，法国道桥工程师梅那（Ménard）研制成功了三腔式旁压仪，即梅那预钻式旁压仪，并在法国推广使用。预钻式旁压试验需要预先钻孔，因而会对孔壁土体产生扰动，旁压试验深度在部分土层中也会因塌孔、缩孔等原因而受到限制。为了克服预先成孔的一系列缺点，至1966年法国道桥研究中心和有关道桥研究所、英国剑桥大学进一步制成自钻式旁压仪，进而使旁压试验在全世界得到普及。我国在20世纪70年代开始应用旁压试验，在岩土工程实践中得到迅速发展并逐渐成熟。

目前，旁压仪包括预钻式、自钻式和压入式三种，国内外目前均以预钻式为主。预钻式旁压仪的原理是预先用钻具钻出一个符合要求的垂直钻孔，将旁压器放入钻孔内的设计标高，然后进行旁压试验。其优点是仪器比较简单、操作容易，缺点是对土层的扰动在所难免、部分土层中试验深度受限。自钻式旁压仪是在旁压器的下端装置切削钻头和环形刃具，在以静力置入土中的同时，用钻头将进入刃具的土切碎，并用循环泥浆将碎土带到地面，钻到预定试验深度后，停止压入，进行旁压试验。其优点是测试土体基本保持原位的应力状态，缺点是设备繁复、操作技术要求高。压入式旁压试验又分为圆锥压入式和圆筒压入式，都是用静力将旁压器压入指定的试验深度进行试验。目前国际上出现一种将旁压腔与静力触探探头组合在一起的仪器，在静力触探试验的过程中可随时停止贯入进行旁压试验。预钻式旁压试验适用于黏性土、粉土、砂土、碎石土、残积土、极软岩和软岩。自钻式及压入式旁压试验适用于黏性土、粉土、砂土，尤其适用于软土。

旁压试验理论基础为圆柱孔穴扩张问题，为轴对称平面应变问题。根据典型的旁压曲线（通常为压力 p-体积变化量 V 曲线）似弹性阶段的斜率，由圆柱扩张轴对称平面应变的弹性理论解，可得旁压模量 E_m 和旁压剪切模量 G_m。

2.7.2 试验设备

预钻式旁压仪由旁压器、量测装置、导管及压力源三部分组成。国内使用的预钻式旁压仪有 PY 型和较新的 PM 型两种型号。两种型号的旁压仪外形结构相似，技术指标略有差异。旁压仪装配示意图见图 2.7-1，其主要部件有：

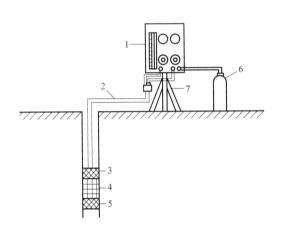

图 2.7-1 旁压仪装配示意图

1—量测装置；2—导管；3—旁压器上保护腔；4—旁压器测试腔；5—旁压器下保护腔；6—压力源；7—支撑三脚架

（1）旁压器：为圆柱形骨架，外部套有密封的弹性橡皮膜。一般分上、中、下三个腔体。中腔为主腔（测试腔，长 250mm，初始体积为 491mm³），上、下腔以金属管相连通，为保护腔（各长 100mm），与中腔隔离。测试时，高压水从控制装置经管路进入主腔，使橡皮膜发生径向膨胀，压迫周围土体，得主腔压力与体积增量的关系。与此同时，以同样压力水向护控压入，这样，三腔同步向四周变形，以此保证主腔周围土体的变形呈平面应变状态。

（2）变形量测装置：变形测量装置是测读和控制进入旁压器的水量，由不锈钢储水筒、目测管、位移和压力传感器、显示记录仪、精密压力表、同轴导压管及阀门等组成。测管和辅管都是有机玻璃管，最小刻度 1mm。

（3）加压稳压装置：加压稳压装置为控制旁压器给土体分级施加压力，并在试验规定的时间内自动精确稳定各级压力。由高压储气瓶（氮气）、精密调压阀、压力表及管路等组成。

（4）管路：主要是两根注水管及两根导压管组成。

常用型号的旁压器的技术规格　　　　　　表 2.7-1

旁压仪型号	旁压器型号	规格	总长度（mm）	测试腔长度（mm）	外径（mm）	测试腔固有体积（cm³）	测管截面积（cm²）
梅纳型	G-Am	AX	800	350	44	535	15.30
		BX	650	200	58	535	15.30
		NX	650	200	70	790	15.30
PY 型	PY₂-A	AP	450	250	50	491	15.28
		带金属保护套型	450	250	55	594	15.28
	PY₃-2	一般型	680	200	60	565	13.20

自钻式旁压仪通常由三部分组成：包含自钻机构的探头部分、设置在地面的控制单元、连接控制单元和探头的管路部分。自钻的原理是把装有旁压器的薄壁取样器用某一速

率压入土中，同时用几个转动的刀片将进入取样器内的土芯弄碎，形成钻屑，钻屑因刀片标高处射出的液体作用而变成悬浮液，从旁压器的中央通过钻杆空心孔排到地面。

2.7.3 试验技术要点

旁压试验应在有代表性的位置和深度进行，旁压器的量测腔应在同一土层内。试验点的垂直间距应根据地层条件和工程要求确定，但不宜小于 1m，试验孔与已有钻孔的水平距离不宜小于 1m。

旁压试验的技术要求应符合下列规定：预钻式旁压试验应保证成孔质量，钻孔直径与旁压器直径应良好配合，防止孔壁坍塌；自钻式旁压试验的自钻钻头、钻头转速、钻进速率、刃口距离、泥浆压力和流量等应符合有关规定；加荷等级可采用预期临塑压力的 $1/5 \sim 1/7$，初始阶段加荷等级可取小值，必要时，可作卸荷再加荷试验，测定再加荷旁压模量；每级压力应维持 1min 或 2min 后再施加下一级压力，维持 1min 时，加荷后 15s、30s、60s 测读变形量，维持 2min 时，加荷后 15s、30s、60s、120s 测读变形量；当量测腔的扩张体积相当于量测腔的固有体积时，或压力达到仪器的容许最大压力时，应终止试验。

2.7.4 资料整理与成果应用

旁压试验读数应进行修正，对各级压力和相应的扩张体积（或换算为半径增量）分别进行约束力和体积的修正后，绘制压力与体积曲线，需要时可作蠕变曲线。根据压力与体积曲线，结合蠕变曲线确定初始压力、临塑压力和极限压力。根据压力与体积曲线的直线段斜率，按式（2.7-1）计算旁压模量：

$$E_m = 2(1+\mu)\left(V_c + \frac{V_0 + V_f}{2}\right)\frac{\Delta p}{\Delta V} \tag{2.7-1}$$

式中　E_m——旁压模量（kPa）；

　　　μ——泊松比（碎石土取 0.27，砂土取 0.30，粉土取 0.35，粉质黏土取 0.38，黏土取 0.42）；

　　　V_c——旁压器量测腔初始固有体积（cm^3）；

　　　V_0——与初始压力 p_0 对应的体积（cm^3）；

　　　V_f——与临塑压力 p_f 对应的体积（cm^3）；

　$\Delta p/\Delta V$——旁压曲线直线段的斜率（kPa/cm^3）。

根据初始压力、临塑压力、极限压力和旁压模量，结合地区经验可评定地基承载力和变形参数。根据自钻式旁压试验的旁压曲线，还可测求土的原位水平应力、静止侧压力系数、不排水抗剪强度等。

2.8　扁铲试验 (DMT: Flat Dilatometer Test)

2.8.1　概述

扁铲侧胀试验是将带有膜片的扁铲压入土中预定深度，充气使膜片向孔壁土中侧向扩张，根据压力与变形关系，测定土的模量及其他有关指标的一种原位测试方法。扁铲侧胀试验时圆形钢膜向外扩张可假设为无限弹性介质中在圆形面积上施加均布荷载问题，也属于旁压试验的一种类型，适用于各类软土、一般黏性土、粉土、松散—中密状砂类土等，可应用于天然地基、桩基工程、边坡工程等复杂的岩土工程测试分析评价。扁铲侧胀试验所使用的扁铲侧胀仪是意大利学者 Marchetti 于 20 世纪 70 年代发明的一种原位测试仪器，因其操作简单，重复性好，人为影响因素少而受到国内外岩土工程界认可。

2.8.2 试验设备

扁铲侧胀仪主要由探头、气压源、控制箱、气—电管路和辅助装置几个部分组成。

（1）扁铲探头：探头端部呈楔形，平面呈板状，长 230～240mm，宽 94～96mm，厚 14～16mm。扁铲的一面装有一片可膨胀的直径为 60mm 的圆形钢质膜片，通过穿在杆内的一根柔性气—电管路与地面的控制箱连接。扁铲探头见图 2.8-1。

（2）控制箱：控制箱内安装气压控制管路、控制电路及各指示开关。控制箱见图 2.8-2。

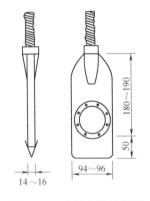

图 2.8-1　扁铲探头示意图

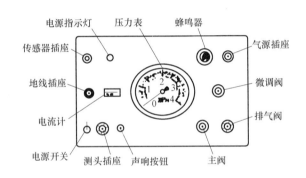

图 2.8-2　扁铲仪控制箱

（3）气-电管路：气-电管路由厚壁、小直径、耐高压的尼龙管、内穿铜质导线、两端装有连通触头的接头组成。为扁铲侧胀试验输送气压和传递信号。

（4）压力源：试验用的压力源为高压氮气源，采用高压钢瓶储存，充气 15MPa 的 10L 气压瓶，在中等密实度土中用 25m 长的气电管路做试验，一般可进行 1000 个测点，试验点间距 0.2m，则试验总长可达 200m。

（5）辅助装置：主要是指贯入设备，常用的有静力触探机具、标准贯入试验锤击机具、液压钻机机具等。

2.8.3 试验技术要点

扁铲侧胀试验技术要求应符合下列规定：扁铲侧胀试验探头长 230～240mm、宽 94～96mm、厚 14～16mm；探头前缘刃角 12°～16°，探头侧面钢膜片的直径 60mm。每孔试验前后均应进行探头率定，取试验前后的平均值为修正值。膜片的合格标准为：率定时膨胀至 0.05mm 的气压实测值 $\Delta A = 5～25\mathrm{kPa}$。率定时膨胀至 1.10mm 的气压实测值 $\Delta B = 10～110\mathrm{kPa}$。试验时，应以静力匀速将探头贯入土中，贯入速率宜为 2cm/s。试验点间距可取 20～50cm。探头达到预定深度后，应匀速加压和减压测定膜片膨胀至 0.05mm、1.10mm 和回到 0.05mm 的压力 A、B、C 值。扁铲侧胀消散试验，应在需测试的深度进行，测读时间间隔可取 1min、2min、4min、8min、15min、30min、90min，以后每 90min 测读一次，直至消散结束。

2.8.4 资料整理与成果应用

扁铲侧胀试验应对试验的实测数据进行膜片刚度修正：

$$p_0 = 1.05(A - z_m + \Delta A) - 0.05(B - z_m - \Delta B) \tag{2.8-1}$$

$$p_1 = B - z_m - \Delta B \tag{2.8-2}$$

$$p_2 = C - z_m + \Delta A \tag{2.8-3}$$

式中　p_0——膜片向土中膨胀之前的接触压力（kPa）；

　　　p_1——膜片膨胀至 1.10mm 时的压力（kPa）；

　　　p_2——膜片回到 0.05mm 时的终止压力（kPa）；

　　　z_m——调零前的压力表初读数（kPa）。

根据 p_0、p_1 和 p_2 计算下列指标：

$$E_D = 34.7(p_1 - p_0) \tag{2.8-4}$$

$$K_D = (p_0 - u_0)/\sigma_{V0} \tag{2.8-5}$$

$$I_D = (p_1 - p_0)/(p_0 - u_0) \tag{2.8-6}$$

$$U_D = (p_2 - u_0)/(p_0 - u_0) \tag{2.8-7}$$

式中　E_D——侧胀模量（kPa）；

　　　K_D——侧胀水平应力指数；

　　　I_D——侧胀土性指数；

　　　U_D——侧胀孔压指数；

　　　u_0——试验深度处的静水压力（kPa）；

　　　σ_{V0}——试验深度处土的有效上覆压力（kPa）。

根据以上计算结果，绘制 E_D、I_D、K_D 和 U_D 与深度的关系曲线。通过扁铲侧胀试验指标和地区经验，可判别土类、确定黏性土的状态、静止侧压力系数、水平基床系数等。

2.9 现场直接剪切试验

2.9.1 概述

现场直剪试验可用于岩土体本身、岩土体沿软弱结构面和岩体与其他材料接触面的剪切试验，可分为岩土体试体在法向应力作用下沿剪切面剪切破坏的抗剪断试验，岩土体剪断后沿剪切面继续剪切的抗剪试验（摩擦试验），法向应力为零时岩体剪切的抗切试验。现场直剪试验岩土体远比室内试样大，试验成果更符合实际，一般用于岩石或性状较好的地基土，为稳定分析提供抗剪强度参数。尽管现场直剪试验分类不同，试验的对象不同，试点的选取、试样规格和制备要求、数据读取时间间隔等方面存在差异，但在试验原理、设备、步骤及结果处理分析方法上都基本一致。其基本原理均为库仑定律：

$$\tau_\mathrm{f} = c + \sigma\tan\varphi \tag{2.9-1}$$

式中 τ_f——剪切破坏面上的剪应力（kPa），即土体的抗剪强度；

σ——破坏面上的法向应力（kPa）；

c——土的黏聚力（kPa）；

φ——土的内摩擦角（°）。

依据测得的 τ_f，就可以求出 c 和 φ。

2.9.2 试验设备及布置

现场剪切试验需要仪器设备包括：试体制备设备、加载设备、传力设备、量测设备等。现场直剪试验可在试洞、试坑、探槽或大口径钻孔内进行。现场直剪试验根据测试对象（岩土体）的情况，可选用不同的试验布置方案。当剪切面水平或近于水平时，可采用平推法或斜推法；当剪切面较陡时，可采用楔形体法。图 2.9 中 (a)、(b)、(c) 剪切荷载平行于剪切面，为平推法；(d) 剪切荷载与剪切面成 α 角，为斜推法。(a) 施加的剪切荷载有一力臂 e_1 存在，使剪切面的剪应力和法向应力分布不均匀。(b) 使施加的法向荷载产生的偏心力矩与剪切荷载产生的力矩平衡，改善剪切面上的应力分布，使趋于均匀分布，但法向荷载的偏心矩 e_2 较难控制，故应力分布仍可能不均匀。(c) 剪切面上的应力分布是均匀的，但试验施工存在一定困难。图 2.9-1 中 (d) 法向荷载和斜向荷载均通过剪切面中心，α 角一般为 $15°$。在试验过程中，为保持剪切面上的正应力不变，随着 α 值的增加，P 值需相应降低，操作比较麻烦。进行混凝土与岩体的抗剪试验，常采用斜推法，进行土体、软弱面（水平或近乎水平）的抗剪试验，常采用平推法。当软弱面倾角大于其内摩擦角时，常采用楔形体 (e)、(f) 方案，前者适用于剪切面上正应力较大的情况，后者则相反。图中符号 P 为竖向（法向）荷载；Q 为剪切荷载；σ_x、σ_y 为均布应力；τ 为剪应力；σ 为法向应力；e_1、e_2 为偏心距；(e)、(f) 为沿倾向软弱面剪切的楔形试体。

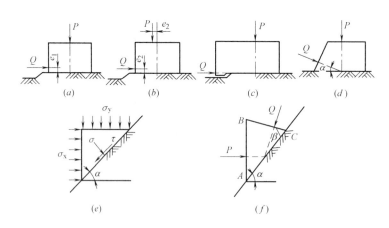

图 2.9-1 现场直剪方案布置

2.9.3 试验技术要点

同一组试验体的岩性应基本相同，受力状态应与岩土体在工程中的实际受力状态相近。现场直剪试验每组岩体不宜少于 5 个。剪切面积不得小于 $0.25m^2$。试体最小边长不宜小于 50cm，高度不宜小于最小边长的 0.5 倍。试体之间的距离应大于最小边长的 1.5 倍。每组土体试验不宜少于 3 个。剪切面积不宜小于 $0.3m^2$，高度不宜小于 20cm 或为最大粒径的 4～8 倍，剪切面开缝应为最小粒径的 1/3～1/4。

现场直剪试验的技术要求应符合下列规定：开挖试坑时应避免对试体的扰动和含水量的显著变化。在地下水位以下试验时，应避免水压力和渗流对试验的影响。施加的法向荷载、剪切荷载应位于剪切面、剪切缝的中心，或使法向荷载与剪切荷载的合力通过剪切面的中心，并保持法向荷载不变。最大法向荷载应大于设计荷载，并按等量分级；荷载精度应为试验最大荷载的 ±2%；每一试体的法向荷载可分 4～5 级施加。当法向变形达到相对稳定时，即可施加剪切荷载。每级剪切荷载按预估最大荷载的 8%～10% 分级等量施加，或按法向荷载的 5%～10% 分级等量施加。岩体按每 5～10min，土体按每 30s 施加一级剪切荷载。当剪切变形急剧增长或剪切变形达到试体尺寸的 1/10 时，可终止试验。根据剪切位移大于 10mm 时的试验成果确定残余抗剪强度，需要时可沿剪切面继续进行摩擦试验。

2.9.4　资料整理与成果应用

现场直剪试验结束后应将野外所得原始数据、草图进行详细检查与校对，然后进行室内系统整理，现场直剪试验成果分析应绘制剪切应力与剪切位移曲线、剪应力与垂直位移曲线，根据曲线特征确定比例强度、屈服强度、峰值强度、剪胀点和剪胀强度。绘制法向应力与各类强度的曲线，确定相应的强度参数。

2.10　抽水试验

2.10.1　概述

抽水试验是通过钻孔抽水，量测抽水孔的涌水量、抽水孔及观测孔水位等与时间变化的数据，根据一定的渗流理论，从而计算含水层渗透性参数的一种原位测试方法。在各类现场渗透试验中，抽水试验应用最为广泛，可用来确定建设场地岩土含水层的渗透性能，并通过抽水试验数据，计算确定含水层水文地质参数，为工程排水、降水、加固和防渗等提供设计、施工依据。

抽水试验类型按抽水试验孔进水部分是否揭穿含水层，分为完整井抽水和非完整井抽水；按抽水试验时出水量和水位下降值是否达到稳定延续时间，分为稳定流抽水试验和非稳定流抽水试验；抽水试验按孔数可分为单孔抽水试验、多孔抽水和群孔干扰抽水。

2.10.2　试验设备

抽水试验的主要设备包括：离心泵、深井泵或潜水泵、过滤器、空压机、抽筒及量测器具等。

当钻孔水位较深，水量不大，试验要求不高时，可选择抽筒提水。当含水层地下水位高出地面或埋藏较浅，动水位在吸程范围内时，宜采用离心泵抽水。当孔（井）水位深度较大、要求抽水降深大、出水量也较大时，宜选用深井泵或深井潜水泵。当抽水孔直径较小，水位埋深较深，含水层富水性好，且要求降深很大时，宜采用空压机抽水。

过滤器安装在管井中对应的含水层部位，带有滤水孔，主要起到滤水、挡砂及护壁作用。抽水孔过滤器的类型，宜根据不同含水层的性质和孔壁稳定情况按表 2.10-1 选用。抽水试验的观测孔，宜采用包网过滤器。

过滤器类型选择 表 2.10-1

含水层性质及孔壁稳定情况	抽水孔过滤器类型
软岩、半坚硬不稳定岩层、构造破碎带、裂隙密集带、岩溶强烈发育带	骨架过滤器
卵(碎)石、圆(角)砾、粗砂、中砂	包网过滤器或缠丝过滤器
细砂、粉砂	填砾过滤器

观测水位宜使用电测水位计。地下水位较浅时，可采用浮标水位计。观测读数应精确到 1cm。流量的测试用具应根据流量大小选定。流量小于 1L/s 时，可采用容积法或水表；流量为 1～30L/s 时，宜采用三角堰；流量大于 30L/s 时，应采用矩形堰。

三角堰流量计算公式： $Q = Ch^{\frac{5}{2}}$ （2.10-1）

式中 Q——流量（L/s）；

h——水深（cm）；

C——随 h 变化的系数，一般取 0.014。

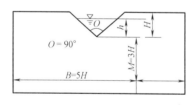

图 2.10-1 直角三角堰断面结构图

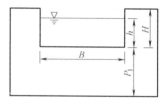

图 2.10-2 矩形堰断面结构图

矩形堰流量计算公式： $Q = 0.018Bh^{\frac{3}{2}}$ （2.10-2）

式中 Q——流量（L/s）；

h——水深（cm）；

B——堰口宽（cm）。

2.10.3 试验技术要点

抽水试验种类众多，岩土工程勘察中常用的单孔抽水试验采用稳定流抽水试验方法，下面简要介绍此类抽水试验的技术要点。

在正式抽水前应进行认真的洗孔，直至流出孔口的水完全返清时为止。抽水试验时，动水位和出水量观测的时间，宜在抽水开始后的第 5、10、15、20、25、30min 各测一次，以后每隔 30min 或 60min 测一次。水温、气温观测的时间，宜每隔 2～4h 同步测量一次。观测静止水位，水位呈单向变化时，连续四小时内水位变化每小时不大于 2cm，或水位升降与自然水位变化一致时，即可停止观测。当水位静止困难，累计观测时间大于 72h，亦可停止观测。另试验抽水应作一次最大的水位降深，初步了解水位降低值 (s) 与涌水量 (Q) 的关系，以便在正式抽水时合理选择水位的降深。

正式抽水时应尽设备能力做最大降深，降深次数一般不少于 3 次，抽水点应做到合理分布，每次水位降深间距不应小于 3m。最大降深 S_1 对于潜水应等于 1/3～1/2H（H 为从含水层底板算起的水位高度）；对于承压水应尽可能降至含水层顶板。且 $S_2=2/3S_1$，$S_3=1/3S_1$。各点抽水的水位、流量的稳定时间不少于 8h。稳定的标准是：①水位稳定标准：当水位降深大于 5m 时，水位变化幅度不超过水位降深平均值的 1%；当水位降深小于 5m 时，水位变化幅度不应超过 3～5cm；②流量稳定标准：当单位涌水量 $q \geqslant 0.01 \text{L}/(\text{s} \cdot \text{m})$ 时，流量变化幅度不大于 3%，当单位涌水量 $q < 0.01 \text{L}/(\text{s} \cdot \text{m})$ 时，流量变化幅度不大于 5%。抽水过程中动水位、流量应同时观测，开始每隔 5～10min 观测一次，连续 1h 后，每隔 30min 观测一次，直至抽水结束。每隔 2h 观测一次水温、气温，与动水位、流量观测相应，精度 0.5℃。在抽水过程中遇有大雨，对水位、涌水量观测产生影响时，应暂停抽水，在停止抽水期间，应每 2h 观测一次水位。

抽水试验应连续进行。如抽水中断，而中断前抽水已超过 6h，且中断时间不超过 1h，则中断前的抽水时间仍计入延续时间内，否则一律作废。抽水试验结束前，在出水管口采取水质分析样，体积不少于 2L。抽水试验结束后，应进行恢复水位的观测，观测时间开始一般按 1、2、2、3、3、4、5、7、8、10、15min 的间隔观测，以后每隔 30min 观测一次，直至水位稳定。

2.10.4 资料整理与成果应用

抽水试验结束后应及时整理抽水试验资料，编制必要的图表，如平面布置图、坐标高程表、钻孔柱状图、井孔结构图、剖面图，以及专门要求的图表。包括：绘制水位降深 (s)、流量 (Q) 与时间 (t) 的过程曲线，此图应在抽水观测过程中绘制，以便及时发现抽水过程中的异常，及时处理。同时可根据 Q-t、s-t 曲线变化趋势，合理判定稳定延续时间的起点和确定稳定延续时间。绘制涌水量与水位降深关系曲线 $Q=f(s)$，其目的在于了解含水层的水力特征、钻孔出水能力，推算钻孔的最大涌水量与单位涌水量，并检验抽水试验成果是否正确。绘制单位涌水量与水位降深关系曲线 $q=f(s)$。绘制水位恢复曲线等。最终形成的抽水试验综合成果图应包括以上内容。

根据场地水文地质条件和抽水试验成果，选择适当计算方法和计算公式，进行影响半径 R、渗透系数 k 等水文地质参数计算。如潜水非完整井，单孔抽水试验时的渗透系数 (k) 计算公式如下：

$$k=\frac{0.366Q}{Ls}\lg\frac{0.66L}{r} \tag{2.10-3}$$

式中　k——渗透系数（m/d）；

　　　Q——抽水井涌水量（m³/d）；

　　　L——过滤器长度（m）；

s——抽水井水位下降值（m）；

r——抽水井半径（m）。

潜水条件下单孔抽水试验，计算影响半径 R，计算公式如下：

$$\lg R = \frac{1.3k(2H-s)}{Q} + \lg r \tag{2.10-4}$$

式中　R——影响半径（m）；

　　　Q——抽水井的涌水量（m³/d）；

　　　k——含水层渗透系数（m/d）；

　　　H——抽水前潜水层厚度（m）；

　　　s——抽水井水位下降值（m）；

　　　r——抽水井半径（m）。

2.11　其他岩土工程原位测试技术简介

岩土工程原位测试技术有很多，除前述介绍的岩土工程勘察和检测中比较常用的类型外，尚有许多测试技术在不同领域应用于工程实践，以下择部分做简要介绍。

（1）现场渗透试验

除常用的抽水试验外，现场渗透试验还包括注水试验、压水试验等。注水试验是用人工抬高水头，向试坑或钻孔内注水，来测定松散岩土体渗透性的一种原位试验方法。主要适用于不能进行抽水试验和压水试验，取原状土试样进行室内试验又比较困难的松散岩土体。注水试验可分为试坑注水试验和钻孔注水试验两种。压水试验是一种在钻孔内进行的渗透试验，它是用栓塞把钻孔隔离出一定长度的孔段，然后以一定的压力向该孔段压水，测定相应压力下的压入流量，以单位试段长度在某一压力下的压入流量值来表征该孔段岩石的透水性，是评价岩体渗透性的常用试验方法。

（2）岩体原位试验

岩体原位特性与地基土有较大的不同，岩体原位试验包括岩体原位应力测试、岩体原位变形测试等。岩体原位应力测试是工程建设中通过一定的方法，现场测试岩体中存在的应力大小和方向，从而为分析岩体工程的受力状态以及支护加固提供依据，并据此对岩体失稳破坏、岩爆等进行预测。岩体原位应力测试方法主要包括应力解除法、应力恢复法、水压致裂法、千斤顶致裂法等。岩体原位变形测试是通过加压设备将荷载施加在选定的岩体面上并测定岩体的变形，其目的是为地（坝）基、地下建筑物和边坡稳定分析等工程设计提供变形特性参数（包括弹性模量、变形模量、抗力系数、泊松比等）。岩体原位变形测试方法有静力法和动力法两类，静力法具体包括承压板法、狭缝法、单（双）轴压缩法、水压法、双筒法、径向千斤顶法、钻孔变形计法等；动力法包括声波法和地震波法等。

（3）地温测试

地温即地层的温度，采用冻结法施工的工程，通常需要进行地温测试，在地铁工程勘察中较为普遍，主要用于地铁工程地下通风与采暖设计、地下隧道冻结法施工设计计算、地温引起的结构应力计算。地温测试主要有三种方法：一种是采用电阻式井温仪，通过测量钻孔水温确定土体温度，主要用于深层地温探测，称为钻孔法；一种是将温度传感器附设于静探、十字板等传感器上，通过贯入设备，在进行其他原位测试时同步完成，称为贯入法；另一种是直接将温度计或温度传感器埋入地下，测量地表一定深度范围内温度，称为埋设温度传感器法。地温长期观测一般采用埋设温度传感器法。

（4）地电参数测试

地电参数原位测试用于测定各类岩土的电阻率和大地导电率。岩土电阻率、大地导电率是建（构）筑物、地下构筑物、发电厂、输电线路等设计时，计算接地装置和感性耦合的重要参数。地电参数原位测试宜采用数字型直流电法仪器。电阻率测定可在地面上、探坑内或钻孔中进行，宜采用四极电测深法和电测井法。四极电测深法应根据解释深度、精度和地层条件，确定最佳供电极距和测量极距。电测井法应根据井径和地层条件，确定电极系最佳极距。大地导电率测量方法有四极对称电测探法、电流互感法、线圈法、偶极法等。

参考文献

[1] 中华人民共和国国家标准. 岩土工程勘察规范 GB 50021—2001（2009 年版）. 北京：中国建筑工业出版社，2009

[2] 中华人民共和国国家标准. 城市轨道交通岩土工程勘察规范 GB 50307—2012. 北京：中国计划出版社，2012

[3] 中华人民共和国国家标准. 建筑地基基础设计规范 GB 50007—2011. 北京：中国建筑工业出版社，2011

[4] 中华人民共和国国家标准. 供水水文地质勘察规范 GB 50027—2001. 北京：中国建筑工业出版社，2001

[5] 中华人民共和国国家标准. 建筑抗震设计规范 GB 50011—2010（2016 年版）. 北京：中国建筑工业出版社，2016

[6] 中华人民共和国国家标准. 冶金工业岩土勘察原位测试规范 GB/T 50480—2008. 北京：中国计划出版社，2008

[7] 中华人民共和国国家标准. 湿陷性黄土地区建筑规范 GB 50025—2004. 北京：中国建筑工业出版社，2004.

[8] 中华人民共和国行业标准. 铁路工程地质原位测试规程 TB 10018—2003. 北京：中国铁道出版社，2003

[9] 中华人民共和国行业标准. 高层建筑岩土工程勘察规程 JGJ 72—2004. 北京：中国建筑工业出版社，2004

[10] 林宗元. 岩土工程试验监测手册. 北京：中国建筑工业出版社，2005

[11] 常士骠等. 工程地质手册（第四版）. 北京：中国建筑工业出版社，2006

[12] 石林珂等. 岩土工程原位测试. 郑州：郑州大学出版社，2003

[13] 沈小克，蔡正银，蔡国军. 原位测试技术与工程勘察应用. 土木工程学报，2016，49（2）

[14] 刘松玉，蔡正银. 土工测试技术发展综述. 土木工程学报，2012，45（3）

[15] 王钟琦. 我国的静力触探及动静触探的发展前景. 岩土工程学报，2000，22（5）

3 岩土工程物探技术

3.1 概述

在建设工程地质勘查及工程质量鉴定与检测中，工程物探和测试方法技术占了极大的分量，它是工程科学和物理科学的交叉学科，它以物理学的理论、方法及仪器设备来研究自然界和人类活动对地质介质及国民建设的影响，为岩土工程的选址、选线，地震稳定性评价、地质灾害预报、探测地下不良地质体的深度和形态，工程施工质量的评估，工程后期的安全性评价以及工程建设质量鉴定等诸多方面，工程物探的探测技术起到了举足轻重的作用。

工程物探是利用被探测对象与其周围介质间存在一定的物性（电性、磁性、密度、波速、温度、放射性等）差异，通过专业仪器在地面或井中测得众多的物性参数和信息，经数据处理和地质条件的综合分析解释，达到对地下目的物探测的结果。

目前工程物探可用于解决下列问题：

（1）地层分层、风化层分带、基岩埋深及起伏形态探测；

（2）隐伏断裂、破碎带及裂隙密集带的空间分布探测；

（3）软弱地层、冻土层和砂砾石层分布探测；

（4）水底地形和水下障碍物、抛石、沉船、管线探测及水下地层结构划分；

（5）地下水、地热及场地热源体分布探测；

（6）地下洞穴、岩溶和采空区形态及分布探测；

（7）山体滑坡、地面塌陷及环境污染等工程地质灾害成因与评价；

（8）隧道超前预报及壁厚、拱顶脱空施工质量评价；

（9）地下障碍物、地下埋藏物及隐蔽工程的空间分布探测；

（10）地下基础设施运营中质量安全检测与评价；

（11）场地及岩土层的物性参数和地基及建筑场地的动力参数测试；

（12）地下文物埋藏位置和古迹完整性探测与评价。

下面就岩土工程中常用的部分方法技术及工程实例作介绍。

3.2 高分辨率地震法

浅层高分辨率地震勘探是用人工方法在地下激发地震波，并在地面、钻井或坑道中接收来自地下地层或地质体界面的反射波，从中提取地下地质情况的信息，达到了解地下地质情况的目的。它是用弹性波去"透视"地下工程和地质体中用其他常规方法无法查明的地质目的体。该方法利用波动场作为信息载体，具有信息量大，可较详尽、全面地获取地下地质情况的优点，加之利用了当代微电子学、计算机技术，实现地震仪器野外资料采集数字化，后续的信息加工、提取和成果显示计算机化，提高了方法的时间、空间分辨能力，是高新技术含量足，解决地质问题能力强的地球物理勘探方法。

浅层高分辨率地震勘探方法可根据所接收地震波传播路径和类型不同，形成若干具体实施方法。按地震波传播路径不同，可接收穿透波、折射波、反射波，因而有透过波法、折射波法、反射波法。在地下传播的地震波又有纵波、横波、瑞雷表面波等各种类型，因此有纵波地震勘探、横波地震勘探、瑞雷表面波地震勘探等不同方法。

在众多的地震方法中，反射波法是效果最好的一种探测方法，在岩土工程中应用也广泛，本节重点阐述高密度地震映像法的方法应用。

3.2.1 高分辨率地震法应用领域

（1）陆域高分辨率地震法可应用于下列方面：

第四系松散沉积物分层；

基岩起伏形态和风化层划分；

隐伏断层、破碎带、判别断层的能动性；

溶洞、土洞、古河道；

滑坡体滑床空间展布形态，多个滑坡体相互叠合关系；

拟建工程地基下埋设的障碍物，如战时遗留炸弹，采掘活动造成的废弃坑道；

已毁建筑物的桩基及掩埋的古河道和暗河等。

（2）水域高分辨率地震法可应用于查明：

水底地形；

地层分层；

水底障碍物、沉船体。

3.2.2 原理及方法技术

高分辨率地震法的常用方法为高密度地震映像法，它是一种新的浅层地震采编方法，它是以共偏移距、近炮点、宽频带、高密度采集多波列弹性波（其中含有直达波、面波、来自周围不均匀地质体的绕射波、反射波等），用以探测浅部构造、空洞、埋设物及横向不均匀目的体，能较直观地反映地下异常情况。地下工程塌陷、矿井采空区、岩溶等与周围岩层之间存在有较大的弹性波速度差异，是反射波和绕射波极好的产生体。

高密度地震映像法一般采用：激震为人工执锤敲击，接收采用 100Hz 检波器，针对探测目的，在工作现场应进行方法效果试验，决定仪器工作观测参数为：如采样率、采样间隔、偏移距等。

3.2.3 工程实例：京杭运河八堡船闸口综合整治工程抛石调查

京杭运河二通道八堡出口位置定为钱塘江七格弯道凹岸侧（图 3.2-1）。工程河段受山潮水双向水流共同作用，水动力强，水体含沙量高，河床冲淤幅度大、演变规律复杂。为保护凹岸海塘实施了丁坝群护岸工程。八堡船闸口门综合整治工程建设主要内容包括七堡 1 号坝的部分拆除；七堡 2～8 号坝残坝清理以及工程河段受影响范围内的海塘加固工

图 3.2-1　工地位置图

程，海塘加固长度为 10.43km，其中北岸加固长度为 6.50km，南岸加固长度为 3.93km，本次工作段地处在建的杭州九堡（钱江十桥）大桥东侧，包括钱塘江北岸七堡 7 号坝上游 280m 段海塘及距 8 号坝下游 100～200m 段海塘。见图 3.2-1，浙江省钱矿江管理局勘测设计院为下一步海塘整治和加固方案提供科学依据，要求对工程区域进行水域物探勘测工作，具体任务是：查明工作段海塘塘脚抛石层分布范围，包括深度、厚度及埋置的高程。

坝上游试验段布置：纵剖面 1 条，长度 280m；试验段横断面 6 条，每条横断面长 60m，计长度 360m。

坝下游试验段布置：纵剖面 1 条，长度 200m；横断面 5 条，每条横断面长 60m，计长度 300m。

现场工作时处于钱塘江小潮期，7 号坝上游 280m 段海塘段利用低潮位江底暴露时段采用人工步行执锤逐点敲击铁板，同时逐点移动检波器进行采集工作；8 号坝下游 100～200m 海塘段是利用高潮位时渡小船开展水域高密度地震采集工作，水域激震选用 HEV-500 高能激震器。该激震器的激震频率为 0～2kHz 可调，激震力为 500N，接收采用高频水听器，同时安排专门人员实行现场自测潮位工作，并对资料解释工作成果进行潮位差改正，将试验段全部测线水位统一校准至 4.20m 高程上。

高分辨率地震映像的资料分析取得以下结果：

（1）多条横断面探测结果表明：抛石填埋范围一般为海塘塘脚沉井外侧约 15～20m。

（2）抛石层的厚度一般为 2～9m，抛石层的厚度中包括土石混合层厚度 1～2.5m。

由于查清海塘塘脚范围存在较广面层和较厚层的抛石层，设计部门改变了原设计采用混凝土预制桩加固海塘的方案，为下一步的正确设计方案提供科学的依据（图 3.2-2～图 3.2-4）。

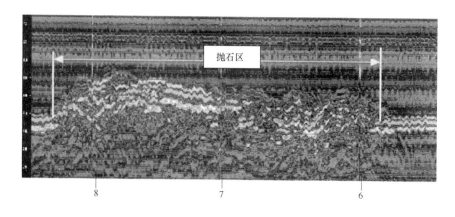

图 3.2-2　水底抛石层高密度地震映像图

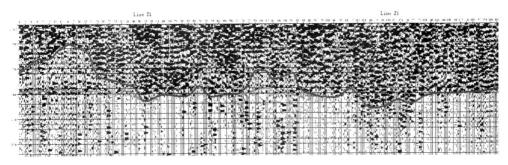

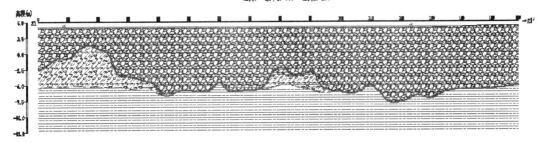

图 3.2-3　z1 剖面高密度地震探测抛石层解释映像图

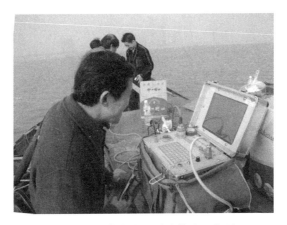

图 3.2-4　高密度地震映像法工作照

3.3　高密度电法

　　随着工程建设的快速发展，工程建设和民用建筑地质勘察中，岩溶作为一种典型的不良地质现象在工程施工中的危害越来越明显，严重地影响到工程质量与施工进度。灰岩是一种较为特殊的岩石，通常发育溶沟、溶槽等溶蚀带以及溶洞，甚至引起上覆第四系内部土洞发育。

　　因此，在灰岩地区勘察阶段需详尽查明区内岩溶、土洞、溶洞等地质体的发育情况和分布规律，为设计提供即安全又经济勘察成果，但要查明区内岩溶等地质体纵横向发育情况，仅靠钻探方法显然是无法办到，物探方法是灰岩分布区域熔岩地基勘查的重要手段，通过物探方法可查明特定区内第四系内部土洞、溶洞、灰岩埋深、灰岩分布范围。常规的地震法电磁波法和电法均有较好的效果，高密度电法是从常规电法基础上发展起来的物探方法，已广泛应用于区域性和特定区内岩溶灾害调查及工程地基勘察中。该方法是进行地层划分、探测岩溶空洞以及地质滑坡体等的一种有效手段，与传统电阻率法相比，成本低、效率高、信息丰富、解释方便，尤其在灰岩区域勘查能力具显著优势。

3.3.1 高密度电法应用领域

划分岩性地层分层；

寻找岩溶土洞；

确定地质构造；

判别地下含水层；

确定地质灾害成因。

3.3.2 原理及方法技术

直流电阻率法是物探工作中常见的一种物探方法。是根据岩石和矿石导电性的差别，研究地下岩、矿石电阻率的变化，进行找矿勘探的一组方法。它是用直流电源通过导线经供电电极（A、B）向地下供电建立电场，经测量电极（M、N）将该电场引起的电位差 $\Delta\text{‰}$ 引入仪器从而进行测量。选用中梯装置进行测量、具体工作原理如图 3.3-1、图 3.3-2 所示。

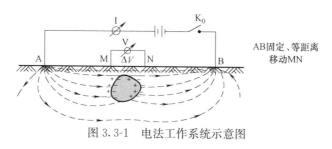

图 3.3-1 电法工作系统示意图

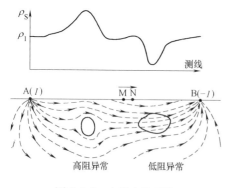

图 3.3-2 中梯电法工作

中间梯度电阻率方法是一次布极可测得多条测线的方法。对取得的多种参数经相应程序的处理和自动反演成像，可快速、准确地给出所测地电断面的地质解释图件，从而提高了电阻率方法的效果和工作效率。缺点是中点梯度法是整体的曲线形态较瞬变电磁法精度低（图3.3-3）。

高密度电阻率法以岩土体的导电性差异为物理基础，研究在外加电场的作用下地中传导电流的分布规律的一种电法勘探方法，由于其利用仪器控制多电极自动密集采样，可以一次获得一个断面的视电阻率数据，达到更加丰富的地电信息和直观准确的勘查结果，其工作效率高而且取得的地电剖面信息量多，为后继的地质解释能提供更多的地球物理资料。其

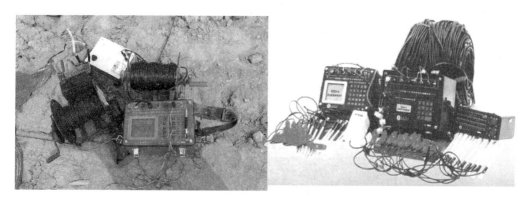

图 3.3-3　电法仪器和线架

工作框图见图 3.3-4。

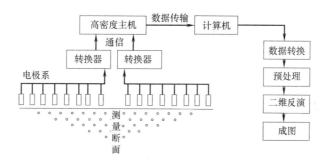

图 3.3-4　高密度电法工作示意图

3.3.3　工程实例：建筑场地区内的岩溶探测

杭州广大房地产开发有限公司城西某小区为多幢居民住宅楼，其地层基本分布为：①素填土，②粉质黏土，③淤泥质黏土，④粉质黏土，⑤-2 强风化泥质灰岩，⑤-3 中风化泥质灰岩，设计采用人工挖孔灌注桩基础，以⑤-3 中风化泥灰岩为桩端持力层，由于在地质勘察时 1、2 号楼个别钻孔发现有灰岩溶蚀裂隙或溶洞，（洞、沟）中有流塑状淤泥充填物。为查明场区内有无土洞及开口溶洞等不良地质条件及岩溶分布的空间形态，为桩基设计及施工采取科学的方案作出合理的决策提供依据高密度电法的数据是在反演的基础上进行的，解释的关键是将岩体电性差异转化为岩性上的差异，由于第四系与灰岩之间、完整灰岩与岩溶发育存在有溶洞、溶沟、土洞等具有较明显电阻率差异：如黏土层为 5～25Ω·m，溶洞电阻率 5～20Ω·m（溶洞为无充填电阻率高于完整基岩电阻率），风化泥质灰岩电阻率 30～45Ω·m，泥质灰岩电阻率 40～200Ω·m，这为探测工区内岩溶的存在及发育的范围提供了有利条件。

本次探测工作时，工作参数和仪器设备的选择直接关系到探测工作的质量。工作因根据场地条件及勘探深度，本次工作采用温纳装置测量。每排列电极为 60 根，电极距为 2m，仪器按照设定的程序依次移动供电电极 A 和 B 及测量电极 M 和 N 并计算相应的装置系数（K），通过测读供电电流（I）和测量电极间的电压（ΔV），计算出对应点的电阻率值 $\rho_s = K \times \Delta V / I$。仪器采用中装集团重庆地质仪器厂生产的 DZD-6 和 DUK-2 组成的高密度电法测量系统，采集数据自动记录和存储器仪器中。

根据高密度电法数据的分析可取得如下成果：

1号楼1～3号剖面结果解释：

1号楼共布置由南往北三条编号1、2、3剖面，剖面间距5m。

1剖面：从资料分析，该剖面基岩的深度自西向东逐渐倾伏，从基岩内的高密度测试资料70点处离地表深20.0～28.0m处存在一处岩溶异常，异常内高阻低阻互现。

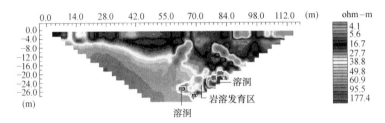

图3.3-5　1号剖面高密度电法反演图

由图3.3-5可知在岩溶发育区见小齐泥岩洞低阻休和不充泥岩高阻体溶洞。

2剖面：该剖面基岩的埋深如同1剖面线，也是自西向东由浅变深，最深部位在18～20m，而在70点处离地表深26.0m处存岩溶异常，该岩溶发育相对较弱，岩溶异常内见有一低阻体溶洞存在，（图3.3-6）。

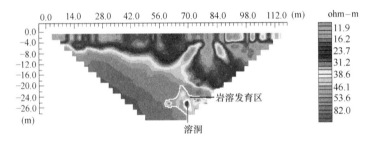

图3.3-6　2号剖面高密度电法反演图

3剖面：从资料分析，该剖面基岩的埋深如同1、2剖面，总的趋势为西浅向东倾伏，剖面内在70点处离地表深24.0m处存在一处岩溶异常（图3.3-7），在岩溶发育区主要高阻体溶洞和小充泥低阻体岩溶，从以上三剖面的分析，推断该处三条剖面的70点处距地表约20.0～28.0m深的岩溶可能属一串珠状小溶洞，为南北走向岩溶发育带，而在70点往西基岩完整，未发现岩溶和不良地质迹象。

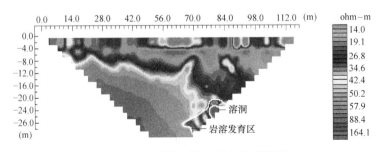

图3.3-7　3号剖面高密度电法反演图

2号楼4~6号剖面结果解释

2号楼高密度电法在该楼共布置由南往北三条编号4、5、6剖面，三条剖面的间距分别为5.0m。

4剖面：从资料分析，该剖面基岩的深度自西向东趋于由浅变深，从基岩内的高密度测试资料24点处离地表深6.0m处存在一处土洞小异常（图3.3-8），土洞处于强风化灰岩与粉质黏土混砾层交界部位呈现低阻，从剖面结果看其基岩界面完整。

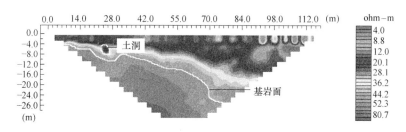

图3.3-8 4号剖面高密度电法反演图

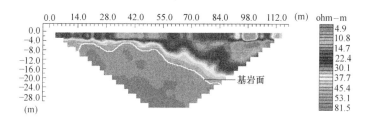

图3.3-9 5号剖面高密度电法反演图

5、6剖面：从资料分析看该5、6线基岩存在有起伏、相邻的落差最大处可达2.0～4.0m，引起凹形，在低畦处将形成溶蚀沟及溶沟泥，此部位经分析在5号剖面和6号剖面的30号点左右，其底部基岩完整，无岩溶和土洞的迹象（图3.3-9）。

综上可知4、5、6号剖面除4号剖面存在一小土洞外其余未发现岩溶存在的信息，可见三条剖面测线所反映的地层分布规律基本一致，说明该场地2号楼的地质情况稳定、连续，且无不良地质体存在。

高密度电法兼具剖面法和测深的功能，具点距小、数据采集密度大的特点，能较直观、形象地反映断面电性异常体的形态、产状等。在灰岩分布区应用高密度电法了解第四系土洞、岩溶等发育情况以及确定灰岩的分布情况，能取得较好的地质效果。高密度电法断面结果反映的是灰岩与上覆第四系地层的平均电性反映，断面测量资料能反映灰岩埋深、岩面总体起伏状况。

在本工区的高密度电法探测中，进一步证明了高密度电法在岩溶地区与钻探结合使用，不仅可大量减少钻探工作量，还可以更快速、高效地判别岩溶等不良地质体的存在及规模。

3.4 瞬态瑞利波法

浙江由于其特殊的地理位置，特有的软土地质条件，对于许多工程建设必须进行地基加固，以提高地基承载力。强夯是众多地基处理方法中比较常见的一种，此次工程所用的地基加固手段，如水泥搅拌桩、砂桩和强夯碎石桩等，而强夯碎石桩所具有的快速、廉价和效果好被许多建设方所应用，具体做法：利用特重锤巨大的夯击能量，将铺在地面上的强度不低于中风化的石料以点夯的方式夯入土中，在夯击过程中多次填入块石，重复夯击和填块石直至块石形成密实的块石墩，在强夯中夯击能量转化，同时伴随了虽制压或振密土体，造成土体的液化和结构的破坏，从而起到土体的再固结压密的目的。

图 3.4-1　瑞利波探测方法工作照

为了解强夯碎石桩的地基加固效果以及均匀性，通常的检测手段有钻探。其主要优点是检测资料直观、精确，主要缺点是检测工期长、费用高，检测范围小。

瞬态瑞利波检测（图 3.4-1），主要利用碎石桩与土层相比，其剪切波传播视速度高、密度重的特征，根据频散曲线拐点特征，确定碎石桩深度。再利用速度与力学指标的经验公式，得到有关力学参数和承载力估算值。其主要优点是可以连续检测、检测周期短，操作简单；主要缺点是检测精度相对钻探较低，深度较浅。

3.4.1 瞬态瑞利波法应用领域

1. 深部地质勘察

（1）地热开发可行性论证阶段地质勘查。确定热储层埋深及含水性预测。

（2）场地地震安全评价。

（3）油气地质勘查。

2. 工程地质勘查

（1）地层划分。

（2）岩土物理性质原位测试。

（3）饱和砂土液化判别。

（4）场地土类型、类别划分。

（5）基岩起伏及岩溶。

3. 工程质量检测

（1）软地基处理效果评价。

（2）土体压实效果检测。

（3）公路结构层厚度测定。

（4）混凝土结构测强测缺。

（5）地下不良地质体（暗圹、河、洞穴、抛石）的探测。

3.4.2　原理及方法技术

瑞利波俗称面波。是沿地球表层传播的一种弹性波（地震波）。瑞利波是纵波与横波在界面（主要在地表）附近的复合振动，质点在传播方向的垂直平面内振动，振幅随深度呈指数函数急剧衰减。瑞利波沿地面表层传播，影响的地层厚度约为一个波长，因此，不同波长瑞利波的传播特性反映了不同深度的地质情况。面波特性有：振动能量随深度增大而衰减；它具有瑞雷波的频散物性，而且瑞雷波传播速度与剪切波速度有相关性。人们通过对波形形态的分析、频散曲线的分析、反演优化，可对地下土（岩）层进行分层（图3.4-2）。

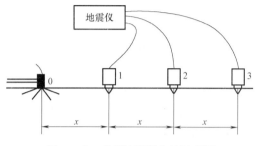

图 3.4-2　瑞利波探测方法示意图

利用瑞利波技术解决岩土的工程探查是基于瑞利波的两个特性：一是在分层介质中传播时的频散特性；二是传播速度与介质的物理力学性质的密切相关性。因此该方法的应用开拓了广阔的前景，不同时代的地层面波速度不同，完整岩石和破损岩石面波速度不同，松散和致密地层面波速度也不同。因此瑞雷波勘探可用于地学研究，油气、地热、灾害地质评价，工程地质勘察，岩土物理性质原位测试等方面。也广泛于工程建筑质量检测领域中。

3.4.3　工程实例：强夯地基的检测及效果评价

宁波市 500kV 变电站强夯及强夯挤淤置换效果的面波探测

该 500kV 变电站站址位于浙江省宁波市江北区慈城镇湖心村七夹吞东南侧约 400m 处，距宁波市区约 15km。进站道路考虑从站址西北侧 6m 宽的水泥村道引接，新建进站道路长度约 129m，宽 6.0m，村道有 50m 需路面硬化，地基处理采用强夯挤淤置换法处理。

为了解该场地地基处理采用强夯挤淤置换法处理的效果，对场地进行了 10 个点的瑞利波探测，以便为进行下一步设计与施工提供科学依据。

该场地主要为：第四系全新统滨海相沉积物（$Q_{4m}+h$）组成的淤泥质土，洪积、坡残积成因的粉质黏土及粉质黏土混碎石（$Q_{4di}+pl$）组成。

场地地基土的组成从上而下分为：

（1）层粉质黏土：层厚 5.00～1.50m。

（2）层淤泥：层厚 6.20～0.50m；

（3）层粉质黏土混角砾：层厚 12.10～0.20m。

（4）层碎石混粉质黏土：层厚 7.30～1.00m。

（5-1）层全风化凝灰岩：层厚一般 0.70～5.00m。

（5-2）层强风化凝灰岩：层厚一般 0.60～7.20m。

（5-3）层中等风化凝灰岩：完整性相对较好。

根据地质勘探，场地西南侧池塘及河道区域（2）层淤泥层厚为 0.5～6.2m，层底埋深－1.00～－8.00m，需对该层进行地基处理。南侧靠河道处挡墙下地基处理采用强夯挤淤置换法处理，围墙内 500kV 场地、主变基础填方区采用强夯处理。

强夯挤淤处理区域主要为南侧靠河道处挡墙下地基，该区域表层淤泥已基本挖除，局部剩余淤泥最大厚度约 3.5m；处理区域分两层施工：第一层厚度约 2.5～4m，主要为淤泥挖除后回填的级配块石，强夯施工主要是挤出下部剩余的 3.5m 厚淤泥，强夯过程中应随夯在夯坑中随填级配块石，强夯标高控制在－0.5～0.0m（绝对标高）左右。第二层厚度约 1.5～2m 左右，主要为对表层回填的级配石料进行夯实。

强夯处理采用一遍点夯，一遍满夯，因本工程采用 2.5m 直径锤，夯点间距根据规范要求为 1.6～2.6 倍锤底直径，点夯布点方式为正三角形边长 5m 布点。强夯单击夯击能初定为 3000kN·m，锤重 30t，提升高度 10m，每点的夯级击数根据试夯情况确定，且最后两击平均夯沉量不大于 50mm。满夯单击夯击能初定为 1000kN·m，锤重 10t，提升高度 10m，每点暂定 3 击（根据试夯情况确定），平均夯沉量小于等于 50mm，点与点之间的间距为 1/5 搭接。

根据本次探测任务的目的，确定采用瑞利波法；当在圆形基础上对地表进行垂直方向的激震时，将产生瑞利波（R 波）、剪切波（S 波）和压缩波（P 波），其中瑞利波的能量约占总能量的三分之二，而且瑞利波的大部分能量损失在二分之一波长的深度内，换句话说瑞利波某一波长的波速主要与深度小于二分之一波长内的地层物性有关。因此，利用瑞利波频率—波长—深度的对应关系，可计算出不同深度内地层的瑞利波速度；通过测试地下不同深度内的瑞利波速度，通过计算机对仪器采集的数据进行傅里叶变换，求出不同频率的波速，并对计算结果进行正反演拟合，可以间接探测地下地层结构，从而达到探测不同地质体深度的目的；另外还可以根据实测数据绘制出频散特征曲线，对探测深度范围内的土体密实程度给予地质解释，同时根据波速与承载力成正比的关系可以估算计出地基承载力，从而达到评价强夯碎石桩处理加固地基的效果。

碎石回填或抛石形成的堤坝、强夯或强夯置换法地基处理地基的瑞利波频散曲线大致可分为如下三种类型：（还少第三种）

第一种是对应于施工科学、处理均匀而密实、达到设计要术的频散曲线，其形态完整、平滑，速度较高，可很明显见到碎石和黏土接触界面，如图 3.4-3 所示。

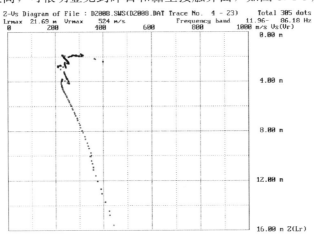

图 3.4-3　处理均匀而密实频散曲线图

第二种是对应于碎石回填或多次碎石回填强夯形成多层碎石层接触界面，如图 3.4-4 所示。

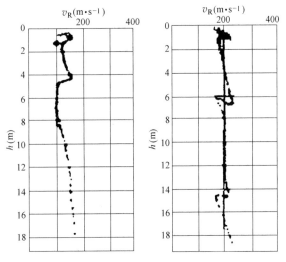

图 3.4-4　一次或多次碎石回填不同深度频散曲线图

第三种是碎石回填强夯不密实，如图 3.4-5 所示。

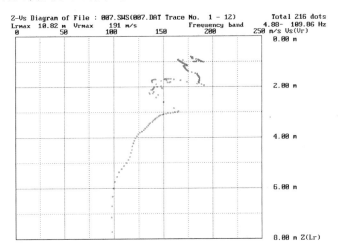

图 3.4-5　碎石回填强夯不密实频散曲线图

根据对本场地路基的探测资料分析；求得各点的面波速度，并根据波速与地基承载力的相关关系（表 3.4-1），可得出各测试点的复合地基承载力特征值（表 3.4-2）。

V_R 与 R 的关系表　　　　　　　　　　　　　　　　　　　　表 3.4-1

	V_R(m/s)	100～125	125～150	150～175	175～200	200～225	225～250
黏性土							
	$[R]$(kPa)	70～105	105～135	135～170	170～206	206～245	245～288
砂土	V_R(m/s)	100～125	125～150	150～175	175～200	200～250	250～300
	$[R]$(kPa)	70～95	95～115	115～145	145～170	170～245	245～330

通过对本场地的强夯挤淤置换法处理瑞利波测试、室内资料整理计算和解释表明：

所测试的 10 个点中、1、2、3、4、8、9 点地基处理后地基承载力推算特征值 f_{ak}，满足设计 200kPa 要求；从有效加固深度看，（3）层粉质黏土混角砾以上的（2）层淤泥层，已被充分强夯挤淤置换。

探测点地基承载力评价表 表 3.4-2

点号	坐标号	瑞利波波速范围(m/s)	地基承载力推算特征值 f_{ak}(kPa)	地基处理效果评价
1	16.5	220~240	220	密实
2	20.5	210~230	210	密实
3	24.5	180~280	200	密实
4	28.5	180~270	200	密实
5	32.5	90~240	180	6m 左右挤淤效果不佳
6	36.5	100~230	180	6m 左右挤淤效果不佳
7	40.5	110~230	180	6m 左右挤淤效果不佳
8	44.5	200~230	210	密实
9	48.5	200~240	210	密实
10	52.5	110~240	190	5m 左右挤淤效果不佳

所测试的 10 个点中，5、6、7、10 四处地基处理后地基承载力推算特征值 f_{ak} 在 180~190kPa 之间，未能达到设计要求；其有效加固深度看，5、6、7 点在深度 6m 左右及 10 点在深度 5m 左右，均存在未被强夯挤淤置换的（2）层淤泥层，未充分达到有效加固深度至（3）层粉质黏土混角砾的要求。建议设计单位必要时，对未达到有效加固深度的点位处的地基进行沉降变形验算，以确定地基土沉降变形能满足相应建筑物或构筑物的变形要求。

3.5 瞬变电磁波法

3.5.1 瞬态电磁波法应用领域

探测中深地层岩溶分布。
探测中深部采空区。
地下水源探测。
地下古河道古文物探测。

3.5.2 原理及方法技术

瞬变电磁法的工作是利用不接地回线或接地线源向地下发射一次脉冲磁场，一次磁场在周围传播过程中，如遇到地下良导地质体，将在其内部激发产生感应电流（或称涡流、二次电流）。由于二次电流随时间变化，因而在其周围又产生新的磁场，称为二次磁场。由于良导地质体内感应电流的热损耗，二次磁场大致按指数规律随时间衰减，形成如图 3.5-1 所示的瞬变磁场。二次磁场主要来源于良导地质体内的感应电流，因此它包含着与之相关的地质信息。二次电磁场通过接收回线观测，理论研究表明地下感应二次场的强弱、随时间衰减的快慢与地下被探测地质异常体的规模、产状、位置和导电性能密切相关。被探测异常体的规模越大、埋深越浅、电阻率越低，所观测的二次场越强；尤其当异常体的电阻率越低时，二次场随时间的衰减速度越慢，延续时间也越长。因此，通过对所观测的数据进行分析和处理研究二次场的时间和空间分布便可获得地下地质异常体的电性特征、形态、产状和埋深，从而达到探测地下地质目的体的任务。

瞬变电磁法常用装置有中心回线法、重叠回线法、偶极装置法、大定源回线装置。本次工作首先考虑了大定源回线法。即一次性布置个大线框（80m×80m），再在中心区域采用多匝小线圈进行测量。本场地累计布置7～8个大定源回线框。

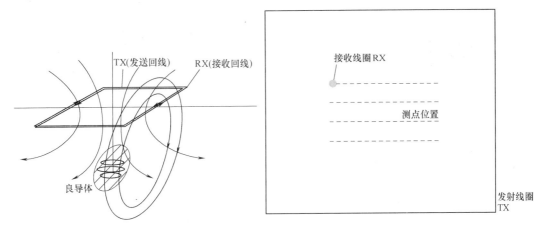

图 3.5-1　瞬变电磁法工作原理示意图　　　图 3.5-2　大定源回线采集装置

瞬变电磁法探测具有如下优点：

（1）由于施工效率高，纯二次场观测以及对低阻体敏感，使得它在当前的煤田水文地质勘探中成为首选方法；

（2）瞬变电磁法在高阻围岩中寻找低阻地质体是最灵敏的方法，且无地形影响；

（3）采用同点组合观测，与探测目标有最佳耦合，异常响应强，形态简单，分辨能力强；

（4）剖面测量和测深工作同时完成，提供更多有用信息。

瞬变电磁法的工作效率高，但也不能取代其他电法勘探手段，当遇到周边有大的金属结构（地面或空间的金属结构）时，在工程勘探时，寻找地下空洞时，会有两种情况，一是充水空洞呈现低阻特征，二是未充水，呈高阻特征，所测到的数据不可使用，此时应补充直流电法或其他物探方法来综合分析判定。

3.5.3　工程实例：工程地质勘察中的深部岩溶探查

杭州市萧山某地块在前期勘察中，发现地下50m以下基岩内存在多处岩溶。根据初步的资料，岩溶发育情况较为复杂，已揭示位置岩溶的孔10余处，多为黏土填充、上下顶面厚度5～10m。由于钻孔点距有限，不能完整地反映岩溶的分布情况。

1. 物探工作的主要目的和任务

（1）在规划高层区域布置物探工作，通过物探等多种手段划分区域内岩溶区与非岩溶区。

（2）根据探测结果、研究工区内岩溶的分布规律。为后续房地产开发的地下施工提供科学依据。

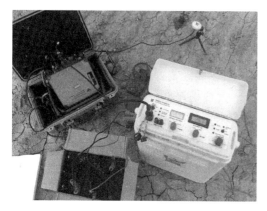

图 3.5-3　T—4 发射机

图 3.5-4　接收线圈

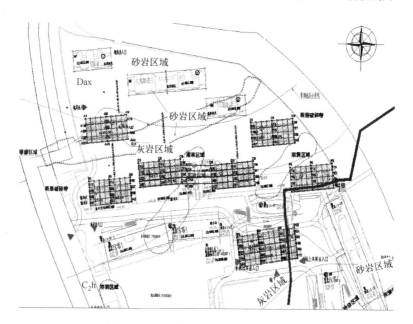

图 3.5-5　勘察工区内岩溶地域分布区

2. 成果推断解释

本次物探共探测 7 栋高层场址。已基本查明委托范围内下伏地层岩溶发育情况，异常往往为梯度变化加剧的区域，电阻率值表现为低阻值、对应感应电动势表现为低值或相对低值区。通过对异常的划分、基本圈定岩溶区的范围。

物探工作首先在已知岩溶区域进行试验、通过实验方法的对比、研究异常的形态。在此基础上再进行全工地的物探工作，图 3.5-7 为有无岩溶区的感应电动势异常物探测试成果对比，并进行钻探验证。

工区内第四系覆盖层较厚，厚度在 $50\sim70\text{m}$，不同频率的感应响应着不同深度的地层。通过对比发现、瞬变电磁（$0.25\sim0.72\text{Hz}$）晚期电压曲线（即底部曲线）出现明显

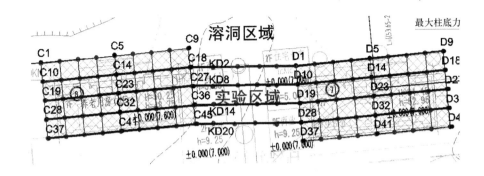

图 3.5-6 物探测点位置图

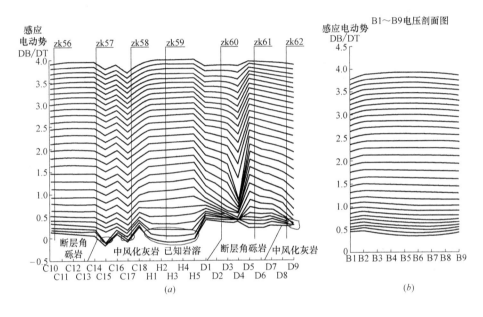

图 3.5-7 瞬变电磁法（感应电动势异常）与已知岩溶（钻孔）对比

（a）有岩溶；（b）无岩溶

的变化、对比钻探成果。电动势"低值谷底"区域对应与已知的岩溶有较好的吻合。分析原因是基岩内岩溶被黏土填充、异常反映为"高阻中夹低值"形态。通过实验工作表明：瞬变电磁法对测点上的岩溶异常有较好的反映且感应电动势曲线解释较为直观。最终结合感应电动势曲线，电阻率剖面图、同一深度的感应电动势平面等值线图、电阻率平面等值线图来综合解释。

3. 成果资料

本次对工区 7 栋高层建筑进行了探测、测试点距 5m、瞬变电磁法测量点数 322 个点，电阻率法测量点数为 110 个点（E 和 F 以及中间已知岩溶区域）。其中有三幢楼的基岩下存在着不同大小的岩溶，要求在桩位下采用一桩一孔的钻孔探其顶板厚度，而其他 4 幢楼桩基嵌岩下部不会存在岩溶，无需采用钻孔法，为此可节省近 500 百万的工程造价和时间。

探测区域内各楼岩溶与非岩溶分布表　　表 3.5-1

栋号	点　号	成　果　解　释	备　注
4	A1～A9	无明显岩溶异常	
	A10～A18	无明显岩溶异常	
	A19～A27	无明显岩溶异常	
	A28～A36	无明显岩溶异常	
	A37～A45	无明显岩溶异常	
9	B1～B9	无明显岩溶异常	
	B10～B18	无明显岩溶异常	
	B19～B27	无明显岩溶异常	
	B28～B36	推测岩溶区域范围在测点 B31～B34 之间,深度在 52～65m 之间	岩溶区
	B37～B45	推测岩溶区域范围在测点 B33～B40 之间,深度在 50～63m 之间	岩溶区
8	C1～C9	推测岩溶区域范围在测点 C2－C4 之间,深度在 53～62m 之间	岩溶区
	C10～C18	推测岩溶区域范围在测点 C15、C17 处,深度在 55～63m 之间	岩溶区
	C19～C27	推测岩溶区域范围在测点 C25～C26 之间,深度在 51～60m 之间	岩溶区
	C28～C36	无明显岩溶异常	
	C37～C45	推测岩溶区域范围在测点 C45 处,深度在 56～63m 之间	岩溶区
7	D1～D9	推测岩溶区域范围在测点 D8～D9 之间,深度在 52～65m 之间	岩溶区
	D10～D18	推测岩溶区域范围在测点 D17～D18 之间,深度在 54～65m 之间	岩溶区
	D19～D27	无明显岩溶异常	
	D28～D36	推测岩溶区域范围在测点 D29 处,深度在 55～59m 之间	岩溶区
	D37～D45	无明显岩溶异常	

3.6　地质雷达法

近年来,随着高速公路的日益增多,公路、桥梁、隧道、地下管线等岩土工程的快速发展,因多种自然因素或施工前期中的某些问题,以及后期多年运营的承负荷载,常会发生不同程度的病害特征,对于表面的病害特征,可以通过调查掌握;而存在隐患的地方,是直接观察不到的。对于传统的一些破坏性的检测方法,耗时耗力,而且破坏性,越来越不能适应生产的需要。

而探地雷达技术是一种无损检测技术的高新技术,使用高速多通道的探地雷达,用于岩土工程病害无损检测,具有以下一些特点:

（1）探地雷达剖面分辨率高，其分辨率是目前所有地球物理探测手段中最高的，能清晰直观地显示被探测介质体的内部结构特征；

（2）探地雷达探测效率高，对被探测目标无破坏性，其天线可以贴近或离开目标介质表明面进行探测，探测效果受现场条件影响小，适应性较强；

（3）抗干扰能力强，探地雷达探测不受机械振动干扰 的影响，也不受天线中心频段以外的电磁信号的干扰影响。

3.6.1 地质雷达法应用领域

（1）在工程基础勘察中确定基岩顶面的埋深，探测基岩中的洞穴及断层、裂隙结构，调查与研究第四系活动断层；

（2）对人工建筑物、道路及机场跑道等工程设施的现状进行无损检测，以对其现状进行评价；

（3）对高速公路的铺设及各类隧道的衬砌质量进行检测与监测；

（4）探查基底为石灰岩的人工挖孔桩桩底是否有溶洞存在及基岩顶面的埋深；

（5）调查公路、铁路及城市、矿山等的地面塌陷成因及预测和圈定潜在的塌陷区范围；

（7）调查山体滑坡、堤岸崩塌等地质灾害的成因及特征；

（8）在城市建设中用于地下管线探测；

（9）用于考古调查。

3.6.2 原理及方法技术

探地雷达方法是利用高频电磁波（主频为 $106 \sim 109$ Hz 或更高）以宽频带短脉冲形式由地面通过发射天线送入介质内部，经目标体的反射后回到表面，由接收天线接受回波信号。电磁波在介质中传播时，其路径、电磁场强度及波形随所通过的介质的电性性质及物性体界面几何形态而变化，根据接收的反射回波的双程走时、幅度、相位等信息，对介质的内部结构进行判释。然后根据所测精确旅行时间 t 值（ns，1ns $=10^{-9}$ s），和已知介质中波速 v，求出目标深度。

雷达图像剖面图常以脉冲反射波的波形形式记录。波形用变面积形式表示，或者以灰度或彩色剖面形式表示。这样，同相轴或等灰线、等色线即可形象地表征出地下反射面或目的体。在波形记录图上各测点均以测线的铅垂方向记录波形，构成雷达成像剖面。根据雷达剖面图像，来判断反射界面或目的体。雷达探测的分辨率、最大探测深度与采用的天线中心频率有密切关系，频率越高，检测的分辨率越高，而穿透深度也越浅。

地质雷达是利用主频为 n.10MHz 至 n.100MHz 甚至上千 MHz 的高频电磁波以宽频带脉冲形式，通过发射无线向地下发射电磁波，经地下的各地层或某一目的体的反射或透射，被地面的接收无线所接收，其脉冲波行程所需要的时间为：

$$t = \sqrt{4h^2 + x^2}/V \tag{3.6-1}$$

若地下某一地层介质波速 v 已知时，可以根据测得的精确 t 值（一般为 ns 级）来算出地下目的体反射点的深度（m）。

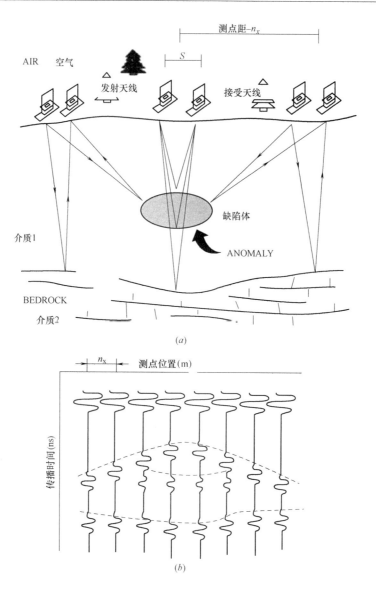

图 3.6-1　地质雷达的原理示意图

（a）探测模型；（b）波阵图

常见介质波速和相对介电常数值表　　　　　　　　　　　　　　表 3.6-1

介质	v (m/ns)	ε	介质	v (m/ns)	ε
空气	0.3	1	混凝土	0.12	6～9
纯水	0.033	81	沥青	0.12～0.18	3～5
海水	0.01	81	砂岩	0.15	4
黏土	0.05～0.15	4～40	石灰岩	0.11	7
砂	0.06	30	凝灰岩	0.12	6
土壤	0.13～0.17	2.6～15	花岗岩	0.1	7

3.6.3 工程实例

（1）杭甬天然气管道顶管穿越杭甬高速公路（17K＋360m）施工段路面沉降脱空区探地雷达探测

杭甬天然气管道顶管施工穿越杭甬高速公路（杭州至宁波方向）里程桩号为：17K＋360m，顶管深度为7.5m，顶管长度为78m。

在本段顶管结束12h后，路面观测人员发现路南侧围栏边出现了宽约1cm左右的裂缝，中间隔离带局部区域也出现了沉降（沉降幅度达到20cm左右）以及高速公路南侧挡墙出现了局部裂纹（其长度约为6m，缝宽0.5cm），南侧挡土墙根部出现地基下陷造成的空洞，其洞高约30cm，洞长约7m。路基塌陷事故发生后，储运安装公司管道项目部对路面、路基进行了充砂、高压水泥注浆等处理手段进行抢修。

抢修工作完成后，为查明事故抢修注浆后的效果以及是否尚存的地下隐患。特决定对该段事故路面进行雷达探测，其目的是检查该事故路段路基、路基下粉砂层的扰动情况，并查明是否尚有脱空区的存在，为高速公路永久性维护施工设计方案提供科学依据。

地质雷达采用100m、500m两种不同的雷达主频天线进行探测，对不同的深度范围进行探测，以提高本次探地雷达探测的垂向分辨率。本次在高速公路路面每车道上（包括硬路肩）均布置2条探地雷达测线，测线长度均为60m，每条测线的中点均为天然气管道与高速公路的交点，均采用100m、500m两种不同的主频天线进行检测，挡土墙边缘布置1条测线，采用100m主频天线进行探测。共计500m天线探测测线20条，测线长度1200m，100m天线探测测线22条，测线长度2520m。

图3.6-2是在该地段硬路肩探地雷达图像显示，从映像图可见各波组均匀水平，未见松散和脱空地层的强反射波组。说明垫层情况良好，无空洞存在；深部4～12m范围内无空洞体和松散体存在，说明该处路基未被损坏。

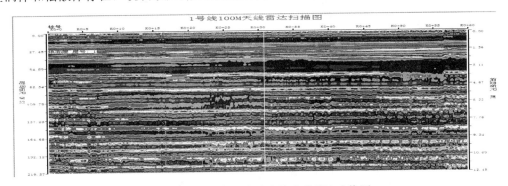

图3.6-2 正常高速公路路基地质雷达映像图

图3.6-3是北1车道测线探地雷达图像显示，25.7～36.3m处路面沥青层明显下沉；22.9～37.8m处垫层被破坏，扰动严重，大部分被充实。但资料显示27.6～29.3m处有强反射波组，推断该处为松动区域，其长度为1.7m，深度范围约1.2～1.4m；31.0～34.0m处有强反射波组，推断该处为松动区域，其长度为3.0m，深度范围约1.0～1.5m。深部4～12m范围内未见松散和脱空地层的强反射波组，说明无空洞体存在，注浆效果良好。

根据地质雷达所得出尚有部分地块的注浆处理存在脱空部位再次进行有针对性的注浆

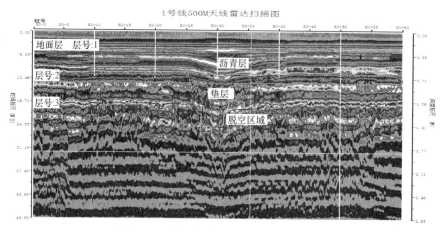

图 3.6-3　北 1 车道受损后探地雷达图像

并再进行复测。最终验证地下路基注浆的效果。

图 3.6-4 是北 1 车道受损后初次注浆处理采用地质雷达探测尚存在部分脱空后，再次进行有目的注浆后重新用地质雷达测试图，从图中可见脱空部分已被加固密实，尤凹陷存在，加固效果良好。

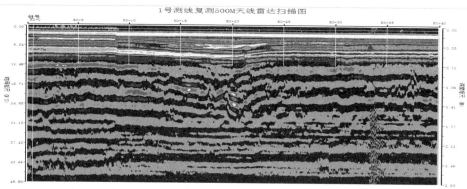

图 3.6-4　北 1 车道再次注浆加固后探地雷达图像

图 3.6-5　公路脱空地质雷达探测照

（2）隧道质量检测

目前我省隧道一般均采用"新奥法"，隧道支护大多采用锚喷初期支护二次复合衬砌体系。二次衬砌采用泵送混凝土模筑工艺，初期支护与模筑混凝土之间密实，作为永久支护的一部分（或者是大部分）共同参与受力，二次衬砌承受部分荷载并作为安全储备。

隧道衬砌作为永久性的重要结构物，其使用寿命应有相当的可靠性和保证率，因此要求初期支护与二次衬砌之间密实，并具有抗渗、抗侵蚀、抗病害的功能，使其能够长期、安全地使用。隧道衬砌结构设计是根据地质情况和隧道断面几何要素进行的，复合衬砌基本形式一般为开挖围岩＋初期支护（喷射混凝土、锚杆，特殊情况以隔栅拱支护）＋防排水层＋二次衬砌（模筑混凝土，根据围岩类别不同厚度有所变化）。实际上由于围岩开挖及施工因素，在围岩与初期支护、初期支护与隔水层、隔水层与二次衬砌间均可能存在一定程度的空洞，同时，易产生二次衬砌厚度不足、漏水、钢筋网错断、变形、隔栅拱变形等质量缺陷。这样一个复杂的结构体在施工过程中极易引起质量隐患，如何对其进行检测，控制施工质量，消除质量隐患成为迫切需要解决的问题。

图 3.6-6 是隧道衬砌质量雷达标准波形图，图中各界面波组均一，相位一致，且频率变化不大。二次衬砌底界均匀，厚度达到设计要求，混凝土充填密实，未发现空洞现象。

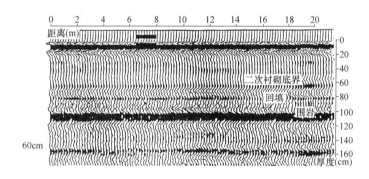

图 3.6-6　隧道衬砌质量雷达标准波形图

1）二次衬砌厚度不足

二次衬砌厚度多根据围岩类别进行设计，造成二次衬砌厚度不足有各种原因，除偷工减料因素外，围岩欠挖也是造成其厚度不足的一个原因，另外，容易忽略的是施工工艺方面，人工填筑固然不可取，模板台车在施工过程中同样会在隔水层铺装完毕浇灌混凝土时使隔水材料下沉而限制混凝土填入量，从而造成二次衬砌厚度不足。一般情况下，拱顶是极易出现此类问题的部位。图 3.6-7 为某公路隧道雷达实测波形图，图 3.6-7 中二次衬砌底界起伏较大，最薄处位于 12～18m 及 33～38m 处，计算厚度为 20cm，较原设计厚度相差 20cm。

2）脱空

脱空现象在隧道衬砌施工中较为常见，且多出现于拱顶及左右边拱部位，一般可分为二次衬砌与隔水层间脱空、隔水层与初期支护间脱空、初期支护与围岩间脱空。图 3.6-8 为某隧道雷达实测波形图，6～10m 处出现一强反射波组，该处二次衬砌厚度 32cm，较其

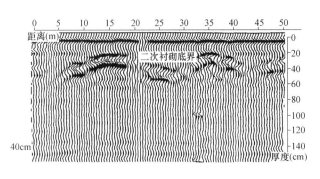

图 3.6-7　二次衬砌厚度不足雷达波形图

余部位偏薄约 8cm，且于其下方 40cm 处可见一组小波较均匀，为隔水层反映，故确定其为二次衬砌与隔水层间的空洞，空洞高度<10cm。

3）漏水

隧道漏水问题一直困扰着建设者，对其处理方式也是肉眼观察，发现一处，处理一处，而后期处理费时费力，难以奏效。能够在其漏水前期及时发现并处理则显得极为重要。

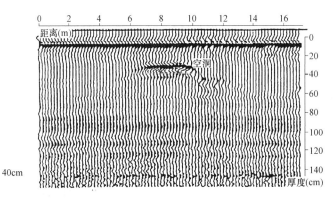

图 3.6-8　二次衬砌与隔水层间脱空雷达波形图

图 3.6-9 为某隧道雷达实测波形图，图中−14m 处呈现一明显反射波组，9.5～10m 及 12～14m 处呈 45°角，中间部位趋于水平，推断该处存在一水溶蚀通道，且已对二次衬砌混凝土造成侵蚀。

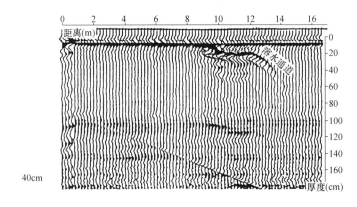

图 3.6-9　漏水雷达波形图

4）钢筋网错断、变形

图 3.6-10 为某隧道雷达实测扫描图，二次衬砌按Ⅲ加设计，厚度 40cm 配筋。图中显

示在二次衬砌混凝土内部 35cm 左右呈现强反射波组，且呈波浪状起伏，4～6m 处基本错断，推断该处布筋较少，起伏处为钢筋网变形部位。

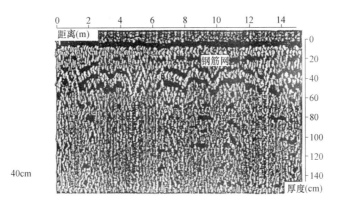

图 3.6-10　钢筋网错断、变形雷达扫描图

5）隔栅拱变形

隧道衬砌在特殊部位以隔栅拱支护，图 3.6-11 中强反射波组反映了格栅拱的布设形态。由图可见隔栅拱有一定起伏，尤以 15～25m 处变形较大，变形量近 30cm。

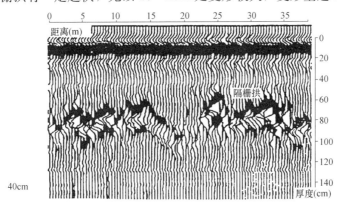

图 3.6-11　隔栅拱变形雷达实测扫描图

图 3.6-12　隧道现场雷达测试照

55

4 岩土工程光纤测试与监测技术

4.1 概述

光纤传感技术是 20 世纪 80 年代伴随着光导纤维及光纤通信技术的发展而迅速发展起来的一种以光为载体，光纤为媒介，感知和传输外界信号（被测量）的新型传感技术。随着光纤传感技术的发展，光纤传感技术已不仅仅用于事件的定性监测，而是越来越多地用于被测对象在时空上的多参量定量精确测量和监测。因此，在中文中为了更加准确表述，作者将光纤传感技术称为光纤感测技术，以区别于一般的光纤传感技术。

近十余年来光纤感测技术发展迅猛，并在国防军事、航天航空、土木工程、电力、能源、环保、医疗等众多领域得到了广泛的应用。这是因为光纤感测技术具有如下优点：

（1）分布式测量：可以实现准分布和全分布测量。一根光纤可以连续准确测出沿线任一点上的应变、温度、振动和损伤等十余种多参量信息。如果将传感光纤布设成网状，就可以得到被测对象的二维和三维分布情况。

（2）长距离监测：可以实现数米到数百公里的长距离连续测量和监控，满足各类大型基础工程设施监测的需要。

（3）监测物理量多：光纤感测技术获得的基本物理量主要有应变、温度和振动和长度等，据此，可以通过传感光纤封装技术和转换原理，还可以测量压强、应力、水分、湿度、水位、流速、流量、电流、电压、液位、气体成分、多相流流动剖面等物理量，应用面十分广泛。

（4）抗腐蚀性强，耐久性好：作为传感介质的光纤或光纤器件，其材料主要成分为二氧化硅，是本质安全的。它具有防雷击、防水防潮、耐高温、耐腐蚀等特点，具有很好的耐久性。因此，它也适合于条件比较恶劣的环境如强辐射、高腐蚀、易燃易爆等场所的监测。在岩土工程中，常常会遇到地下水和咸水的环境，因此，传感光纤的抗腐蚀性可大大提高传感器的使用寿命。

（5）抗干扰性能强：光纤是绝缘材料，避免了电磁干扰；兼之电磁干扰噪声的频率与光频相比很低，对光波无干扰。此外，光波易于屏蔽，外界光频性质的干扰也很难进入光纤。

（6）轻细柔韧：传感光纤体积小，重量轻，几何形状可塑，匹配性和适应性强，几乎不影响被测对象的自身性质。因此，它十分适用于一些重要构筑物和名胜古迹的监测。

（7）测量精度高：光纤感测技术有一个技术体系。不同的光纤感测技术具有不同的测量性能。因此，根据不同的监测对象和要求，可选择合适的光纤感测技术。对于一些测量精度要求高的被测对象，可采用如光纤光栅的感测技术，其测量精度要明显优于同类的常规机电类传感器，有的甚至高出几个数量级。

（8）大容量传输：由于光纤可以传输大容量信息，因此光纤可作为母线，采集和传输各种传感器的信息，来代替笨重的多芯电缆。

此外，光纤感测技术还具有频带宽、高速传输、可集成、能解决许多机、电传感器无法解决的技术难点问题。

由于光纤感测技术具有一些常规机电式传感技术无可比拟的优势，其特点又很适合土木工程结构分布式、长距离和大规模的监测要求，因此，自从光纤感测技术一出现，就有学者开始将它们不断地应用于土木工程的结构健康监测，而后在地质与岩土工程监测中得到应用。

与土木工程中的人造结构系统如钢筋混凝土结构、钢结构和合成材料结构不同，地质灾害和岩土工程中的地质体是自然历史的产物，是一个固、气、液多相体系。岩体坚硬、构造不规则且表面形态复杂；土体松软，且具有多孔和低强度等特征，而且它们还在不断地受到自然和人类工程活动的作用和影响。地质体的监测范围和规模一般都较大，长度可达几十，甚至几百公里如长江堤防；范围可达几百平方公里如冻土地区的温度场监测；体积达到几千万方如一些大型边坡体。此外，地质环境常常比一般的土木结构环境要恶劣的多，高山峡谷，高温寒冷，浅表深部等环境，为监测系统的安装带来极大的困难，因此将光纤感测技术应用于地质与岩土工程的地质体多场多参量的测试与监测，比一般的土木工程结构系统监测要困难和复杂得多。

由于光纤感测技术十分适合地质与岩土工程的大范围和长距离的分布式监测，因此相关的光纤监测技术研发也已成为国际上一些发达国家如日本、瑞士、加拿大、美国、韩国、意大利、法国、英国等国的研究热点和重大科研课题。特别是日本，由于国土面积小，又处在地质构造活动带，地震频繁发生，地形、地貌和地质条件十分复杂，在这样不良的地质条件下，确保包括各类地质与岩土工程在内的基础设施安全施工和安全营运显得尤为重要，因此日本在地质与岩土工程光纤监测技术及其自动化、智能化、网络化方面，投入了大量的人力和财力进行研发，取得了一批重要成果。瑞士、加拿大、韩国、意大利、美国、英国、法国、德国等，在环境地质与岩土工程领域中，也开展了大量研究，取得了一些重要进展。在这方面，早期的研究多集中在将 FBG 传感器植入 FRP 锚杆、锚索，并应用于隧道或巷道围岩的变形监测（Schmidt-Hattenberger 与 Borm，1998；Frank 等，1999；Schroeck 等，2000；Kalamkarov 等，2000；Nellen 等，2000；Willsch 等，2002）；日本京都大学 Sato 等（1999）基于 FBG 技术开发了土体动态应变传感器；Chang 等（2000）研制了 FBG 土压力计，并将其应用于路面性能评价；Z. S. Wu（2002）将 BOTDR 应用于混凝土的裂缝监测；Kihara 等（2002）采用 BOTDR 分布式光纤感测技术对河流堤坝的变形进行了监测，实现了溃坝的提前预警；日本 NTT 公司开发了基于 BOTDR 分布式光纤感测技术的公路灾害监测系统，重点对公路边坡滑坡和雪崩等灾害，以及桥梁和隧道的健康状态进行监测和预警（K. Komatsu 等，2002）；Yoshida 等（2002）将 FBG 技术应用于钻孔测斜仪，实现了长达 4 个月的工程边坡变形监测；Lee 等（2004）首次将 FBG 传感技术应用于桩基检测；Kato 与 Kohashi（2006）研发了公路边坡光纤传感监测系统，对光纤传感器的布设方法和监测结果进行了介绍；Kashiwai 等（2008）开发了一种基于 FBG 技术的钻孔多点变形监测系统，并在日本的 Horonobe 地下核废物处置实验室得到成功应用；Iten 和 Puzrin（2009）采用 BOTDA 技术，将分布式传感光纤埋于通过滑坡山体的公路路基中，通过监测路基的变形来定位滑坡边界；Khan 等（2008）基于 ROTDR，针对坝体设计了一套自动渗漏监测系统；Nöther 等（2008）发展了 BOFDA 监测系统，用于监测河堤土体的变形；W. Habel（2014）开发了基于 FBG 技术的 GeoStab 传感器，精确捕捉到了边坡的滑面位置；英国皇家工程院院士 K. Soga 将 BOTDR 技术应用于桩基检测与地铁隧道监测，取得了一批重要的成果（Klar 等，2006；Cheung 等，2010；Mohamad 等，2010，2011，2012，2014）；意大利坎帕尼亚大学的研究者将 BOTDA 技术用于室内滑坡模型试验，揭示了降雨入渗下火山碎屑边坡的失稳机理（Olivares 等，2009；Picarelli 等，2015；Damiano 等，2017）。

我国在地质灾害与岩土工程光纤监测与测试方面，基于 ROTDR 的 DTS 技术、OTDR 技术以及准分布式的 FBG 技术应用比较早。在 DTS 方面，蔡德所等（2002）采用该技术测量三峡大坝混凝土温度场，后应用于红水河乐滩水电站和百色水利枢纽等大型水电工程（蔡德所等，2005，2006）；肖衡林等（2004）提出采用 DTS 监测坝体渗流，后通过理论推导建立了光纤温度和渗流流速等变量之间的关系，为 DTS 技术监测岩土体渗流和测定导热系数奠定了基础（肖衡林等，2006，2008；肖衡林与蔡德所，2008），而后于 2009 年提出了基于 DTS 的岩土体导热系数测定方法（肖衡林等，2009）。在 OTDR 方面，姜德生院士团队于 1998 年研制出了基于 OTDR 的锚索应力计（姜德生等，1998）；万华琳等（2001）采用 OTDR 对隔河岩电厂内的高陡边坡深部变形进行了光纤传感监测；柴敬（2003）将 OTDR 技术应用于煤矿覆岩变形监测；刘浩吾（2005）年提出了基于 OTDR 的滑坡分布式监测的概念（雷运波等，2005），并通过室内试验建立了滑距与光纤光损耗之间的关系（唐天国等，2006；Tang 等，2009）；朱正伟等基于光微弯损耗原理研发了 OTDR 滑坡位移传感器（Zhu 等，2011，2014），并成功应用于室内边坡模型试验（Zhu 等，2017）。在 FBG 方面，姜德生院士团队于 2003 年研制出了 FBG 锚索应力计（姜德生等，2003）；吴永红（2003）、夏元友等（2005）分别研发了基于 FBG 的坝体、软基渗压传感器；柴敬等（2005）采用光纤 Bragg 光栅传感技术进行锚杆支护质量监测。之后 FBG 传感技术蓬勃发展，在煤矿、隧道、基坑以及室内岩土模型试验中得到了广泛的应用（蒋奇等，2006；赵星光与邱海涛，2007；柴敬等，2008；黄广龙等，2008；李焕强等，2008；魏广庆等，2009；朱维申等，2010）；台湾国立交通大学黄安斌教授团队基于 FBG 传感技术，相继研发出了旁压仪、孔隙水压力计、位移计、轴力计等各类适合边坡监测的光纤传感器，成功应用于野外滑坡监测中（Ho 等，2006，2008，2016）。香港理工大学殷建华教授团队围绕 FBG 传感技术研制了传感棒、测斜仪、位移计等，并成功应用于 GFRP 土钉拉拔试验、大坝模型试验、四川魏家沟泥石流以及香港鹿径道边坡监测等（朱鸿鹄等，2008；裴华富等，2010；殷建华，2011；Zhu 等，2010，2011，2012；Pei 等，2011，2012；Xu 与 Yin，2016）。

在 BOTDR 方面，施斌等于 2002 将 BOTDR 技术引入中国，在地质灾害与岩土工程领域，系统地开展了应变场和变形场的 BOTDR 分布式光纤监测研究，并成立了南京大学光电传感工程监测中心，取得了一系列重要成果，产生了数十个国家发明专利，形成了岩土体多场多参量的光纤测试与监测技术体系，并在国内外数百个地质与岩土工程监测项目中得到应用，取得了良好的社会和经济效益（Shi 等，2003a，2003b；施斌等，2004a，2004b，2005）。2005 年开始，在国家自然科学基金会的资助下，南京大学创建了地质与岩土工程光电传感监测国际论坛，每2~3年在南京大学召开，目前已成功召开了五届，第六届将在2017年11月举行，人数和规模越来越大，已产生了良好的国际影响，成为了该领域中一个重要的国际交流平台（朱鸿鹄，2015）。近年来，国内一些科研单位也相继开展了这方面的研究工作，如中国地质调查局水文地质工程地质技术方法研究所韩子夜与薛星桥（2005）开展了基于BOTDR的边坡土体变形分布式光纤感测研究；中国地质科学院岩溶地质研究所蒋小珍等（2006）应用BOTDR光纤感测技术对岩溶塌陷进行了监测试验研究；浙江大学李焕强等（2008）将BOTDR技术应用于室内边坡模型；史彦新等（2008）联合BOTDR和FBG技术，实现由点到线再到面的全面监测，获得了滑坡体较为完整的变形信息；刘永莉等（2012）采用BOTDR技术对某高速公路边坡的抗滑桩进行了长期监测。另外国内一批高等院校和科研单位都相继开展了地质与岩土工程光纤监测技术的相关研究，如解放军理工大学、西安科技大学、长安大学、同济大学、中国矿业大学、中国地质大学、南京地调中心、江苏省地调院、陕西地调院、上海地调院、天津地调院等建立了相关的实验室或开展了相关研究。

可以相信，随着光纤技术的快速发展，光纤感测技术必将取代地质与岩土工程中一些落后的监测手段，并创造出更多新概念和新功能的测试和监测技术，为地质与岩土工程的安全建设和营行提供技术保障。

4.2 光纤感测技术

4.2.1 光纤感测技术的基本原理

光纤感测技术是一大类光纤传感与测量技术的总称。无论哪一种光纤感测技术，其基本工作原理见图4.2-1。在传感光纤受到应力、应变、温度、电场、磁场和化学场等外界因素作用时，光纤中传输的光波容易受到这些外在场或量的调制，因而光波的表征参量如强度、相位、频率、偏振态等会发生相应改变，通过检测这些参量的变化，建立其与被测参量间的关系，就可以达到对外界被测参量的"传"、"感"与"测"。

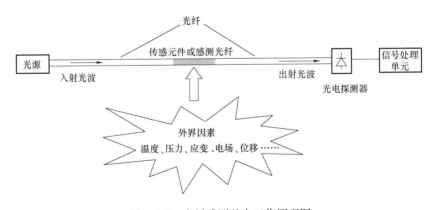

图 4.2-1　光纤感测基本工作原理图

光纤感测技术的工作原理简单描述如下：由光源发出光波，通过置于光路中的传感元件，将待测外界信息如温度、压力、应变、电场等叠加到载波光波上；承载信息的调制光波通过光纤传输到探测单元，由信号探测系统探测，并经信号处理后监测出随待测外界信息变化的感知信号，从而实现感测功能。

4.2.2 光纤感测技术的基本构成

根据光纤感测技术的工作原理，光纤感测系统主要包括光源、传输光纤、传感元件、光电探测器和信号处理单元等。

光源就是信号源，用以产生光的载波信号。因此，它如人的心脏，其功能直接决定了光纤感测技术的测试指标。光纤传感器常用的光源是光纤激光器和半导体激光器等，其主要技术参数包括激光线宽、中心波长、最大输出功率、相位和噪声等。光源的输出波长和输出模式等必须与传感光纤相匹配。

传输光纤起到信号传输的作用，其种类很多。根据光纤的材料可分为石英光纤、塑料光纤和液芯光纤等；按照光纤折射率分布可分为阶跃折射率光纤和渐变折射率光纤等；按照传输模式分为单模和多模光纤等。

传感元件是感知外界信息的器件，相当于调制器。传感元件可以是光纤本身，这种光纤传感器称为功能型光纤传感器，这里光纤不仅起到传光作用，它还是敏感元件，即光纤本身同时具有"传"和"感"两种功能；传感元件也可以是其他类型的可以感知被测参量并将被测参量转为光信号的敏感元件，这种光纤传感器称为非功能型或传光型光纤传感器，其中光纤仅作为光的传输介质。

光电探测器是把传送到接收端的探测光信号转换成电信号，将电信号"解调"出来，然后进行处理，获得传感信息。常用的光探测器有光敏二极管、光敏三极管和光电倍增管等。其主要技术参数包括灵敏度、量子效率、等效噪声功率、放大倍数和带宽等。

信号处理单元用以还原外界信息，与光电探测器一起构成解调器。

4.2.3 光纤感测技术的分类

光纤感测技术种类繁多，性能各有不同，感测的参量也不尽相同，因此如何合理选用光纤感测技术，需要对光纤感测技术体系深入了解，并进行分类。目前分类的方法也很多，如根据光的调制原理，可分为强度调制型、相位调制型、频率调制型、波长调制型和偏振态调制型等；根据光纤的作用，可分为功能型和非功能型两种感测技术；根据测量对象，可分为应变类、压力类、温度类、水分类、渗流类、图像类、化学类等数十种光纤传感器；根据传感机制，可分为光纤光栅传感器、干涉型光纤传感器、偏振态调制型光纤传感器、光纤瑞利传感器、光纤拉曼传感器和光纤布里渊传感器等。但是，从工程监测的应用角度，按感测方式来分类更为实用，可分为点式、准分布式和全分布式三种光纤感测技术，见图4.2-2。下面就这三种感测技术做一简要介绍。

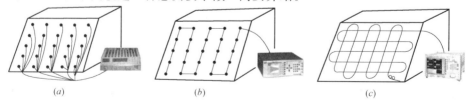

(a)   (b)   (c)

图 4.2-2 光纤感测方式示意图

(a) 点式感测；(b) 准分布感测；(c) 全分布感测

1. 点式光纤感测技术

也称为分立式光纤感测技术。从形式上看（见图 4.2-2*a*），就是每个传感器通过一根单独的光纤传导线连接到各种光纤解调仪上，实现对被测对象上某一点和某一位置物理量的感测。有多少个传感器就有多少根传导线。这类点式传感单元常以光纤布喇格光栅和各种干涉仪等为测量某一特征物理量专门设计的传感器，如液位传感器、位移传感器等。这种方式的光纤感测技术适用于被测对象的少数关键部位和传感器本身无法串联的监测。在岩土工程监测中，如果要求的监测点密集或很多，点式光纤感测技术因其传导线过多、监测效率低而无法满足监测要求。

2. 准分布光纤感测技术

也称为串联型光纤感测技术。从形式上看（见图 4.2-2*b*），就是通过一根传导光纤或多个信息传输通道将多个点的传感器按照一定的顺序连接起来，组成传感单元阵列或多个复用的传感单元，利用时分复用、频分复用和波分复用等技术构成一个多点光纤感测系统，这种通过多点传感单元串联的方式进行的光纤感测技术称为准分布光纤感测技术，它适用于被测对象的多点位物理量的同时监测，同时也减少了传导线的数量，大大简化了施工工序，提高了组网效率和监测效率。

传感器的复用是光纤传感器所独有的技术，其典型代表是复用光纤光栅传感器。光纤光栅通过波长编码等技术易于实现复用，复用光纤光栅的关键技术是多波长探测解调，常用解调的方法包括：扫描光纤 F-P 滤波器法、基于线阵列 CCD 探测的波分复用技术、基于锁模激光的频分复用技术和时分复用与波分复用技术等。扫描光纤 F-P 滤波器法的准分布式光纤光栅传感器结构如图 4.2-3 所示。准分布式光纤感测技术在岩土工程测试和监测中用途很广，特别适用于岩土工程室内模型内部物理量和复杂构筑物关键部位的同时精确测试和监测。

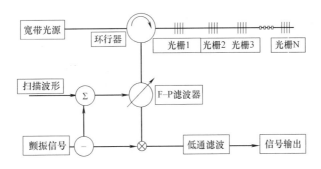

图 4.2-3 扫描光纤 F-P 滤波器法的准分布式光纤光栅传感器结构图

3. 全分布式光纤感测技术

在地质和岩土工程以及各类基础工程中，被测对象往往监测距离长、规模大、范围大，要求对整个被测对象物理量的空间分布场如温度场、应变场等进行连续全分布的多维空间测试和监测，点式或准分布式的光纤感测技术已无法满足这一要求，需要一类长距离的分布式连续感测技术才能满足要求，而这类光纤感测技术就称为全分布式光纤感测技术。在全分布式光纤感测技术中，光纤既作为信号传输介质，又是传感单元，整根光纤不需要具体的传感探头，光纤本身就像一根感知神经作为感测介质，感测点是连续分布的

（见图 4.2-2c）。因此该感测方法可以测量传感光纤沿线任意位置处的被测量信息。随着光器件及信号处理技术的发展，全分布式光纤感测技术的最大感测长度已达几十至几百公里，甚至可以达到数万公里。因此这类光纤感测技术尤其适合于地质与岩土工程的测试和监测，受到业界的广泛关注和应用，也成为国内外光纤感测技术的重要发展方向。

全分布式光纤感测技术的工作原理主要是基于光的反射和干涉，其中利用光纤中的光散射或非线性效应随外部环境发生的变化来进行感测的反射法是目前研究最多、应用最广也是最受瞩目的技术。光源发出的光在光纤内传输过程中会产生后向散射，根据散射机理可以将光纤中的散射光分为三类：瑞利（Rayleigh）散射光、布里渊（Brillouin）散射光和拉曼（Raman）散射光。其中，瑞利散射为弹性散射，散射光的频率不发生漂移，而布里渊散射和拉曼散射均为非弹性散射，散射光的频率在散射过程中要发生频移，如图 4.2-4 所示，其中 α 约为 10～13GHz，β 约为 10～13THz。

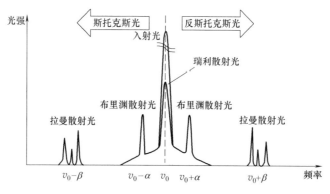

图 4.2-4　光纤中的散射光

全分布式光纤感测技术通过测量光在光纤中传输时所产生的散射光，根据散射光所携带的温度、应变等信息，同时采用光时域或频域反射技术，对沿光纤传输路径上温度、应变等信息进行检测。根据被测光信号的不同，全分布式光纤感测技术可以分为基于光纤中的瑞利散射、拉曼散射和布里渊散射三种类型；根据信号分析方法，可以分为基于时域和基于频域的全分布式光纤感测技术。分布式光纤感测技术是光纤感测技术中最具发展前景的技术之一。

4.3　几种常用的岩土工程分布式光纤感测技术

分布式光纤感测技术十分适合于地质与岩土工程的测试与监测，并显示出独特的优势。本节简要介绍几种常用的岩土工程分布式光纤感测技术。

4.3.1　光纤布喇格光栅感测技术

光纤布喇格光栅（Fiber Bragg Gratting，简称 FBG）是利用光敏光纤在紫外光照射下产生的光致折射率变化效应，使纤芯的折射率沿轴向呈现出周期性分布而得到，可以作为一种准分布式光纤感测技术。FBG 类似于波长选择反射器，满足布喇格衍射条件的入射光（波长为 λ_B）在 FBG 处被反射，其他波长的光会全部穿过而不受影响，反射光谱在

FBG 中心波长 λ_B 处出现峰值，如图 4.3-1 所示。

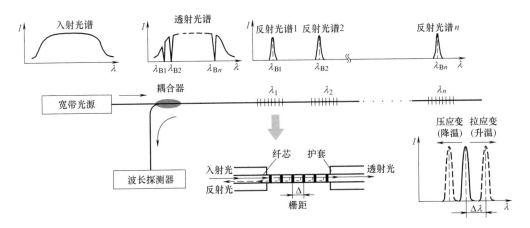

图 4.3-1   FBG 准分布式传感器测量原理图

布喇格衍射条件可表示为：

$$\lambda_B = 2n_{eff} \cdot \Lambda \tag{4.3-1}$$

式中 λ_B——FBG 中心波长；

$\quad\quad n_{eff}$——纤芯的有效折射率；

$\quad\quad \Lambda$——FBG 栅距。

当光栅受到诸如应变和温度等环境因素影响时，栅距 Λ 和有效折射率 n_{eff} 都会相应地发生变化，从而使反射光谱中 FBG 中心波长发生漂移，波长漂移量与应变和温度的关系可表示为：

$$\frac{\Delta\lambda}{\lambda_B} = (1 - P_e)\varepsilon + (\alpha + \zeta)\Delta T \tag{4.3-2}$$

式中 $\Delta\lambda$——FBG 中心波长的变化量；

$\quad\quad P_e$——有效光弹系数；

$\quad\quad \varepsilon$——光纤轴向应变；

$\quad\quad \Delta T$——温度变化量；

$\quad\quad \alpha$——光纤的热膨胀系数；

$\quad\quad \zeta$——光纤的热光系数。

因而，通过测量 FBG 中心波长的漂移值就可得出相应的应变和温度变化量。

用于工程监测时，FBG 传感器的最大优势在于具有波分复用功能，也就是将具有不同栅距 Λ 的 FBG 制作在同一根光纤不同位置上，采用波分复用技术实现应力和温度的准分布式测量。例如，Micron Optics 公司的 si425 系统解调仪采用四个通道可同时监测多达 512 个传感器，其应变和温度分辨率可分别达到 $1\mu\varepsilon$ 和 $0.10℃$。

另外，大型岩土工程的监测需要对工程结构体系在振动荷载，如车辆动载荷、风和地震波等作用下变形能量和运动能量相互转换的过程进行监测，获取结构动力放大系数以及通过模态分析进行损伤识别等，这需要由动态监测系统来实现。传统的电磁类传感器的灵敏度低、频带范围窄、抗干扰能力差，已经不能满足大型工程动态监测的要求。在振动监测方面，FBG 振动传感器是根据光栅的波长调制原理，检测外界的微扰振动作用下光栅的栅距变化引起的中心波长动态变化量，从而获得相关的振动参数。与常规的振动传感器相比，FBG振动传感器具有固有动态范围宽、灵敏度系数大和抗电磁干扰等优点，能实现长期、实时在线测量。

4.3.2 基于瑞利散射的全分布式光纤感测技术

瑞利散射是指线度比光波波长小得多的粒子对光波的散射。相对于光纤中的布里渊散射和拉曼散射等其他散射，瑞利散射的能量最大，更加容易被检测，因此，目前已有很多关于利用瑞利散射来进行全分布感测的研究与应用，其中最为成熟的技术为光时域反射技术（Optical Time-Domain Reflectometer，简称OTDR）。OTDR是最早出现的全分布式光纤感测技术，它主要用于测量通信系统中光纤光损、断裂点的位置，也是全分布式光纤感测技术的工作基础。OTDR采用类似于雷达的测量原理：从光纤一端注入光脉冲，光在光纤纤芯传播过程中遇到纤芯折射率的微小变化就会发生瑞利散射，形成背向散射光返回到光纤入射端。瑞利散射光的强度与传输光功率之比是光纤的恒定常数，如果光纤某处存在缺陷或因外界扰动而引起微弯，该位置散射光强会发生较大衰减，通过测定背向散射光到达的时间和功率损耗，便可确定缺陷及扰动的位置和损伤程度。光纤上任意一点至入射端的距离 z 可以由公式（4.3-3）计算得到：

$$z = \frac{c \cdot T}{2n} \tag{4.3-3}$$

式中　c——真空中的光速；

　　　　n——光纤的折射率；

　　　　T——发出的脉冲光与接收到的散射光的时间间隔。

OTDR工作原理图见图4.3-2。

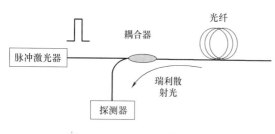

图 4.3-2　OTDR 工作原理图

近十余年来，国内外研究者将基于OTDR的分布式光纤感测技术应用于基础工程中的裂缝监测，取得了不少成果。但由于OTDR分布式光纤感测技术主要基于光纤微弯损耗机制，光源功率波动、光纤微弯效应及耦合损耗等因素都会对探测光强产生影响，感测参量难以标定，影响了该技术在工程监测中的定量感测，但是在一些大型岩土工程、基础工程和地质灾害的事件监测中，仍可发挥很好的作用，应用场合和范围十分广泛。

4.3.3 基于拉曼散射的全分布式光纤感测技术

拉曼散射是脉冲光在光纤中传输时，光子与光纤中的光声子非弹性碰撞作用的结果。光注入光纤中时，反散射光谱中会出现两个频移分量：反斯托克斯光（Anti-Stokes）和斯托克斯光（Stokes）。斯托克斯光和反斯托克斯光的强度比与光纤局部温度具有如下的关系：

$$R(T)=\frac{I_{as}}{I_s}=\left(\frac{\nu_{as}}{\nu_s}\right)^4 \cdot \exp\left(-\frac{hc\Delta\nu}{KT}\right) \tag{4.3-4}$$

式中　$R(T)$——待测温度的函数；

I_{as}——反斯托克斯光强度；

I_s——斯托克斯光强度；

ν_{as}——反斯托克斯光频率；

ν_s——斯托克斯光频率；

c——真空中的光速；

$\Delta\nu$——拉曼频移量；

h——普朗克常数；

K——玻尔兹曼常数；

T——绝对温度。

因此，通过检测背向散射光中斯托克斯光和反斯托克斯光的强度，由式（4.3-4）结合 OTDR 技术就可以对光纤沿线的温度进行测量和空间定位，实现基于拉曼散射的分布式温度传感。全分布式光纤拉曼测温技术结构原理图见图 4.3-3。

目前，由英国 Sensornet 商业化生产的基于拉曼散射的分布式温度传感系统 Sentinel DTS 系统，在 0～10km 监测范围内 1m 空间分辨率下，其温度分辨率可以达到 0.01℃。在大坝监测

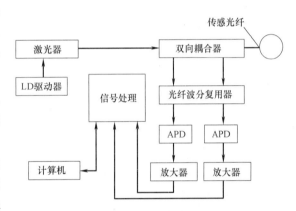

图 4.3-3　全分布式光纤拉曼测温技术结构原理图

应用中，0.01℃的温度分辨率可以确保实现对渗流的监测，对大坝内部结构的侵蚀状况进行分析。

4.3.4　基于布里渊散射的全分布式光纤感测技术

布里渊散射是光波与声波在光纤中传播时产生非弹性碰撞而出现的光散射过程。在不同条件下，布里渊散射又分为自发散射和受激散射两种。

在注入光功率不高的情况下，自发热运动而产生的声学声子在光纤传播过程中，对光纤材料折射率产生周期性调制，形成以一定速率在光纤中移动的折射率光栅。入射光受折射率光栅衍射作用而发生反向散射，同时使布里渊散射光发生多普勒效应而产生布里渊频移，这一过程称为自发布里渊散射；通过向光纤两端分别注入反向传播的脉冲光（泵浦光）和连续光（探测光），当泵浦光与探测光的频差处于光纤相遇区域中的布里渊增益带宽内时，由电致伸缩效应而激发声波，产生布里渊放大效应，从而使布里渊散射得到增强，这一过程称为受激布里渊散射。对于受激布里渊散射，泵浦光、探测光和声波三种波相互作用，泵浦光功率向斯托克斯光波和声波转移，由声波场引起的折射率光栅衍射作用反过来耦合泵浦光和探测光。泵浦光和探测光在作用点发生相互间的能量转移，当泵浦光

的频率高于探测光的频率时，泵浦光的能量向探测光转移，称为增益型受激布里渊散射；当泵浦光的频率低于探测光的频率时，探测光的能量向泵浦光转移，称为损耗型受激布利渊散射。前者的泵浦光在光纤内传播过程中其能量会不断地向探测光转移，在传感距离较长的情况下会出现泵浦耗尽，难以实现长距离传感；而后者能量的转移使泵浦光的能量升高，不会出现泵浦耗尽情况，使得传感距离大大增加，在长距离光纤感测技术中应用较多。

布里渊散射同时受应变和温度的影响，当光纤沿线的温度发生变化或者存在轴向应变时，光纤中的背向布里渊散射光的频率将发生漂移，频率的漂移量与光纤应变和温度的变化呈良好的线性关系，因此通过测量光纤中的背向布里渊散射光的频移量就可以得到光纤沿线温度和应变的分布信息。

1. 基于自发布里渊散射的光时域分布式光纤感测技术

自发布里渊散射信号相当微弱，比瑞利散射约小两个数量级，检测比较困难。T. Kurashima 等人采用相干检测的方法实现了自发布里渊散射信号的探测和分布式应变和温度的测量。日本 ANDO 公司于 1996 年研发了基于自发布里渊散射原理的 AQ8602 型布里渊光时域反射计（Brillouin Optical Time-Domain Reflectometer，简称 BOTDR），到 2001 年推出了高精度、高稳定性的 AQ8603。中国电子科技集团公司第 41 研究所 2013 年成功研制出了国内第一台布里渊光时域反射测量解调仪，其综合性能已完全达到国际主流产品水平，并已批量化生产和应用。

BOTDR 测量原理：脉冲光以一定的频率自光纤的一端入射，入射的脉冲光与光纤中的声学声子发生相互作用后产生布里渊散射，背向布里渊散射光沿光纤原路返回到脉冲光的入射端，进入 BOTDR 的光电转换和信号处理单元，经过一系列复杂的信号处理可以得到光纤沿线的布里渊背散光的功率分布，如图 4.3-4 （b）所示。发生散射的位置至脉冲光的入射端的距离 z 可以通过光时域分析由式（4.3-3）计算得到。按照上述的方法以一定间隔改变入射光的频率进行反复测量，就可以获得光纤上每个采样点的布里渊散射光的频谱图，如图 4.3-4 （c）所示。理论上布里渊背散光谱为洛仑兹形，将散射光谱拟合成洛仑兹曲线，拟合曲线峰值功率所对应的频率即是布里渊频移 ν_B。如果光纤受到轴向拉伸，拉伸段光纤的布里渊频移就要发生改变，通过频移的变化量与光纤的应变之间的线性关系就可以得到应变量。

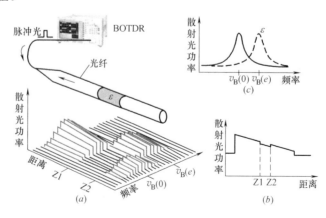

图 4.3-4　BOTDR 应变测量原理图

光纤的轴向应变、温度与布里渊散射光频移的关系可表示为：

$$\varepsilon = C_S \cdot (\nu_B - \nu_{B0}) + \varepsilon_0 \qquad (4.3\text{-}5)$$

$$T = C_T \cdot (\nu_B - \nu_{B0}) + T_0 \qquad (4.3\text{-}6)$$

式中　　　　ε——光纤的应变；

$\qquad\quad T$——温度；

$\qquad\quad C_S$——布里渊频移—应变系数；

$\qquad\quad C_T$——布里渊频移—温度系数；

$\qquad\quad \nu_B$——光纤的布里渊频移；

ν_{B0}、ε_0、T_0——光纤初始状态的布里渊频移量、应变和温度。

该技术突破了传统点式传感的概念，对被测对象进行分布式监测，可以形象地得到被测对象的整体性态。目前，该技术可以检测最长 80km 范围内光纤的应变，应变的测量范围可以达到 ±1.5%，应变测量精度为 ±0.003%，空间分辨率可达 1m，空间采样间隔最小为 0.05m，空间定位精度最高可以达到 0.32m，这些指标基本上能够满足地质和岩土工程监测的要求。表 4.3-1 为中国电子科技集团公司第 41 研究所生产的 AV6419 型 BOT-DR 光纤应变分析仪主要技术性能指标。

AV6419 的主要技术性能指标

表 4.3-1

项　　目	性能指标				
脉冲宽度(ns)	10	20	50	100	200
动态范围*(dB)	3.5	7.5	11.5	14.5	16.5
应变测量重复性*	$< \pm 100 \mu\varepsilon$				
应变测量范围	$-15{,}000 \sim +15{,}000 \mu\varepsilon (-1.5\% \sim 1.5\%)$				
测量范围(km)	1,2,5,10,20,40,80				
空间采样间隔(m)	0.05,0.10,0.20,0.50,1.00				
最大空间采样点数	100000				
频率采样范围(GHz)	10～12				
测量频率步长(MHz)	1,2,5,10,20,50				
平均次数	210～224				
测量通道数	8,16				
空间定位精度(m)	$\pm (5.0 \times 10^{-5} \times$ 测量范围(m)$+0.2$m$+2 \times$ 距离采样间隔(m)$)$				

* 测量条件：平均次数 2^{14}，测量频率步长 5MHz，TG.652 型号单模（SMF）光纤。

2. 基于受激布里渊散射的光时域分析技术

基于受激布里渊散射的光时域分析技术（Brillouin Optical Time-Domain Analysis，简称 BOTDA）最初由 T. Horiguchi 等人于 1989 年提出，用于光纤通信中的光纤无损测量。近十几年来，国内外许多知名科研机构和公司致力于 BOTDA 系统的研发，如瑞士 Smartec 和 Omnisense 公司联合研制的 DiTeSt 系统，在检测范围小于 10km 情况下，空间分辨率可以达到 1m，温度和应变测量精度分别为 1℃ 和 $20\mu\varepsilon$。我国睿科光电技术有限公司研制生产的 RP1000 系列高空间分辨率分布式布里渊光纤温度和应变分析仪，采用最新差分脉冲对布里渊光时域分析技术，在感测距离 2km 条件下，测量空间分辨率可达

2cm，综合性能居于国际同类产品领先地位。

当 BOTDA 系统采用的泵浦脉冲宽度减小时，布里渊频谱发生增宽，同时峰值信号的强度也会随之降低。因此，仅通过减小脉冲宽度来提高空间分辨率的方法难以实现。X. Bao 等通过在泵浦脉冲光前面添加泄漏光的方法，可同时获得高空间分辨率和窄的布里渊频谱，在实验室环境下实现了 1ns 脉冲宽度的受激布里渊散射，获得了厘米级的空间分辨率。但进行监测时，传感光纤长度改变以后需要对测量设置进行修改，并且随着监测范围的增大，信号的噪音也随之增大，使得长距离检测难以实施，这两个技术缺陷的存在，使得该技术难以商业化应用。K. Kishida 等基于泄漏光泵浦脉冲的理论模型，引入预泵浦脉冲方法，实现了厘米级的分布式感测，并由日本 Neubrex 公司研制出 NBX-6000 系列脉冲预泵浦布里渊光时域分析仪（简称 PPP-BOTDA）。

PPP-BOTDA 技术测量原理如图 4.3-5 所示，通过改变泵浦激光脉冲结构，在光纤两端分别注入阶跃型泵浦脉冲光和连续光，预泵浦脉冲 PL 在泵浦脉冲 PD 到达探测区域之前激发声波，预泵浦脉冲、泵浦脉冲、探测光和激发的声波在光纤中发生相互作用，产生受激布里渊散射。泵浦脉冲对应高空间分辨率（500m 测量长度对应空间分辨率达 2cm）和宽布里渊频谱；预泵浦脉冲对应低空间分辨率和窄的布里渊频谱，可确保高测量精度。通过对探测激光光源的频率进行连续调整，检测从光纤另一端输出的连续光功率，就可确定光纤各小段区域上布里渊增益达到最大时所对应的频率差，该频率差与光纤上各段区域上的布里渊频移相等，根据布里渊频移与应变温度的线性关系就可以确定光纤沿线各点的应变和温度。

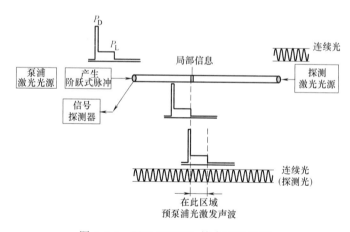

图 4.3-5　PPP-BOTDA 技术测量原理

同 BOTDR 技术相比，基于受激布里渊散射的 BOTDA 感测系统可以获得相对较强的散射信号，空间分辨率也从 1m 提高到了厘米级，从而使应变、温度等信息的空间定位更加准确。但 BOTDA 技术采用双端检测，需要从光纤两端分别注入泵浦脉光和探测光，传感光纤必须构成测量回路，这给地质与岩土工程的实际应用带来很大困难，监测风险较大。

3. 基于受激布里渊散射的光频域分析技术

基于受激布里渊散射的光频域分析技术（Brillouin Optic Frequency Domain Analysis，简称 BOFDA）与基于受激布里渊散射的光时域分析技术（BOTDA）类似，都是利用光纤中的布里渊背向散射光的频移与温度和应变变化间的线性关系实现感测的，不同的是它们获取布里渊频移的方法。图 4.3-6 为 BOFDA 工作原理图。图中，频率为 f_m 的调幅泵浦光和连续斯托克斯光在光纤中相向传播，两者的频率差为 Δf。F_m 和 Δf 都是可变的，对于每个固定的 Δf，都有一组扫描的 f_m 的值与之对应。通过与初始调制信号进行振幅和相位之间的比较，可以得到基带传输函数 H（j_w，Δf）。

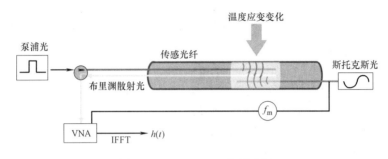

图 4.3-6　BOFDA 工作原理图

基带传输函数可通过快速反傅里叶变换（IFFT）得到脉冲响应函数 h（t，Δf）。脉冲响应函数最后可通过式（4.3-8）确定空间位置 z 与 Δf 之间的关系。

$$H(j_{\mathrm{w}},\Delta f)\xrightarrow{\text{IFFT}}h(t,\Delta f)\xrightarrow{(2)}h(z,\Delta f) \tag{4.3-7}$$

$$z=\frac{1}{2}\frac{c}{n}t \tag{4.3-8}$$

式中　H（j_{w}，Δf）——基带传输函数；

$\quad\quad h$（t，Δf）——脉冲响应函数；

$\quad\quad z$——应变发生位置；

$\quad\quad c$——光速；

$\quad\quad n$——光的折射率。

空间位置 z 处发生的应变变化 ε 和布里渊背向散射光的频率漂移 ν_{B}（即 Δf）呈线性关系：

$$\nu_{\mathrm{B}}(\varepsilon)=\nu_{\mathrm{B}}(0)+\frac{\mathrm{d}\nu_{\mathrm{B}}(\varepsilon)}{\mathrm{d}\varepsilon}\cdot\varepsilon \tag{4.3-9}$$

式中　ν_{B}（ε）——光纤受到 ε 应变时的布里渊频率漂移量；

$\quad\quad \nu_{\mathrm{B}}$（0）——在测试环境温度不变的条件下，光纤自由状态时的布里渊频率漂移量；

$\quad\quad \dfrac{\mathrm{d}\nu_{\mathrm{B}}(\varepsilon)}{\mathrm{d}\varepsilon}$——光纤的应变系数；

$\quad\quad \varepsilon$——光纤的实际发生应变量。

布里渊光时域分析技术（BOTDA）空间分辨率 δ_z 由下式得出：

$$\delta_z=\frac{1}{2}\frac{c_0}{n}\Delta t \tag{4.3-10}$$

式中　Δt——泵浦光的脉冲宽度，提高其空间分辨率可通过缩短其脉冲宽度来实现。而缩短脉冲宽度会降低其信噪比，从而限制其空间分辨率的提高。布里渊光频域分析技术的空间分辨率 δ_z 可表示为：

$$\delta_z = \frac{1}{2}\frac{c_0}{n}\frac{1}{f_{max}} \tag{4.3-11}$$

式中　f_{max}——最大 f_m 调制频率。理论上，增大调制频率 f_m 可提高 BOFDA 空间
　　　　　分辨率，但是增大调制频率的同时其布里渊峰值强度会降低，增大
　　　　　了峰值拟合的难度。对于每一个 f_m，对 Δf 的扫频不仅会激发当前
　　　　　的布里渊频移洛伦兹频谱图，同样会激发相邻的距离为 f_m 的布里渊
　　　　　频移谱图。因此，对于传感光纤中每点的布里渊频移值，基带传输
　　　　　函数 $H(j_w,\Delta f)$ 中都有一个三峰值的洛伦兹谱图与之对应。通过
　　　　　褶积变换：

$$g'(\Delta f,f_m) = g(\Delta f)\times\sum\Phi_\xi \tag{4.3-12}$$

式中　$g'(\Delta f,f_m)$——变换后的布里渊增益函数；
　　　　$g(\Delta f)$——测试得到的布里渊增益函数；
　　　　Φ_ξ——虚拟光谱。

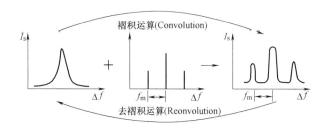

图 4.3-7　褶积运算提高空间分辨率

图 4.3-7 表示布里渊光频域分析技术提高空间分辨率利用的褶积变换过程：测试得到的布里渊增益函数 $g(\Delta f)$ 通过与虚拟光谱叠加，将三峰值关系代入到变换后的布里渊增益函数中，将同一位置的三个洛伦兹谱图拟合到一起，从而提高其空间分辨率测试精度。而当将基带传输函数转换为脉冲响应函数以后，这种准确的三峰值空间位置关系就会消失，这也是布里渊频域分析技术在空间分辨率解调方面优于布里渊时域分析技术的地方。

从目前市场上可以购买的几种基于布里渊散射光的分布式光纤解调仪的性能来看，由德国 fibristerre 公司生产的 fTB2505 型 BOFDA 的测试精度和速度均较高，甚至可实现小范围的动态测试，频域技术的优势很明显。

4.3.5　岩土工程常用光纤感测技术性能比较

从以上几种光纤感测技术的介绍可知，光纤感测技术是一个技术体系，不同种类的光纤感测技术具有不同的特点和适用对象。表 4.3-2 是几种常用的岩土工程分布式光纤感测技术的性能比较。

从表中可以看出：

（1）准分布式主要是布喇格光纤光栅感测技术，它可以利用一根信号传导光纤，将许多光纤或其他传感器串联起来，通过波分复用和时分复用等感测原理，将多个传感器的感测信号区分而获得各个传感器的感测信息。这样，避免了点式传感技术监测时需要安装和埋设大量的信号传输线，给工程监测带来很大的麻烦，甚至无法监测。相对于点式传感器，FBG 传感器更适合于大型基础工程的多点监测，如隧道、地铁和大坝等关键部位的变形监测。

几种常用的岩土工程分布式光纤感测技术性能比较　　表 4.3-2

感测方式	分类	感测技术	基本原理	直接感测参量	延伸感测参量或事件	特　点	不　足
准分布式	光纤光栅型	布喇格光纤光栅（FBG）	相长干涉	波长变化	温度、应变、压力、位移、压强、扭角、加速度、电流、电压、磁场、频率、振动、水分、渗流、水位、孔隙水压力等数十种参量	结构简单、体积小、重量轻、兼容性好、低损耗、可靠性高、抗腐蚀、抗电磁干扰、高灵敏度、高分辨率、易构成准分布传感阵列	高温下光栅会消退，粘贴和受压下易嗍啾，加工易受损，准分布易漏检
全分布式	瑞利散射型	光时域反射技术（OTDR）	瑞利散射光时域反射	光损分布	开裂、弯曲、断点、位移、压力	单端测量，便携，直观快速，可精确测量光纤光损点和断点，弯曲位置，可测量结构物开裂和断裂位置	传感应用时受干扰因素多，测量精度低
	拉曼散射型	拉曼散射光时域反射技术（ROTDR）	拉曼散射光时域反射	（反）斯托克斯拉曼信号强度比值	温度、含水率、渗流、水位等	单端测量，仅对温度敏感，测量距离长	空间分辨率较低，精度较低
	布里渊散射型	自发布里渊时域反射技术（BOTDR）	自发布里渊散射光时域反射	自发布里渊散射光功率或频移变化量	应变、温度、位移、变形、挠度	单端测量，可测断点，可测绝对温度和应变	测量时间较长，空间分辨率较低
		受激布里渊时域分析技术（BOTDA）	受激布里渊散射光时域分析	受激布里渊散射光功率或频移变化量	应变、温度、位移、变形、挠度	双端通路测量，动态范围大，测试时间短，精度高，空间分辨率高，可测绝对温度和应变	不可测断点，双端通路测量造成监测风险高
		受激布里渊频域分析技术（BOFDA）	受激布里渊散射光频域分析	受激布里渊散射光功率或频移变化量	应变、温度、位移、变形、挠度	信噪比高，动态范围大，精度高，空间分辨率高，可测绝对温度和应变	光源相干性要求高，不可测断点，测量距离短，双端通路测量造成监测风险高

（2）全分布式光纤感测技术用的主要调制解调技术有：光时域反射技术（OTDR）；拉曼散射光时域反射技术（ROTDR）；布里渊散射光时域反射测量技术（简称 BOTDR）和布里渊光时/频域分析测量技术（简称 BOTDA 和 BOFDA）等，其中 ROTDR 和 BOT-DR 由于其单端监测的功能，它们特别适用于地质体全分布监测系统。光纤全分布式感测

技术一般不需要任何传感探头，价格低廉的普通通信光纤就可以作为传感光纤。光纤既是传感介质，又是传输通道，应用光纤几何上的一维特性进行测量，把被测参量作为光纤长度位置的函数，可以给出大范围空间内某一参量沿光纤经过位置的连续分布情况。将传感光纤按照一定拓扑结构布置成二维或三维网络，可以实现监测对象平面或立体的温度、应变监测，克服传统点式监测方式漏检的弊端，提高监测的成功率。分布式光纤感测技术在大型或超大型工程的整体应变、温度的监测方面更具优势，如隧道和地铁的分布式火灾监测报警、油气管线泄漏监测、大坝和堤防渗漏监测及边坡分布式监测等，可对监测目标进行远程、无人值守的自动监测。另外，全分布光纤感测技术还具有体积小、重量轻、几何形状适应性强、抗电磁干扰、电绝缘性好、化学稳定性好以及频带宽、灵敏度高、易于实现长距离和长期组网监测等诸多优点。

（3）分布式光纤感测技术是一大类感测技术，各种感测技术的原理和感测参量也不尽相同，每一种感测技术有其各自的特点和不足。因此，在实际应用中，应根据不同的监测对象和要求，选择相应的感测技术，设计不同的测试和监测方案。

（4）根据监测对象和要求，选择表中所列的一种或多种光纤感测技术，配上相应的传感光纤或传感器元件，再设计相应的信号传输系统和研发数据分析系统，就能形成一个光纤感测系统。

图 4.3-8 是基础工程（含岩土工程）分布式光纤感测系统概念图。从图中可以看出：传感光纤可以像人身上的神经一样，安装植入到各类基础工程中，能够感知各种作用场及其多参量的变化，实现包括岩土工程在内的各类基础工程测试与监测的目标。

图 4.3-8　基础工程（含岩土工程）分布式光纤感测系统概念图

4.4　地质与岩土工程多场光纤测试与监测技术

在前一节中，对地质与岩土工程常用的几种光纤感测技术进行了介绍，但仅仅有这些光纤感测技术还无法成为地质与岩土工程的测试与监测技术，必须要研发出相应的光纤传感器和传感光纤（缆），形成相应的监测系统，才能真正成为地质与岩土工程的光纤测试与监测技术。下面简要介绍地质与岩土工程中的场和常见的几个作用场和耦合场监测用的光纤传感器和传感光纤（缆）的初步设计方案以及相应产品。

4.4.1 地质与岩土工程中的场

地质与岩土工程是一个客观实在，是一个固、气、液三相体系，并在应力场、渗流场、温度场、化学场等多场作用下运动着、变化着。它既具有自然属性，又具有人为工程属性。自然属性表明地质条件存在于一个开放的自然环境中，是地质历史的产物，它受到自然界各种因素的作用和影响，而这些因素几乎都是以场的形式相互作用着，并随着时空的变化也在不断变化着，结果导致地质条件的改变；人为工程属性指在地质条件上进行各种人类工程活动，需要对不稳定的地质体进行支护和加固，形成由地质体与各种结构组成的岩土工程，它们必然对地质条件产生影响。这种影响也是多因素的，也具有场的属性。尽管人类工程活动引起的这类场作用在空间和时间上与地质历史时期无法相比，几乎可以忽略，但它的强度却比自然作用场要强得多。如苏锡常软土地区的地面沉降，最大的沉降量达到了 3m，如果仅仅是软土自然固结沉降，大约需要数百年甚至数千年，而人类抽取地下水引起地面沉降只需要十年，甚至更短。随着城市化进程和大规模工程建设的不断加快，人类工程活动作为多场作用对地质条件和环境的影响与改造越来越深刻，已完全不能忽视，但不管是自然作用场还是人为作用场，作用场的本质是一致的。图 4.4-1 比较形象地展示了地质与岩土工程中的多场作用。

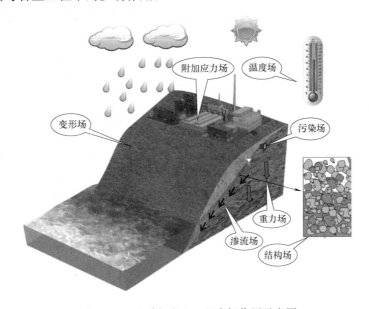

图 4.4-1　地质与岩土工程多场作用示意图

根据作者对工程地质与岩土工程中场的理解，将地质与岩土工程中的场分为基本场、作用场和耦合场三类，这与以往的岩土工程中场的分类不同，下面分别说明：

1. 基本场，这里指的是地质体结构场。目前在地质与岩土工程多场分析中，一般将它归类为耦合场或研究对象或条件，而不会将它作为作用场来考虑的。事实上，地质体结构具有场的所有特性，它是各种作用场的物质基础和桥梁，它既是耦合场，又有别于一般的耦合场，因此在这里作者将它定义为基本场。

2. 作用场，是对基本场产生影响的所有场的总称。由于地质体结构场处在一个开放的地质环境中，因此，它必然受到各种场的影响，这些场主要包括应力场、渗流场、温度场和化学场等，并且它们相互联系、相互作用、相互制约，以多场耦合的形式对基本场产生作用。

（1）应力场，主要来自于地球的重力作用。它还可以分出一些亚场，如地壳中未受工程扰动的天然应力场，形成构造体系和构造形式的构造应力场，人类工程活动引起的附加应力场等。另外，其他一些作用场如渗流场、温度场等也会产生各自的应力场，但由于产生应力场的原因并不是简单的重力作用，因而在实际工程的分析中，常常把它们归入各自的场中进行分析。

（2）渗流场，主要来自于地质体中的地下水作用。它也可以分出一些亚场，如水分场、水势场、渗压场等。渗流场是影响地质体稳定性的主要因素之一，滑坡、泥石流、崩塌、地面沉降等地质灾害，均与地质体中的渗流场有关，同时，它也对其他作用场产生影响。

（3）温度场，主要来自于地球内部的地温热源、外部的太阳能和人类工程活动中的局部热源如地铁隧道、供热地下管道等。温度场对地质体结构场的影响主要体现在各种物性指标上，如风化速率、渗透系数、弹性模量等。

（4）化学场，主要来自于地质体中物质组成和化学成分的变化。这种变化既来自于地质体自身的演化，如岩石的风化，黏土矿物的转化等；也来自于外部的自然和人为的化学作用，如化工厂废液的渗漏和排放，污染土的堆放和填筑，酸雨的渗入等。随着工业化的发展，后者的影响和作用强度越来越大，局部地质区域已不能忽视化学场对工程地质性质和环境的影响。

3. 耦合场，指的是经过两种以上场的耦合作用后形成的标量或矢量场。根据这一定义，只要有二个以上的场耦合作用就可以得到一个以上的耦合场。如工程地质中的变形场，几乎是所有作用场与基本场耦合的结果。

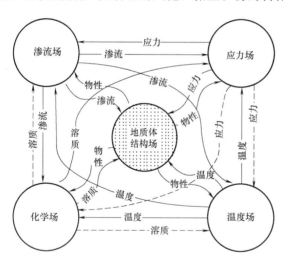

图 4.4-2　工程地质与岩土工程中常见的场及耦合关系

图 4.4-2 是工程地质与岩土工程中常见的场及耦合关系。各种场之间相互作用、相互影响。因此，要对地质与岩土工程稳定性和安全性作出正确评价，必须采取各种技术手段对地质与岩土工程中的场进行有效的测试和监测，而光纤感测技术通过多场光纤传感器的研发，就可以成为地质与岩土工程多场光纤测试与监测技术。

4.4.2　地质与岩土工程多场光纤传感器结构设计

地质与岩土工程中常见的场主要包括温度场、应变场、应力场、变形（位移）场、湿度（水分）场和渗流场等。对这些场进行分布式光纤监测，除了要有合适的光纤感测技术外、还需要配套的传感器和传感光缆以及相应的监测系统。

1. 温度场

温度场测试与监测拟通过向岩土体中埋入温度传感光缆即可实现对光缆沿线温度分布的监测。埋入多组不同方向的温度传感光缆即可实现整个岩土体温度场的监测。温度场监测所需光缆主要考虑光缆强度和长期稳定性两个要素。温度传感光缆由纤芯、内护套管、加强筋和外层护套四单元部分组成：内芯为1-4芯单模纤芯，用于温度感测；传感纤芯套在内护套管内进行隔离保护，以防止外部加强筋的挤压破坏，同时也阻隔水分子进入到纤芯内；加强筋采用耐腐蚀的不锈钢丝或纤维复合筋材质，抗拉和抗折强度均高，防止光缆挤压和拉伸断裂；外层护套用于抱紧整根光缆，以增加横向抗压强度，也可阻止外层水分子进入光纤内部。由于温度传递可通过任何介质进行，温度传感光缆采用松套结构进行封装，减小光损，增大抵抗外界变形扰动能力。

2. 应变场

应变测试需要采用紧包类结构的应变传感光缆来实现。可采用四类分布式应变传感光缆：第一类是薄护套应变传感光缆，具有护套层薄，应变传递性好等特点，但强度较低，主要用于后期高强传感光缆、分布式压力传感器、分布式应力传感器的二次封装；第二类为低弹性模的应变传感光缆，外有较厚软质紧包层，其弹性模量较低，与低模态材料有着较强的耦合性，主要用于模型试验、土体变形的测量；第三类为高强、高模量应变传感光缆，采用金属绞线结构紧包保护，具有强度高、弹性模量高、顺直性好等特点，用于岩体的变形及浇筑工程体的变形监测；第四类高稳定性应变传感光缆，采用耐高温、低蠕变性的材料一体封装，具有耐高温、长期稳定性高等特点，主要用于岩体蠕变、围岩长期变形监测等。

对于工程活动中的地质体应变场，可植入应变感知光纤的智能加筋材料来实现：第一类为智能锚杆和锚索。将应变传感光缆植入到锚杆和锚索体上，粘结固定，随着锚杆一起植入到岩土体中，主要用于边坡变形、隧洞围岩变形、支护体内等监测；第二类为智能土工织物，将分布式应变传感光缆编织入土工格栅和土工布的等土工织物上，一起填入土体中，用于监测土体变形及土工织物的内力分布。图4.4-3是岩土体应变场光纤传感器设计示意图。

对于流变性岩体和土体，其连续变形幅度很大，玻璃光纤的容许变形量已无法满足其测试量程要求，此时将玻璃光纤替换为容许变形量是其几十倍的塑料光缆来实现其大变形的测量。

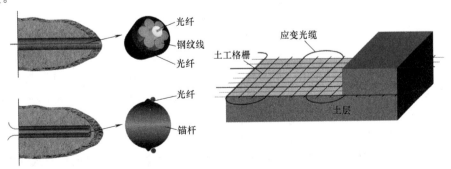

图4.4-3　岩土体应变场光纤传感器设计示意图

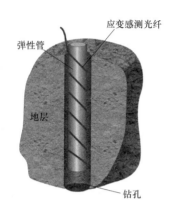

应变感测光纤

弹性管

地层

钻孔

图 4.4-4 地层应力场监测传感器设计示意图

3. 应力场

岩土体中地应力场的监测需要通过换能结构来实现，需要将不同方向的地应力转化为弹性材料的应变变形，再利用分布式光纤进行应变测量来反演应力大小。作者研究团队开发出了一种分布式应力测试管件，该管件为一种高弹性管件，受围岩压力后会发生弹性变形，应变传感光缆缠绕在此管上形成分布式应力传感器。该传感器可通过钻孔直接植入到岩体中，对不同深度的周围应力场进行测量。图 4.4-4 是地层应力场监测传感器设计示意图。

对于各向异性应力场测试，作者研究团队开发出了一种可测量平面二维方向应力大小的分布式感应管件，该管件设计有两个相互垂直的弹性内隔板，每块内隔板用于承担其垂直方向接触面上的压力。横隔板上来回折返布设分布式应变传感光纤，用于测量隔板的压缩变形，根据隔板的材料弹性参数来计算其承担的地应力大小。两个垂直方向的隔板即可实现同一截面的二维地应力测量。该器件可连续布设，也可分段布设，对不同深度的二维地应力测量，实现地应力场的精细监测。

4. 位移（变形）场

位移场是应变在空间上的累积反映，也是宏观变形的一种表现形式。作者研究团队针对不同监测对象和变形大小，设计出了分布式光纤应变测试的位移传感器系列。对于一维变形量小于2%小变形的位移场测量，可采用分布式位移传感光缆来实现，该感测缆将纤芯进行定点固定，固定部分与外界接触，其余部分松套隔离，测量两点间的相对位移大小。对于变形量整体超过2%的岩土体监测，拟采用塑料光纤作为内芯，封装成定点式光缆，进行两点间大变形的测量。岩土体变形为三维变形活动，如基坑、边坡等工程体变形，除了土体竖向变形外，更重要的表现为水平方向的位移运动，作者研究团队开发出了一种可测量岩土体深部水平位移的分布式测量管，该测量管在不同方向上铺设应变传感光缆，可通过钻孔植入到岩土体的深部，随同岩土体一起变形，通过测量在不同深度界面上不同方向的应变差来获得各深度的水平位移及方向。图 4.4-5 是岩土体位移场监测分布式光纤传感测量示意图。

5. 湿度（水分）场

岩土体中的湿度场常用含水率指标来衡量。岩土体中含水率大小将直接改变其传热性能，将具有内加热功能的光缆埋入岩土体中，利用其升温过程中的温度特征值与含水率之间的关系进行分布式测定土壤中的含水率。进一步解释为：土壤热传导性能随含水率而发生变化，含水率越高，其热传导能力越强。将具有内加热功能的碳纤维温度传感光缆植入土壤中，通电后碳纤维光缆发热，温度升高，但在含水率越高的部位，其升温速率越慢，通过测量加热一定时间的光缆温度即可得到温度特征值，据此来测量土壤中湿度场。作者研究团队开发出了一种基于碳纤维加热丝材质的温度传感光缆，该光缆可实现光缆长距离均匀加热，绝缘稳定性佳，耐腐蚀，强度高，可直接埋入钻孔中，也可附着到管件上植入岩土体中，用于岩土体含水量的分布式监测。图 4.4-6 是岩土体湿度场分布式光纤传感器示意图。

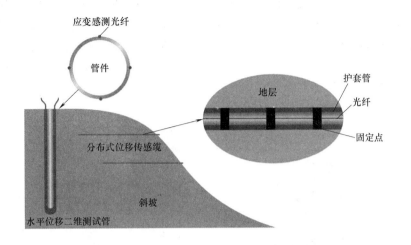

图 4.4-5 岩土体位移场监测分布式光纤感测示意图

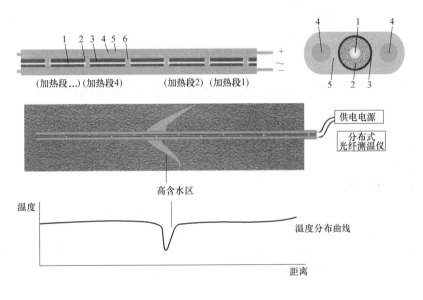

图 4.4-6 岩土体湿度场分布式光纤传感器示意图

1—感温光纤；2—碳纤维丝；3—护套；4—供电电缆；5—绝缘包层；6—接电端子

6. 渗流场

渗流场的监测可利用分布式传感光纤通过测量地下水渗流速度、流体压力及自由水位等方式来实现。其中分布式渗流流速测量方法和装置类似于分布式湿度场的测试装置，将带有内加热功能的温度传感光缆植入岩土体中，通过测量加温过程升温特征值的方式来反演周围渗漏速度，用于含水层渗流速度、断层（裂隙）导水等监测。对于存在自由水位的潜水流场，根据纵向内加热光缆升温速率差异位置变化来监测潜水水位的埋藏深度变化。

除了基于内加热光缆的渗漏和自由水位监测传感装置外，作者研究团队在分布式地应力测试装置的基础上，开发出了一套分布式液体压力传感器，该传感器为一种多层护套管结构，外层套管隔离外围地应力挤压变形，通过透水微孔将内外相通，将流体压力传递到内部感应管上，感应管为密封的薄壁弹性管件，外部缠绕有应变传感光缆，可感知因外部流体压力带来的管件挤压应变。该分布式压力传感器可以通过钻孔植入到岩土中，可实现对钻孔内不同深度处流体压力大小的分层测定，实现岩土体中渗流场的监测。图 4.4-7 地下流场分布式光纤监测传感器设计示意图。

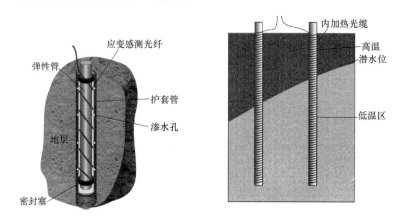

图 4.4-7　地下流场分布式光纤监测传感器设计示意图

4.4.3　岩土工程多场光纤测试与监测分析系统的总体结构设计

根据岩土工程多场测试与监测要求，岩土工程多场光纤感测分析系统可由一个数据库和四个模块组成，即中心数据库、数据传输模块、数据处理模块、异常识别模块和分析显示模块。总体结构设计见图 4.4-8。

1. 数据传输模块

根据测试与监测现场条件的不同，分别设计有线传输和无线传输两种方式。其中有线传输主要通过 Internet 网络实现远程数据向中心数据库的定期数据推送实现，有线传输可以对所有监测数据实现实时更新。对于解调仪可直接分析得到监测指标，不需要通过中心数据库进行分析的小数据可通过短信方式向中心数据库传输数据。

2. 中心数据库

中心数据库包括四个部分，一是远程测试与监测数据资料的存储，这部分数据作为监测历史库，并为后期的数据分析提供原始资料；二是测试与监测模型数据库，主要提供各种数据分析模型所需要的计算参数，随着分析技术的不断完善，这些模型可进行动态更新；三是各种数据分析模块所需要的临时数据库，这部分数据从历史数据库中提取得到，可以是历史数据的备份，也包括原始数据处理后的结果；第四部分是分析结果库，保存不同的分析模型对相关联数据实现综合分析后形成最终结果。

3. 数据处理模块

对于分布式光纤监测结果的海量数据处理，不可能用人工手算的方法来完成。可采用面向主题的、集成的、非易失的且随时间变化的数据仓库理论，通过计算机编程和一定的算法，对分布式光纤监测结果的海量数据进行去噪和平滑等处理，研发出科学的数据库管理和能自动数据定位的数据处理系统。

4. 异常识别模块

在数据处理系统的基础上，需进一步对海量监测数据进行异常识别和数据挖掘。可通过模式识别算法、模糊逻辑理论、人工神经网络、遗传算法和小波分析等计算方法为核心的异常识别模型，实现岩土体多场多参量测试与监测的计算机自动异常识别系统。

5. 分析显示模块

在数据异常识别的基础上，针对岩土体多场多参量测试与监测的不同要求，对异常点、线、面、体进行地质分析，构建被测岩土体多场多参量信息的分布模型，并采用三维地质建模和虚拟技术，实现岩土体多场多参量监测结果在空间和时间上的显示。

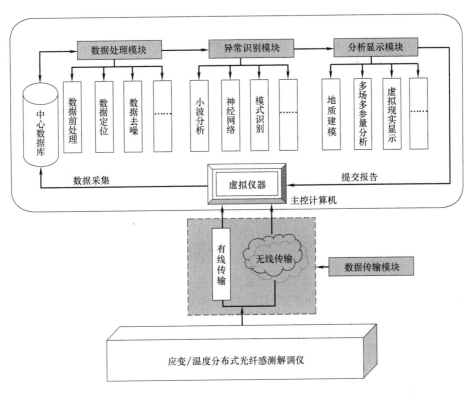

图 4.4-8　岩土工程多场分布式光纤测试与监测分析系统总体结构设计图

4.4.4　地质与岩土工程多场光纤测试与监测总体结构设计

地质与岩土工程多场多参量光纤测试与监测系统整体结构设计图见图 4.4-9。包括三大系统：地质体多场多参量光纤传感系统、信号调制解调系统和信号传输与分析系统。

4.4.5　地质与岩土工程光纤监测技术相关产品

一个好的思路和设计，只有通过大量试验测试和一丝不苟去研制，形成高质量的产品，才能落地推广应用。作者的研究团队经过十余年的不懈努力和创新研制，已形成了地质与岩土工程多场光纤监测技术体系。表 4.4-1 列出了南京大学产学研合作企业平台—苏州南智传感科技有限公司生产的相关产品，供用户选择使用。

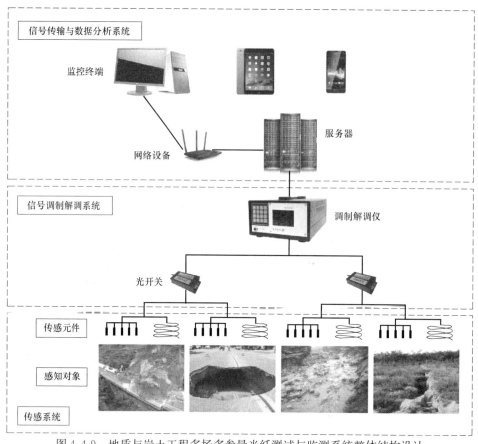

图 4.4-9 地质与岩土工程多场多参量光纤测试与监测系统整体结构设计

光纤解调设备、传感器和传感光缆部分产品

苏州南智传感科技有限公司 (2016)

表 4.4-1

传感产品	产品类型	产品名称	产品特征	产品参数
解调设备	光纤光栅解调仪	柜式模块化光纤光栅解调仪 NZS-FBG-A01(C)	模块化设计,高度集成; 多种通信接口; 内部数据自动备份	通道数:16 波长分辨率:1pm 重复性:±3pm 动态范围:35dB
		无人值守光纤光栅解调仪 NZS-FBG-A02	防水、防尘、防结露; 实时无线传输数据; 支持太阳能供电; 数据无线与本地双重备份	通道数:16 波长分辨率:1pm 重复性:±3pm 动态范围:35dB
		便携式光纤光栅解调仪 NZS-FBG-A03	内置电池,轻巧便携; 双通道独立测试; 自带液晶显示触摸屏	通道数:16 波长分辨率:1pm 重复性:±2pm 动态范围:45dB

续表

传感产品	产品类型	产品名称	产品特征	产品参数
解调设备	光纤光栅解调仪	动态光纤光栅解调仪 NZS-FBG-A06	最高解调频率 16kHz；测量稳定、精度高；尺寸小巧，方便携带安装	通道数：1—16 波长分辨率：2pm 扫描频率：100Hz～16kHz 重复性：±2pm 动态范围：30dB
		动力设备专用光纤光栅解调仪 NZS-FBG-A07	抗震性能好；具备有线、无线数据传输方式；配套固定装置，方便安装	通道数：8 波长分辨率：1pm 重复性：±2pm 动态范围：35dB
	分布式解调仪	布里渊光时域光纤应变/温度解调仪 AV6419	单端测试，工程适用性好；测试距离可达 80km；彩色 LED 显示，触摸屏操作	空间分辨率：1m 最高采样间隔：0.05m 测试精度：±50$\mu\varepsilon$（10—20ns），±10$\mu\varepsilon$(50～200ns) 应变测试重复性：≤100$\mu\varepsilon$ 测试距离：80km
		布里渊光频域光纤应变/温度解调仪 fTB2505	0.2m 空间分辨率，精细测试；采用光频域分析技术，精度达 2$\mu\varepsilon$；支持远程访问，无需人员值守；自重轻，功耗小	空间分辨率：0.2m 最高采样间隔：0.05m 测试精度：±2$\mu\varepsilon$ 测试重复性：≤±4$\mu\varepsilon$ 测试距离：50km
		分布式光时域光纤温度解调仪 NZS-ROTDR-A01	高绝缘、防电磁干扰、耐腐蚀、耐高温；定位精度可达 1m，测温精度达 0.3℃	测试距离：1～16km 通道数：2,4,8,16 空间分辨率：0.5～3m 测温精度：0.3℃ 响应时间：2s
光纤光栅传感器	压力/液位类	光纤光栅土压力盒 NZS-FBG-EPC	耐腐蚀，抗雷击，长期稳定性高；可串联，引线少	量程：200～5000kPa 分辨精度：1‰F. S.
		光纤光栅渗压计 NZS-FBG-MOM	尺寸小巧；可串联测量，一孔多埋；耐腐蚀，长期稳定性好	量程：200～4500kPa 分辨精度：1‰F. S.

传感产品	产品类型	产品名称	产品特征	产品参数
光纤光栅传感器	压力/液位类	光纤光栅孔压计 NZS-FBG-PPG	可串联测量,一孔多埋; 耐腐蚀,长期稳定性好	量程:200～4500kPa 分辨精度:1‰F. S.
		光纤光栅静力水准 NZS-FBG-DDG	精度高、稳定性好; 压差式设计,抗震性好	量程:－50～50mm 分辨精度:1‰F. S
	应力/应变类	光纤光栅液位计 NZS-FBG-LLS	本征安全; 耐腐蚀、抗干扰; 安装方便	量程:1m 分辨精度:1‰F. S.
		光纤光栅锚索测力计 NZS-FBG-ALG	抗震击,长期稳定性好; 体积小,安装方便	量程:200～5000kN 分辨精度:1‰F. S.
		光纤光栅钢筋应力计 NZS-FBG-RM	无变径结构; 长期稳定性好	量程:－200～300kN 分辨精度:1‰F. S.
		光纤光栅表面应变计 NZS-FBG-SSG	温度自补偿; 安装方便	量程:－1500～1000$\mu\varepsilon$ 分辨精度:1‰F. S.
		光纤光栅埋入应变计 NZS-FBG-ESG	灵敏度高; 稳定性好	量程:－1500～1000$\mu\varepsilon$ 分辨精度:1‰F. S.

传感产品	产品类型	产品名称	产品特征	产品参数
光纤光栅传感器	压力/液位类	光纤光栅缆式应变计 NZS-FBG-CSG	缆式结构,安装方便; 长标距,大量程; 可密集布设,引线少	量程:−1000~5000$\mu\varepsilon$ 分辨精度:1$\mu\varepsilon$ 标距:可定制
		光纤光栅贴片式应变计 NZS-FBG-SMSG	尺寸小巧,安装简单; 耦合性好,稳定性好	量程:−1500~1500$\mu\varepsilon$ 分辨精度:1‰F. S.
		光纤光栅位移计 NZS-FBG-DPG	安装方便; 稳定性高; 温补自补偿	量程:10~200mm 分辨精度:1‰F. S.
		光纤光栅倾斜计 NZS-FBG-IM	高灵敏度; 温度自补偿; 抗电磁干扰	量程:±5℃ 分辨精度:1/200℃
		光纤光栅角度计 NZS-FBG-AN	不受电磁干扰,本征安全; 耐腐蚀,稳定性好	量程:±1.5℃ 分辨精度:1‰F. S.
	温度类	光纤光栅温度计(岩土) NZS-FBG-TM(G)	成活率高,长期稳定性好; 本征安全,绝缘设计; 不受电磁干扰; 可多点串联	量程:−4~200℃ 分辨精度:1‰F. S.
		光纤光栅温度计(电力) NZS-FBG-TM(E)		
		光纤光栅温度计(工业) NZS-FBG-TM(I)		

传感产品	产品类型	产品名称	产品特征	产品参数
分布式感测传感光缆	应变传感光缆	金属基带状应变传感光缆 NZS-DSS-C01 金属基分装层 光纤	金属基材料封装,抗冲击; 柔韧易弯曲,富有弹性; 优质镂空结构,可以被测物紧密结合	纤芯数量:2 光缆界面尺寸:18mm×0.15mm
		金属基索状应变传感光缆 NZS-DSS-C02 光纤 金属加强件 护套	金属基索状结构,外包高强度金属加强件,抗拉强度高; 施工安装便捷; 初始应变控制均匀	纤芯数量:1 光缆直径:5mm
		高传递紧包应变传感光缆 NZS-DSS-C07 光纤 聚酸亚胺护套	柔软、富有弹性,易与监测物协调变形; 护套具有良好耐磨性; 防腐、绝缘、耐低温	纤芯数量:1 光缆直径:0.9~1.5mm、2.0~4.0mm
		定点式应变传感光缆 NZS-FBG-C08	独特内定点设计,实现非连续非均匀应变测试; 变形范围大,可直埋于土体中; 测量结果可直接进行位移转换	纤芯数量:1 光缆直径:光缆 5mm,定点 8mm
		玻璃纤维/碳纤维复合基光缆 NZS-FBG-C09	接触面积大,耦合性及应变传递性好; 重量轻,质软,不易脱落; 高强织布保护,成活率高	纤芯数量:1~4 光缆宽度:2~5cm
	温度传感光缆	纤维加强中心管束式温度传感光缆 NZS-DTS-C03 裸光纤 油膏 PBT管 Kevlar纤维 光缆外护套(LSZH/PVC)	无金属介质; 抗强电场、强磁场干扰	纤芯数量:1 光缆直径:3.0mm、4.0mm 工作温度:-10~80℃
		塑封铠装光缆 NZS-DTS-C05 金属编织网 Kevlar 紧包光缆 螺旋带铠装 高导热LSZH护套	双层铠装设计,具有很好的抗拉、抗压等机械性能	纤芯数量:1 光缆直径:3.0mm、5.0mm 工作温度:-20~85℃

传感产品	产品类型	产品名称	产品特征	产品参数
分布式感测传感光缆	温度传感光缆	第一层金属丝 裸光纤 油膏 无缝钢管 第二层金属丝 护套 高强钢丝铠装温度传感光缆 NZS-DTS-C08	双层钢绞线绞合,具有极强的抗冲击破坏能力;密封设计,耐电化学腐蚀,阻水阻油	纤芯数量:2 光缆直径:8.0mm、10.0mm、12.0mm; 工作温度:$-40\sim85℃$
		光纤 碳纤维丝 碳纤维内加热温度传感光缆 NZS-DTS-C09	独特的碳纤维内加热技术,发热功率大,均匀性好;密封设计,阻水阻油,绝缘性好	纤芯数量:1 光缆直径:4.5mm、8.3mm 加热阻值:$15\sim25Ω/m$ 工作温度:$-20\sim120℃$
		钢网编织网 光纤 铠管 钢丝加强件 护套 铜网内加热温度传感光缆 NZS-DTS-C10	采用铜网编织层,阻值小,可加热距离长	纤芯数量:1 光缆直径:5.5mm 加热阻值:$22\sim28Ω/km$ 工作温度:$-20\sim120℃$

虽然光纤感测技术可用于基础工程多场多参量监测的各个方面,但由于本书内容侧重于岩土工程的测试,因此,下面两章选择性地介绍了光纤感测技术应用于岩土工程水分场测试和土工离心机多场多参量测试的技术和方法。

4.5 土中含水率分布式光纤测定方法

4.5.1 概述

土中含水率的测定是地质与岩土工程防灾减灾中必不可少的工作。关于土中含水率的测定,目前主要有 3 种方法:烘干法、电阻法、时域反射法(TDR)。

烘干法是土中含水率测量最常用和简便的方法,其原理是根据土样烘干前后质量变化确定含水率,然而,这种方法需要取样烘干,因此它适合于实验室测试,很难对原位土体尤其是深部原位土体的含水率测量。另外,即使取到合适的原位土样,在土样取样、搬运和存储过程中也难免失去一定水分,从而造成土中含水率测试结果产生偏差。

电阻法的原理是通过测量埋入土壤中的两个电极之间电阻来确定含水率,但由于土中的电阻受孔隙分布,颗粒成分影响而使该方法测量结果误差较大,另外,该方法使用前的标定结果容易随时间失效,因此,在岩土工程中还不能普遍推广。

TDR 技术测量土中含水率的原理是通过测量电磁波在埋入土壤中导线入射和反射之间

的时间差来求土的介电常数，利用介电常数确定含水率，这一方法首先由 Dalton 等人于 1984 年提出，30 年来这一技术得到了较快发展，目前它是测量原位土体含水率比较常用的方法。但该方法的测量结果受到土的化学特性和环境因素的影响，测量精度和稳定性不高。此外，因为探头几乎无法安装到深部土体，所以难以对深部原位土进行含水率测量。

上述三种方法除了难以测量原位土含水率，标定复杂，稳定性差等不足外，它们均属于点式测量，还无法对土体原位含水率进行分布式实时测量。因此，十分需要研发一些新型测试手段对土中含水率进行测量。本节介绍由作者研究团队新近研发出的一种土中含水率光纤测定方法——C-DTS 土壤含水率分布式测量系统。

4.5.2　基本原理

基于 C-DTS 的土壤含水率分布式测量系统的基本原理是：采用 C-DTS 测试系统，对埋设在土壤中的碳纤维加热光缆的温度变化进行测定，利用其升温过程中的温度特征值与含水率之间的关系进行分布式测定土壤中的含水率。进一步解释为：土壤热传导性能随含水率而发生变化，含水率越高，其热传导能力越强。将具有内加热功能的碳纤维温度传感光缆植入土壤中，通电后碳纤维光缆发热，温度升高，但在含水率越高的部位，其升温速率越慢，通过测量加热一定时间的光缆温度即可得到温度特征值，据此来测量土壤中的含水率。

4.5.3　温度特征值定义及 C-DTS 系统设计

1. 温度特征值的定义

为了提高 C-DTS 的可靠度，降低测量误差，作者提出了温度特征值的概念。温度特征值定义为：加热光缆周围形成的温度场梯度不再改变时，选取某个特征时间区间 $[t_1, t_2]$，在特征时间区间 $[t_1, t_2]$ 内的等时间间隔所测得的温度值的算数平均值称之，用 T_t 表示，计算公式为

$$T_t = \frac{\sum_{i=1}^{n}(T_i)}{n} \tag{4.5-1}$$

式中　T_t——温度特征值；

　　　T_i——特征时间区间 $[t_1, t_2]$ 内的等时间间隔所测得的温度值；

　　　n——特征时间区间内温度的测量次数。

2. T_t 与含水率 w 之间的关系

碳纤维内加热光缆升温过程中 T_t 与土壤中 w 之间的关系推导如下：

假设待测土壤具有均匀性、各向同性，可将此类热量传输问题简化为一维问题。选取单位长度光缆，根据欧姆定律，该单位长度光缆在单位时间内产生的能量为

$$Q_1 = \frac{U^2}{R} = I^2 R \tag{4.5-2}$$

式中　Q_1——单位长度光缆单位时间产生的能量；

　　　U——单位长度光缆两端所加电压；

　　　R——单位长度光缆的电阻；

　　　I——电流。

因 R 和 I 都为常数，所以 Q_1 也为常数。根据传热学中傅里叶定律可知，单位长度光缆在单位时间内散失的热量为

$$Q_2 = \vec{\psi} = -\lambda \frac{\partial T}{\partial u}\vec{n_0} \tag{4.5-3}$$

式中　Q_2——单位长度光缆单位时间内散射的能量；

$\vec{\psi}$——光缆表面热流密度；

λ——导热系数，是与土体本身性质相关的标量；

$\frac{\partial T}{\partial u}\vec{n_0}$——温度梯度。

根据能量守恒定律，单位时间内用于碳纤维光缆加热的能量表示为

$$Q_3 = Q_1 - Q_2 = c_m(T - T_0) \tag{4.5-4}$$

式中　Q_3——用于加热碳纤维光缆的能量；

c_m——光缆比热容；

T_0——加热前光缆的初始温度；

T——加热后光缆的实测温度。

将式（4.5-2）、（4.5-3）、（4.5-4）联立可得

$$I^2 R - c_m(T - T_0) = -\lambda \frac{\partial T}{\partial n}\vec{n_0} \tag{4.5-5}$$

由式（4.5-5）通过数学推导，求出 λ 的表达式为

$$\lambda = \frac{c_m}{\frac{\partial T}{\partial u}\vec{n_0}} T - \frac{c_m}{\frac{\partial T}{\partial u}\vec{n_0}} T_0 - \frac{I^2 R}{\frac{\partial T}{\partial u}\vec{n_0}} \tag{4.5-6}$$

当温度场稳定后，由待测土的各向同性和均匀性可知，温度梯度 $\frac{\partial T}{\partial u}\vec{n_0}$ 为常数，所以式（4.5-6）可简化为

$$\lambda = k_0 T + b_0 \tag{4.5-7}$$

式中 $k_0 = \dfrac{c_m}{\frac{\partial T}{\partial u}\vec{n_0}}$，$b_0 = -\dfrac{c_m}{\frac{\partial T}{\partial u}\vec{n_0}} T_0 - \dfrac{I^2 R}{\frac{\partial T}{\partial u}\vec{n_0}}$，$k_0$，$b_0$ 都为常数。

又因为土体由气、固、液三相组成，而气体的导热系数相对于液体和固体来说非常小，故忽略不计。土的导热系数可写成

$$\lambda = \lambda_w + \lambda_s \tag{4.5-8}$$

式中　λ_w——水溶液的导热系数；

λ_s——固体的导热系数。

λ_w 的大小与土中含水率呈现正相关的关系，即土中含水率越大，其导热能力越强。当温度场稳定后，土中相邻位置的固体和液体之间温度相等，相互之间的热量传递可忽略不计，所以 λ_w 与土体含水率可近似认为成正比关系，即

$$\lambda_w = aw \tag{4.5-9}$$

式中　a——常数；

w——土中含水率。联立式（4.5-7）、（4.5-8）、（4.5-9），可得

$$w=\frac{k_0}{a}T+\frac{\lambda_s}{a}+\frac{b_0}{a} \tag{4.5-10}$$

可进一步整理得

$$w=k_1T+b_1 \tag{4.5-11}$$

式中 $k_1=\frac{k_0}{a}$，$b_1=\frac{\lambda_s}{a}+\frac{b_0}{a}$，$k_1$，$b_1$ 都为常数。从式（4.5-11）可看出，当加热时间相同时，光缆温度与周围介质含水率成一次函数关系。在实际应用过程中若选取某一时刻的温度值进行计算，由于土体不均匀、测试系统不稳定造成的误差较大。因此，需要选取加热过程中某个时间区间的温度值来代替某个时间点的值进行分析。由温度特征值定义的式（4.5-1）及式（4.5-11）可知

$$w=k\frac{\sum\limits_{i=1}^{n}(T_i)}{n}+b \tag{4.5-12}$$

即有

$$w=kT_t+b \tag{4.5-13}$$

式中 k、b——常数。

从式（4.5-13）可看出，碳纤维加热光缆的温度特征值 T_t 与土中含水率 w 成线性函数关系。因此，可通过测量温度特征值来计算土壤中含水率。这里需要说明，对于同一种土体，当加热功率恒定时，k、b 为常数，但是对于不同类型的土体，上述参数则不同，需要进一步确定，一般建议在现场测量原位土体含水率时对 C-DTS 系统各参数进行现场标定。

3. 碳纤维加热光缆

为了提高传感光纤对土壤含水率的敏感度，提高 C-DTS 系统测量精度，使光缆加热过程中能够均匀受热，在设计的 C-DTS 中，采用了苏州南智传感科技有限公司生产的碳纤维内加热型传感光缆，其型号为 NZS-DTS-C11。从内到外依次为光纤、碳纤维、纤维护套，其中光纤包括纤芯、包层、涂敷层、光纤护套，如图 4.5-1 所示。

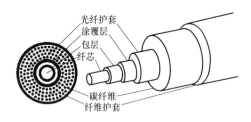

图 4.5-1　NZS-DTS-C11 结构示意图

4. C-DTS 土壤含水率分布式测量系统

设计的 C-DTS 系统包括加热系统、感测系统、解调系统、数据处理系统四部分构成。加热系统由碳纤维、通电导线、加热电源构成，感测元件为多模光纤，解调系统主要由 DTS 解调设备构成，数据处理系统主要由安装了计算特征值软件的电脑、显示器构成。上述各系统的协同工作过程如图 4.5-2 所示。

首先加热系统对埋入土壤中光缆通过碳纤维导电加热，同时感测系统对光缆升温过程中不同温度对应的光信号进行感测，并将感测到的光信号数据传输给解调系统，解调系统将光学信号解调成实测温度信号 T，并将实测温度数据传输给数据处理系统，最后数据处理系统由实测温度 T 计算温度特征值 T_t，并由 T_t 和含水率 w 之间线性关系计算出待测土壤的含水率 w。

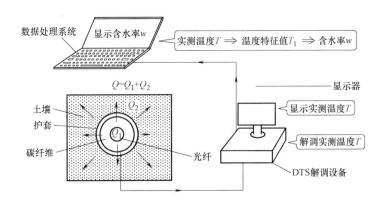

图 4.5-2　C-DTS 系统工作过程示意图

4.5.4　方法的验证

本节所设计的室内试验，旨在验证 C-DTS 法用于测量土壤含水率的可行性、可靠性和优越性。同时，对 w 与 T_t 之间一次函数 $w=kT_t+b$ 的系数 k，b 进行标定，研究 T_t 的选取方式对含水率精度的影响。

1. 方案设计

本次含水率测定试验，其基本配置如图 4.5-3 所示。为了增大 C-DTS 系统测量的空间分辨率，将碳纤维光缆缠绕在 PVC 管上制作成测管。

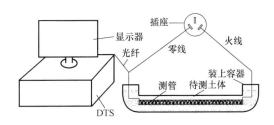

图 4.5-3　试验基本配置

测量设备包括 DTS 测温仪，碳纤维加热光缆，装土容器，电线，插座、测管。DTS 选用苏州南智传感科技有限公司生产的 NZS-DTS-M6，其空间分辨率为 1m，温度精度为 0.1℃，最大测量距离为 6km。碳纤维加热光缆碳纤维直径为 3mm，护套材料绝缘，内部碳纤维导体的电阻率为 19.4Ω/m。测管内部为直径 5cm 的 PVC 管，长度为 0.7m，管外缠绕碳纤维加热光缆，光缆总长度为 33.63m。

2. 试验过程

本次室内试验步骤主要包括接电、测管制作、土样制备和装入、测量，如图 4.5-4 所示。

首先，通过刀片划开碳纤维光缆橡胶护套，将导线和已去护套光缆固定，用电工胶带做绝缘处理；其次，配置不同含水率的土壤样，装入 PVC 容器中，装入土样时应确保测管处于 PVC 容器中心位置；最后将光纤接入分布式光纤测温仪。在 DTS 测温前，首先需要根据环境温度对其标定，待标定完成后将测管上电线并联接入家庭电路，使测管对周围土体加热的同时传感自身的温度变化。本试验中光缆上所加电压为 7.33V/m，每组试验加热时间都规定为 180min，试验结束后，断开电源，剪断光纤，清空 PVC 容器后装入下一组含水率的土样，重复上述步骤进行测量。

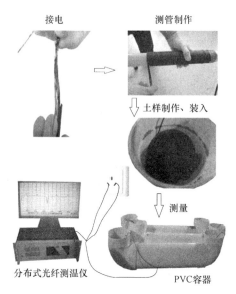

接电　　　　测管制作

土样制作、装入

测量

分布式光纤测温仪　　　　PVC容器

图 4.5-4　试验装置安装过程

土的热传导特性主要与土颗粒大小、含水率、干密度有关，室内试验所选用土的上述指标如表 4.5-1。因其饱和含水率为 22.9％，故可分别配制含水率为 5％，10％，15％，20％的土样依次用 C-DTS 系统测量，将测量结果 T 换算成温度特征值 T_t，标定出该温度特征值与上述 4 个已知含水率之间的线性函数系数。

试验用土的物理性质　　　　　　　　　　　　　　　　　　表 4.5-1

有效粒径 d_{10}(mm)	限制粒径 d_{60}(mm)	干密度 ρ(g·cm³)	饱和含水率 w_{sat}(％)
0.13	0.29	1.21	22.9

从表 4.5-1 可以看出，本次试验所选取的土样的不均匀系数为 2.23，属于级配不良土体中的砂性土。

4.5.5　试验结果分析

1. 升温时程曲线特征分析

因为设计的试验中每条测管上都绕有长度为 33.63m 的光缆，DTS 解调仪采样间隔为 1m，故可从一条测光上获取等距离的 33 个温度数据，又因为整条测管都置于具有相同含水率的装土容器中，故可将测管上 33 个采样点每一时刻的平均温度作为该时刻光缆的温度，将测管升温时程曲线绘制如图 4.5-5 所示。

从图 4.5-5 可看出，在通电开始后的前 30min，不同含水率土壤对应的升温曲线彼此之间区分度不高，升温规律也不一致，主要是由于刚通电时，测管周围形成的温度场不稳定造成。30min 后，可清晰地看出在任一时刻，含水率越高的土壤，其对应的测管温度越低，测管温度与周围介质含水率呈现很好的负相关关系。在应用时可通过时程曲线初步判断含水率范围。

2. T_t 与 ω 之间关系的确定

由温度特征值定义可知,其大小受到所选取特征时间区间 $[t_1, t_2]$ 控制,因此在讨论温度特征值时需先说明选取的时间区间。特征时间区间下限 t_1 由土壤本身属性决定,为碳纤维光缆周围形成的温度场梯度不再改变的时刻,上限 t_2 根据测量精度要求而定,一般 t_2 越大,即测量时间越长,测量精度越高。本文中分别选取 $30\sim60\mathrm{min}$, $30\sim90\mathrm{min}$, $30\sim120\mathrm{min}$, $30\sim150\mathrm{min}$, $30\sim180\mathrm{min}$ 时间区间,将温度特征值与含水率的关系绘制如图 4.5-6 所示。

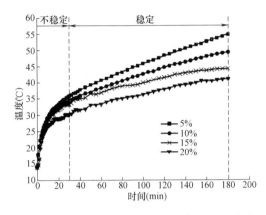
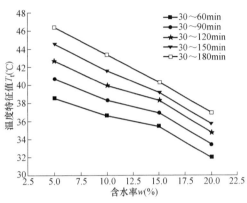

图 4.5-5 不同土体含水率下测管升温时程曲线   图 4.5-6 不同时间区间上光缆温度特征值与
土壤中含水率关系

由图 4.5-6 可看出,选取时间区间越长,光缆温度特征值越稳定,含水率与特征值线性关系越明显。对图 4.5-6 中各时间区间上温度特征值 T_t 与含水率 w 之间关系进行线性拟合,拟合后表达式为

$$\left.\begin{aligned}
w_{30\sim60\mathrm{min}} &= -0.5142T_t + 30.83 \\
w_{30\sim90\mathrm{min}} &= -0.5532T_t + 33.13 \\
w_{30\sim120\mathrm{min}} &= -0.5648T_t + 33.25 \\
w_{30\sim150\mathrm{min}} &= -0.6819T_t + 38.48 \\
w_{30\sim180\mathrm{min}} &= -0.7004T_t + 39.67
\end{aligned}\right\} \tag{4.5-14}$$

从式(4.5-14)可看出,当选取的特征时间区间不同时,所标定的温度特征值与含水率之间一次函数系数也不同,其精度也不同,特征时间区间长短对含水率测量精度的影响还需通过试验进一步验证。

3. C-DTS 法现场原位测试应用

利用 C-DTS 系统测试现场原位土壤的含水率时,应遵从以下步骤。首先,根据实际需要在待测区域开挖土槽或者钻孔,土槽主要用于埋置测量平行地表方向上各个区域土壤含水率,钻孔主要用于测量垂直地表方向上土壤不同深度处含水率;其次,埋入传感光缆,并将开挖的土槽、钻孔进行回填,尽量保证回填土和原状土具有相同的干密度;最后,将各段光缆进行串联后接入 C-DTS 测量系统进行测量,在测量前最好能在现场对式(4.5-13)中系数进行一次标定和修正。测量结束后光缆可永久植入土壤中,用于以后往复性的测量。

4.5.6 误差分析

为了验证 C-DTS 法测量土壤含水率时的可行性，分析由不同时间区间上选取的温度特征值计算出的土壤含水率的精度。误差分析过程仍选取确定温度特征值和含水率关系试验过程中所采用的土体，但是含水率未知，分别用烘干法和 C-DTS 系统进行测量，将烘干法测量结果作为准确值，来确定 C-DTS 系统测量过程中产生的绝对误差。

经烘干法测量，待测土壤含水率为 8%，分别选取特征时间区间 30～60min，30～90min，30～120min，30～150min，30～180min，计算各个区间上取得的温度特征值，将其代入式（4.5-14）进行计算，计算结果见表 4.5-2。

不同时间区间由温度特征值计算的含水率比较　　　　　　　　　　表 4.5-2

时间区间(min)	测量时间(min)	含水率(%)	绝对误差(%)
30～60	60	11.23	3.23
30～90	90	10.92	2.92
30～120	120	9.68	1.68
30·150	150	8.96	0.96
30～180	180	8.13	0.13

由表 4.5-2 可见，选取的特征时间区间越长，通过特征值计算的土壤含水率绝对误差越小，该结果与图 4.5-6 中时间区间越长其特征值与含水率之间线性关系更明显一致，在岩土和地质工程中推荐选取特征时间区间为 30～180min，即测量时间选为 180min 时可满足工程要求。

需要说明的是，在选取特征时间区间时，其下限值在这里推荐 30min，若取值过小则会造成测量误差较大，若取值过大则造成时间浪费。当土壤中含水率较小（小于 5%）时，由于土体中强结合水的影响，使测量结果误差较大，因此，C-DTS 法使用范围为 [5%，w_{sat}]。另外，在岩体中，水分主要以孔隙水、裂隙水形式存在，此时，该方法可以准确判断裂隙是否充水，但是无法判断其岩体含水率。

C-DTS 土壤含水率分布式测量系统已在室内土的模型试验和野外原位含水率的监测中得到了成功应用。下面简要介绍两个应用实例。

4.5.7 降水过程中模型土体水分场测定

为了研究在降水条件下弱透水层土体的释水变形机理，作者课题组设计了一个含弱透水层土体模型装置，并模拟含水层降水过程，选取基于 BOTDA 的"小圆片"特种传感光缆和基于 ROTDR 的土壤含水率测管，对降水条件下的砂性土和黏性土层组合体进行了变形场和水分场的持续测量，同时辅以各种传统技术手段，对监测结果进行对比分析。这里仅介绍水分场监测部分。

1. 模型箱设计

承载土体模型的模型箱箱体采用钢结构设计，钢板厚 10mm。模型箱长 3.0m，宽 1.5m，高 1.5m，一侧为 20mm 厚加肋钢化玻璃板，便于试验过程观察，其余三个侧面及底面为加肋钢板，肋板具体尺寸为 50mm×50mm×4mm，以保证箱体强度，模型箱实物图如图 4.5-7 所示。

图 4.5-7　模型箱实物

模型箱左、右侧各有一个水箱，水箱净高 1.3m，在本文试验中，左侧为进水箱，右侧为排水箱，在模型箱内壁上，钻有贯通小孔，连通水箱与模型箱体，便于水体输送。

本次试验中，模型土体土样共有两种，一种是处于模型上部及下部的砂土，物理性质参数如表 4.5-1 所示；另一种则是处于模型中部的砂土与高岭土层混合的弱透水层土样，其混合的质量比为砂土比高岭土为 9∶1，二者形成一个"三明治"结构。

2. 水分场感测系统设计

本次试验中采用了苏州南智传感科技有限公司研制的 C-DTS 土壤含水率分布式测量系统，作为监测试验过程中土体水分场变化的传感设备。同时，采用的水分场传感光缆数据采集仪为 DTS，选用该公司生产的 NZS-DTS-M6，其空间分辨率为 1m，温度精度为 0.1℃，最大测量距离为 6km。试验中含水率测管布设图如图 4.5-8 所示。

图 4.5-8　含水率测管布设

3. 试验结果

降水试验结束后，对分布式光纤监测数据进行处理，将每个时间节点的测试结果分别与初值做差，得到传感光纤温度的相对变化量，同时截取每个含水率测管范围内即有效传感段的温度变化数据，根据率定公式，得到如图 4.5-9 所示的含水率变化云图。

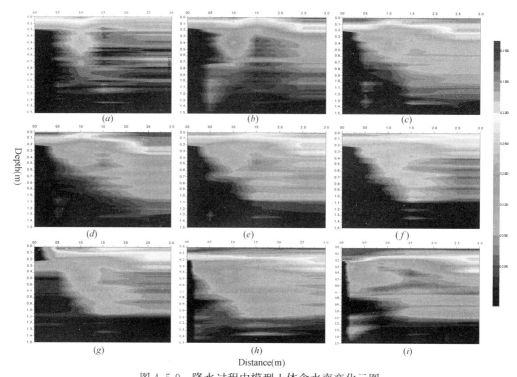

图 4.5-9 降水过程中模型土体含水率变化云图
（a）排水 0h；（b）排水 3h；（c）排水 9h；（d）排水 35h；（e）排水 80h；
（f）排水 100h；（g）排水 120h；（h）排水 180h；（i）排水 220h

从图中可以看出，模型箱底部以上约 40cm 厚的砂土层在降水过程中始终处于完全饱和状态，砂土含水率在降水过程中保持稳定；由于模型箱进水口水箱水头高度只有 1.3m，这就造成模型土体顶部 20cm 的土体无法有自由水进入，但会有少量毛细水沿着毛细管上升至土体内部，上部砂土层即 0～0.2m 的土层在降水过程中由于底部砂土水头降低，毛细管水含量逐渐减少，且土体含水率从进水口至排水口方向逐渐降低；同时，从图中也可以看出，弱透水层土体在降水过程中，含水率变化滞后于砂土，且在靠近排水口的位置处，弱透水层土体含水率较高，分析可能是靠近排水口位置处的弱透水层土体含水率易受到上部砂土层中水分的影响，即发生了越流，上部砂层的水分透过弱透水层补给到下部砂土层，进而从排水口排出。这一测试结果十分符合降水过程中土中含水率变化规律的，表明了该方法的有效性。

4.5.8 基坑抽水过程中土体剖面含水率变化测试

1. 概述

试验场地选在常州市地铁一号线某基坑中，采用 C-DTS 土壤含水率分布式测量系统对该基坑在开挖前抽水过程中土体剖面含水率的变化进行监测。基坑土层主要包括两个类型，从上到下依次为黏土、粉砂和黏土。本次现场试验中，钻孔剖面含水率光纤监测总长度为 20m，由 5 节测管连接而成。

在距离测点 0.5m 处，设置一水位观测孔，观测孔直径为 30cm，深度为 30m，孔壁完全透水。在水位观测孔内安装一水位测试仪，观测孔内的水位变化，测试准确度为±1cm。图 4.5.10 为测管与水位观测仪钻孔布设示意图。

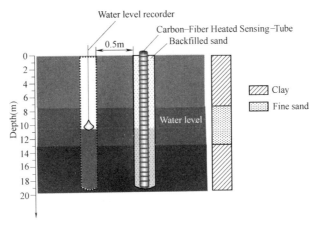

图 4.5-10　CFHST 与水位观测仪钻孔布设示意图

2. 光纤监测管安装与数据采集

含水率光纤监测管（简称 CFHST）的制作在室内完成，在现场安装时直接进行组装。CFHST 内管直径为 5cm，缠绕 CFHC 并加套热缩管后直径为 7cm。传感器安装的主要过程如图 4.5-11 所示。

图 4.5-11　CFHST 安装过程
（a）CFHST 加工；（b）钻孔；（c）CFHST 吊入钻孔；
（d）相邻 CFHST 对接；（e）钻孔回填

图 4.5-11（a）为加工后运到现场的 CFHST。CFHST 安装前需要在安装位置钻孔，见图 4.5-11（b），本次钻孔的深度为 20m，孔径为 10cm。钻孔完成后进行吊装 CFHST，在吊装时，CFHST 逐节坠入钻孔，相邻两节通过接口螺栓相接，见图 4.5-11（c）和（d）。待 CFHST 全部安装完成后，对钻孔进行回填，回填材料采用中细砂，如图 4.5-11

（e）所示。在本试验中，钻孔回填材料对测试结果的影响可以忽略不计，原因有两个方面。其一是钻孔回填后，回填材料和周围土体之间的水分场很快平衡，即同一深度处迅速达到相同的含水率状态；其二是回填半径非常小，从CFHST外侧到钻孔壁之间只有1.5cm，在刚加热时填充材料对热量传输稍微有影响，当超过一定时间后，回填材料的影响可以忽略不计。测试所选取特征时间区间 $[t_a, t_b]$ 时丢弃 $[0, t_a]$ 时间段的温度数据，目的就是为了消除回填材料及测管材质对测试结果的影响。

CFHST安装完成后，用通讯光缆将其接入到测站。同时，用导线接通CFHST上的所有电路，并接入测站中的总控制器。总控制器由电源、开关、计时器和变压器构成。测试时，用DTS解调仪连续地测试CFHST上的温度变化，通过控制器给每根CFHST提供电压，严格控制加热时间，保证加热过程功率恒定。加热时间控制在20min，$[t_a, t_b]$ 取为 $[15min, 20min]$，n 取为10，DTS解调仪每隔30s记录一次。所测温度数据通过 T_t 计算 θ，每种土层的 T_t 和 θ 之间的关系可通过室内试验标定确定。

3. 测试结果

根据室内率定结果和现场DTS测得的时程曲线，获得了基坑降水过程中CFHST所测得的土体剖面含水率变化图，见图4.5-12。

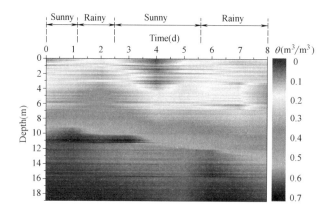

图4.5-12　基坑降水过程中土体剖面含水率CFHST测试结果

从图4.5-12可看出，在整个测试过程中地下水位不断下降，从刚开始测试时的9.81m深度下降到最后的14.08m。表层土体含水率受到天气的影响比较明显，影响深度大约为4m。降水第一天天气晴朗，表层土体含水率逐渐降低；第二天降雨，含水率逐渐升高。第2～5d天气晴朗，表层土体含水率很低，在 $0.1m^3/m^3$ 以下；从第6天开始持续降雨，表层土体的含水率逐渐增大。

通过CFHST确定地下水位时需要结合室内标定结果。一定干密度下土体饱和含水率（θ_{sat}）可通过室内试验确定，当现场CFHST所测土体剖面含水率达到 θ_{sat} 时可认为达到饱和，对应的位置为地下水位，由此可知，本试验降水前、降水4d和8d后的水位深度分别为9.81m、11.02m和14.08m，如图4.5-13所示。

因目前还没有其他地质剖面含水率测试方法，因此，无法对本文现场试验中含水率的测试结果准确性直接进行验证，只能通过水位监测孔的测试结果进行间接验证。图4.5-14为CFHST和水位观测仪所测的水位变化图。

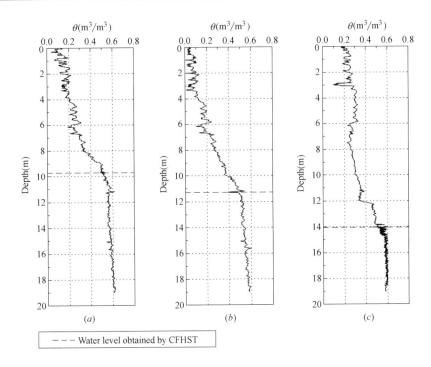

图 4.5-13 不同降水时间 CFHST 水位测试结果

(*a*) 降水前；(*b*) 降水 4d 后；(*c*) 降水 8d 后

从图 4.5-14 可看出，CFHST 和水位观测仪所测水位具有一致性，二者所测到的水位变化规律完全相同。在任一时刻，水位观测仪所测水位比 CFHST 所测水位大约低 20cm，其可能的原因是 CFHST 测试到的水位是毛细管水上升的高度，而水位观测仪测到的是土体中的静水位。两种方法所测水位的一致性说明：C-DTS 土壤含水率分布式测量系统监测土体剖面含水率是可行的。

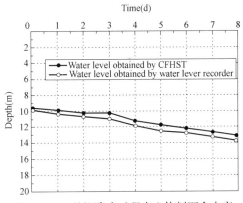

图 4.5-14 基坑降水过程中土体剖面含水率
CFHST 测试结果

4.5.9 结论

本节介绍了基于碳纤维加热光缆的土壤含水率分布式测量的方法，设计了测量土壤含水率的 C-DTS 系统，对不同含水率土壤进行了室内试验，对温度特征值 T_t 与含水率 w 之间的线性关系系数进行了标定，并得到如下结论。

（1）采用碳纤维加热光缆，通过对传感光缆的主动加热，使碳纤维传感光缆与周围土壤产生较大的温差，大大提高了 DTS 对土壤含水率敏感性和精度。

（2）提出了温度特征值的概念，并在试验的基础上，获得了温度特征值 T_t 与含水率的关系：$w=kT_t+b$。根据这一关系，可以对土壤含水率进行分布式测量，同时也验证了 C-DTS 分布式测量土壤含水率的可行性。

（3）通过碳纤维加热光缆升温过程中温度特征值计算土中含水率时，选取的时间区间越长，计算出的含水率精度越高，为了保证其精度，工程应用中测量时间推荐为30～180min。

（4）提出的基于 C-DTS 测量土壤含水率的方法主要适用于黏性土、砂性土、软土，对于粒径大于 2mm 的砾粒、软岩、硬岩中含水率的测量则不适宜。

（5）C-DTS 法测量土壤含水率范围为 $[5\%, w_{sat}]$，即可测量的最小值大约为 5%，最大值则为其饱和含水率。

（6）C-DTS 土壤含水率分布式测量方法为岩土工程中土中含水率的测量提供了一种新的方法，具有广阔的应用前景。

4.6 土工离心机模型光纤光栅测试系统

4.6.1 概述

在地质与岩土工程研究中，常常需要制作各种物理模型，验证理论分析结果和发现一些新的现象。对于多数岩土工程结构而言，其受力状态和变形特性很大程度上取决于本身所受到的重力。由于普通小比尺模型的自重应力远低于原型的水平，因此很难反应原型的受力状况。为解决这一问题，一种行之有效的方法就是离心机模拟技术。由于惯性力与重力绝对等效，且高加速度不会改变工程材料的性质，因此，土工离心机可以提供一个人造高重力场，再现土工原型的受力性状。

然而，土工离心机虽然解决了重力场的模拟问题，但要获得一个完整的高质量的模型试验结果，必须还要有一个可靠的模型试验监测系统，以准确获得相关试验数据。由于离心试验是在高速旋转的离心机中进行，所有的数据采集和模型观测只能通过各种量测传感器来实现，因此，传感器和数据采集系统的性能，直接影响到土工离心试验的成败。由于离心机在运转过程中会产生高重力场和高频电磁场，土工离心模型的尺寸较小，长度在 0.20～1.5m 之间，传统的电类传感器尺寸一般偏大，在重力作用下会对模型产生较大影响，且易受电磁干扰而出现很大测试误差。如振弦式土压力传感器、应变片传感器等，虽然已经能达到毫米级的测量精度，但经离心机惯性力作用放大后，测量精度和可靠性会受到很大影响。因此，研制适合离心机特点的传感器件和监测系统十分必要。

光纤光栅技术是一种光传感测试技术，其感测元件重量轻、体积小、抗电磁干扰、能实时监测，并且具有多个光纤光栅传感器串联准分布式监测的特点，十分符合离心机模型试验的监测要求。但是要将这一技术应用于土工离心机的模型监测还必须克服诸多软硬件方面的技术瓶颈，如应力、应变、位移、倾斜、沉降等参数的感测元件小型化，数据采集仪的防震和数据无线传输，数据显示与分析软件等。

作者研究团队针对土工离心机及其模型的特点，最新研发出了一套土工离心机光纤光栅测试系统，并将这一系统应用于土工离心机边坡模型的土压力、位移、结构受力以及变形等参数的测试中，取得了成功，下面对这一测试系统做一简单介绍。

4.6.2 测试系统

1. 系统构成

土工离心机光纤光栅测试系统由硬件和软件两部分组成。硬件部分，采用多通道传输方式，即将多个 FBG 传感器串联在同一条光纤线缆上，将每个传感串组成的通道集合到数据解调仪，形成分布式传感网络结构。软件部分，采取多线程模式，实时采集和分析测试数据。

系统的组成及工作流程见图 4.6-1。

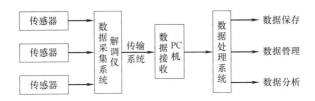

图 4.6-1　监测系统组成

测试系统主要包括三个子系统：①传感器子系统。采用准分布式 FBG 传感技术，研制成不同功能的小型传感器，如土压力计、位移计、锚杆测力计等，将被测的物理量转换成便于记录和处理的光信号；②数据采集与传输子系统。主要包括光纤光栅解调仪和传输光缆，功能是采集并传输传感器感测数据；③数据接收与管理子系统。主要功能是接收数据采集与传输子系统传输过来的数据，在计算机端口进行显示，并对数据进行处理，获得所测试需要的物理量，并对测试结果数据进行管理存档。测试系统如图 4.6-2 所示。

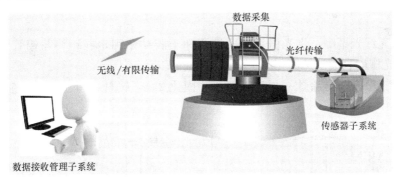

图 4.6-2　土工离心机光纤光栅测试系统

2. FBG 传感器小型化

在土工离心机光纤光栅测试系统中，对于土工模型中各物理量的测试需要相应的 FBG 传感器。由于土工离心机试验模型体积较小，一般在 $0.03 \sim 2.25 \mathrm{m}^3$ 之间[6]，因此，所采用的 FBG 传感器的尺寸也应很小，这样才能不影响所测模型本身的性质。为此，作者的团队研发出了适用于土工离心机模型测试的小型 FBG 传感器。这些传感器主要有：土压力传感器、位移传感器、温度传感器等，传感器的相关尺寸和性能见表 4.6-1。由于这些传感器尺寸小，对模型本身的性质影响很小。

传感器性能参数

表 4.6-1

传感元件		用途	主要参数
FBG(串)		结构应变 结构内力 温度测量	感测精度:1με,0.1℃ 尺寸:φ0.25mm×10mm 最小间距:20mm
微型 FBG 土压力盒		土层压力	量程:200～3000kPa 分辨精度:1‰F.S. 外形尺寸:φ40×16mm
微型 FBG 位移计		土体压缩 结构位移 土体沉降	量程:50mm 分辨精度:1‰F.S. 外形尺寸:φ6mm×170mm
FBG 温度计		温度测量	量程:-40～200℃ 分辨精度:0.1℃

3. 感测模型制作

在土工离心机模型试验中,需要根据试验要求,制作各种感测模型。

(1) 锚杆和桩感测模型的制作

为了测量模型内锚杆和桩模型的应变、锚杆轴力、桩身轴力、桩身侧摩阻力等物理量,试验前需制作两者的感测模型。

锚杆及锚索模型主要承受拉应力,因此其抗拉强度为主要的测试量,而模型桩通常按与原型桩的抗弯强度 EI 相同来采用铝合金或铜制作而成。这里以不锈钢钢棒作为锚杆模型,以铝合金空管作为桩模拟,来介绍锚杆与桩的感测模型的制作工艺。具体步骤为:

① 用砂纸将不锈钢钢棒与铝管表面打磨粗糙以增加胶水的黏结效果,再用酒精或丙酮擦拭干净;

② 预拉光纤光栅串,将光栅串的两端用速干胶粘贴固定在钢棒与铝管对称的两面,然后在整个光栅串表面涂抹固化胶,高温固化 24h。

③ 在光栅串表面再涂抹一层环氧树脂,固化 24h,锚杆与桩感测模型制作完成,其示意图见图 4.6-3。

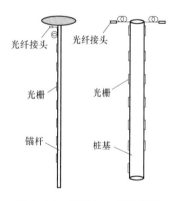

图 4.6-3　锚杆与桩基模型图

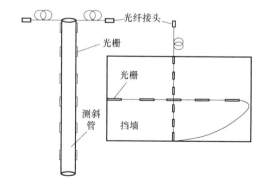

图 4.6-4　测斜管与挡墙模型

(2) 测斜管与挡土墙感测模型的制作

测斜管模型和挡土墙模型可选用高强度的有机玻璃管和有机玻璃板作为模型。制作工艺与锚杆和桩感测模型相似，但由于有机玻璃不能进行高温固化，因此选用紫外线固化胶代替，将模型在紫外光照射下固化 20～30s 之后，再涂抹环氧树脂。测斜管光纤光栅布设于对称的两边，挡土墙按照待测内容针对性布设。感测模型示意图如图 4.6-4 所示。

光纤光栅串尺寸很小，又轻巧，不会对测量结构造成影响，亦不会对整个模型产生扰动。按照以上感测模型的制作工艺，还可以进行其他模型的制作，在此不一一详述。

4. 光纤光栅解调仪

离心模型试验在高速旋转的离心机上进行，对光纤光栅解调仪的要求较高。本系统采用了苏州南智传感科技有限公司最新研发的离心机专用解调仪（NZS-FBG-A07），如图 4.6-5。该产品具有抗震性能好的集成光学模块，满足高离心力的工作环境，并且包含多个传感器通道，可以同时解调多条光纤上的传感器或进行通道分析；根据离心设备现场环境和数据传输条件，采用有线通讯或无线通信方式将测数据传送至数据接收与管理子系统，进行测试分析。仪器技术指标见表 4.6-2。

图 4.6-5　光纤光栅解调仪

光纤光栅解调仪技术指标　　　　　　　　　　　　　　表 4.6-2

指标类型	指标值	指标类型	指标值
通道数	8	光学接口类型	FC/APC
波长范围(nm)	1529～1569	每通道最大 FBG 数量	30
波长分辨率(pm)	1	通信接口	以太网(RJ45)
重复性(pm)	±3	供电电源	AC220V/50Hz
解调速率(Hz)	≥1	功耗(W)	<15W
动态范围(dB)	35	工作温度(℃)	0～45℃

4.6.3　边坡离心模型试验

1. 边坡模型设计

离心模型试验是研究边坡稳定性的重要手段。为了验证土工离心机光纤光栅测试系统的可靠性和适用性，作者研究团队在同济大学的离心机上进行了一组边坡模型试验。模型设计为箱长 51cm，宽 45cm，高 55cm，侧面和底面均为厚钢板。边坡模型采用高岭土、粉土和水混合填筑而成，高岭土：粉土为 1：4，含水量为 15％，坡度 1：1.25，并在模型中设计了一组由抗滑桩、测斜管、锚杆和挡土墙组成的加固结构，边坡模型见图 4.6-6 和图 4.6-7。

按表 4.6-2 中制作工艺制作了各种感知杆件。选择 ϕ3mm 不锈钢钢棒模拟锚杆，边坡模型中共布设了 5 根锚杆，其中 3 根为感知锚杆，分别为坡面上部锚杆、坡面下部锚杆以及中间位置的挡墙锚杆；以 ϕ12mm 铝合金空管模拟抗滑桩，以 ϕ10mm 有机玻璃管模拟测斜管，以厚度 5mm 有机玻璃板模拟挡土墙。试验中，传感器选用苏州南智传感科技有限公最新研发的新型迷你光纤光栅土压力盒以及微型位移计。传感器和感知杆件如图 4.6-8 所示。

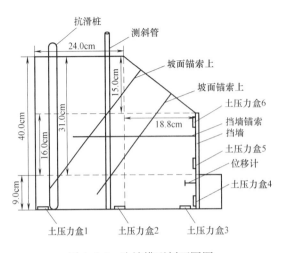

图 4.6-6　边坡模型剖面图图

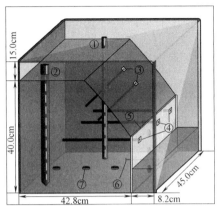

① 测斜管　② 抗滑桩　③ 坡面锚索　④ 挡墙锚索
⑤ 挡土墙　⑥ 位移计　⑦ 土压力盒

图 4.6-7　边坡模型三维示意图

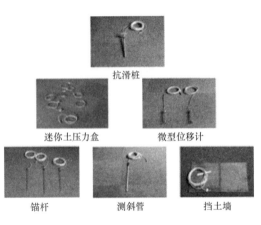

图 4.6-8　传感器件

图 4.6-9　试验准备过程

2. 边坡模型制作

边坡模型材料为调配的粉质黏土。由于颗粒之间存在空隙，离心机加载过程中会产生过大的沉降，因此在填土过程中，采用分层夯实法对模型土体进行夯实，以减小离心试验中沉降的影响。模型填筑时，在相应位置布设传感器以及感测模型，同时检测传感器件的工作情况，保证传感器功能正常。填筑完毕后，用刮刀进行削坡处理，并且将挡土墙外围的填土高度控制在挡墙高度的 2/5 左右。将制作完成的模型箱安装到离心试验机上，调节离心机配重，整理并固定各传感器件信号传输光缆，接入光纤光栅解调仪，以 5g 加速度试转，测试解调仪以及传感器件工作情况。试验准备过程如图 4.6-9 所示。

3. 试验测试过程

试验中，土工离心机最大加速度设计为 60g。试验时，离心机从 0g 逐级加速到 60g，每级增加 5g，在此过程中实时监测模型中传感器以及结构模型的数据变化，当观测到数据无明显变化时，加速到下一级离心加速度。离心机加速过程如图 4.6-10 所示。图中横坐标为离心机运行时间，纵坐标为离心机加速度值。

在离心机运转过程中，监测各加固结构的应变量，边坡底部土压力和侧部土压力，以及挡墙下部的位移量。

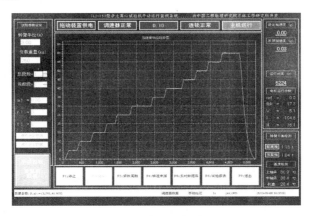

图 4.6-10　离心机加速过程

4.6.4　结果与分析

试验过程持续时间短，环境温度稳定，温度对测试结果的影响可忽略不计，因此以下分析皆不考虑温度因素。

1. 锚杆轴力测试结果

图 4.6-11～图 4.6-13 分别为挡土墙锚杆轴力曲线和坡面上、下锚杆轴力曲线。

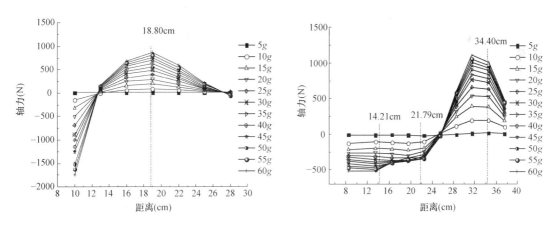

图 4.6-11　锚杆轴力曲线（挡墙）　　　　图 4.6-12　锚杆轴力曲线（坡面上部）

图 4.6-11 显示挡墙锚杆在 13cm 附近开始发挥作用，在 18.8cm 附近达到最大轴力值，此处正好是坡面与坡顶交接的纵面所在位置，表明此纵面比较软弱，易发生错动。由图 4.6-12、图 4.6-13 可知，坡面锚杆轴力达到最大的位置在挡墙填土表层所在的平面（34.40cm 与 26.92cm 处），此平面以上挡墙前部悬空，容易产生滑动，因此锚杆在此平面发挥最大作用。由此可见，挡墙锚杆与坡面锚杆在边坡中起到了销钉作用，锚杆凭借杆体自身的抗剪能力阻止了结构面的相对滑动，从而提高了边坡的稳定性。同时注意到，离

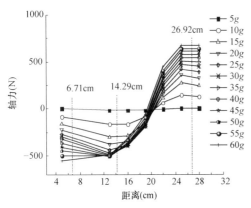

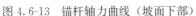

图 4.6-13　锚杆轴力曲线（坡面下部）

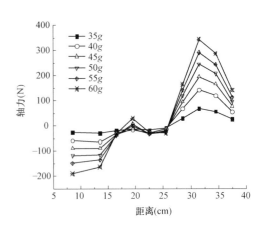

图 4.6-14　锚索轴力曲线（坡面上部）

心加速度在 0～30g 时，锚杆前部分产生较大压缩，这是由于离心过程中，土体压缩所导致。以图 4.6-12 为例，将 30g 加速度的锚杆轴力作为初值，描述 30g 之后各离心力下的锚杆轴力，如图 4.6-14 所示。可知，30g 之后土体压缩稳定，锚杆从 26cm 处开始发挥作用。

2. 测斜管与抗滑桩测试结果

测斜管位于边坡坡顶前缘位置，用以测量自坡顶向坡底的水平位移。为避免抗滑桩加固边坡，导致边坡不能够发生破坏，因此将抗滑桩布设于坡顶后缘位置了。试验结果如图 4.6-15、图 4.6-16 所示。

由图 4.6-15 可知，沿着测斜管从下到上水平位移逐渐增大，坡顶水平位移最大达到了 5mm，7cm 处有一明显的转折，0～7cm 斜率较大，保持较大的水平位移。试验后查看边坡模型，发现测斜管后部出现一条裂缝，深度在 7cm 左右，如图 4.6-17 所示。由图 4.6-16 可知，该桩在加载过程中发生明显的偏心，导致很长一段拉应力的出现，但大体轴力变化规律符合桩基的加载过程。曲线显示在 30g 之前土体有较大的压缩固结，30g 之后呈现规律性变化，这点与锚杆轴力所呈现的规律一致。

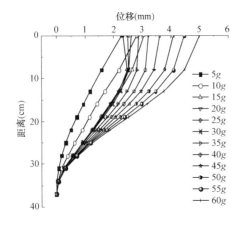

图 4.6-15　测斜管位移

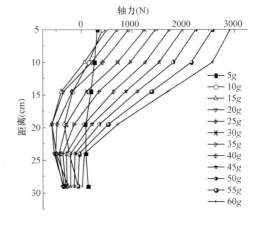

图 4.6-16　桩基轴力

3. 挡土墙、底部压力测试结果

模型布设了六个土压力盒，一个位移计，并在挡墙的纵向粘贴光纤光栅串，监测挡墙应变。土压力盒从 1~6 的量程分别为 0.8MPa，0.8MPa，1.0MPa，0.6MPa，0.6MPa 和 0.25MPa，位移计量程 20mm。测试结果如图 4.6-18~图 4.6-21 所示。

底部土压力随着离心力增加线性增长，然而同样深度的土压力盒 1 号要比 2 号大 0.07MPa，这可能是由于 1 号土压力盒放置在靠近模型箱侧壁的部位，侧壁对土的摩擦力抵消了部分土的自重，导致其土压力减小。位移计显示，挡土墙底部往外偏移了将近 1.8mm，这部分位移是由于挡墙外填土的压缩造成，挡土墙的偏移也导致 5 和 6 号

图 4.6-17 坡顶裂缝

侧向土压力盒所测土压力很小。挡土墙应变曲线中，6.0cm、16.0cm 处分别为挡墙锚杆以及填土表层所在位置，两者限制了挡墙的大变形，因此在两者中间挡土墙所受应变最大，往两侧逐渐减小。

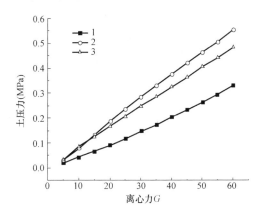

图 4.6-18 底部土压力

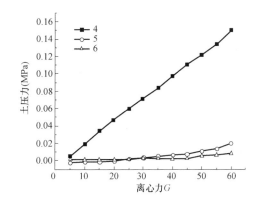

图 4.6-19 侧向土压力

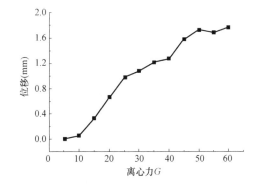

图 4.6-20 位移计曲线图

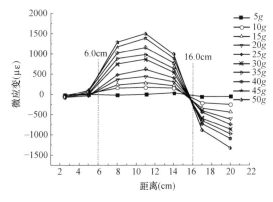

图 4.6-21 挡土墙应变曲线

4.6.5　结论

　　针对土工离心机及其模型的特点，介绍了一套土工离心机光纤光栅测试系统，并将这一系统应用于土工离心机边坡模型的土压力、位移、结构受力以及变形等参数的测试中，获得了很好的测试效果，取得了如下结论：

　　（1）土工离心机光纤光栅测试系统，结构简单，测试范围大，测量内容多，完全抗电磁干扰，系统工作稳定。配套光纤光栅传感器具有重量轻，体积小，可准分布布设等优点。该系统非常适合离心机模型试验的监测。

　　（2）该测试系统能够对包括边坡在内的土工离心机模型形成整体的监测网络，可对土体压力、土体位移，尤其对桩基、锚杆、测斜管以及挡土墙等结构物模型的受力与变形进行全面的实时监测。

　　（3）土工离心机光纤光栅测试系统的研制成功，为离心机试验提供了一种新的监测技术手段。模型试验结果表明该系统应用于土工离心机模型多参量准分布监测是完全可行的，显示出独特的优势，应用前景广阔。

致谢：本章节的内容只部分反映了作者研究团队近二十年来在地质与岩土工程领域光纤监测技术研究方面的成果。作者特别感谢研究团队长期团结协作和孜孜不倦的努力。在本章节的撰写过程中，得到了南京大学张诚成、王兴和曹鼎峰三位博士生和苏州南智传感科技有限公司的魏广庆博士和贾立翔硕士在资料整理方面的帮助，在此表示衷心的感谢。研究工作得到了国家重大科研仪器研制项目（41427801），国家自然科学基金重点项目（41230636），国家重点基础研究发展计划（973计划）课题（2011CB710605）和国家"十二五"科技支撑计划课题（2012BAK10B05）项目的资助，特此感谢！

参考文献

［1］　Cao，D. F.，Shi，B.，Zhu，H. H，Wei，G. Q.，Chen，S. E.，& Yan，J. F.，2015. A distributed measurement method for in—situ soil moisture content by using carbon-fiber heated cable. Journal of Rock Mechanics & Geotechnical Engineering

［2］　Chang，C. -C.，Johnson，G.，Vohra，S. T.，Althouse，B.，2000. Development of fiber Bragg-grating-based soil pressure transducer for measuring pavement response，in：Claus，R. O.，Spillman，Jr.，W. B.（Eds.），Proc. SPIE 3986，Smart Structures and Materials 2000：Sensory Phenomena and Measurement Instrumentation for Smart Structures and Materials. p. 480

［3］　Cheung，L. L. K.，Soga，K.，Bennett，P. J.，Kobayashi，Y.，Amatya，B.，Wright，P.，2010. Optical fibre strain measurement for tunnel lining monitoring. Proc. Inst. Civ. Eng. - Geotech. Eng. 163，119-130

［4］　Choquet，P.，Juneau，F.，Dadoun，F.，1999. New generation of fiber-optic sensors for dam monitoring，in：Proceeding of the'99 International Conference on Dam Satety and Monitoring. Yichang，Hubei，China

［5］　Ciocca，F.，& Lunati，I.，2012. Heated optical fiber for distributed soil-moisture measurements：a lysimeter experiment. Vadose Zone Journal，special section，4，2344-2344

[6] Damiano, E., Avolio, B., Minardo, A., Olivares, L., Picarelli, L., Zeni, L., 2017. A laboratory study on the use ofoptical fibers for early detection of pre-failure slope movements in shallow granular soil deposits. Geotech. Test. J. 40

[7] Frank, A., Nellen, P. M., Broennimann, R., Sennhauser, U. J., 1999. Fiber optic Bragg grating sensors embedded in GFRP rockbolts, in: Claus, R. O., Spillman, Jr., W. B. (Eds.), Proc. SPIE 3670, Smart Structures and Materials 1999: Sensory Phenomena and Measurement Instrumentation for Smart Structures and Materials. pp. 497-504

[8] Fuhr, P. L., Huston, D. R., Kajenski, P. J., Ambrose, T. P., 1992. Performance and health monitoring of the Stafford Medical Building using embedded sensors. Smart Mater. Struct. 1, 63-68

[9] Fuhr, P. L., Huston, D. R., 1998. Corrosion detection in reinforced concrete roadways and bridges via embedded fiber optic sensors. Smart Mater. Struct. 7, 217-228

[10] Habel, W. R., Hofmann, D., Döring, H., Jentsch, H., Senze, A., Kowalle, G., 2014. Detection of a slipping soil area in an open coal pit by embedded fibre-optic sensing rods, in: Shi, B., Zhang, D., Zhu, H. -H., Yan, J. -F., Gu, K. (Eds.), Proc. The 5th International Forum on Opto-Electronic Sensor-Based Monitoring in Geo-Engineering. Nanjing, China, pp. 1-7

[11] Ho, Y. -T., Huang, A. -B., Lee, J. -T., 2006. Development of a fibre Bragg grating sensored ground movement monitoring system. Meas. Sci. Technol. 17, 1733-1740

[12] Huang, A. -B., Wang, C. -C., Lee, J. -T., Ho, Y. -T., 2016. Applications of FBG-based sensors to ground stability monitoring. J. Rock Mech. Geotech. Eng. 8, 513-520

[13] Inaudi, D., del Grosso, A. E., Lanata, F., 2001. Analysis oflong-term deformation data from the San Giorgio harbor pier in Genoa, in: Chase, S. B., Aktan, A. E. (Eds.), Proc. SPIE 4337, Health Monitoring and Management of Civil Infrastructure Systems. Newport Beach, CA, pp. 459-465

[14] Iten, M., Puzrin, A. M., 2009. BOTDA road-embedded strain sensing system for landslide boundary localization, in: Meyendorf, N. G., Peters, K. J., Ecke, W. (Eds.), Proc. SPIE 7293, Smart Sensor Phenomena, Technology, Networks, and Systems. SPIE, San Diego, California, USA, pp. 729312-729316

[15] Kalamkarov, A. L., Georgiades, A. V, MacDonald, D. O., Fitzgerald, S. B., 2000. Pultruded fibre reinforced polymer reinforcements with embedded fibre optic sensors. Can. J. Civ. Eng. 27, 972-984

[16] Kashiwai, Y., Daimaru, S., Sanada, H., Matsui, H., 2008. Development of borehole multiple deformation sensor system, in: Sampson, D. D. (Ed.), Proc. SPIE 7004, 19th International Conference on Optical Fibre Sensors. Perth, WA, Australia, p. 70041P

[17] Kato, S., Kohashi, H., 2006. Study on the monitoring system of slope failure using optical fiber sensors, in: Proceedings of GeoCongress 2006. American Society of Civil Engineers, Atlanta, Georgia, United States

[18] Khan, A. A., Vrabie, V., Mars, Jé. I., Girard, A., D'Urso, G., 2008. A source separation technique for processing of thermometric data from fiber-optic DTS measurements for water leakage identification in dikes. IEEE Sens. J. 8, 1118-1129

[19] Kihara, M., Hiramatsu, K., Shima, M., Ikeda, S., 2002. Distributed optical fiber strain sensor for detecting river embankment collapse. IEICE Trans. Electron. 85, 952-960

[20] Klar, A., Bennett, P. J., Soga, K., Mair, R. J., Tester, P., Fernie, R., St John, H.

D. ，Torp-Peterson，G. ，2006. Distributed strain measurement for pile foundations. Proc. Inst. Civ. Eng. - Geotech. Eng. 159，135-144

[21] Komatsu，K. ，Fujihashi，K. ，Okutsu，M. ，2002. Application of optical sensing technology to the civil engineering field with optical fiber strain measurement device (BOTDR)，in：Rao，Y. -J. ，Jones，J. D. C. ，Naruse，H. ，Chen，R. I. (Eds.)，Proc. SPIE 4920，Advanced Sensor Systems and Applications. Shanghai，China，p. 352

[22] Lee，W. ，Lee，W. -J. ，Lee，S. -B. ，Salgado，R. ，2004. Measurement of pile load transfer using the Fiber Bragg Grating sensor system. Can. Geotech. J. 41，1222-1232

[23] Mendez，A. ，Morse，T. F. ，Mendez，F. ，1990. Applications of embedded optical fiber sensors in reinforced concrete buildings and structures，in：Udd，E. (Ed.)，Proc. SPIE 1170，Fiber Optic Smart Structures and Skins II. p. 60

[24] Mohamad，H. ，Soga，K. ，Amatya，B. ，2014. Thermal Strain Sensing of Concrete Piles Using Brillouin Optical Time Domain Reflectometry. Geotech. Test. J. 37，20120176

[25] Mohamad，H. ，Soga，K. ，Bennett，P. J. ，Mair，R. J. ，Lim，C. S. ，2012. Monitoring twin tunnel interaction using distributed optical fiber strain measurements. J. Geotech. Geoenvironmental Eng. 138，957-967

[26] Mohamad，H. ，Soga，K. ，Pellew，A. ，Bennett，P. J. ，2011. Performance Monitoring of a Secant-Piled Wall Using Distributed Fiber Optic Strain Sensing. J. Geotech. Geoenvironmental Eng. 137，1236-1243

[27] Nellen，P. M. ，Frank，A. ，Broennimann，R. ，Sennhauser，U. J. ，2000. Optical fiber Bragg gratings for tunnel surveillance，in：Claus，R. O. ，Spillman，Jr. ，W. B. (Eds.)，Proc. SPIE 3986，Smart Structures and Materials 2000：Sensory Phenomena and Measurement Instrumentation for Smart Structures and Materials. p. 263

[28] Nöther，N. ，Wosniok，A. ，Krebber，K. ，2008. A distributed fiber optic sensor system for dike monitoring using Brillouin frequency domain analysis，in：Berghmans，F. ，Mignani，A. G. ，Cutolo，A. ，Meyrueis，P. P. ，Pearsall，T. P. (Eds.)，Proc. SPIE 7003，Optical Sensors 2008. Strasbourg，France，p. 700303

[29] Olivares，L. ，Damiano，E. ，Greco，R. ，Zeni，L. ，Picarelli，L. ，Minardo，A. ，Guida，A. ，Bernini，R. ，2009. An instrumented flume to investigate the mechanics of rainfall-induced landslides in unsaturated granular soils. Geotech. Test. J. 32，788-796

[30] Pei，H. ，Cui，P. ，Yin，J. ，Zhu，H. ，Chen，X. ，Pei，L. ，Xu，D. ，2011. Monitoring and warning of landslides and debris flows using an optical fiber sensor technology. J. Mt. Sci. 8，728-738

[31] Pei，H. -F. ，Yin，J. -H. ，Zhu，H. -H. ，Hong，C. -Y. ，Jin，W. ，Xu，D. -S. ，2012. Monitoring of lateral displacements of a slope using a series of special fibre Bragg grating-based in-place inclinometers. Meas. Sci. Technol. 23，25007

[32] Picarelli，L. ，Damiano，E. ，Greco，R. ，Minardo，A. ，Olivares，L. ，Zeni，L. ，2015. Performance of slope behavior indicators in unsaturated pyroclastic soils. J. Mt. Sci. 12，1434-1447

[33] Sato，T. ，Honda，R. ，Shibata，S. ，1999. Ground strain measuring system using optical fiber sensors，in：Claus，R. O. ，Spillman，Jr. ，W. B. (Eds.)，Proc. SPIE 3670，Smart Structures and Materials 1999：Sensory Phenomena and Measurement Instrumentation for Smart Structures and Materials. pp. 470-479

[34] Schmidt-Hattenberger，C. ，Borm，G. ，1998. Bragg grating extensometer rods (BGX) for

geotechnical strain measurements, in: Culshaw, B., Jones, J. D. C. (Eds.), Proc. SPIE 3483, European Workshop on Optical Fibre Sensors. pp. 214-217

[35] Schroeck, M., Ecke, W., Graupner, A., 2000. Strain monitoring in steel rock bolts using FBG sensor arrays, in: Rogers, A. J. (Ed.), Proc. SPIE 4074, Applications of Optical Fiber Sensors. p. 298

[36] Shi, B., Xu, H., Zhang, D., Ding, Y., Cui, H., Gao, J., Chen, B., 2003a. A study on BOTDR application in monitoring deformation of a tunnel, in: 1st International Conference on Structural Health Monitoring and Intelligent Infrastructure. A. A. Balkema Publishers, pp. 1025-1030

[37] Shi, B., Xu, H., Chen, B., Zhang, D., Ding, Y., Cui, H., Gao, J., 2003b. A Feasibility Study on the Application of Fiber-Optic Distributed Sensors for Strain Measurement in the Taiwan Strait Tunnel Project. Mar. Georesources Geotechnol. 21, 333-343

[38] Tang, T. G., Wang, Q. Y., Liu, H. W., 2009. Experimental research on distributed fiber sensor for sliding damage monitoring. Opt. Lasers Eng. 47, 156-160

[39] Willsch, R., Ecke, W., Bartelt, H., 2002. Optical fiber grating sensor networks and their application in electric power facilities, aerospace and geotechnical engineering, in: 2002 15th Optical Fiber SensorsConference Technical Digest. OFS 2002 (Cat. No. 02EX533). IEEE, pp. 49-54

[40] Wu, Z., Takahashi, T., Sudo, K., 2002. An experimental investigation on continuous strain and crack monitoring with fiber optic sensors. Concr. Res. Technol. 13, 139-148

[41] Xu, D., Yin, J., 2016. Analysis of excavation induced stress distributions of GFRP anchors in a soil slope using distributed fiber optic sensors. Eng. Geol. 213, 55-63

[42] Yoshida, Y., Kashiwai, Y., Murakami, E., Ishida, S., Hashiguchi, N., 2002. Development of the monitoring system for slope deformations with fiber Bragg grating arrays, in: Inaudi, D., Udd, E. (Eds.), Proc. SPIE 4694, Smart Structures and Materials 2002: Smart Sensor Technology and Measurement Systems. pp. 296-303

[43] Zhu, H. -H., Ho, A. N. L., Yin, J. -H., Sun, H. W., Pei, H. -F., Hong, C. -Y., 2012. An optical fibre monitoring system for evaluating the performance of a soil nailed slope. Smart Struct. Syst. 9, 393-410

[44] Zhu, H. -H., Yin, J. -H., Yeung, A. T., Jin, W., 2011. Field Pullout Testing and Performance Evaluation of GFRP Soil Nails. J. Geotech. Geoenvironmental Eng. 137, 633-642

[45] Zhu, H. -H., Yin, J. -H., Zhang, L., Jin, W., Dong, J. -H., 2010. Monitoring internal displacements of a model dam using FBG sensing bars. Adv. Struct. Eng. 13, 249-262

[46] Zhu, Z. -W., Yuan, Q. -Y., Liu, D. -Y., Liu, B., Liu, J. -C., Luo, H., 2014. New improvement of the combined optical fiber transducer for landslide monitoring. Nat. Hazards Earth Syst. Sci. 14, 2079-2088

[47] Zhu, Z. -W., Liu, B., Liu, P., Zhao, B., Feng, Z. -Y., 2017. Modelexperimental study of landslides based on combined optical fiber transducer and different types of boreholes. CATENA 155, 30-40

[48] 蔡德所，何薪基，蔡顺德，张存吉，2005. 大型三维混凝土结构温度场的光纤监测技术. 三峡大学学报（自然科学版）27，97-100

[49] 蔡顺德，蔡德所，何薪基，张存吉，2002. 分布式光纤监测大块体混凝土水化热过程分析. 三峡大学学报（自然科学版）24，481-485

[50] 柴敬，2003. 岩体变形与破坏光纤传感测试基础研究. 西安科技大学

[51] 柴敬，兰曙光，李继平，李毅，刘金瑄，2005. 光纤 Bragg 光栅锚杆应力应变监测系统. 西安科技大学学报 25，1-4

[52] 柴敬，邱标，魏世明，李毅，2008. 岩层变形检测的植入式光纤 Bragg 光栅应变传递分析与应用. 岩石力学与工程学报 27，2551-2556

[53] 冯振，殷跃平，2011，我国土工离心模型试验技术发展综述 [J]. 工程地质学报，19（3）：323-331

[54] 郭永建，谢永利，江黎，刘保健，2010，边坡桩基受力特性的离心模型试验 [J]. 长安大学学报（自然科学版），30（1）：35-39

[55] 韩子夜，薛星桥，2005. 地质灾害监测技术现状与发展趋势. 中国地质灾害与防治学报 16，138-141

[56] 黄广龙，张枫，徐洪钟，陈贵，2008. FBG 传感器在深基坑支撑应变监测中的应用. 岩土工程学报 30，436-440

[57] 姜德生，梁磊，南秋明，周雪芳，信思金，2003. 新型光纤 Bragg 光栅锚索预应力监测系统. 武汉理工大学学报 25，15-17

[58] 姜德生，梁磊，南秋明，周雪芳，信思金，2003. 新型光纤 Bragg 光栅锚索预应力监测系统. 武汉理工大学学报 25，15-17

[59] 姜德生，孙东业，汪小刚，1998. 锚索变形光纤传感器的研制开发，in：'98 水利水电地基与基础工程学术交流会论文集. 中国水利学会地基与基础工程专业委员会，pp. 457-459

[60] 蒋奇，隋青美，张庆松，崔新壮，2006. 光纤光栅锚杆传感在隧道应变监测中的技术研究. 岩土力学 27，315-318

[61] 蒋小珍，雷明堂，陈渊，葛捷，2006. 岩溶塌陷的光纤传感监测试验研究. 水文地质工程地质 33，75-79

[62] 雷运波，隆文非，刘浩吾，2005. 滑坡的光纤监测技术研究. 四川水力发电 24，63-65

[63] 李焕强，孙红月，刘永莉，孙新民，尚岳全，2008. 光纤传感技术在边坡模型试验中的应用. 岩石力学与工程学报 27，1703-1708

[64] 廖延彪，黎敏，张敏，等. 2009. 光纤传感技术与应用 [M]. 北京：清华大学出版社

[65] 林玉兰，陈永泰. 2002. 拉曼散射分布式光纤温度传感器的设计 [J]. 光电子技术与信息，15（2）：33-36

[66] 刘永莉，孙红月，于洋，詹伟，尚岳全，2012. 抗滑桩内力的 BOTDR 监测分析. 浙江大学学报（工学版）46，243-249

[67] 裴华富，殷建华，凡友华，朱鸿鹄，洪成雨，2010. 基于光纤光栅传感技术的边坡原位测斜及稳定性评估方法. 岩石力学与工程学报 29，1570-1576

[68] 施斌，丁勇，徐洪钟，张丹，2004. 分布式光纤应变测量技术在滑坡早期预警中的应用. 工程地质学报 12，515-518

[69] 施斌，徐洪钟，张丹，丁勇，崔何亮，陈斌，高俊启，2004. BOTDR 应变监测技术应用在大型基础工程健康诊断中的可行性研究. 岩石力学与工程学报，23，493-499

[70] 施斌，徐学军，王镝，王霆，张丹，丁勇，徐洪钟，崔何亮，2005. 隧道健康诊断 BOTDR 分布式光纤应变监测技术研究. 岩石力学与工程学报 24，2622-2628

[71] 隋海波，施斌，张丹. 2008. 边坡工程分布式光纤监测技术研究 [J]. 岩石力学与工程学报，27（z2）：3725-3731

[72] 史彦新，张青，孟宪玮，2008. 分布式光纤传感技术在滑坡监测中的应用. 吉林大学学报（地球科学版）38，820-824

[73] 唐天国，朱以文，蔡德所，刘浩吾，蔡元奇，2006. 光纤岩层滑动传感监测原理及试验研究. 岩

石力学与工程学报 25，340-344

[74]　魏广庆，施斌，胡盛，李科，殷建华，2009. FBG 在隧道施工监测中的应用及关键问题探讨. 岩土工程学报 31，571-576

[75]　魏广庆，施斌，贾建勋. 2009. 分布式光纤传感技术在预制桩基桩内力测试中的应用 [J]. 岩土工程学报，(6)：911-916

[76]　吴永红，2003. 光纤光栅水工渗压传感器封装的结构分析与试验. 四川大学

[77]　夏元友，芮瑞，梁磊，冯仲仁，2005. 光纤渗压传感器与公路软基监控试验研究. 岩土工程学报 27，162-166

[78]　肖衡林，蔡德所，2008. 基于温度测量的分布式光纤渗漏监测技术机理探讨. 岩土力学 29，550-554

[79]　肖衡林，蔡德所，何俊，2009. 基于分布式光纤传感技术的岩土体导热系数测定方法. 岩石力学与工程学报 28，819-826

[80]　肖衡林，蔡德所，刘秋满，2004. 用分布式光纤测温系统测量混凝土面板坝渗流的建议. 水电自动化与大坝监测 28，21-23

[81]　殷建华，2011. 从本构模型研究到试验和光纤监测技术研发. 岩土工程学报 33，1-15

[82]　张丹，施斌，吴智深，徐洪钟，丁勇，崔何亮，2003. BOTDR 分布式光纤传感器及其在结构健康监测中的应用. 土木工程学报 36，83-87

[83]　张旭苹. 2013. 全分布式光纤传感技术 [M]. 北京：科学出版社

[84]　赵星光，邱海涛，2007. 光纤 Bragg 光栅传感技术在隧道监测中的应用. 岩石力学与工程学报 26，587-593

[85]　朱鸿鹄，施斌，2015. 地质和岩土工程光电传感监测研究进展及趋势——第五届 OSMG 国际论坛综述. 工程地质学报 23，352-360

[86]　朱鸿鹄，殷建华，张林，董建华，冯嘉伟，靳伟，2008. 大坝模型试验的光纤传感变形监测. 岩石力学与工程学报 27，1188-1194

5 岩土工程测试中的物联网技术

5.1 概述

物联网是涉及多个学科高度交叉的前沿热点研究领域，受到社会、国内外学术界和工业界的高度重视，被认为是对 21 世纪产生巨大影响力的技术之一。作为我国新兴的战略产业，物联网得到了大力发展，在国家科技创新、可持续发展和产业升级中都具有重要的地位。目前，随着物联网技术的不断发展和成熟，人们逐渐将物联网与控制系统进行有效结合，使它们充分发挥各自的优势，并广泛应用于工业制造、航空航天、轨道交通、医疗卫生、军事、灾害应急响应等领域。

基于物联网的岩土工程安全监测系统，通常应包括无线传感器网络（Wireless Sensor Network，WSN）、通信网络、云存储平台和管理平台，采用物联网技术的系统能够可靠方便、高效快捷地实现岩土工程安全监测自动化、无损化，是近年来逐渐兴起的新型监测技术。无线传感器网络是由计算机、通信、传感器三种技术共同发展而孕育出来的一种全新的信息获取和处理技术。其工作原理是由部署在监测区域内的大量的微型传感器节点通过无线通信方式形成多跳、自组织的网络系统（ad hoc network），协同地完成对覆盖区域中被感知对象状态数据的监测、感知与采集，并经过初步处理后发送给云存储平台，平台通过编辑后将信息发送给相关终端用户。基于无线传感器网络的监测手段因其具有布线成本低、监测精度高、容错性好、可远程监控、便于诊断和维护等诸多优点，在岩土工程的安全监测中有着广阔的运用前景。目前在全球，无线传感器网络的基础理论与运用研究非常活跃，美国《技术评论》在预测未来技术发展的报告中，将无线传感器网络列为 21 世纪改变世界的十大新兴技术之首。它可以广泛应用于军事、工农业、城市管理、医疗、环境监测、抢险救灾、家居等领域，已得到越来越多的关注。

某些大型的工程建筑物预期运营时间将长达数十年甚至数百年，尤其是以桥梁、高速公路、隧道、地下管道为代表的基础设施建设工程，对这些建（构）筑物的结构安全进行全生命周期的监测，可以为结构维护提供参数指导，进而阻止结构的致命性破坏以及带来的人员伤亡。传统的监测方法通常依靠工程人员对现场的定期监测以及定期维护，但这种方法人力成本较高，且对突发性破坏缺乏预知能力；或者通过铺设线缆式传感器来获取目标数据，但这种方法使用在隧道、地下管道、公路工程中需要大量的时间和预算来铺设线缆以连接每一个传感器节点，且长线缆传输将对信号带来噪声干扰，整个监控系统的精度和抗干扰能力下降。当今无线技术的飞速发展，如无线射频（RFID）、Zigbee、超宽频（Ultra Wideband，UWB）和全球定位系统（GPS）等，为岩土工程的自动化连续远程实时监测创造了有利条件。目前已有的技术基本能实现连续观测、自动采集、数据管理等功能。由于其自动化程度高，可提供全天候连续观测，并有省时、省力、安全、易于安装的特点，是当前及今后岩土工程安全监测发展的方向。本章将介绍基于无线传感器网络的物联网技术在岩土工程安全监测中的应用。

5.2 物联网相关技术

物联网概念的本质就是将人类的社会活动、经济活动、生产活动、个人活动放在一个智慧的物联网环境中运行，物联网为我们提供了感知世界的能力，融合了传感器技术、射频识别、无线传感网、智能服务等多种技术。物联网网络架构自底向上由感知互动层、网络传输层和应用服务层组成。

（1）感知层包括感知控制子层和通信延伸子层，感知控制子层实现对物理世界的智能感知识别、信息采集处理和自动控制，通信延伸子层通过通信终端模块直接或组成延伸网络后将物理实体连接到网络层和应用层。

（2）网络层是物联网的基础设施，主要实现信息的传递、路由和控制，包括接入网和核心网，网络层可依托公众电信网、互联网或者行业专用通信网络。

（3）应用层通过智能化信息系统的多种应用接口与后台物联网进行通信，包括信息处理子层和物联网应用子层。信息处理子层为物联网应用提供信息处理、计算等通用基础服务，以此为基础实现物联网在众多领域的各种应用。

5.2.1 无线传感器网络

1. 无线传感器网络结构

无线传感器网络系统基本包括传感器节点、汇聚节点和管理平台，其结构如图5.2-1 所示。一定数量的传感器节点以随机方式或者一定规律布置在监测区域，节点以自组织的方式构成网络，通过 XBee 通信协议将监测到的数据传送到汇聚节点，最后通过 Internet 或者 CDMA/GSM/GPRS 等通信方式将监测信息传送到管理平台；终端用户也可以通过管理平台进行命令的发布，用以控制汇聚节点和传感器节点的相关参数修改及任务操作。

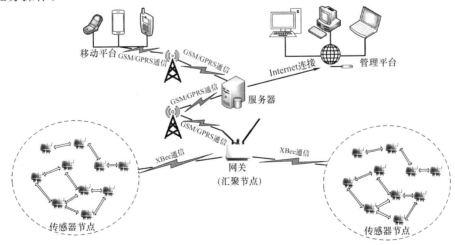

图 5.2-1　无线传感器网络体系结构

传感器节点是一个具有信息采集、处理和通信能力的微型嵌入式计算机系统，受限于携带电池能量有限的原因，通常利用低功耗设计捆绑电池或者低功率太阳能发电方案进行野外节点处理，因此其信息处理能力相对较弱。从网络功能来看，每个传感器节点除了要采集目标数据，通过通信协议直接或间接将数据传输给汇聚节点之外，还要接收邻近节点的数据，再将其直接或间接地传输给汇聚节点，即任一个传感器节点既是采集节点又是中继节点。传感器节点模块功能包括：传感器模块、处理器模块、无线通信模块、其他支持模块、存储模块、电源模块。

汇聚节点是处理、存储和通信能力相对比较强的传感器节点，它是传感器网络和外部网络的连接点，既将收集到的数据传输到外部网络，又将管理节点的监测任务发布给传感器网络，因此汇聚节点通常配有大功率蓄电池或者大功率太阳能方案。汇聚节点模块功能包括：节点通信模块、处理器模块、网络通信模块、电源系统、定位模块、存储模块。

2. 微型传感器的定义和组成

随着计算机辅助设计（CAD）和微机电系统 MEMS（Micro-Electro-Mechanical System）技术的进步，微型传感器技术及其运用也得到了长足的发展。微型传感器的尺寸只有几微米至几毫米，但由于高集成度技术的积累，其灵敏度、精确度、适应度及智能化程度往往比传统的大体积传感器更高。

现代工程常用的微型传感器一般是由敏感元件、数据处理元件、信号调理与转换电路、无线通信模块、电源组成的一块集成芯片，它具有体积小、重量轻、功耗低、功能强、便于组装、成本低的特点，图 5.2-2 所示的是集成微型传感器节点的组成结构，其中，

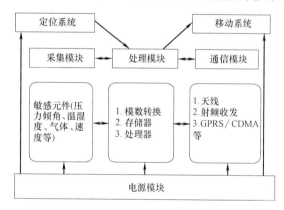

图 5.2-2　微型传感器的组成结构

1）敏感元件

传感器中能灵敏地感受或响应被测变量的元件。

2）数据处理元件

一些敏感元件的输出响应是微小的几何量，不便于远程传输，这时可用转换元件将这类几何量转换成最易于远传的电信号，如电压、电流、电阻、电感、电容和频率等，所以绝大多数传感器的输出是电量的形式。变送器是转换元件的一种重要形式，它能将敏感元件的输出响应转换成符合国标标准的信号，如直流电压 $0\sim10V$、直流电流 $4\sim20mA$、空气压力 $20\sim100kPa$ 等。具有统一的信号形式和数值范围，传感器才可以和其他仪表仪器一起组成监测系统，兼容性和互换性也大为提高。由敏感元件加上数据处理元件（变送器）才构成传统意义上的传感器。

3）信号调理与转换电路

由于传感器的输出信号一般都很微弱，因此需要有信号调理与转换电路对其进行放大。

4）无线通信模块

用于将传感器数据通过无线通信方式传输，需要考虑低功耗、短距离的传输单元。

5）电源

通常采用电池供电，可以使用化学电池，也可以使用带有充电电路的锂电池进行能量供应。一旦电源耗尽，节点就失去了工作能力，为了最大限度地节约电源，在硬件设计方面，要尽量采用低功耗器件；在软件设计阶段，各层通信协议设计都应该以节能为中心；同时，传感器节点一般都配以辅助电源，如太阳能电板、蓄电池等。

6）其他

有的微型传感器节点还包含定位系统用于确定传感器的位置，移动系统用以驱动传感器节点在监测区域内移动。

微型传感器已经可以用来测量各种物理、化学及生物量，如位移、加速度、压力、应力、应变、声、光、电、磁、热、水质五参等。虽然微型传感器已经应用到科学技术的多个领域，但要利用传感器设计和开发高性能的监测系统，还需考虑各个领域学科的专业内容，结合传感器的使用目的、技术指标、成本预算、系统要求、使用环境及信号处理电路，才能设计精确可靠的传感器及其网络。

3. 无线传感器网络的拓扑结构

无线传感器网络拓扑结构是组织传感器节点的组网技术，有多种形态和方式，通常分为星状网、网状网、混合网，如图 5.2-3 所示，三种网络有各自的适用环境。

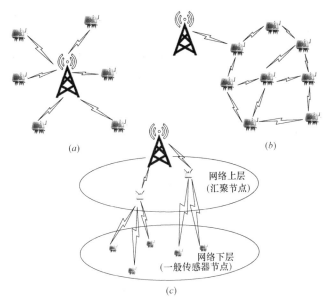

图 5.2-3　无线传感器网络拓扑结构图

(a) 星状网拓扑结构；(b) 网状网拓扑结构；(c) 层状网拓扑结构

1）星状网拓扑结构

星状网拓扑结构是单跳（single hop）结构，所有节点和基站进行双向通信，节点之间并不建立连接，星状网整体功耗最低，网络结构简洁，但节点与基站间的传输距离有限，另外由于节点距离比较近，因此会监测到相似甚至相同的信息，这些不必要的冗余信息将大大增加网络的负载。

2）网状网拓扑结构

网状网拓扑结构是多跳（ad hop）的结构，网络中的所有无线传感器节点可以直接通信，通过一定的算法，网络选择一条或者多条路由进行多跳数据传输。由于每个传感器节点都可以有多条路径到达基站节点，因此它容错障能力较强，传输距离较远。系统以多跳代替了单跳的传输，节点除了自己的监测任务外还一直关注其他路径上的信息，因此功耗也相应增大。

3）层状网拓扑结构

层状网拓扑结构兼具星状网的简洁、易控以及网状网的多跳和自愈的特点，使整个网络的建立、维护以及更新更加简单、高效。网络上层是由汇聚节点组成，网络下层是由一般传感器节点组成，汇聚节点之间或者一般节点之间采用的是平面网络结构，汇聚节点和一般节点之间采用层状网络结构。

5.2.2 无线传输技术

无线传输技术日新月异，是网络通信技术最为活跃的领域之一。如今常用到的无线传输技术大致分为：蓝牙、wifi、移动通信技术、ZigBee 几种类型。由于岩土工程监测过程中大多数监测点可能没有被网络信号覆盖，且自然环境恶劣，要求功耗低、工作时间长、网络容量大等特点，因此选择的无线传输技术合适与否，都对整个监测工作会产生重大的影响。ZigBee 技术由于其功耗低，可修复性强，网络容量大，节点成本和运营成本低等优点，使得这种技术非常适合于岩土工程的安全监测。

ZigBee 是一种短距离、低功耗、低传速、低成本的双向无线通信技术。常用于自动控制和远程无线控制领域当中，其目的是为了满足无线联网和控制而制定，是 IEEE802.15.4 技术的商业名称。

ZigBee 协议栈体系结构由高层应用规范、应用汇聚层、网络层、数据链路层和物理层所组成，完整的 ZigBee 协议栈模型如图 5.2-4 所示。网络层以上的协议由 ZigBee 管理层来制定，物理层和数据链路层则由 IEEE802.15.4 来规范和制定标准。应用层把不同的应用指令映射到 ZigBee 网络上，主要包括安全属性设置、数据流等功能。网络层采用 Ad

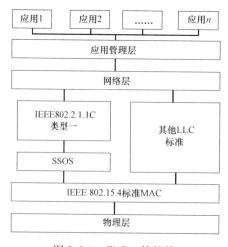

图 5.2-4 ZigBee 协议栈

hoc 技术的路由协议，除了包含通用的网络层功能外，还通过底层的 IEEE802.15.4 标准来节约电量，降低网络维护成本。

5.3　基于物联网技术的岩土工程安全监测意义

岩土工程安全监测应当贯穿于施工和运营两个阶段，设计阶段要系统考虑建（构）筑物设计方案和监测方案，包括可行性、需要监测的部位、选用何种设备、安装监测设备的位置以及数据的传输通道。除了保证人员、建（构）筑物的安全以外，施工阶段监测侧重于工程质量的保证，运营管理阶段监测则侧重于项目的整体平稳运营。

基于无线传感器网络的岩土工程安全监测系统有如下优点：

1）无需大量的传输线缆，避免了数据的长距离传输带来的精度损失；

2）实时监测系统负重减小，安装方便，节省维护费用；

3）利用无线传感器网络的无中心、多跳和动态拓扑结构自组织的特点，可提高系统的稳定性、抗击毁的能力和自修复功能；

4）实现自动监测，通过数据分析对地下工程的运行进行评价，并将结果进行实时显示；

5）可以远程控制所有节点的监控参数，用于不同时期不同要求的监测目的；

6）一旦布设，监控周期长，可满足全生命周期监测要求。

由于地质条件、荷载条件、材料性质、地下构筑物的受力状态和力学机理、施工条件以及外界其他因素的复杂性及不确定性，使得迄今为止岩土工程学科还有很多方面亟待完善。从理论上很难预测工程中可能遇到的问题，而且理论预测值经常忽略工程中遇到的各种突变情况。所以，施工阶段在理论分析指导下有计划地进行现场特定物理量的实时动态监测是十分必要的；它可以帮助我们及时知道构筑对象的结构安全和环境安全信息，进而对下一阶段的施工起到决策辅助作用。

实时监测是一种对工程施工质量及建（构）筑物安全稳定性用相对精确的数值进行解释表达的定量方法和有效手段，是对工程设计经验安全系数的动态诠释，是保证工程顺利完成的前提条件。在预先周密安排好的计划下，在适当的位置和时刻用各类传感器进行监测可以收到良好的效果，工程师根据监测数据及时优化各项施工参数，使施工处于最佳状态，实现"信息化"施工。

然而现有的基于传统测量的监测体系在如下几个方面不能保证整体施工和运营阶段的安全问题：

1）原则上监测频率为一日一测，在必要情况下（雨雪等恶劣天气或发生异常状况）难以及时做到高频率、全天候跟踪监测；

2）安装埋设的监测仪器和测点都是在基坑四周的若干点上，测量节点有限，不能够以此作为整个系统发生状况的完整表征；

3）在某些测量地点由于考虑到安全因素，不适合人工测量；

4）人工测量相对来说费时、费力，经济性不高。

因此，利用无线传感器网络，建立一个严密的、科学的、合理的监测控制系统，可以确保该工程及其周围环境在施工期间得到必要而完整的监测。并通过监测工作，达到以下目的：

1) 及时发现不稳定因素

土体成分的不均匀性、各向异性及不连续性决定了土体力学的复杂性，加上自然环境因素的不可控影响，必须借助监测手段进行必要的补充，以便及时获取相关信息，确保基坑稳定安全。

2) 验证设计及指导施工

通过监测可以了解结构内部及周边土体的实际变形和应力分布，用于验证设计与实际符合程度，并根据变形和应力分布情况为施工提供有价值的指导性意见。

3) 保障业主及相关社会利益

通过对周围环境监测数据的分析，调整施工参数、施工工序等一系列相关环节，确保地下管线的正常运行以及周围建筑物的稳定性，有利于保障业主利益及相关社会利益。

4) 分析区域性施工特征

通过对支护结构、周边环境等监测数据的收集、整理和综合分析，评估不同施工工序和参数对周边环境的影响程度，分析区域性施工特征，为该区域的其他工程设计提供警示和依据。在运营阶段，地铁或地下综合体一方面由于环境的封闭性，在发生意外状况例如火灾时（较之地面火灾概率低），排烟与散热条件差，会很快产生高浓度的有毒烟雾；由于通道口径小致使人员疏散困难、救火难度大，危及地下结构内部人员的生命安全。另一方面，在结构体的长期使用过程中，外界的荷载、环境的变化及材料腐蚀老化等一系列单一或者耦合的因素不可避免的使得结构体产生结构损伤、抗力衰减，严重情况下会引发突发的灾难性事故。因此在运营阶段，岩土工程的实时监测系统必须要实现如下功能：

1) 监测系统在很长的时间内（几年、十年、百年），不断提供关于建（构）筑物的健康状态、疲劳特性和周围地质环境的信息，为可能产生的地质异常及其引发的结构体结构损坏提供及时的预警信号；

2) 在运营期监测地铁或地下结构体，在意外灾害（火灾、水灾）发生时能够发出及时的预警信息，打开排烟设备、指示逃生路线，为人员的自救与互救赢得宝贵时间，保障内部人员的生命财产安全；

3) 对地下综合体的环境进行实时监测，可以营造一个高品质的地下环境，让顾客享受地上购物中心与地面广场的怡人与活力；

4) 地下管道的健康有序监测，减少地下管道破裂、渗漏对其他地下设施的威胁。

5.4　基于物联网技术的岩土工程监测内容、仪器、设备

5.4.1　监测内容

岩土工程的安全监测根据施工阶段和运营阶段可分为以下几项：

1. 施工阶段

对开挖支护结构、周围土体及相邻建筑物的监测和控制，细分为：支护结构和被支护土体的侧向位移、坑底隆起、支护结构内外侧土压力、支护结构内外侧孔隙水压力、支护结构内力、地下水位变化、邻近建筑物及管线监测等。

2. 运营阶段

对建筑物结构、周围土体、相邻建筑物的监测和控制，包括：变形监测（表面位移和内部位移观测）、压力监测（混凝土压力、土压力、孔隙水压力、钢筋应力、地应力及建筑物荷载、集中力的监测）、水位监测（地表水和地下水位监测）。还应包括对环境的监测，如意外灾害监测预警系统与环境监测（CO_2，烟尘，温度，湿度）；面向安全防范的视频监控系统，实现对地下综合体全方位、立体化的监控，及时发现异常情况的发生，完成对事件的记录，为事后查证提供原始信息。

5.4.2　监测设计原则

基于物联网技术的岩土工程安全监测设计遵循"稳定可靠、方便扩展、安全保密、全面兼顾"的原则，并综合考虑施工、维护等重要因素，同时也为今后的发展、扩建、改造留有余地。

1. 稳定可靠性

一般来说，建筑物开始施工时监测设备就需随同埋设，监测期往往长达数月、数年甚至数十年。由于岩土工程施工和运营环境的特殊性，已埋设的设备有时无法修改和更换，甚至人员都难以到达，因此必须保证系统工作的稳定可靠性。一是中心系统的可靠性，选用稳定可靠的网络服务器和服务器专用操作系统作为监测平台载体，平台必须具有权限操作功能，从应用上保证了系统的可靠运行；二是使用高精度要求、高寿命要求的传感器，保证了采集信息的可靠性及耐久性；三是通信机制可靠，系统传输主要采用具有大面积稳定覆盖的无线移动通信网络，数据传输高效可靠。

2. 方便拓展性

监测终端支持接入现有的大部分数字、模拟传感器，如位移计、侧斜仪、加速度计、雨量计、沉降仪、GPS、渗压计、水位计，温度传感器、压力传感器等。对于以后增加的特殊传感器可通过远程更新嵌入式软件加上现场外接新传感器即可完成。监测系统可根据要求开放部分数据库，方便其他系统从本系统中调取数据。系统框架合理，在设计时就需要考虑模块化扩展性，方便以后各种功能模块的添加。

3. 安全保密性

监测系统必须实行严格的权限管理，只有持有一定权限的密钥才能访问、监控、管理和操作监测系统。

4. 重点突出、全面兼顾

不同的监测内容可选择不同的监测设备，应该找出能够反映岩土工程安全监测的主要内容和指标进行分析，对其进行重点监测。在监测点的布置上，既要监测宏观变形，又要确保重点部位监测。

5.4.3　监测仪器设备

基于物联网技术的岩土工程安全监测系统可以纳入各类前端监测设备，其选型及数量综合考虑其稳定性、数据可靠性、成本预算、隐患点体量、隐患点风险等级等因素。对重要性较高且风险等级较高的监测点，需兼顾整体与局部的变形情况。微型传感器可以隐藏在环境的细微角落，感知目标信息，再通过无线通信将数据传输给服务器。例如，当建筑物邻近地铁隧道时，振动传感器可将感知的振动信号转化为电信号，发回监控中心，监控中心就能实时地监测结构体的安全，并作出相应的决策。除用来评价结构临时损伤的严重性以及定位损伤位置，还可通过持续监测来发现结构的长期劣化。声光报警器为现场报警装置，会布置在每个重要隐患点现场。根据监测内容，应用于岩土工程采集终端使用的传感器主要包括：

1. GNSS 地表位移监测站

实时获取监测点的三维坐标、绝对位移变形方位、变形量及变形速率，利用差分算法提高数据精度，并通过 DTU 模块将数据传输到数据中心。GNSS 地表位移监测站，适用于土体的绝对位移监测，具体参数见表 5.4-1。

地表位移监测站设备参数 表 5.4-1

通道数	220 并行通道，可同步接收		
测量精度	静态相对定位精度（短基线条件下）	水平：2.5mm+0.1ppm RMS	
		垂直：5mm+0.4ppm RMS	
	静态/快速静态精度	水平：±2.5mm+1ppm RMS	
		垂直：±5mm+1ppm RMS	
	动态 RTK 精度	水平：±10mm+1ppm RMS	
		垂直：±20mm+1ppm RMS	
监测频率	1 次/2 小时（可调）		
主机功耗	3W		
外接电源	DC 输入 9～28V 带过压保护		
尺寸	19.8cm×5.8cm×15cm		
重量	1.6kg		
工作温度	−40～+75℃		
存储温度	−50～+85℃		
湿度	100%无冷凝		
防尘/防水	IP67 防尘，浸入水下 1m 无损坏，主机可漂浮		
冲击/震动	可抗击从 2m 自由跌落至水泥地面		
系统内存	≥64MB		
输出速率	1Hz，2Hz，5Hz，10Hz，20Hz and 50Hz		
差分数据输出格式	CMR、CMR+、RTCM2.X、RTCM3.X、RTCA		

2. 微型加速度传感器

加速度传感器的工作方式通常为压电式、压阻式、变电容式，可对结构体进行微分辨率上动态监测，从而获取高精度的动态响应，监测频率极高。常用的有单轴、双轴和三轴加速度传感器，在岩土工程中可用于开挖边坡的位移监测，三轴加速度传感器还可进行倾角的测量。微型加速度传感器节点一般封装有敏感元件、温度补偿模块、电源模块、无线通信模块或者带有 RS232、RS485 两种标准输出。可以通过远程通信单元（Remote Terminal Unit，RTU）将传感器采集得到的状态数据或者信号转换成无线信号上传给管理节点，也可将管理节点发布的命令传送到传感器节点上。表 5.4-2 为某 AKE392B 微型三轴加速度传感器的技术指标。

AKE392B 三轴加速度传感器技术指标　　　　　表 5.4-2

AKE392B 三轴向加速度计			
AKE392B-02	AKE392B-08	AKE392B-40	单位
量程	±2	±08	±40	g
偏差标定	<2	<5	<10	mg
测量轴向	X,Y,Z	X,Y,Z	X,Y,Z	轴
年偏差稳定性	1.5(<5)	7.5(<25)	22(<75)	mg 典型值(最大值)
上/掉电重复性	<10	<10	<20	mg(最大值)
偏差温度系数	0.1	0.5	1.5	mg/℃典型值
	±0.4	±2	±6	mg/℃最大值
分辨率/阈值((@ 1Hz)	<1	<5	<15	mg(最大值)
非线性度	<0.1	<0.5	<0.6	%FS(最大值)
	<0.02	<0.09	<0.27	g(最大值)
带宽	0～≥400	0～≥400	0～≥400	Hz
共振频率	1.6	6.7	6.7	kHz
输出速率	5Hz、15Hz、35Hz、50Hz、100Hz、300Hz 可设置			
输出接口	RS232/RS485/RS422/TTL/PWM/CAN			
可靠性	MIL-HDBK-217,等级二			
抗冲击	100g @ 11ms、三轴和同(半正弦波)			
恢复时间	<1ms(1000g,1/2 sin 1ms,冲击作用于 i 轴)			
振动	20g rms,20～2000Hz(随机噪声,0,p,i 每轴作用 30 分钟)			
LCC 封装	符合 MIL-STD-833-E			
输入(VDD_VSS)	9-36 VDC			
运行电流消耗	<60mA @ 12 VDC			
重量	典型值:100g			
尺寸	典型值:L50×W50×H38mm,			

3. 微型土压力传感器

微型土壤压力传感器的工作方式通常为振弦式或者电阻式，可用于测量动态和静态的土压力，适用于监测土体结构物内部的土应力变化，是了解被测土体结构内部土压力变化量的有效检测设备，微型土壤压力传感器采用微机械加工技术制作的集成硅膜片作为敏感元件，其有效尺寸小，而且硅具有优良的弹性力学特性，再加上采用了齐平封装结构，使得微型土压力传感器的动态频率响应极高（最高可达到 2000kHz），可获得低至零频、高至接近固有频率的宽频带响应，而且有低至微秒级的上升时间，可广泛应用于地下建筑、地基基础、桥梁、铁路、大坝的模

图 5.4-1　微型土压力传感器图片

型试验和现场测试，采集到的电信号通过线缆输出至 RTU，进入无线传输模式。图 5.4-1 为微型土压力传感器的大小对比图。

4. 微型孔隙水压力传感器

微型孔隙水压力传感器的工作方式通常有电阻式和振弦式两种，主要用于测试大坝及地下工程土中孔隙水压力的大小和分布变化。该传感器既可以测量静态孔隙水压，也可以测量动态水压。表 5.4-3 所列为某微型孔隙水压力传感器的技术指标。

某系列微型孔隙水压力传感器技术指标 表 5.4-3

技术参数	量程（MPa）	0.1～2.0
	灵敏度（F.S）	0.1%
	工作温度（℃）	−20～80
	测温精度（℃）	±0.5

5. 微型温湿度传感器

用于监测地表、地下温湿度的变化，温湿度传感器是指能将温度和湿度量转换成容易被测量处理的电信号的设备和装置。温度和湿度传感器可组合在一个超小型封装内，并实现数字输出，可应用于低耗能与无线兼容的场合。图 5.4-2 为微型温湿度传感器的大小对比图。

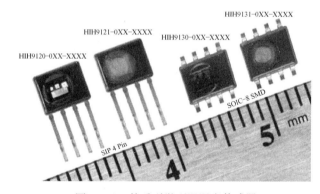

图 5.4-2　某系列微型温湿度传感器

6. 无线翻斗雨量计

降雨是引发边坡失稳的一大主要因素，隧道、基坑开挖阶段的实际降雨量是监测的必备内容。天气预报可以预报区域的降雨，但不能准确到小范围，安装雨量计可以准确地掌握施工点的雨量，更可以在施工与运营两个阶段建立降雨量与其他监测量的数据对应模型，对监测控制产生实际的意义。无线翻斗雨量计实际是由雨量传感器和雨量计两部分组成，在降雨测量过程中，雨量传感器随着翻斗间歇翻倒动作，带动开关，发出一个个脉冲信号，将非电量转换成电量输出给雨量计，雨量计自动计量出十分钟雨量、一小时雨量、一天雨量、一月雨量、一年雨量和连续雨量。无线翻斗雨量计通常带有 RS485 接口，可通过远程通信端口转换成无线信号，然后通过 GPRS/CDMA 网络发送到监测中心。

7. 数字式位移传感器

按被测变量变换的形式不同，位移传感器可分为模拟式和数字式两种。常用位移传感器以模拟式结构居多，包括电位器式位移传感器、电感式位移传感器、自整角机、电容式位移传感器、电涡流式位移传感器、霍尔式位移传感器等。数字式位移传感器的一个重要优点是便于将信号直接送入计算机系统。这种传感器发展迅速，应用日益广泛。位移传感器可以直观地监测裂缝的细微变化，精度达到 0.01mm，带温度补偿，同时位移计也是滑坡的辅助监测传感器。近年来，利用光在光纤中的反射及干涉原理开发出的光纤传感器也大量应用于位移监测，采用光纤传感器可以进行分布式、长距离、大范围的面状监测，且由于测点输入的不是电源而是光源，稳定性好。光纤传感器本身又是信号的传输线，可进行远程监测，但是铺设光纤的价格比普通线缆昂贵很多，因此不适合大面积推广应用。

由于微型位移传感器成本过高，一般采用常规的位移计，可外接在其他传感器节点上或者单独安装在监测部位，通过连接远程通信单元进行工作。

8. 微型倾角传感器

现代微型高精度倾角传感器通常封装有 MEMS 敏感元件、温度补偿模块、非线性误差修正模块、电源模块、无线通信模块，或者具有 RS232、RS485 两种标准输出，可以通过远程通信单元和管理节点间进行通信。表 5.4-4 所示为某高精度微型倾角传感器的性能指标。

<table>
<tr><td colspan="3" align="center">高精度倾角传感器性能指标　　　　　　　　　表 5.4-4</td></tr>
<tr><td align="center">参数</td><td align="center">条件</td><td align="center">规格</td></tr>
<tr><td align="center">测量方向</td><td align="center">—</td><td align="center">X－Y</td></tr>
<tr><td align="center">量程</td><td align="center">—</td><td align="center">$\pm15°/\pm30°/\pm90°/0\sim360°$</td></tr>
<tr><td align="center">输出分辨率</td><td align="center">—</td><td align="center">$0.002°/0.004°/0.009°/0.006°$</td></tr>
<tr><td align="center">重复性</td><td align="center">—</td><td align="center">$0.01°/0.02°/0.10°/0.04°$</td></tr>
<tr><td align="center">零点误差</td><td align="center">—</td><td align="center">Max0.1°</td></tr>
<tr><td align="center">交叉轴误差</td><td align="center">—</td><td align="center">Max 4%</td></tr>
<tr><td align="center">频率响应</td><td align="center">—</td><td align="center">18Hz</td></tr>
<tr><td rowspan="6" align="center">相对精度</td><td align="center">$\pm15°$量程</td><td align="center">0.02°</td></tr>
<tr><td align="center">$\pm30°$量程</td><td align="center">0.04°</td></tr>
<tr><td align="center">$\pm90°$量程($\pm15°$以内)</td><td align="center">0.03°</td></tr>
<tr><td align="center">$\pm90°$量程($\pm60°$以内)</td><td align="center">0.08°</td></tr>
<tr><td align="center">$\pm90°$量程($\pm60°$以上)</td><td align="center">0.15°</td></tr>
<tr><td align="center">$0\sim360°$量程垂直安装</td><td align="center">0.08°</td></tr>
<tr><td align="center">温度漂移</td><td align="center">$-40\sim80℃$</td><td align="center">Max 0.008°/℃</td></tr>
<tr><td align="center">默认通信设置</td><td align="center"></td><td align="center">9600,n,8,1</td></tr>
</table>

9. 裂缝计

当被测结构物发生变形时将会带动裂缝计伸缩，经万向节传递给振弦转变成振弦应力的变化，从而改变振弦的振动频率。电磁线圈激振振弦并测量其振动频率，频率信号经电缆传输至读数装置，即可测出被测结构物的变形量。表 5.4-5 所列为某 RDMO230 振弦式裂缝计具体参数。

10. 固定式深部测斜仪

固定式深部测斜仪可以实时、自动、长期获取坡体内部不同深度的倾斜数据，经过换

裂缝计参数

表 5.4-5

规格代号	RDMO230	温度测量范围	−40℃～+150℃
测量范围	0～50/100/150/200mm	温度测量精度	±0.5℃
灵敏度	≤0.06mm/F	耐水压	≥1MPa
测量精度	±0.1%F.S.	绝缘电阻	≥50MΩ
监测频率	1 次/15min(可调)	输出信号	RS485

算，叠加形成深度-位移曲线。其中，固定式测斜仪安装在测斜管中，测斜管的安装深度必须达到基岩位置，与土体应保证充分接触。固定式测斜仪的安装数量与安装位置应根据钻孔记录描述而定，做到最少的成本还原钻孔深部位移信息。表 5.4-6 所列为 GN1B 固定式深部测斜仪具体参数。

深部测斜仪设备参数

表 5.4-6

规格代号	GN1B(2)	灵敏度	$<9''$
测杆轮距 L	24mm	耐水压	大于 1MPa
测杆直径 D	150mm	绝缘电阻	≥50MΩ
测量范围	±15°	测温范围	−40～+150℃
测量精度	±0.1%F.S.	测温灵敏度	0.1℃
监测频率	1 次/4h(可调)	输出信号	RS485

11. 地下水位计

微型地下水位计是一款感受压力并将压力转换为与压力成一定关系的频率信号输出的装置，由压力感应膜、振弦、电磁激振与信号拾取装置、密封外壳和屏蔽电缆等组成。表 5.4-7 所列为某 RUWH260 型水位计具体参数。

地下水位计设备参数

表 5.4-7

规格代号	RUWH260	耐水压	测量范围的 1.2 倍
最大外径 D	24mm	绝缘电阻	≥50MΩ
长度 L	150mm	测温范围	−40～+150℃
测量范围	0～40000mm	灵敏度	±0.1℃
测量精度	≤2mm	输出信号	RS485
监测频率	1 次/15min(可调)		

12. 高清智能球形摄像机

现场高清视频监控站采用一体化设计，用于监测岩土工程施工现场实时视频图像，监控站通过 3G/4G 网络进行数据传输，将视频图像实时传输到监控中心。视频监控站具有移动侦测技术，可实现无人值守监控录像和自动报警功能。移动侦测可在指定区域内识别图像的变化，检测运动物体的存在并避免由光线变化带来的干扰。可以降低人工监控成本，并且避免人员长期值守疲劳导致的监察失误，可以极大地提高监控效率和监控精度。表 5.4-8 所列为某 DS-2DC4220IW-D200 云台摄像机具体参数。

云台摄像机设备参数 表 5.4-8

规格代号	DS-2DC4220IW-D200
编码	H. 265
像素	1920×1080
支持	区域入侵侦测、越界侦测、移动侦测、视频遮挡侦测
键控速度	水平垂直为 $0.1°/s \sim 80°/s$
模式	日夜模式

13. 智能数采仪

智能数采仪为数据采集传输模块，模块以有线（RS485）或者无线（ZigBee 无线传输）的方式与监测设备通信，以 GPRS 远程通信或者以太网口的形式与数据中心平台交互，是整个自动化监测系统的中心节点，实现数据流预处理，设备远程管理、控制等功能。（多通道）数据采集模块集成在传感器节点设备中，主要用于监测数据采集汇总和数据传输。内置 GPRS（2G-4G）通信模块、防雷模块，多种接口，可接入不同类型传感器。

智能数采仪特点：

➢ 支持掉电、节电、工作三种电源管理模式；

➢ 提供模拟量、数字量、RS485、RS232 及事件量等类型的传感器接口；

➢ 采用大容量存储，能存储 50 万条数据具备 GPRS（2G-4G）通讯能力，数据传输 APN 专线；

➢ 监测站点可向多监测中心发送数据，支持自报、自报一确认、应答三种数据通信方式；

➢ 支持远程唤醒、管理、数据召测；

➢ 支持区域内监测站之间相互联动；

➢ 可通过远程进行参数配置，支持对水位、雨量、墒情、流速、流量、水量、电压、温度等设备的远程配置。

5.4.4 监测方法

使用无线通信方式及微型传感器节点进行岩土工程施工和运营阶段安全监测的内容、方法和使用传统监测方式类似，不同之处在于要设计一个无线、多跳、自组织的网络用于目标的全方位监测和数据的无线传输，在这个过程中有以下几点需要注意。

1. 节点间的通信能力

在待测点上埋设传感器节点之后，首先测试一般传感器节点和网关（汇聚节点）之间的通信能力，通常节点和邻近节点或者网关之间会有障碍物阻碍通信，并且两个监测点间的距离可能超过了无线传输的能力，这时就需要设置一定数量的中继节点，以保证每个监测点的数据能够通过多跳或者直接的方式传送到汇聚节点，汇聚节点再通过 Internet 或者 GPRS/CDMA/GSM 等通信方式将监测数据传输到管理节点。一般传感器监测节点的位置视结构体的需要而决定，汇聚节点的位置由外界电源、Internet/GPRS/CDMA/GSM 的接入位置来决定。当两者位置确定下来，可通过计算机模拟通信路径的方式来决定中继节点的位置和数量，要确保每个节点采集到的数据至少有两种路径能够传送到网关，以保障无线传感网络的可靠性。

2. 数据融合技术

多源传感器的数据融合（data fusion）技术可以提高对目标对象特征监测的评估能力。灾害的发生通常是多种因素共同导致的结果，仅根据单一信号进行监控和预警可靠度不高。数据融合主要采用数据级和特征级融合两种方式。数据级融合是指在融合算法中，要求进行融合的传感器数据间具有精确到一个像素的匹配精度的任何抽象层次的融合，该方法原始信息丰富、详细、精度最高，但是所要处理的传感器数据量巨大、耗时长、实时性差、且原始数据信息量非常大，如果全部传输将给网络造成巨大压力，可能会造成信道拥堵甚至网络瘫痪。特征级融合是指从各只传感器提供的原始数据中进行特征提取，然后融合这些特征，该方法在融合前需要利用算法对特征值进行自动提取，实现了对原始数据的压缩，减少了大量干扰数据，易实现实时处理，且具有较高精度。

3. 电源能量管理

微型传感器由于体积微小，电源携带的能量十分有限，而且由于环境条件限制，传感器节点的电池往往无法经常更换，因此进行低功耗设计或者能源管理是决定整个网络寿命的关键因素。特别的，针对长达数十年甚至百年的监测任务，必须要对不便更换的传感器节点和汇聚节点配置好外部电源接口。进行能源管理通常有如下几种方式可以选用：

① 开发能耗管理算法

微型传感器中收发模块的功耗相比其他模块较大，因此节省能耗尤其是通信能耗是设计无线传感器网络需要遵循的首要因素；

② 减少通信流量

通过节点本地计算、数据压缩、特征融合等方式降低通信模块的工作量，从而减少能耗；

③ 在同一个监测位置安装封装有多个传感器的节点盒

现代科技已经可以实现将多个微型传感器封装到一个具有高防护等级的节点盒中，并在节点盒内加装蓄电池或者通电线缆，以实现长期供电的目的；

④ 管理节点工作时间

通过设计操作系统的动态能源管理，开启传感器节点的待机或者睡眠模式，在节点周围没有感兴趣的事件发生时，将部分模块进入更低能耗的睡眠状态，以增加节点的工作效率及降低能耗；

⑤ 利用多跳传输网络

随着通信距离的增加，能耗也将急剧增加，因此应当合理减少单跳的通信距离，设置恰当的中继节点数量。

5.5 信息处理与智能分析技术

在完成岩土工程安全监测过程的数据采集与传输后，需要对采集的数据进行处理从而得到安全评估需要的各项指标结果，以满足后续实时监测和安全评估的需求。在实际的岩土工程安全监测过程中，由于影响安全状况的因素非常多，并且灾变的种类也非常多，因此岩土工程安全监测采用的是同类多传感器数据采集和异质多传感器数据采集方式相结合的方案来提高监测的稳定性和准确性。在实际的应用中，由于传感器故障等偶然因素，同一类型传感器的采集结果也不尽相同，为了对采集结果进行全面分析获取可靠度比较高的分析结果，通常采用多传感器数据融合的信息处理方案。根据 JDL（joint directors of laboratories data fusion working group）的定义，多传感器数据融合是一种针对单一传感器或多传感器数据或信息的处理技术，通过数据关联、相关和组合等方式获得对被测环境或对象的更加精确的定位、身份识别以及对当前态势和威胁的全面而及时的评估。多传感器数据融合所处理的信息具有复杂的形式，而且可以在不同的信息层次上出现，每个层次代表了对数据不同程度的融合过程，这些信息抽象层次包括数据层、特征层和决策层，相应的数据融合也主要有数据级、特征级和决策级三种。

5.5.1 数据融合的层次

多传感器数据融合层次化结构如图 5.5-1 所示。

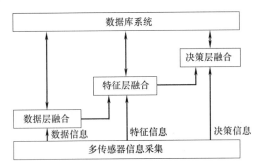

图 5.5-1 多传感器数据融合层次化结构示意图

1. 数据层融合

数据层的融合是最低层次的数据融合，它是对传感器采集到的信息进行的最直接的融合处理，通常用来处理同类传感器数据。数据层融合的优势是：数据量损失少，可以提供其他融合级别不能提供的细微层面的信息，精确度最高。但是由于数据层融合是最低层次的数据融合技术，所以数据层融合需要处理的信息量非常大，因此处理时间比较长，实时性较差，同时要求有较高的纠错处理能力以便解决传感器信息的不确定性和不稳定性。

2. 特征层融合

特征层融合属于中间层次的数据融合，它先对传感器采集的原始数据提取特征信息，比如特征可以是位移、倾角、应力等，然后按照特征信息对多传感器数据进行分类、汇集和综合。特征层融合的优点在于实现了可观的信息压缩，有利于实时处理，并且由于所提取的特征直接与决策分析有关，因而融合结果能最大限度地给出决策分析所需要的特征信息。以位移传感器和应力传感器为例，特征层融合会对传感器数据首先进行目标特征提取获取数据类型，然后对同类数据分别进行关联，然后进行特征层融合得到不同类别的状态估计结果。

3. 决策层融合

决策层融合是最高层次的数据融合技术。决策层融合首先是由每个传感器单独处理各自的数据并做出决策，最后将每个传感器各自的融合结果传到融合中心进行融合决策。由于决策层融合数据损失量非常大，所以难免会导致精确度较低，但是决策层融合的优势在于有较强的抗干扰能力，对传感器的依赖和通信量都非常小，并且对传感器是否为同类传感器不做要求，除此以外，处理过程的花费成本也较低。

在岩土工程安全监测体系中，从传感器采集数据经过层层分析处理得到最终的安全状况是一个非常复杂的数据融合过程，其中的数据处理过程是数据层融合、特征层融合和决策层融合三种数据融合方式的结合。

5.5.2 数据融合的方法

多传感器数据融合涉及多方面的理论和技术，如：信号处理、估计理论、不确定性理论、最优化理论、模式识别、神经网络和人工智能等。表5.5-1对现有比较常用的数据融合方法进行了归纳，主要分为经典方法和现代方法两大类。

常用数据融合方法

表 5.5-1

类型	数据及融合	特征级融合	决策级融合
所属层次	最低层次	中间层次	高层次
主要优点	原始信息丰富，并能提供另外2中融合层次所并能提供的详细信息，精度最高	实现了对原始数据的压缩，减少了大量干扰数据，易实现实时处理，具有较高的精度	所需要的通信量小，传输带宽低，容错能力比较强，可以应用于异质传感器
主要缺点	耗时长，实时性差，原始数据易受噪声污染，需融合系统具有较好的容错能力	在融合前必须先对特征进行相关处理，把特征向量分类成有意义的组合	判决精度降低，误判决率升高，数据处理的代价比较高
主要方法	HIS变换，PCA变换，小波变换及加权平均等	聚类分析法，贝叶斯估计法，信息熵法，加权平均法，D-S证据理论法，神经网络等	贝叶斯估计法，专家系统，神经网络，模糊集理论，可靠性理论以及逻辑模板法等
主要应用	多源图像复合，图像分析和理解	主要用于多传感器目标跟踪领域，融合系统主要实现参数相关和状态向量估计	其结果可为指挥控制与决策提供依据

由于各种方法之间的互补性，将2种或2种以上的算法进行集成，往往可以扬长避短，取得比单纯采用一种算法更优的结果。数据融合技术是一门新兴的跨学科综合理论和方法，在几十年的发展中，取得了突破性的进展，但仍缺乏系统完善的基础理论，在各交叉领域的应用也需要进行更加深入的研究。

5.6 基于物联网的岩土工程监测信息综合管理系统

在前文介绍了监测数据采集与传输方案和数据处理方案后，本节对岩土工程安全监测的结果展示及管理方案，即岩土工程安全监测管理系统的设计方案进行介绍。

岩土工程监测管理系统是用户监管岩土工程安全状况的平台，用户可以使用该平台查看实时监测结果以及安全评估结果，并根据安全评估结果做出相应的处理决策。

5.6.1 系统总体架构

系统整体结构由数据采集层、监测数据云存储中心、信息管理系统和信息发布系统四个部分组成。系统整体框架如图 5.6-1 所示。下面以岩土工程灾害中的边坡地质灾害为例，介绍基于物联网技术的边坡地质灾害监测管理系统的构成和内容。

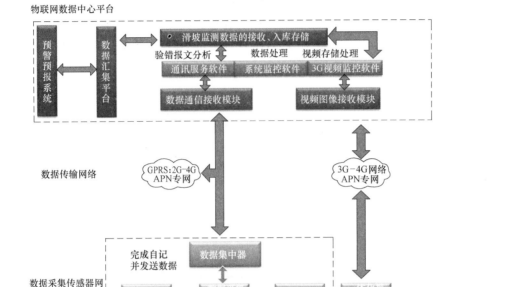

图 5.6-1　系统框架图

(1) 数据采集层

在数据采集层采集或纳入的内容主要是各类专业属性数据（包括专业设备监测数据、气象和水利部门共享数据和现场巡查资料）、基础地理空间数据、灾害点（体）空间数据及其他数据。

基于公用移动通信协议 GPRS，专业属性数据采用入库工具（如手机 APP）或传感器自动传输到数据存储中心的属性数据库中。

空间数据经过标准化处理及保密处理，通过 GIS 工具导入到地灾数据存储中心的空间数据库中；由调查、综合研究或其他活动获取的未建库或初建库的数字化文件，通过入库工具直接录入到地灾数据云存储中心。

(2) 地灾数据云存储中心

地灾数据云存储中心构建于网络和硬件存储环境之上，是面向地质灾害业务应用构建的统一的数据存储、管理和应用平台，是地灾业务应用与数据资源进行集中、集成、共享、分析的软硬件设施。

（3）信息系统

信息系统构建于地灾数据云存储中心之上，提供面向地质灾害防治管理和决策的一体化信息服务。其中管理系统支持的服务包括有基础资料管理、专业监测网络管理、气象数据管理、群测群防工作管理、预警应急指挥五项内容。

（4）信息发布系统

基于政府和相关职能部门具体的地质灾害防治工作业务流程，建立各类信息（如地质灾害预警预报信息）的发布工具，并实现面向公共和政务部门的信息发布系统，以及两者之间的信息交互。报警模块可以通过 WEB 平台、手机 APP 及现场报警装置向相关人员发出报警信息，并按照预定的应急方案有序地开展撤离避让工作。

5.6.2 系统建设内容及功能组成

物联网地质灾害监测预警系统是围绕地灾专业数据库（含基础资料库、专业监测库、群测群防库、气象数据库和应急避险库）进行构建的综合性信息化管理平台，主要功能是实现数据资料云存储，监测数据专业分析，设计组织构架、定义预警机制、确定应急响应机制等内容，如图 5.6-2 所示。

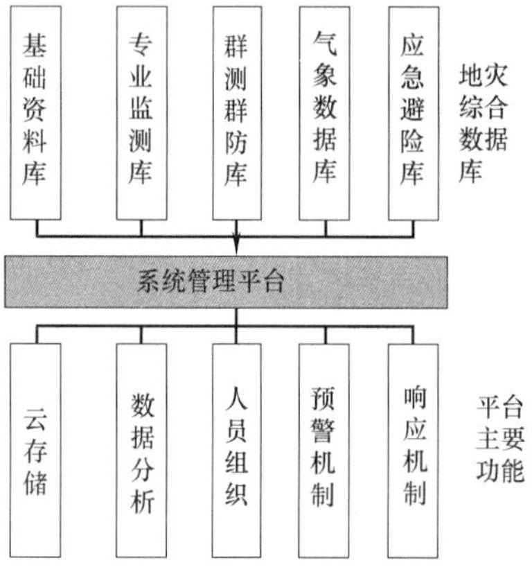

图 5.6-2 系统功能框架设计

系统平台以 Google 地图（或测绘局三维电子地图）作为电子底图，基于一张图原则，用户可以在电子地图上完成绝大部分重要功能的操作：

• 地质灾害隐患点分布情况与详细信息浏览；

• 群测群防体系下巡查工作管理，上报、浏览图文资料；

• 重要地灾隐患点专业监测设备状态查看及远程控制，动态监测数据实时浏览、下载及数据综合分析；

• 基于气象雨量实时监测数据和预报数据，台风数据和台风路径预测动态生成辖区内地质灾害气象风险等级云图，对应风险等级区域内隐患点信息、安全状态、受威胁人数等内容均可进行实时统计和更新；

• 区域地形地貌三维模型和重点地质灾害隐患点三维模型展示。

同时，围绕地灾专业数据库建设内容，系统可划分为基础资料模块、专业监测模块、群测群防模块、气象数据模块和应急避险模块。

5.6.2.1 基础资料库

基础资料管理模块是构成系统平台的基石，功能模块设计如图 5.6-3 所示，对项目区地质灾害隐患点进行了整体性把控和描述，是所有功能得以实现的关键因素。其内容主要源于区域地质灾害勘查工作成果和基层巡查工作上报，包含地质灾害隐患点信息，自然地理信息，地形地貌、地质构造、水文气象等区域地质环境条件和历史灾况信息，构成了系统平台的基础资料库。

系统平台基于区域内历史灾况信息进行统计分析，掌握一定时期内的地质灾害时空分布特征，生成历史地质灾害时空分布图，每张图均具有数据统计分析功能。项目区历史灾况信息将作为地质灾害专业监测预警工作实施和群测群防体系建设的依据。

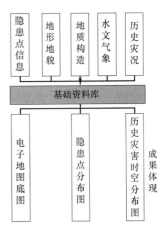

图 5.6-3 基础资料模块设计

5.6.2.2 专业监测网络

专业监测网络模块是系统平台建设的重要内容，设计内容如图 5.6-4 所示。专业监测库信息包括地图信息、站点信息、监测数据、分析模型和报表模板等内容，由此延伸出来的功能包括电子地图显示、站点及设备管理、数据显示、数据分析、预警机制、报表生成等。

1. 电子地图

电子地图的显示内容主要体现为隐患点空间分布图、灾害单体三维模型图、监测设备布设图、单体地表位移矢量图（图 5.6-5）。

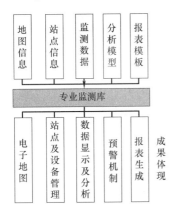

图 5.6-4 专业监测模块设计

图 5.6-5 电子地图

（1）隐患点空间分布图

基于基础资料库存储的隐患点信息，按照不同的筛选条件（隐患点级别、体量、灾害类型等）直接生成对应的隐患点分布图，如图 5.6-6 所示为研究区所有地灾隐患点分布情况（系统界面）。

（2）灾害单体三维模型图

基于地表高程 DEM 数据，结合三维激光扫描技术，同时利用地理信息系统 GIS 技术

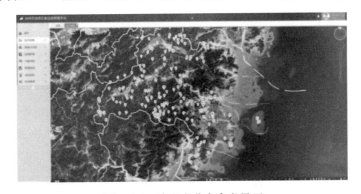

图 5.6-6 隐患点分布参考界面

和网页三维模型可视化 WebGL 技术完成各重要隐患点的三维建模和 Web 平台的展示，直观显示地灾隐患点的地形地貌特征，有利于隐患点开展后续的稳定性分析工作。

（3）监测设备布设图

分为监测设备平面分布图和监测设备三维分布图，可展示监测设备在地灾隐患点上面的布设情况：布设设备类型、数量、位置、运行状态等。图 5.6-7 所示为某滑坡监测案例现场设备布设图。

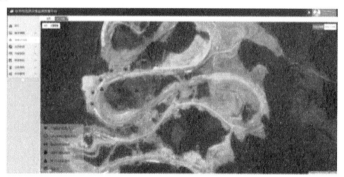

图 5.6-7　设备布设参考界面

（4）地表位移矢量图

根据地表位移实时监测数据，自动生成地灾隐患点地表位移矢量图，整体上掌握灾害体滑动方向和滑动量（图 5.6-8）。

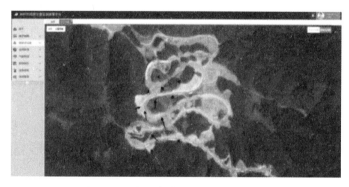

图 5.6-8　隐患点位移矢量图参考界面

2. 站点及设备管理

站点及设备管理均在系统后台完成，由监测单位或者业主单位技术人员完成设备远程维护、管理、增删等操作，具体功能如图 5.6-9 所示。

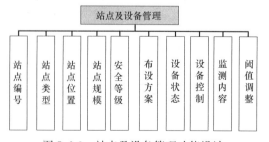

图 5.6-9　站点及设备管理功能设计

（1）站点管理

站点管理主要是站点信息的更新，包括监测站点编号、监测站点类型、站点位置、站点规模（方量、威胁人口，潜在经济损失等信息）、安全等级（经监测数据专业分析得到的地灾隐患点当前安全状态）、布设方案等内容。其中，站点编号需要考虑地灾隐患点属性数据和监测数据的可维护性，增删改查效率等因素。布设方案主要包括监测设备在地灾隐患点上的布设情况，包括数量、类型、位置等信息，每一个地灾隐患点上的布设方案均需要根据前期地质勘查资料和现场实际情况进行定制化设计。

（2）设备管理

设备管理主要包括设备运行状态的管理，监测内容的描述，监测设备的远程控制，预警阈值的调整。其中，设备的远程控制主要包括用户在系统后台对现场监测设备进行遥控，实现监测设备的重启、监测频率的远程调整、远程固件更新或系统升级等功能。

根据前期地质勘查资料、历史灾况信息、区域雨量数据，结合国家相关技术标准，系统对每一个地灾隐患点进行不同的预警阈值设定。同时，随着监测预警系统的运行，阈值需要随着监测数据规律进行一定的调整，阈值的调整和报警信息取消在前端完成。

3. 数据显示

数据服务板块主要实现各地质灾害隐患点实时监测数据、历史监测数据的显示和下载，以及其他自定义显示功能。自定义显示功能可根据用户需求，更改显示图表的样式、显示范围等。

4. 数据分析

数据分析可供使用的分析方法主要有监测数据的统计分析、监测数据对比分析、多源数据融合（贝叶斯估计/人工神经网络等）以及时间序列预测等算法。

（1）数据统计

系统平台提供数理统计模型，实现阶段性监测数据的峰值、平均值、标准差等数理参数的统计计算。

（2）数据对比分析

主要实现地灾隐患点内监测数据在时间、空间方面的对比，寻找隐患点监测数据的规律，挖掘位移、倾斜、水位、雨量等不同监测数据之间的隐含关系。

（3）多源数据融合模型

地质灾害的诱发因素复杂，可预见性差，单传感器监测数据无法反应的危险信号，通过多传感器监测数据融合，可以被捕捉。针对地表位移、倾斜、雨量等重要信息进行跟踪监测，结合人工智能神经网络预警算法，利用已有监测数据对神经网络数学模型进行不断的训练、测试，推算出各种监测信息所扮演的角色权重（定量），可以解决各类数据之间相互干扰的问题，并对地质灾害隐患点的安全状态进行预测，极大地提高了系统预警预报可靠率，从而缩短灾害发生-政府反应决策-人员转移这三个事件之间的时间，使监测与预警的衔接更合理、科学。

（4）时间序列模型

系统基于随机过程理论和数理统计学方法构建的时间序列模型，分析监测数据在时间序列上所遵从的统计规律，预测预报下一个时间节点上的监测数据，预测地治灾害隐患点稳定状态。

（5）其他自定义分析模型

系统平台提供相应接口，可快速接入新定义的分析算法模型，作为数据分析的补充。

5.6.2.3 预警机制

根据国内外专业经验，预警等级按照专业监测数据、气象部门区域雨量预报数据、水利部门临界雨量数据三个数据源进行定义，分为Ⅳ（默认级），Ⅲ级（观察级），Ⅱ级（注意级），Ⅰ级（报警级）。图5.6-10所示为预警机制流程图。根据专业监测数据、区域雨量预报数据、实时雨量监测数据，系统平台发布不同的地质灾害隐患点预警级别，若为Ⅳ（默认级），数据采集和人工巡查以默认频率进行；若为Ⅲ级（观察级），Ⅱ级（注意级），专业监测设备将自动提高采集频率，并通过手机App、短信、邮件等方式向相关政府职能部门进行速报；同时通知现场巡查人员增加巡查次数，进行现场核查，上报现场情况。

监测方将根据数据分析结果和现场核实情况，评估地质灾害隐患点的稳定状态，确定是否提升预警等级或者重置为默认级；若确定现场险情或者监测数据持续超限，则预警等级将提升为Ⅰ级（报警级），同时向相关政府职能部门进行速报，发布报警信号，提供相应决策建议，实施应急避险方案。

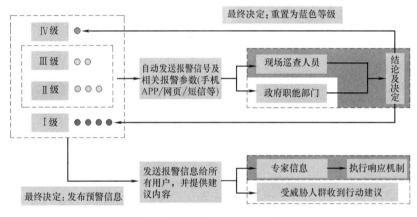

图5.6-10 预警机制流程

5.6.2.4 报表生成

系统平台提供阶段性报表模板，可以根据专业监测数据和人工巡查工作上报的图文资料进行数据信息汇总，生成《×××地质灾害隐患点综合性报表》，内容包括所有地质灾害隐患点在某一时间段内的稳定性分析，监测数据、巡查内容汇总等，为用户提供全面、直接的区域地质灾害隐患点监测情况。

同时，报表模板提供定制化接口，可自由选择报表所需内容模块；也可根据用户实际需求进行模板设计，提高报表生成模块的实用性。

5.6.3 信息化管理平台

整个系统的终端将是一个信息化管理平台，图5.6-11为岩土工程安全监测信息化管理平台的构架图。

该平台的服务内容大致可概括为以下几点：

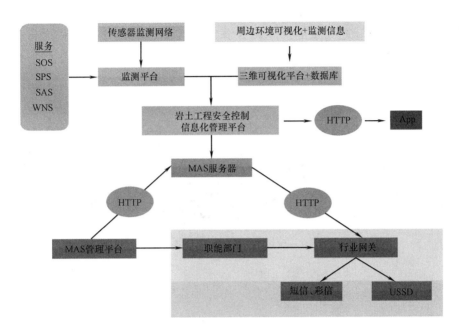

图 5.6-11　地下工程全生命周期安全监测信息化管理平台构架图

1）SOS（Sensor Observation Service）：传感器监测数据库及可视化；

2）SPS（Sensor Planning Service）：用户与传感器之间的中间层，让用户知道传感器用途、并让传感器在其能力范围内执行用户的需求；

3）SAS（Sensor Alert Service）：传感器预警服务；

4）WNS（Web Notification Service）：通过广域网，发送通知，形式有手机应用程序（App，适用于大众用户），短信、彩信（适用于领导与相关负责人）等。

5.7　基于物联网的岩土工程安全监测应用实例

5.7.1　项目背景

德国的 Nochten 褐煤露天矿（如图 5.7-1 所示）属于德国第二大能源集团 RWE Power 开采项目，以每天两米的速度向前掘进，巨大的斗轮挖掘机通过不断清除沙子并提取褐煤供给附近的 Boxberg 蒸汽电厂，同时将表土通过传送带系统送回，用于恢复地貌景观，并通过重锤强夯机械进行夯实。由于强夯施工引起的巨大振动可能导致露天矿坡体本身的应力状态失衡，从而出现边坡滑坡，直接威胁边坡上部及下部采矿和施工作业的安全，同时对露天矿西面某高速公路路段也是潜在的安全隐患。因此，RWE Power 能源集团借助德国亚琛工业大学研发的基于物联网技术的岩土工程监测 SLEWS 系统，在整个实施工期内对露天矿边坡及其附近区域进行了实时动态监测，数据采集频率为次/30s。SLEWS 系统应用无线传感器网络技术，有效地延伸了传感器的感知触角，将各个监测节点以多跳方式自组成传感网络，并结合与互联网和移动通信网络的泛在接入，从而大大提高了监测信息采集的实时性、稳定性和可靠性。在此监测项目中，仍需要对监测数据进行后处理分析，计算出初始施工方案对露天矿边坡及其附近区域的影响，计算结果有助于施工方调整和优化夯实施工方案。

图 5.7-1　德国 Nochten 褐煤露天矿工况图

5.7.2　项目实施

基于野外实地踏勘所采集的现场信息，室内收集的相关勘察资料，以及具体监测需求，初步确定传感器监测节点、网关设备的布设位置，确定监测网络初始方案。此外，仍需根据现场视通条件和天气条件对设备位置做适当调整，确保各监测节点及网关设备之间信号连接、数据传输稳定可靠。

图 5.7-2 所示为项目现场及监测节点分布情况，包括网关通信节点、倾斜加速度传感器监测节点等设备的布设情况及其对应编号。针对这个项目，共布设了 1 个网关节点，15 个监测节点。监测节点采用低功率 X-Bee 传输模块，在视通条件良好时信号接收距离可以到 300m；网关节点采用相对较高功率的传输模块，信号覆盖范围可达 500m。网关节点主要用于中继传输各个监测节点的实时监测数据，图 5.7-2（左）中所示监测节点 TM1，TM2，TM4，TM5，TM6 与网关 TG1 的信号连接距离分别是 210m，98m，211m，287m，414m。能量模块有太阳能电板、干电池和燃料电池可供选择，由于此项目只需要对施工期实施监测，时间较短，所以在网关节点采用的是燃料电池，传感器监测节点采用干电池。

图 5.7-2　监测设备现场分布图

　　由于此案例为短期监测项目，所以监测节点及其他设备的安装都十分简易，便于安装和拆卸。图 5.7-3 所示为监测节点的安装方案，传感器节点盒和电池盒被安装在一块平板上，平板通过四根木桩进行固定。对于植物茂密的区域，利用高天线保证信号连接的稳定。

　　监测系统设备部署完成后，通过对其进行整体运行调试使得系统达到预定的各项运行性能指标，在此项目中主要性能要求有以下几点：

　　（1）多源传感器节点按照设定频率进行采集，数据准确，同时具有自动调节或手动设置采集频率的功能；

　　（2）无线传感网络通畅，数据传输需保持稳定，延时小，控制错包率、丢包率（< 1%）；

　　（3）服务器平台运行稳定，有效管理多源传感器监测数据。

图 5.7-3　监测节点现场安装方案，信号较弱时也可选用高天线（如右图所示）

5.7.3　项目结果

5.7.3.1　监测项信息记录表

　　图 5.7-4 所示为监测项信息记录表，记录了在某时刻所有监测节点采集到的监测信息。信息记录表每一行从左至右依次为：节点编号，测量时间点，X 方向加速度测量值，Y 方向加速度测量值，Z 方向加速度测量值，X 方向倾角，Y 方向倾角，节点盒内部压力和温度（设备运行环境状态）。由于根据实际情况布设的监测节点，选取的传感器类型可能并不一致，因此将数据表设计成通用类型，预留多个数据录入接口，比如位移、沉降、雨量、孔隙水压和其他监测值等，同时允许某些类型监测数据为空，代表此节点未布设该类传感器。

5.7.3.2　数据后处理

　　图 5.7-5、图 5.7-7、图 5.7-9 为监测节点 1010、1011、1012 的原始监测数据，从监

nodeId	timestamp	accX	accY	accZ	inclX	inclY	pressure	temperature	srvTime
1001	2011-07-27 09:14:00	-0.009	0.081	1.044	0.944	3.640	1002.800	24.750	2011-07-27 09:16:33
1006	2011-07-27 09:13:36	0.108	0.006	0.993	-0.035	-2.869	969.330	22.850	2011-07-27 09:15:49
1008	2011-07-27 09:14:50	-0.096	-0.108	1.137	0.000	-5.008	997.790	24.750	2011-07-27 09:17:10
1013	2011-07-27 09:15:20	0.075	0.090	1.023	0.140	-0.315	1003.050	23.550	2011-07-27 09:17:04
1002	2011-07-27 09:12:00	-0.018	0.033	1.050	2.414	0.175	1011.050	25.800	2011-07-27 09:14:35
1003	2011-07-27 09:14:00	0.057	0.051	1.047	-4.868	0.560	1003.150	22.550	2011-07-27 09:16:12
1004	2011-07-26 17:33:00	0.111	0.075	0.981	-2.029	1.364	1034.560	28.950	2011-07-26 17:35:30
1009	2011-07-27 09:11:00	-0.315	-0.114	1.155	-0.735	0.420	1002.550	23.800	2011-07-27 09:13:10
1010	2011-07-27 09:13:00	0.258	0.063	0.873	0.245	-3.045	993.870	32.800	2011-07-27 09:15:15
1016	2011-07-27 09:13:00	0.075	0.084	1.008	1.539	1.924	1002.280	24.750	2011-07-27 09:15:10
1011	2011-07-27 09:13:00	0.021	-0.036	1.026	-1.364	3.710	1011.380	22.650	2011-07-27 09:15:13
1012	2011-07-27 09:14:50	0.006	0.075	1.077	-0.840	-3.500	-0.010	-0.050	2011-07-27 09:17:02
1000	2011-07-13 15:21:00	0.000	0.000	0.000	0.000	0.000	1003.680	38.250	2011-07-13 15:22:36
1038	2011-07-27 09:14:00	1.362	3.961	3.241	-1.294	-1.119	0.000	0.000	2011-07-27 09:16:38
1031	2011-07-27 09:14:00	3.331	1.197	5.665	-3.780	-6.063	0.000	0.000	2011-07-27 09:16:15

图 5.7-4　监测数据信息记录表

测数据的表现来看，很好地捕捉到了夯实施工在其各自位置振动的信息。数据在经过滤波过后，如图 5.7-6、图 5.7-8、图 5.7-10 所示，从整体上体现了整个施工过程在监测点位置造成的影响。但是施工后的节点展现了平稳状态，与非施工状态是一个水平级，该项目在监测运维期处于安全模式。本项目的监测运维为施工设计、变更提供了大量有价值的信息。

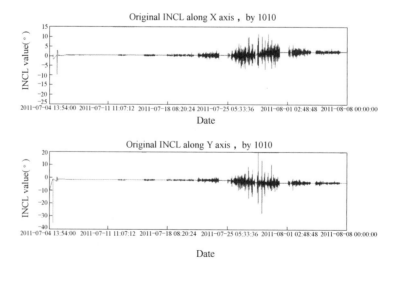

图 5.7-5　监测点 1010 在 X 和 Y 方向上的倾角监测值

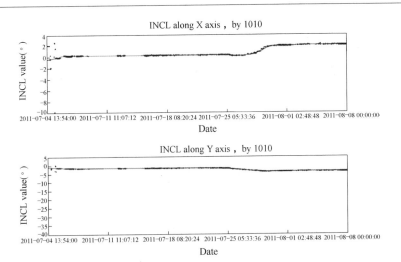

图 5.7-6　监测点 1010 在 X 和 Y 方向上的倾角监测值经过滤波处理以获取监测项在施工期内的整体趋势

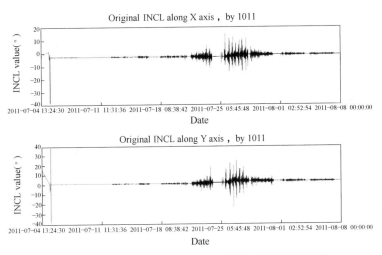

图 5.7-7　监测点 1011 在 X 和 Y 方向上的倾角监测值

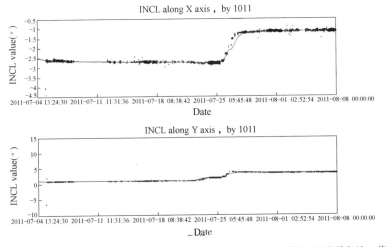

图 5.7-8　监测点 1011 在 X 和 Y 方向上的倾角监测值经过滤波处理以获取监测项在施工期内的整体趋势

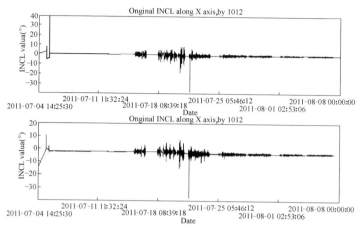

图 5.7-9　监测点 1012 在 X 和 Y 方向上的倾角监测值

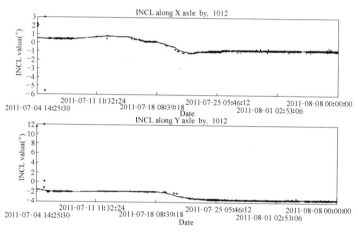

图 5.7-10　监测点 1012 在 X 和 Y 方向上的倾角监测值经过滤波
处理以获取监测项在施工期内的整体趋势

参考文献

［1］　徐日庆，龚晓南，杨林德. 深基坑开挖的安全性预报与工程决策. 土木工程学报 1998，31
（5）：33

［2］　史佩栋. 深基坑工程技术现状. 西部探矿工程，1998，10（2）

［3］　杨林德等. 岩土工程问题安全性的预报与控制. 科学出版社，2009

［4］　李天斌，王兰生. 岩质工程高边坡稳定性及其控制. 科学出版社，2008

［5］　陈荣春. 浅谈高层建筑深基坑环境事故及技术防范. 施工技术，2010（39）：109～110

［6］　王济川，王玉倩. 结构可靠性鉴定与试验诊断. 湖南大学出版社，2004

［7］　惠云玲. 工程结构裂缝诊治技术与工程实例. 中国建材工业出版社，2007

［8］　林宗元. 岩土工程试验监测手册. 中国建筑工业出版社，2005

［9］　唐孟雄等. 深基坑工程变形控制. 中国建筑工业出版社，2006

［10］　孙利民等. 无线传感器网络. 清华大学出版社，2005

［11］ 周浩敏，钱政. 智能传感技术与系统. 北京航空航天大学出版社，2008

［12］ 黄漫国等. 多传感器数据融合技术研究进展. 传感器与微系统，2010（29）：5～12

［13］ G. A. Kennedy，M. D. Bedford. Underground wireless networking：a performance evaluation of communication standards for tunneling and mining. Journal of Tunnelling and Underground Space Technology，2014（43）：157～170

［14］ F. Stajano et al.，Smart bridges. smart tunnels：transforming wireless sensor networks from research prototypes into robust engineering infrastructure. Hournal of Ad Hoc Networks，2010（8）：872-888

［15］ T. M. Fernandez-Steeger et al. Wireless sensor networks and sensor fusion for early warning in engineering geology. Engineering Geology for Society and Territory，Springer International Publishing，2015：1421～1424

6 铁路路基工程监测技术

6.1 概述

6.1.1 铁路路基工程监测意义

铁路工程中要保证车辆平稳安全运行，必须保证线路具有高平顺性、高可靠性和稳定性的基础。从经济和安全两方面考虑，不但要求路基具有强度高、刚度大、稳定性和耐久性好等特点，而且要求其能够抵抗各种不利环境因素；此外，为了能够及时发现工程隐患并对其进行工程维护及病害控制，尚需对路基岩土体进行多参数、高精度的安全监测。

路基属于岩土工程的重要组成部分，与结构工程相比，岩土工程存在较大的不确定性。结构工程中的研究对象多为材质相对均匀的混凝土、钢材等材料，其力学参数及力学性能可控，计算条件明确，计算结果可信度高。而对于路基岩土工程而言，是对既有自然造物的改造，无论材料还是结构大都只能通过勘察判断，存在条件的不确知性和参数的模糊性。因此，虽然岩土工程计算方法取得了长足进步，但由于计算假定、计算模式、计算参数的模糊性，导致计算结果与工程实际之间存在差异，时常需要依赖工程经验综合判断，因此对路基岩土工程进行多参数、高精度的长期监测与观测显得尤为重要。路基岩土体监测技术伴随着土木工程学科的进步而发展，期间与电子信息、通讯控制、数据库技术、图形图像处理技术融合，不断改进监测理论、监测方法、监测仪器及监测系统，目前功能逐步完善的岩土工程监测系统在交通工程中有着广阔的应用前景。

路基岩土体监测的目的就是通过对岩体和土体力学特性的监测，掌握其物理场分布及灾变机理，通过分析监测信息以预测工程可能发生的破坏，为防灾减灾和安全运营提供依据。其主要目的与任务有：

（1）根据监测结果，判断工程的安全性，及时发现危险先兆，防止工程破坏事故和环境事故的发生，保证工程施工及运营安全；

（2）确定和优化设计施工方案和参数，指导现场施工，实现信息化施工；

（3）检验工程勘察资料的可靠性，验证设计理论和设计参数的正确性；

（4）校核理论，为解析解、数值分析提供计算数据与对比指标，并为工程类比法设计提供参数指标；

（5）验证和发展岩土工程设计理论，为新的施工方法、技术提供可靠的实践资料和科学依据，促进技术更新，提高进经济效益。

6.1.2 铁路路基工程监测现状及发展趋势

20 世纪 50 年代以来，土木工作者们逐步认识到许多结构工程的破坏多是由于地基失稳引起，而铁路交通的事故也往往是由于路基岩土体失稳所致，因此稳定性分析与监控工作逐步受到重视。鉴于岩土体的复杂性和不确定性，尚属半经验半理论的岩土力学难以在时间上和空间上对岩土工程的安全做出准确的判断，而通过监测手段不但可以预测危险的发生，保证工程的施工、运营安全，同时又可以验证设计，优化设计。因此，学者们对监测项目确定、仪器选型、仪器布置、仪器埋设技术与观测方法、资料的整理分析等项目的研究工作逐步深入，相继提出了一些考虑地质地貌条件、岩土体工程技术性质、工程布置、监测空间和时间连续性的要求等因素的安全监测布置原则和方法。20 世纪 90 年代以来，监测范围不断扩大，数据处理、资料分析、安全预报系统不断完善，安全监测逐渐发展为稳定性分析与安全监控，成为工程优化设计和可靠度评价、施工质量控制不可缺少的手段。

早期由于监测仪器和水平的限制，对铁路路基岩土体的监测一般采用宏观地质经验观测方法，即开始主要是根据人工观测地表的变化特征，地下水的异变，周围动植物的异常等来确定岩土的状况。逐渐地从定性向定量方面发展，开始出现了简易观测法，即在关键裂缝处通过做标记、树标杆等方法来量取裂缝长度、宽度、深度的变化以及延伸方向。伴随着高精度的光学及光电仪器的出现，逐渐出现了大地测量法；同时，在监测仪器更新换代及电子计算机技术的推动下，GPS 测量、近景摄影测量、声发射方法、TDR 时域反射法、光时域反射法等技术也逐渐被应用到路基岩土工程监测中。目前，岩土工程的现代监测技术逐渐向远程自动网络监控方向发展。

国内外在岩土工程领域已经有大量的关于桥梁、大坝、边坡安全的安全监测系统，而路基岩土体监测相关技术发展相对滞后，纵观其研究动态和发展现状，存在以下几点发展趋势：

（1）传感技术日益丰富，数据采集等硬件设备日渐完善

路基岩土体监测中的传感技术从最初的电阻应变片与拉线式位移计测量，发展到了现在的多类型智能传感，比如光纤传感、无线传感技术、基于生物传感技术等。数据采集等各类型硬件逐渐发展完善，抗电磁干扰、稳定性与耐久性等指标逐渐达到实用要求。除对岩土体力学性状及工程结构进行全方位监测例如对包括应变场、线形、位移、加速度等各类型数据实时和长期监测外，还可进行周围环境如交通荷载、环境气象（温度、风速）等的有效监测。

（2）现场测试与监测手段多样化

电磁类、声发射类等各类型无损检测技术配合目视等常规检测手段可实现岩土工程结构的一般性能调查，荷载试验可针对特殊需求如岩土工程结构的承载能力评估进行具体的结构性能测试和评价。基于环境振动的实时和长期监测数据为评判岩土工程材料的时变特性如劣化过程等提供了必要数据。一侧滑动测微计解决了以往观测孔中进行变形观测都是单点测量，难以发现软弱夹层等局部缺陷的问题，奠定了"线法观测"的基础。自动激光准直系统大大地提高了变形观测的效率。伺服加速度传感器的使用，大大提高了测斜仪的精度与观测深度。变磁阻感应式遥测垂线坐标仪、深层基岩多点变位计、附壁位移计等新型观测装置以及 GPS 等技术的出现，都极大地促进了监控技术的发展。未来的监控手段将日渐先进，结构 CT 技术、MEMS 技术、光纤传感技术等将得到更多应用。上述手段在一定程度上可多方位、多角度地实现从微观到宏观等多层次的岩土体力学特性识别和岩土工程结构性能评估，对未来服役周期工程耐久性及应对突发灾害能力进行预测。

（3）监测系统架构更加多变

早期开展的岩土工程监测，都是针对少数断面、少数物理量而设计和开发的监测，进入 2010 年以来，随着通信技术、物联网、移动互联网等技术的发展，岩土工程监测逐步由少数断面、少数物理量监测过渡到多个工程多个物理指标的集群监测。此外，监测预警方式也从被动报警到主动预测及辅助决策，同时安全风险与可靠性分析逐步深入，岩土工程监控技术吸收了众多领域的先进成果，逐步构建形成行业性、区域性监测平台。

（4）数据挖掘日趋深入

在注重工作性状研究的同时，对监测数据的深入挖掘得到普遍重视，利用监测数据建立数学模型，实现在线实时安全预测预警。王祥秋、杨林德等对崇遵高速公路龙井隧道进口段施工过程现场监测数据以及有限元分析结果进行对比研究，得出了在偏压作用下隧道施工过程中围岩位移的变化规律，阐述了现场动态监控量测与有限元仿真模拟相结合的方法对实现隧道信息化施工的重要性。易朋兴利用贝叶斯方法进行元件可靠度评估和系统可靠度置信区间分析。周建庭等介绍了基于可靠度理论的桥梁远程智能监测评价体系的总体方案、荷载效应的计算与分析、桥梁结构抗力与分析。

近些年，岩土工程监测逐步向整体、综合、交互和集成模式发展，自动化、信息化、智能化成为必然趋势，在对既有结构进行运营监测的同时，更多地在勘察设计阶段就充分考虑了运营养护、健康监测等需求，建设施工过程中预埋各类传感器和监测设备，为后期的运营管理、养护管理、灾害监测以及运营指挥打下坚实的物质和技术基础。下面重点介绍几个铁路岩土工程中的监测实例，以期对类似监测工作的实施有所助益。

6.2 铁路路基土质边坡监测技术

由于山区铁路周边地质环境复杂，滑坡、泥石流等地质灾害时有发生，已经成为影响铁路运营的主要安全隐患。研究滑坡等铁路沿线地质灾害的自动监测技术，开发针对不同区域地质特征的铁路防灾安全监控系统已成为未来铁路技术发展的趋势之一。

在发达国家，铁路防灾安全监控系统已得到普遍应用。但由于各国自然环境条件的差异，防灾安全监控系统的设计思路存在较大差异。长期以来，在我国铁路安全监测体系中，地质灾害、异物侵限等的监测大多采用人工、间歇收集信息的方式，信息的实时性较差，费时耗力。相对于铁路系统，国土资源部和国家地质调查局等单位在全国多个地点开展了地质灾害实时监测预警示范系统建设。比较典型的包括巫山地质灾害实时监测预警示范系统（2006 年）、基于北斗一号卫星的地质灾害监测示范区（2010 年）、舟曲地质灾害监测预警体系（2013 年）以及基于北斗二代卫星的地质灾害形变监测示范系统（2014年）。

朔黄铁路是我国西煤东运的第二大通道，在全国铁路运输网中占有重要地位。特别是对加快朔黄铁路沿线地方经济发展，保证华东、东南沿海地区能源供应、扩大我国煤炭出口能力具有极其重要的战略意义。朔黄铁路沿线穿越太行山、恒山、云中山等山脉，地形地貌复杂，山高谷深，高填路堤和高陡边坡众多，存在滑坡或崩塌等地质灾害安全隐患。在日常运行过程中，面对复杂环境条件，如何监测沿线高陡边坡地质灾害，及时预测预报由于暴风雨等极端环境引发的泥石流、山体滑移、围岩落石等突发自然灾害，是当前交通安全运营面临的重要难题。2014 年在朔黄铁路 K3＋000～K3＋410 段左侧深挖路堑边坡建设典型区段监测工程，实现边坡地质灾害的长期实时远程监测。

6.2.1　监测区工程概况

朔黄铁路 K3 处边坡位于山西省神池县龙泉镇（图 6.2-1），距神池县城约 3km。监测区覆盖范围为 K3＋000-K3＋410 段，处于铁路线路左侧，为深挖路堑边坡，东西走向，最高坡高近 30m。监测区属温带大陆性季风气候，冬季漫长而寒冷，春季干旱且多风，夏季温和无酷暑，秋季凉爽多连雨，季节变化显著；境内常年多刮偏西风，年平均风速 4.1m/s；区内多年平均气温为 4.6℃，最低气温－28.2℃，一月最冷，平均气温－12℃，无霜期平均 110d，年均冻结时长 160d，最大冻深 1.5m；区内年平均降水量为 490mm，平均最大月降水量 130mm，全年降水主要集中在 7、8月份。

图 6.2-1　K3 边坡位置图

监测区段为深挖路堑边坡，位于黄土丘陵区，该区域山坡较缓、冲沟发育；无防护边坡表面有稀疏植被覆盖，防护部分表面由浆砌片石覆盖。护坡表面存在多处鼓包、开裂，开裂有明显规律，多沿线路纵向分布，位置在护坡中部和台阶接触部位（如图 6.2-2 所示）。无防护边坡表面雨水冲刷严重，可见多处裂缝（如图 6.2-3 所示）。

监测区主要发育中-新生代地层，从浅至深依次为新黄土、老黄土和泥质岩。图 6.2-4和图 6.2-5 为监测区边坡两个典型工程地质剖面图，根据其地层岩性特点，分别命名为二级二元土体边坡和二级含软弱夹层边坡。

图 6.2-2   防护部分边坡表面裂缝

图 6.2-3   无防护部分边坡表面裂缝

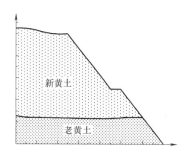

图 6.2-4   二级二元土体
边坡工程地质剖面图

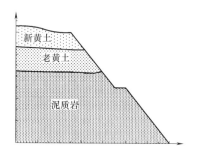

图 6.2-5   二级含软弱夹层
边坡工程地质剖面图

6.2.2   监测区边坡稳定性分析

监测区位于黄土丘陵和肥川河流域丘间盆地，区内虽然地质构造复杂，但无大的区域性断裂构造。根据《中国地震动参数区划图》GB 18306—2001，该区域地震烈度Ⅶ度，达到破坏性地震强度，区内岩土体在烈度较高的地震力作用下，容易产生滑坡、崩塌等地质灾害。然而，该区域有记录的中、强破坏性地震很少。故此，地震对边坡稳定性的影响可不考虑。同时监测区内地下水主要包括黄土孔隙潜水和基岩裂隙水。地下水位较深，天然条件下大气降水是地下水的唯一补给来源。此处，地下水不是影响边坡稳定性的主要因素。因此对滑坡可能诱发因素进行总结后，结合监测区边坡工程地质等实际情况，需对监测区边坡失稳特征分析。

1. 二级二元土体边坡

现场初步勘测，没有发现明显垂直节理发育。因此，边坡发生崩塌或坍塌的可能性较低，有可能在外界因素影响下发生黄土层内滑坡，滑动带（或面）多近于圆弧形。

首先，降雨是该区域边坡发生滑坡的主要诱发因素。目前，实验和现场观测都已证实黄土区降雨直接入渗的深度一般在 3m 以内；同时，尚未发现坡面（尤其是边坡后缘）明显的垂直裂隙等损伤发育，即还未形成渗流通道。因此，在起始阶段，降水主要通过增加表层土体自身重力，引起坡体内部应力调整；而当坡体内部某处剪应力超过其抗剪强度时，便首先在该部位产生剪切塑性区（与结构面区别），发生蠕变变形。塑性变形后，塑性区原来承受的荷载会转移至周围土体，促使塑性区逐步扩展，积累到一定程度便引起后部牵引段坡体产生主动破裂而出现拉张裂缝，从而为地表水的灌入和下渗软化滑带土提供了有利条件，裂隙在水力劈裂作用下加大加深，进而又加速降水入渗。继续变形，塑性区向下和向上延伸，逐渐贯通，向上与垂直裂隙联通，向下在边坡坡脚或坡中某部位剪出。此时，坡体进入整体滑移阶段，滑体上、中、下部滑移速度呈现为同一数量级，滑坡后缘下沉增大、滑坡壁增高，而前缘以上升为主，整个滑体重心降低，坡度变缓。整体滑移阶段有一短暂的匀速滑移期，随后便进入剧滑破坏阶段，直至坡体再次达到平衡状态而停止。

其次，由于新老黄土的渗水能力相差较大，老黄土具有一定的隔水能力（相对而言）。因此，上述滑坡形成过程中，一旦后缘张拉裂缝形成，表面水入渗可能会达到此结构面而形成富集，造成结构面处孔隙水压力上升和土体软化，进而形成沿该结构面的滑动带（或面）。因此，深部变形监测的测斜管要贯穿新老黄土的分界面。

另外，现场勘查发现，无防护部分边坡坡脚部位雨水冲刷严重，表面顺坡向裂缝较多，长时间冲刷极易造成坡脚部位浅层滑塌，表面流失加重，坡脚截面面积减小，易产生应力集中区；同时，强降雨或连续降雨天气可能会引发边坡坡脚部位土体软化，抗剪强度降低。若上述两种作用叠加，则极易造成坡脚或其偏上部位率先达到极限强度，产生塑性区，并由此向上扩展，至滑动面贯通，发生整体滑坡。值得指出的是，若坡脚部位率先进入塑性也可能引起前缘局部坍塌，使整体边坡应力重分布，有时导致降低深层滑移面跃迁。此外，此类滑坡往往有很长的蠕变变形周期，应对其长期跟踪监测。

2. 二级含软弱夹层边坡

现场初步勘测没有发现垂直节理发育，边坡发生崩塌或坍塌的可能性较低，有可能在外界因素影响下发生黄土接触面滑坡。降雨是该边坡发生滑坡的主要诱发因素（实验和现场观测都已证实黄土区降雨直接入渗的深度不会超过 3m；尚未发现坡面（尤其是边坡后缘）垂直裂隙等损伤发育，即还未形成渗流通道，降水主要通过增加表层土体自身重力，引起坡体内部应力调整，当坡体内部某处剪应力超过其抗剪强度时，便首先在该部位产生剪切塑性区（与结构面区别），发生蠕变变形。塑性变形后，塑性区原来承受的荷载会转移至周围土体，促使塑性区逐步扩展，积累到一定程度便引起后部牵引段坡体产生主动破裂而出现拉张裂缝，从而为地表水的灌入和下渗软化滑带土提供了有利条件，裂隙在水力劈裂作用下加大加深，进而又加速降水入渗。由于下部泥质岩类为不透水层，从而构成"双层异质"的斜坡结构。表层渗水在接触面的低洼部位汇集，岩土长期处于湿软塑—饱和状态，而成为滑坡发育的软弱结构面；同时由于孔隙水压力的增加，坡体有效应力降低，抗剪能力降低，软弱面（塑性区）会扩展、延伸。软弱面贯通后，坡体进入整体滑动而失稳破坏。

该过程中由于新老黄土也存在接触面，老黄土渗透能力处于新黄土和泥岩之间，也有可能发育成滑动带（或面）。因此，该边坡可能会以泥岩层顶部为主滑动带（或面），而在其上存在另一不稳定的结构面。黄土接触面滑坡的滑带厚度较大，一般为1~2m，滑动倾角较小。其变形破坏方式常常为滑移-拉裂型，应对其他表位移及裂缝加强监测。

6.2.3 监测技术及系统构建

1. 监测内容及测点布设

系统的监测试验目标区域为 K3＋0-410 段，该段为深挖路堑边坡，坡高且陡。为实现对监测区边坡灾害发生的预测预报以及破坏机理的研究，结合边坡初步勘测结果及滑坡特征分析，确定的监测内容主要包括：表面形变、深部位移、土体含水量、降雨量以及大气温湿度。

（1）边坡表面形变是边坡稳定性状态的直观表现，对其进行监测，可以掌握边坡失稳的大致规模和整体稳定性。

（2）边坡深部位移是分析滑坡变形动态特征的重要依据，对于准确确定滑动带（或面）位置，研究滑坡目前性状及其发展趋势具有重要作用。

（3）通过前述边坡稳定性影响因素的分析，认为降水是监测区滑坡最主要的诱发因素；基于此，降雨量作为预测边坡灾害发生的关键参数。

（4）含水量是研究土力学性质的关键参数，也是降雨型滑坡的控制变量，对其进行监测可以为边坡稳定性判断和滑移机理分析提供重要依据。根据初步勘查和滑坡特征分析，在监测区选取四个典型断面 K3＋150（A-A'）、K3＋200（B-B'）、K3＋300（C-C'）以及 K3＋400（D-D'），进行监测。如图 6.2-6 所示，为边坡整体测点布设图。

图 6.2-6　边坡整体测点布设图

每个监测断面的具体情况如表 6.2-1 所示。

监测断面具体情况

表 6.2-1

监测断面	监测内容	测孔数量和深度	传感器数量
A-A′ (约 K3+150 处)	表面形变		GNSS 测站 1 个
B-B′ (约 K3+200 处)	表面形变		GNSS 测站 2 个
	深部水平位移	14m　1 个 20m　1 个	倾角传感器 8 个 倾角传感器 10 个
C-C′ (约 K3+300 处)	表面形变		GNSS 测站 2 个
	深部水平位移	14m　1 个 20m　1 个	光/电倾角传感器各 8 个 光/电倾角传感器各 10 个
	含水量	5m　5 个	含水量传感器 36 个
D-D′ (约 K3+400 处)	表面形变		GNSS 测站 1 个
	深部水平位移	30m　1 个	倾角传感器 15 个

图 6.2-7 和图 6.2-8 分别为监测断面 B-B′ 和 C-C′ 的现场示意图。

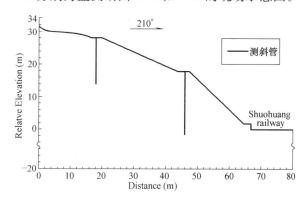

图 6.2-7　监测断面 B-B′ 现场示意图

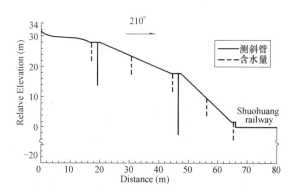

图 6.2-8　监测断面 C-C′ 现场示意图

表 6.2-2 为深部水平位移监测具体测点布设情况。

深部水平位移监测具体测点布设情况　　　　　　　　　表 6.2-2

深度(m) \ 监测断面	A-A′	B-B′ 平台	B-B′ 坡顶	C-C′ 平台	C-C′ 坡顶	D-D′ 坡顶
0	×	√	√	√	√	√
2	×	√	√	√	√	√
4	×	√	√	√	√	√
6	×	√	√	√	√	√
8	×	√	√	√	√	√
10	×	√	√	√	√	√
12	×	√	√	√	√	√
14	×	√	×	√	×	√
16	×	√	×	√	×	√
18	×	×	×	×	×	√
20	×	×	×	×	×	√
22	×	×	×	×	×	√
24	×	×	×	×	×	√
26	×	×	×	×	×	√
28	×	×	×	×	×	√

含水量传感器均布设在 C-C′ 断面，图 6.2-9 为含水量监测具体测点布设情况。

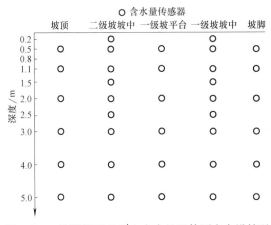

图 6.2-9　监测断面 C-C′ 上含水量具体测点布设情况

2. 系统架构

根据上述监测内容，构建朔黄铁路 K3 边坡变形远程自动监测系统（系统如图 6.2-10）。系统主要基于北斗二代定位系统和光纤光栅倾角测斜技术，并综合含水量、降雨量等参数，实现边坡稳定状态的多参数综合监测。

系统主要由现场监测节点、数据采集站以及监控中心三部分组成。其中现场监测节点包含五个部分，分别是基于北斗定位系统的边坡表面形变测点系统、基于光纤光栅倾角测斜的边坡深部位移测点系统、基于电学倾角测斜的边坡深部位移测点系统（对比测试）、土体含水量测点系统以及大气环境参数测点系统。

数据采集站包括三个部分，负责采集边坡变形、土体以及大气环境参数，分别是表面变形数据采集站、大气环境参数采集站以及光/电综合数据采集站。三部分具有独立的供电模块和无线传输模块。其中光/电综合数据采集站具有光纤和电学信号的同步采集和传输功能。

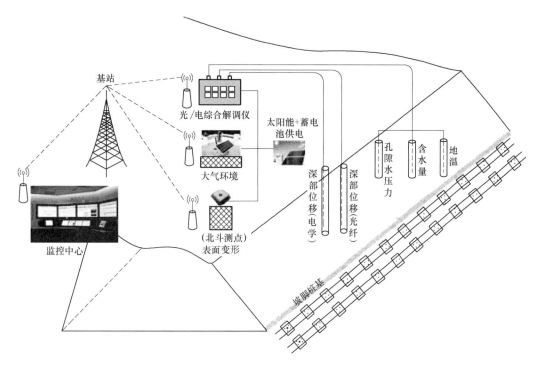

图 6.2-10　监测系统框图

数据采集站通过铠装光缆和专用电缆的形式与现场监测节点连接，用于实时数据采集和处理；现场供电采取太阳能＋蓄电池的方式。监控中心通过 GPRS/3G 无线传输方式与数据采集站连接，负责整个系统的动态分析，及时发现险情和发布预警报告。现场数据采集站一旦调试完成，可实现无人值守，兼具定时监测和实时监测两种模式。

3. 监测设备及技术要求

（1）监测设备：根据监测系统技术指标，并结合上述测点布设情况，该系统所需监测设备类型、技术要求以及数量如表 6.2-3 所示。

系统所需监测设备类型、技术要求及数量　　　　　　　　　表 6.2-3

监测内容	监测设备类型	测试技术指标	数量
表面形变	BDS＋GPS 双星五频接收机	水平精度优于±3mm＋1ppm 垂直精度优于±5mm＋1ppm	6 个（测点） ＋1 个（基点）
深部水平位移	光纤光栅倾角传感器 电学倾角传感器	滑移面定位精度 2m 深部水平位移测量精度 0.7mm/m	51 个（光纤） 18 个（电学）
土体含水量	SWR3 型含水量传感器	范围 0～100%，精度±3%	36 个
大气环境温湿度	CG-02 空气温湿度传感器	范围－30℃～＋70℃，精度±0.2℃ 范围 0～100%，精度±3%	1 套
降雨量	翻斗式雨量一体化传感器	测量精度±0.2mm	1 套

通过优化，上述监测设备共需要三种不同的数据采集仪，分别是用于表面变形监测的北斗接收机、用于深部水平位移、含水量监测的光/电综合解调仪、用于降雨量等大气环

境监测的数据采集仪。

（2）监测现场供电：监测现场采用太阳能电池板＋耐低温蓄电池供电，蓄电池储能要求可保障系统实现 7×24 连续运行。

（3）现场数据采集站：现场采集站能够在环境温度－30℃～＋60℃、湿度 0％～90％ RH 的条件下正常工作；机箱按照防潮防水外壳设计，达到 IP66 工业防护等级；并做好现场防雷设计，保证设备在雷电条件下工作正常。

（4）监测中心：接收现场数据采集站发回的监测数据，并对监测数据进行存储、查询、分析、统计等；可修改系统参数，控制系统的采集时间间隔；根据需要进行实时采集与传输；自动诊断现场采集站的工作状态。

6.2.4 边坡变形监测系统施工及防护

K3 边坡现场主要土建工作包括土体开挖、钻孔、回填、开挖部位防护。表 6.2-4 列出了 K3 边坡现场主要的土建任务和施工方法。

K3 现场主要土建任务及相应施工方法 表 6.2-4

类型	用途	施工方法
土体开挖	表面变形测点开挖 传输线沟槽开挖	人工
钻孔	深部水平位移测孔开挖 含水量测孔开挖	钻机 洛阳铲
回填	深部水平位移测孔回填 传输线沟槽回填 含水量测孔回填	人工
浇筑	表面变形测点底座浇筑	人工
开挖部位防护	传输线沟槽回填后表层防护 深部滑移、含水量测孔顶部防护	人工

表 6.2-5 列出了 K3 边坡现场主要的施工设备。

K3 现场主要施工设备 表 6.2-5

用途	设备类型
现场钻孔	XY-1A-4 型钻机
现场钻孔	洛阳铲
钢管切割	钢管切割机
钢管套丝	套丝机
现场焊接	电焊机
现场施工供电	发电机
现场施工供电	电源线
现场人工钻孔	可延长洛阳铲
现场土体开挖	铁锹、镐头
现场施工防护	防坠网
现场施工防护	安全绳

1. 北斗测站安装

表面变形测点共布设六个，其中五个监测点位于监测区边坡内，一个基准点位于监测区边坡附近稳固位置处。每个测点设置结构牢固的观测墩，观测墩上有强制对中器，用于将接收机天线对中固定安装在观测墩上。北斗测站采用独立的通信系统，及每个测站独立传送数据。安装表面变形测点开挖 1.5m×1.0m×1.0m 的基础用于埋设观测墩，保证了基准站的稳定性。北斗基准站（如图 6.2-11）安装于边坡监测区域外部的一处废弃桥墩基础上。

图 6.2-11　北斗基准站照片

2. 深部水平位移监测传感器安装

深部水平位移测孔分别布设于边坡 B-B′断面的一级平台和坡顶、C-C′断面的一级平台和坡顶以及 D-D′断面的坡顶，测孔距边坡前缘 1m。一级平台和坡顶测孔位置如图 6.2-12 和图 6.2-13 所示。

图 6.2-12　一级平台测孔位置

图 6.2-13　坡顶测孔位置

深部水平位移测孔均采用钻机钻孔，钻孔直径 120mm，成孔不垂直度小于 2°。由于地质条件复杂，作业面小等条件限制，钻孔作业十分困难，部分钻孔没有达到设计深度。其中 B-B′断面一级平台钻孔 1 个，孔深 20m，B-B′断面坡顶钻孔孔深 14m，C-C′断面的一级平台钻孔 2 个，孔深分别为 14.5m、16m，C-C′断面坡顶钻孔 2 个，孔深分别为 11m、14m，D-D′断面坡顶测孔深 25m。

钻孔完成，提起钻杆后，为防止塌孔，需要及时下放直径 70mm ABS 测斜管（或直径 110mm PVC 管），因此，钻孔机提钻之前需要提前准备所需测斜管，并在测斜管一端提前安装接头。测斜管下放完毕，用粒径均匀的细石子填充测孔与测斜管的间隙，待整个耦合系统达到稳定后，布放倾角传感器，此工程共安装测斜孔 7 个，其中电学倾角传感器 2 孔，光学倾角传感器 5 孔。

3. 含水量、地温传感器安装

含水量和地温测孔均布设于监测断面 C-C′，按高程依次位于坡顶、二级坡坡中、一级坡平台和一级坡坡中。含水量和地温测孔采用洛阳铲制孔，人工实施。孔径约 110mm，孔深 5.0m。

含水量传感器安装时，在指定深度先铺设一层经过筛选的原状土，再放入传感器，并采用变径钢管对传感器和传输线进行防护，测孔与周围土体间隙用原状土回填并夯实。填土夯实到下一个传感器指定位置时，采用同样方法埋设传感器，直至埋设完所有传感器。

图 6.2-14　大气环境参数测站

地温传感链的安装相对简单，传感链下放到指定深度，用原状土回填并夯实，为了保证温度链安放在预定的位置，可先将温度量捆绑在细钢管上，然后下放入测温孔。

传感器埋设完毕后，顶部用金属箱防护，传输线穿过埋设在边坡表面以下 50cm 处的钢丝管至现场监测站，测孔出口处采用弯头过渡。

4. 大气环境参数测点安装

大气温度、大气湿度以及降雨量传感器都安装固定于支架上（图 6.2-14），大气环境参数综合数采仪、GPRS 通讯模块以及蓄电池等全部放置于防护箱中，并与支架固定。支架顶部安装有避雷装置。

5. 现场传输线缆敷设和现场监测站安装

传输线沟槽主要涉及深部水平位移测点和土体参数测点。深部水平位移监测和土体参数监测采用光/电综合解调仪。考虑到传输线缆长度以及测点分散程度，测站（光/电综合解调仪）布设在断面 C-C' 的一级坡平台（图 6.2-15）。

图 6.2-15　现场监测站及传输线缆布设示意图

坡面施工时，防护绳系于工作人员腰部，防止滑落。沟槽截面确定为 0.3m×0.5m，线缆有钢丝管保护，引至现场监测站。线缆敷设完毕，做好坡面恢复。

完成光（电）缆的铺设之后，通过光（电）缆将传感器与现场监测站内的解调设备连接在一起，且为了保证采集设备的安全与可靠性，应将采集设备布设在防水、防尘、防潮、防震、抗摔的防护箱内。

现场采用太阳能电池板＋耐低温蓄电池的供电方式，通过不锈钢螺栓将太阳能电池板与钢结构太阳能支架连接为一个整体并锁死，并通过混凝土底座深埋在地下的部分提供受力支撑，确保强风条件下的稳定性。

6.2.5　小结

由此监测案例可以看出，在进行路基边坡监测时，应优先针对沿线边坡地质特性及灾变演化机理进行研究，分析边坡潜在的主要地质灾害类型，并通过调研国内外黄土边坡破坏机理总结滑坡发生的诱发因素；获取正常条件、降雨等工况下边坡的稳定性状态以及可能的变形破坏特征；进而比选边坡变形监测技术，并制定相应具体实施工艺方案。

6.3 冻土地区高速铁路路基长期自动监测技术

哈大高速铁路是我国在严寒地区修建的第一条高速铁路，所采用的防冻胀措施需要通过长期监测验证其实际效果。哈大高铁沿线高寒、富水以及季节性冻土的存在，对实现路基状态参量（变形、应力、地温、含水量等）的长期自动监测提出了严峻挑战。本监测案例攻克了传感器和监测仪器的长期稳定可靠和自标定自校准的技术难题，集先进成熟的计算机技术、通信技术、数据采集技术及传感器技术于一体，建立适用于哈大高铁路基的长期自动监测系统，实现沉降变形、土体应力、地温、含水量等路基状态参量一体化的自动采集、信号自动传输、数据自动分析处理，为哈大高铁的路基状态评估提供可靠翔实的监测数据，并为路基病害整治、养护、维修以及行车安全提供科学依据。

6.3.1 哈大高铁路基监测内容及测点布设方案

在哈大高铁的路基与桥台过渡段、路基与涵洞过渡段、路堤与路堑过渡段等处选取了7个典型监测断面（表 6.3-1），建立路基状态长期自动监测系统。

哈大高铁路基沉降变形长期监测系统监测断面统计表　　　　　表 6.3-1

断面里程	断面类型 路基高度	地理位置和地质情况	防冻胀措施	地基处理形式
DIK503＋580	路基填筑 (3.179m)	位于新开原车站出站端八宝屯特大桥小里程方向。地形较平坦。下伏基岩为白垩系下统泥岩夹砂岩。黏质黄土具冻胀性泥岩具膨胀性。670～750 段分布淤泥质粉质黏土，厚 1.4～3.7m	最大冻深 1.37m，两侧设 1.5m×1.5m 防冻胀护道，基床表层下设 1m 的防冻层	地基 CFG 桩处理，桩长 20～25m
DIK503＋745	路涵过渡 (3.679m)			
DK751＋100	路堑挖除换填 (－3.666m)	小里程伊通河特大桥，为雾海河二级阶地区，后接德惠特大桥。工点范围内线路以填方及挖方形式通过，地形起伏较大。工点范围内地层，第四系上更新统冲积黏质黄土，下伏白垩系下统泥岩。黏质黄土为松软土，具冻胀性，泥岩具有弱膨胀性	最大冻深 1.82m，两侧设 1.5m×1.5m 防冻胀护道，基床表层下设 1m 的防冻层	挖除换填
DK751＋210	路堑搅拌桩 (－0.249m)			地基水泥搅拌桩桩处理，桩长 3～7m
DK771＋704	路桥过渡段 (5.699m)	位于德惠车站小里程，德惠特大桥桥尾。工程涉及的地层主要为：第四系段落位于第二松花江二级阶地区，地形平坦开阔。区段内路基自路堑向路堤过渡。地层主要为：第四系上更新统冲积黏质黄土、砾砂、细圆砾土等，下伏白垩系泥岩。黏质黄土为松软土，并具冻胀性；泥岩具有弱膨胀性	最大冻深 1.82m，两侧设 2m×2m 防冻护道，基床表层下设 1m 的防冻层	地基 CFG 桩处理，桩长 17～29.5m

续表

断面里程	断面类型 路基高度	地理位置和地质情况	防冻胀措施	地基处理形式
DK883+330	高路基 (5.433m)	位于双城车站附近,为第二松花江一级阶地,地形相对平坦、开阔。出露地层主要为:第四系上更新统冲积黏质黄土、粉质黏土、粉土。黏质黄土为 I 级非自重湿陷性黄土及松软土,粉质黏土、粉土亦为松软土,具冻胀性	最大冻深 1.85m,两侧设 2m×2m 防冻胀护道,基床表层下设 1m 的防冻层	地基 CFG 桩处理,桩长 25m
DK883+400	路涵过渡段 (3.082m)			

每断面的监测内容为:沉降变形、地温、土体应力、含水量共计四种监测项目。其中,沉降变形测点 5 个(在左路肩、右路肩、线路中心、上行轨道中心、下行轨道中心各布设一个测点,位置处于级配碎石表层下 30cm 处);地温测点 70 个(在左路肩、右路肩、线路中心、右坡脚、距右坡脚 20m 处天然位置各布设一个测温孔,每个测温孔深 10m,布设 14 个测点;测温点布设间距为:距表层下 0.3、0.8、1.3、1.8、2.3、2.8、3.3、4.3、5.3、6.4、7.3、8.3、9.3、10.3m 深度处各布设一个测温点);土体应力测点 10 个(在上下行轨道中心各布置 5 个土应力测点,测点间距为:距表层下 0.3、1.3、2.3、3.3、4.3m 深度处各布设一个土应力测点);含水量测点 10 个(在线路中心和右坡脚位置各设置 5 个含水量测点,测点间距为:距表层下 0.3、1.3、2.3、3.3、4.3m 深度处各布设一个含水量测点)。测点布设示意如图 6.3-1 (a) 所示。

为了反映路桥(或路涵)过渡段的不均匀变形情况,选取辽宁开原 K805+976~806+006 路涵过渡段、吉林德惠 K1063+604~634 路桥过渡段、黑龙江双城 K1193+734~764 路涵过渡段三处过渡段进行监测。

测点布设基本方案为:在所选取的过渡段区域,自桥(涵)框架边缘处沿线路方向 30m 范围内的路肩表面布设一条沉降监测线,每 5m 布置一个测点,每条监测线共布置 6 个监测点,基准点固定在桥(涵)框架梁上。该布设方案可以监测出路基表面相对于桥涵的相对沉降变形和路桥(或路涵)过渡段的不均匀变形情况。监测线现场位置如图 6.3-1 (b) 所示。

6.3.2　长期自动监测系统组成及特点

哈大高铁路基稳定性自动监测系统是针对高速铁路路基稳定性长期自动监测的特殊需求而研制的,由多台现场监测站和监测中心站组成的多点综合数据采集系统。系统由现场监测站(安装有 RTT 系列远传数采终端的现场系统,以下简称测站)、监测中心两大部分组成。测站自动采集各种监测数据,并通过无线网络自动传输给监测中心,在中心完成数据的存储/检索/分析。

测站将各种传感器的电量(电压、电流、电阻)转化为相应数值并形成监测记录保存,在适当的时候采用公共无线通信网络(GSM、CDMA、3G、卫星)传递给上位机,由上位机根据传递函数转化为相应电量,再套用传感器的标定参数进行计算得到各种监测物理量数据,并进行存储、检索、分析、统计。整个系统的工作流程如图 6.3-2 所示,各部分的功能分布如图 6.3-3 所示。

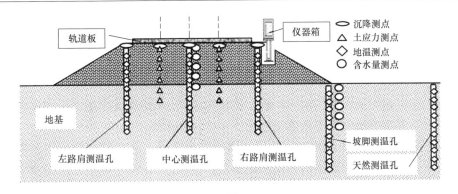

图 6.3-1 哈大高铁路基监测测点布设示意图

（a）路基断面监测测点布设示意图；（b）过渡段沉降变形监测线位置示意图

图 6.3-2 自动监测系统数据流示意图

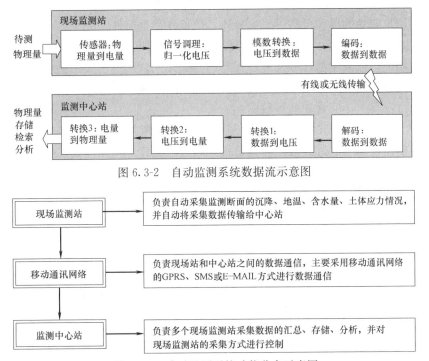

图 6.3-3 自动监测系统功能分布示意图

157

该系统主要实现对沉降变形、地温、含水量、土体应力等传感信号的采集、处理、传输和远程控制功能。传感器的信号经过调理和放大以后，经过单片机处理存储到 FLASH 中，并自动将采集到的数据发送到主监测中心，主监测中心自动接收数据并进行进一步的处理和分析。

监测中心包括远程无线通信网关、收发解析服务器、现场监测站管理软件、数据库服务器、监测中心数据分析软件等几部分组成。

监测中心的基本功能是：接收现场站发回的监测数据，并对监测数据进行存储、查询、分析、统计等。监测中心站的辅助功能包括：收集现场站设备运行状态数据，并对现场站实施远程配置、召测等。

哈大高铁路基长期自动监测所选择的传感器主要技术指标如表 6.3-2 所示。

传感器系统组成

表 6.3-2

监测内容	传感器类型	测量范围	测试精度
地温	热敏电阻温度传感器	$-40℃\sim+60℃$	$-20℃\sim+20℃$范围内为$\pm0.03℃$
土压力	BY-1 型土压力传感器	$0\sim300$kPa	$\pm1\%$F. S.
含水量	SWR3 型含水量传感器	$0\sim100\%$	$\pm3\%$
沉降	—	±120mm	±0.2mm

监测系统主要特点：

1. 邮件传输，中心灵活：系统采用邮件方式传输测站监测数据，使得只要能够上网的地方就可以架设中心。与短信方式相比存储时间更长、费用更低，与 GPRS 等直接 TCP 网络连接方式相比，无需中心固定 IP 及 24h 服务器值机。

2. 测站 WinCE 系统，界面熟悉：测站核心控制设备采用 ARM9 核心的 WinCE 系统开发，采用用户熟悉的界面风格、触屏操作，使操作更加简便。

3. 应用软件远程更新，便于升级：测站的应用软件可以通过邮件远程更新，使得针对不同应用功能可以采用远程方式进行程序的升级换代，避免了人工更新的工作量。

4. 超大容量卡存储，确保备份数据：关键监测数据永久备份在监测分中心 2G 容量的存储卡中，可保存三年的常规监测数据。

5. 测站 485 总线连接，便于扩展：测站主控终端与各个设备间采用 485 总线连接，任何串行通信设备均可通过挂接在总线上，并通过电源管理单元控制其电源，从而方便地实现系统功能设备的扩展。

6. 精细电源管理，高效节能：精细的电源管理使得系统静态耗电仅为 100uA；配合可在零下 55℃工作的 12V7Ah 蓄电池，使得系统能够在连续阴雨情况下进行超过 50 次测量。电源管理同时避免了电压太低可能造成的测量数据失误、温度太低可能造成的设备开机工作损坏等情况。

7. 抗恶劣环境结构设计，满足各种应用场合：采用以下的工程措施以保证系统达到在环境最低温度零下 35℃、瞬变温度大于 10℃每小时、环境湿度大于 90% 等恶劣气候条件下正常工作。

（1）箱体采用热塑模压制玻璃纤维增强型聚酯 SMC 材料，具有耐腐蚀、抗老化、防水汽凝结、密封性能好、电绝缘性高，具备全天候各种恶劣环境的防护功能，有效防雨、防尘、防虫害；防护性能达到 GB4208-IP65 级要求。

（2）机箱内加装保温层，使得箱内设备在最低气温零下 35℃（日平均气温高于零下 10℃）条件下能够正常工作。

（3）防水汽凝结措施：设备箱周边防渗漏；设备仓与线仓隔离；安装调试完成后采用发泡材料全部填充；加装干燥剂。采用多种防护措施保证设备箱防水汽凝结。

以上技术措施确保了高寒地区路基多参量监测系统能够便捷、准确、高效、可靠运行，确保系统能够获取翔实可信的监测数据。

总体而言，严寒地区高速铁路路基的长期自动监测系统，具有全自动、高精度、低功耗、安全防护好、长期稳定可靠的优点，实现了沉降变形、土体应力、地温、含水量等路基状态参量一体化的自动采集、信号自动传输、数据自动分析处理，可为工程建设、运营安全和养护维修提供重要依据。

6.3.3 基于液力测量的路基沉降变形监测技术

实现高速铁路无砟轨道铺设后路基面沉降变形自动监测的关键，在于采用测试精度高、响应速度快、长期稳定性好的传感测试技术，且监测仪器体积小，安装简便，能够做到无损或微损，尽量不干扰施工运营，耐久性好，不易遭受破坏。

在总结国内外沉降变形监测技术研究与应用现状的基础上，选择根据连通管的液体压差测量原理进行传感器技术的设计开发。此种监测方法较为成熟，相应的传感器可直接安装于需测量变形的对象表面，以同步连续测读。目前已有基于液力测量原理的沉陷计，精度最高仅为 0.375mm。此外，已有基于测量液面高程差的连通管式沉陷计，用于量测建筑物沉降变形等，高精度的连通管式沉陷计精度可达 0.15mm，但由于体积较大，安装要求较高，且解算方法复杂，均不能满足高速铁路路基变形监测的要求。因此，亟需一种新型的适用于多点变形监测的路基沉降变形传感测试技术。

本监测案例实施过程中，根据连通管的液体压差测量原理，通过硅压阻传感器的选型设计、沉降监测传感装置的设计、适用于沉降监测传感装置的沉降板设计以及其他系统硬件的选型与设计，设计开发了一种新型的适用于多点变形监测的沉降变形传感测试技术。该技术克服了静力水准仪由液面位置测量高程变化带来的弊端，具有测量精度高、长期稳定性好，抗干扰能力强，现场安装简便、易于实现自动监测、适用于多点分布测量的优点，非常适用于高速铁路路基的沉降变形长期自动监测。

1. 测量原理

基于液体压差测量的沉降变形监测技术的基本设计原理如图 6.3-4 所示。已知液体比重为 $1/\alpha$ 的液体，根据连通管的流体压差测量原理，在路基某一固定基准点处设置基准微压传感器、储液箱、储液罐和基准传感器，各测点处的微压传感器通过柔性联通管连接在一起，储液箱中液体液面与柔性联通管和微压传感器之间可存在一定高程差。

当路基发生沉降变形时，将带动各测点处的微压传感器和柔性连通管同步变形，则可以通过微压传感器得到的各监测点的压力 P_0，P_1，……，P_i，……，P_n，换算出各监测点距离液面的高度 $H_i = \alpha P_i$，则容易算得沉降监测点相对基准点的高程差 $h_i = H_i - H_0$。对各点高程差进行时间相关分析，即可获得监测点相对于基准点间的高程信息，通过历史数据分析即可获得监测点的相对沉降变化。由于测得的是相对于基准点的相对沉降量，需

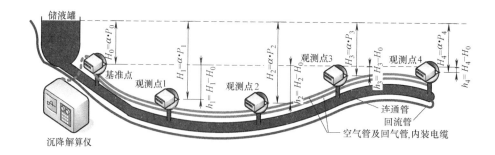

图 6.3-4　液体压差测量原理图

配合监测基准点的沉降量，获得所有待观测点的绝对沉降。

2. 微压传感器的选取和封装技术

微压传感器主要指压力量程在 10kPa 以下的压力传感器，其中，以单晶硅为材料的扩散硅压阻传感器的应用日益广泛和普及，已发展成为 OEM 化的传感器产品。

选用 Motorola 公司生产的 MPX2010 型硅压阻传感器作为沉降监测传感装置的敏感元件，该型号传感器可提供高精度及高线性度的电压输出，输出与被测压力成正比，单片式硅膜片上集成了应变片和薄膜电阻网络，通过激光修调，实现精确的量程和偏移量校准及温度补偿。MPX2010 型硅微压传感器与低挥发、低热胀冷缩系数的液体配合使用，在 200mm 的有效量程内测试精度可达到 ±0.1mm，满足高速铁路线下工程沉降变形监测的要求。

通过储液罐和连通管的设计与制作及沉降板的选型设计，封装后的传感器如图 6.3-5 所示。传感装置体积较小，沉降板抗压强度较高。传感器长期使用稳定性好，抗干扰能力强，现场安装简便、耐久性好，易于实现自动监测，适用于多点分布测量，非常适用于观测频率较高的高速铁路路基或过渡段沉降变形的长期自动监测。

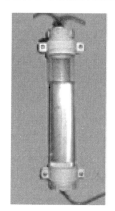

图 6.3-5　储液罐与连通管实物照片

6.3.4　传感器和监测仪器现场安装工艺

1. 钻孔

（1）地温孔：在左路肩、线路中心、右路肩、右坡脚、距右坡脚 10m 处的天然测孔，各钻 $\phi45$ 孔，深度为距路基表面 10.5m，钻孔完毕后，在全深范围内埋入一寸钢管，钢管顶部加装弯头（加装弯头后，弯头顶部距路基表层 0.3m），以便和传输线保护管（一寸钢管）相连接，传输线保护管一直连接到右路肩边坡处的仪器保护箱内。钢管放入钻孔后，钢管与钻孔的缝隙采用路基土回填，并用钢钎等方式夯实。

（2）土应力传感器安装孔：在上下行轨道中心位置，各钻 $\phi250$ 孔，深度为 4.5m。

（3）含水量传感器安装孔：在线路中心和右坡脚位置，各钻 $\phi75$ 孔，深度为 4.5m。

（4）沉降基准引出钢管安装孔：在靠近右路肩 30cm 的边坡位置，钻 30m 深 $\phi75$ 孔，下 $\phi50$ 钢管作为基准管，在钢管底部灌水泥沙浆，使钢管底部与基岩牢固结合在一起，回填路基土至 3m 深位置并夯实，在 $\phi50$ 钢管外侧打入 3m 长 $\phi75$ 钢管，以保护基准管不受冻土层冻拔的影响。$\phi50$ 钢管上端固定沉降基准传感器，$\phi75$ 钢管上端固定仪器保护箱。

2. 挖沟开槽

从左路肩一直到天然测孔大约长度 33m 的范围内，开挖一条深 0.3m、宽 0.5m 的沟槽，以便埋设沉降传感器和其他传感器的传输线，传输线一律采用一寸钢管保护。

3. 传感器和仪器安装

（1）地温传感器安装：将测温电缆从仪器保护箱引出，穿入保护钢管，再按规定位置尺寸放入到测温孔中。

（2）土应力传感器安装：在土应力安装孔内的 0.5、1.5、2.5、3.5、4.5m 处各安装一个土应力传感器。土应力传感器安装时，先在底面铺设一层细沙，再放入传感器，传感器上部再铺设一层细沙，之后，在保护好传输线（$\phi15$ 钢管保护）的基础上，采用路基土回填并夯实。填土夯实到下一个传感器位置时，采用同样方法埋设传感器，依次类推埋设完所有传感器。待将 5 个传感器埋设完毕后，将五根传输线和保护钢管接入保护盒，从保护盒到仪器箱采用 $\phi30$ 钢管保护传输线（钢管作用：保护传输线，屏蔽电磁场）。为了放置钻孔塌陷，钻孔后应立即安装土应力传感器。

（3）含水量传感器安装：安装方法同土应力传感器的安装。但细沙层的厚度要大，以便将含水量探针密实插入土中，并采用 $\phi50$-$\phi15$ 变径钢管对传感器和传输线进行防护。（钻孔后立即安装）。

（4）沉降传感器安装：在深 0.3m、宽 0.5m 的沟槽内，按照测点位置安装沉降传感器、连通管、传输线，待沉降传感器和所有传感器传输线安装完毕后，回填沟槽并夯实或采用混凝土填筑。

（5）仪器保护箱安装：在靠近右路肩 30cm 的边坡位置，安装仪器保护箱，利用沉降基准引出钢管安装孔的 3m 长 $\phi75$ 钢管固定仪器保护箱，并在仪器保护箱四边角下方打入 1.5m 长钢钎利用螺栓连接进一步固定仪器保护箱。在仪器保护箱外侧喷涂防护标志，具体内容为："长期监测，敬请保护"，并加以特别说明："①本仪器箱为哈大高铁长期监测系统的现场监测站。仪器箱所处的路基断面内安装有传感器和传输线。②传感器安装范围为路基断面 1m 宽度内的基床表层、边坡、距坡脚 10m 内天然地表等 0.3m 深度以下，采用钢管对传输线进行保护。③在此范围内施工时请注意保护传感器和传输线。如施工作业可能危及仪器箱、传感器或传输线时，请与哈大铁路客运专线有限责任公司安质部联系"。

（6）自动监测仪器安装：在仪器保护箱内安装自动监测仪器、数据传输模块、供电电池、储液罐。安装并调试成功后，喷涂保温材料，以达抗低温和密封目的。封装完成后的传感器如图 6.3-6～图 6.3-9 所示。

过渡段变形监测在选定的区域内，沿线路方向靠近轨道板外边缘 10cm 处的底座板表面画定测点位置，采用 M8 膨胀螺栓将传感器（传感器尺寸为 $5cm\times5cm\times5cm$）固定在底座板表面。

监测线上所有管线（液体连通管、传输线等）均引入仪器保护箱内，并采用 $3cm\times3cm$ 槽钢或钢管保护所有管线。采用 M8 膨胀螺栓和专用钢卡将槽钢固定在底座板表面或路肩纤维混凝土表面。为了保证传感器、槽钢和钢管固定牢固，在植入膨胀螺栓时采用植筋胶固化，并使用弹簧垫圈、胶垫、树脂胶相结合的方式拧紧螺母。现场安装如图6.3-10所示。

图 6.3-6　传感器安装—钻孔

图 6.3-7　封装保护后的含水量传感器

图 6.3-8　沉降传感器及封装保护

图 6.3-9　土应力传感器及封装保护装置

6.3.5　监测结果分析

监测系统自安装完成后开始运行采集数据，到目前为止，系统运行稳定正常，实现了自动采集、远程数据传输、自动分析处理的预定目标，并按照规定的采集频率（路基断面监测每 5d 采集一次，过渡段变形采集频率设定为每 6h 采集一次，每天采集 4 次。）获取了大量的路基沉降、地温、应力和含水量的监测数据。通过数据的整理分析，大部分监测结果规律相似，因此以典型断面测试结果进行详细分析和规律总结，为类似项目的数据分析提供参考和依据。

1. 地温监测结果

以第六断面为例，进行地温监测数据分析。在此认为每年的 8 月 1 日为冻融循环周期的初始时刻，次年的 8 月 1 日为其结束时刻。

图 6.3-10　过渡段变形现场安装

地温时程曲线（图 6.3-11，以东路肩为例，6.8m 深度以下由于地温振幅较小而省略）反映了不同深度处地温的变化规律：地温呈周期性波动，地温振幅随深度增加而减少。表层地温受外界环境影响较大，随着深度的增加，气候对地温的影响逐渐减小。浅层的季节冻结层冷季时自下而上单向冻结，暖季来临时双向融化。

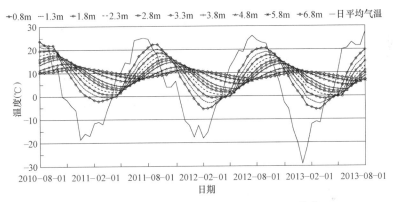

图 6.3-11　路基东路肩不同深度处地温时程曲线

2. 含水量监测结果

哈大高铁路基监测中含水量监测影响因素多，精度较难保证，一般仅具有定性研究意义。以整体稳定性较好的线路中心含水量监测为例，对路基含水量变化进行分析，不同深度处含水量时程曲线如图 6.3-12 所示。

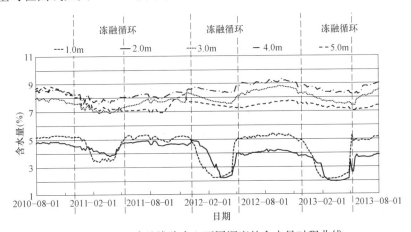

图 6.3-12　路基线路中心不同深度处含水量时程曲线

由不同冻融循环期间的水热随深度变化的曲线可以看出，在冻融循环期间，在冻深范围内土体水分开始冻结时，对应范围的含水量开始减小。达到最大冻深时，冻深范围内土体未冻水含量减小较明显。冻深以下水分由于在温度梯度作用下发生了向上迁移，含水量出现不同程度的减小。冻深范围内土体水分融化后，冻深范围内未冻水含量迅速增加。由于上层水分在重力作用下下降，冻深范围以外的含水量也略有增加。

3. 土体应力监测结果

以冻深范围内土体的静应力为例，东侧和西侧轨道中心以下 1m 和 2m 的应力时程曲线如图 6.3-13 所示。

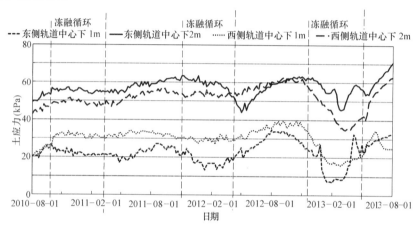

图 6.3-13　东西侧轨道中心下 1m 和 2m 土应力时程曲线

由以上曲线可知：

（1）不同深度处土应力以自重应力为主，深度越深，应力愈大，2m 深度处近似为 1m 深度处的 2 倍。

（2）第一个冻融循环期间，以土体压密引起的土应力增加为主，冻融期间，土应力几乎没有明显变化。第二和第三个冻融循环期间，冻结期间，土体应力下降，融化后，土体应力增加，其中，第三个冻融循环期间变化更为明显。

（3）冻结期间，考虑可能是由于水分冻结后土体弹性模量增加，以及土体冻胀导致的拉应力出现，使得土体应力下降，下降最大值约为 10～20kPa。融化后，地温上升，土体弹性模量减小，同时水分融化，含水量迅速增加，孔隙水压力的消散，导致土体发生压密变形，因此土体应力开始上升，并且深度越深，上升趋势越明显。

（4）行车的频繁动载作用可使得冻结过程中，土体强度增加幅度更大，同时也使得融化过程中，松软土体中超孔隙水压力上升，强度下降幅度更大，并且冻融循环的反复作用可能使得土体连通性更强，加剧了冻融循环期间水分的迁移作用，从而使得土体性质变化更为强烈，因此第二个冻融循环期间土体应力变化幅度更大。

4. 路基沉降变形

沉降变形监测的是路基以下 0.8m 处不同位置的沉降变形时程，如图 6.3-14 所示。

图 6.3-14 反映了不同阶段路基沉降变形的变化趋势：

（1）铺设级配碎石及轨道期间，路基各位置发生了一定程度的沉降变形，轨道中心、路肩和线路中心处分别约为 2.5mm，1.5mm 和 1.0mm。轨道铺设完成后，历时 6～7 个

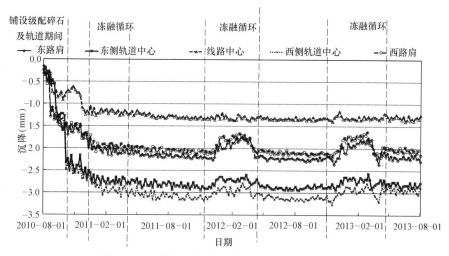

图 6.3-14 路基不同位置沉降变形时程变化曲线

月，路基各部分沉降变形基本达到稳定。

（2）第一个冻融循环期间，未监测到明显的冻胀及融沉压缩变形。第二个和第三个冻融循环期间，监测到 0～0.8mm 的冻胀和融沉压缩变形。

不同断面的监测结果表明，土体应力变化趋势基本与此类似，变化幅度略有差异。部分断面在冻深范围以外，冻结期间可监测到由于冻胀导致土体压密引起的应力增加。初步分析可知：路基填料在温度周期变化、列车荷载、地表水和地下水的影响下，土体经历着干湿及冻融循环作用，土颗粒内部结构与土颗粒的排列方式也发生了变化，路基土体的强度也随之发生改变，可能引起路基的冻胀和融沉压缩变形。

5. 过渡段沉降监测结果

以 K1063＋604～634 路桥过渡段为例，冻深和变形时程曲线如图 6.3-15 和图 6.3-16 所示。可见，冻胀变形均呈阶段性的增长。季节冻结层融化后，融沉压缩变形逐渐稳定，基本上回复到冻融之前的状态。

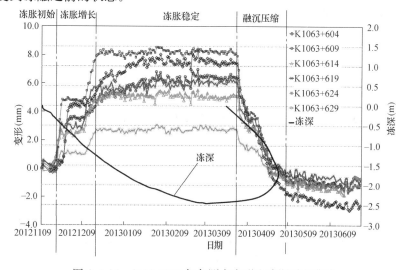

图 6.3-15 2012-2013 年各测点变形和冻深时程曲线

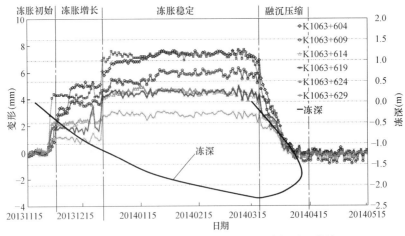

图 6.3-16　2013-2014 年各测点变形和冻深时程曲线

由图 6.3-15 和图 6.3-16 可知：

（1）K1063＋604～634 路桥过渡段不同测点都发生了一定程度的冻胀量，最大冻胀量为 2.7～8.1mm；

（2）路基表面冻结后，各测点冻胀均呈现了相同的阶段性增长特点。2012 年 12 月 22 日之后，各测点均出现了比较长的稳定时期。双向融化开始后，融沉压缩变形发展迅速。路基完全融化后，变形很快趋于稳定，且基本上回复到冻融前的状态；

（3）基床表层的级配碎石（包括水泥稳定级配碎石）和部分 A、B 填料防冻层的冻胀量贡献相对较大。

6.3.6　小结

本监测案例在借鉴和开发适用于冻土地区高速铁路路基沉降变形、土体应力、地温、含水量等静动态参量的传感装置和自动监测技术基础上，建立了涵盖路基地温、含水量、应力和变形的稳定性长期监测系统，实现了路基状态多参量一体化的自动采集、信号自动传输、数据自动分析处理。

哈大高速铁路典型路基断面长期自动监测系统自 2010 年 7 月开通以来，运行平稳正常，获取了大量翔实的监测数据。获取的监测数据可以为路基稳定性的分析研究、可能潜在的病害机理分析以及今后围绕路基工程重要的决策、设计参数的优化等提供重要的数据基础。

6.4　北京地铁 14 号线下穿京津城际和京沪铁路路基变形监测

6.4.1　工程概况及工程地质和水文地质条件

1. 工程概况

北京地铁 14 号线在马家堡东路站～永定门外大街站（永外站）区间下穿既有京津城际铁路上、下行线，采用盾构法施工。穿越位置的平面相互关系如图 6.4-1 所示。左线穿越京津城际铁路线里程约为 DK2＋782.5，右线穿越京津城际铁路线里程约为 DK2＋763.9。既有线线间距 4.62m，现状路基宽度约 30m，两股铁路轨道均为 60kg/m 钢轨、电气化铁路。京津城际铁路路基高程为 42.8m，为碎石道床及整体道床，其中地铁盾构区间结构穿越段位于碎石道床范围。铁路路基与地铁区间结构净距约为 17.6m。

盾构区间穿越京津城际铁路部位线路位于曲线段（左线 330m，右线 310m）。京津城际路基在整体道床部位向西 40m 施做了 CFG 桩加固地层，桩长 4.5～8.5m，铁路两侧有铁通电缆，在铁路南侧有一根直径 0.7m 污水管，埋深约 1.5m。

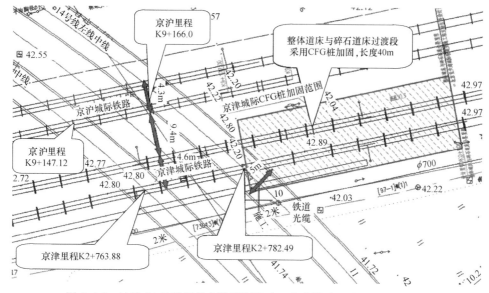

图 6.4-1 地铁 14 号线穿越京津城际铁路、京沪铁路的位置平面关系图

为保证地铁施工安全，在既有京津城际铁路侧采用地下导洞对地基进行注浆加固，注浆加固区的范围沿铁路方向长度 69m，总宽度 23.2m。南侧导洞长度 83m。为保证注浆加固效果，设置隔离桩。隔离桩位于现状铁路护栏外侧并躲避既有地下管线设置。地下导洞施工工期为 105d。

京津城际设计时速 350km/h，从运营部门调查，列车通过此部位时速度为 120km/h 左右，最高速度 160km/h。施工单位现场实测结果为一般速度不超过 90km/h，最高时速为 121km/h。

地铁盾构区间左右线分别从永外站始发下穿铁路，每条线路盾构正常穿越铁路段按长度 66m 计算，穿越工期为 9d。

在地下导洞开挖及注浆期间，以及地铁盾构施工期间，为保证既有铁路安全运营，在施工过程中和施工完成后一段时间内需对既有铁路进行变形监测。

2. 工程地质和水文地质条件

本区间勘察范围内土层划分为人工填土、第四纪全新世冲洪积层和第四纪晚更新世冲洪积层。在施工面范围内的土层由黏性土、粉土、砂类土、碎石类土交互沉积而成，自上向下依次为杂填土层、粉质黏土素填土层、粉土层、粉质黏土层、黏土层、细中砂层、卵石层、中粗砂层，地基持力层为卵石层。地基土层分布较为稳定，层面起伏不大。

隧道结构上边缘主要穿越粉土层、细中砂层，其厚度较大，在受扰动施工影响以及遇地下水的作用下，极易导致隧道顶部塌方。隧道主要穿越的土层为卵石黏土层、粉土层、细中砂层、卵石层。

根据勘察资料，勘察深度范围内主要储存有上层滞水、潜水两层地下水。上层滞水含水层主要为粉细砂、细中砂层，稳定水位埋深6.3~14.9m，标高25.90~35.11m，主要接受大气降水、管沟渗漏补给，以蒸发为主要排泄方式。该层水分布不连续，仅在部分钻孔中分布。潜水含水层主要为卵石层、中粗砂层、粉细砂、粉土层，其下部相对隔水层主要为粉质黏土层，稳定水位埋深16.8~23.6m，标高17.95~23.99m，主要接受侧向径流补给，以侧向径流和越流的方式排泄。

6.4.2 监测方案

本监测案例为国内第一条穿越既有高速铁路路基的地铁盾构施工工程，通过监测工作的实施，掌握14号线地铁下穿京津城际铁路工程施工对既有铁路的影响程度，及时发现影响铁路正常运营的安全隐患，可以为地铁建设单位和铁路运营单位提供准确的监测数据和信息，并且可为后续工程施工工艺、工序安排以及轨道防护和运营安全提供参考依据。

1. 监测内容及其实施

(1) 路基沉降

采用自动监测和人工监测相结合的方法对路基的沉降变形进行监测。

① 采用基于液力压差原理的沉降变形自动监测系统进行沉降变形的自动监测。关于沉降变形自动监测系统的组成、测试原理等详细情况可参见6.3。测点布设如图6.4-2所示。

自动监测系统的基准点和设备箱布设在监测范围外15m处（非影响区）。基准点采用人工监测方式定期校验。监测期间，与监测频率保持，对自动监测基准点进行人工监测，取其日沉降变化量对自动监测系统测得的相对沉降进行修正。

监测方案中采取的测点布设方式，既可以测出路基沉降变形，又可测出路基沿线路方向和垂直方向的差异变形。

② 采用精密水准测量的方法实施竖向位移的人工监测。监测范围与自动监测范围相同。

路基沉降观测选用天宝Dini03电子水准仪（每km水准高差中数偶然误差±0.3mm）及其配套的条码水准尺。仪器应经法定的计量检定部门检定合格，且在有效检定期内。

观测点的观测按照二等水准测量技术要求进行，以水准工作基点为起始点，布设成附合路线。尽量做到仪器、人员、标尺、路线固定。观测时各项限差宜严格控制，观测技术指标及限差要求见表6.4-1。高程测量数据满足规范要求后再取平均值使用。往返观测均组成闭合环或附合路线。测站高程中误差0.15mm。受现场条件所限不能做到前后视距相等时，应采用固定仪器、固定测站、固定路线的措施。

沉降观测技术指标   表 6.4-1

网形	视线长度 (m)	视线高度 (m)	前后 视距差 (m)	前后视距 累计差 (m)	基辅分划 读数差 (mm)	基辅分划 所测高差 (mm)	环闭合差 (mm)	往返测差 (mm)	计算取位 (mm)
基准网	≤30	≥0.5	≤0.7	≤1.0	0.3	0.5	$0.3\sqrt{n}$	$0.3\sqrt{n}$	0.01
变形网	≤30	—	—	—	0.3	0.5	$0.3\sqrt{n}$	$0.3\sqrt{n}$	0.01
变形网	≤50	0.35	3.0	6.0	0.7	1.4	$1.4\sqrt{n}$	$1.4\sqrt{n}$	0.01

各测线测点位置如图6.4-2所示。

如图6.4-2所示，京津城际南侧测线为测线1，沉降测点自小里程向大里程排序，分别为101，102，······，109，京津和京沪中间测线为测线2，京沪北侧为测线3，测点编号规则与测线1相同，分别为201，202，······209和301，302，······，309。每条测线9

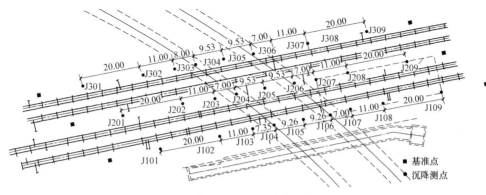

图 6.4-2 各测点位置

个测点，两侧分别为自动监测系统的基准点，三条测线总计安装 33 个路基沉降传感器。

（2）路基表层土体水平位移的监测和路基深层水平位移监测

路基加固的工作及隧道施工过程中，隧道外侧的土体将由原来的静止状态向主动土压力状态改变，应力状态的改变将引起土体的变形。虽然设计时采用了隔离桩，但为防止路基土体水平变位过大，需要进行路基表层土体水平位移的监测和深层水平位移的监测。

采用测小角法确定观测点的表层水平位移。基点和测点基本按照同一规格埋设。

观测仪器选用 TCR1201 或 TC2003 全站仪全站仪（测角精度 ±1″，距离测量精度 1mm＋1.5×10-6D），按照一等水平位移监测网的技术指标施测。观测 12 测回，各项观测限差如表 6.4-2。

| | 水平位移测量限差 | 表 6.4-2 |

仪器类型	半侧回归零差	一测回内 2C 互差	同一方向值各测回互差
DJ05	5	3	3
DJ1	5	9	5

监测开始，首先将测点布置完毕，并开始观测。取得 2 组合格数据，取其平均值作为初始值。工作基点的检核每周进行一次。在基准点上安置全站仪，照准另外一侧的基准点上的照准标志，制动照准部；在工作基点上安置觇牌进行小角观测。观测 12 测回，取其平均值作为结果。以此确定工作基点的位置并对其进行校核。在与路基自动沉降监测点相对应的位置埋设水平位移监测点，监测点、工作基点和基准点上都设置有强制对中装置。现场布置示意图如图 6.4-2 所示。

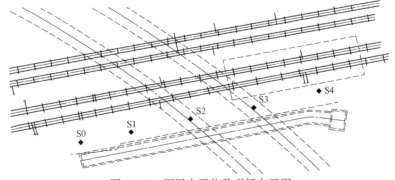

图 6.4-3 深层水平位移现场布置图

路基深层土体水平位移监测采用 C9＿EC（快速连接）测斜管和 CX-3C 测斜仪，该测斜仪探针长 500mm，总系统精确度：6mm/30m，工作温度：－10℃～＋50℃，范围：

±30°，重复性精度：±0.01％（全刻度）。测斜孔布置如图 6.4-3 所示，沿京津线南侧加固导洞隔离桩内侧 0.5m 处布设测斜孔，测斜孔深度 16m，布设 5 个测斜孔。观测时，采用带导轮的测斜探头按 0.5m 点距由下往上逐点进行读数。

（3）路基基础分层土体竖直位移（分层沉降）监测

选用 XBHV-10 分层沉降仪监测分层土体的沉降。沿盾构隧道的两条中心线和两条隧道的中线布设，每线布设 2 个孔，共 6 孔。每孔分别于深度为 2、4、6、8、12、14、15、16m 处设置测点。现场布置如图 6.4-4 所示。分层沉降仪由分层沉降管、沉降环、测头、测尺、测试信号指示器组成。

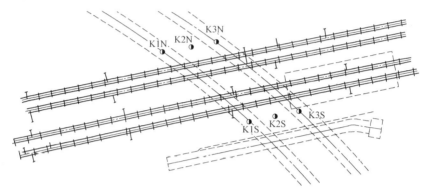

图 6.4-4　分层土体沉降测点现场布置图

（4）来车状态自动触发监测系统和视频监测

利用来车状态自动触发监测系统，监测列车经过监测区域的时间，当列车机车通过预定区域后，沉降自动监测系统自动触发其采集终端节点进行采样。在两条线路受列车影响的区域边界处各安装 1 套激光入侵对射系统，以监测四线列车通过与否及速度情况，作为自动测试系统的触发条件，共计 2 套。均为连续监测，整个系统组成如下：激光对射探测器两套，IO 控制处理器两个，无线网络数传模块一对与监控中心无线接入。将车辆信息自动发送到主监测中心进行数据的汇总、存储、分析、判别和自动采集触发服务，现场位置如图 6.4-5 所示，安装完成后如图 6.4-6 所示。

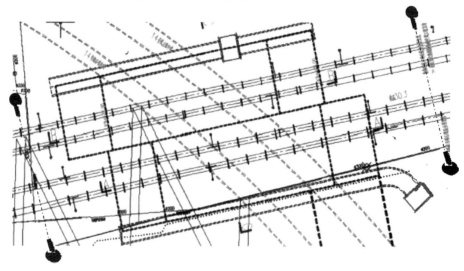

图 6.4-5　来车状态激光监测布置示意图

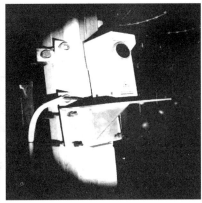

图 6.4-6　来车状态自动监测系统

　　线路视频监测有助于在施工期间监控中心能够直接了解现场工况和人、物流动，并借助智能分析结果，作为列车运行状况的技术辅助，确保静态自动测试系统环境的有效性。现场视频监控系统，共布置 2 个测点，其中 1 个为红外 PTZ 球机，可以在监控中心控制摄像机水平和垂直转动。另外 1 个为红外防水摄像机，适合室外和夜间使用。现场位置如图 6.4-7 所示，安装完成后如图 6.4-8 所示。

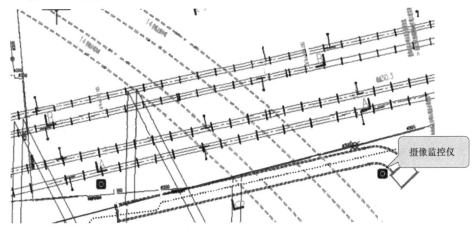

图 6.4-7　视频监测布置示意图

（5）线杆姿态监测

　　线杆姿态自动监测系统，包括高精度双轴倾角传感器、水准沉降自动监测点、数据采集器等。线杆沉降传感器与相邻的路基沉降传感器相连，接入同一测线。此外，对线杆沉降进行人工监测。每个线杆安装一个双轴倾角传感器，以监测各个线杆的姿态情况，均为连续监测，无线网络传输模块一对与监控中心无线接入现场服务器。将姿态信息自动发送到主监测中心进行数据的汇总、存储、分析。

　　线杆测点传感器布设示意图如图 6.4-9 所示。

图 6.4-8　视频监控系统安装完成后示意图

现场安装完成后如图 6.4-10 所示。线杆姿态现场安装完成后示意图如图 6.4-11 所示。

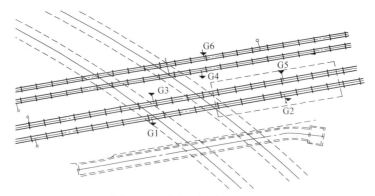

图 6.4-9　线杆测点布设示意图

图 6.4-10　倾角传感器

所有的自动监测仪器，最终都将接入现场服务器，如图 6.4-12 所示。

图 6.4-11　线杆姿态现场安装完成后示意图　　　图 6.4-12　现场服务器

（6）定期现场巡查

每次现场量测同时，均进行目测巡视。通过巡视，可以全面地对结构是否有异常进行察看，具有直观、快捷等特点。每次现场量测时巡视内容包括：

① 对线路结构及道床进行巡视。

② 道砟及线杆等是否有因路基下沉造成明显陷落现象。

观察到的异常现象中，严重的应立即向有关方通报，可疑的应结合现场监测数据分析，分析结果写进日报或周报。

2. 监测周期与监测频率

地铁 14 号线施工前一周，完成各测点传感器和监测仪器的安装调试，建立自动监测系统，开始采集数据，获取既有铁路线路状态的基础值。在施工期间，自动监测系统每20min（视列车运行情况而定）采集一次数据，每 2h 自动形成一份监测结果报表；在非施工期，每 2h 采集一次数据，每天自动形成一份监测结果日报表。地铁施工完成后仍然要保持监测。确定地层变形收敛完成，方可解除监测，否则应延续监测并采取措施。

人工监测频率为：在地基加固期间（包括导洞开挖施工）和盾构工程施工穿越铁路线期间，每天利用铁路夜间天窗时间观测 1 次；其他时间为每周观测 1 次，直到稳定收敛为止。人工观测数据录入自动监测系统数据库中。

3. 监测控制指标

地铁施工期间铁路线路的变形控制指标如表 6.4-3 所示。按三级预警制度进行管理，对监测结果按黄色、橙色和红色三级预警进行管理，黄色预警为控制值的 70%，橙色预警为控制值的 85%，红色预警为达到控制值。

既有铁路监测项目变形控制指标值　　　　　　　表 6.4-3

铁路名称	结构名称	最大变形量(mm)	日变形值(mm)
京津城际铁路	路基	8	1
京沪高铁	路基	8	1
线杆姿态		顺线路方向±2‰	横线路方向向受力反向5‰

4. 监测数据处理

监测数据的分析工作由主监测中心分析软件自动完成。监测中心界面如图 6.4-13 所示，对整个监测项目的工程概况、监测点分布、监测方案、控制指标、监测系统构成及数据分析处理流程等分别进行了简介。监测中心分析软件主要功能包括：自动监测数据的自动读取及分析处理和人工监测原始数据的手动导入及处理，可以实现自动生成监测数据报表、时程曲线、剖面变形曲线，并自动生成时报、日报、月报等统计报表，并且实时自动发送给相关单位技术人员，以供决策。

主监测中心显示监测数据和分析结果，与主监测中心相连的分中心授权用户可按照用户权限查询监测结果；对监测结果按黄色、橙色和红色三级预警进行管理，黄色预警为控制值的 70%，橙色预警为控制值的 85%，红色预警为达到控制值。

监测报告分别为日报、周报和最终成果报告。

监测成果报告中应包含技术说明、监测时间、使用仪器、依据规范、监测方案及所达到精度，列出监测值、累计值、变形率、变形差值、变形曲线，并根据规范及监测情况提出结论性意见。

监测成果报告以直观的形式（如表格、图形等）表达出获取的与施工过程有关的监测信息（如被测指标的当前值与变化速率等），监测结果一目了然，可读性强。

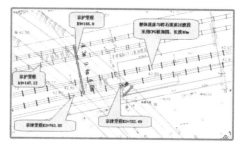

地铁14号线穿越京津城际铁路、京沪铁路的位置平面关系图

图 6.4-13　主监测中心分析软件示意图

5. 监测内容、监测方法和监测频次统计

监测内容、监测手段和监测精度等如表 6.4-4 所示。

京津城际铁路和京沪铁路路基变形监测内容和监测方法统计表　表 6.4-4

序号	监测内容	监测手段	仪器设备	监测精度	测点数量
1	路基沉降	自动监测	JS18B20 沉降传感器	0.2mm	27＋6＝33 个
		人工监测	Dini03 电子水准仪 XBHV-10 分层沉降仪	0.3mm 1mm	3 套, 36 测点 6 孔 48 测点
2	路基水平位移	人工监测	CX-3C 型测斜仪视准线	0.05mm/m	3 条 33 个测点 1 套, 5 孔
3	线路视频	自动监测	红外 PTZ 球机和 红外防水摄像机		2 个
4	来车触发	自动监测	激光对射入侵传感器		2 对
5	线杆姿态	自动监测倾斜	沉降及双向倾角传感器		6 对

6.4.3　监测数据分析

自动监测数据通过主监测中心的远程数据接收器和数据接收软件，自动接收现场监测站发送的监测数据，并按照规定格式存储在数据管理系统的数据库中。

人工监测数据通过人工录入的方式录入主监测中心数据管理系统的数据库中，每天将现场采集到的数据经数据处理、平差计算、检查审核后录入数据管理系统，每个监测项目严格按各自的数据格式录入，录入后交审核人审核签字。

监测数据分析以路基表层沉降变形监测数据为主，兼顾线杆姿态等数据的分析。在此简介路基沉降变形的部分监测数据分析。

由于人工和自动监测数据比较吻合，在此采取人工和自动监测数据相结合的原则分析监测区域路基的变形趋势，并以重点时期的自动监测数据说明路基变形随施工进度的发展而逐渐发生变化的情况。

监测数据可分为以下三个阶段：

第一阶段：盾构施工前期监测阶段，此阶段主要指自动监测系统安装完成后开始工作，而盾构机尚未开始工作的时间段。在此时间段内，路基主要是发生了一定的随季节变化的冻胀和融沉变形。并且此段时间内，路基下部进行了导洞开挖和注浆工作。

第二阶段：盾构施工影响期间。此阶段分为五个时期：（1）左线盾构机自永定门外站始发，逐渐接近监测区域路基；（2）左线盾构机进入监测区域路基以下，此段时间包括盾构机盾头进入京津城际南侧路基的加固区，直至盾构机盾尾拖出京沪北侧路基的加固区；（3）左线盾构机继续向前掘进，右线盾构机自永定门外站始发，逐渐接近监测区域路基；（4）右线盾构机进入监测区域路基以下，此段时间包括盾构机盾头进入京津城际南侧路基的加固区，直至盾构机盾尾拖出京沪北侧路基的加固区；（5）右线盾构机继续向前掘进，对路基的变形影响逐渐减小。

第三阶段，地铁施工完成后，确定地层变形收敛完成，方可解除监测，否则应延续监测并采取措施。

相应地，根据每个时期对路基影响程度的不同，人工监测频次也不同。在盾构机穿越监测区域路基下方时，根据指挥部的要求加大频率，白天铁路空闲时，上线对京津城际南侧和京沪铁路北侧路基进行连续地跟踪监测。

导洞开挖及注浆期间，监测区域的路基整体略微呈现隆起趋势，变形控制较好。应注意的是，此段期间路基可能发生了一定的融沉变形，但是由于施工的影响表现不明显。由于主要关注的是第二和第三阶段的路基沉降变形，在此以京津和京沪中间铁路路基的变形为例进行分析。

1. 第二阶段

（1）左线穿越期间

左线穿越期间，各测点时程曲线如图 6.4-14 和图 6.4-15 所示。典型时刻的剖面沉降变形如图 6.4-16 所示。

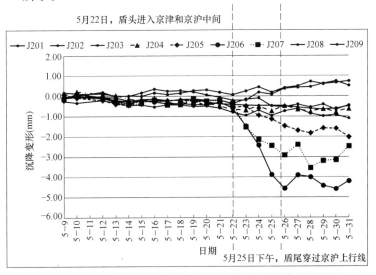

图 6.4-14　左线穿越期间京津和京沪中间路基沉降变形时程

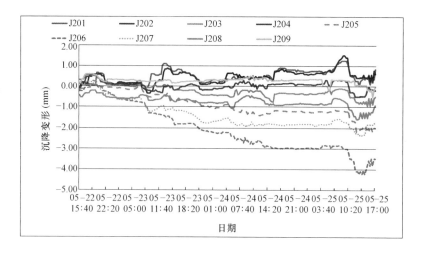

图 6.4-15　左线盾构机穿越期间京津和京沪中间路基各测点变形时程

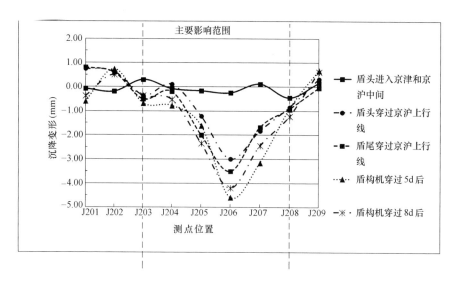

图 6.4-16　典型时刻京津和京沪中间路基的剖面沉降变形

左线穿越期间各测点的最大沉降速率见表 6.4-5。

左线穿越期间路基的最大沉降速率 (mm/d)　　　　　　　表 6.4-5

测点	J201	J202	J203	J204	J205	J206	J207	J208	J209
沉降速率	−0.14	−0.15	−0.39	−0.21	−0.45	−1.45	−1.16	−0.27	−0.27

由以上图表分析可知：

① 左线穿越到监测区域路基下方期间，左线隧道中心两侧各约 18m 范围内均不同程度的受到影响。其中隧道中心两侧各约 9m 的位置影响最为明显。左线隧道中心上方的测点变形值最大；

② 盾头到达监测区域路基前，路基表层沉降基本上未受到影响。盾构机的盾头穿入到穿过监测区域路基下方期间，路基表层沉降最为明显。沉降速率较大，盾尾拖出监测区域路基下方后，主要影响范围内的路基整体还会出现持续 3d 左右的下沉趋势，左线隧道中心上方测点下沉约 1.00mm，之后路基表层沉降呈现略微抬升或者基本保持相对稳定的状态。京津和京沪中间路基最大沉降量均在 5.00mm 以内。

（2）右线穿越期间

右线穿越期间，各测点时程曲线如图 6.4-17 和图 6.4-18 所示。典型时刻的剖面沉降变形如图 6.4-19 所示。

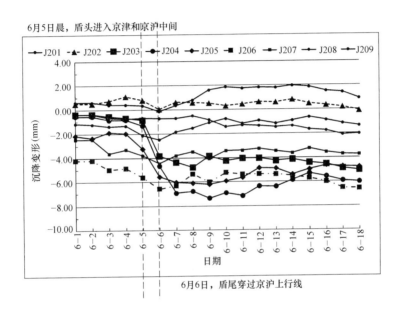

图 6.4-17　右线穿越期间京津和京沪中间路基沉降变形时程

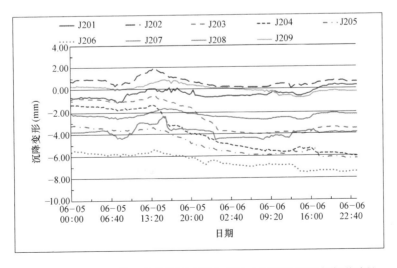

图 6.4-18　右线盾构机穿越期间京津和京沪中间路基各测点变形时程

177

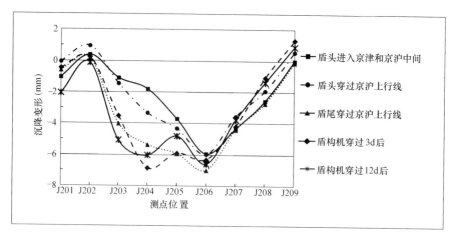

图 6.4-19 典型时刻京津和京沪中间路基的剖面沉降变形

右线穿越期间各测点的最大沉降速率见表 6.4-6。

右线穿越期间路基的最大沉降速率（mm/d）   表 6.4-6

测点	J201	J202	J203	J204	J205	J206	J207	J208	J209
沉降速率	−0.60	−0.75	−2.98	−3.34	−2.31	−0.94	−0.66	−0.79	−0.48

由以上图表可知：

① 右线盾构机穿越至监测区域路基下方时，路基表层沉降发生了较明显的变化，日沉降速率较大，主要影响范围为右线隧道中心两侧各 9m 范围内，日沉降速率基本上都超过或接近 1mm/d。

② 右线隧道掘进时，左线隧道中心上方测点发生了一定的沉降，基本上在 2～4mm 以内，基本上可以认为右线隧道掘进过程中对左线隧道上方路基的表层沉降影响较小。

2. 第三阶段数据分析

各测点的沉降变形时程及典型时刻路基剖面的沉降变形如图 6.4-20 和图 6.4-21 所示。

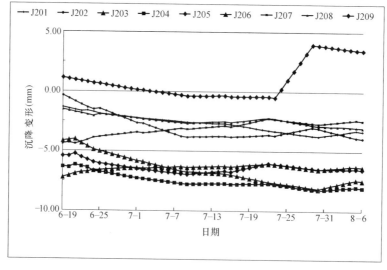

图 6.4-20 京津和京沪中间路基各测点变形时程

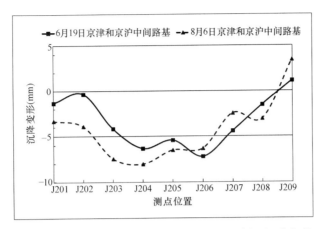

图 6.4-21　典型时刻京津和京沪中间路基的剖面沉降变形

此阶段路基的平均沉降速率见表 6.4-7。

第三阶段路基的平均沉降速率 （mm/d）　　　　　　　　　表 6.4-7

测点	J201	J202	J203	J204	J205	J206	J207	J208	J209
沉降速率	−0.04	−0.07	−0.07	−0.04	−0.02	0.02	0.04	−0.03	0.05

由以上图表可知：

路基表层沉降逐渐趋于平稳，日平均沉降速率较小，主要影响范围为右线隧道中心两侧各 9m 范围内，日平均沉降速率基本上不超过 0.10mm/d。

6.4.4　小结

本监测实例实现了在不中断列车运行的情况下，采用自动和人工相结合的方法，分别在京津城际南侧、京津和京沪中间以及京沪北侧开展了全面的监测。监测内容包括路基和线杆的沉降变形，路基表层水平位移、分层水平位移、分层沉降，线杆倾角和人工巡视等。

在盾构机穿越施工期间，每 2h 形成一份报表，并根据现场工程进展和监测数据的变化情况，随时对监测情况进行口头和书面的及时报告。数据变化较大时，立即报告技术负责人员，进行技术分析，复测监测数据。确认预警后，立即由信息反馈负责人电话或书面报告相关单位，促使相关单位分析和查找原因，为安全施工提供了保证。监测结果有效准确，提交报告及时，信息反馈迅速，发挥了监测在施工过程中预期的作用。本监测案例的成功实施和安全施工可以为今后类似工程的设计理论、施工技术及监测方法的标准化提供参考依据。

参考文献

［1］　杨志法，齐俊修等. 岩土工程监测技术及监测系统问题［M］. 北京：海洋出版社，2004.8

［2］　罗志强. 边坡工程监测技术分析［J］. 公路，2002（5）：45-48

［3］　王浩，覃卫民，焦玉勇，何政. 大数据时代的岩土工程监测——转折与机遇［J］. 岩土力学，2014，35（09）：2634-2641

［4］ 朱鸿鹄，施斌. 地质和岩土工程光电传感监测研究进展及趋势——第五届 OSMG 国际论坛综述 ［J］. 工程地质学报，2015，23（02）：352-360

［5］ 侯剑锋. 地铁车站信息化施工控制研究与实现 ［D］. 同济大学硕士学位论文，2003

［6］ 崔玉亮，于凤. 岩土工程计算机实时监测系统的应用研究 ［J］. 岩石力学与工程学报. 1996，15（2）：178-185

［7］ 吕康成，赵久柄等. 岩土工程位移实时监测系统研究 ［J］. 公路，2005. 4

［8］ 许明情. 岩土工程安全监测自动化系统的研究 ［D］. 中南大学，2008

［9］ 魏德荣，赵花城. 分布式光纤监测技术在中国的发展 ［J］. 贵州水力发电，2005，1

［10］ 张强勇，陈晓鹏，刘大文，胡建忠，李杰，蔡德文. 岩土工程监测信息管理与数据分析网络系统开发及应用 ［J］. 岩土力学，2009，30（02）：362-366＋373

［11］ 刘德志，李俊杰. 大坝安全监测资料的非线性检验 ［J］. 应用基础与工程科学学报，2006，14（1）

［12］ 刘英. 可用于岩土工程动态监测的某些便携式监测技术 ［A］. 面向 21 世纪的岩石力学与工程：中国岩石力学与工程学会第四次学术大会论文集 ［C］，1996：8

［13］ 何习平，华锡生等. 加权多点灰色模型在高边坡变形预测中的应用 ［J］. 岩石力学，2007，28（6）

［14］ 潘国荣，谷川. 形变监测数据组合预测 ［J］. 大地测量与地球动力学. 2006，26（4）：27-29

［15］ 杨要恩，王庆敏等. 一种结构安全监测及远程数据采集系统的设计 ［J］. 国防交通工程与技术，2004，2（3）：25-28

［16］ 易朋兴，刘世元. 分布式监测系统可靠性贝叶斯评估 ［J］. 华中科技大学学报，2006，34（3）：42-45

［17］ 周建庭，黄尚廉，王梓夫. 基于可靠度理论的桥梁远程智能监测评价体系研究 ［J］. 桥梁建设，2005，3：12-14，28

［18］ 崔玉亮，于凤. 岩土工程计算机实时监测系统的应用研究 ［J］. 岩石力学与工程学报，1996，（02）：83-90

［19］ 徐梦华，李珍照. 大坝监测多测点多方向位移数学模型研究 ［J］. 长江科学院院报，2003，20（1）：29-32

［20］ 宰金珉. 岩土工程测试与监测技术 ［M］. 北京：中国建筑工业出版社，2008. 7

［21］ 杜彦良. 朔黄铁路高陡边坡地质灾害远程自动监测技术研究 ［R］. 中国神华能源股份有限公司科技创新项目，2017

［22］ 陈善雄，宋剑，周全能，等. 高速铁路沉降变形观测评估理论与实践 ［M］. 北京：中国铁道出版社，2010

［23］ 陈善雄，王小刚，姜领发，等. 铁路客运专线路基面沉降特征与工程意义 ［J］. 岩土力学，2010，31（03）：702-706

［24］ 王光勇. 武广客运专线路基沉降监测系统与沉降预测 ［J］. 铁道工程学报，2009，05：5-7

［25］ 刘尧军，赵玉成，冯怀平. 路基沉降监测方法应用研究 ［J］. 公路交通科技，2004，21（01）：33-34

［26］ 岳建平，方露，黎昵. 变形监测理论与技术研究进展 ［J］. 测绘通报，2007，7：1-4

［27］ 张斌，冯其波，杨婧，等. 路基沉降远程自动监测系统的研发 ［J］. 中国铁道科学，2012，33（01）：139-144

［28］ 李彦芳. 路基表面沉降光学测量技术的研究 ［D］. 北京：北京交通大学，2011

［29］ 陈景功，黄金田，张文城. 桃园卵砾石层捷运潜盾施工监测与安全管理 ［C］//第八届海峡两岸隧道与地下工程学术与技术研讨会. 台北：隧道协会，2009

［30］ 陈信琦，季安. 硅压阻传感器稳定性品质的研究［J］. 仪表技术与传感器，1999，（08）：4-5

［31］ 张玉芝，杜彦良，孙宝臣，等. 基于液力测量的高速铁路无砟轨道路基沉降变形监测方法［J］. 北京交通大学学报，2013，37（01）：80-84

［32］ （俄）康德拉捷夫 B. Г.，波津 B. A. 在建铁路工程冻土监测系统概论：别尔卡基特——托莫特——雅库茨克［M］. 刘建坤，李纪英译，北京：中国铁道出版社，2001

［33］ Liu Hua, Niu Fujun, Niu Yonghong, et al. Experimental and numerical investigation on temperature characteristics of high-speed railway's embankment in seasonal frozen regions［J］. Cold Regions Science and Technology，2012，（81）：55-64

［34］ Niu Fujun, Lin Zhanju, Lu jiahao, et al. Characteristics of roadbed settlement in embankment-bridge transition section along the Qinghai-Tibet Railway in permafrost regions［J］. Cold Regions Science and Technology，2011，65（3）：437-445

［35］ 张玉芝，杜彦良，孙宝臣，季节性冻土地区高速铁路路基地温分布规律研究［J］. 岩石力学与工程学报，2014，33（06）：1286-1296

［36］ 张玉芝，杜彦良，孙宝臣，等. 季节性冻土地区高速铁路路基冻融变形规律研究［J］. 岩石力学与工程学报，2014，33（12）：2546-2553

［37］ 孙宝臣，张玉芝，李剑芝，等. 严寒地区高速铁路路基稳定性长期监测研究［J］. 铁道工程学报，2015，32（01）：22-26.

［38］ 孙宝臣，杜彦良，李剑芝，等. 基于GSM-R的青藏铁路冻土地温自动监测系统［J］. 铁道学报，2009，31（05）：125-129

［39］ 杜彦良，张玉芝，赵维刚. 高速铁路线路工程安全监测系统构建［J］. 土木工程学报，2012，45（S2）：59-63

［40］ TB 10621—2009，高速铁路设计规范（试行）［S］. 北京：中国铁道出版社，2009

7 码头结构监测技术

7.1 港口工程概况

水运在我国经济社会发展中占有重要的地位，承担了 85% 以上的外贸运输任务。港口是水运的心脏，是实现水陆联运条件，供船舶安全进出和停泊的运输枢纽。近年来，我国港口吞吐量规模稳居世界首位，截至 2015 年末，我国港口拥有生产用码头泊位 31259 个，其中万吨级及以上泊位 2221 个，码头通过能力 79 亿吨。"一带一路"国家战略对水运交通带来了巨大的机遇与挑战，对沿海港口绿色、智能化建设提出了更高的要求，为适应当今国际航运船舶大型化发展趋势，一批 30 万吨级原油码头和铁矿石码头、10 万吨级以上煤炭码头和集装箱码头陆续建成，港口大型化、专业化、现代化水平进一步提升。港口在经济转型、社会发展、对外开放等方面发挥着越来越重要的作用。

港口建筑物一般包括码头、防波堤、修船和造船水工建筑物、进出港船舶的导航设施（航标、灯塔等）和港区护岸等，其中码头和防波堤是港口工程中最重要的两种建筑物，码头是供船舶停靠、装卸货物和上下旅客的水工建筑物，防波堤是位于港口水域外围，用以抵御风浪、保证港内有平稳水面的水工建筑物。港口建筑物在建设与维护期间面临结构外荷载大、波浪及大风天自然条件恶劣、防波堤离岸距离远等不利条件，为确保结构在施工及运营阶段的稳定安全，需研究港工建筑物的现场测试技术，本书主要介绍码头和防波堤工程的结构变位、所受外荷载及结构内力的监测技术。

7.2 码头结构现场监测概述

7.2.1 码头结构的主要形式

码头的主要基本结构形式分别为重力式码头、高桩式码头和板桩码头。主要根据使用要求、自然条件和施工条件综合考虑确定。

1. 重力式码头

靠建筑物自重和结构范围的填料重量保持稳定，结构整体性好，坚固耐用，能承受较大的地面荷载和船舶荷载，对较大的集中荷载以及码头地面超载和装卸工艺变化适应性较强，损坏后易于修复，有整体砌筑式和预制装配式，适用于较好的地基，是我国分布较广、使用较多的一种码头结构形式。

重力式码头建筑物一般由胸墙、墙身、基础、墙后回填土和码头设备等组成，如图 7.2-1 所示。

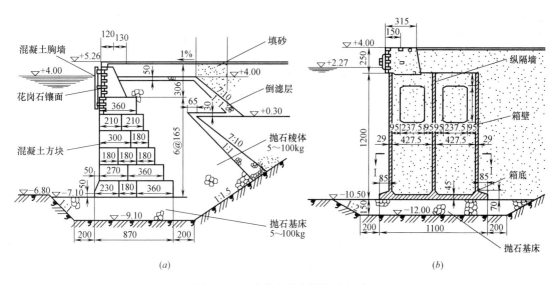

图 7.2-1　重力式码头结构示意图

（a）块石重力式码头；（b）沉箱重力式码头

（1）基础

基础的主要功能是将墙身传下来的外力分布到地基的较大范围，以减小地基应力和建筑物的沉降；同时也保护地基免受波浪和水流的淘刷，保证墙身的稳定。基础是重力式码头非常重要的部分，基础处理的好坏是重力式码头成败的关键。

（2）墙身和胸墙

墙身和胸墙是重力式码头建筑物的主体结构。它构成船舶系靠所需的直立墙面；挡住墙后的回填料；承受施加在码头上的各种外力，并将这些作用力传递到基础和地基。胸墙还起着将墙身构件连成整体的作用，并用以固定缓冲设备、系网环和爬梯。通常系船柱块体也与胸墙连在一起。

（3）墙后回填土

在岸壁式码头中，墙体后要回填砂、土，以形成码头地面。为了减小墙后土压力，有些重力式码头在紧靠墙背的一部分，采用粒径和内摩擦角较大的材料回填，如块石，作为减压棱体。为了防止棱体后的回填土从棱体缝隙中流失，需要在棱体的顶面和坡面上设置倒滤层。

2. 高桩码头

由基桩和上部结构组成，桩的下部打入土中，上部高出水面，上部结构有梁板式、无梁大板式、框架式和承台式等，如图 7.2-2 所示。高桩码头利用打入地基中的桩将作用在上部结构的荷载传到地基深处。桩不仅是基础，也是结构中不可缺少的组成部分。高桩码头属透空式结构，波浪和水流可在码头平面以下通过，对波浪不发生反射，不影响泄洪，并可减少淤积，适用于软土地基，在我国应用相当广泛。

其缺点：结构承载能力有限，对地面超载适应性差；结构构件往往是按既定装卸工艺方案布置的，对装卸工艺变化适应性差；耐久性不如重力式和板桩式码头，特别是在高盐度、高温度和高湿度的地区，使用年限一般仅 30 年左右；构件易损坏，损坏后难以修理；

施工一般需要台班费较高的打桩设备；造价一般较高。

高桩码头主要适用于软土地基。我国沿海、河口和河流下游的地区软土地基分布很广，例如上海及长江下游和天津地区，地基表层由近代沉积土组成，硬土位置较低。对于这种地基，目前高桩码头是最常用的结构形式，尤其是建设深水大码头。

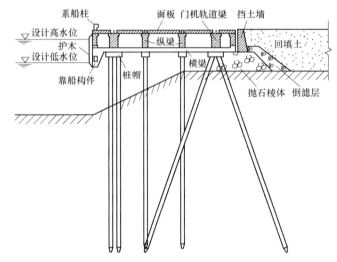

图 7.2-2　高桩码头结构示意图

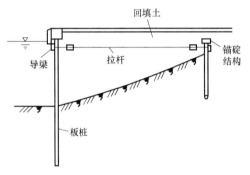

图 7.2-3　板桩码头结构示意图

3. 板桩码头

由板桩墙和锚碇设施组成，并借助板桩和锚碇设施承受地面使用荷载和墙后填土产生的侧压力，如图 7.2-3。板桩码头具有工程投资省、结构简单、施工速度快、节省岸线资源等优点，除特别坚硬或过于软弱的地基外，均可采用。

对于板桩式码头，水深的变化对其强度和稳定性的影响极其敏感，当码头前沿水深加大以后，作用于前墙上的土压力急剧加大，导致前墙的内力和变形随之增大，当达到某一水深时前墙由于过大的内力和变形就会发生破坏，因此上世纪末国内建成的最大板桩码头仅为 3.5 万吨级。2002 年起，中交第一航务工程勘察设计院、南京水利科学研究院等单位提出了旨在减小结构土压力的"遮帘"和"分离卸荷"设计思想，开发了"半遮帘式"、"全遮帘式"、"分离卸荷式"和"带肋板的分离卸荷式" 4 种板桩码头新结构，解决了板桩码头深水化面临的技术难题，将我国板桩码头结构最大等级从 3.5 万吨级提升至 20 万吨级，建成了世界上最大吨级的板桩码头。

7.2.2　码头结构现场监测的目的与原则

在施工期和运行期对码头结构位移与变形、作用于结构上的土压力、波浪力及孔隙水压力、码头结构内部应力及桩身弯矩等进行现场测试是确保工程安全可靠、完善码头结构设计的重要手段。

通过现场监测，可以达到以下目的：

（1）获取码头结构在全寿命周期内的安全状况及性能评价

对码头、防波堤等港口建筑物现场监测最基本和最重要的目的是获取各种不利工况下结构性能的评价，通过监测数据，及时掌握建筑物在施工期、运行初期和正常运行期的安全状况。通过对监测到的异常数据进行分析，查找可能出现的险情并及时预报，及时提出处理措施、建议，确保施工安全和施工质量，指导施工，保证建筑物的安全运行。

（2）优化码头设计参数及工程设计方案

现场监测除掌握工程的健康状况外，通过对监测数据的综合分析，有助于优化工程设计方案。将观测数据与理论和试验中预测的工程特性指标进行比较，评估工程设计方案的合理程度，还可以提供合理的施工参数，使工程更为可靠和经济，也可以进一步提高设计水平。比如在高桩码头工程中，可通过现场监测数据优化桩基深度、挡土墙尺寸，在板桩码头设计中可通过位移和内力的监测数据优化前墙的入土深度、墙体刚度、拉杆型号、锚碇结构纵向间距等。

（3）完善码头结构设计计算理论

通过对监测数据的分析，可以对现有的计算理论进行修正、完善。通过理论计算与实际监测的对比分析，得出更为合理的修正参数，为该工程及以后的类似工程提供参数修正和计算依据。如作用在板桩码头前墙的主动土压力和被动土压力，由于其大小随前墙的位移发生变化，目前的设计理论难以计算真实土压力，可通过分析大量的板桩码头现场监测数据，提出符合工程实际的土压力计算方法。

（4）为港口工程新结构、新技术的有效性和先进性提供现场佐证材料。

通过对现场监测数据的分析为新技术的诞生提供数据支撑，对于一些新型码头和防波堤结构，由于工程经验较少，在实际的设计中可能偏于保守，这就导致新型结构的经济优势不是很突出。通过监测数据为新型结构的工作机理及理论计算的正确和合理性提供现场数据资料，有助于新型结构的推广应用。近年来，遮帘式板桩码头结构、分离卸荷式板桩码头结构、桶式基础防波堤结构、箱筒型基础防波堤结构等新型港工建筑物的提出都进行了大量的现场试验。

对于码头结构的现场监测应遵循四个方面的基本原则，即真实性原则、及时性原则、完整性原则和统一性原则。为满足上述原则，需从现场监测方案制定、仪器选型与安装埋设、监测周期与频率、观测记录、资料整理等方面系统全面地完成码头工程的现场监测。

7.2.3　原型观测的内容

目前我国尚未制订针对码头工程、防波堤工程现场监测的专门标准，大多参考的是《水运工程水工建筑物原型观测技术规范》JTJ 218—2005，该规范从位移和变形观测、力与应力观测、振动观测、耐久性观测四个方面对现场监测的技术要求进行了规定，同时列出了各种不同水工建筑物所需要进行原型观测的项目，见表 7.2-1。

对码头结构现场测试的重点是作用于结构上的外部荷载、结构内力以及变形与位移情况等，根据监测数据分析码头泊位的强度和稳定性，评价码头结构的安全，进而分析结构与地基土的相互作用规律，为优化设计方法提供数据支撑。目前对于深水码头泊位进行现场监测的技术难题包括：一是地下结构上的土压力和弯矩测试，二是结构内力的换算方法。另外还需改进侧向变形、拉杆拉力等测试项目的仪器埋设与数据分析方法，建立完整的现场测试技术体系。

水运工程水工建筑物原型观测项目

(《水运工程水工建筑物原型观测技术规范》JTJ 218—2005)　　　表 7.2-1

观测项目／建筑物类别	水平位移	垂直位移	倾斜	裂缝	外观	土压力与基底压力	水压力	孔隙水压力	波浪力	冰压力	混凝土结构应力	混凝土温度应力	钢结构应力	船舶力	振动	耐久性
重力式码头	★	★	★	△/★	★	△	△	△	△	△	—		—		△	△	△/★
板桩码头	★	★	★	★	★	△	△	△	—				△	△		★
高桩码头	★	★	★	★	★	△		△	△	△	△		△	△	△	★
斜坡码头和浮码头	△	★	△	★	★	△	△	△	△	△			△	△	△	△
斜坡式防波堤	★	★	—		★		△	△	△	△			△			△
直立式防波堤	★	★	△	★	★	△	△	△	△	△			△			△
船台滑道	★	★	△	★	★		△		△		△		△			△
船坞	★	★	△	★	★	△	△	△			△		△			★
船闸	★	★	★	★	★	△	★	△			△		△			△
航道整治建筑物	★	★			★			△	△				△			△
护岸	★	★	△/★	△	★	△	△	△	△	△			△			△

注："★"表示必测项目，"△"表示选测项目，"△/★"表示既含有必测项目又含有选测项目，"—"表示无规定观测项目。

7.3　码头结构现场监测技术

7.3.1　位移和变形观测技术

1. 位移和变形监测

码头水工建筑物在施工期和运行过程中通常会发生位移和沉降，码头水平和垂直位移是在外荷载作用下所产生，是建筑物地基中土体变形、建筑物沿地基滑动以及建筑物自身变形的结果，对码头工程的安全和正常使用造成不利影响，位移和变形监测是码头工程现场监测的首要内容，通过设置永久性沉降、位移观测点，对码头各构件的沉降、位移和倾斜进行定期观测；尤其在码头前沿挖泥及后方填土过程中应对各构件的沉降和位移加强监测。码头位移和变形监测等级依据《水运工程测量规范》JTS 131—2012 要求。码头沉降点应选择在能反映变形体变形特征又便于监测的位置，并尽量结合水平位移监测点布设。如：码头承台各部分的转折角、码头接岸处、吊装机台等，码头沉降点布设间距一般控制在 20～30m 以内。

沉降监测和水平位移监测方法与一般建筑物类似，本节重点介绍侧向变形监测方法。

2. 桩身和墙体侧向位移监测

码头结构侧向变形是指码头主要构件自上而下的整体变形情况，如板桩码头前墙和锚碇墙的侧向位移。侧向变形监测以往常采用两种方法：一种方法是在被测试桩墙两侧土体中埋设测斜管，如在板桩码头前墙施工结束后，在紧靠前墙的陆侧钻孔埋设测斜管，然后通过测斜传感器测得埋设在紧靠桩墙的地基土中测斜管的变形，以此作为桩墙变形，由于土和钢筋混凝土墙是两种完全不同的介质，两者的变形并非完全协调的，因此这种将两者变形近似认为相等的测量方法必然存在较大的误差；另一种方法是在被测试板桩墙浇注完成后钻孔埋设测斜管，孔壁与测斜管间用水泥浆回灌，然后通过测斜传感器测得测斜管的变形，这样测得的测斜管的变形等同于板桩墙的变形，由于钻孔孔壁与测斜管之间水泥浆的回灌质量很难控制，存在较多大小不一的孔洞，其误差虽然比第一种方法小，但仍是不能忽略的。

对码头结构中桩身和墙体侧向位移最直接的测量方法是构件施工过程中同步安装测量仪器，即在钢筋笼中直接安装测斜管。该方法是将铝合金测斜管直接绑扎在已制作好的钢筋笼内，省时省力经济，易于调整和保证测试方向。该方法的缺点是测斜管底未进入无水平位移地层，但通过全站仪配合观测管口最后一个测试段的水平位移，可消除测斜管管底位移的影响，将其作为固定点。

侧向变形通常采用固定式测斜仪和活动式测斜仪两种方式。对于活动式测斜仪，只需埋设测斜管；对于固定式测斜仪，需先埋设测斜管，然后进行固定式测斜仪的安装。

结合港口工程的施工特点和条件，建议采用绑扎法在钢筋笼中直接安装测斜管，选择专用的铝合金测斜管，其耐久性好，便于绑扎或焊接安装，且能有效减小自身变形，易于调整测试方向，提高观测精度。

(1) 绑扎法安装测斜管的步骤

1) 确定测斜管在钢筋笼中的安装位置，确定位置时要考虑结构体混凝土浇注、振捣、码头上部结构以及轨道梁，应避开其影响。

2) 钢筋笼底部第一节铝合金测斜管安装：先在钢筋笼底部距笼底边缘100mm处焊接一块10mm厚的钢板，支撑铝合金测斜管的底端。将铝合金测斜管进行密封处理后的一端直接顶在支撑板上，并调整铝合金测斜管内导槽方向与设计方向一致，然后用特定的"U"形固定件把铝合金测斜管固定在钢筋笼的主筋上，固定间距一般为2m或根据实际情况而定，在管的端部和边接端部应加密。如图7.3-1所示。

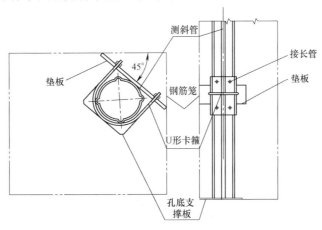

图7.3-1　铝合金测斜管绑扎示意图

3）中间铝合金测斜管安装：第一节铝合金测斜管安装完成后，进行下一节管的安装。首先在管与管的连接长度范围内，在管的表面涂抹不小于 0.5mm 厚的玻璃胶，然后将待连接两管套入接管并确认两测管端面并拢，再分别锁紧接头两端周向的共 8 个紧固螺钉。两节测管连接后，用配套的密封胶带缠绕接缝处（包括紧固螺钉处），缠绕处管的表面应保持洁净，以增加密封效果。检查导槽方向后，用特定的"U"形固定件固定，固定间距 2m 或根据实际情况而定。

4）顶端一节铝合金测斜管的安装：按步骤 3 的方法与前一节管连接后，本节铝合金测斜管管口用配套的封口部件密封，为接下一根管做准备。

5）按预定的长度连接好测斜管后，将其安放在钢筋笼的预定位置，并调整好导向槽方向。

6）用绑扎带或抱箍将其固定在钢筋笼上，间距 2m 左右，固定时应自下而上，并注意随时校准导槽方向，上部测斜管外应加一段保护套管，防止混凝土浇注时损坏测斜管，浇注结束后拔掉。

图 7.3-2　安装在钢筋笼上的测斜管

7）安装好的测斜管随钢筋笼一起下入指定施工槽位，下到一定深度时就在测斜管内注满清水，待钢筋笼下到设计位置后，用模拟探头试测测斜管的两对导槽，检验测斜管的顺畅。

8）出露于地面以上的测斜管应不少于 50cm，盖上管盖，并做好其他保护设施。

9）填写安装埋设记录，待混凝土凝固后按观测频率要求测试初始读数。

安装完成后的测斜管如图 7.3-2。

（2）侧向位移观测仪器

在桩身和墙体内安装测斜管后，可通过测斜仪测量结构变形。测斜仪是通过测量测斜管轴线在港池开挖和荷载施加过程中的变化，测试码头结构或土体侧向水平位移的高精度仪器，有活动式和固定式两种。活动式测斜仪是带有导向滑动轮的测斜仪在测斜管中逐段测出产生位移后管轴线与铅垂线的夹角，分段求出水平位移量，累加得出总位移量及沿管轴线整个孔深位移的变化情况。固定式测斜仪是把测斜仪固定在测斜管某个位置上进行连续、自动测量仪器所在位置倾斜角的变化。

由于码头结构监测精度要求高，且常常面临大风浪等恶劣天气，为确保监测人员的安全，避免活动式测斜仪人工测量引起的误差，建议采用固定式测斜仪进行自动化观测。

（3）固定式测斜仪安装

1）根据安装顺序准备支承管和传感器，将传感器按同一方向和接管连接起来，调整校直后固定可靠；

2）把连接好的传感器放入测斜管中，并使其正方向对准测斜管的正方向导向槽。下放时使用接在系统底部的钢缆绳，安装过程电缆须固定在标准节距杆上以免电缆绞缠；

3）当将第二组轮放入测斜管时，由于杆系中备有平面铰，故应注意校直后再接续导入，以后依次安放；

4）全部测斜仪按要求放入测斜管后，进行管口顶盖封口处理，并测读测斜仪读数，做好安装埋设记录。

固定式测斜仪的安装参见图7.3-3。

7.3.2 土压力观测及土压力计埋设技术

1. 码头结构的土压力

码头结构受到的外部荷载包括表面载荷、来自地基土的土压力和孔隙水压力、来自港池的波浪压力、来自船舶的系缆力等，其中土压力是码头结构的主要外部荷载，板桩码头的稳定性取决于前墙在土压力作用下的变形及内力；重力式码头沉箱或块体结构受到的侧向土压力和基底土压力是码头稳定的关键，高桩码头后方接岸结构的侧向土压力也会对码头安全产生影响。

对土压力的监测主要是施工期和运行初期进行，在混凝土浇筑完成后观测初始土压力及其分布情况，然后分别在码头施工和使用过程中观测各构件前、后的土压力及其分布情况。如何准确地测量土压力分布及其变化

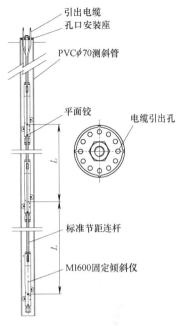

图 7.3-3　固定式测斜仪安装示意图

规律一直是工程界的难点，本节重点介绍两种常用的土压力传感器的安装方法：挂布法和气缸顶出法。

2. 土压力计埋设

墙体和桩身的土压力采用界面式土压力传感器测量。界面式土压力计的埋设方法较多，主要是根据现场实际情况选取。目前国内常用的方法为挂布法，国外常用液压式顶出法。

挂布法是目前国内应用最广泛的界面式土压力计安装埋设方法，它是预先在钢筋笼外围安装编织布，在编织布外侧按设计要求深度固定好土压力计，土压力受压膜朝外对准泥面与挂布成平行状态，信号线放在挂布内并固定在挂布上。挂布可选用土工布，要求透水性能好，但不允许渗水泥浆，并且有足够的强度。钢筋笼下放前要仔细检查一遍仪器，下钢筋笼后利用混凝土浇注时的外挤力，将挂布及土压力计压紧于墙壁侧土面。

挂布法安装埋设工艺简单，费用低廉，但是影响测试结果因素多，无法保证土压力盒的埋设质量。影响挂布法的主要因素有：①土压力盒的受压面难以与墙面保持平行，连续墙侧壁由于成孔时槽壁不光滑，局部还有塌孔存在，砂土层尤为明显，土压力盒受压面的方向取决于槽壁接触面方向；②土压力盒难以紧贴墙壁，地下连续墙上的土压力应为墙侧壁的土压力，挂布法埋设的土压力盒在挤压移动过程中所受的外力为混凝土的外挤力，首先外挤力不足以将土压力盒推至槽壁，致使土压力盒滞留于混凝土中，其次在外推挤过程中会改变土压力盒的位置与方向；③挂布的安放问题，挂布在钢筋笼安装过程中也会因槽壁的阻力而改变土压力盒的位置与受压面的方向。

液压式顶出法安装需要专用的顶出式结构，一般用于进口土压力盒的安装。液压式顶出法安装精度高，能保证仪器的垂直度，是一种理想的安装方法。但安装附属结构造价昂贵，一般工程难以接受，只能适用于大型重点工程的重点监测断面，限制了其推广。

本节重点介绍土压力盒埋设的新方法——气缸顶出法。

气缸顶出法是将普通气缸及加压装置作为附件，土压力盒与气缸之间通过连杆相连，气缸行程一般为 15～40cm。在钢筋笼制作过程中，先在待安装部位焊接一块小钢板，将土压力盒与气缸连成整体后通过法兰与钢筋笼相连，调整土压力盒受力面的方向并固定，使受力面与钢筋笼的竖向平行。这样，受力面的方向垂直于墙体。连接压力管，并进行仪器和气缸性能测试，测试合格后分别进行电缆和压力管的绑扎，与钢筋接触部位需做保护套。钢筋笼安装好后，在地面通过气泵给气缸加压，将土压力盒顶推至结构侧壁，加压大小根据实际工程及气泵功率选取，一般为 0.8～1.0kPa，加压过程中要进行压力观测，混凝土初凝后打开气阀，降低气缸内气压。混凝土浇筑完成后，按一定的时间间隔进行初值测量。

这种安装方法操作简单，费用较低，所需附件在市场采购方便，安装精度高，土压力盒受力方向与墙体垂直，观测的结果就是墙体的实际受力。

具体步骤为：

（1）安装位置放样，在钢筋笼制作完成后，按设计高程在钢筋笼自上而下确定土压力计的安装位置；

（2）安装气缸法兰盘，在选定位置固定气缸法兰，固定时应注意保持法兰与钢筋笼侧壁平行；

（3）安装气缸和土压力计，待法兰自然冷却后，可安装气缸和土压力计；

（4）安装土压力计护板，在土压力计上下两侧安装扩板，以便在下钢筋笼时防止土压力油膜刮碰施工槽壁而损坏；

（5）安装气缸压力管，压力管有两根，一根是送压管，一根是减压管；

（6）布置并绑扎信号电缆，将各个土压力计的信号电缆按顺序自下而上绑扎到钢筋笼上，绑扎间距 1～2m，绑扎时要注意控制电缆的松紧，给予一定的预留量，防止变形时损坏；

（7）布置并绑扎气缸压力管，由于压力管数量相对较多，且其受到挤压可能会导致气体压入困难，在完成压力传递后即失去作用，所以绑扎时只需注意避开混凝土浇注和振捣即可；

（8）完成上述步骤后，重新测量确定土压力计的实际安装位置，位置测量确定以土压力计油膜中心为测量点，同时测试土压力读数，并记录其实际位置和读数；

（9）将钢筋笼下入指定施工槽位，待钢筋笼下到设计位置后，把信号电缆线引至集线箱，将压力管临时放入密封袋中并注意防止受外界因素破坏；

（10）在混凝土浇注前测试土压力计读数，混凝土初凝再次读取土压力计数值，凝固后按观测频率要求测试读数。

现场安装完成后的土压力计见图 7.3-4。

7.3.3 桩身和墙体弯矩测试技术

1. 钢筋计埋设

结构弯矩是码头设计与计算的重要参数，由于弯矩不能直接测得，一般通过钢筋计测试桩基、地下连续墙的钢筋应力，换算桩体或墙体的弯矩。

图 7.3-4　安装在钢筋笼上的土压力计

钢筋计主要由连接杆、钢套、钢弦、磁芯和引出电缆等组成，连接杆与钢筋计主体间采用螺纹连接。钢筋计连接杆与待测钢筋采用同心对焊法，即将待测截面处最外缘受力钢筋截断，安装一对钢筋应力计，观测两侧竖向钢筋的应力。竖向钢筋应力不仅可以判断结构的受力状态，更主要的是可以通过测试得到的钢筋应力值，换算板桩结构的弯矩。

2. 弯矩计算方法

（1）传统经验算法

我国的基坑工程与地下工程设计手册中均采用弹性方法计算墙体实测弯矩。通过材料力学方法计算墙体的弯矩：

$$M = \frac{E_c}{E_s} \cdot \frac{I_0}{d} (\sigma_{s1} - \sigma_{s2}) \tag{7.3-1}$$

式中　M——量测断面处的计算弯矩；

E_c，E_s——混凝土和钢筋的弹性模量；

$\quad I_0$——量测断面的惯性矩，对于地下连续墙，$I_0 = bh^3/12$，其中 h 为连续墙厚度，b 取单宽 1m；

$\quad d$——两待测钢筋应力计的中心距；

σ_{s1}，σ_{s2}——一对待测钢筋计的应力值，取受拉为正，受压为负。

由于地下连续墙结构不是一个纯弯构件，还有剪力存在，是一个小偏心受压构件。钢筋混凝土材料近似为弹塑性体，由钢筋和混凝土组成，在不同的工作阶段，两者并不是协调变形。计算时，一是要考虑材料的特性，二是考虑钢筋承担的弯矩，三是要考虑钢筋混凝土的实际工作状态。因此，本节对上述传统经验算法进行改进。

（2）改进算法

当结构混凝土处于弹性、弹塑性工作状态时，钢筋与混凝土能够协调变形，此时混凝土的应力应变-关系为

$$\text{当 } 0 \leqslant \varepsilon_c \leqslant \varepsilon_0 = 0.002 \text{ 时}, \sigma_c = \sigma_0 \left[1 - \left(1 - \frac{\varepsilon_c}{\varepsilon_0} \right)^2 \right] \qquad (7.3\text{-}2)$$

$$\text{当 } \varepsilon_0 \leqslant \varepsilon_c \leqslant \varepsilon_u = 0.0033 \text{ 时}, \sigma_c = \sigma_0 = \text{const} \qquad (7.3\text{-}3)$$

式中　σ_0——规范推荐的钢筋混凝土受弯构件应力-应变曲线中的应力峰值，$\sigma_0 = 0.76 f_{cu}$；

　　　　f_{cu} 为混凝土立方体抗压强度。

钢筋的应力-应变关系为

$$\text{当 } 0 \leqslant \varepsilon_0 \leqslant \varepsilon_y \text{ 时}, \sigma_s = E_s \varepsilon_s \qquad (7.3\text{-}4)$$

$$\text{当 } \varepsilon_s \leqslant \varepsilon_y \text{ 时}, \sigma_s = f_y \qquad (7.3\text{-}5)$$

式中　f_y——钢筋的抗拉强度设计值。

弯矩采用下式进行计算：

$$M = \frac{I_c}{h} (\sigma_{c1} - \sigma_{c2}) + \frac{1}{2} \sum (\sigma_{s1i} A_{1i} - \sigma_{s2i} A_{2i}) n_i d_i \qquad (7.3\text{-}6)$$

式中　I_c——墙体计算惯性矩；

　　　　n_i——计算宽度内每层钢筋的数量；

　　　　i——对应的层数；

σ_{c1}、σ_{c2}——两侧钢筋处混凝土应力，根据该处的混凝土应变 ε_{c1} 和 ε_{c2} 计算，$\sigma_{s1} = \varepsilon_{c1} E_s$，$\sigma_{s2} = \varepsilon_{c2} E_s$。

式（7.3-6）考虑了钢筋混凝土材料工作特性，以及钢筋承担的部分弯矩，并进行截面抗弯刚度修正。

3. 板桩码头拉杆内力观测

板桩码头拉杆拉力采用钢筋应变计进行观测，选用热膨胀系数与钢拉杆相同的应变计，故测量时不需进行温度修正，提高了测试精度。安装前在待测拉杆安装部位打磨一个安装面，安装面大小由选定的仪器决定，安装面应平整，严格与钢筋的轴线保持平行，否则在安装应变针后振弦与钢筋轴线两者不平行将造成测值失真或传感器失灵。将应变计放入设置固定片槽缝内，环氧涂抹在应变计安装基片上，在放置安装片的大致位置将活化剂涂到拉杆粘接基面上。然后将应变计压紧，持续30s或直到环氧凝固，并测量初值。

根据应变计测出的钢筋应变按式（7.3-7）计算拉杆拉力。

$$P = \sigma A = E \varepsilon A \qquad (7.3\text{-}7)$$

式中　P——拉杆拉力；

　　　　σ——拉杆应力；

　　　　ε——拉杆应力；

　　　　E——拉杆弹性模量；

　　　　A——拉杆截面积。

7.4　工程实例

7.4.1　唐山港京唐港区工程概况

唐山港京唐港区 10 万吨级通用散货码头及专业化煤码头，由中交第一航务工程勘察设计院设计。根据建港地区的地形和地质条件，码头采用遮帘式地连墙板桩结构。为了确保工程安全及优化结构设计计算方法，南京水利科学研究院在码头施工过程（码头前沿浚深挖泥）和使用过程（码头面加载）对 32 号码头泊位进行现场监测，获取码头结构的相关参数，探讨遮帘式码头结构与地基土的相互作用机理，为工程设计与优化提供技术支撑。

7.4.2 工程地质条件

各土层的物理力学指标见表 7.4-1。地下水位主要受大海潮汐的影响，极端低水位为 -1.53m，设计高水位为 2.02m，高程系统为当地理论最低潮面。

32 号码头泊位地基土层主要物理力学指标（YK2 孔） 表 7.4-1

编号	土层名称	厚度	γ	w	e	c_q	φ_q	$a_{v1\sim2}$	E_s	N
		m	$kN \cdot m^{-3}$	%		kPa	°	MPa^{-1}	MPa	击
①	粉细砂	9.7	15.5			0.0	30.8			5.9
②	粉土	7.6	19.3	24.2	0.73	16.0	28.0	0.19	9.73	8.8
②₂	淤泥质黏土	6.6	17.6	43.1	1.21	16.0	17.1	0.78	2.95	3.6
②₃	粉质黏土	1.1	19.1	31.2	0.85	18.0	19.6	0.39	5.10	7.5
③	细砂	10.5	19.7	21.9	0.63	0.0	31.0			39.4
④	粉质黏土	2.8	19.7	25.0	0.69	31.0	24.8	0.26	6.90	18.1
⑤	细砂	3.4	19.7	17.6	0.54	0.0	32.0			44.5

7.4.3 码头结构形式

唐山港京唐港区 32 号泊位为 10 万吨级专业化煤码头，采用遮帘式地连墙板桩结构，码头平面布置见图 7.4-1，码头断面结构见图 7.4-2。板桩前地连墙厚 1.0m，墙底标高 -28.50m，墙顶标高 0.0m，其上浇筑混凝土胸墙；为了降低地连墙上承受的土压力，在墙后设置一排遮帘桩，其断面尺寸为 1.0m×2.0m（宽×高），间距 2.75m，底标高 -32.0m，桩顶标高 0.0m，其上浇筑混凝土导梁；锚碇墙距前墙 40.0m，墙厚 1.2m，墙底标高根据土层的分布情况计算确定，约为 $-15.0\sim-18.0\text{m}$，墙顶标高 -0.5m，其上浇筑导梁，导梁顶标高 3.0m；遮帘桩和锚碇墙之间设置 Q345ϕ95 的钢拉杆，遮帘桩和前地连墙之间设置 Q345ϕ75 的钢拉杆。

7.4.4 测试内容及测点布置

码头原型观测共布置 3 个断面，观测断面编号分别为 2 号、3 号和 4 号断面，各断面的观测点位置与观测内容及仪器详细布置见表 7.4-2。图 7.4-2 为典型断面监测仪器布置图。

具体监测内容包括：

(1) 桩与墙体的土压力

首先在构件混凝土浇筑完成后观测初始土压力及其分布情况，然后分别在码头施工和使用过程中观测各构件前、后的土压力及其分布情况，土压力测试点垂直间距 2~3m。

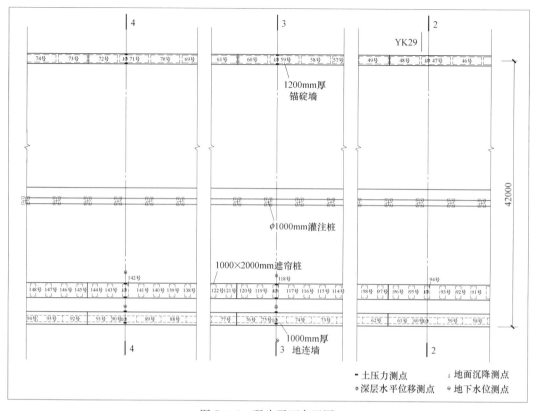

图 7.4-1　码头平面布置图

观测点位置、测量内容及仪器布置　　　　　　　　　表 7.4-2

断面编号	桩墙编号	水位（孔）	沉降（点）	变形（点）	侧向变形（孔）	土压力（只）	竖向钢筋应力（只）	拉杆拉力（只）
2 号	前墙 60 号	—	1	1	1	—	20	前1后2
	遮帘桩 94 号		1	1	1	—	22	
	锚碇墙 47 号	—	1	1	1	—	10	
3 号	前墙 75 号	1	1	1	2	10	20	前1后2
	遮帘桩 118 号		1	1	2	16	22	
	锚碇墙 59 号	1	1	1	2	9	12	
4 号	前墙 90 号	1	1	1	1	10	20	前1后2
	遮帘桩 142 号		1	1	1	16	22	
	锚碇墙 71 号	1	1	1	1	9	12	

（2）桩与墙体竖向钢筋应力与弯矩

观测前地连墙、遮帘桩和锚碇墙海、陆两侧的竖向钢筋应力，在最大弯矩附近加密测试，并根据钢筋应力分别换算成墙体或桩体的弯矩。

（3）变形、位移和沉降

在前地连墙、遮帘桩和后锚碇墙内埋设测斜管、变形及沉降观测点，观测施工期和使用期前地连墙、遮帘桩和后锚碇墙的变形和整体沉降情况。

对于前地连墙、遮帘桩和后锚碇墙，锚碇点位移是重要的设计参数，前墙的泥面位移也是重要的一个设计参数。

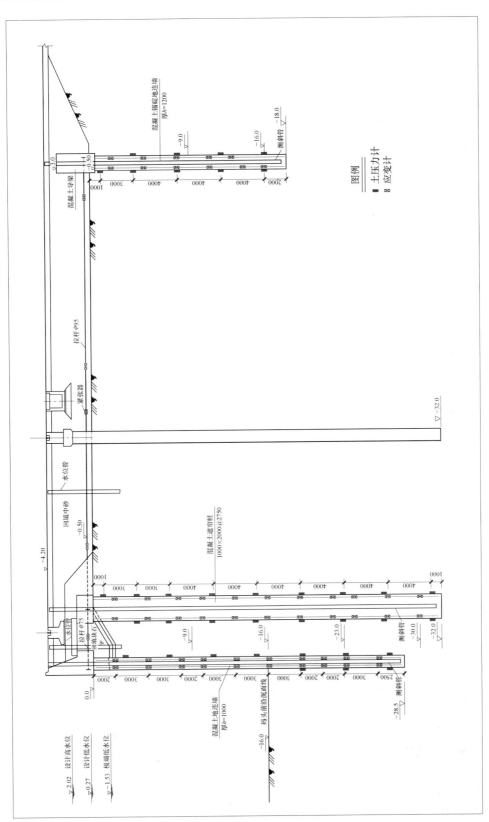

图 7.4-2 遮帘式板桩码头结构断面及 4 号监测面仪器布置图

（4）拉杆拉力

分别对前地连墙和遮帘桩之间的 $\phi75$ 拉杆和遮帘桩和锚碇墙之间的 $\phi95$ 拉杆进行应力测试，首先进行初始应力测试，然后在施工和使用过程中观测拉杆应力的变化情况。$\phi95$ 拉杆的测试点为 3 个，分别布置在海侧、陆侧及拉杆中部；$\phi75$ 拉杆测一个点。

拉杆拉力采用美国基康公司 VK4150 型钢筋应变计进行测试。该应变计的热膨胀系数与拉杆相同，故不需进行温度修正，大大提高了测试精度。

（5）潮位与地下水位

观测码头的潮位和墙前剩余水头，以及前地连墙与遮帘桩间、遮帘桩与锚碇墙间的地下水位变化情况。

码头前沿浚深挖泥自 2005 年 6 月 21 日开始，2005 年 12 月 4 日结束。码头前沿浚深挖泥深度约为 -16.0m。码头前沿浚深挖泥共分成 3 个阶段进行：-11m 阶段，$-11\sim-15$m 阶段，$-15\sim-16$m 阶段。仪器埋设工作于 2004 年 8 月份开始，2005 年 2 月份结束。码头上部结构设备于 2007 年 8 月份基本安装完毕。

为获取浚深挖泥前各测点的初始值，在港池挖泥前，共进行了 70 余组次数据的观测。监测频率：

观测工作主要分为前期（施工期）、第一阶段（码头浚深期，按 90d 计）、第二阶段（码头加载及满载 1 个月内）、第三阶段（码头满载 1 个月后）4 个阶段，各阶段观测频率见表 7.4-3。

观测频率表 表 7.4-3

时间	沉降	水平位移	侧向变形	土压力	竖向钢筋应力	拉杆应力	地下水位
前期	1 次/7d	1 次/7d	1 次/7d	1 次/7d	1 次/7d	1 次/7d	1 次/7d
第一阶段	1 次/3d	1 次/3d	1 次/3d	1 次/3d	1 次/3d	1 次/3d	1 次/3d
第二阶段	1 次/3d	1 次/3d	1 次/3d	1 次/3d	1 次/3d	1 次/3d	1 次/3d
第三阶段	1 次/7d	1 次/7d	1 次/7d	1 次/7d	1 次/7d	1 次/7d	1 次/7d

7.4.5 测试结果与分析

1. 前墙地下水位、潮位与剩余水头

由于前墙地下水位受潮位影响，与潮位一起周期性变化，因此，现场观测时，对地下水位观测与土压力观测同步进行。

剩余水头为前墙后地下水位与潮位的差值，由于设计中主要考虑低潮位时剩余水头的影响，因此，观测时尽可能选择低潮位进行测量。

地下水位、潮位与剩余水头观测成果见图 7.4-3。

观测结果表明，前墙后地下水位标高变化区域为 $+1.0\sim+2.0$m；潮水位标高变化区域为 $+0.5\sim+2.0$m；剩余水头主要变化区域为 $0\sim0.7$m，观测阶段最大值为 1.26m。

2. 码头结构整体沉降

遮帘式地连墙板码头结构主要由前墙、遮帘桩、锚碇墙与拉杆系统组成，其各部位沉降情况存在着差异。观测期末码头结构各构件沉降观测结果见表 7.4-4。变化过程线见图 7.4-4～图 7.4-6。

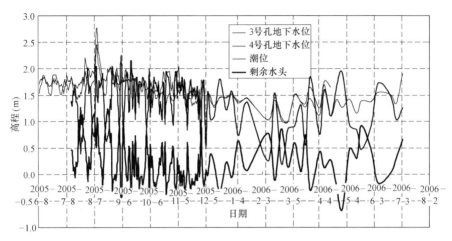

图 7.4-3 地下水位、潮位和剩余水头变化过程线

码头整体沉降观测结果 表 7.4-4

测点位置	前墙			遮帘桩			锚碇墙		
	2号	3号	4号	2号	3号	4号	2号	3号	4号
整体沉降(mm)	8	7	6	6	4	3	20	14	19

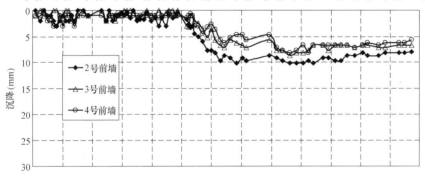

图 7.4-4 前墙沉降变化

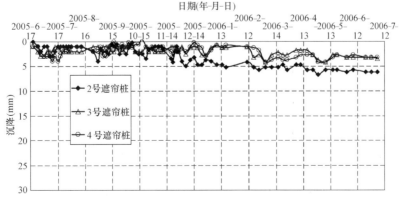

图 7.4-5 遮帘桩沉降变化

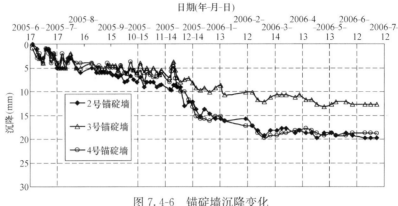

图 7.4-6 锚碇墙沉降变化

由表可见，码头结构的沉降非常小，码头水平位移对沉降的影响可忽略不计。其中遮帘桩沉降最小，仅为 3～6mm；前墙次之，为 6～8mm；锚碇墙最大，为 14～20mm。

3. 锚碇点位移与泥面位移

锚碇点位移分为前墙、遮帘桩与锚碇墙的锚碇点位移，采用全站仪与移动式测斜仪组合进行观测。观测期末锚碇点位移观测成果见表 7.4-5，变化过程线见图 7.4-7。

锚碇点水平位移与泥面位移观测结果　　　　　　　　　　表 7.4-5

测点位置	前墙			遮帘桩			锚碇墙		
	2 号	3 号	4 号	2 号	3 号	4 号	2 号	3 号	4 号
锚碇点水平位移（mm）	62	—	47	62	51	46	53	—	40
泥面位移（mm）	24	—	22	—	—	—	—	—	—

注：锚碇点水平位移的方向取指向海侧为正。

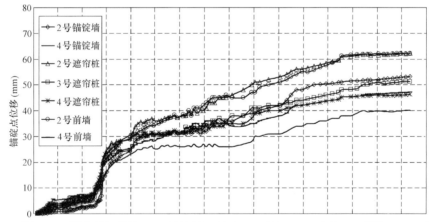

图 7.4-7 锚碇点位移变化曲线

观测结果表明：观测期内前墙锚碇点位移为 47～62mm，遮帘桩锚碇点位移为 46～62mm，锚碇墙锚碇点位移为 40～53mm。对于不同断面的锚碇点位移，前墙与遮帘桩的位移差基本相同，且位移也基本相同；遮帘桩与锚碇墙间的位移差也近似相同，约为 6～9mm。各锚碇点位移在码头前沿浚深挖泥阶段变化速率最大，其中在 −15～−16m 开挖阶段达到峰值，为3mm/d，在码头上部结构设备安装完成后，各锚碇点位移趋于稳定。

泥面位移指的是码头泥面标高处的前墙水平位移。本工程的泥面位移即为前墙−16.0m标高处的前地连墙水平位移，采用移动式测斜仪观测。

观测期末前墙泥面位移观测成果见表7.4-5，变化过程线见图7.4-8。

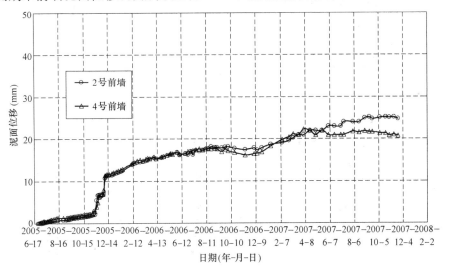

图7.4-8 泥面位移变化

观测结果表明：观测期内前墙泥面位移为22～24mm，两个断面泥面位移基本相同。在码头前沿浚深挖泥阶段泥面位移变化速率最大，其中在−15～−16m开挖阶段达到峰值，为1.3mm/d，在码头上部结构设备安装完成后，泥面位移趋于稳定。

4. 墙体与桩身侧向变形

观测期末前地连墙、遮帘桩与锚碇墙墙体与桩身侧向变形观测结果见图7.4-9。观测结果表明：对于泥面标高（−16.0m），前墙与遮帘桩的位移基本相同；泥面（−16.0m）以上，前墙墙身水平位移大于遮帘桩；泥面（−16.0m）以下，前墙墙身水平位移小于遮帘桩，可见该部分土体发生压缩变形。

前地连墙、遮帘桩与锚碇墙墙体与桩身侧向变形变化过程见图7.4-10。

观测结果表明，码头前沿浚深挖泥结束后，墙身与桩身的侧向变形较小，只占总变形1/4～1/2，大部分变形是在浚深结束后产生的，这主要是由于土的流变特性引起的。

5. 拉杆拉力

拉杆在安装时，现场施加了50kN的预应力（拉力），故在码头前沿浚深挖泥初始以50kN作为拉杆初始值。

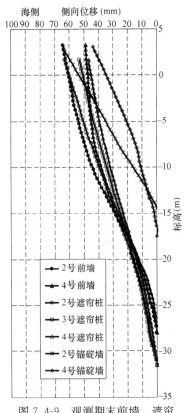

图7.4-9 观测期末前墙、遮帘桩和锚碇墙侧向变形

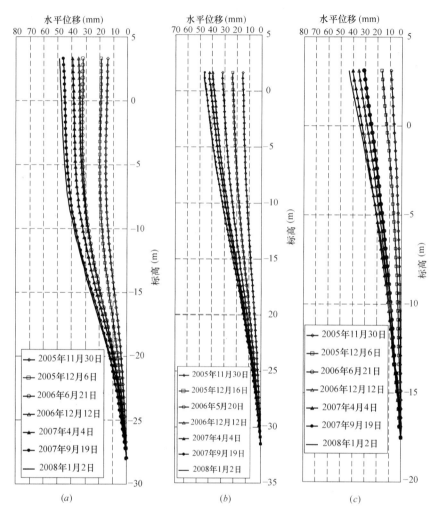

图 7.4-10　4 号观测断面各构件侧向位移变化过程

（a）前墙；（b）遮帘桩；（c）锚碇墙

观测期末前拉杆拉力观测成果见表 7.4-6，变化过程线见图 7.4-11、图 7.4-12。

观测期末拉杆拉力

表 7.4-6

测点位置	2 号	3 号	4 号
直径 75mm 拉杆(kN)	—	—	276
直径 95mm 拉杆(kN)	601	526	446

前墙与遮帘桩之间的 75mm 小拉杆拉力观测结果见图 7.4-11。观测结果表明，码头前沿浚深挖泥阶段，小拉杆拉力较小，约为 100kN，挖泥结束后，小拉杆拉力继续增大，至 2006 年 7 月 4 日，拉力增至 351kN。

遮帘桩与锚碇墙之间的 95mm 大拉杆拉力观测结果见图 7.4-12。观测结果表明，码头前沿浚深挖泥阶段，大拉杆拉力为 261～282kN；挖泥结束后，大拉杆拉力继续增大，至观测期末，拉力为 446～601kN，大拉杆在 2007 年 6 月份后拉杆拉力趋于稳定。各拉杆拉力变化基本同步，但内力差异较大，从大到小顺序为 2 号断面、3 号断面和 4 号断面。

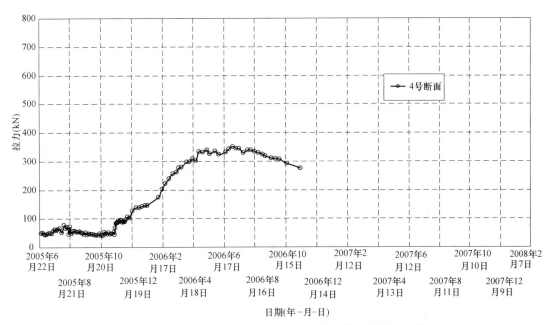

图 7.4-11　前墙与遮帘桩间 75mm 小拉杆拉力变化过程线

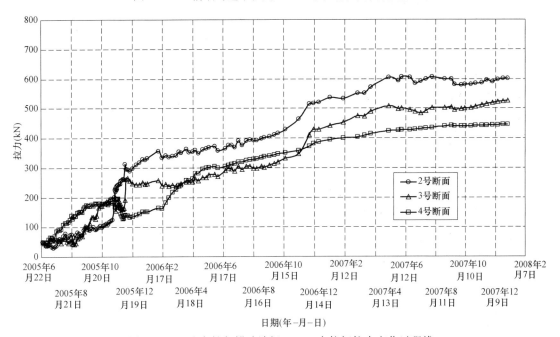

图 7.4-12　遮帘桩与锚碇墙间 95mm 大拉杆拉力变化过程线

6. 土压力

有效土压力计算采用土水分离法，即有效土压力等于总土压力减去水压力。对于砂土，此方法为行业所认可，由于观测区域以粉砂质地层为主，本项目按照土水分离法进行计算。

（1）码头前沿浚深挖泥前静止土压力

码头前沿浚深挖前，对前墙、遮帘桩与锚碇墙静止土压力进行了观测。根据观测结果，计算出土体的静止土压力系数，并将实测静止土压力系数与采用 Jaky 公式计算的静止土压力系数进行了比较。

码头前沿浚深前前墙有效土压力观测结果见图 7.4-13、图 7.4-14。

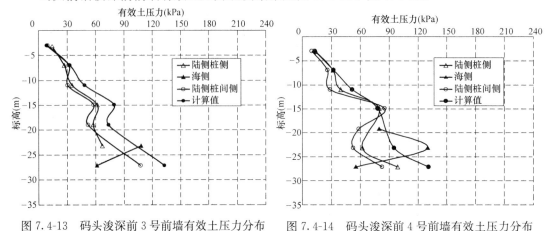

图 7.4-13　码头浚深前 3 号前墙有效土压力分布　　图 7.4-14　码头浚深前 4 号前墙有效土压力分布

码头前沿浚深前遮帘桩有效土压力观测结果见图 7.4-15、图 7.4-16。

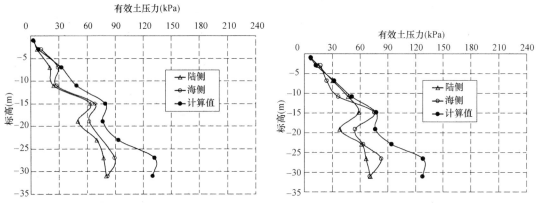

图 7.4-15　码头浚深前 3 号遮帘桩有效土压力分布　　图 7.4-16　码头浚深前 4 号遮帘桩有效土压力分布

码头前沿浚深前锚碇墙有效土压力观测结果见图 7.4-17、图 7.4-18。

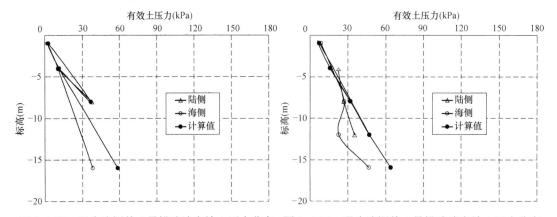

图 7.4-17　码头浚深前 3 号锚碇墙有效土压力分布　　图 7.4-18　码头浚深前 4 号锚碇墙有效土压力分布

实测静止土压力系数与计算结果见图 7.4-19～图 7.4-22。

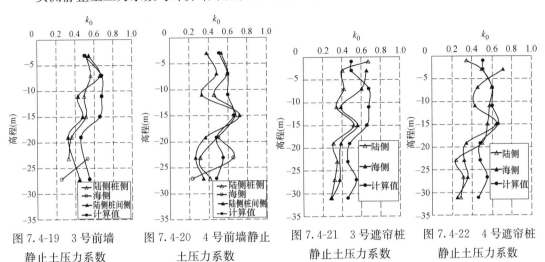

图 7.4-19 3 号前墙
静止土压力系数

图 7.4-20 4 号前墙静止
土压力系数

图 7.4-21 3 号遮帘桩
静止土压力系数

图 7.4-22 4 号遮帘桩
静止土压力系数

观测结果表明，实测静止土压力系数与采用 Jaky 公式计算的土层静止土压力系数较为接近，说明气缸顶推法埋设方法非常适合地下连续墙结构。

(2) 码头施工期及运行期土压力

1）前墙

观测期末前墙总土压力分布见图 7.4-23、图 7.4-24。

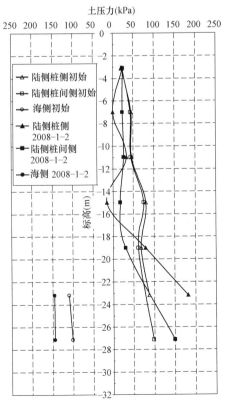

图 7.4-23 3 号前墙有效土压力分布

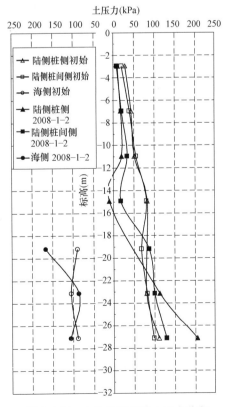

图 7.4-24 4 号前墙有效土压力分布

观测结果表明：受码头前沿浚深开挖影响，前墙陆侧标高－20m以上区域土压力减小，其中泥面标高附近减幅最大；前墙陆侧标高-20m以下区域土压力大幅增大，墙底处土压力增幅最大；海侧土压力分布为上下增大，中间减小。

遮帘桩正对侧与两遮帘桩之间空隙对应侧变化相差较大，遮帘桩正对侧泥面标高区域总土压力减小90.1～97.9kPa，两遮帘桩之间空隙对应侧减小61.4kPa，两者相差约50%，表明遮帘桩具有遮帘作用，可以有效减小作用于前墙上的土压力，其间距与截面尺寸对遮帘作用影响较大。

2）遮帘桩

观测期末遮帘桩有效土压力分布见图7.4-25、图7.4-26。

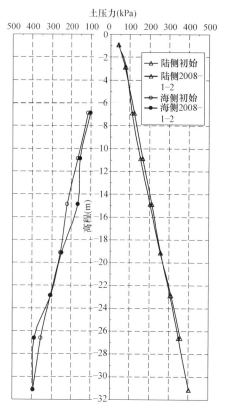

图7.4-25　3号遮帘桩有效土压力分布

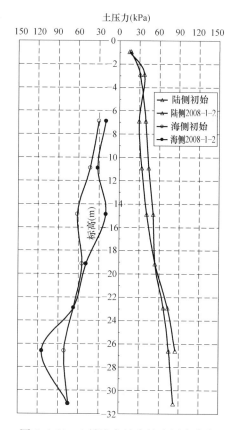

图7.4-26　4号遮帘桩有效土压力分布

观测结果表明，遮帘桩上土压力变化与前墙截然不同，有其自身的特殊规律：遮帘桩陆侧与海侧土压力变化趋势基本一致，标高－19.0m以上土压力减小，泥面区域减幅最大；标高－19.0m以下土压力增大，标高－27m区域增幅最大；墙底区域土压力变化较小。

码头前沿浚深挖泥结束后，遮帘桩上土压力很快趋于稳定。

7. 钢筋应力与弯矩

根据式（7.3-6）计算前墙、遮帘桩与锚碇墙弯矩，其中前墙混凝土 f_{cu} 取40MPa，遮帘桩与锚碇墙混凝土 f_{cu} 取33MPa。

观测期末，前地连墙、遮帘桩与锚碇墙两侧最大竖向钢筋应力变化观测结果见表7.4-7（不考虑自重影响）。

前墙、遮帘桩与锚碇墙最大竖向钢筋应力变化（不考虑自重影响）　　　表7.4-7

部位	断面	拉应力变化值（MPa）				压应力变化值（MPa）			
		期末	位置	峰值	位置	期末	位置	峰值	位置
前墙	2号	43.1	海侧−10m	43.1	海侧−10m	−35.3	海侧−19m	−41.9	海侧−19m
	3号	30.5	海侧−5m	33.8	陆侧−19m	−29.2	海侧−19m	−35.3	海侧−19m
	4号	36.6	海侧−10m	36.6	海侧−10m	−24.3	海侧−21m	−26.5	海侧−19m
遮帘桩	2号	14.2	陆侧−19m	16.9	陆侧−19m	−14.9	陆侧−2m	−18.1	陆侧−8m
	3号	16.2	陆侧−22m	18.5	陆侧−22m	−15.6	陆侧−5m	−16.1	陆侧−5m
	4号	14.6	陆侧−24m	17.0	陆侧−24m	−17.9	陆侧−5m	−17.9	陆侧−5m
锚碇墙	2号	5.2	陆侧−11m	14.4	陆侧−8m	−13.3	海侧−11m	−24.7	海侧−5m
	3号	13.2	陆侧−11m	16.2	陆侧−11m	−21.7	海侧−14m	−24.3	海侧−14m
	4号	12.8	陆侧−11m	14.4	陆侧−11m	−13.8	海侧−8m	−15.8	海侧−5m

观测结果表明：前墙钢筋应力变化较大的区域为标高−5～−10m区域和−19～−21m区域，不考虑自重影响，最大拉应力43.1MPa，最大压应力为−41.9MPa；遮帘桩钢筋应力变化较大的区域为标高−2～−8m区域和−19～−24m区域，不考虑自重影响，最大拉应力18.5MPa，最大压应力为−18.1MPa；锚碇墙钢筋应力变化较大的区域为标高−5～−14m区域，不考虑自重影响，最大拉应力16.2MPa，最大压应力为−24.7MPa。

观测期末，前地连墙、遮帘桩与锚碇墙截面最大弯矩及整个观测期弯矩峰值见表7.4-8，前墙、遮帘桩和锚碇墙弯矩分布见图7.4-27～图7.4-29。

前墙、遮帘桩与锚碇墙截面最大弯矩　　　表7.4-8

部位	断面	正弯矩（kN·m）或（kN·m/m）				负弯矩（kN·m）或（kN·m/m）			
		期末	位置	峰值	位置	期末	位置	峰值	位置
前墙	2号	813	−10m	813	−10m	−1119	−19m	−1319	−19m
	3号	584	−10m	682	−10m	−936	−19m	−1146	−19m
	4号	835	−10m	845	−10m	−839	−19m	−1015	−19m
遮帘桩	2号	1138	−5m	1735	−8m	−1823	−19m	−2001	−19m
	3号	1588	−5m	1907	−5m	−1897	−22m	−2054	−22m
	4号	1983	−5m	2180	−5m	−1660	−24m	−1823	−24m
锚碇墙	2号	—	—	—	—	−456	−11m	−762	−2m
	3号	—	—	—	—	−713	−14m	−847	−14m
	4号	—	—	—	—	−528	−11m	627	−11m

码头施工期及运行期前墙、遮帘桩和锚碇墙弯矩变化见图 7.4-30～图 7.4-38。

从表 7.3-8 可以看出，观测期末前墙最大正弯矩为 584～835kN·m/m，峰值为 682～845kN·m/m，分布于标高－10m 区域；前墙最大负弯矩为－839～－1119kN·m/m，峰值为－1015～－1319kN·m/m，分布于标高－19m 区域；码头前沿浚深挖泥后 3～5d 前墙正弯矩达到峰值，随后正弯矩逐渐减小，至运行期正弯矩处于峰值区域，浚深对负弯矩影响较小，浚深后负弯矩逐渐增大，至 2007 年 8 月份（上部设备安装结束）达到峰值后逐渐减小。

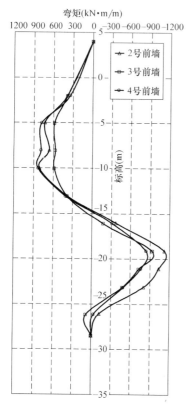

图 7.4-27　观测期末前墙弯矩分布

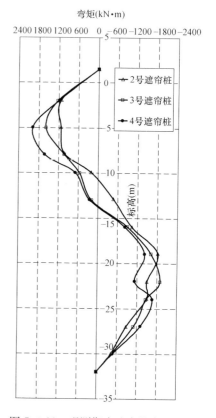

图 7.4-28　观测期末遮帘桩弯矩分布

观测期末遮帘桩最大正弯矩为 1138～1983kN·m，峰值为 1735～2180kN·m，分布于标高－5m 区域；遮帘桩最大负弯矩为－1660～－1823kN·m，峰值为－1823～－2054kN·m，分布于标高－19～－24m 区域；码头前沿浚深挖泥结束后正弯矩快速增大，约 80d 后前墙正弯矩达到峰值，随后正弯矩逐渐减小，上部设备安装阶段又逐渐回升，至运行期正弯矩处于峰值区域，浚深对负弯矩影响较小，浚深后负弯矩逐渐增大，至上部设备安装结束达到峰值后缓慢减小。

观测期末锚碇墙最大负弯矩为－456～－713kN·m/m，峰值为－627～－847kN·m/m，分布于标高－11～－14m 区域；码头前沿浚深挖泥结束后负弯矩快速增大，约 3～5d 锚碇墙负弯矩接近峰值，随后负弯矩缓慢增大，浚深后 65d 达到峰值，后期波动较小，上部设备安装对锚碇墙弯矩影响较小。

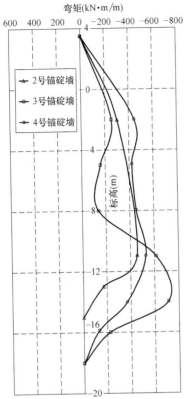

图 7.4-29 观测期末锚碇墙弯矩分布

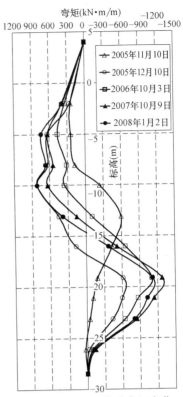

图 7.4-30 2号前墙弯矩变化

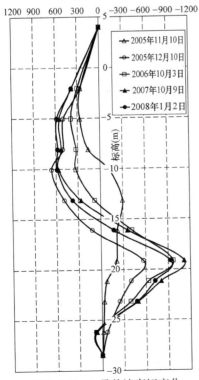

图 7.4-31 3号前墙弯矩变化

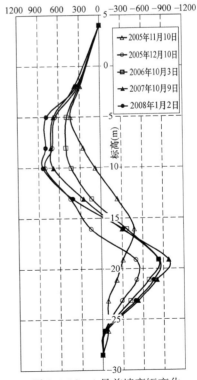

图 7.4-32 4号前墙弯矩变化

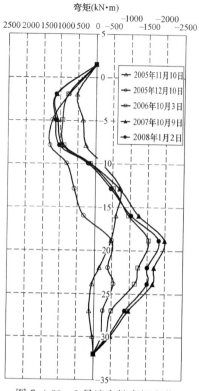

图 7.4-33　2 号遮帘桩弯矩变化

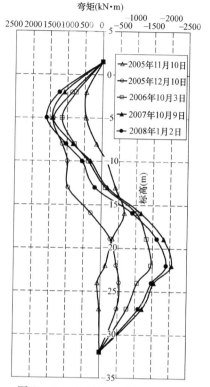

图 7.4-34　3 号遮帘桩弯矩变化

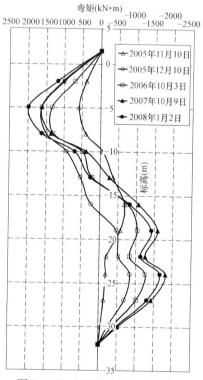

图 7.4-35　4 号遮帘桩弯矩变化

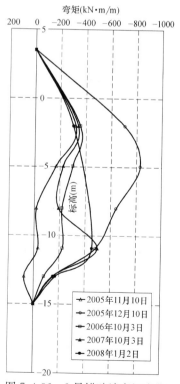

图 7.4-36　2 号锚碇墙弯矩变化

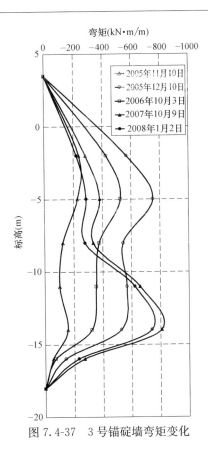

图 7.4-37 3 号锚碇墙弯矩变化

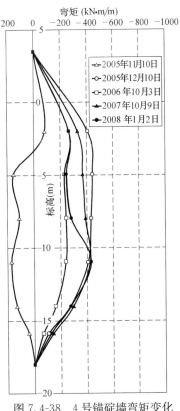

图 7.4-38 4 号锚碇墙弯矩变化

7.5 本章小结

本章对码头结构现场监测技术进行了详细的阐述，系统归纳了码头现场测试的内容及技术要求，建立了从现场监测方案设计、仪器选购、仪器安装埋设以及测试数据整理与分析等一套完整的码头结构现场测试技术体系。

（1）介绍现有规范对码头结构监测的规定，根据三种主要码头结构形式的结构特点、受力特点阐述了码头结构现场监测的目的与原则，提出了码头监测的主要内容及技术难点。

（2）针对码头结构侧向变形测试的特点与难点，结合测斜传感器的工作原理，介绍了直接测量结构桩身和墙体侧向变形的现场测试技术。

（3）界面土压力测试是码头结构外部荷载测试中的重要环节，分析了常用的"挂布法"土压力测试技术的缺点及其影响因素，借鉴国外采用的液压式顶出法安装技术的优点，开发出了码头结构界面土压力测试新技术——气缸顶出法。

（4）针对码头结构桩身和地连墙结构弯矩现场测试的难点，分析目前实测钢筋应力值推算弯矩的计算方法存在的不足，探讨影响弯矩计算的因素，建立更能反映实际工况的实测钢筋应力推导板桩结构弯矩的计算方法。

（5）详细介绍了唐山港京唐港区 10 万吨级通用散货码头工程现场监测，实践证明，通过系统的现场测试，获得了遮帘式板桩码头完整可靠的原始数据，确保了工程的安全可靠，为进一步验证和评估该新型码头结构的合理性提供技术参数，为揭示新结构的工作机理及优化设计提供了不可或缺的技术资料。

参考文献

［1］　中华人民共和国行业标准，水运工程水工建筑物原型观测技术规范（JTJ 218—2005），2005 年 12 月，人民交通出版社

［2］　中华人民共和国行业标准，港口设施维护技术规范（JTS 310—2013），2013 年 08 月，人民交通出版社

［3］　中华人民共和国行业标准，《水运工程测量规范》（JTS 131—2012），2012 年 12 月，人民交通出版社

［4］　中华人民共和国行业标准，《水运工程质量检验标准》（JTS 257—2008），2008 年 12 月，人民交通出版社

［5］　刘永绣．板桩和地下连续墙码头的设计理论和方法［M］.北京：人民交通出版社，2006

［6］　沈小克，蔡正银，蔡国军．原位测试技术与工程勘察应用［J］.土木工程学报，2016（2）：98-120

［7］　焦志斌，蔡正银，王剑平，李景林．遮帘式板桩码头原型观测技术研究［J］，港工技术，2005（S1）：56-59

［8］　刘永绣，吴荔丹，徐光明，蔡正银，曾友金，李景林．遮帘式板桩码头工作机制［J］.水利水运工程学报，2006（2）：8-12

［9］　蔡正银，焦志斌，王剑平，李景林．新型板桩码头超深地下连续墙土压力测试技术［C］//全国土工测试学术研讨会.2005

［10］　刘国彬，王印昌．实测钢筋计应力推算地下连续墙弯矩方法探讨［J］.地下工程与隧道，2003（1）：6-12

8 离岸深水防波堤监测技术

8.1 离岸深水防波堤简介

防波堤是一种常见的海港工程结构。在海港工程中，防波堤可以阻断波浪的冲击以维护港池水面平稳，保护港口免受坏天气影响，以便船舶安全停泊和作业。在一些港口工程中，防波堤还起到防止港池泥沙淤积和波浪冲蚀岸线的作用，是人工掩护的沿海港口的重要组成部分。

近年来随着我国航运事业的发展和港口经济的繁荣，很多港口已趋饱和，必须开辟新港区。同时，由于自然条件优越的港址通常已被开发，新建港区不得不面临水深条件差、波浪荷载大和地基软弱等复杂条件。为此，国内外出现越来越多的离岸深水防波堤。一般将设计低水位以下超过20m并且离海岸线较远的防波堤称为离岸深水防波堤。

现有的离岸深水防波堤可以分为传统防波堤和新型防波堤。传统防波堤又称为重力式防波堤，主要的结构形式有传统直立式防波堤、传统斜坡式防波堤和传统混合型防波堤。新型防波堤的主要结构形式有透空式防波堤、浮式防波堤以及桶式基础防波堤等。

8.1.1 传统直立式防波堤

传统直立式防波堤一般由基础、上部结构和墙身组成，常用于地基条件较好、水深偏大、即便出现较大波浪也不会产生破碎波的区域。传统直立式防波堤因墙身坚固、御浪能力强以及结构简单、施工方便等优点，在现有工程中得到广泛的应用。但其堤身自重大，对地基承载力的要求高，在软弱地基中容易发生沉降，故不适用于软弱地基。

传统直立式防波堤按结构形式可分为重力式直立防波堤和桩式直立防波堤两种结构。传统直立式防波堤通过其墙身自重来维持稳定。重力式直立防波堤墙身结构通常采用钢筋混凝土沉箱（图8.1-1a）、混凝土方块（图8.1-1b、c），也有应用大直径圆筒的（图8.1-1d）。

防波堤的上部结构一般采用现浇或装配整体式混凝土结构。根据防波堤港外侧的形状不同，上部结构可分为直立面形（图8.1-1a、b）、削角斜面形（图8.1-1c）和弧面形（图8.1-1d）。与直立面形结构相比，弧面形结构可以有效地减小波浪的越堤水量。削角斜面形结构对波浪的反射较小，作用在斜面上的波浪力垂直分力对防波堤的稳定性有利，因此这种结构断面宽度将比直立形结构的断面小。但这种结构的越堤水量较直立面形结构的稍大。

桩式直立防波堤一般适用于地基较软弱的情况。最简单的形式是悬臂式单排管桩结构，最常用是钢管桩（图8.1-2），也有用后张预应力钢筋混凝土管桩的，还有采用排桩、板桩、桩格等。

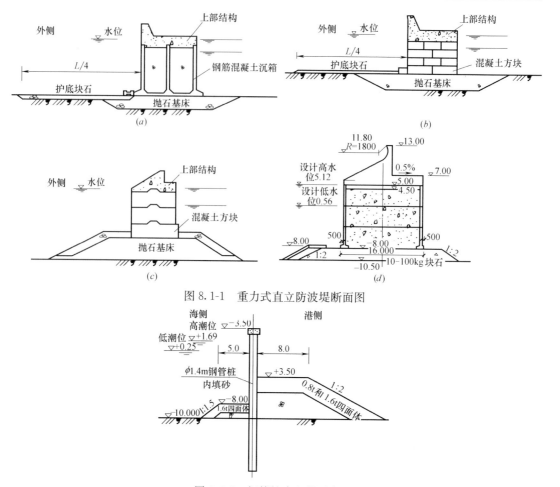

图 8.1-1　重力式直立防波堤断面图

图 8.1-2　钢管桩直立堤示意图

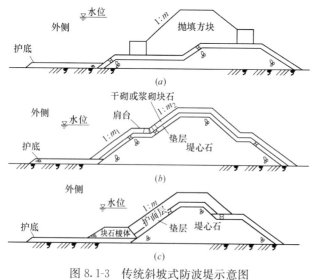

图 8.1-3　传统斜坡式防波堤示意图

（a）抛填方块斜坡堤；（b）砌石护面防波堤；（c）人工块体护面防波堤

8.1.2　传统斜坡式防波堤

传统斜坡式防波堤结构断面一般为梯形。斜坡堤具有御浪能力强、结构简单、施工方便等优点，但因其结构特点，随水深增大造价成指数倍数增加，作为离岸深水防波堤经济性较差。

斜坡式抛石防波堤可以采用天然块石或人工混凝土块体抛筑（图8.1-3a），常用于地基条件较差、水深偏小和建筑材料来源丰富的区域。若用混凝土块体护面，也可运用于水深和波浪较大的区域。为了更好地发挥大块石的御浪能力，在施工水位以上采用干砌块石，即砌石斜坡堤（图 8.1-3b）。可在块石外侧做人工块体护面，即人工块体护面斜坡堤（图 8.1-3c）。

8.1.3 传统混合式防波堤

这里提到的混合堤包括两类：一类是指在斜坡式抛石基床上有一直立墙的防波堤；另外一类是指在直墙前抛筑斜坡掩护棱体的防波堤，通常称之为水平混合式直立堤，如图 8.1-4 所示。混合式防波堤具有工程量较小、造价低和上部主体结构稳定性好等优点。

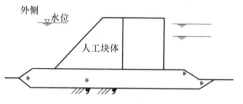

图 8.1-4　水平混合式直立堤示意图

半圆形防波堤也是一种常见的混合式防波堤，这种离岸深水防波堤的堤身由预制的半圆形拱圈和底板混凝土构件组成，施工时堤身坐落于抛石基床上，如图 8.1-5 所示。

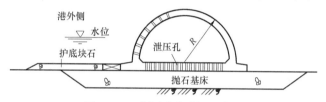

图 8.1-5　半圆形防波堤示意图

8.1.4 新型防波堤介绍

为了克服传统防波堤的缺点，打造适用于浪大水深的软弱地基结构形式、降低工程造价，近年来，陆续提出了多种新型防波堤结构，包括：透空式防波堤结构、浮式防波堤结构、气幕式防波堤结构和桶式基础防波堤结构等。

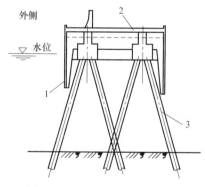

图 8.1-6　透空式防波堤示意图
1—挡浪板；2—上部结构；3—桩基

透空式防波堤可由栈桥式高桩梁板结构和设在其上的上部消浪结构组成，如图 8.1-6 所示。该形式的防波堤下部可以透水，具有良好的港内外水体交换能力，可以减少港内泥沙淤积以及港内水体污染、防止产生"死水"现象，且其结构简单、工程造价经济。

浮式防波堤是一种由金属、塑料、钢筋混凝土建造而成的堤体和锚泊系统组成的防浪设施。其上部构件在波浪条件下会产生升沉降、横纵移、横纵摇等运动。浮式防波堤的主要优点有重量轻，结构简单，造价低，可随意安放，对地基的要求低，具有较强的港内外水体交换能力，可防止港内泥沙淤积及防止港内水体污染。浮式防波堤的结构形式可以分为浮箱式、浮筒式和浮筏式三种。图 8.1-7 为浮箱式防波堤示意图，该结构由钢筋混凝土制成，常见的形状是长方体结构。这种结构的浮式防波堤的消波机理是利用迎浪面反射入射波进而消除透射波。

气幕式防波堤是由铺设在海面以下若干条表面上开有大量小孔的管子和装设在特定设

施上的气压站组成，如图 8.1-8 所示。根据水深的不同，可在需要掩护的海域外侧水底或水下一定深度处铺设表面上开有大量小孔的管子。气幕式防波堤结构的优点在于，当喷气管铺设得足够深时，船舶可以畅行无阻，初期投资小。

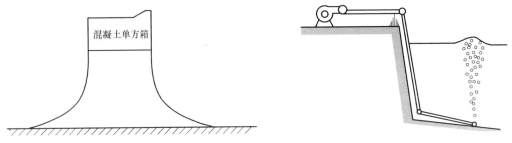

图 8.1-7 浮箱式防波堤示意图   图 8.1-8 气幕式防波堤示意图

桶式基础防波堤是一种适用于近海软土地基的新型结构，该结构由基础桶体和上部结构组成，各个部位可以根据使用功能要求灵活设计。桶式基础防波堤通过负压将基础桶体插入软土层并坐与硬土层上，利用基础桶体将软土封闭在隔仓内，对软土形成约束，使得软土与结构共同形成传力介质，利用桶壁和隔舱周边软土的黏聚力和摩擦力来保证结构的抗滑和抗倾覆稳定性。同时多组结构的上部结构互相连接形成防波堤挡浪结构。桶式基础结构解决了软土地基承载力低的问题，其结构形式的选择与使用功能要求、荷载条件、地质条件以及施工条件等因素密切相关，常见的有单桶多隔舱结构，如图 8.1-9 所示。每一组结构由 1 个椭圆桶体和 2 个上部圆桶体组成，基础桶体呈椭圆形，桶内通过隔板划分为九个隔舱，2 个上部圆桶体坐落在基础桶的底板上，通过底板上的杯口圈梁连接。

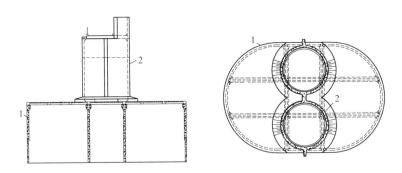

图 8.1-9 桶式基础结构简图
1—基础桶体；2—上部结构

8.2 总体监测思路与难点

8.2.1 离岸深水防波堤监测的必要性

我国水运和航运事业飞速发展，新建的防波堤工程距离陆地越来越远，导致水深、波浪特性及地基土的特性不同，各个工程的相似性和参考价值越来越低。近年来，国内外涌现出各种适用于浪大水深区域的新型防波堤结构。但是由于这些新型结构的工作机理和计算方法的正确性、合理性缺少原型观测资料的验证，从而妨碍了其推广应用和经济、社会效益的发挥。

对离岸深水防波堤的工作性态进行监测、评价结构运行状态、发布预报和报警，一方面是制定维护措施，保证结构的使用安全的依据；另一方面，由于防波堤结构的复杂性，现有的设计理论和方法还不够完善，监测和分析是检验设计理论、设计方法、施工质量和材料性能的有效手段，从而形成规划设计—施工建设—运行监测的循环系统，促进结构工程学科的不断发展。因此，对于离岸深水防波堤的工作性态的监测、分析预报工作应该受到高度重视。

由于深水离岸结构的特殊性，通过现场监测除了保证在施工和运行过程中的安全，还可以验证新结构形式的工作机理和计算方法的正确性。对于一些新型防波堤结构，在计算方法上还不完善，工程方面的经验也较少，因此在实际的设计中可能偏于保守，这就导致新型结构的经济优势不是很突出。通过对监测数据的分析可以为新型结构的计算提供数据支撑，为新型结构的工作机理及理论计算的正确和合理性提供现场数据资料，有助于新型结构的推广应用，促进行业的发展和进步。通过对监测数据的积累和统计分析，为新型结构的研究和制定规范提供详实的资料和佐证，为离岸深水结构的发展作出贡献。另外，在方案论证阶段，通常会进行防波堤结构的物理模型试验和数学模型试验，模型试验的结果直接影响设计方案。在模型试验和数值分析中地基土层较难模拟，边界条件也不易处理，模型和原型之间还是存在不少差别，所以模型试验和数值模拟结果的正确性有待进一步验证。开展现场监测可以验证模型试验的正确性，从而发现设计方案中存在的问题。

8.2.2　监测的主要内容

斜坡式防波堤必须监测的项目有：水平位移、垂直位移和外观；选测的项目有：孔隙水压力、波浪力、冰压力和耐久性。直立式防波堤必须监测的项目有：水平位移、垂直位移、倾角和外观；选测的项目有：裂缝、孔隙水压力、波浪力、冰压力、振动和耐久性。

《水运工程水工建筑物原型观测技术规范》只给出了传统斜坡堤和传统直立堤的监测内容，对于新型防波堤却没有给出明确要求。监测项目（内容）的设置与防波堤的结构形式与工作特点密切相关。新型防波堤大多分为陆上预制部分和海上现浇部分，预制部分通过海上浮运至指定地点进行安装，有些防波堤还需要进行港侧回填成为岸壁结构。因此，将新型防波堤的监测工况分为四个部分：工况一为出运及浮运、工况二为安装施工、工况三为防波堤运行期间结构-地基-波浪共同作用、工况四为岸壁结构运行期间受港侧回填土压力与结构共同作用。

在不同工况条件下的试验段现场监测主要项目包括：

1. 海域环境及地形监测（工况一、二、三）

（1）施工及运行期防波堤海域的风、浪、流情况；

（2）实时水位及水深；

（3）在波浪荷载作用下防波堤两侧堤脚冲刷及防护情况（本内容仅在工况三开展）。

2. 施工期防波堤结构的浮运气压、吃水深度及定位（工况一、二）

（1）浮运及安装期间防波堤内外气压变化和水位变化；

（2）浮运及安装速度；

（3）浮运及安装期间结构的垂直度及摆动角度。

3. 施工及运行期防波堤结构与土、水相互作用（工况三、四）

（1）波浪力：波浪与上筒结构的波压力（工况三）；

（2）结构与地基土相互作用力：结构与地基土之间的界面土压力和孔隙水压力测试。

（3）港侧填土对防波堤侧壁的作用力：监测港侧回填后对防波堤侧壁产生的接触土压力和孔隙水压力。

4. 结构内力测试（工况一、二、三、四）

根据结构模型试验和数值模拟的研究结果，确定结构在浮运、安装、波浪及填土等外部荷载作用下可能产生较大内力的部位，分别测试结构关键部位钢筋应力和混凝土应变。

5. 防波堤的整体位移与变形测试（工况三、四）

（1）防波堤顶部典型测点的水平位移及沉降量；

（2）防波堤的倾斜角度。

综合水平位移、沉降及倾角监测数据分析防波堤的整体稳定性。

6. 地基测试（工况三、四）

（1）在波浪作用下，结构下卧土层孔隙水压力的观测；

（2）在港侧回填过程中，通过十字板剪切或者静力触探等原位测试方法，分析港侧和海侧地基在波浪荷载及填土荷载作用下的强度及承载力变化；

（3）在港侧回填过程中，通过孔隙水压力计、深层位移计等测试港侧和海侧地基在天然地基和分级填土荷载作用下的孔隙水压力、沉降和深层水平位移等变化情况。

8.2.3 开敞式深水离岸结构原位监测难点

离岸深水防波堤大多位于开敞式海域，其监测不同于常规监测，具有一定特殊性和难点：

1. 离岸距离较远。离岸深水防波堤离岸达数十公里，防波堤附近没有任何可利用建筑物，不具备驻守监测的条件，应采用自动化观测。另外需要在防波堤上安装观测平台。

2. 波浪条件恶劣。随着水深和离岸距离的增加，外海施工测量条件更加恶劣，受地质条件、气象条件的影响也逐步加大。

3. 测试精度高。施工工况下的离岸深水防波堤的变位精确到 1.0cm，应力精确到 1.0kPa；防波堤运行期和作为岸壁结构运行期结构位移测试精度达到 2.0mm，应力精确到 1.0kPa。

4. 施工速度快。海上作业受天气影响，可作业时间相对少，因此施工速度较快，测试元件的埋设和测试不得妨碍防波堤正常施工。另外，对于新型防波堤，其主体结构大多在预制场制作完毕，安装施工及回填施工速度较快，所以仪器埋设与安装应在预制场完成，并且不宜大量占用额外的施工期。

5. 观测周期长。离岸深水防波堤的施工周期较长，一般观测周期超过 3 年，因此对仪器质量、埋设成活率和使用寿命要求较高。

6. 满足实时性和同步性要求。监测期包括安装施工、运行期和回填施工，因此现场观测应注意实测结果与环境条件变化的同步性，第一时间将监测数据反馈到施工中。

7. 数据传输困难。由于不能采用传统人工测量并采集数据，因此测试数据及数据传输均采用遥测遥控手段，及时跟踪结构的位移、变形与受力，对施工安全和工程质量进行预控。

8. 现场供电和仪器保护困难。结构附近环境恶劣，应解决仪器和信号线的防水防潮、防腐、防撞、防雷及电缆防断等问题，使监测少受自然条件影响。

因此，对于离岸深水防波堤的监测不能采用传统的测量方法，开发出一套适用于深水离岸结构的监测方案和自动化监测系统十分必要。

8.2.4　监测的频率与监测报警值

离岸深水防波堤监测频率的设定应根据不同施工阶段的需要确定，还应考虑工程类别、施工方法、周边环境的具体情况及当地经验等综合因素进行确定。

《水运工程水工建筑物原型观测技术规范》JTJ 218—2005 对不同的观测项目的观测频率都有规定。对于水平位移观测的观测，施工期可根据不同施工阶段的需要确定；竣工初期 3～6 个月观测 1 次，使用期可 1～2 年观测 1 次。发生特殊情况应及时观测。对于垂直位移的观测，施工期应根据地基与荷载情况确定；使用期除有特殊要求外，第一年宜每季度观测 1 次，第二年宜每半年观测 1 次，第三年后宜每年观测 1 次，直至稳定为止；当建筑物出现异常沉降时应进行逐日或几天 1 次的连续观测。对于土压力和基地压力的观测，应根据观测目的和要求、应力变化情况确定；加载期间每天观测次数不应少于 1 次，满载后可逐步调整至每周观测 1～2 次；在进行建筑物安全监测时，安全警戒期内每天观测次数不应少于 2 次，有特殊要求时应加密观测。对于孔隙水压力的观测，应根据观测目的和要求、应力变化情况确定；加载期间每天观测次数不应少于 1 次，满载后可逐步调整至每周观测 1～2 次；在进行建筑物安全监测时，安全警戒期内每天观测次数不应少于 2 次，有特殊要求时应加密观测。

但是对于采用自动化监测系统的项目，由于不需要人工测量，因此可以适当增加监测频率。在施工期对水位、防波堤堤身垂直度、结构位移、土压力等进行实时观测，连续记录监测数据；在防波堤运行期，对水深、位移、土压力、孔压、钢筋应力、混凝土应变每 48h 记录一次数据，风暴潮期间总观测次数不少于 10d，测试间隔小于 6h；地形变化监测频率为施工前扫测一次，施工下沉完成后一周测 2 次地形，随后三个月内每个月测 2 次，风暴潮前后及时测量地形变化。

防波堤现场监测必须设定监测报警值。报警值的设定应根据土质特性、实际要求、施工流程及当地经验等综合考虑确定。

8.2.5　仪器设备的保护

1. 观测平台的设置

由于监测工作是在海上进行，条件恶劣，仪器电缆尤其是数据采集系统的保护至关重要，且量测控制单元、无线发射系统和太阳能供电系统需要固定，因此需安装观测平台。观测平台的高度至少达到挡浪墙顶标高。

本书采用的测试平台以四根钢柱为支撑，采用钢结构拼接。这里以桶式基础防波堤为例，由于上桶体为薄壁结构，筒内活动空间较大，观测平台设置于筒内可避免桶体结构搬运、安装等施工对其造成的影响，保障各监测设备在施工期正常工作的测试稳定性。观测平台及传感器走线及测控单元安装可在预制厂内完成。观测房的尺寸根据 MCU 的大小和数量确定，长为 3.0m，宽为 3.0m，高为 2.5m。监测传感器的电缆穿过观测房与 MCU 相连，所有 MCU 集成后，通过 GPRS 无线发送数据，实时监测防波堤的受力和变形情况。测试平台布置如图 8.2-1 所示。

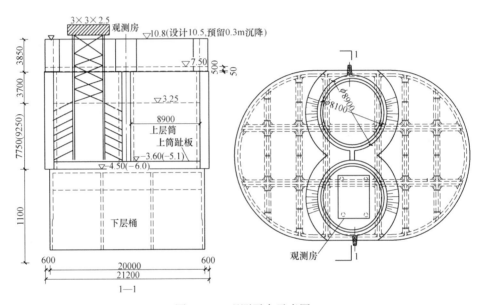

图 8.2-1　观测平台示意图

钢柱由厂内制作加工好后运至预制厂。吊装时，要将安装的柱子按位置、方向放到吊装（起重半径）位置。钢柱安装时，用水准仪测量出盖板顶部的相应标高，并用螺帽调节标高的位置，调整完后放入柱脚垫片，然后进行安装。钢柱起吊采用一点正吊的方法起吊，吊点设置在 1/3 柱顶处，（钢柱有很好的弹性）吊点索具上加一缆风绳，使钢柱保持垂直，吊钩通过钢柱重心线，钢柱易起吊、对线、校正。钢柱柱脚套入地脚螺栓时，为了防止其损伤螺纹，采用铁皮卷成筒套到螺栓上。钢柱就位后，取出套筒。为避免吊起的钢柱自由摆动，在柱底上部用麻绳绑好，作为牵引溜绳控制调整方向。在结构预制段，钢柱与堤身内钢筋之间采用相同规格的钢筋相连接，连接钢筋起到支撑作用，使钢柱在不同工况中处于稳定状态，保证观测平台采集数据的可靠性。钢柱之间采用桁架结构达到自稳定的目的。

2. 设备的保护

选择合适的监测仪器和监测方法及仪器的埋设、保护是监测工作成败的关键。离岸深水防波堤工程历时较长，且海上的气压、水温、湿度等环境因素变化剧烈，在现场监测数据采集完成后，需将观测数据进行温度、气压、湿度等方面的修正。因此仅由实验室环境下得出的监测测量修正系数不能完全满足工程需要，必须在仪器安装测试之前针对工程可能的温度、气压、湿度等环境因素进行全面准确的率定。

对于新型防波堤，仪器埋设分现场埋设和结构预制两种。结构内部钢筋应力计、混凝土应变计、固定式测斜仪、界面土压力盒等测试仪器，需在结构预制期间预埋，测量结构倾角、波压力的监测仪器和 GNSS 监测站一般在结构预制完成和下水浮运期间进行。在安装施工和现浇完成后，安装倾角仪、电子测斜仪和全站仪测点棱镜。

对于各种监测仪器及其电缆线的保护是传感器安装中的重要一环。所有埋设于结构内部和表面的荷载传感器、应力应变传感器和固定式测斜传感器其电缆线均通过预埋在结构内部的柔性软管延伸至堤身顶端穿出。所有仪器设备均做防腐蚀处理。安装于堤身顶端的数据采集装置、电源等设备用特制的金属盒保护，以起到防水、防潮、防腐蚀、防撞的作用。

3. 电缆的保护

对于新型防波堤，混凝土中所有监测仪器均采用预埋法埋设，并借助钢筋固定仪器和电缆。电缆捆扎于竖向钢筋外侧，每隔 10～15cm 用扎丝捆扎牢固，引致最上端混凝土表面。

（1）扎钢筋笼时仪器及电缆的保护

在扎钢筋笼时，特别是在进行钢筋对接焊接时，需要对仪器及电缆进行保护。在焊接前应用湿土工布将仪器及电缆包裹好，以防止电焊时焊渣掉在仪器及电缆上导致仪器及电缆的损坏。

（2）混凝土灌浆施工时仪器及电缆的保护

混凝土灌浆前应在模板外侧在仪器埋设位置及电缆的走向做上标识。灌浆下料时应避免将混凝土石料直接对着仪器浇灌，以避砸坏仪器。在使用振动碾时应据电缆 10cm 外进行施工以免震动使预埋电缆断裂。

（3）混凝土灌浆施工完毕后电缆的保护

混凝土灌浆施工完毕，将所有电缆引至混凝土结构表面，裸露电缆用镀锌钢管进行保护并引至观测房内。

8.3 监测的关键技术

8.3.1 整体变形监测技术

1. 离岸深水防波整体变形监测方法

结构的整体变形监测包括竖向沉降监测、水平位移监测和倾角监测。常规的变形监测方法是通过水准仪、经纬仪或者全站仪利用已知坐标的控制点测出目标的竖向沉降、水平位移和倾角值。但是由于离岸深水防波堤监测的特殊性，很难在防波堤附近找到已知坐标的控制点。如果利用岸上的控制点，由于视线长度超出常规水准的长度或前后视距相差太大，导致水准尺读数精度降低、i角误差和大气折光影响增大。

由于该试验的特殊性，传统的变形监测方法很难实现。根据"国家一、二等水准测量规范"规定，当视线长度大于3500m时，可采用经纬仪倾角法、测距三角高程法或GPS水准测量法进行。鉴于GPS技术具有效率高、精度好等特点，本文采用GNSS变形监测系统实现离岸深水防波堤在安装施工和运营期间的变形监测。GNSS变形监测系统是通过全球导航卫星系统实现对物体位移的实时观测。该系统具有以下优点：

（1）精度较高，且作业不受距离的限制；

（2）受自然天气的影响小，可全天候测量；

（3）相对于常规测量方法，无须点间通视，并且具有省时、省工，并可减少工程费用等优点；

（4）网形无约束，根据测区已知点情况，可布设任何图形的控制网；

（5）极大提高了海上测量的成果与质量，且不易受到人为因素的影响，整个操作过程全部采用电子技术和计算机技术，可实现自动记录、自动平差计算、自动数据预处理。

由于沉降监测对于数据分析非常重要，因此本文还开发了一套光电编码器监测系统实现离岸深水防波堤的沉降测量，与GNSS监测系统互相印证。倾角的测量则通过在堤身上埋设倾角仪实现。

2. GNSS变形监测系统

GNSS变形监测系统主要利用一定数量的基准点和监测站构成监测网，通过系统数据采集、传输、分析处理、供电等子系统来实现对离岸深水防波堤位移的监测。常见的监测方案为：在靠近岸边的相对稳定区域设置基准站（图8.3-1），在防波堤顶部设置监测站，基准站和测站均配备太阳能电源、GPRS通讯模块、天线等，利用不锈钢安装支架将GNSS主机、GPRS通讯模块、电源放入不锈钢防水机箱中。每个测试点上布置1台监测站，通过GPRS将数据传输到监控中心进行解算，解算方式为准动态模式，并同步计算防波堤位移速度。

图8.3-1 GNSS变形系统基准站现场安装图

对于离岸深水防波堤的位移测量，其精度要求很高。例如桶式基础防波堤，要求下沉工况的结构变位精确到1.0cm，使用期结构位移测试精度达到2.0mm。为了验证GNSS

变形监测的可行性，本文进行了短基线测试试验。在南京水利科学研究院岩土所楼顶建立两个 GPS 测站，两个测站之间距离大概 37m。采用的设备为 GMX902GG 接收机和 AR10 天线，通过 Spider 软件控制 GMX902GG 接收机采集数据。两个测站分别命名为 Base 和 GPS1。其中以 Base 点作为基准站。采样频率为 1Hz。Base 的坐标为：$X=-2601912.3745$m，$Y=4746920.5684$m，$Z=3361941.5989$m（WGS84 空间直角坐标系）。

（1）稳定性分析

从 10：34 到 10：54，Base 和 GPS1 两个测站稳定不动。通过 Spider 计算出 GPS1 的实时的 WGS84 大地坐标系坐标，将大地坐标系转换成 WGS84 空间直角坐标系。其中这段时间坐标平均值为：$X=-2601880.622$m，$Y=4746938.725$m，$Z=3361937.673$m。计算的两点间的平距：36.756m。X 的中误差：0.0021m，Y 的中误差：0.0025m，Z 的中误差：0.0025m。椭球高平均值：107.873m，椭球高的中误差为：0.0033m。椭球高和各方向稳定性曲线如图 8.3-2～图 8.3-5 所示，可以看出数据稳定性满足 GPS 短距离监测要求。

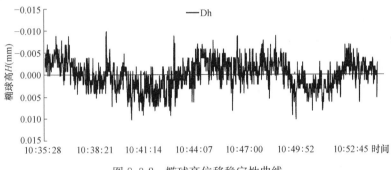

图 8.3-2　椭球高位移稳定性曲线

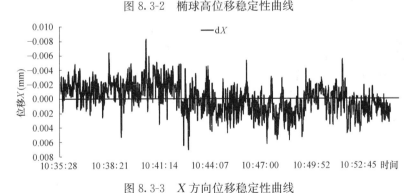

图 8.3-3　X 方向位移稳定性曲线

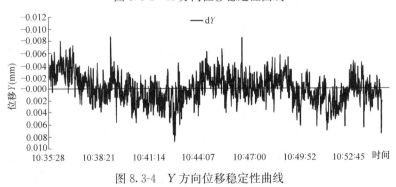

图 8.3-4　Y 方向位移稳定性曲线

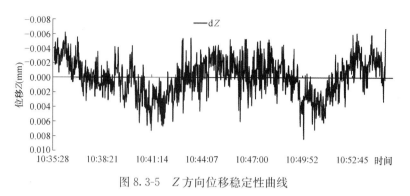

图 8.3-5 Z 方向位移稳定性曲线

(2) 准确性分析

为了进行 GNSS 系统短基线准确性分析，将 Base 基准站通过脚架竖向移动。短基线准确性测试数据见表 8.3-1，由于 Spider 设置时是以 Base 点为基点计算 GPS1 点的坐标，但实际移动的是 Base 点，所以显示的结果是 GPS1 的高程上升。Base 点是用对中三脚架支撑，移动距离是用卷尺沿着对中杆的外围量测，故实际移动距离大于 0.1m。从表中可以看出 GNSS 短基线解算准确可靠，满足监测要求。

短基线测试数据　　　　　　　　　　　　　　　　　　　　　　　　　表 8.3-1

说明	两点间的平距	GPS1 椭球高
初始值	36.756m	107.873m
Base 点下降 0.01m	36.756m	107.882m
Base 点又下降 0.05m	36.753m	107.933m
重置后初始值	36.703m	107.935m
Base 点沿着基线方向往外延长了 0.1m	36.810m	107.933m

3. 光电编码器沉降监测系统

对于离岸深水防波堤的沉降测量，除了采用 GNSS 变形监测系统外，还可以通过光电编码器监测系统来实现。特别是新型防波堤（例如桶式基础防波堤）在安装施工过程中要求的精度特别高，光电编码器沉降测量系统弥补了 GNSS 变形监测系统动态测量精度相对较低的短板。

光学编码器是一种通过光电转换将输出轴上的机械几何位移量转换成脉冲或数字量的传感器，可以高精度测量被测物的转角或直线位移量。这里以桶式基础防波堤为例，如图 8.3-6 所示，光电编码器利用前一个下沉稳定后的堤身作为基点。当四号桶下沉稳定后，在其上桶桶壁顶部埋两根∠50×3 角钢支杆，一个竖向埋设用以支撑滑轮 2 及固定光电位移编码器，一根水平埋设用以支撑滑轮 1 及悬挑挂重。施工五号桶时，在靠近四号桶体边预埋一个 1m 高∠50×3 支杆（为保证固定点的最终位置比滑轮 2 高同时保证固定点支杆有足够刚度，采用 1m 长角钢作为固定点支杆）。所有支杆都在上桶制作时预埋。连接固定点、滑轮、挂重的绳索采用低伸缩性的柔性细钢丝绳，钢丝绳长 10m。在支杆 1 和支杆 2 顶部焊接一横向短钢筋以安装滑轮，角钢支杆顶端焊接一短钢筋作为固定点。在五号桶负压下沉施工时，将钢丝绳与固定点牢固连接，当桶体下沉时，将钢丝绳与滑轮 1 和滑轮 2 及挂重连接。编码器固定在滑轮 2 上，挂重下降带动滑轮 2 转动，从而使编码器空心轴转动，编码器测量记录桶体下沉位移。受量程限制，五号桶下桶下沉 2m 后开始用光电位移编码器进行位移测量，其下沉量约为 7m，上桶空间能保证挂重的自由行程。

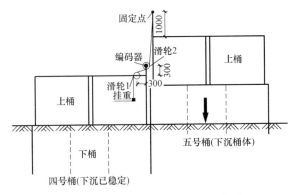

图 8.3-6 光电编码器的安装示意图

本文将光电编码器首次应用到离岸深水结构沉降观测中并取得了成功。光电编码器测桶体位移能实现自动测量，测量数据通过传感器发送，方便快捷。但同时也有一定的不足之处：

（1）桶体下沉过程中，光电编码器安装没有足够的操作空间；

（2）测量桶下沉过程中，桶体可能前后左右晃动，影响光电编码器的位移测量精度；

（3）光电编码器只能实现桶体竖向位移测量，无法测量桶体水平位移；

（4）在测量桶体下沉过程中，基站桶体也会继续下沉（虽然下沉量比较小），影响测量桶位移测量精度；

（5）通过光电编码器可以实现对离岸深水结构下沉时的位移观测，但其精度受被测结构的倾角影响较大；

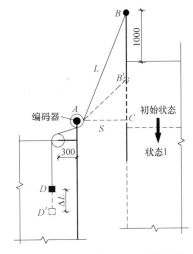

图 8.3-7 光电编码器沉降值计算

光电编码器测出的数据并非实际的沉降位移，需要通过公式转换，图 8.3-7 是编码器测值转换计算的简化示意图。

过 A 点向测量桶作垂线得到垂足 C 点，则 AC 与 BC 距离已知分别为 S、H，可计算得到 AB 的长度 L。当测量桶由初始状态变为状态 1 时，B 点下降到了 B' 点，挂重 D 下降到了 D' 点，光电编码器测出的是 DD' 的距离 ΔL。由此可以算出测量桶的沉降量 ΔH。

$$\Delta H = H - \sqrt{\left(\sqrt{S^2 + H^2} - \Delta L\right)^2 - S^2} \tag{8.3-1}$$

式中　H——A、B 点垂直高度差；

　　　S——A、B 点水平位移；

　　ΔL——光电编码器测出的距离。

4. 倾角监测技术

离岸深水防波堤在安装施工、波浪荷载和回填土荷载作用下会产生倾斜，倾斜角度过大会导致结构失稳，因此有必要对结构的倾角进行测试。安装施工和运行期防波堤结构的倾角测量是通过倾角仪实现的。倾角仪的量程可以通过物理模型试验或者数学模型试验得到，考虑到安装施工期间结构倾角略大一些，一般选择 $10°\sim15°$。常用的倾角仪技术参数见表 8.3-2 所示。

倾角仪技术参数

表 8.3-2

规格代号		ELT
尺寸参数	最大外径(mm)	50
	标距(mm)	100
性能参数	测量范围(°)	±15
	灵敏度($''\cdot F^{-1}$)	$\leqslant9$
	测量精度(F.S)	$\pm0.1\%$
	耐水压(MPa)	$\geqslant1$
	绝缘电阻(MΩ)	$\geqslant50$

倾斜仪的埋设方法如图 8.3-8 所示，当混凝土浇筑层达到测点位置前，将倾斜仪初步固定到定位钢筋上；连接智能读数仪后对倾斜仪进行微调，直至倾斜度接近零点，再用绑扎钢筋完全固定倾斜仪；在倾斜仪附件预先用同规格的混凝土浇筑，防止混凝土连续浇筑时对仪器挤压以及振动棒的冲击等因素造成仪器超量程而失灵。

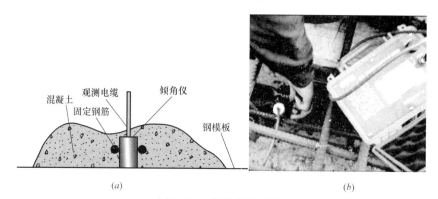

图 8.3-8 倾角仪的安装
(a) 安装示意图；(b) 现场安装图

8.3.2 外荷载监测技术

1. 土压力监测

离岸深水防波堤与地基土之间的界面土压力和孔隙水压力测试是判断土与结构相互作用的最直观方法。施工荷载、波浪荷载和回填土荷载都会通过防波堤结构传递到地基土上，影响地基土压力的分布，尤其是施工工况会对地基土产生不可恢复的扰动，因此有必要对结构侧壁和底部所承受的土压力进行测试。防波堤底部的土压力测值实际上就是结构的端阻力，结合侧壁所承受的土压力可以分析出整个结构的摩擦阻力，进而求出结构与软土地基间的摩擦系数，并且分析结构的稳定性。

土压力采用土压力盒来测量。根据结构受力方向和土压力计的埋设方位，土压力计可分土中土压力盒和界面土压力盒两种类型。对于离岸深水防波堤，为得到整个结构上的土压力分布，主要测试结构所受的水平向土压力和竖向土压力，这些部位的土压力均属于界面土压力。

振弦式土压力盒主要结构如图 8.3-9 所示，其具有测量精度高、稳定性和耐久性好等特点，工作原理为：当土压力作用于压力计承压膜（一次膜）上，承压膜产生微小的挠曲变形，使腔内液体受压，产生的液体压力通过连接管传递到传感器的二次受压膜上，使振弦式传感器的振弦频率发生变化。安装时将较厚的底板固定在结构的外表面以避免土压力计弯曲，另一面薄面为感应面，反映土压力的变化。界面土压力计安装后其感应膜必须同混凝土表面齐平。若其感应膜面低于结构侧面，则土压力计的感应压力偏低，测读值偏小。而当感应膜面高于结构侧面时，则测值比实际值偏高。当测点墙壁为弧形，须在混凝土浇注后将土压力计附近进行打磨处理。

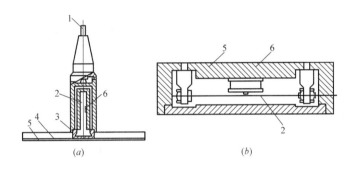

图 8.3-9　振弦式土压力盒

（a）竖式；（b）卧式

1—屏蔽电缆；2—钢弦；3—压力盒；4—油腔；5—承压膜；6—磁芯

振弦式土压力盒的量程可以通过理论计算、物理模型试验或者数学模型试验得到，但这里需要注意的是土压力盒测值为总应力（水土合力），而不仅仅是有效土压力。防波堤在安装时底部土压力较大，因此对于底端的土压力盒尽量选用大量程。本文把常用的几种土压力盒的技术参数进行汇总，如表 8.3-3 所示。

常用土压力盒技术参数　　　　　　　　　　　　　　表 8.3-3

规格代号		VWE-0.3	VWE-0.4	VWE-0.5
尺寸参数	最大外径(mm)	156	156	156
	承压盘高(mm)	27	27	27
性能参数	测量范围(kPa)	0～300	0～400	0～500
	灵敏度(kPa·F^{-1})	≤0.20	≤0.20	≤0.20
	测量精度(F.S)	±0.1%	±0.1%	±0.1%
	温度测量范围(℃)	−40～+150	−40～+150	−40～+150
	温度测量精度(℃)	±0.5	±0.5	±0.5
	温度修正系数(kPa·℃$^{-1}$)	0.08	0.08	0.08
	耐水压(kPa)	360	480	600
	绝缘电阻(MΩ)	≥50	≥50	≥50

在埋设安全监测仪器之前，都要逐一进行检验率定，主要目的是检查仪器的工作性能、灵敏度和率定仪器的工作曲线，以确定满足试验的要求。检验率定主要的内容是进行力学性能、温度性能和防水性能的检验率定，其中仪器力学性能的检验率定是最重要。只有检验合格、率定曲线符合性良好的仪器才能在工程中使用。通常采用液压法对土压力盒进行率定，图 8.3-10 为编号 T1-5 的土压力盒（量程为 300kPa）率定曲线。从标定的试验曲线来看出，加、卸载曲线基本成线性，能反映传感器的反映

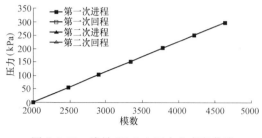

图 8.3-10　编号 T1-5 土压力盒率定曲线

系数 K 为常量。根据规范计算得到 T1-5 的非线性度为 1.727% F.S，不重复度为 0.265% F.S，滞后为 0.265% F.S，综合误差为 1.841% F.S，满足各种监测项目要求。

土压力盒的埋设方法如图 8.3-11 所示，在浇筑防波堤结构混凝土前，将土压力盒的感应面对着钢模板，并使感应薄板表面与钢模板的内表面完全平齐，用自主发明的土压力箍（已申请发明专利）固定住土压力盒进行定位，这样当模板拆除后，感应面刚好与侧面平齐也不会从混凝土中被拔出。同时要注意传感器的裸露部分电缆用钢管保护，并将电缆绑扎在附近的钢筋上，以便在浇筑混凝土和振动时候保护电缆免遭损坏。

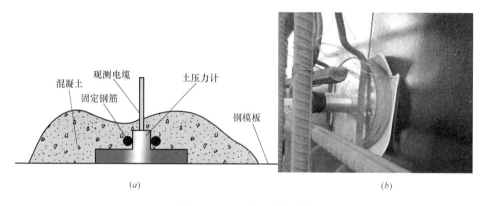

(a)　　　　　　　　　　　　　　　　　　(b)

图 8.3-11　土压力计的安装
(a) 安装示意图；(b) 现场安装图

2. 孔隙水压力监测

土压力计测出的是防波堤与地基土之间的界面压力，为土压力、水压力之和。分析结构端阻力和摩阻力的方法分为有效应力法和总应力法，因此需要测出土压力计埋设附近的孔隙水压力，从而计算出测点处的土压力。另外，孔压计所测出的数值也能够反映当地海域的潮汐变化规律。

振弦式孔隙水压力计主要由观测电缆、透水部件、感应膜板、振弦及激振电磁线圈组成，见图 8.3-12。工作原理为：当被测水荷载作用在孔隙水压力计上，将引起感应膜板的变形，从而改变振弦的振动频率。电磁线圈激振振弦并测量其振动频率，频率信号经电缆传输至读数装置，即可测出水荷载的压力值，并同步测量温度。

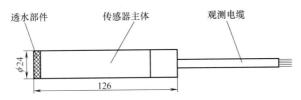

图 8.3-12 振弦式孔隙水压力计

振弦式孔隙水压力计的量程可以通过理论计算、物理模型试验或者数学模型试验得到，其技术参数见表 8.3-4。

常用孔隙水压力计技术参数　　　　　　　　　　　表 8.3-4

规格代号		VWP-0.25
尺寸参数	最大外径(mm)	24
	长度 L(mm)	120
性能参数	测量范围(kPa)	0～250
	灵敏度(kPa·F^{-1})	≤0.11
	测量精度(F.S)	±0.1%
	温度测量范围(℃)	−40～+150
	温度测量精度(℃)	±0.5
	温度修正系数	0.12
	耐水压(kPa)	300
	绝缘电阻(MΩ)	≥50

在埋设安全监测仪器之前，都要逐一进行检验率定，主要目的是检查仪器的工作性能、灵敏度和率定仪器的工作曲线，以确定满足试验的要求。通常采用液压法对孔隙水压力计进行率定，图 8.3-13 为编号 K1-1 的孔隙水压力计（量程 250kPa）率定曲线。从标定的试验曲线看出，加、卸载曲线基本成线性，能反映传感器的反映系数 K 为常量。根据规范计算得到 K1-1 的灵敏度为 0.0964kPa/F，非线性度为 0.602%F.S，不重复度为 0.309%F.S，滞后为 0.090%F.S，综合误差为 0.614% F.S，满足各种监测项目要求。

孔隙水压力计的埋设方法如图 8.3-14 所示，在安装之前应先进行检测，安装埋设前先将透水部件从孔压计主体上卸下，然后将透水部件放入水中浸泡 2h 以上，排除透水石

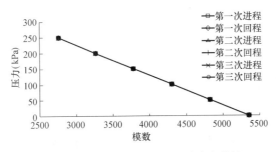

图 8.3-13 编号 K1-1 的孔压计率定曲线

中的气泡。在浇筑当层混凝土前，将孔压计的测头与钢模板平齐，然后用绑扎钢筋将其固定到定位钢筋上。另外，为了防止混凝土在浇筑时进入传感器测头导致仪器损坏，在埋设前用土工织布包裹住传感器，待浇筑完毕后剪掉测头前的土工织布。根据现场施工情况，最终确定孔压计的安装方式及电缆走向。

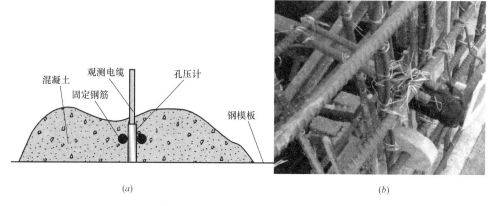

图 8.3-14　孔隙水压力计的安装
（a）安装示意图；（b）现场安装图

3. 波浪荷载监测

为进一步分析波浪荷载作用下离岸深水防波堤与地基土的相互作用规律，需要对波浪压力进行测试。波浪压力是一个具有周期性的动力荷载，不同于静水压力的测量，所以要求测试传感器具有较好的动力响应特性和较高的灵敏度。波压力测点的布置应在特征水位附近，一条测线（竖向）应合理布置 4~6 个测点。

图 8.3-15　波压力计现场安装图

离岸深水防波堤监测一般使用的波压力计采用高性能的带 316L 不锈钢隔离膜片的硅压阻式压力充油芯体，采用全不锈钢焊接结构，具有高精度、高稳定性，并可以通过精密温度补偿。波压力计端头有透水石，需对其进行保护，保护方式同孔压计。在浇筑当层混凝土前，将波压力计装进自主发明的波压力安装装置中（已申请发明专利），该装置与钢模板平齐，然后用定位装置将其固定到钢筋上。另外，为了防止混凝土在浇筑时进入传感器测头导致仪器损坏，可以在埋设前用土工织布包裹住传感器，待浇筑完毕后剪掉测头前的土工织布。根据现场施工情况，最终确定波孔压计的安装方式及电缆走向。波压力计安装如图 8.3-15 所示。

8.3.3　内力监测技术

1. 钢筋应力监测

为了解防波堤结构各关键部位的受力状况，分析钢筋是否破坏，判别结构的安全性，进一步分析防波堤与软土地基相互作用下的内力变化，需要进行钢筋应力的监测。应根据模型试验和数值分析的结果，确定结构在外部荷载作用下可能产生较大内力的部位，在这些位置埋设钢筋计。

离岸深水防波堤监测一般采用振弦式钢筋计测试钢筋应力，该仪器主要由连接杆、钢套、钢弦、磁芯和引出电缆等组成，连接杆与钢筋计主体间采用螺纹连接，结构如图8.3-16所示。工作原理为：当被测结构物内部的钢筋发生应力变化时，钢筋计将受到拉伸或压缩，钢套同步产生变形，变形传递给振弦变成振弦应力的变化，从而改变振弦的振动频率。电磁线圈激振振弦并测量其振动频率，频率信号经电缆传输至读数装置，即可测出钢筋所受应力，并同步测量温度。

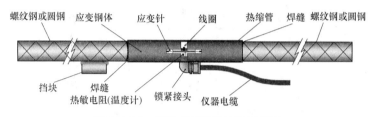

图 8.3-16 振弦式钢筋计结构示意图

安装前应该对每一支钢筋计都通过双向万能试验机 CSS-283 进行拉伸和压缩率定，图 8.3-17 为编号 G1-1 的钢筋计率定曲线。从标定的试验曲线来看出，拉伸曲线基本成线性，能反映传感器的反映系数 K 为常量。根据规范计算得到 K1-1 的灵敏度为0.1131MPa/F，非线性度为 0.431%F.S，不重复度为0.089%F.S，滞后为0.859%F.S，综合误差为 0.524% F.S，满足离岸深水防波堤的监测要求。

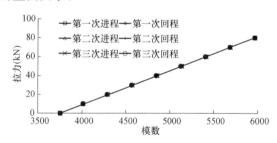

图 8.3-17 编号 G1-1 的钢筋计率定曲线

监测所用钢筋计型号的选择要与被测钢筋相匹配，钢筋计量程一般为300MPa。本文把常用的几种钢筋计的技术参数进行汇总，如表8.3-5所示。

常用钢筋计技术参数　　　　　　　　　　　　　　表 8.3-5

	规格代号	VWR-16	VWR-18	VWR-20	VWR-25
尺寸参数	配筋直径(mm)	16	18	20	25
	标距(mm)	200	200	200	200
性能参数	应力测量范围　拉伸(MPa)	300			
	应力测量范围　压缩(MPa)	200			
	灵敏度(MPa·F⁻¹)	≤0.10			

规格代号		VWR-16	VWR-18	VWR-20	VWR-25
性能参数	测量精度(F.S)	±0.1%			
	温度测量范围(℃)	−40～+150			
	温度测量精度(℃)	±0.5			
	耐水压(MPa)	≥1			
	绝缘电阻(MΩ)	≥50			

图 8.3-18　钢筋计与被测钢筋的焊接方式

钢筋应力计安装时将两端与直径相同的待测钢筋对焊（或用套筒连接）后连成整体，如图 8.3-18 所示。钢筋计埋设过程中的注意事项：①在布筋时选取待测钢筋，待钢筋绑扎时将待测钢筋位置预留；②选定待安装钢筋后，将待安装钢筋按设计要求的钢筋计预定位置将钢筋截断，并记录安装顺序号；③钢筋计与待测钢筋对焊连接时应注意保持连接杆与待测钢筋同心；④电缆线绑扎，将各个钢筋计的信号电缆按顺序自下而上绑扎到钢筋笼上，绑扎间距 1～2m，绑扎时要注意控制电缆的松紧，给予一定的预留量，防止变形时损坏。

2. 混凝土应力监测

混凝土构件有较高的抗压强度，但抗拉强度较低，因而构件的受拉区容易产生裂缝。通过在防波堤受拉区埋设混凝土应变计可以判断混凝土是否开裂。混凝土应力大小也是进行防波堤结构与软土地基相互作用分析的直观体现。根据模型试验和数值分析的结果布置混凝土应变计，尤其针对拉应力较大的关键部位增设测点数量。

采用振弦式应变计测量混凝土应变，如图 8.3-19 所示。振弦式应变计的测量原理是，在一定长度的钢弦张拉在两个端块之间，端块牢固置于混凝土中，混凝土的变形使得两端块相对移动并导致钢弦张力变化，这种张力的变化使钢弦谐振频率改变，由此来测量混凝土的变形，并可同步测量埋设点的温度。

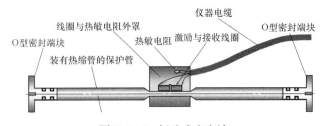

图 8.3-19　振弦式应变计

振弦式应变计的量程可以通过理论计算、物理模型试验或者数学模型试验得到，其技术参数见表 8.3-6 所示。

由于应变计的压缩模量较小，为防止混凝土连续浇筑时，对仪器挤压造成仪器超量程压缩而失灵,在混凝土浇筑前两天将应变计预制在混凝土块中,预制混凝土可以用与待浇建筑物的混凝土相同级配的砂浆,尺寸为直径 $75\sim100mm$,长度为 $250mm$,采用绑扎丝将预制的块体固定在钢筋或支架上,如图 8.3-20 所示。

常用混凝土应变计技术参数 表 8.3-6

	规格代号		VWS-10
尺寸参数	有效直径(mm)		22
	标距(mm)		100
性能参数	应变测量范围	拉伸	10^{-6}
		压缩	10^{-6}
	灵敏度($10^{-6} \cdot F^{-1}$)		$\leqslant 0.5$
	测量精度(F.S)		$\pm 0.1\%$
	温度测量范围(℃)		$-40\sim+150$
	温度测量精度(℃)		± 0.5
	温度修正系数($10^{-6} \cdot ℃^{-1}$)		13.5
	弹性模量(MPa)		$300\sim800$
	耐水压(MPa)		$\geqslant 1$
	绝缘电阻(MΩ)		$\geqslant 50$

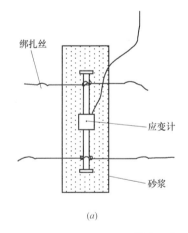

图 8.3-20 应变计预制在混凝土中

(a) 安装示意图;(b) 现场安装图

8.3.4 分布式自动化监测系统

1. 监测系统介绍

深水离岸防波堤离岸几公里至数十公里,并且易受恶劣天气的影响,常规的人工施工监测具有一定的难度,尤其在风暴潮到来时,并不具备驻守测量的条件,因此开发一套自动化监测系统,在无人值守的条件下定时获取监测数据,对于今后的研究有着重要的意义。同传统监测技术相比,自动化监测的数据采集方式是连续的、跟踪式的,数据的采集周期很短,通常在几分钟之内,甚至更短。

近年来，随着测量技术、虚拟仪器技术和模块化技术的应用，测控装置内的测量电路集成在一个模块内，实现了测控装置的低功耗、高速度、高集成度，系统功能更加强大。分布式自动监测系统根据监测仪器测量原理配置了系列智能数据采集模块，可接入多种类型传感器，支持多种通讯方式，具有自诊断功能、多级备份和防雷抗干扰保护措施，能适应水工恶劣环境，具有在线监控、离线分析、安全管理、网络系统管理、数据库管理、远程控制与管理等功能，包括数据的人工/自动采集、在线快速安全评估、性态离线分析、模型建立与管理、预测预报、工程文档信息、测值及图形图像管理、报表/图形制作、辅助工具、帮助系统、远程通信与控制等监控和管理的内容。

分布式自动化监测系统由监测仪器、数据采集与处理系统、数据传输系统和网络发布系统 4 个子系统构成。各子系统均可独立运行，以单链的方式协同工作。系统结构运行方式如图 8.3-21 所示。

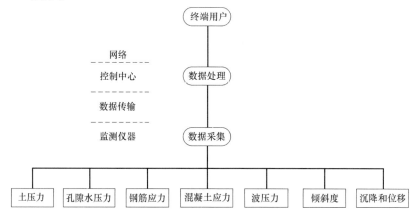

图 8.3-21　离岸深水防波堤自动化监测系统运行图

其中监测仪器子系统可以根据实际工况需要进行调整，一般的离岸深水防波堤自动化监测系统则包含 7 个部分：结构本身的倾斜度、沉降位移、所承受的土压力、孔隙水压力、波压力和结构内部的钢筋应力、混凝土应变等。各监测子系统的布设已经在之前详细研究过了。自动化监测系统主界面见图 8.3-22，含有数据采集、数据管理、绘制过程线、

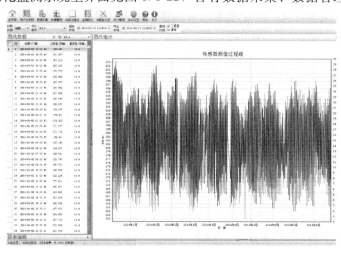

图 8.3-22　自动化监测系统主界面

监测报表、传感器设置、用户管理、系统设置、系统帮助和系统简介等子菜单。

该分布式自动化监测系统具有以下技术优势：

（1）对开敞式海域内的离岸深水防波堤实施全程自动监测并实时传输监测数据，在大风浪台风期间仍可连续不间断监测；

（2）自动化监测免去了人员往返施工现场实施人工观测，降低监测人员风险和运营成本，同时避免了对仪器设备的人为破坏，测量精度达到安全监控的要求；

（3）通过合理的仪器埋设和保护措施，可实现对离岸深水防波堤的长期观测，确保数据的长期稳定；

（4）可以让终端用户在第一时间内了解、掌握离岸深水防波堤结构的内外力以及变形动态发展趋势，从而及时采取应对措施。

2. 自动监测系统设备

自动化监测数据采集系统由分布在现场的监测仪器（传感器）、测控装置（MCU）、监控主机及电源、通信等部分组成。该系统采用太阳能供电，为确保系统稳定，设置了隔离变压器、防雷器和 UPS 等设备。分布式自动化监测系统组成见图 8.3-23。在试验段现场监测中，通过自动系统监测设备、数据采集模块建立分布式自动化监测系统，依靠 GPRS 通讯模式将各监测项目的数据实时传输到数据中心，利用开发的可视化数据分析与预警软件随时调用任意监测项目的实时数据、历史过程数据及曲线，

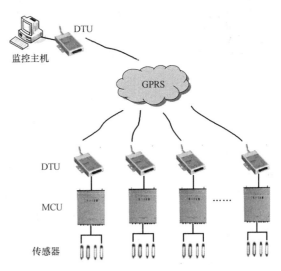

图 8.3-23　分布式自动化监测系统图

查看防波堤结构的工作状态，并可对达到设定警戒值的具体监测项目和测点位置进行跟踪。

自动化监测数据采集系统的主要工作原理是：现场根据监测需要埋设沉降仪、孔隙水压力计和测斜仪等传感器，输出信号可为电压、电流、差阻、频率、电容等物理量，直接接入无线测控单元，采集的数据通过 GPRS 公共信息服务平台传输至中心数据服务器（安放在有互联网的地方），借助专用的数据处理和发布平台，向授权用户实时发布现场监测数据，确保数据的时效性，便于科学决策和管理。

数据采集控制器是自动化系统的关键设备，是分布式数据采集网络的节点装置，它决定了系统的功能和性能，远程自动化检测系统的数据采集控制器用于系统中各种类型的传感器的数据测量、存储和传输，安装在监测断面附近，适合于在恶劣的水工环境下使用，可靠性高，平均无故障时间达 20000h。

远程自动化监测系统由于现场不具备供电条件，需要利用光能、风能或者水能源进行补给。对数据采集系统来说供电方式一般有集中供电和分散供电两种方式，本系统的测控装置（MCU）采用交流浮充或太阳能浮充，蓄电池供电方式。对于有特殊要求的试验，也可采用风光互补供电系统，即风力发电和太阳能供电结合蓄电池的方式对系统进行

供电。

采用电缆方式要考虑到电缆敷设保护、屏蔽保护和接地等问题。为保护仪器及数据采集设备，本系统采取了避雷措施，如图 8.3-24 所示。

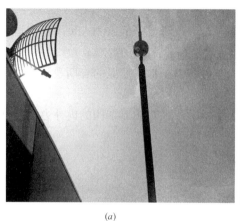 

(a)　　　　　　　　　　　　　　　　　(b)

图 8.3-24　分布式自动化监测系统避雷接地
(a) 避雷针；(b) 接地系统

监测自动化系统采用分层分布式的网络结构，即包括测站层的现场网络和信息管理中心的计算机网络。监测数据、系统参数和其他信息资料存放在数据库中，数据库运行在监测服务器上以实现资源共享；监测工作站作为前端用户访问和处理数据库中的数据。除系统管理员可以直接在监测服务器上对系统进行参数设置、数据库管理等操作外，其他操作人员通过权限设置在监测工作站对监测自动化系统进行数据的查询、监视等操作。大型工程测站层可能包括若干个现场网络，各现场网络具有相对的独立性，可以单独运行，分别进行管理，又可由信息管理中心统一管理，以满足各建筑物施工期及运行期的安全监测要求。现场网络与监测中心的通信通过通信干线和网络交换机实现。现场网络内通信介质可采用光缆或屏蔽双绞线（或二者混用）；距离较远且布线不便的场合的数据测控装置（MCU）也可通过无线通信装置或其他通信方式接入现场网络。无线数据传输系统以中国移动 GSM/GPRS 网络为通信平台，采用 GPRS、SMS、CSD、USSD 等承载方式，通过无线数据传输终端设备（GPRS DTU），提供透明数据传输通道 \ DDP 协议通道，可用于远程无线测控系统自动化数据信息的传输，满足行业用户数据传输需求。

8.4　工程实例

8.4.1　徐圩港区防波堤工程概况

连云港徐圩港区防波堤总长度约 21.78km，由东西防波堤环抱形成，其中东防波堤由直立式结构和斜坡式结构组成。如图 8.4-1 所示，线框的部位代表直立式工程，与斜坡式结构东防波堤工程交界点位于东防波堤拐点以南 500m，全长为 4377.49m，离岸近10km。直立式结构东防波堤采用单桶多隔舱基础的新型桶式结构，该结构在预制场制作完成后，通过浮船坞运送到设计位置后，通过下桶内抽水和抽真空进行负压下沉。当防波堤下沉施工完成后，主要起防浪、减淤的作用。从长远来看，由于港口建设的需要，对部分防波堤港侧进行回填，形成码头构一部分，这部分防波堤的功能相当于直立岸壁。

图 8.4-1　直立堤工程示意图

　　为进一步研究新型桶式基础防波堤与地基土的稳定性和变形问题，在徐圩港区直立堤与斜坡堤相连位置开展了试验段工程。该试验段由六个桶体组成，针对这种新型结构，选取了其中两个桶体 ET4 和 ET5 进行原位观测试验，如图 8.4-2 所示。

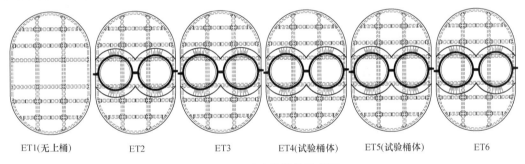

| ET1(无上桶) | ET2 | ET3 | ET4(试验桶体) | ET5(试验桶体) | ET6 |

图 8.4-2　试验段桶体示意图

8.4.2　测点布置

1. 整体变形测点布置

　　GNSS 变形监测系统的监测站安装在浮筒顶部，位置应尽可能靠近浮筒中心，以减少由于浮筒倾斜导致的沉降量差异。GNSS 基准站也称为连续运行参考站，它是整个项目表面位移监测的基准框架，一般一个 GNSS 基准站能够覆盖 10km 以内的监测点。为了保证监测系统稳定可靠，基准站需定时统一和国家控制点进行联测，以实现监测坐标与项目坐标的统一，同时校准参考点是否会发生位移。该监测项目的基准站建在港口项目部附近，场地稳固，年平均下沉和位移小于 3mm。其视野开阔，场内障碍物的高度不宜超过 15°，无强烈反射无线电波的金属或其他障碍物或大范围水面，其信号利用率在 90% 以上。

　　这种设计方案能够满足单桶多隔舱结构在运营期间的静态位移观测要求，但是负压下沉期间结构的变位观测属于动态测量，当采用实时动态差分法时可达到精度 10mm＋

1ppm（rms），由于原位试验离岸近 10km，所以很难达到要求的精度 10mm，因此在负压下沉期间应该采取不同的方案。该原位试验共有六个桶体，本文仅对 ET4 和 ET5 进行观测，因此可以利用已经下沉稳定的桶体 ET3 作为 GNSS 系统的基准站，这样就可以避免测站和基站间距离较运而产生的误差叠加，负压下沉工况下的变形监测点布置如图 8.4-3 所示。

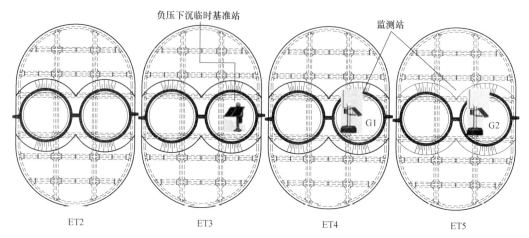

图 8.4-3　负压下沉工况下 GNSS 变形监测系统方案图

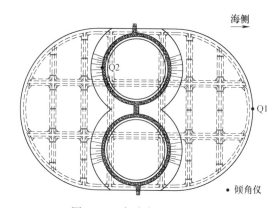

图 8.4-4　倾角仪的测点布置

倾角测点的安装如图 8.4-4 所示，在 ET4 和 ET5 的上下桶的一端侧壁内分别安装倾角仪，测量桶体的倾斜度。防波堤有多组结构互相连接组成，桶体在椭圆短轴方向的倾角非常小，并且离心模型试验和数值模拟结果显示桶体倾覆变形基本都是沿着长轴方向，因此安装的测斜仪只测量沿椭圆长轴方向的倾角。

2. 土压力测点布置

根据监测布置原则，在基础桶侧壁和隔板侧面上布置 14 条土压力测线。基础桶侧壁和隔板侧面上的土压力计布置如图 8.4-5 所示。桶侧壁测线 T1、T2、T3、T4 内外两侧各埋设 5 只土压力盒，间距 2.0m，即从桶底算起外侧的布置高程为 1m、3m、5m、7m、9m（内侧从桶底算起布置高程为 0.5m、2.5m、4.5m、6.5m、8.5m）。隔板侧面 T11、T12 处两侧按设计各埋设 3 只土压力计，从桶底算起布置高程都为 0.3m、2m、6m。其余各测线内外两侧各埋设 3 只土压力计，间距 4.0m，即从桶底算起外侧的布置高程为 1m、5m、9m（内侧从桶底算起布置高程为 0.5m、4.5m、8.5m）。基础桶侧壁和隔板侧面处共计 38 只。

负压下沉中所抽取的真空负压荷载值是利用离心模型试验中得到的下沉阻力换算出的，桶体在负压荷载作用下要下沉到设计标高并且让下桶盖板底部接触淤泥表面时才可以停止施工。但是在下沉后期桶体沉降变得很缓慢，较难判断盖板底部何时触到淤泥表面，

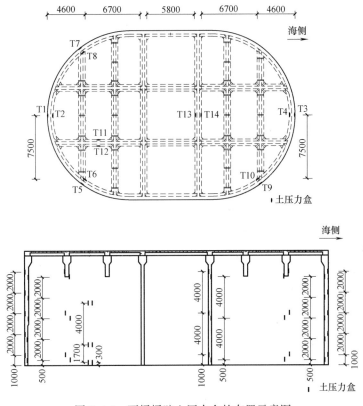

图 8.4-5 下桶桶壁土压力盒的布置示意图

因此盖板底部土压力计可以用来确定桶体在负压下沉或者运营过程中盖板底部何时接触到淤泥地基表面。在基础桶有 9 个隔舱，因此在盖板下侧布置 9 只土压力盒，位于每个隔仓的中间位置，布置如图 8.4-6 所示。

为了得到结构的端阻力，需要测得基础桶侧壁底端和隔板底端土压力分布，因此在结构底端均匀埋设土压力盒，其中侧壁底端埋设 8 只，隔板底端埋设 8 只，土压力计布置如图 8.4-7 所示。

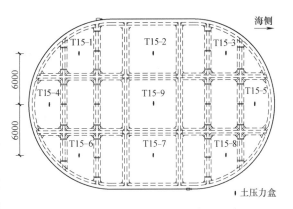

图 8.4-6 盖板下侧土压力盒的布置示意图

3. 孔隙水压力测点布置

由于是为了比较有效应力法和总应力法的计算合理性，因此孔压计的埋设位置应该在土压力测线的相同位置。如图 8.4-8 中土压力测线 T1、T3 处各布置 1 条孔隙水压力测线，每条测线依据高程的高低埋设 3 支孔隙水压力计，间距 4.0m，即从桶底算起外侧的布置高程为 1m、5m、9m，共计 6 支。在隔板处布置 1 条孔隙水压力测线，该测线依据高程的高低埋设 3 支孔隙水压力计，间距 4.0m，即从桶底算起外侧的布置高程为 0.5m、4.5m、8.5m，共计 3 支。

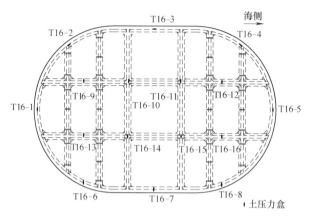

图 8.4-7 下桶底端和隔板底端土压力盒的布置示意图

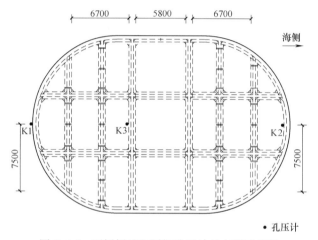

图 8.4-8 下桶桶壁和隔板孔压计的布置示意图

4. 波压力测点布置

由于港区设计高水位 5.41m，设计低水位 0.47m，极端高水位 6.56m，极端低水位 −0.68m，分别在这些标高处埋设波压力传感器，如图 8.4-9 所示。在上桶迎浪侧布置 4 条波压力测试线，分别位于上桶海侧端部、45°方向及连接墙处，每条测线上安装 5 只波压力传感器，测点布置于设计低水位和设计高水位之间，用于测量波浪作用于桶上的最大冲击力。从趾板底部算起高程布置为 5m、10m、11m、12.5m、14.5m。

5. 钢筋应力测点布置

根据模型试验和数值分析的结果，确定结构在外部荷载作用下可能产生较大内力的部位，在这些位置埋设钢筋计和混凝土应变计。基础桶和隔板处钢筋计布置如图 8.4-10 所示。在基础桶桶壁设 6 条内力测线组，每条测线内依据高程的不同布置 5 支钢筋计。根据结构的受拉侧面和受压侧面的内力变化情况，G1、G2 和 G4、G5 两处内外两侧布置，其余各测线均单侧布置，其中 G3 和 G6 处钢筋计布置在环向钢筋，其余各测线的钢筋计布置在竖向钢筋。每条测线内钢筋计从桶底算起布置高程为 1m、5m、7m、8m、9m。在基础桶隔板设 4 条内力测线组，均单排布置，每条测线内依据高程的不同布置 5 支钢筋计。G9、G10 测线处钢筋计布置在环向钢筋，G11、G12 测线处钢筋计布置在竖向钢筋。每条测线内钢筋计从桶底算起布置高程为 1m、5m、7m、8m、9m。

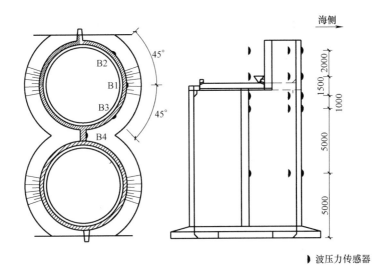

图 8.4-9　波压力计布置图

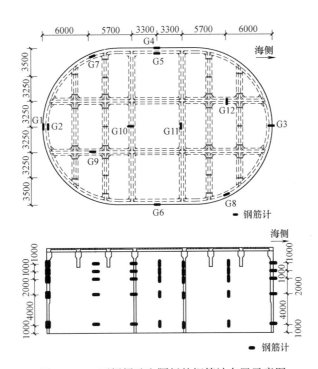

图 8.4-10　下桶桶壁和隔板的钢筋计布置示意图

在负压下沉和运营期间，由于结构与地基土相互作用，肋梁的下部侧面可能存在较大的应力，因此在肋梁下层钢筋笼上环向布置钢筋计，每个测点处一支钢筋应力计，布置如图 8.4-11 所示。

在施工期和运行期，由于结构与地基土相互作用，基础桶盖板可能存在较大的应力，因此在盖板布设 7 处测点。其中 G15～G19 测点处上下两层钢筋笼上按纵横向布置钢筋计，G20、G21 测点上下两层钢筋笼上按单向布置钢筋计，盖板处共埋设 24 支钢筋计。

239

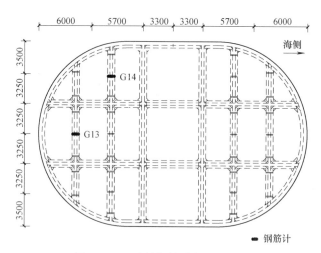

图 8.4-11　肋梁钢筋计布置示意图

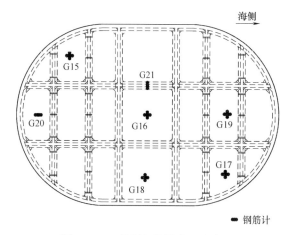

图 8.4-12　盖板钢筋计布置示意图

布置如图 8.4-12 所示。

根据数值分析结果显示，上桶桶壁靠近连接趾板处应力值及变化幅度较大，因此在靠近趾板处测点间距较小，靠近顶部的测点间距稍大。在数据分析阶段可由内外侧钢筋应力推算上桶不同位置处的弯矩。因此在上桶侧壁设 3 条应力测线。另外，连接墙边缘处可能存在较大的内力变化，因此在连接墙边缘海测设 1 条内力测线组，该测线布置 5 支钢筋计。上桶和连接墙处钢筋计的布置如图 8.4-13 所示。

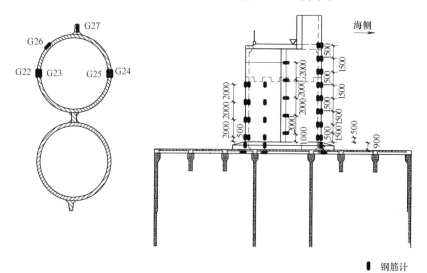

图 8.4-13　上桶和连接墙处钢筋计布置示意图

6. 混凝土应变测点布置

根据模型试验和数值分析的结果布置混凝土应变计，尤其针对拉应力较大的关键部位增设测点数量。在基础桶桶壁布置 2 条应变测线，每条测线布置 4 支混凝土应变计，间隔 2m。从桶底算起布置高程为 2m、4m、6m、8m。盖板布设两处混凝土应变计观测点，其中 C3 测点处上下两层钢筋笼上按纵横向布置混凝土应变计，C4 测点侧上下两层钢筋笼上按单向布置混凝土应变计。基础桶和盖板处混凝土应变计布置如图 8.4-14 所示。

在上桶海侧沿高度方向布置 4 支混凝土应变计，间隔 2m 均匀布置。从趾板顶部算起高程布置为 2m、4m、6m、8m。上桶混凝土应变计布置如图 8.4-15 所示。

该新型桶式基础防波堤监测项目共埋设 74 支土压力计、9 支孔隙水压力计、4 支倾角

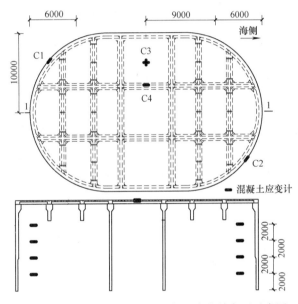

图 8.4-14 基础桶和盖板处混凝土应变计布置示意图

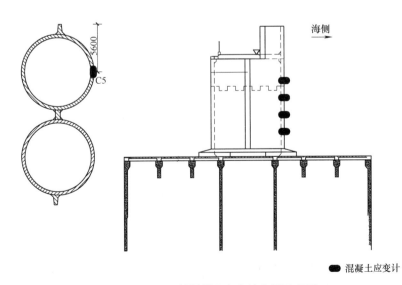

图 8.4-15 上桶混凝土应变计布置示意图

仪、125 支钢筋计、18 支混凝土应变计、20 支波压力计、2 套 GNSS 变形监测系统、1 套光电编码器系统和自动化采集系统，详细仪器类型和数量见表 8.4-1。

仪器类型及数量   表 8.4-1

部位	仪器类型	数量	编号范围	量程	精度
IV 号桶	土压力计	74	T1～T16	桶侧壁及盖板底 300kPa,桶 500kPa	±0.1％F.S
	孔压计	9	K1～K3	250kPa	±0.1％F.S
	倾角计	2	Q1～Q2	±15°	±0.1％F.S
V 号桶	钢筋计	125	G1～G27	压缩 380MPa～拉伸 380MPa 大于所使用钢筋的屈服强度	±0.1％F.S
	应变计	18	C1～C5	量程在 10MPa,大于所使用混凝土的开裂强度	±0.1％F.S
	波压力计	20	B1～B4	120kPa	±0.5％F.S
	倾角计	2	Q3～Q4	±15°	±0.1％F.S

8.4.3 负压下沉工况中桶体的监测及分析

1. 整体位移与变形测试

为确保能够全面地反映测试桶体在浮运及下沉期间的倾斜和位移情况，采集系统每 5min 采集一次倾角值，而徕卡 GNSS 变形监测系统每一分钟进行一次沉降测量。如图 8.4-16 所示，为了从宏观上了解下桶体的姿态变化，本原位监测把数据绘制成变化趋势图，其中正值代表偏向海侧。如图 8.4-17 所示，徕卡 GNSS 变形监测系统所测得的数据可绘制成桶体的下沉变化轨迹。

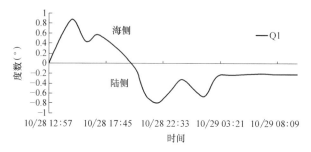

图 8.4-16 下沉时 Q1 倾角值随时间变化曲线

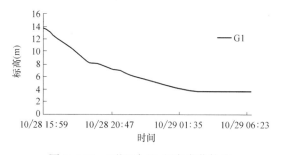

图 8.4-17 下沉时 G1 竖向变化轨迹

试验结果表明，四号测试桶体在下沉期间倾角平均值约为 -0.224°，波动范围为 -0.656°～+0.875°，最后稳定在 -0.2°左右（偏于港侧）。桶体下沉时竖向变化轨迹斜率由大逐渐变小，特别是在下桶底入土一段时间后下沉速度变得非常缓慢。从图中可以看出，19点时测试桶体的倾角度数在下沉期间由正值慢慢发展为负值，而此时的G1竖向变化轨迹恰巧出现拐点。这是因为下桶底入泥一段深度后，端阻力和摩阻力变大的缘故。倾角度数并没有随着波浪而做规律性的上下摆动，这是由于下沉的时候风浪较小，相对于隔舱中气压对桶体的影响程度较弱。所以整个过程中，Q1倾角度数的变化间接反映了桶体海侧和陆侧隔舱气压的相对变化。综合以上分析，四号桶在下沉过程中桶体倾角变化较小，隔舱气压平衡控制较好，桶体下沉较为稳定。

为验证光电编码器进行沉降测量的实用性，了解位移与倾角变化规律，绘制五号桶的位移-时间曲线图，包括了GNSS系统和光电编码器系统所测的结果，如图8.4-18所示。由于光电编码器的量程限制，在桶体下沉2m后才开始光电编码器的测量。从图中的可以看出，光电编码器测出的沉降值与GNSS系统测出的沉降值在下沉中差异不大，下沉完毕时两种测量方法的累计沉降值基本相同，这也就直接证明了将光电编码器用到深水离岸结构的沉降测量中是可行的。

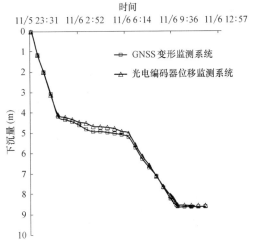

图 8.4-18 下沉时五号桶两种方法
所测位移随时间变化曲线

2. 土压和孔压对比分析

如图8.4-19~图8.4-21，为了从宏观上了解桶体所受外力的情况，该原位试验绘制了海侧桶体外壁T3、内壁T4的总土压力-时间曲线和对应的K2总孔隙水压力-时间曲线图。

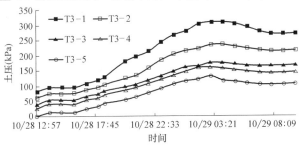

图 8.4-19 下沉时 T3 测线各测点的总应力变化曲线

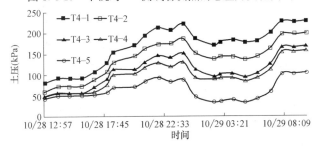

图 8.4-20 下沉时 T4 测线各测点的有效应力变化曲线

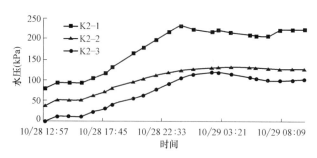

图 8.4-21　下沉时 K2 测线各测点总孔隙水压力值随时间变化曲线

从图中可以看出下沉初期，T3 土压力压呈近线性增长，这表明桶体在持续稳定下沉并且桶底还没有接触海底土层。18 时之后，测线各测值先后出现急速上升现象，表明随着桶体底部接触土层，底端土压力计的受力随之增大，下沉速率变缓。29 日 00 时，测线压力值增至最大，表明桶体负压下沉受到了很大的阻力。29 日 08 时，土压力值开始稳定，表明负压下沉结束，隔舱停止抽气。下沉前期内壁 T4 测线土压力压也呈近线性增长，这变化趋势和外侧土压力基本相同。但是在 22 时左右土压力到达最大值，曲线出现了拐点，之后 T4 土压力的变化出现了与 T3 截然相反的变化趋势。在 22 时至 07 时，T3 测线土压力-时间曲线是凸函数，而 T4 测线土压力-时间曲线是凹函数。这是由于桶体开始往港侧倾斜，海侧外壁的土压力以主动土压力为主，内壁的土压力以被动土压力为主，这种土压力差直到下沉稳定后才渐渐减小。

K2 孔隙水压力与其对应的 T3 土压力呈现几乎相同的变化趋势，这是由于 T3 所测得土压力由有效土压力和孔隙水压力 K2 组成。

为了准确判断防波堤在负压下沉过程中的稳定性，该试验对各部位在下沉过程中总应力的最大值做了统计，如表 8.4-2 所示。

下沉中各部位总应力最大值　　　　　　　　　　　表 8.4-2

部位	相对桶底高度	测点编号	总应力最大值（kPa）
桶壁外侧	1.0m	T3-1	316.205
桶壁内侧	0.5m	T2-1	271.482
桶底	0.0m	T16-4	611.297
盖板	10.7m	T15-7	135.385
隔墙	1.0m	T11-1	265.029

从表中的数据可以看出，桶体在下沉过程各部位受力均没有超过设计极值。各部位土压力最大值都是发生在下桶底部已经入泥，隔舱在抽水的过程中。在出现最大值之前，桶体均出现过明显的倾斜。这就可以看出，土压力最大值出现在纠偏之后的半小时内，这就说明通过气压值进行纠偏对土压力的影响具有滞后性，滞后时间在半小时以内。桶底所承受的总应力最大，并且远高于其他部位。这是由于下沉中桶底在承受土的压力的同时容易碰到砾石，从而产生应力集中。但是通过原位试验观测的数据，砾石导致的应力集中仍然没有超过设计的极限值，桶体在下沉过程中的稳定性非常好。

3. 钢筋应力分析

如图 8.4-22 和图 8.4-23，为了从宏观上了解基础结构内力的情况，该试验绘制了负压下沉期间港侧桶壁外部 G1、内部 G2 的钢筋应力-时间曲线。

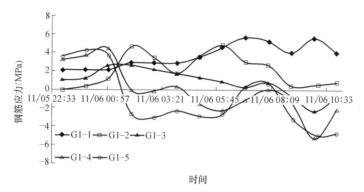

图 8.4-22 下沉时 G1 钢筋应力-时间变化曲线

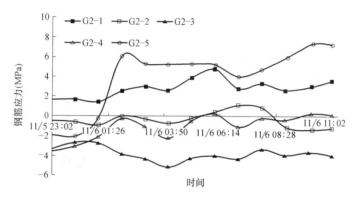

图 8.4-23 下沉时 G2 测线钢筋应力-时间变化曲线

从图中可以看出，桶壁在下沉初期钢筋应力不大，外部以受拉为主，内部以受压为主。下沉中期都出现了不同程度的波动，其中以最上端的 G1-5 和 G2-5，波动最大。G1-5 的变化曲线出现了明显的下凹现象，而 G2-5 出现了相反的上凸现象，这说明桶壁在此处受力最大，并向内部挤压。这是由于桶体已经入土较深，其他部位由于两侧受到土压力的抑制作用导致变形不大，而上部处于负压作用状态，受到一个向内部挤压的力。到了下沉快结束时，停止抽负压，钢筋应力变化曲线也趋于稳定，但是不同高程的钢筋应力也有很大的差别。

为了更好地研究负压下沉时结构内力-位移曲线的变化规律，该试验绘制了图 8.4-24 和图 8.4-25。

从图中可以看出，随着沉降的开始增加，桶体下桶入泥渐深，G1 的钢筋应力变化并不明显。当沉降位移达到 3m 后，钢筋应力曲线出现拐点，并大幅度变化。其中 G1-1、G2-1、G1-2、G2-2、G1-3、G2-3、G2-5 应力-沉降变化曲线规律皆为先升后降型，G1-4、G2-4、G1-5 先降后升再降型。除了 G1-5 和 G2-5，各高程的钢筋应力变化规律相同，这是由于在距离桶底 9m 处是变形最大的位置，即挠度极值点。这与钢筋应力-时间变化曲线显示的规律一致。

为了准确判断结构在负压下沉过程中的稳定性，该试验对各部位在负压下沉中钢筋应力的最大值做了统计，如表 8.4-3 所示，其中正值为拉应力，负值位压应力，下同。

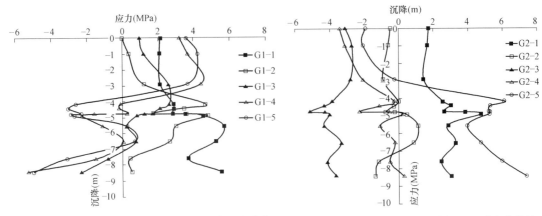

图 8.4-24 下沉时 G1 测线钢筋应力-沉降变化曲线　　图 8.4-25 下沉时 G2 测线钢筋应力-沉降变化曲线

下沉中钢筋应力（拉压）最大测点部位与测值　　　　表 8.4-3

部位	测点编号	应力最大值(MPa)	应变(10^{-6})
桶壁	G6-3	141.089	672
	G7-5	−21.423	−102
隔墙	G9-1	409.244	1949
	G9-2	−103.530	−493
肋梁	G14	8.373	40
	G13	−27.370	−130
上桶桶壁	G25-3	11.924	57
	G25-2	−4.507	−21

从表中的数据可以看出，桶体在负压下沉工况中，纵向隔板钢筋应力普遍较大，个别位置钢筋应力（如 G9-1）已经超过钢筋屈服极限，可以考虑采用增加隔板厚度的方式处理。桶体盖板下部总应力较小，随着后期超孔压消散，土体开始固结，盖板下部的土压力还将更小，盖板和肋梁钢筋应力也较小，由此可见可以再取消肋梁结构。

通过原位试验观测的数据可以看出结构在负压下沉过程中，隔板的结构内力偏大，可能会导致结构的部分破坏，但是整体的结构内力都在设计限制之内，稳定性较好。

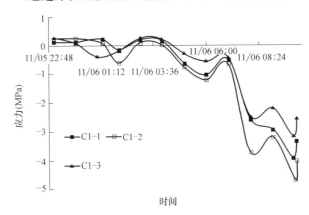

图 8.4-26 下沉时 C1 混凝土应力-时间变化曲线

4. 混凝土应力分析

混凝土的应力在下沉的前中期都变化不大（图 8.4-26），在下沉后期，由于结构下沉较为缓慢，并且遇到较大的下沉阻力，使混凝土产生较大的应变，由拉应力转变为压应力，这更有利于结构稳定，因为混凝土能够承受更大的压应力。

桶式结构使用的是 C40 混凝土，其抗拉和抗压强度分别是 2.39MPa 和 26.8MPa。从表 8.4-4 中的数据可以看出，在负压下沉过程中，结构的最大压应力普遍较小，最大拉应力离极限值也有一定富余量，但是盖板的近中心位置属于拉应力的薄弱部位。

下沉中混凝土应力（拉压）最大测点部位与测值　　　　　表 8.4-4

部位	编号	应变值	应力（MPa）
桶壁	C2-4	38.6	1.255
	C1-2	−144.5	−4.695
盖板	C3-2	59.1	1.922
	C4-2	−51.5	−1.673
上桶桶壁	C5-3	38.8	1.260
	C5-4	−61.4	−1.996

8.4.4　运行期间桶体的监测及分析

1. 总土压力分析

对于长期波浪荷载作用下的结构外力中，港侧和海侧的桶壁内外土压力和孔隙水压力更具有典型代表性，因此该试验针对桶体的这些部位土压力和孔隙水压力特性进行分析。如图 8.4-27～图 8.4-30，根据测试数据绘制了港侧内外桶壁 T1、T2 和海侧内外桶壁 T3、T4 总应力下沉完毕后 6 个月内的变化曲线图。

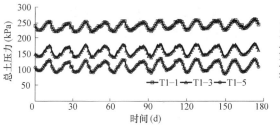

图 8.4-27　运行期 T1 测线各测点的
总应力随时间变化曲线

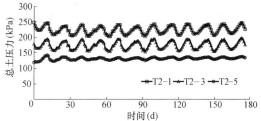

图 8.4-28　运行期 T2 测线各测点的
总应力随时间变化曲线

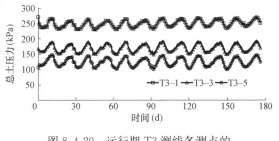

图 8.4-29　运行期 T3 测线各测点的
总应力随时间变化曲线

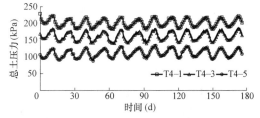

图 8.4-30　运行期 T4 测线各测点的
总应力随时间变化曲线

从图中可以看出，无论港侧还是海侧桶壁的总应力均呈现近正弦周期性的变化规律，周期约为半个月，充分体现了连云港半月潮对总应力的影响。总应力每天的测量结果也有相应的最大值、最小值，随着潮位的变化而变化，具有一定的周期性，变化的范围基本上体现了当天的潮差。对于不同周期同一相位点所对应的总应力来讲，测值基本上保持在相近的大小，所以扣除潮位等条件的影响，有效应力和超静孔隙水压力之和几乎没有变化，即振幅变化不大。

2. 孔隙水压力分析

如图 8.4-31～图 8.4-33，根据原位试验数据绘制了港侧桶体外壁处 K1、海侧桶体外壁处 K2 和隔舱桶壁处 K3 的孔隙水应力在下沉完毕后 6 个月内的变化曲线图。

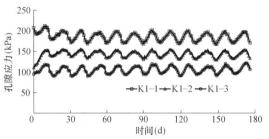

图 8.4-31 运行期 K1 测线各测点的
孔隙水应力随时间变化曲线

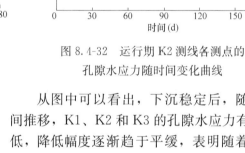

图 8.4-32 运行期 K2 测线各测点的
孔隙水应力随时间变化曲线

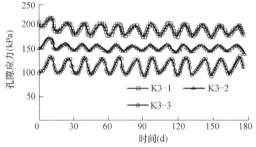

图 8.4-33 运行期 K3 测线各测点的
孔隙水应力随时间变化曲线

从图中可以看出，下沉稳定后，随着时间推移，K1、K2 和 K3 的孔隙水应力有所降低，降低幅度逐渐趋于平缓，表明随着地基土体开始固结，超静孔隙应力开始慢慢消散，但由于淤泥土排水不畅，超静孔压消散速度很缓慢。同总应力变化趋势一致，K1、K2、K3 孔隙水压力曲线也呈现正弦周期性的变化规律，周期约为半个月，充分体现了连云港半月潮对孔隙水应力的影响。事实上每天的测量结果也有相应的最大值、最小值，随着潮位的变化而变化，具有一定的周期性，变化的范围基本上体现了当天的潮差。这是因为总应力包含了孔隙水压力的原因。在大风浪作用下，各测点的孔隙水应力值均有不同程度的变化。由图中还发现一个规律，土体上部和底部孔隙水应力大致的发展趋势是下降的，但在桶体中部孔隙水应力下降十分不明显。

3. 有效应力和超静孔隙水压力分析

土体的应力按土体中土骨架和土中孔隙（水、汽）的应力承担作用原理或应力传递方式可分为有效应力和孔隙应力，对于饱和土体孔隙应力就是孔隙水应力。原位试验埋设的土压力盒测出来的总压力指的有效土体应力和孔隙水应力的总和，而埋设的孔压计测出来的数据是孔隙应力。因此，可以利用土压力盒和孔压计的测量数据计算出有效应力的数值。如图 8.4-34 和图 8.4-35，根据两组试验数据计算结果绘制了港侧桶体外壁处 T1 和海侧桶体外壁处 T3 的有效应力在下沉完毕后 6 个月内的变化曲线图。

孔隙应力还可分为静孔隙应力和超静孔隙应力，保持总应力不变，有效应力和超静孔

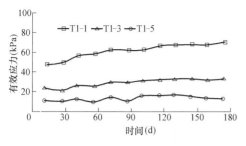

图 8.4-34　运行期 T1 测线各测点的
有效应力随时间变化曲线

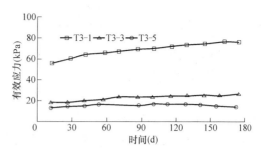

图 8.4-35　运行期 T3 测线各测点的
有效应力随时间变化曲线

隙应力可以相互转换。将静孔隙应力从孔压计测值中扣除就可以得到超静孔隙应力，据此计算结果可以绘制出港侧桶体外壁处 K1 和海侧桶体外壁处 K2 的超静孔隙应力在下沉完毕后 6 个月内的变化曲线图，如图 8.4-36 和图 8.4-37 所示。

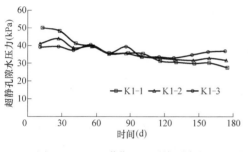

图 8.4-36　运营期 K1 测线测点的
超静孔隙水压力随时间变化曲线

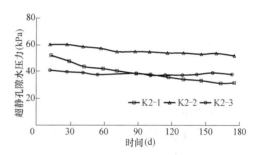

图 8.4-37　运行期 K2 测线测点的
超静孔隙水压力随时间变化曲线

从 T1 和 T3 各测点的曲线可以看出，大部分测点的有效应力值都有升高的趋势，其中 T1-1 和 T3-1 测点升高幅度最大，其余测点应力增加幅度较小。T1-1 从 48kPa 逐渐增至 68kPa，T3-1 从 46kPa 逐渐增至 65kPa。而 K1 和 K2 各测点的曲线发展趋势与有效应力恰好相反，超静孔隙应力随着时间推移都有降低的趋势。根据有效应力原理，在某一压力作用下，饱和土的固结过程就是土体中各点的超静孔隙水应力不断消散、附加有效应力相应增加的过程，或者说是超静孔隙水应力转化为附加有效应力的过程。图中的有效应力曲线和超静孔隙应力发展趋势恰能反映了随着时间推移地基土在缓慢固结的过程。另外，桶体侧壁上部和下部的超静孔隙水压力大于中部，证明了桶体下沉过程中对上部和底部的土体扰动较大，这也验证了之前观测的结果：土体上部和底部孔隙水应力大致的发展趋势是下降的，但在桶体中部孔隙水应力下降十分不明显。

综合分析土压力和孔隙水压力数据可知，在波浪荷载长期作用下，总应力随着时间的推移呈现周期性变化，但是振幅并没有太大变化；孔隙水应力随着时间的推移也呈现周期性变化，振幅在缓慢地减小；有效应力随着时间的推移有增高的趋势，超静孔隙应力随着时间的推移有降低的趋势，地基土体在缓慢固结。从以上分析可以得出，在整个观测周期内，土压力和孔隙水压力变化符合规律，也没有出现大的位移，因此新型桶式基础防波堤是稳定的。

8.4.5　单侧回填工况中桶体的监测及分析

1. 港侧回填期的结构变位

（1）桶体倾角变化分析

由于港口建设的需要，2014 年 12 月底对部分防波堤港侧进行回填，形成码头结构一部分，这部分防波堤的功能相当于直立岸壁。港侧回填后，回填土体一方面对上桶产生向海侧的推力与弯矩，另一方面又作用在下桶的表面，产生向下的压力与向港侧的弯矩，这两个相反的作用使得问题变得十分复杂。这些荷载通过结构作用于土体，主要由土体的摩擦力、侧向土压力和水平抗剪切力来承担。要搞清楚防波堤结构的变形和整体稳定情况，最重要的是真实地了解结构的变形与受力情况。港侧回填期间试验桶体的倾角变化如图 8.4-38 所示。

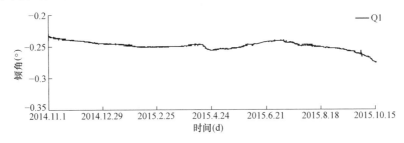

图 8.4-38　回填期间桶体倾角变化曲线

从图中可以看出，试验桶倾角向港内倾斜，倾角变化不大。试验桶平均倾角值为 $-0.25°$，变化范围为 $-0.233° \sim -0.276°$，变化幅度不超过 $0.043°$。试验桶体倾角在 5 ～ 8 月份出现微小的波动，这正是回填施工频繁的时间。可以看出，在港侧回填工况下，桶体倾角不断向港测发展，但是变化幅度不大，桶体仍旧比较稳定。

（2）桶体沉降变化分析

图 8.4-39 和图 8.4-40 为单侧回填段试验桶体的位移沉降变化曲线图和月平均位移变化曲线图。从图中可以看出，试验桶体位移随波浪呈周期性变化，竖向沉降在 15 年 7 月份之前呈上升趋势，之后出现下降趋势。从下沉完至 15 年 10 月底，试验桶累计沉降量约 7.72cm，南北方向累计位移约 2.82cm，东西方向累计位移约 6.70cm。单侧回填期间，沉降量增加了 1.3cm，南北方向增加了 1.4cm，东西方向增加了 4.3cm。可以看出在港侧进行抛石回填引起了向海侧移动，不过这些变化都在安全范围之内，桶体仍旧十分稳定。

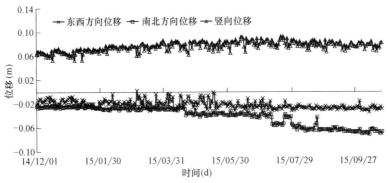

图 8.4-39　试验桶位移沉降变化曲线

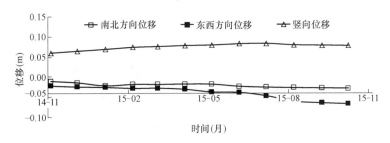

图 8.4-40 试验桶月平均位移变化曲线

2. 港侧回填期的结构外力

（1）桶壁总土压力分析

港侧回填将引起桶体所受外力的变化，因此针对四号桶体的港侧和海侧的桶壁内外土压力和孔隙水压力特性进行分析。如图 8.4-41 和图 8.4-42，根据测试数据绘制了港侧内外桶壁 T1 总应力在回填阶段内的变化曲线图。

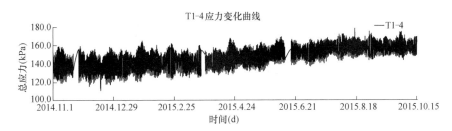

图 8.4-41 回填期间测点 T1-4 的总应力随时间变化曲线

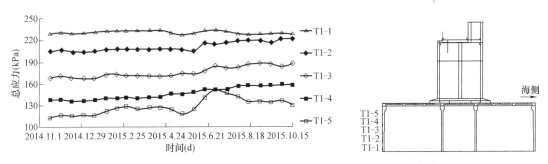

图 8.4-42 回填期间 T1 测线的半月平均土压力随时间变化曲线

从图中可以看出，无论港侧还是海侧桶壁的总应力均呈现近正弦周期性的变化规律，周期约为半个月，体现了连云港半月潮对总应力的影响。总土压力每天的测量结果也有相应的最大值、最小值，随着潮位的变化而变化，具有一定的周期性，变化的范围基本上体现了当天的潮差。

桶壁半月平均土压力值在今年 3 月份后出现了上升的趋势，这也是由于在港侧进行了抛石回填引起的。

（2）孔隙水压力分析

如图 8.4-43 和图 8.4-44，根据原位试验数据绘制了港侧桶体外壁处 K1 的孔隙水应力在下沉完毕后至 10 月底的变化曲线图。

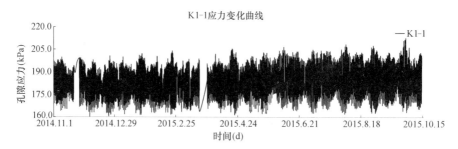

图 8.4-43　回填期间测点 K1-1 的孔隙水应力随时间变化曲线

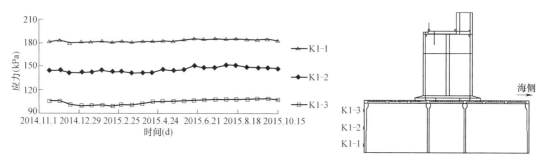

图 8.4-44　回填期间 K1 测线各测点的半月平均孔隙水应力随时间变化曲线

下沉稳定后，经过去年一年的变化，K1、K2 和 K3 的孔隙水应力的降低幅度逐渐趋于平缓，这也证明了淤泥土排水不畅，超静孔压消散速度很缓慢。今年 3 月份后，半月平均孔隙水应力出现了微小的上升趋势，这是由于港侧抛石回填引起了孔隙水应力的增大。另外，K1、K2 和 K3 孔隙水压力曲线均呈现正弦周期性的变化规律，周期约为半个月。事实上每天的测量结果也有相应的最大值、最小值，随着潮位的变化而变化，具有一定的周期性，变化的范围基本上体现了当天的潮差。

3. 港侧回填期的结构内力

（1）主要测点钢筋应力分析

从监测系统测得的各测点钢筋应力可以看出，钢筋的拉应力和压应力均在钢筋的抗拉抗压范围以内。隔墙（G9-1、G9-3、G6-3）的应力值较大，下桶壁的拉应力较大。其余测点的钢筋应力变化幅度较小。在港侧回填阶段，桶体各部位的钢筋应力出现了微小的波动，但是都在设计的允许变化范围内，因此回填对结构内力的影响不是很大，桶体仍然是十分稳定的。回填阶段试验桶下桶隔墙 G9-3、盖板 G17-4 和上桶壁 G23-1 的钢筋应力变化曲线如图 8.4-45 所示。

（2）主要测点混凝土应力分析

从监测系统测得的混凝土应变可以看出，混凝土受压应力均在 C40 混凝土抗压强度范围以内。下桶下部拉压混凝土应力变化较小，且均在 C40 混凝土抗压抗拉强度范围以内。14 年 6 月份以后，下桶上部、盖板、上桶壁的受拉混凝土应力逐渐超过 C40 混凝土比例极限，混凝土表层可能会出现微小的裂缝，但是不影响结构的稳定性。综上所述，港侧抛石回填引起了混凝土压应变的减小，拉应变的增大，可能会导致混凝土表面产生微小的裂缝，但是应变的变化在设计安全范围内，结构仍然是十分稳定的。回填阶段试验桶主要混凝土应变测点下桶壁 C1-1、上桶壁 C5-2 的变化曲线如图 8.4-46 所示。

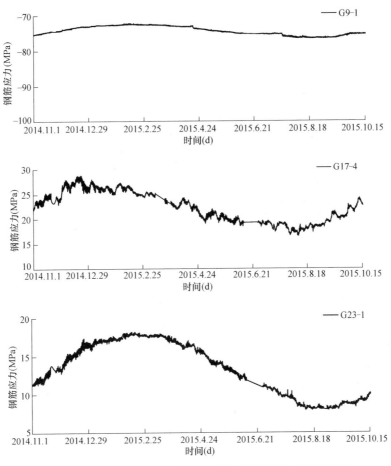

图 8.4-45 回填期间五号桶主要测点受拉钢筋应力变化曲线

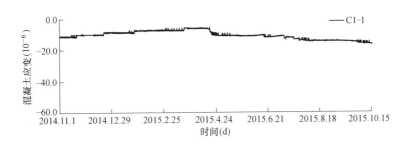

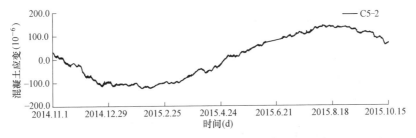

图 8.4-46 回填期间五号桶混凝土应变变化曲线

8.4.6 原位观测结论和建议

新型桶式基础的原位监测利用分布式自动化监测系统实现了对结构本身的倾斜度、沉降位移、所承受的土压力、孔隙水压力和结构内部的钢筋应力、混凝土应变等的自动化监测和远程传输，该试验观测仪器埋设存活率高达93%，观测结果能够较好地反映桶式基础结构的实际情况，为新型桶式基础结构的设计和施工优化提供最有力的数据支撑，对大型离岸深水结构的原位观测有一定的指导意义。根据原位观测结果得到以下结论和建议：

（1）徐圩港区直立式结构东防波堤工程试验段的新型桶式基础在负压下沉、运行期和单侧回填工况下都是稳定的，试验非常成功。在各个工况下，试验桶的各项监测数据变化符合规律，没有超过报警值。

（2）桶体在下沉过程中由于应力集中导致桶底受力远大于其他部位，但是各部位受力均没有超过设计极值，桶体在负压下沉过程中的稳定性非常好。桶体结构纵向隔板钢筋应力普遍较大，个别位置钢筋应力已经超过钢筋屈服极限，盖板和肋梁钢筋应力较小，但是盖板近中心位置属于混凝土抗拉应力薄弱部位。试验结果还表明各关键部位的受力状况都离极限值有一定的富余量，混凝土也都没有开裂，结构本身很安全。

（3）在运行期，总应力随着时间的推移呈现周期性变化，但是振幅并没有太大变化。孔隙水应力随着时间的推移也呈现周期性变化，振幅在缓慢地减小。有效应力随着时间的推移有增高的趋势，超静孔隙水压力随着时间的推移逐渐消散，地基土体缓慢固结。

（4）在港侧进行抛石回填引起了桶体向海侧移动，导致桶体底部港侧外壁土压力的增大，混凝土的压应变减小，拉应变增大，可能会使混凝土表面产生微小的裂缝，但是这些变化都在安全范围内，港侧回填对结构的稳定性影响不大。

（5）新型桶式基础纵向隔板钢筋应力普遍较大，建议在设计中增加隔板厚度和配筋。桶体肋梁总应力较小，随着后期超孔压消散，土体开始固结，盖板下部的土压力还将更小，可以在设计中取消肋梁结构。

参考文献

［1］ 严凯. 海岸工程［M］. 北京：海洋出版社，2002.

［2］ 李炎保，蒋学炼. 港口航道工程导论［M］. 北京：人民交通出版社，2010.

［3］ Sankarbabu K，Sannasiraj S A，Sundar V. Hydrodynamic performance of a dual cylindrical caisson breakwater［J］. Coastal Engineering，2008，55（6）：431-446.

［4］ 彭增亮. 箱筒型基础结构气浮拖航的稳性计算［J］. 中国港湾建设，2007（1）：15-19.

［5］ 曹永勇，武颖利. 波浪荷载作用下单桶多隔舱结构稳定性数值分析［J］. 中国港湾建设，2016，36（2）：11-15.

［6］ 喻志发，李树奇，田俊峰. 箱筒型基础结构原型观测技术［J］. 中国港湾建设，2010（S1）.

［7］ 曹永勇，关云飞，李文轩. 光电编码器在深水离岸结构沉降测量中的应用［J］. 岩土工程学报，2017，39（s1）.

［8］ Shuqing L X W Q W，Changhai Z. Design of satellitemounting high precisionminitypemulti-turn absolute photoelectric encoder［J］. Journal of Electronic Measurement and Instrument，2010，9：013.

［9］ Shujie Z C W Q W，Xinran L. Data processing system of 21 bit photoelectric encoder［J］. Journal of

Electronic Measurement and Instrument，2010，6：013.

［10］　侯晋芳，闫澍旺. 十字板强度推算的抗剪强度指标在箱筒型基础设计计算中的应用［J］. 港工技术，2008（6）：47-50.

［11］　El-Gharbawy S，Olson R. Modeling of suction caisson foundations［C］//The Tenth International Offshore and Polar Engineering Conference. International Society of Offshore and Polar Engineers，2000.

［12］　关云飞，曹永勇，李文轩. 桶式基础防波堤工作特性原位试验研究［J］. 中国港湾建设，2016，36（12）：23-28.

［13］　焦志斌，蔡正银，王剑平，等. 遮帘式板桩码头原型观测技术研究［J］. 港工技术，2006（B12）：56-59.

［14］　喻志发，杨京方，解林博，等. 离岸深水构筑物的自动监测新方法［J］. 中国港湾建设，2012（3）：25-28.

［15］　曹永勇，蔡正银，关云飞，等. 新型桶式基础防波堤在负压下沉中的稳定性试验［J］. 水运工程，2014，07 期：41-45.

［16］　焦志斌，冯京海，李凯双，等. 滩海人工岛工程安全监测自动化系统研究［J］. 水利水运工程学报，2013（1）：66-70.

［17］　李武，吴青松，陈甦，等. 桶式基础结构稳定性试验研究［J］. 水利水运工程学报，2012（5）：42-47.

［18］　曹永勇，张海文，丁大志，等. 新型桶式基础防波堤在负压下沉中的结构内力观测及分析［J］. 中国港湾建设，2014，04 期：26-29.

9 跨海基础设施与结构物测试技术

9.1 概述

9.1.1 跨海通道工程建设特点及建设情况

现代经济社会的高速发展，对跨海交通运输不断提出更高的要求。传统的海上运输已经无法满足经济社会发展的需求。为了突破海峡、海湾和海岛对交通的制约，建设跨海通道成为人类社会新的课题，以海底隧道和跨海大桥为代表的跨海通道，在世界各地以前所未有的速度发展。经济和社会的高速发展，特别是高新技术在海洋领域的广泛应用，又为跨海通道的兴建提供了必备的条件。全世界已建、在建和拟建跨海通道已有100多条，跨海工程比较集中、技术比较成熟的国家主要有日本、丹麦、挪威、英国、美国、中国、意大利等。

世界各国比较普遍的跨海通道工程主要有跨海大桥、海底隧道及桥隧组合等形式。跨海大桥是利用现代架桥技术连接海峡、海湾、海岛等的一种跨海通道形式。具有施工技术成熟、建设周期较短、养护维修及防灾救灾方便等优点，但容易受大风、大雾及恶劣天气的影响，对海洋及岛屿环境影响较大，且容易妨碍海上、空中通航等。跨海大桥中广泛采用的建桥技术有：悬索桥、斜拉桥、拱桥和梁式桥。由于跨海通道的桥梁，其基础是建造在浩瀚大海的海底，施工具有很大的难度，从国内外桥梁技术分析，常用悬索桥和斜拉桥两种桥式。世界上较早建成的跨海大桥，比较有名的有麦奈海峡大桥、布坦尼亚大桥等。进入20世纪30年代，跨海大桥建设进入热潮，日本和丹麦的跨海桥梁建设，推动了世界跨海桥梁工程的热潮。20世纪世界桥梁建设最高水平和跨度纪录的几座大桥，多为跨海工程。中国的跨海桥梁工程，起始于20世纪90年代，目前已建、在建和拟建的著名跨海大桥有杭州湾跨海大桥、舟山连岛工程（5座跨海大桥，最大跨度1650m）、东海大桥、青岛胶州湾海湾大桥、港珠澳跨海大桥、深中通道以及香港的昂船洲大桥、青马大桥等。

海底隧道具有能全天候运营、不受恶劣气候的影响、对航运无影响、抗震性能较好等优点，越来越多的为跨海通道工程所采用，但其也具有工程技术难度大、建设周期长、耗资巨大、运营费用高等缺点。海下隧道的主要修建方法有以下几种：围堤明挖法、钻爆法、TBM全断面掘进机法、盾构法、沉管法和悬浮隧道。围堤明挖法受到地质条件限制，且生态环境破坏严重，不经常采用。而水中悬浮隧道现在还停留在研究阶段，目前尚无成功实例。因此，海底隧道施工经常使用的方法有钻爆法、盾构或掘进机法和沉管法。埋置于基岩，用传统钻爆法或臂式掘进机开挖隧道的方法为钻爆法，这些隧道被称为深埋隧道或暗挖法隧道。钻爆法在国外水下隧道施工中的应用很多。20世纪40年代日本修建的关门海峡水下隧道，是世界最早用钻爆法修建的水下隧道，之后又用钻爆法修建了世界闻名的青函海底隧道。日本青函海底隧道穿过津轻海峡，全长 53.85km，海底段长 23.30km。采用钻爆法施工挪威已建成了约 100km 的水下隧道，其中最长一座隧道为 7.90km，位于海平面下 264m。盾构法最初是用在软土地层中，随着加压方式和刀盘、刀具形式的创新，盾构法也在岩石地层中得到成功应用，如英吉利海峡隧丹麦斯特贝尔海峡隧道、日本东京湾海底隧道、重庆越江排水隧道等。我国在 20 世纪 50 年代就开始研究盾构法施工，目前我国用盾构法建造海底隧道有狮子洋海底铁路隧道等。因此，盾构法在各类水下地层中都有广泛的应用前景。沉管法是在岸边的干坞里或在大型船台上将隧道管节预制好，再浮拖至设计位置沉放对接而成隧道。目前世界上已建、在建的沉管隧道已达 120 余座，我国的沉管隧道技术研究起步较晚，但发展速度很快，目前我国在建、已建成沉管隧道 20 条，主要集中在南方沿海地区及港澳台地区。沉管隧道建设情况统计表见表 9.1-1。

我国建设沉管隧道统计表　　　　　　　　　表 9.1-1

序号	隧道名称	类型	建成时间
1	香港红磡海底隧道	双圆钢壳沉管	1972
2	香港九龙地铁隧道	双圆混凝土沉管	1979
3	台湾高雄公路隧道	矩形混凝土沉管	1984
4	香港东区海底隧道	矩形混凝土沉管	1989
5	广州珠江隧道	矩形混凝土沉管	1993
6	宁波甬江隧道	矩形混凝土沉管	1995
7	香港西区海底隧道	矩形混凝土沉管	1997
8	香港新机场铁路隧道	矩形混凝土沉管	1997
9	宁波常洪隧道	矩形混凝土沉管	2002
10	上海外环线隧道	矩形混凝土沉管	2003
11	广州仑头-生物岛隧道	矩形混凝土沉管	2010
12	广州生物岛-大学城隧道	矩形混凝土沉管	2010
13	天津中央大道海河隧道	矩形混凝土沉管	2011
14	舟山沈家门港海底隧道	矩形混凝土沉管	2014
15	广州洲头咀隧道	矩形混凝土沉管	2015
16	广州佛山高铁隧道	矩形混凝土沉管	在建
17	港珠澳大桥海底隧道	矩形混凝土沉管	在建
18	南昌红谷沉管隧道	矩形混凝土沉管	在建
19	深中通道海底隧道	矩形钢壳混凝土沉管	在建
20	大连湾海底隧道	矩形混凝土沉管	在建

在 20 世纪 80 年代我国已经开始沉管隧道的研究，对沉管隧道的理论、检测、监测等方面的研究均有广泛报道。针对沉管隧道理论研究的研究内容相对比较独立，主要研究手段包括理论解和有限元法，研究内容集中在沉降、受力、接头止水、沉放技术等方面。刘正根等人考虑到已运营沉管隧道管节间不均匀沉降，导致管节与管段间接头的错动和张

开，使接头部位 GINA 止水带止水效果受到影响，从设计角度分析了 GINA 止水带在接头处于压缩、剪切、扭转等变形及复合状态下的力学性能，得到了接触应力在接头断面上的分布规律；宁茂全和史先伟分别研究了舟山沈家门港海底隧道和广州鱼珠至长洲岛越江隧道的结构受力；关安峰研究了广州洲头咀沉管隧道在承载能力极限状态下和正常使用极限状态下的地基最大沉降量；王解先等人利用测量技术，通过坐标系间的坐标转换，实时计算沉管特征点的坐标，研究了沉管沉放阶段的监测技术。

桥隧组合工程是针对桥梁、隧道工程的优缺点，对于跨海距离较远、工程地质条件、水文条件较复杂的海峡、海湾所采用的一种跨海通道形式。这种组合结构形式不但解决了由于隧道过长，施工、运营、通风、防渗和防灾等技术上的难题，而且解决了跨海桥梁妨碍航行、影响生态环境等缺点，且对于整个工程可以因地制宜，充分利用地形地貌和地势条件，分段实施，缩短建设周期，充分发挥了跨海桥梁、海底隧道各自的优点，有效规避了各自的缺点。对于长、大跨海工程，国际上大多采用桥隧组合方案，如东京湾横断公路工程、大贝尔特海峡通道、厄勒海峡跨海通道、切萨皮克海湾桥隧工程等。在中国，已建成通车的上海崇明越江通道及即将建成通车的港珠澳跨海大桥、泉州湾跨海通道等，也均采用了桥隧组合方式。正在建设的深中通道、论证规划中的渤海海峡跨海工程等均采用桥隧结合的方式。桥隧通常通过海中填筑人工岛实现斜接和转换。

由此，跨海通道作为连接海峡、海湾等交通方式已成为经济建设发展的需要。尤其在中国，随着港珠澳跨海大桥即将建成通车，大连湾跨海交通工程、深中通道已开始建设，渤海海峡跨海工程、秦大跨海通道等在开展论证规划，跨海通道已然成为新的建设热点，工程越来越向长、大的方向发展，桥隧组合方式也越来越成为主要的建设方式，随着中国经济、工程技术的发展、跨区域间交流的需要，跨海通道建设也必将是未来经济建设的增长点。

9.1.2 跨海通道测试技术现状及发展趋势

跨海通道多处于外海，风大浪高流急，环境恶劣，建设期间安全问题突出，因此，需要采用合理的测试手段对跨海通道的建设过程进行监控。跨海通道的特点决定了跨海通道的很多工作在水下进行，对监测测量工作提出了更高的要求。尤其是对海底隧道来说，如何对隧道施工进行测量控制，如何对隧道的变形进行监测等等，都是不可回避的难题。发达国家对海底隧道经过了多年的研究和技术积累，对这些难题已经有了比较成熟的解决方案。例如日本不仅解决了建造跨海隧道的测量控制问题，并且还成功解决了监测隧道的沉降、通风塔和隧道管段间相对位移、航道下面隧道管段上的覆盖层的变化等技术问题。由于我国对海底隧道测试技术的研究起步比较晚，目前国内研究掌握的技术、经验和可供参考的资料都比较少，但港珠澳大桥沉管隧道的成功实施为海底隧道测试提供了大量可供借鉴的经验。沉管隧道的监控技术研究主要以健康监控为主，李伟平等人对运营期的宁波甬江沉管隧道进行了检测，同时对 GINA 止水带进行了评估；龚昊等人针对广州洲头咀隧道沉管建立了健康监测模型，并对传感器布置方案进行了探索；刘正根等人以宁波甬江沉管隧道为背景，建立了由多种传感器组成的沉管隧道实时健康监测系统；徐峰等人对沉管隧道健康监测传感器布置进行了优化。国外隧道结构安全监测技术的研究起步较早，特别是日本、欧洲等公路隧道较为发达的国家，由于其公路建设部门十分重视隧道安全监测的基础和应用工作，各级、各地管理部门都在大量研究的基础上制定了相关的制度和章程，并在实际工程中进行了应用。如日本青函海底隧道和韩国高速铁路（HSR）隧道都建立了结构安全监测系统。

人工岛地基测试方面，一般采用传统的方法进行测试，但对于跨海通道所处的实际环境而言，自动化监测技术可发挥较大优势。自动化监测技术作为测控领域的一条重要分支，是通过无线网络完成对系统的测量和控制，集成了传感器、自动控制和无线网络通信三大技术优势。自动化监测技术在土木工程中，一些发达国家在隧道施工监测等领域已有成熟应用，在我国尚处于起步状态，但已经引起了一些科研院所和企业的关注，通过研发实现了远离岸线的水下长期自动采集和传输，应用效果良好。港珠澳大桥人工岛采用传统方法与自动化监测相结合的方式，成功实现了人工岛施工过程中的监控，保障了工程的顺利进行。

总之，自动化监测技术在保证跨海通道建设中人员安全、数据的稳定性方面表现出了较大的优势。在解决了仪器设备防水和耐久性问题后，自动化监测技术将是跨海通道测试技术的发展趋势。

9.2 人工岛建设工程测试技术要求

9.2.1 岛壁结构监测技术要求

钢圆筒岛壁监测的内容包括：钢圆筒打设过程中钢圆筒应力测试、土阻力测试，以及打设就位后钢圆筒侧向土压力、孔隙水压力，钢圆筒沉降、钢圆筒水平位移。副格打设过程动态应变和静态应变。

所用的仪器设备有无线应变桥路传感器测试系统、振弦式孔隙水压力测定仪、水准仪、振弦式土压力测定仪、测斜仪等。

打设过程极易造成仪器损坏，致使无法测得数据，因此在监测过程中要加强仪器设备的保护。

9.2.2 人工岛岛内地基监（检）测技术要求

9.2.2.1 监测要求

人工岛岛内地基监测内容包括：地表沉降监测、分层沉降监测、水位监测、孔隙水压力监测。

所用的仪器设备有水准仪、全站仪、电测钢尺、水位计、振弦式孔隙水压力测定仪等。

施工期间地表沉降不宜过大，根据相关规范进行控制，但对于钢圆筒围堰这种特殊结构形式的人工岛地表沉降可适度放宽，其值应通过现场试验和计算确定。

9.2.2.2 检测要求

人工岛岛内地基检测内容包括：原位十字板剪切试验、标准贯入试验、静力触探试验、原状土室内土工试验。

所用的仪器设备有十字板剪力仪、标准贯入仪、静力触探仪等。

9.2.3 岛隧过渡段复合地基监（检）测技术要求

岛隧过渡段通常采用复合地基的方式进行处理，按复合地基相关要求进行检测，如采用挤密砂桩复合地基则应进行标准贯入试验检测成桩质量，若为水泥搅拌桩复合地基则应进行取芯强度检测，同时复合地基应进行地基承载力试验等。

过渡段复合地基沉降有要求时也应进行监测，可采用自动监测的方式进行。

所用的仪器设备有标准贯入仪、地基承载力试验系统、钻机等。

9.2.4 人工岛挤密砂桩载荷试验技术要求

在海洋中进行地基载荷试验，与陆地载荷试验不同，难度大、技术要求高，其主要的要求有：（1）需要改变沉降测量方法，选择更为稳定的测量技术，同时适当调整沉降稳定标准，以适应恶劣的自然环境；（2）载荷试验需要较大的承压板尺寸；（3）采用的仪器设备需能抵御恶劣海况的能力，或可以实现快速拆除以避开恶劣天气的影响。

9.3 沉管隧道建设测试技术要求

沉管隧道建设测试技术一是要求监测设备要具备较强的防潮、防腐蚀能力，在各种条件下具有稳定的工作性能，且要具备多种监测数据传输方式，以满足不同使用环境的要求。二是由于外荷载变化快，监测频次高，要求实现实时监测并预警，以有效地确保施工安全。三是监测范围广、项目种类多，要求各类监测项目进行合理有效的管理，以实现监测信息的有效传递。

9.4 人工岛建设监测技术实例

9.4.1 港珠澳大桥西人工岛工程概况

港珠澳大桥西人工岛平面呈椭圆形，采用"蚝贝"主题设计，总面积 97962m²，岛长 625m，起点桩号为 K12＋548，终点桩号为 K13＋173，岛东边距铜鼓航道 2018m。人工岛的基本功能是实现海上桥梁和隧道的顺利衔接，满足岛上建筑物布置需要，并提供基本掩护功能，保障主体建筑物（岛上隧道）的顺利建设和正常运营。人工岛要保证自身稳定耐久，控制岛内地基沉降，为岛上建筑物提供防浪、防冲、防船撞等保护条件。

西人工岛设计岛壁结构为钢圆筒＋斜坡堤结构，钢圆筒直径为 22.0m，沿人工岛岸壁前沿线布置。西人工岛陆域分为岛内区和岛壁圆筒区，西人工岛内设置分割围堰分为西小岛和西大岛，先行施工小岛后施工大岛，西小岛圆筒个数为 17 个（含 4 个分割围堰），西大岛圆筒个数为 44 个，总个数 61 个。陆域地基处理过程采用开挖置换中粗砂后降水再堆载预压的方法。

9.4.2 水文地质情况

9.4.2.1 水文

设计水位见表 9.4-1。

设计水位		表 9.4-1
重现期(年)	高水位(m)	低水位(m)
1000	4.19	−1.75
500	3.98	−1.67
300	3.82	−1.63
200	3.69	−1.57
100	3.47	−1.51
50	3.26	−1.44
20	2.97	−1.35
10	2.74	−1.27
5	2.51	−1.20
2	2.15	−1.08
平均水位	0.54m	
高潮累积频率 10%	1.65m	
低潮累积频率 90%	−0.78m	

9.4.2.2 潮流

伶仃洋内潮流基本为沿槽线走向的周期性往复流，内伶仃岛以内流向以 NNW～SSE 向为主，内伶仃岛以外流向转为 S～N 向。潮流动力东部水域较强，西部水域较弱，落潮流速一般都大于涨潮流速。

观测期间，涨潮的最大流速在 100～144cm/s，落潮的最大流速在 96～199cm/s；涨潮的平均流速在 26～39cm/s 之间，落潮的平均流速在 25～53cm/s 之间。大潮涨潮的平均流速在 24～35cm/s 之间，落潮的平均流速在 33～66cm/s 之间；小潮涨潮的平均流速 24～35cm/s 之间，落潮的平均流速在 16～38cm/s 之间。涨潮的流向以偏 N 为主，落潮的流向多为偏 S 向。

设计工况下的设计流速应取用重现期百年一遇的流速，西人工岛为 188cm/s；极端工况下的设计流速应取用重现期三百年一遇的流速，西人工岛为 192cm/s。

9.4.2.3 波浪

港珠澳大桥桥位波浪统计与分析采用了实测波浪资料，前期周年资料时段为 2007 年 4 月 1 日 00：00 至 2008 年 3 月 31 日 23：00，后期资料时间段为 2008 年 6 月 1 日 00：00 至 2008 年 10 月 31 日 23：00。根据实测波浪数据绘制的波玫瑰图见图 9.4-1。

9.4.2.4 工程地质

本探区地层主要由第四纪覆盖层（地层代号 ①～④）、残积土（地层代号⑤）和全、强、中、

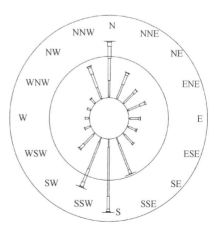

图 9.4-1 Hs 玫瑰分布图
(04/2007-03/2008；06/2008-10/2008)

微风化混合花岗岩（地层代号⑦$_1$～⑦$_4$）组成。

（1）第一大层

①$_1$淤泥（Q$_4$^{m}）：灰色，流塑状，个别钻孔呈流动状，高塑性，含有机质，有臭味，局部混少许粉砂，平均标贯击数 $N<1$ 击。该层厚达 1.50～4.50m。

①$_2$淤泥（Q$_4$^{m}）：灰色，流塑状，高塑性，含有机质，有嗅味，局部混少量粉细砂，夹粉细砂薄层和贝壳碎屑。平均标贯击数 $N<1$ 击。

①$_3$淤泥质黏土（Q$_4$^{m}）：褐灰色，流塑～软塑状，中塑性，局部夹粉细砂薄层和少量贝壳碎屑。部分钻孔该层夹有淤泥夹层及透镜体。平均标贯击数 $N=1.8$ 击。

第一大层的层底高程为－25.00～－41.10m。

（2）第二层

②$_{1-1}$粉质黏土（Q$_3$$^{al+pl}$）：灰黄色，可塑状，局部软塑状，中塑性，混较多粉细砂，夹粉细砂薄层，偶见钙质结核。平均标贯击数 $N=5.6$ 击。该层仅在部分钻孔中揭露。

（3）第三大层

③$_2$粉质黏土夹砂（Q$_3$$^{m+al}$）：褐灰色，灰黄色，粉质黏土为主，可塑～硬塑状，中塑性，混大量粉砂，夹粉砂薄层，土质不均匀。平均标贯击数 $N-13.0$ 击。该层仅在部分钻孔中揭露。

③$_3$粉质黏土（Q$_3$$^{m+al}$）：褐灰色，灰黄色，可塑状～硬塑状，中塑性，混粉细砂，局部夹粉砂薄层和腐殖质。平均标贯击数 $N=8.8$ 击。

③$_4$黏土（Q$_3$$^{m+al}$）：褐灰色，灰黄色，可塑状～硬塑状，高塑性，混粉细砂，局部夹粉砂薄层。平均标贯击数 $N=9.8$ 击。

③$_3$粉质黏土（Q$_3$$^{m+al}$）与③$_4$黏土（Q$_3$$^{m+al}$）呈互层分布。

在个别钻孔该层上部分布有软塑状淤泥质粉质黏土透镜体。

（4）第四大层

④$_1$粉细砂（Q$_3$^{al}）：灰色，灰黄色，稍密状～中密状，混黏性土。平均标贯击数 $N=28.3$ 击。

④$_3$中砂（Q$_3$^{al}）：灰色，灰黄色，密实状为主，局部中密状，混黏性土，局部夹圆砾薄层和粉质黏土薄层，偶见腐殖质和朽木。平均标贯击数 $N=38.2$ 击。该层多以夹层形式存在于④$_5$粗砾砂（Q$_3$^{al}）层上部。

④$_5$粗砾砂（Q$_3$^{al}）：灰色，灰黄色，密实状为主，局部中密状，混黏性土，局部夹圆砾薄层和粉质黏土薄层，偶见卵石、腐殖质和朽木，土质不均匀。

（5）基岩层

⑦$_1$全风化混合片岩（Z）：灰白色，灰绿色，原岩结构已破坏，除石英外，绝大部分矿物风化呈黏土混砂状，遇水极易崩解或软化。

⑦$_2$强风化混合片岩（Z）：灰白色、灰绿色杂灰褐色，岩石结构基本破坏，局部可见原岩片麻状混合结构，风化裂隙极发育，大部分矿物风化成砾砂或黏土矿物。平均标贯击数 $N>50.0$ 击。

⑦$_3$中风化混合片岩（Z）：灰黑色，灰白杂灰～深灰色条带，粒状结构，片麻状混合构造，主要矿物为石英、长石和黑云母。风化裂隙发育，岩芯破碎，主要呈碎块状、短柱状，岩体完整性较差。

9.4.3 监测检测技术难点

（1）人工岛内的淤泥及淤泥质黏土累计平均厚度达到 23.5m，平均水深约为 8.0m，如此条件下的深厚软土地基加固处理，且要满足不大于 50cm 工后沉降的要求难度很大。

（2）海上挤密砂桩在国内应用的较少，设计理论不够完善，施工工艺复杂，控制环节较多，设计参数选取和施工质量控制都缺乏经验，导致在进行现场检测工作时缺乏相应的控制标准，且外海恶劣环境下挤密砂桩检测效率和检测精度均难以保证。

（3）外海风大浪高流急，环境恶劣，水深超过 20m，进行离岸较远的岛隧过渡段挤密砂桩沉降监测等工作难度巨大且无可借鉴经验。

（4）沉管过渡段采用的 PHC 桩复合地基、高压旋喷桩复合地基在沉管隧道应用上缺乏经验，监测检测的控制标准无成熟经验。

（5）作为围堰的钢圆筒直径 22m，高度在 40.5～46.5m 之间，厚度为 16mm，采用 8 台 APE600 型振动锤联动振动下沉。如此规模的钢圆筒振沉施工在国内尚属首次，在国际上也不多见，如何准确监测钢圆筒在打设定位和打设后人工岛施工过程中的状态难度很大。

9.4.4 岛壁钢圆筒区监测

9.4.4.1 监测项目及实施方法

圆筒内地基处理监测主要内容是地表沉降盘观测、分层沉降观测、孔隙水压力观测、深层侧向位移观测、钢圆筒沉降位移观测，检测项目包括原位取土和标贯试验、原位十字板剪切试验和原位静力触探试验。另外为进一步了解回填中粗砂的密实情况，根据设计要求，进行了回填砂层的标准贯入试验。监测（检测）工作量见表 9.4-2。

监测工作量统计表

表 9.4-2

项目	表层沉降盘	孔隙水压力计	深层分层沉降	深层侧向位移	钢圆筒沉降位移	原位取土和标准贯入试验	原位十字板剪切试验	原位静力触探试验
单位	只	组	组	孔	点	孔	孔	孔
数量	24	7	7	2	61	7	7	4

9.4.4.2 地表沉降观测

通过地表沉降盘的监测了解地基加固过程的总沉降量，分析岛壁地基的最终沉降量和残余沉降，推算平均固结度，确定卸载时间。

观测内容有以下两个方面：

（1）插板前后地面平均标高测量；

（2）插板后设置地表沉降标，进行地表沉降监测。

水准测量用仪器：高精度电子水准仪，严格按照《工程测量规范》GB 50026—2007 中的有关要求执行，对水准仪的各项技术性能进行检验，并做好记录，各项性能要求合格，方可进行水准测量。

沉降标：沉降标为 50cm×50cm 的钢板，板中心竖立一根 1.5m 长的 $\phi32$ 镀锌管（钢板与镀锌管之间焊接连接），外涂润滑油并用波纹管保护。把沉降板埋设在地面砂层下50cm 处，露出地面 100cm，在测点位置及时设置警示标志。随堆载高度而不断加高，每次加高前后进行观测，记录前后读数。

9.4.4.3 分层沉降观测

测定土体内各层土的压缩变形量，掌握土体在荷载作用下压缩过程，分析检验土体变形，控制工程质量，验证设计计算的土层压缩量。

测试仪器有磁环、导管、分层沉降仪、水准仪等，分层沉降仪由测头、测尺、信号指示器等组成，导管和磁环按地层分布钻孔埋入预定位置，仪器埋设孔的上方设置明显标识装置。

监测仪器采用分层沉降标，分别埋设在不同的土层位置。在地基加固过程中，按照设计要求的间距布设。根据土层的分布情况大约 3m 设置一个测头，每组共布置 7～9 个测点。

9.4.4.4 孔隙水压力观测

监测施工过程中加固土层内在不同深度处的孔隙水压力的增长和消散过程，分析土体不同深度处的有效应力发展变化情况，用以推算软土层经处理后的固结度及强度增长，分析地基的稳定性。

测试孔隙水压力设备采用振弦式孔隙水压力计，由测头（孔隙水压力传感器）、接收仪表和导线组成，仪器埋设孔上方设置明显标识。

根据土层分布大约 3m 设置一个测头，每组共计布置 6～8 个孔隙水压力测头，孔深要大于排水板底标高 2m。

9.4.4.5 深层侧向位移观测

通过深层侧向位移观测，可以了解岛内堆载预压加载过程中岛壁钢圆筒的位移情况，防范加载速率过快而造成岛壁结构整体或局部失稳。

监测设备采用滑动式测斜仪观测，测斜管采用 PVC 工程塑料管。

9.4.4.6 现场取土及原位测试

采用现场取原状土、十字板剪切试验、标准贯入试验、静力触探试验等方法了解岛壁钢圆筒内加固后土体物理、强度指标的增长情况，判断地基加固的有效深度，检验地基土的改善情况，为评价地基加固的质量提供依据。

9.4.4.7 数据分析

（1）地表沉降数据分析

塑料排水板打设前后测量各个钢圆筒的场地标高，经计算后得到插板期地基沉降为1109.0mm。在降水联合堆载预压加固地基期间，各沉降盘发生的沉降在 742.9～1305.1mm 之间，平均为 1006.7mm。因此整个地基加固过程的总体沉降为 2115.7mm，且最近一周实测地表平均沉降速率不大于 2.0mm/d，沉降观测曲线见图 9.4-2。

固结度及最终沉降的推算主要分析表层沉降及分层沉降数据，通过表层沉降推算整个受压土层平均固结度。主要有三种分析方法，分别为三点法、双曲线法及 Asaoka 法，由于双曲线法数据较充足，更能准确真实地推算出固结度及最终沉降，依照《港口工程地基规范》JTS 147—1—2010，采用双曲线法进行分析。

原泥面从 −8.0m 开挖到 −16.0m，然后回填中粗砂到 ＋2.5m，此时地基土成为欠固

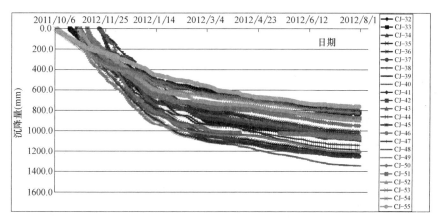

图 9.4-2 地基沉降曲线图

结土，由于回填砂层较厚，附加应力较大，此时土体的固结应力较大，所以在打设塑料排水板期间发生的沉降量较大；打设塑料排水板之后，进行井点降水，降水到 −16.0m，开始进行降水联合堆载预压，此时地基土的固结应力主要来自降水产生的附加应力和之前回填中粗砂产生的未完全转化为有效应力的部分附加应力，同时由于中粗砂越来越密实，中粗砂与钢圆筒内壁的摩擦力越来越大，使由回填中粗砂产生的附加应力随时间推移逐渐减小，故地基土在插板后产生的沉降量较小，根据沉降曲线推测的固结度较大。各沉降盘的沉降量及固结度汇总见表 9.4-3。

地表平均沉降量及固结度汇总表   表 9.4-3

插板沉降量 （mm）	目前预压沉降量 （mm）	总沉降量 （mm）	推测最终沉降量 （mm）	固结度 （%）	残余沉降量 （mm）
1109.0	1006.7	2115.7	1121.8	89.7	115.1

注：最终和残余沉降是根据沉降曲线按双曲线法推测计算，对应荷载均为当前预压荷载。

在预压荷载作用下的主固结残余沉降为 115.1mm，而场地的使用荷载小于当前预压荷载，故使用荷载下的工后沉降必小于 500mm，满足设计要求的工后沉降小于 500mm（120 年）。计算过程见表 9.4-4。

西人工岛固结沉降计算结果   表 9.4-4

西人工岛		CKD09	CKD44	XKD46	XB2	CKD14	XKD48	CKD45	XKD49	CKD18
插板底标高（m）		−33	−35	−35	−35	−35	−36	−36	−36	−36
使用荷载 20kPa	插板区沉降（m）	1.72	1.39	1.45	1.25	1.32	1.37	1.41	1.64	1.47
	非插板区沉降（m）	0.29	0.31	0.36	0.32	0.32	0.23	0.24	0.14	0.23
	总沉降（m）	2.01	1.70	1.81	1.57	1.64	1.60	1.65	1.78	1.70
施工荷载 170kPa	插板区总固结沉降（m）	2.17	1.93	2.01	1.92	1.78	1.89	1.91	2.19	1.88
	80%～90%固结度时 插板区固结沉降（m）	1.89	1.68	1.75	1.67	1.55	1.64	1.66	1.91	1.64
	非插板区总沉降（m）	0.37	0.46	0.67	0.50	0.48	0.31	0.32	0.22	0.29

续表

西人工岛		CKD09	CKD44	XKD46	XB2	CKD14	XKD48	CKD45	XKD49	CKD18
插底板标高										
施工荷载 170kPa	降水结束后非插板 区固结度(%)	26	26	21	23	26	31	30	40	31
	降水结束后非插板 区沉降(m)	0.09	0.12	0.14	0.12	0.12	0.10	0.10	0.09	0.09
	施工期总沉降(m)	1.98	1.80	1.89	1.78	1.67	1.74	1.76	2.00	1.73
残余 沉降	插板区残余沉降(m)	0	0	0	0	0	0	0	0	0
	非插板区残余沉降(m)	0.20	0.19	0.22	0.20	0.20	0.13	0.14	0.05	0.14
	使用期总残余沉降(m)	0.20	0.19	0.22	0.20	0.20	0.13	0.14	0.05	0.14

（2）分层沉降数据分析

根据预压期间实测分层沉降资料可知淤泥及淤泥质土层均得到了良好的固结压缩，平均固结度为 93.7%；典型的分层沉降～时间曲线见图 9.4-3。

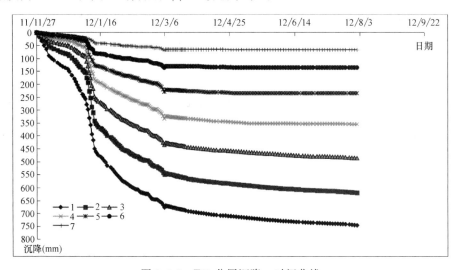

图 9.4-3　F11 分层沉降～时间曲线

（3）孔隙水压力数据分析

钢圆筒打设完成后，先回填中粗砂形成陆域，再打设塑料排水板，然后埋设监测仪器，仪器埋设时孔隙水压力已经发生消散，可采用式（9.4-1）粗略推测土体应力固结度：

$$U_t = \frac{u_0 + \Delta p - u_t}{p}$$ （9.4-1）

式中　U_t——计算点某时刻的固结度（%）；

　　　u_0——孔隙水压力初始值（kPa）；

　　　u_t——目前孔隙水压力值（kPa）；

　　　Δp——二次堆载荷载值（仪器埋设完成后堆载荷载值，挡浪围堰折合约 1.0 的堆载荷载）（kPa）；

　　　p——总堆载荷载值（kPa）。

根据上式计算各组孔隙水压力消散情况及应力固结度计算结果见表9.4-5。典型孔隙水压力变化曲线见图9.4-4。

K11孔隙水压力消散情况及应力固结度计算结果　　　　　　表 **9.4-5**

序号	标高(m)	初始孔压(kPa)	当前孔压值(kPa)	二次堆载高度(m)	总堆载高度(m)	固结度(%)
1	−17.5	209.6	22.7	2	20.5	63.4
2	−19.5	231.9	19.4	2	20.5	70.8
3	−22.0	267.5	43.3	2	20.5	74.1
4	−24.5	303.1	75.8	2	20.5	75.0
5	−27.5	333.9	92.1	2	20.5	79.1
6	−30.5	377.2	128.2	2	20.5	81.2
7	−33.5	411.4	162.7	2	20.5	81.1
8	−36.5	395.3	198.4	2	20.5	66.3

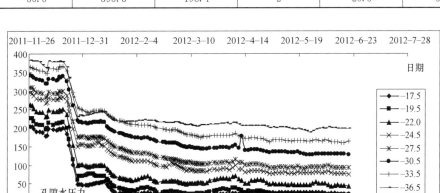

图 9.4-4　K11孔隙水压力～时间曲线

（4）钢圆筒沉降位移监测分析

地基处理过程中，对钢圆筒筒顶的沉降和位移进行观测，最大沉降为984mm，最大位移为594mm，分别对应48号和34号钢圆筒。

（5）深层侧向位移数据分析

在36号和54号钢圆筒内埋设测斜管以便观测土体侧向位移情况，控制施工速度。深层水平位移～深度关系曲线见图9.4-5。通过曲线可以看出：36号测斜与54号测斜因埋设位置的不同，后期堆载方式不同，因此这两点的变化趋势并不完全一致。但二者所在的钢圆筒均向加固区岛内侧发生了水平位移，最大水平位移为215.4～289.5mm，最大水平位移主要发生在地表附近。

（6）现场取土及原位试验检测结果

卸载后对圆筒内地基的加固土层进行了一系列检验项目，包括取原状土及标准贯入、十字板、静力触探等原位测试。

对于上部回填砂地层（标高−18～+3m），经标准贯入检测，标贯击数在3～55击，−6m以下回填砂达到了中密-密实状态；

对于下部土层（标高−35～−18m），为方便对比，选取《港珠澳大桥主体工程岛隧工程补充地质勘察（西人工岛区）－岩土工程勘察报告》中的IITB003（十字板勘察孔）、IITB005

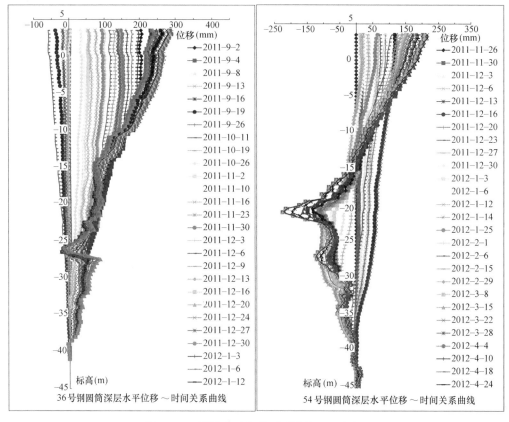

图 9.4-5　深层水平位移观测结果（西大岛）

（标准贯入勘察孔）和 ITCB003（取土孔）等勘察孔与加固后检测孔对比有以下几点：

1）与 IITB005 标准贯入勘察孔相比，主要加固土层的淤泥和淤泥质土（原标高 $-16 \sim -32.7\mathrm{m}$）标贯击数由 0 击增大到 $2 \sim 9$ 击，平均增大了 4 击，下部粉质黏土的标贯击数由原来的 11 击变为 17 击，对比结果见表 9.4-6；

标准贯入结果对比
表 9.4-6

土层	击数 N（加固前）	击数 N（加固后）								击数增长
	IITB005	JQ10	JQ11	JQ12	JQ16	JQ17	JQ18	JQ19	平均	
淤泥①$_2$ 和淤泥质土①$_3$	0	5	5	4	3	4	5	3	4	4
粉质黏土②$_{1-1}\sim$③$_3$	11	18	9	25	15	18	21	13	17	6

2）与 IITB003 十字板标贯勘察孔相比，主要加固土层淤泥和淤泥质土的十字板剪切强度平均值由 32.1kPa 增长至 56.1kPa，下部粉质黏土的十字板剪切强度平均值由 73.9kPa 增长为 110.9kPa，对比结果见表 9.4-7。

3）静力触探试验结果

经测定，回填中粗砂的锥尖阻力平均为 9.41MPa，淤泥质土和黏土为 0.81MPa，粉质黏土为 1.29MPa。其他指标见表 9.4-8。

十字板剪切强度结果对比　　　　　　　　　表 9.4-7

土层	十字板剪切强度（kPa）						
	加固前	加固后					
	IITB003	JQ10	JQ11	JQ12	JQ18	JQ19	平均
淤泥①₂和淤泥质土①₃	32.1	59.8	51.2	47.4	52.1	69.9	56.1
粉质黏土②₁₋₁	73.9	122.2	106.8	86.1	96.1	143.1	110.9

加固后静力触探测试结果　　　　　　　　　表 9.4-8

土层	加固后			
	锥尖阻力（MPa）	侧摩阻力（kPa）	摩阻比	压缩模量 E_s（MPa）
回填中粗砂	9.41	40.21	0.43	25.40~28.60
淤泥质黏土和黏土	0.81	12.62	1.56	4.06
粉质黏土	1.29	20.82	1.61	6.18

4）室内试验结果可以看出主要加固土层淤泥（层号①₂）和淤泥质土（层号①₃）预压加固后土体含水率、孔隙比明显变小，而密度和剪切强度均有一定提高，土体压缩系数变小，压缩模量增大，土体压缩性得到一定的改善，加固前后土体的物理力学指标对比见表 9.4-9。

9.4.4.8　监测检测小结

（1）根据堆载预压期间实测地表沉降资料，地基在施工过程中发生了一定沉降，地表沉降在 742.9~1305.1mm 之间，平均为 1006.7mm（不含插板沉降）。根据地表沉降推算的当前预压荷载下的地基固结度为 89.7%；使用荷载下的工后沉降小于 500mm（120年），满足设计要求。

（2）根据分层沉降观测资料，主要加固土层发生明显的固结压缩。

（3）根据孔隙水压力观测资料，各个测点的孔压均有一定消散量。

（4）通过原位十字板剪切试验资料，主要加固的淤泥质土层的十字板抗剪强度平均值达到 56.1kPa。通过标准贯入试验可以看出，主要加固的淤泥质黏土层标贯击数在 2~9击，平均 4 击。

综合分析认为本次地基加固工程达到了要求，场地地基得到了显著改善。

9.4.5　岛内区地基处理监测检测

9.4.5.1　监测内容项目及实施方法

大岛内地基处理监测主要内容是地表沉降盘观测、分层沉降观测、水位和孔隙水压力观测，检测内容包括原位十字板剪切、取原状土、标准贯入试验和静力触探试验等，监测（检测）工作量见表 9.4-10。

9.4.5.2　地表沉降观测

通过地表沉降盘的监测了解地基加固过程的总沉降量，分析岛内地基的最终沉降量和残余沉降，推算平均固结度，确定卸载时间。

观测内容有以下两个方面：

表 9.4-9

加固前后土体物理力学性质指标对比统计表

地层编号及名称		土的物理性质					界限含水率				直剪快剪		固结快剪		三轴(UU)		三轴(CU)				无侧限抗压	E_s	a_v
		含水率 ω	土粒比重 G_s	湿密度 ρ	干密度 ρ_d	孔隙比	液限 W_L	塑限 W_P	塑性指数 I_P	液性指数 I_L	凝聚力 c	摩擦角 φ	凝聚力 c	摩擦角 φ	凝聚力 c_u	摩擦角 φ_u	凝聚力 c_{cu}	摩擦角 φ_{cu}	凝聚力 c'	摩擦角 φ'	q_u	100~200 kPa	100~200 kPa
—		%	—	g/cm³		—	%	%	—	—	kPa	°	kPa	°	kPa	°	kPa	°	kPa	°	kPa	MPa	MPa^{-1}
淤泥质粘土及粘土层	加固前	49.3	2.69	1.71	1.15	1.342	52.4	26.2	26.3	0.87	25.7	2.2	13.5	15.1	24.4	1.2	14.5	14.3	8.6	26.1	40.4	1.735	1.477
	加固后	42.9	2.70	1.77	1.24	1.177	43.8	24.8	19.0	0.95	22.3	4.9	19.4	14.9	21.0	1.2	38.0	16.2	21.5	25.2	41.0	3.061	0.734
	变化量	−6.4	0.01	0.06	0.09	−0.165	—	—	—	—	−3.4	2.7	5.9	−0.2	−3.4	−0.1	23.5	1.9	12.9	−0.9	0.6	1.326	−0.743
粉质粘土层	加固前	27.5	2.781	1.93	1.52	0.790	38.1	19.6	18.5	0.47	28.4	10.1	25.4	21.8	26.8	4.6	34.5	18.6	20.4	27.0	59.5	5.785	0.313
	加固后	24.33	2.72	1.96	1.60	0.774	31.3	19.2	12.2	0.75	30.5	12.3	27.7	20.1	47.0	2.7	—	—	—	—	63.1	5.860	0.308
	变化量	−3.17	0.01	0.03	0.08	−0.016	—	—	—	—	2.1	2.2	2.3	−1.7	20.2	−1.9	—	—	—	—	3.6	0.075	−0.005

表 9.4-10

监测工作量统计表

项目	表层沉降盘	孔隙水压力计	深层分层沉降	水位	取土与标贯	十字板剪切	静力触探
单位	只	组	组	点	组	组	组
数量	25	9	9	24	16	9	3

（1）插板前后地面平均标高测量；

（2）插板后设置地表沉降标，进行地表沉降监测。

水准测量用仪器：日本拓普康 DL101C 电子水准仪型高精度水准仪，严格按照《工程测量规范》GB 50026—2007 中的有关要求执行，对水准仪的各项技术性能进行检验，并做好记录，各项性能要求合格，方可进行水准测量。

沉降标：沉降标为 50cm×50cm×0.8cm 的钢板，板中心竖立一根 1.5m 长的 ϕ32 镀锌管（钢板与镀锌管之间焊接连接），外涂润滑油并用波纹管保护。把沉降板埋设在地面砂层下 50cm 处，露出地面 100cm，在测点位置及时设置警示标志。随堆载高度而不断加高，每次加高前后进行观测，记录前后读数。

9.4.5.3 分层沉降观测

测定土体内各层土的压缩变形量，掌握土体在荷载作用下压缩过程，分析检验土体变形，验证设计计算的土层压缩量。

测试仪器有磁环、导管、分层沉降仪、水准仪等，分层沉降仪由测头、测尺、信号指示器等组成，导管和磁环按地层分布钻孔埋入，仪器埋设孔的上方设置明显标识装置。

监测仪器采用分层沉降磁环，分别埋设在不同的土层位置。在地基加固前，按照设计要求的间距布设。根据土层的分布情况大约 3m 设置一个测头，每组共布置 8～12 个测点。

9.4.5.4 孔隙水压力观测

监测施工过程中加固土层内在不同深度处的孔隙水压力的增长和消散过程，分析土体不同深度处的有效应力发展变化情况，用以推算软土层经处理后的固结度及强度增长，分析地基的稳定性。

测试孔隙水压力设备采用振弦式孔隙水压力计，由测头（孔隙水压力传感器）、接收仪表和导线组成，仪器埋设孔上方设置明显标识。

根据土层分布大约 3m 设置一个测头，每组共计布置 8～10 个孔隙水压力测头，孔深要大于排水板底标高 2m。

9.4.5.5 水位观测

地基加固中通过监测水位的变化过程，配合孔隙水压力观测，计算土层的固结度，确保预压荷载满足设计要求，判定地基的加固效果和确定卸载时间提供依据；

观测仪器、设备：水位接收仪，由测头、导线、测尺、讯号指示器组成，测量时配合水准仪使用。仪器埋设孔上方设置明显标识装置。

9.4.5.6 现场取土及原位测试

采用现场取原状土、十字板剪切试验、标准贯入试验、静力触探试验等方法了解岛壁钢圆筒内加固后土体物理、强度指标的增长情况，判断地基加固的有效深度，检验地基土的改善情况，为评价地基加固的质量提供依据。

9.4.5.7 监测结果及加固效果分析

（1）地表沉降数据分析

塑料排水板打设前后测量场地标高，经计算后得到插板期地基沉降为 613.0mm。在降水联合堆载预压加固地基期间，各沉降盘发生的沉降在 1501.5～2284.7mm 之间，平均为 1839.8mm，因此整个地基加固过程的总沉降量为 2452.8mm；根据实测曲线采用双曲线法推算，在预压荷载作用下地基的固结度在 84.7%～96.6% 之间，平均固结度为

94.2%。沉降观测曲线见图 9.4-6，沉降盘的平均沉降量及固结度汇总见表 9.4-11。

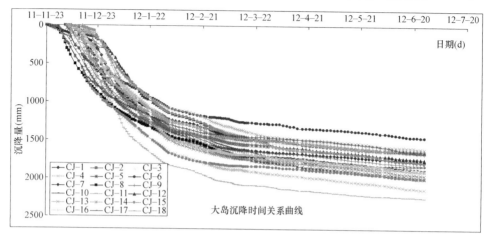

图 9.4-6　地基沉降～时间曲线

地表平均沉降量及固结度汇总表

表 9.4-11

插板沉降(mm)	目前总沉降量(mm)	综合最终沉降量(mm)	固结度(%)	残余沉降(mm)
613.0	2452.8	2602.5	94.2	149.7

注：1. 最终沉降量和残余沉降是在插板施工期和降水联合堆载预压加固期在目前预压荷载作用根据实测沉降曲线
　　　按双曲线法推测计算的；
　　2. 平均值是由所有沉降盘平均沉降曲线经推算得来的。

根据《港珠澳大桥主体工程岛隧工程施工图设计——第四分册　软基处理工程》，由于预压期超载比较大，次固结沉降系数相对折减，总的次固结沉降量为 10～15cm，在预压荷载作用下的主固结残余沉降为 149.7mm，所以当前预压荷载下的工后沉降小于500mm，而场地使用期的使用荷载小于当前预压荷载，故使用荷载下的工后沉降也必小于 500mm，满足设计要求。

（2）分层沉降数据分析

根据预压期间实测分层沉降资料可知，淤泥及淤泥质土层均得到了良好的固结压缩；典型的分层沉降～时间曲线见图 9.4-7，分层沉降量统计见表 9.4-12。

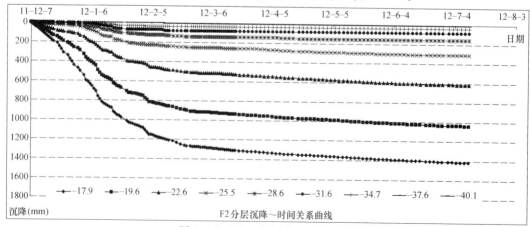

图 9.4-7　F2 分层沉降～时间曲线

F2 分层沉降量统计　　　　　　　　表 9.4-12

磁环编号	埋设标高（m）	沉降量（mm）	磁环间土层单位压缩量（mm/m）	土层名称	标高（m）	土层厚度（m）	单位压缩量（mm/m）	固结度（%）
1	−17.9	1423	—	淤泥①₂ 及淤泥质黏土①₃	−17.9m~−31.6m	13.7	97.6	94.1
2	−19.6	1048	224.8					
3	−22.6	616	142.7					
4	−25.5	301	106.2					
5	−28.6	152	48.1					
6	−31.6	82	23.4					
7	−34.7	37	14.8	粉质黏土②₁₋₁、③₃、黏土③₄ 及局部粉细砂夹层	−31.6m 以下	—	沉降量为 82mm	—
8	−37.6	6	10.6					
9	−40.1	3	1.2					

（3）孔隙水压力数据分析

典型的孔隙水压力～时间变化曲线见图 9.4-8，各组孔隙水压力消散情况及应力固结度计算结果见表 9.4-13。根据孔隙水压力观测结果可知，各加固区土体的孔隙水压力发生了明显的消散。

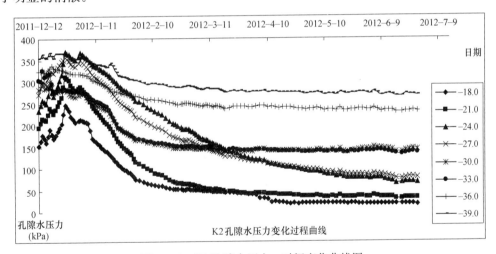

图 9.4-8　K2 孔隙水压力～时间变化曲线图

K2 孔隙水压力消散情况及应力固结度计算结果　　　　表 9.4-13

序号	标高（m）	初始孔压（kPa）	目前孔压值（kPa）	二次堆载高度（m）	总堆载高度（m）	固结度（%）
1	−18.0	152.4	16.8	10	21	85.6
2	−21.0	194.9	33.3	10	21	92.9
3	−24.0	234.1	67.5	10	21	94.3
4	−27.0	252.2	78.0	10	21	96.4
5	−30.0	283.1	147.3	10	21	85.7
6	−33.0	303.5	137.3	10	21	94.2

续表

序号	标高(m)	初始孔压(kPa)	目前孔压值(kPa)	二次堆载高度(m)	总堆载高度(m)	固结度(%)
7	−36.0	324.0	233.2	10	21	73.1
8	−39.0	355.4	269.8	10	21	71.6

（4）水位观测数据分析

根据水位观测结果可知，在预压过程中水位稳步降低，基本稳定维持在-16.0m以下，水位观测曲线见图9.4-9。

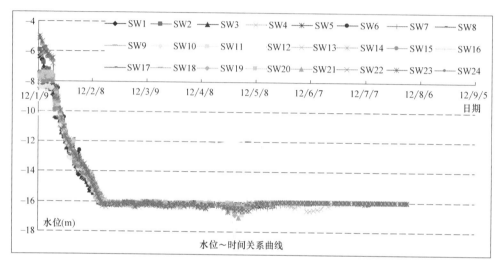

图9.4-9　西大岛水位观测结果

（5）现场取土及原位试验

卸载后对大岛地基的加固土层进行了一系列检验，包括取原状土及标准贯入、十字板、静力触探等原位测试。

对于上部回填砂地层（标高−18～＋3.5m），经标准贯入检测，标贯击数在6～43击，−6m以下回填砂达到了中密-密实状态；

对于下部土层（标高−35～−18m），为方便对比，选取《港珠澳大桥主体工程岛隧工程补充地质勘察（西人工岛区）－岩土工程勘察报告》中的IITB005（标准贯入勘察孔）和各土（岩）层主要物理力学性质指标统计表等勘察资料与加固后检测孔对比有以下几点：

1）与IITB005标准贯入勘察孔相比，主要加固土层的淤泥和淤泥质土（原标高−16～−32.7m）标贯击数由0击增大到6～10击，平均增大了8击，下部粉质黏土的标贯击数由原来的11击变为15击，对比结果见表9.4-14。

标准贯入结果对比　　　　　　　　　　　　　　　表9.4-14

土层	N(加固前)	N(加固后)	击数增长
淤泥①$_2$ 和淤泥质土①$_3$	0	8	8
粉质黏土②$_{1\text{-}1}$～③$_3$	11	15	4

2）静力触探试验结果

经测定，回填中粗砂的锥尖阻力平均为 7.56MPa，淤泥质土和黏土为 1.33MPa，粉质黏土为 1.80MPa。其他指标见表 9.4-15。

加固后静力触探测试结果　　　　　　　　　　表 9.4-15

土层	加固后				
	锥尖阻力（MPa）	侧摩阻力（kPa）	摩阻比	压缩模量 E_s（MPa）	地基承载力容许值（kPa）
回填中粗砂	7.56	37.90	0.50	19.0～20.8	276.9
淤泥质黏土和黏土	1.33	18.26	1.38	6.34	175.5
粉质黏土	1.80	31.55	1.76	8.42	211.8

3）室内试验结果可以看出主要加固土层淤泥（层号①₂）和淤泥质土（层号①₃）预压加固后土体含水率、孔隙比明显变小，而密度和剪切强度均有一定提高，土体压缩系数变小，压缩模量增大，土体压缩性得到显著的改善，加固前后土体的物理力学指标对比见表 9.4-16。

9.4.5.8　小结

本工程采用塑料排水板＋降水联合堆载预压的方案进行软基加固处理。对施工过程监测及加固效果检验结果进行了全面分析。现将其主要分析结果整理归纳如下：

（1）根据堆载预压期间实测地表沉降资料，地基在处理过程中发生了明显沉降，打设塑料排水板期间的沉降量为 613.0mm，堆载预压过程中地表沉降量为 1501.5～2284.7mm 之间，平均沉降量为 1839.8mm，总沉降量为 2452.8mm；根据实测曲线采用双曲线法推算，在预压荷载作用下地基的固结度在 84.7%～96.6% 之间，平均固结度为 94.2%，残余沉降小于 500mm，满足设计要求；

（2）根据分层沉降观测资料，主要加固土层发生明显的固结压缩；

（3）根据孔隙水压力观测资料，各个测点的孔压均有较大的消散量；

（4）通过标准贯入试验数据分析，主要加固的淤泥和淤泥质土层经加固后标贯击数在 6～10 击，平均 8 击。通过加固后室内试验数据分析，加固土层物理力学指标较加固前均有较大改善，主要表现为：加固后土体的含水率、孔隙比明显变小，而密度和几种剪切强度都明显提高，土体压缩系数变小，压缩模量增大。

9.4.6　沉管过渡段沉降监测

9.4.6.1　概述

隧道沉管段是港珠澳大桥岛隧工程的重点和难点，而沉管段的基础处理结果直接影响隧道沉管的施工质量。其中 E4-S4～E6 沉管管节下卧淤泥较薄，拟采用高置换率挤密砂桩处理软土层并清除隆淤，无需堆载预压，即可满足要求；E1-S3～E4-S3 淤泥深厚，采用挤密砂桩＋堆载预压处理，利用挤密砂桩作为排水通道。过渡段地基处理分区见表9.4-17。

为了保证施工质量，确定固结沉降及后期残余沉降，对西人工岛附近的 E1、E2 和 E3 管节所在的区段进行堆载期监测。

表 9.4-16

加固前后土体物理力学性质指标对比统计表

地层编号及名称		土的物理性质					直剪快剪		固结快剪		三轴(UU)		三轴(CU)				无侧限抗压 原状	E_s 100~200kPa	a_v 100~200kPa
		含水率 ω	土粒比重 G_s	湿密度 ρ	干密度 ρ_d	孔隙比 e	凝聚力 c	摩擦角 φ	凝聚力 c	摩擦角 φ	凝聚力 c_u	摩擦角 φ_u	凝聚力 c_{cu}	摩擦角 φ_{cu}	凝聚力 c'	摩擦角 φ'	q_u		
		%	—	g/cm³	g/cm³	—	kPa	°	kPa	°	kPa	°	kPa	°	kPa	°	kPa	MPa	MPa⁻¹
淤泥质黏土及黏土层	加固前	49.3	2.69	1.71	1.15	1.342	25.7	2.2	13.5	15.1	24.4	1.2	14.5	14.3	8.6	26.1	40.4	1.735	1.477
	加固后	35.1	2.72	1.85	1.37	0.995	38.5	7.9	37.4	16.0	51.1	4.7	40.2	16.4	26.5	26.2	127.1	5.270	0.409
	变化量	-14.15	0.03	0.14	0.22	-0.347	12.8	5.7	23.9	0.9	26.7	3.5	25.7	2.1	17.9	0.1	86.7	3.535	-1.068
粉质黏土或粉土层	加固前	27.5	2.781	1.93	1.52	0.790	28.4	10.1	25.4	21.8	26.8	4.6	34.5	18.6	20.4	27.0	59.5	5.785	0.313
	加固后	28.5	2.71	1.94	1.52	0.786	38.5	15.6	34.3	20.8	55.6	6.9	55.0	17.6	27.4	26.7	110.9	7.109	0.269
	变化量	1.0	0.00	0.01	0.00	-0.004	10.1	5.5	8.9	-1.0	28.8	2.3	20.5	-1.0	7.0	-0.3	51.4	1.324	-0.044

过渡段地基处理分区一览表   表 9.4-17

序号	区域	区块	处理面积（m²）	处理方法	备注
1		A1	1970.3		
2		A2	2907.0	挤密砂桩＋堆载预压	置换率分别为70%、55%和42%
3	A	A3	21802.5		
4		A4	10174.5	挤密砂桩	置换率分别为62%和55%
5		A5	11628.0		
6	小计		48482.3		
7	B	B1	8965.9	推水砂井＋堆载预压	排水砂井布置在挤密砂桩两侧
8		B2	8965.9		
9	小计		17931.8		
10	合计		66414.1		

9.4.6.2 监测目的、项目及要求

为了达到设计要求的加固效果，保证隧道沉管段地基在堆载过程的安全稳定，必须建立完整有效的监测体系。通过埋设多种监测仪器包括表层液体压差式沉降仪和分层多点位移计及时掌握加固过程中地基的固结、各土层的沉降变形情况。对监测数据进行综合分析，计算地基固结情况，分析加载期间的固结沉降及残余沉降，确定合理的卸载时间及保证施工安全。

由于堆载范围包括 E2～E3 管节、E1 大部分管节和 E4 小部分管节，因此本工程的监测检验项目主要布置在 E1～E3 管节基础范围内。具体的监测项目包括：表层液体压差式沉降观测和分层多点位移计观测。监测仪器平面布置情况见图 9.4-10、断面布置情况见图 9.4-11。监测项目及数量如表 9.4-18 所示。

监测项目及数量一览表   表 9.4-18

仪器	数量(组)
表层液体压差式沉降仪	14
分层多点位移计	6

9.4.6.3 监测实施方案

(1) 表层沉降观测

通过对复合地基地表沉降的监测，了解复合地基加固过程的平均沉降量，分析地基的最终沉降量和残余沉降，推算地基的平均固结度。表层沉降采用液体压差式沉降仪进行监测。

1）监测原理

液体压差式沉降仪是通过系统内两个测点之间的相对液体压力的差值测量沉降的。它由储液罐、传感器和液体传递管路三部分组成，通过系统内储液罐和传感器的相对距离的变化来测量沉降的。传感器主要性能指标见表 9.4-19。

液体压差式沉降仪主要性能指标　　　　　　　　　　表 9.4-19

产地	美国
标准量程	7m
灵敏度	0.025%F.S.
精度	± 0.1%F.S.
温度范围	$-20\sim80℃$
长度×直径(储液罐)	305mm×60mm
长度×直径(传感器)	191mm×35mm

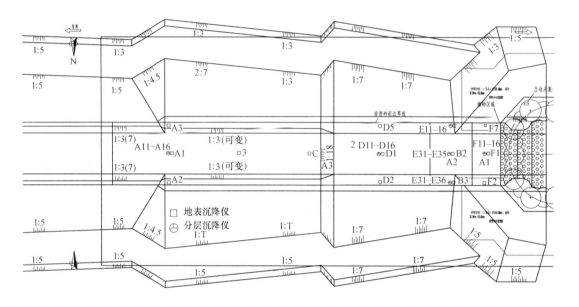

图 9.4-10　监测仪器平面布置图

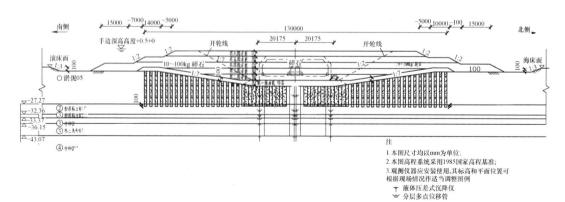

图 9.4-11　监测仪器埋设断面图

在传感器埋设初期，测试点高程与不动点顶高程不同，这两点间的高程差可以通过传感器测量并计算出来，随着地基沉降的发生，两点之间的压力差发生变化，根据压力差的变化可以计算出两点之间的高程变化，从而得出地基的沉降量。传感器原理如图9.4-12～图9.4-15 所示。

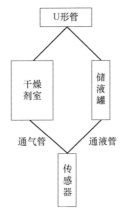

图 9.4-12　液体压差式沉降仪原理图

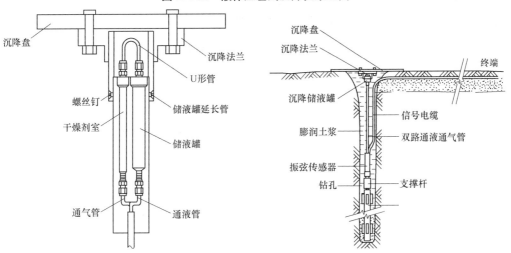

图 9.4-13　液体压差式沉降仪储液罐示意图　　　图 9.4-14　液体压差式沉降仪工作示意图

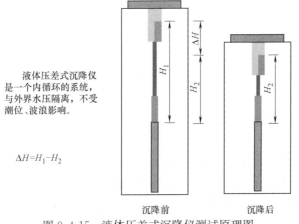

液体压差式沉降仪是一个内循环的系统，与外界水压隔离，不受潮位、波浪影响。

$\Delta H = H_1 - H_2$

图 9.4-15　液体压差式沉降仪测试原理图

2）主要仪器性能

液体压差式沉降仪的主要性能指标见表9.4-19。

3）观测点布置

布设观测点，连接传感器的不动点需要埋入稳定土层以下2m左右，标高约为-46.0m，上部连接带法兰的沉降板。沉降观测的频率为：加载期间1～2次/d，特殊情况时进行加密观测或连续观测，满载后第一个月1次/d，一个月后1次/2d，直至卸载完成后一周结束。

（2）分层多点位移观测

通过测定加固土层下部的压缩变形量及压缩过程，掌握土体在荷载作用下产生的影响，分析检验土体变形，控制工程质量，验证设计计算的土层压缩量。

1）监测原理

分层沉降采用分层多点位移计进行监测。多点位移计通过系统内不同传感器与电测基座间的相对位移变化来测量不同土层的沉降。它主要由基座和多个位移传感器组成。

位移传感器可以量测出传感器与基座的相对位移，将基座埋入稳定土层上使之成为不动点，然后再通过固定在不同深度处的传感器读数，计算出各自与安装基座的相对位移，即为不同土层的沉降变形。传感器结构及原理如图9.4-16所示。

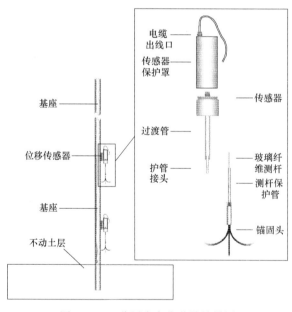

图9.4-16　分层多点位移计结构图

2）主要仪器性能

分层多点位移计的主要性能指标见表9.4-20。

3）观测点布置

根据自砂桩桩顶及下部土层分布大致3m设置一个测点，每组布置7～8个测点，其中最下一个位移计设置在④$_4$砂层顶面，以观测砂层及其下部土层的变形情况。沉降观测的频率为：加载期间1～2次/d，特殊情况时进行加密观测或连续观测，满载后第一个月1次/d，一个月后1次/2d，直至卸载完成后一周结束。

分层多点位移计主要性能指标 表 9.4-20

产地	中国
标准量程	50～700mm
灵敏度	0.1mm
精度	≤0.1%F.S.
温度范围	−20～80℃

（3）数据采集及传输

本工程所有监测项目均在海上，监测数据的采集可采用长导线沿隧道轴向引至钢圆筒后进行陆上采集，这一方式技术成熟，便于故障排查，节约成本。具体过程是：由监测仪器引出的导线通过高强保护管沿管节的轴向引至钢圆筒，由设置在钢圆筒上的自动采集设备进行数据采集。由于8号、9号和10号钢圆筒要进行切割处理，影响采集设备的长期工作，所以采集装置设置在7号钢圆筒上。

（4）卸载标准

堆载预压满载期结束后，根据实测地表沉降～时间曲线推算地基固结度不低于90%方能卸载。卸载的实施应征得监理和设计的书面同意。

9.4.6.4 监测结果及加固效果分析

（1）地表沉降数据分析

在堆载预压加固地基期间，A1区各沉降盘发生的沉降在33.4～37.3mm之间，平均为37.2mm，平均固结度为91.6%；A2区各沉降盘发生的沉降在27.9～48.4mm之间，平均为38.9mm，平均固结度为85.1%；A3各沉降盘发生的沉降在45.6～68.9mm之间，平均为61.6mm，平均固结度为92.5%。表层沉降量及固结度汇总见表9.4-21，沉降观测曲线见图9.4-17。

地表平均沉降量及固结度汇总表 表 9.4-21

项目 编号	分区	目前沉降量 （mm）	推测最终沉降量 （mm）	推测固结度 （%）	残余沉降 （mm）
A1		64.6	66.8	96.7	2.2
A3		61.3	70.7	86.7	9.4
B		61.1	65.2	93.7	4.1
D1	A3	45.6	48.3	94.4	2.7
D2		67.8	76.6	88.6	8.8
D3		68.9	77.9	88.5	9.0
平均		61.6	66.5	92.5	5.0
E1		48.3	54.4	88.9	6.0
E2	A2	27.9	35.2	79.4	7.2
E3		40.3	51.0	79.1	10.7
平均		38.9	45.7	85.1	6.8

续表

项目 编号	分区	目前沉降量 （mm）	推测最终沉降量 （mm）	推测固结度 （%）	残余沉降 （mm）
F1	A1	33.4	36.5	91.3	3.2
F2		40.9	47.5	86.1	6.6
F3		37.4	39.4	94.9	2.0
平均		37.2	40.7	91.6	3.4

注：1. 表层沉降 A2、C 由于仪器埋设时工作船走锚而被损坏；

　　2. 最终沉降量、残余沉降和固结度均是在目前的预压荷载作用根据实测沉降曲线按双曲线法推测计算的。

　　3. A1、A2、A3 区的平均固结度、平均最终沉降量和平均残余沉降是根据各区的每个沉降盘平均沉降曲线推测计算而来的。

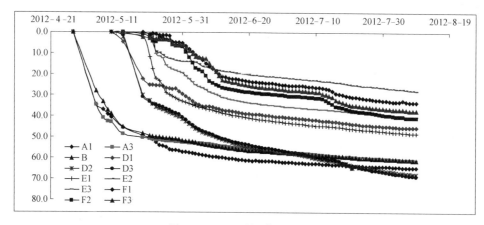

图 9.4-17　地基沉降时间曲线

由上述数据计算分析可知：虽然有个别沉降观测点推测的固结度偏低，但是实测沉降量比较小，所以残余沉降也比较小，可以满足工后沉降要求。

（2）分层沉降数据分析

根据预压期间实测分层沉降资料可知由挤密砂桩复合地基处理的淤泥及淤泥质土层得到明显改善，该部分土层每米压缩量在 1.3～2.3mm 之间，地基刚度较高；下卧层的沉降量 6.4～11.1mm 之间，沉降量较小；表 9.4-22 为典型的分层沉降观测结果统计分析表。

D1 分层沉降统计 表 9.4-22

编号	埋设标高 （m）	沉降量 （mm）	磁环间土层 单位压缩量 （mm/m）	土层名称	标高 （m）	土层厚度 （m）	单位压缩量 （mm/m）	固结度 （%）
地表	−20.7	45.6	—	挤密砂桩 复合地基	−20.7～ −36.0m	15.3	2.3	94.2
D11	−27.0	32.8	2.0					
D12	−30.0	21.6	3.7					
D13	−33.0	16.0	1.9					
D14	−36.0	10.6	1.8					
D15	−39.0	6.0	1.5	下卧层	−36.0m 以下	—	沉降量为 10.6mm	—
D16	−42.0	1.4	1.5					

9.4.6.5 小结

本工程采用挤密砂桩＋堆载预压的方案进行软基加固处理。施工的全过程监测结果表明：

（1）根据表层沉降观测资料：挤密砂桩置换率为 42％的 A1 区各沉降盘发生的沉降在 33.4～37.3mm 之间，平均沉降量为 37.2mm，平均固结度为 91.6％，平均残余沉降为 3.4mm；置换率为 55％的 A2 区各沉降盘发生的沉降在 27.9～48.4mm 之间，平均沉降量为 38.9mm，平均固结度为 85.1％，平均残余沉降为 6.8mm；置换率为 42％的 A3 区各沉降盘发生的沉降在 45.6～68.9mm 之间，平均沉降量为 61.6mm，平均固结度为 92.5％，平均残余沉降为 5.0mm。

（2）根据分层沉降观测资料，主要处理土层的压缩量较小，地基承载力及刚度得到极大的改善。

综合以上监测资料分析，认为本次地基加固工程的固结度及工后沉降均达到了预计效果，能够满足使用期对工后沉降的要求。

9.4.7 水下地基载荷试验技术

9.4.7.1 概述

跨海通道建设过程中，由于地质条件复杂，需采用不同的技术对地基进行处理以满足工程需要。受施工环境及施工能力的限制，水下可采用的地基处理方法较少，常见的处理方法为开挖换填，近年来随着港珠澳大桥、深中通道以及香港机场第三跑道的建设，使得挤密砂桩以及水泥搅拌桩处理技术在水运工程中得到了广泛应用，因此也促使了水下地基测试技术的发展。受技术能力的限制，目前可实现的检测方法有标准贯入试验、圆锥动力初探试验、静力触探试验、十字板剪切试验以及钻芯取样等方法，这些测试手段都不能直接得到处理后地基的承载能力及沉降特性，无法为设计人员提供足够的设计参数并验证地基处理的效果是否满足设计要求。这就促使试验检测人员必须设计新的试验方法，使陆地上常采用的载荷试验技术在水下地基中也可得到应用。

在海洋中进行地基载荷试验，与陆地载荷试验有很大不同，主要体现在以下几方面：

（1）试验环境恶劣，测量难度大，测量精度难保证

跨海通道多处外海，海况条件差，受波浪、潮汐、风作用明显，在恶劣的海况条件下，测量精度无法满足规范要求。因此需要改变沉降测量方法，选择更为稳定的测量技术，同时适当调整沉降稳定标准，以适应恶劣的自然环境。

（2）试验水深大，试验所用承压板尺寸大

跨海通道结构构件尺寸大，对地基的影响深度深，按照陆地载荷试验对承压板的尺寸要求无法达到理想的试验效果，同时由于外海水深大，小尺寸承压板不利于试验系统的稳定，因此在进行外海水下载荷试验时，承压板尺寸需要适当增大。

（3）对试验设备技术要求高

在外海进行水下载荷试验过程中，由于试验系统的复杂，导致试验准备阶段及试验阶段历时较长，期间需要考虑试验设备具备抵御恶劣海况的能力，或可以实现快速拆除以避开恶劣天气的影响。

9.4.7.2 挤密砂桩复合地基载荷试验

（1）试验要求

港珠澳大桥东、西人工岛以及沉管隧道过渡段采用挤密砂桩复合地基处理技术，挤密砂桩，直径1.6m，间距1.8m，呈正方形布置，桩顶标高−15.0m，桩底标高−37.0m，置换率62%。砂桩顶面铺设1.0m厚碎石垫层。为精确地掌握挤密砂桩承载力及变形特性，在此区域进行了水下载荷试验。试验区域位于珠江口伶仃洋海域，试验水深超过15.0m，水深流急。同时试验期间受到冬季季风气候的影响，自然条件恶劣，给载荷试验带来了极大的挑战。

设计要求进行水下挤密砂桩复合地基载荷试验，通过载荷试验获得以下数据：

1）复合地基承载力及相应的沉降曲线；

2）桩土应力比；

3）持续荷载作用下复合地基的沉降变形特性；

4）推算软土层经处理后的固结度及强度增长情况。

（2）试验难点

本试验与传统的载荷试验有本质的区别，试验的主要难点如下：

1）试验区域位于外海，自然条件恶劣；

2）试验处水深超过15.0m，为目前试验水深最大的水下载荷试验；

3）试验持荷时间较长，试验系统需要能够抵御恶劣天气的影响，同时需要加载系统具有良好的稳定性；

4）沉降测量存在较大风险。由于试验时间长，采用传统的百分表或位移计的方式有可能无法抵御恶劣天气的影响。

（3）试验方法

该试验最终采用锚桩法完成。即通过打设锚桩的方式在试验区域搭设试验平台，从而将水下复合地基载荷试验引申至水面上实施。同时为使得试验影响深度达到挤密砂桩的处理深度，需要尽可能增加承压板的平面面积，最终本次试验承压板面积采用5.4m×5.4m的大尺寸承压板，总加载荷载达到9900kN。也是目前国内承压板尺寸最大的载荷试验。

该试验系统由反力系统、加载系统、测量系统以及限位装置组成。试验前在挤密砂桩及桩间土位置布置了一定数量的土压力盒。现场试验过程见图9.4-18、图9.4-19。

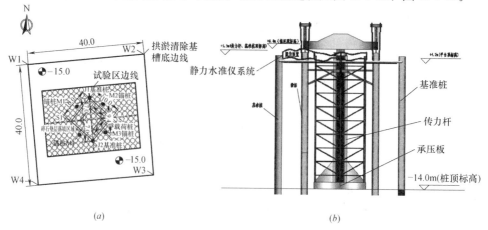

图 9.4-18　试验系统组成示意图

（a）试验区域平面布置；（b）试验系统立面布置

(a) (b)

图 9.4-19 挤密砂桩复合地基载荷试验加载系统

(a) 承压板及传力杆；(b) 锚桩、反力架及试验平台

沉降测量采用百分表与静力水准仪 2 套独立的测量系统组成，以确保试验数据的可靠。试验共进行了 60d，其中维持荷载达到了 50d，共加载 2 个循环。实践证明，采用百分表沉降测量系统无法抵御外海恶劣天气的影响，风浪较大时，基准桩及基准梁晃动幅度很大，百分表读数不稳定，甚至出现了在晃动期间基准梁将百分表损坏的情况。而静力水准沉降测量系统始终工作稳定，试验期间数据读取稳定。

试验测量系统见图 9.4-20。试验结果曲线见图 9.4-21。

9.4.8 人工岛监测检测创新点

（1）在外海 20m 以下水深对人工岛挤密砂桩复合地基堆载预压期的沉降进行监测尚属首次，仪器保护、密

图 9.4-20 沉测量系统

封防水等问题比较突出，而且由于离岸较远，导线长度受限，因此提出了一套外海深水条件下现场沉降测试方法，采用长导线结合无线传输方式实现了远距离数据采集。经过实测验证数据采集正常，合理可靠，取得了良好效果。

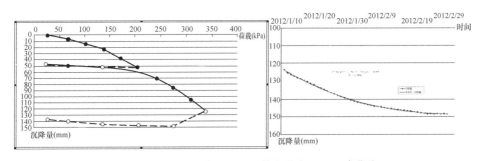

图 9.4-21 荷载沉降曲线及维持荷载期间的沉降曲线

（2）采用挤密砂桩施工船作为检测平台，利用施工船自身定位系统通过换算为挤密砂桩标贯检测定位的方法，提高了效率和精度。

（3）水下载荷试验系统抵御了多次恶劣海况的影响，获得了准确的测试数据。主要是由于外海载荷试验系统进行了相应的改进，主要体现在以下方面：

① 改进沉降测量系统

由于外海风浪条件恶劣，水下地基载荷试验采用基准梁＋百分表或位移计的测量方式，其稳定性已无法满足要求，风浪作用下百分表时常由于基准梁的晃动发生位移，甚至发生极端天气下百分表被冲击破坏的情况。采用静力水准测量系统可以避免搭设基准梁，也可减少基准桩的打设数量，同时受风浪作用下，静力水准系统晃动程度较轻，且不会发生倒表产生的测试误差。

② 采用较大尺寸的承压板

试验承压板平面尺寸为 5.4m×5.4m，为目前国内最大尺寸的承压板。大尺寸的承压板可增加试验系统的稳定性，同时可大大增加对地基的影响深度，与实际工程情况更为相接近。

③ 改进试验加载系统

对试验加载系统进行核算并进行加固，加装限位装置，防止在风浪作用下加载系统发生偏位甚至破坏。

9.5　沉管隧道施工监测技术

沉管隧道施工工序复杂，沉管从预制开始，历经坞内灌水起浮、横移、坞内贮存、浮运安装、后期回填、加载，整个过程沉管历经多次体系转换，不同阶段结构受力不同使得结构响应不尽相同，对沉管结构安全及防水也有不同的影响。通过对沉管隧道施工全过程中沉管姿态和工作情况进行监测，可以及时进行动态设计，降低施工风险，确保顺利建设，一旦监测项目实测值超过预设报警值时，及时启动风险预案。与其他施工方法的海底隧道监测技术相比，外海沉管隧道监测具有以下特点：

（1）环境恶劣，对监测设备要求高

外海沉管隧道所处环境恶劣：潮汐、风浪等均对施工造成较大程度影响，且要抵御极端天气的影响（台风、寒流等），增加了监测的技术难度：主要体现在监测设备要具备较强的防潮、防腐蚀能力；在各种条件下具有稳定的工作性能；且要具备多种监测数据传输方式，以满足不同使用环境的要求。

（2）外荷载变化快，监测频次高

外海沉管隧道施工过程中，时刻受到潮汐、风浪以及外荷载的作用，需要采用较高的采集频次。如端封门变形、应力以及沉管接头部位张合量均会随着潮汐的变化而呈现周期性改变。沉管锁定回填及管顶回填施工在 1 周之内即可完成，期间沉管在回填荷载的作用下会发生明显的沉降，这都需要实现实时监测并预警，方可有效地确保施工安全。

（3）监测范围广、项目种类多

外海沉管隧道施工过程中对于自然环境需要监测施工区域的流速、流向、潮位、波高、气象、在环境较差的区域还需要监测可能出现的回淤、冲刷现象。对于隧道结构，需要在沉管预制节段即展开相应的监测工作、历经沉管的起浮、浮运、沉放、后期回填、加载等过程进行不同的监测内容。因此外海沉管隧道监测项目多，对应专业多，需要将各类监测项目进行合理有效的管理，以实现监测信息的有效传递。

9.5.1 沉管隧道施工监测内容

(1) 环境监测

外海沉管隧道施工依赖天气及海况条件，因此要进行大量的环境监测工作。监测的主要内容有：流速、流向、潮位、波高、气象、海水密度、回淤/冲刷。沉管隧道浮运、沉放施工需要具有较好的气象及海况条件。通过对气象及海流进行监测以掌握施工海域的气象水文变化规律，对施工窗口的选择具有重大的意义。同时由于海底隧道的施工，可能会对施工区域的流速流向产生影响，通过监测可以有效地掌握海流变化情况，及时调整施工方案。海水密度监测关系到沉管隧道的沉放对接施工，过大的海水密度会使沉管在下沉及后续施工过程中负浮力安全系数不足，甚至会使沉管发生上浮，因此海水密度的监测尤为重要。

沉管隧道基床不论先铺法或后铺法施工都对沉管隧道基槽的回淤或冲刷有严格的控制标准，原则上沉管隧道基床不得出现回淤或冲刷现象，因此进行回淤或冲刷的监测是十分必要的。

(2) 沉管预制及安装前

沉管在预制节段要通过施工监测确保预制质量，根据沉管的预制工艺制定不同的监测项目。如大体积混凝土温控、模板变形、防水层厚、止水带密封性等。沉管经过预应力张拉体系转换后进行舾装，沉管整体密封结构形成，随后经过灌水、起浮、横移、贮存等工序，在沉管安装前阶段需要对沉管起浮姿态、节段张合量、端封门变形及受力、结构裂缝及渗漏水进行监测。

(3) 沉管安装

沉管安装需要通过专用安装船将沉管从预制场浮运至安装位置，随后经过沉放、对接等施工工序，在沉管安装阶段，监测项目及要求见表 9.5-1。

沉管安装阶段监测内容　　　　　　　　　　　表 9.5-1

序号	监测项目	监测方式	备注
1	碎石基床表面回淤/冲刷	沉放前监测	
2	流速流向、波高潮位等	实时监测	
3	海水密度	实时监测	
4	节段张合量	实时监测	
5	端封门变形及应力	实时监测	
6	端封门牛腿支撑力	实时监测	
7	沉管浮运航迹	实时监测	
8	沉管沉放定位	实时监测	
9	沉管沉放对接姿态	实时监测	超低频振动监测

(4) 沉管安装后

沉管安装后将进行外部回填、管内压仓等施工，施工工序复杂，荷载变化明显，沉管安装后的施工期监测项目及要求见表 9.5-2。

沉管安装后监测内容
表 9.5-2

序号	监测项目	监测频次		备注
		变载期	恒载期	
1	节段张合量	1次/天	1次/周	
2	沉管间差异变形	1次/天	1次/周	
3	沉管沉降	1次/天	1次/周	
4	沉管位移	1次/天	1次/周	
5	端封门变形、应力及渗漏水	4次/天		
6	压载水箱渗漏、水位	1次/天		人工巡检
7	管内温度	1次/天		
8	隧道裂缝、渗漏水	1次/天		人工巡检
9	节段间止水带渗漏水	1次/天		
10	施工荷载工况			资料搜集

9.5.2 监测方法

目前可用于隧道监测的仪器从原理上划分，主要由三种形式：电阻应变式、振弦式、光纤光栅式。这些仪器在性能、效果、经济等方面各有不同，因此需要根据实际工程需要进行选择。其中海底隧道监测仪器设备的选择主要遵循以下原则：

（1）防水，防潮：即适宜在含水或潮湿的环境下使用，且工作性能稳定。

（2）防腐蚀性强：在考虑元器件的防腐蚀性的同时，还需考虑传感器接头及传输线路的防腐蚀性。

（3）耐用性：理论上各种监测技术都具有良好的耐用性能。

（4）抗干扰能力强：在监测过程中各种传感器难免会受到机械施工、电磁场等的影响。

（5）能实现长距离自动监测。

（6）埋设方便：实际经验证明，传感器的埋设质量与最终的监测效果有很大关系，选择较为简便的埋设传感器更容易获得好的监测数据。

（7）经济因素：隧道检测项目一般仪器数量较多，距离较长，需要投入相当数量的资金购买仪器设备，因此选择性价比较高的仪器也是众多项目做出的选择。

我国海底隧道监测项目主要包括沉降监测、沉管接头监测、裂缝监测、内力监测、温度监测等，主要采用振弦式和光纤光栅式仪器，统计见表 9.5-3。

隧道监测仪器设备统计表
表 9.5-3

序号	项目名称	监测内容	仪器选型	备注
1	宁波甬江隧道沉管段健康监测	隧道不均匀沉降	静力水准仪	光纤光栅式/振弦式
		管段接头张开和变位	单向位移计	
		斜裂缝监测	表面裂缝计	

续表

序号	项目名称	监测内容	仪器选型	备注
1	宁波甬江隧道沉管段健康监测	混凝土应力应变	应变计	光纤光栅式/振弦式
		沉降观测	水准测量方法	
		Ω钢板变形	千分卡尺	
		沉管段倾斜坡度	高程测量	
2	厦门翔安海底隧道健康监测	裂缝监测及温度监测	测温仪	
		其他结构应力监测	应力计	
3	南京长江隧道管片结构健康监测	混凝土温度	温度计	光纤光栅式
		混凝土变形	应变计	
		钢筋应力	钢筋计	
		管片环向变形	位移计	
		管片纵向变形	位移计	
		螺栓拉力	应变计	
4	港珠澳大桥沉管隧道施工监测	流速/流向	流速仪	
		潮位/波高	潮位计	
		回淤/冲刷	多波束测深仪	
		海水密度	海水密度计	
		气象		
		沉管沉放对接姿态	微振采集系统	
		节段张合量	裂缝计	
		端封门变形及受力	位移计/应力计	振弦式
		沉管起浮监测	轴力计	
		裂缝及渗漏水	人工巡检/压力表	
		压载水箱渗漏、水位	人工巡检	
		沉管间差异变形	裂缝计	
		隧道沉降	静力水准仪/电子水准仪	
		隧道位移	全站仪	
		隧道温度	温度计	
		隧道裂缝	人工巡检＋裂缝计	
		节段间渗漏水	压力表＋压力计	
		施工荷载工况	施工资料搜集	
5	港珠澳大桥沉管隧道健康监测	环境温度、湿度	温湿度计	光纤光栅式
		交通荷载	荷重传感器	
		地震	地震仪	
		沉管相对位移	裂缝计	
		结构应变	应变计	
		结构温度	温度计	
		结构腐蚀	耐久性多功能监测传感	
		止水带渗漏	压力表	

9.5.3 监测实例

（1）工程概况及监测难点

港珠澳大桥海底隧道是目前世界上综合难度最大的沉管隧道之一。起于伶仃洋粤港分界线，穿越珠江口铜鼓航道、伶仃西航道，止于西人工岛结合部非通航孔桥西端，全长7440.546m，隧道最深处位于水下约45m位置。隧道沉管段由33个矩形混凝土沉管组成，其中标准沉管长180m，由8节22.5m长的节段组成；非标准沉管长112.5m，由5节22.5m长节段组成。隧道沉管段两端连接东、西人工岛上的暗埋段、敞开段，并通过东、西两个人工岛实现了桥隧转换，见图9.5-1和图9.5-2。

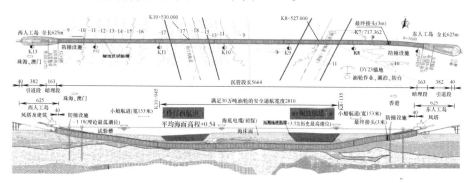

图 9.5-1　港珠澳大桥海底隧道布置示意图

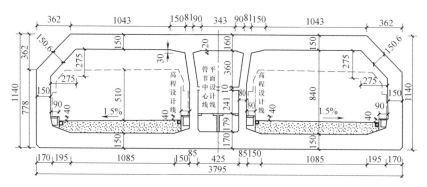

图 9.5-2　沉管隧道标准断面图

港珠澳大桥海底隧道沉管段横截面宽37.95m，高11.40m，由左右行车廊道及中廊道组成。2013年5月港珠澳大桥第一节沉管施工至2017年5月最终接头施工完成，共历时4年。为顺利完成沉管隧道施工，港珠澳大桥隧道施工团队成立了由国家海洋预报中心、施工单位、监测单位组成的联合监测组，分别进行海洋气象、回淤冲刷以及施工变形等内容的监测。本项目是我国目前在建难度最大的海底沉管隧道，对于监测工作存在以下难点：

1）监测项目多，监测数据处理分析工作量大

港珠澳大桥沉管隧道施工监测项目种类繁多、各类监测测试手段不同，各类监测项目互相关联，数据处理及分析工作量大。港珠澳大桥岛隧工程共有3只监测团队，分别监测不同种类项目、监测内容涉及多个专业。包括气象海洋监测预报、水下冲淤、海水密度监

测、隧道结构监测等内容。

2）监测管理难度大

海底沉管隧道所处环境恶劣，时刻受到潮汐作用，且施工过程中荷载施加速度快。因此需要高效的监测系统，能够及时提供监测信息。同时监测项目多，且涉及多专业多手段的监测工作，监测信息量大，需要建立高效的管理系统以实现监测信息的及时反馈。

3）监测环境恶劣

港珠澳大桥岛隧工程地处珠江口外，冬季受季风影响，夏秋受台风影响，自然条件恶劣。部分监测设施需要抵御恶劣的自然环境。

4）监测区域跨度大，监测工序复杂

监测区域覆盖港珠澳大桥东、西人工岛、海底隧道区域及沉管预制厂，监测覆盖范围广。监测工序涉及沉管预制、起浮、横移贮存、浮运、沉放对接及后续锁定回填、压舱混凝土施工等多项内容。

5）监测技术难度大

部分监测项目要求精度高，现有监测设备很难达到使用要求。沉管在沉放对接期间始终处于可控的稳定运动状态，为对沉管运动姿态进行监测，便于对沉管姿态进行控制，需要监测设备具有超低频振动的监测能力。目前国内现有测试设备无法满足工程需要。

（2）监测项目介绍

港珠澳大桥海底隧道在建设期间进行了包括沉管预制期间的温控监测、沉管起浮监测、浮运沉放监测及后期各类施工阶段的沉管变形、位移及受力监测。对于施工期间的周边环境进行天气气象监测预报，流速、流向、波浪监测预报，海水密度监测预报，沉管隧道基床冲淤监测预报。下面对其中的一些与其他隧道监测有所不同的项目进行介绍。

1）沉管起浮监测

沉管在浅坞区灌水上浮过程中，由于沉管荷载的不均匀以及水箱内水量的不均匀，在沉管浮起过程中可能会造成沉管不能同步浮起，造成沉管结构或者支座的损坏。通过监测沉管端部及中心截面位置处的支座反力变化，调整水箱水量，确保沉管各部位同步浮起保证沉管结构安全，见图9.5-3。

通过在沉管支座安装轴力计的方式对支座反力进行监测。由于沉管支座数量较多，普通支座与轴力计所处支座刚度不同，因此测试得到的支座反力与实际支座反力将有所区别。采用轴力计测试可定性分析沉管两端支座反力变化情况，通过调整压仓水量，控制沉管两端支座受力均匀，以确保沉管同步浮起。

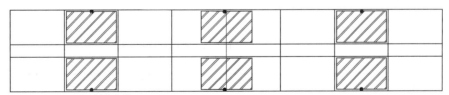

●支座反力测点　▨压载水箱

图9.5-3　沉管管底支座反力测点与水箱相对位置图

2）沉管姿态监测

港珠澳大桥海底隧道最深位置处位于水下44m处，沉管沉放对接期间沉管姿态的控制难度极大，因此在沉管沉放对接期间需要对沉管的运动状态进行实时监测。确保沉管的运动姿态处于可控范围。经过多次的试验必选，最终通过与航天科研单位合作研发出一套可满足现场监测精度要求的微振监测系统，见图9.5-4。该系统可以通过监测沉管在水下的超低频振动，从而达到对沉管运动姿态进行监测的目的。

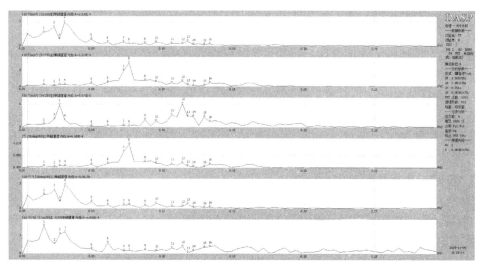

图9.5-4 沉放至管顶距水面26m监测数据频谱

3）沉降监测

沉管的沉降是反映沉管结构和周围地层稳定性的一个重要标志，通过沉管沉管的沉降监测，可以对沉管沉降的变化趋势进行预测，也为新沉管精确定位提供依据。

沉降监测采用水准测量方法，满足国家二等水准测量精度要求。由于沉管在下沉及下沉完成后的一定时间内，左右管廊中的压载水箱不会拆除，压载水箱造成沉降观测的不通视，故在沉管中管廊和左右廊道内设置临时沉降观测标，拆除水箱前进行前期临时沉降测量，测量线路示意图分别见图9.5-5，拆除水箱后再进行左右管廊内的正常沉降监测，测量线路示意图见图9.5-6。

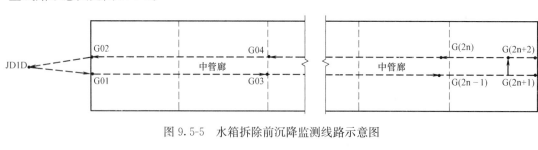

图9.5-5 水箱拆除前沉降监测线路示意图

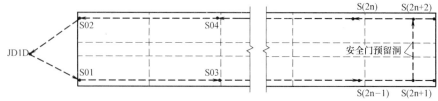

图9.5-6 水箱拆除后沉降监测线路示意图

在沉管沉降达到稳定状态前，沉降监测水准路线的启闭点均选择岛上地面高程控制点或暗埋段内稳定的高程加密点，且尽量保持历次选择的启闭点均为同一点。待沉管沉降稳定后，提交设计确认，使用贯通测量过程中建立起来的沉管隧道一级加密网高程控制点作为沉管隧道各区段沉降监测的工作基点，多个工作基点将定期同隧道外部高程控制点按照二等水准进行联测。沉管沉降曲线见图9.5-7。

沉降测量在监测频次较高的情况下，也可考虑采用静力水准沉降测量系统进行监测。采用静力水准沉降测量系统可以大大提高沉降监测效率及监测数据的准确性。

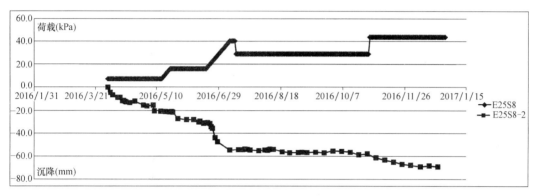

图 9.5-7　沉管沉降及对应荷载曲线

4）沉管/节段接头差异位移

沉管/节段之间的姿态及张合量监测是判断沉管/节段之间的锁定质量以及安全性的重要标准。轴向位移计可对混凝土面板之间缝隙的开合度、错动及相对沉降进行测量。轴向位移计示意图见图9.5-8。

沉管/节段之间的张合量通过布设在节段连接位置处的轴向位

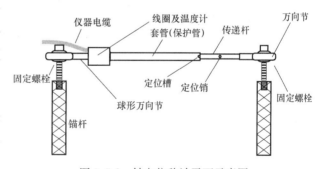

图 9.5-8　轴向位移计平面示意图

移计进行测量。由于沉管之间的接缝较宽、节段之间的接缝较窄，测缝计的长度是固定的，因此需要针对不同的埋设位置，选择不同长度的测缝计传递杆，通过调节传递杆的长度以适应不同宽度的裂缝。传感器安装见图9.5-9。

(a)　　　　　　　　　　　　　　　　(b)

图 9.5-9　沉管接头/节段接头差异位移测点

(a) 沉管接头差异位移测点；(b) 节段张合量测点

5）端封门变形及应力监测

端封门的变形监测是判断端封门设计施工质量以及安全性的重要标准。通过对端封门钢梁及钢板的变形监测，可以判断端封门在不同水压下的工作情况，确保施工安全。在沉管内搭设固定支架，通过测量支架固定点和端封门指定点之间的变位，达到测量端封门变形的目的。位移计的选择与沉管/节段接头张合量监测所采用的位移计相同。共布置6支位移计用于监测端封门变形，安装在水深较深的端封门位置处。具体安装位置在中下管廊处及右管廊内，如图9.5-10所示。

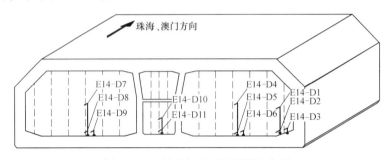

图9.5-10　端封门变形监测测点布置

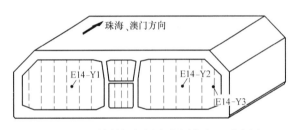

图9.5-11　端封门钢梁应力测点布置示意图

端封门应力监测与变形监测进行对比分析，以便于与理论值进行比较。应变计测点布置与端封门钢梁变形测量选择同一榀钢梁进行监测。选择在钢梁应力最大位置附近。测点布置见图9.5-11。

沉管下放过程中，端封门随着下放深度的增加变形及应力逐步增长，因此端封门变形、应力需要进行实时监测，同时配合沉管内的视频监控系统实时监测下放过程中沉管端封门的渗漏水情况。沉管沉放对接完成后，端封门的应力及变形会随着潮位的变化而增大或减小。因此在沉管沉放对接施工完成后，仍然需要对端封门进行一段时间的监测，确保端封门在潮汐作用下，变形与应力没有持续发生增长，方可将实施监测转换为定时监测。并实时关注端封门的渗漏水情况。

6）节段接头渗漏监测

节段接头渗漏监测采用管内巡查，结合Ω止水带和中埋式止水带间腔内压力监测等。管内巡查通过目视巡查Ω止水带、预埋水管状态，判断节段接头是否存在渗漏；压力监测选择在中下管廊位置处的预埋水管安装高精度压力表监测。压力表位置示意图见图9.5-12。

7）裂缝及渗漏水监测

由有经验的监测工程师对隧道进行巡视，巡视检查的方法主要以目测为主，辅以混凝土裂缝放大镜、千分尺以及摄像、摄影等设备进行。巡检要对沉管隧道孔洞、管廊做充分的巡视。同时在巡视过程中要重点对沉管内的压载水箱进行检查，压载水箱是关系到沉管安全的关键因素，不能出现漏水现象。因此在每天的巡视中要对压载水箱进行严格的

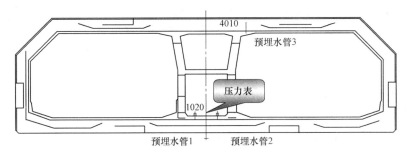

图 9.5-12　压力表布置示意图

检查。

8）沉管温度监测

沉管接头张合量变化及节段间张合量变化与沉管所处环境温度有紧密联系，在进行沉管及节段间张合量监测的同时需要进行环境温度的监测。

沉管内部温度通过布置于沉管中上、中下管廊位置处的温度传感器进行监测，通过对沉管温度进行监测，可以判断环境、季节变化对沉管的影响。传感器安装完成后数据线缆连接至采集仪自动监测，监测初期为了了解沉管内部环境温度变化规律，适当加密监测频次。沉管接头张合量与温度变化关系曲线见图 9.5-13。

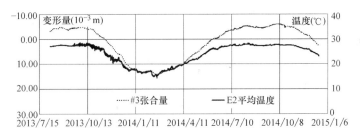

图 9.5-13　沉管接头张合量随温度变化曲线

（3）港珠澳大桥海底沉管隧道监测创新点小结

1）及时高效的监测管理系统

建立了以实时监测、定时监测、定期成果汇报以及有线、无线数据传输等多种监测方法的监测体系。将各专业监测数据统一协调，建立及时高效的监测管理系统。

2）先进的监测技术

研发了沉管姿态监测系统，用于监测沉管在对接期间在超低频振动下的姿态变化。提高了该类测试装备的测试精度。同时其他测试项目均采用了较高精度的传感器，确保监测数据实时反映施工变化情况。

3）根据工程需要优化调整监测方案

针对海底隧道建设期间遇到的实际问题，提出了沉管起浮监测方法、调整了沉降监测方案。

9.5.4　沉管隧道基床载荷试验

（1）工程概况

港珠澳大桥海底隧道沉管段采用了不同地基处理方法以实现地基的刚度过渡。地基处理方式采用了挤密砂桩＋堆载预压＋碎石垫层，挤密砂桩＋碎石垫层，天然地基＋抛填块石夯平层＋碎石垫层的组合的方案（图 9.5-14）。考虑到在沉管下沉及回填负载过程中沉降值预判对设计与施工具有重要的指导意义，开展了水下碎石垫层原位载荷板试验，通过原位试验达到以下目的：

① 获取不同基础类型施工期隧道管节典型工况的短期沉降量；

② 验证纵向不同基础处理方案的沉降协调性；

③ 数据分析处理后用以指导后续动态设计及施工控制。

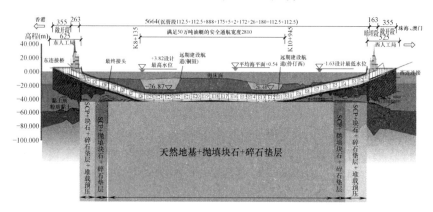

图 9.5-14　港珠澳大桥沉管隧道地基处理方式示意图

（2）试验难点

1）首次提出水下载荷试验要求，试验区域水深 10～44m 不等，试验没有先例可借鉴，常规试验方法无法满足工程要求；

2）无成熟可靠的水下沉降测量方法，需要寻求沉降测量解决方案；

3）试验区域位于外海，风浪较大，试验安全风险高，实施困难；

4）部分试验区域位于航道内，试验时间仅可在有限的封航时间内进行。因此试验系统需要具有快速试验和快速撤离的能力，同时试验完成后不得在试验水域留下任何辅助结构或设施。

（3）试验方法

本试验最终研发出一套水下载荷试验系统。该试验系统由荷载块、承压板、基准板、基准板吊架、测量系统以及荷载块与承压板之间的吊具组成，采用 1600t 起重船进行水下吊装测试。

试验承压板尺寸：4.5m×9.0m，基准点距离承压板水平净距不小于 4.5m。该系统通过测量承压板与基准板在荷载块重力作用下产生的沉降差来获得碎石基床在荷载作用下的沉降量。试验系统见图 9.5-15。试验流程见图 9.5-16。

沉降测量系统由多组安装在承压板、荷载块、基准板上的静力水准仪组成。测量系统具有防水功能，且保持各台仪器内的气压平衡。通过该测量系统可监测试验系统安放过程中的姿态、测量荷载块与承压板之间距离变化情况以及承压板与基准板之间的沉降差。

（4）试验创新点

该试验系统在港珠澳大桥海底隧道项目中共进行了 12 个点位的载荷试验，分别获得了不同地基处理方式下碎石基床沉降量，验证了地基变形协调性。为满足工程需要，与常

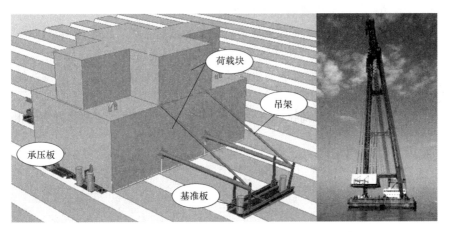

图 9.5-15　水下载荷试验系统

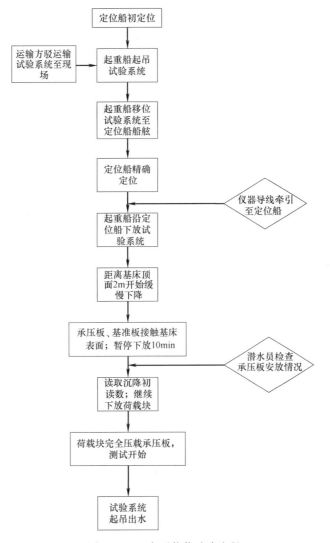

图 9.5-16　水下载荷试验流程

规载荷试验方法相比，该方法具有如下创新点：

1）首次研发出一套可进行水下地基载荷试验的试验系统：该系统由承压板、基准板、测量系统、荷载块组合而成，可快速进行深水基础的载荷试验；

2）该系统的沉降测量装置可准确快速的获得水下地基沉降，且该测量系统不受水深条件限制，同时可有效抵抗外海风浪的影响；

该试验系统采用非传统载荷试验方法，在今后类似的工程中该试验方法值得借鉴。

10 隧道工程监测技术

10.1 隧道传统监测技术

10.1.1 盾构隧道工程

10.1.1.1 概述

盾构法是软土隧道工程的主要施工方法。在软土盾构法隧道工程中，由于盾构穿越地层的地质条件千变万化，且处于饱水状态，岩土介质的物理力学性质也异常复杂，因而对地质条件和岩土介质的物理力学性质的认识总存在诸多不确定性。由于软土地层的脆弱性和变异性，为保证盾构隧道工程安全经济顺利推进，并在施工过程中积极改进施工工艺和工艺参数，需对盾构推进的全过程进行监测，达到如下目的：（1）确保盾构隧道和邻近建（构）筑物的安全；（2）指导隧道施工，必要时调整施工工艺和设计参数；（3）为隧道设计施工的技术进步收集积累资料[1]。

10.1.1.2 监测内容和方法

对于盾构隧道施工中的监测，主要体现在刀盘前方的监测、盾构及管片隧道上部的监测、盾尾闭合期的观测以及盾构通过后相当长一段时间内（1～2 年）根据变形数据决定是否需要的观测[2,3]。监测的对象主要是土体介质、隧道结构和周围环境，监测的部位包括地表、土体内、隧道结构以及周围道路、建筑物和管线等，监测类型主要是地表和土体深层的沉降和水平位移、地层水土压力和水位变化、建筑物和管线及其基础等的沉降和水平位移、隧道结构内力、外力和变形等，具体见表 10.1-1。盾构管片结构和周围土体监测项目应根据表 10.1-2 选择。

盾构隧道施工监测项目和仪器[4]　　　　　　　　　表 10.1-1

序号	监测对象	监测类型	监测项目	监测元件与仪器
1	隧道结构	结构变形	(1)隧道结构内部收敛	收敛计,伸长杆尺
			(2)隧道、衬砌环沉降	水准仪
			(3)隧道三维位移	全站仪
			(4)管片接缝张开度	测微计
		结构外力	(5)隧道外侧水土压力	压力盒、频率仪
			(6)隧道外侧水压力	孔隙水压力计、频率仪
		结构内力	(7)轴向力、弯矩	钢筋应力传感器、频率仪、环向应变计
			(8)螺栓锚固力、管片接缝法向接触力	钢筋应力传感器、频率仪、锚杆轴力计

续表

序号	监测对象	监测类型	监测项目	监测元件与仪器
2	地层	沉降	(1)地表沉降	水准仪
			(2)土体沉降	分层沉降仪、频率仪
			(3)盾构底部土体回弹	深层回弹桩、水准仪
		水平位移	(4)地表水平位移	经纬仪
			(5)土体深层水平位移	测斜仪
		水土压力	(6)水土压力(侧、前面)	土压力盒、频率仪
			(7)地下水位	监测井、标尺
			(8)孔隙水压	孔隙水压力探头、频率仪
3	相邻环境		(1)沉降	水准仪
	周围建(构)筑物		(2)水平位移	经纬仪
	地下管线		(3)倾斜	经纬仪
	铁路、道路		(4)建(构)筑物裂缝	裂缝计

盾构管片结构和周围岩土体监测项目[5]　　　　　　　　表 10.1-2

序号	监测项目	工程监测等级		
		一级	二级	三级
1	管片结构竖向位移	√	√	√
2	管片结构水平位移	√	○	○
3	管片结构净空收敛	√	√	√
4	管片结构应力	○	○	○
5	管片连接螺栓应力	○	○	○
6	地表沉降	√	√	√
7	土地深层水平位移	○	○	○
8	土地分层竖向位移	○	○	○
9	管片围岩压力	○	○	○
10	孔隙水压力	○	○	○

注：√—应测项目，○—选测项目。

以下着重介绍用全站仪监测隧道三维位移的技术。使用全站仪在隧道内自由设站观测隧道三维位移，其实施步骤是：

（1）在洞口设置两个基准点，采用常规测量方法测定出三维坐标；

（2）在掘进成洞的横断面上布设若干测点，测点上贴上反射片（简易反射镜）；

（3）在基准点上安置好反射镜后，选一适当位置安置全站仪，用全圆方向法测基准点和测点间的水平角、竖直角、斜距；

（4）当测到一定远处时，再在某一断面上设两个基准点，向后传递三维坐标。图 10.1-1 中 A、B 为基准点，测点 1、2 为待定点，A'、B'、$1'$、$2'$ 分别为上述各点在通过仪器中心点 P 的水平面上的投影。S_A、S_B、S_1、S_2 为测得的斜距。V_A、V_B、V_1、V_2 为测得的竖直角，还有测得的水平角 $\angle A'PB'$、$\angle A'P1'$、$\angle A'P2'$、$\angle B'P1'$、$\angle B'P2'$

等。D_A、D_B、D_1、D_2 为算出的水平距离，即 $D_i = S_i \cos V_i$（i＝A，B，1，2）。

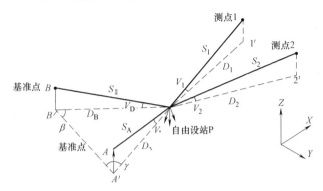

图 10.1-1 隧道三维位移监测示意图

根据 A、B 的已知坐标 X、Y，反算出 A、B 两点的水平距离 D_{AB} 和方位角 α_{AB}，再求算出 AP 和 BP 的方位角 α_{AP} 与 α_{BP}，则测站点的三维坐标为：

$$X_P = X_A + D_A \cos\alpha_{AP}$$
$$Y_P = Y_A + D_A \sin\alpha_{AP}$$
$$H_P = H_A - S_A \sin V_A$$

最后，根据测站点的坐标，测得的水平角、斜距、竖直角和算得的平距、方位角，求出各测点的三维坐标。即：

$$X_i = X_P + D_i \cos\alpha_{P_i}$$
$$Y_i = Y_P + D_i \sin\alpha_{P_i}$$
$$H_i = H_P + S_i \sin V_i$$

其中 i＝1，2。

同理，将后续每次测量计算出的三维坐标与第一次测算的三维坐标进行比较，可得每次各测点的三维位移矢量。由于有多余观测，每次观测值还可严密平差，以便提高测算精度。

三维位移监测技术的优点是：

（1）可在施工和运营隧道内自由设站；

（2）在一个测站上可对多个断面进行观测；

（3）各断面上测点可任意的设置。

其不足之处在于：采用该技术需要观测多测回，洞内观测时间长；断面上设点越多，观测时间越长，对隧道施工干扰严重。

10.1.1.3 监测方案

1. 监测项目的确定

盾构法隧道施工监测项目的选择，考虑因素如下：

（1）工程地质和水文地质情况；

（2）隧道埋深、直径、结构形式和盾构施工工艺；

（3）双线隧道的间距或施工隧道与近邻大型及重要公用管道的间距；

（4）隧道施工影响范围内现有房屋建筑及各种构筑物的结构特点、形状尺寸及其与隧道周线的相对位置；

（5）设计提供的变形及其他控制值及其安全储备系数。

盾构隧道基本监测项目确定的原则见表10.1-3。对于具体的隧道工程，还需要根据每个工程的具体情况、特殊要求、经费投入等因素综合确定，目标是使施工监测最大限度地反映周围土体和建筑物的状态变化情况，不至于引起周围建筑物的有害破坏。对于某些施工细节和工艺参数需通过实测确定时，则要专门进行研究性监测。

盾构隧道基本监测项目的确定   表 10.1-3

监测项目		地表沉降	隧道沉降	地下水位	建筑物变形	深层沉降	地表水平位移	深层位移、衬砌变形和沉降、隧道结构内部收敛等
地下水位情况	土壤情况							
地下水位以上	均匀黏性土	●	●	△	△			
	砂土	●	●	△	△	△	△	△
	含漂石等	●	●	△	△	△	△	△
地下水位以下，且无控制地下水位措施	均匀黏性土	●	●	●	△			
	软黏土或粉土	●	●	●	○	△	△	
	含漂石等	●	●	●	△		△	
地下水位以下，用压缩空气	软黏土或粉土	●	●	●	○	○	○	△
	砂土	●	●	●	○	○	○	△
	含漂石等	●	●	●	○	○	○	△
地下水位以下，用井点降水或其他方法控制地下水位	均匀黏性土	●	●	●	△			
	软黏土或粉土	●	●	●	○	○	○	△
	砂土	●	●	●	○	△	○	△
	含漂石等	●	●	●	△	△	△	

注：1. ● 必测项目；

      ○ 建筑物在盾构施工影响范围内且基础已作加固时，需测项目；

      △ 建筑物在盾构施工影响范围内、但基础未作加固时，需测项目。

  2. 建筑物的变形系指地面和地下的一切建筑物和构筑物的沉降、水平位移和裂缝。

2. 监测部位和测点布置的确定

地表变形和沉降监测需布置纵（沿轴线）剖面监测点和横剖面监测点，且纵（沿轴线）剖面上一般需保证盾构顶部始终有监测点在监测。纵剖面上测点间距一般小于盾构机长度，通常为 3～5m 一个测点；横剖面上每隔 20～30m 布设一个测点，从盾构轴线由中心向两侧按从 2～5m 递增布设，范围为盾构外径的 2～3 倍（监测该范围内的建筑物和管线等的变形）。

在地面沉降控制要求较高的地区，往往在盾构推出竖井的起始段进行以土体变形为主的监测，如图 10.1-2 所示，进而可绘制横断面和纵断面地表变形曲线，据此确定合理的盾构施工参数。将横断面地表变形曲线与预测计算的沉降槽曲线相比，若两者较接近，说明盾构施工基本正常；若实测沉降值偏大，说明地层损失过大，需要按监测反馈资料调整盾构正面推力、压浆时间、压浆数量和压力、推进速度、出土量等施工参数，以达到控制沉降的最优效果。为深入研究需要，也可监测离开盾构中心线一定距离土体的深层沉降。在盾构穿越建筑物时，尤其应该连续监测纵向地面变形，以严密控制盾构正面推力、推进速度、出土量以及盾尾压浆等施工细节。土体深层位移测孔一般布置在隧道中心线上，监测结果比地表沉降更为敏感，因而能更有效地诊查施工状态和工艺参数，尤其是盾构正前方的沉降。地下土体的水平位移监测孔沿盾构前方两侧设置，采用测斜仪量测，监测结果可以分析盾构推进中对土体扰动引起的水平位移，并用作提出减少施工扰动的对策。一般将土体回弹观测点布设在盾构前方一侧的盾构底部以上土体中，采用埋设深层回弹桩，以分析这种回弹量可能引起的隧道下卧土层的再固结沉陷。

隧道沉降由管片衬砌环的沉降反映出来，管片衬砌环的沉降监测是通过在各管片衬砌环上设置沉降点，自衬砌脱出盾尾后监测其沉降，隧道的沉降情况反映盾尾注浆的效果和隧道地基处理效果。隧道的沉降相当于增加地基损失，也必然加大地表沉降。

对于道路，必须将地表桩埋入道面下的土层中，才能较真实地测量到地表沉降；对于铁路，必须同时监测路基和铁轨的沉降；对于地下管线，应将测点设在重点保护的管线上，并砌筑保护井盖，一般的监测也可在管线周围地面上设置地表桩。

此外，对于埋置于地下水位下的盾构隧道，地下水位和孔隙水压力的监测非常重要，尤其在砂土层中用降水法盾构施工，根据地下水位的监测结果可检验降水效果，能为使用压缩空气的压力提供依据，对掘进面可能引起的失稳进行预报，还有益于改进挖土运土等施工方法。检验降水效果的地下水位监测时，还需同时测出井点抽水泵的出水量自开始抽出后随时间的变化。专门打设的水位观测井分全长水位观测井和特定水位观测井，全长水位观测井设置在隧道中心线或隧道一侧，井管深度自地面到隧道底部，沿井管全长开透水孔，见图 10.1-3。特定水位观测井是为观测特定土层中和特定部位的地下水位而专门设置的，如监测某个或几个含水层、接近盾构顶部、隧道直径范围内土层、隧道底部透水层等关键部位的水位变化，见图 10.1-3。

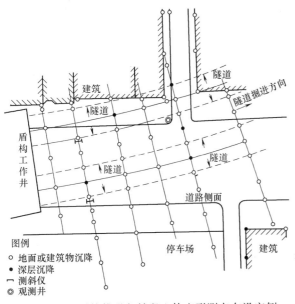

图例
- ○ 地面或建筑物沉降
- ● 深层沉降
- — 测斜仪
- ◎ 观测井

图 10.1-2 盾构推进起始段土体变形测点布设实例

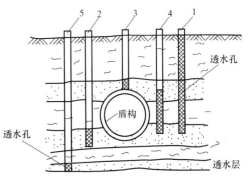

图 10.1-3 监测隧道周围地层地下水位的观测井
1—全长水位观测井；2—监测特定土层的水位观测井；
3—接近盾构顶部的水位观测井；
4—隧道直径范围内土层中水位的观测井；
5—隧道地下透水层的水位观测井

其他监测项目的布设位置、监测方法与基坑监测的相类似。

3. 监测频率的确定

各监测项目在前方距盾构切口 20m、后方离盾尾 30m 的监测范围内，通常监测频率为 1 次/d；其中在盾构切口到达前一倍盾构直径时和盾尾通过后 3d 以内应加密监测，监测频率加密到 2 次/d，以确保盾构推进安全；盾尾通过 3d 后，监测频率 1 次/d，以后每周监测 1～2 次；盾尾脱离 7d 后或沉降量小于±0.2mm/d，则停止监测。测点停止监测后，每 3 个月复测一次；整个工程结束后进行全线复测[6]。

对于穿越重要建（构）筑物的盾构工程，除应对隧道本身进行施工监测外，还应对所穿越工程进行穿越施工期间 24h 不间断监测；在穿越一般建（构）筑物时可按上述要求进行较高频率监测[7]。

盾构施工监测的所有数据应及时整理并绘制成图表，施工监测数据的整理和分析必须与盾构的施工参数采集相结合，如掘进面土压力、盾构推力、盾构姿态、出土量、盾尾注浆量等，大多数监测项目实测值的变化与时空效应有关。因此，在时程曲线上要尽量表明盾构推进的位置，而在纵向和横向沉降槽曲线、深层沉降和水平位移曲线等的图表上，要绘出典型工况和典型时间点的曲线。

10.1.2 山岭隧道工程

10.1.2.1 概述

目前山岭隧道的建设以新奥法为主，新奥法（New Austrian Tunneling Method，简称 NATM）源自 20 世纪 60 年代，奥地利教授 L·Muller 和工程师 L. V. Rabcewicz 总结出的以尽可能不扰动围岩中的应力状态为前提，在施工过程中密切监测围岩的变形和应力等，通过调整支护措施来控制变形，从而最大程度地发挥围岩本身自承能力的隧道施工技术[8]。新奥法的核心三要素为光面爆破、锚喷支护和监控量测[9]。

山岭隧道工程中，由于地质条件的复杂多变，勘察设计难以做到一步到位，在隧道的实际施工中常常存在很大的不确定性，需要采用隧道信息化动态设计和施工方法，而监控量测获取的围岩稳定性及支护设施的工作状态信息，如围岩和支护的变形、应力等，反馈于施工和设计决策，据以判断隧道围岩的稳定状态和支护作用，以及所采用的支护设计参数及施工工艺参数的合理性，用以指导施工作业，必要时为修正施工参数或支护设计参数提供依据。因此，监控量测是施工中重要环节，应贯穿施工全过程，是隧道信息化动态设计和施工的基础和保障。

10.1.2.2 监测内容和方法

山岭隧道监控量测的对象主要是围岩、衬砌、锚杆和钢拱架及其他支撑，监测位置包括地表、围岩内、洞壁、衬砌等，监测内容主要为位移和力。山岭隧道监测内容、方法及相关仪器设备见表 10.1-4，并对主要常见监测项目简要介绍。

1. 洞内、外调查

洞内调查是通过人工观察掌子面周围揭露的地质、支护系统变形和受力、围岩稳定性和渗漏水等情况，为监测结果提供定性指导，是最直接有效的手段[10]。其目的是核对地质勘察资料，判别围岩和支护系统的稳定性，为施工管理和工序安排提供依据，并检验支护参数。主要包括观察隧道内地质条件变化、节理裂隙的发育发展、渗漏水、边墙和拱顶松动岩石、锚杆松动、喷层开裂以及衬砌裂隙出现等状态。洞内调查工作贯穿于隧道施工全过程，为施工提供直观的反馈信息。

山岭隧道监测内容和方法[1]　　　　　　　　　　　　表 10.1-4

监测类型	监测项目	监测方法和仪器
位移	地表沉降	水准仪、全站仪
	拱顶下沉	水准仪、激光收敛仪、全站仪
	围岩内位移（径向）	单点位移计、多点位移计、三维位移计
	围岩内位移（水平）	测斜仪、三维位移计
	洞周收敛	收敛仪、激光收敛仪、巴塞特系统、全站仪
	隧道周边三维位移	全站仪
压力	衬砌内力	钢筋应力计或应变计、频率计
	围岩压力	岩土压力计、压力枕
	两层支护间压力	压力盒、压力枕
	锚杆轴力	钢筋应力计或应变计、应变片、轴力计
	钢拱架压力和内力	钢筋应力计或应变计、应变片、轴力计
	地下水渗透压力	渗压计
其他物理量	围岩松动圈	声波仪、形变电阻法
	超前地质预报	超前钻、探地雷达、TSP
	爆破震动	测震仪
	声发射	声发射检测仪
	微震事件	微震监测

洞外调查主要为洞口段和洞身浅埋段，记录地表开裂、变形和边仰坡稳定等情况。此外，在地下水发育地区，对隧道穿越断裂、溶洞等主要涌水通道地层时，还应调查主要涌水段地表的植被农田生长情况及地表塌陷等，定性地掌握隧道涌水对生态环境的影响，指导隧道防排水系统的设计施工。

2. 位移量监测

（1）收敛位移监测

隧道周边位移是围岩应力状态变化的最直接反映，其值可为判断隧道的稳定性提供可靠的信息，包括用于判断初期支护设计与施工方法选取的合理性，以及根据变化发展速度判断围岩的稳定程度，为二次衬砌合理支护时机的确定提供依据。收敛位移物理概念直观明确、监测方便，是山岭隧道施工监测中最重要且最有效的监测项目。

工程施工中，可主要根据地质条件的变化设置监控量测断面，每个断面分别在侧墙和拱顶设置测点，并利用收敛计测量隧道周边两点之间相对距离的变化量。测点应在距开挖面 2m 的范围内安设，并做到在爆破后 24h 内或下一次爆破前测读初始读数。收敛计分为机械和激光收敛计，其中机械式收敛计包括穿孔钢卷尺重锤式和铟钢卷尺弹簧式两种，见图 10.1-4、图 10.1-5，但安装较为繁琐，隧道施工环境下难以保证量测精度；激光收敛计（图 10.1-6）通过测线长度的变化实现隧道周边收敛的监测，克服了大断面隧道收敛计挂设困难的缺点。跨度和位移均较大的隧道，也可用全站仪。

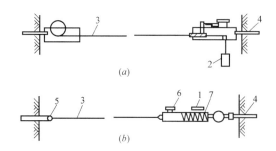

图 10.1-4　机械式收敛计监测示意图

（a）穿孔钢卷尺重锤式收敛计；（b）钢钢卷尺弹簧式收敛计

1—测读表；2—重锤；3—钢卷尺；4—固定端；

5—连接装置；6—张拉表；7—张拉弹簧

（2）拱顶下沉监测

拱顶下沉监测属于收敛位移量测，因其值大小及变化速度对判断隧道围岩的稳定程度，以及确定二次衬砌的合理支护时机至关重要而备受重视。拱顶下沉监控量测断面的布设位置、测点安装时机、读取初始读数的时间及量测频率均与周边收敛位移量测相同。测试仪器为水准仪、激光收敛仪和全站仪。

（3）地表沉降监测

该项监测适用于浅埋隧道，或洞口段的开挖施工。用于根据地表沉降量和

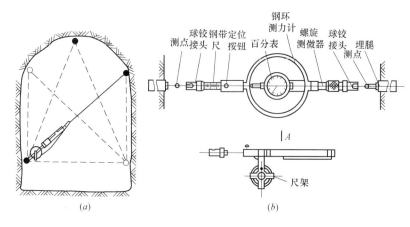

图 10.1-5　钢钢卷尺弹簧式收敛计

（a）监测示意；（b）构造图

沉降速率，判断隧道或洞口围岩是否稳定，并为支护参数设计优化提供依据。地表沉降量的监测断面通常在地表布设，方向顺延与隧道纵轴线垂直的方向，测点通常沿隧道两侧对称布置。监测仪器宜为全站仪，并在埋设的测点上粘贴反射片。监测频率可与隧道拱顶下沉量测相同。

两侧频率宜根据位移速度和距工作面距离选取，典型方案见表 10.1-5。

（4）围岩内部位移监测

围岩内部位移主要从隧道内部或浅埋隧道的地表向围岩内钻孔，并在孔内埋设测试元件，量测隧道围岩内

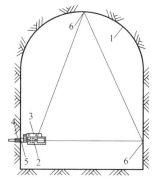

图 10.1-6　激光收敛仪的组成及监测原理[4]

1—隧道围岩；2—激光收敛仪；3—对准调节装置；

4—固定螺栓；5—转换接头；6—反光片

距洞壁不同深度处沿隧道径向的变形,据此可分析判断隧道围岩位移的变化范围和围岩松弛范围,预测围岩的稳定性,以检验或修改计算模型和参数,同时为修改锚杆支护参数提供重要依据。为了监测隧道洞壁的绝对位移和围岩不同深度处的位移,可采用单点位移计、多点位移计和滑动式位移计等。

3. 应力监测

工程施工中,应力值监测常用于隧道穿越不良地质条件段,或用于研究目的,监测断面的设置常需专门研究。

(1) 锚杆轴力监测

锚杆轴力监测是为了掌握锚杆的实际受力状态,判断围岩变形的发展趋势,为合理确定锚杆参数提供依据。量测方法可采用在锚杆上串联焊接钢筋应力计或并联焊接钢筋应变计,只监测锚杆总轴力时,也可在锚杆尾部安设环式锚杆轴力计的方法监测。为了监测全长粘结锚杆轴力沿锚杆长度的分布,通常在一根锚杆上布置3~4个测点。钢管式锚杆可采用在钢管上焊接钢表面应变计或粘贴应变片的方法监测其轴力。量测频率需根据开挖进尺等确定,表10.1-6可供参考。

隧道收敛位移和拱顶下沉量测频率表　　　　　　　　　　表 10.1-5

位移速度(mm/d)	距工作面距离	频率	备注
>5	(1~2)B	1~4 次/d	(1)B 为隧道宽度;
1~5	(2~5)B	1 次/2d	(2)当位移速度>5mm/d 时,应视为出现险情,并发出警报
0.2~1	5B	1 次/周	
<0.2	—	不监测	

注:1. 由不同测线得到的位移速度不同时,量测频率应按速度高者取值;
　　2. 若根据位移速度和离工作面距离两项指标分别选取的频率不同,则取高值;
　　3. 后期量测时,频率间隔可加大到几个月或半年量测一次。

锚杆轴力量测频率表　　　　　　　　　　表 10.1-6

开挖时间(d)	频率
1~15	2~4 次/d
16~30	1 次/d
30~90	1 次/周
>90	1 次/周

(2) 围岩压力监测

围岩压力监测包括围岩和初衬间接触压力、初衬和二衬的接触压力的监测,主要采用液压枕和压力盒量测。液压枕可埋设在混凝土结构内、围岩内以及结构与围岩的接触面处,长期监测结构和围岩内的压力以及它们接触面的压力,具有直观可靠、结构简单、防潮防振、不受干扰、稳定性好、读数方便、成本低、无需电源,能在有瓦斯的隧道工程中使用等优点,见图10.1-7。压力盒用于测量围岩与初衬、初衬与二衬间的接触应力,有钢弦频率式压力盒、油腔压力盒等类型。监测断面和量测频率常与锚杆轴力量测相同。

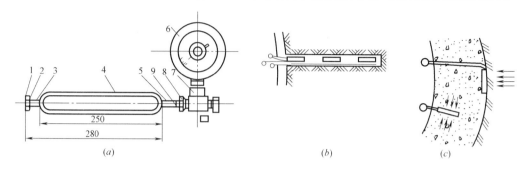

图 10.1-7　液压枕结构和埋设

（a）结构；（b）钻孔内埋设；（c）在混凝土层内和界面上埋设

1—放气螺钉；2—钢球；3—放气嘴；4—枕壳；5—紫铜管；

6—压力表；7—注油三通；8—六角螺母；9—小管座

（3）钢拱架应力监测

隧道内钢拱架属于受弯构件，其稳定性取决于最大弯矩是否超出其承载力。钢拱架应力监测的目的是监控围岩稳定性和钢支撑自身的安全性，并为二衬结构的设计提供反馈信息。

钢拱架分为型钢钢拱架和格栅钢拱架。型钢钢拱架内力可采用钢应变计、电阻应变片监测。钢拱架内力监测结果分析时，可在隧道横断面上按一定的比例将轴力、弯矩值点画在各测点位置，并将各点连接形成隧道钢拱架轴力及弯矩分布图。格栅钢拱架由钢筋制作而成，其内力可采用钢筋计量测。监测断面及监测频率与锚杆轴力监测相同。

10.1.2.3　监测方案

山岭隧道在施工前应编制施工全过程的监测方案。监测方案编制是否合理，不仅关系到现场监测能否顺利进行，而且关系到监测结果能否反馈于工程的设计施工，是否能为推动设计理论和方法的进步提供依据。监测方法主要包括：监测项目的确定、监测断面的设置、测点测线的布置等。

1. 监测项目的确定

洞内外调查虽然提供的是定性信息，但为最直接有效的手段，通常在每次爆破施工后都需要进行该项工作。

山岭隧道监测项目的确定主要取决于：（1）工程规模、埋深及重要程度，包括邻近建（构）筑物的情况；（2）隧道的形状、尺寸、工程结构和支护特点；（3）施工工法和施工工序；（4）工程地质和水文地质条件。在考虑监测结果可靠的前提下，同时要考虑便于测点埋设和方便监测，尽量减少对施工的干扰，并考虑经济上的合理性。此外，所选择监测项目的物理量要概念明确、量值显著，且该物理量在设计中能够计算并能确定其控制值的量值，即为可测、可算的物理量，从而易于实现反馈和报警。位移类监测最直接，简单易行，通常作为隧道施工监测的重要必测项目。但在完整坚硬的岩体中位移值往往较小，故也要配合应力测量。在高地应力的脆性岩体中，存在岩爆风险，需要监测预测岩爆发生的可能性和发生时间。

国家行业标准《公路隧道施工技术规范》JTG F60－2015 规定，复合式衬砌和喷锚式衬砌隧道施工时的监测项目分为必测和选测项目两大类,见表 10.1-7、表 10.1-8。

2. 监测断面的设置

监测断面可分为常规监测断面和代表性监测断面两类。常规监测断面通常仅监测主要位移量,用以判断围岩和支护结构的稳定状态,确保工程施工的安全性;代表性监测断面除监测主要位移量外,一般同时监测应力量等信息,使量测结果可互相验证,以便更加可靠地评价围岩和支护结构的稳定性,并可为建立合理的分析模型和方法提供依据。

两类监测断面中,代表性监测断面通常在隧道进出洞地段及断层破碎带等不良地质条件地段设置,间距和数量按分析研究的需要确定。常规监测断面常沿隧道全长设置,间距按经验确定。其中洞周收敛位移和拱顶下沉量量测断面的间距,V级围岩为10m,IV级围岩为20m,III级围岩为50m;浅埋隧道地表下沉量测断面的间距,洞口 30m 范围内为 10m,地形平缓、埋深较浅处可加密至 5m,其余地段根据需要逐步增大为 50m。围岩级别变化处,上述间距应适当加密。在发生较大涌水的地段,IV、V级围岩量测断面的间距应缩小至 5~10m。

隧道监控量测必测项目[11]　　　　　　　　　　　　　　　　　　　　　表 10.1-7

序号	项目名称	方法及工具	布置	监测精度	监测频率			
					1~15d	16d~1个月	1~3个月	>3个月
1	洞内、外观察	现场观测、地质罗盘等	开挖及初期支护后进行	—	—			
2	洞周收敛	各种类型收敛计	每 5~50m 一个断面,每断面 2~3 对测点	0.5mm	1~2次/d	1次/2d	1~2次/周	1~3次/月
3	拱顶下沉	水准测量方法,水准仪、钢卷尺等	每 5~15 一个断面	0.5mm	1~2次/d	1次/2d	1~2次/周	1~3次/月
4	地表下沉	水准测量的方法,水准仪、钢钢尺等	洞口段、浅埋段($h_0 \leqslant 2B$)	0.5mm	开挖面距量测断面前后小于 2B 时,1~2次/d;开挖面距量测断面前后小于 5B 时,1次/2~3d;开挖面距量测断面前后大于 5B 时,1次/3~7d			

注: 1. B—隧道开挖宽度;
　　2. h_0—隧道埋深。

隧道监控量测选测项目[11]　　　　　　　　　　　　　　　　　　　　　表 10.1-8

序号	项目名称	方法及工具	布置	监测精度	监测频率			
					1~15d	16d~1个月	1~3个月	>3个月
1	钢架压力及内力	支柱压力计,表面应变计或钢筋计	每个代表性或特殊性地段 1~2 个断面,每断面钢支撑内力 3~7 个测点,或外力 1 对测力计	0.1MPa	1~2次/d	1次/2d	1~2次/周	1~3次/月
2	围岩体内位移(洞内设点)	洞内钻孔,安设单点、多点干式或钢丝式位移计	每个代表性或特殊性地段 1~2 个断面,每断面 3~7 个钻孔	0.1mm	1~2次/d	1次/2d	1~2次/周	1~3次/月

序号	项目名称	方法及工具	布置	监测精度	监测频率			
					1～15d	16d～1个月	1～3个月	>3个月
3	围岩体内位移（地表设点）	地面钻孔,安设各类位移计	每个代表性或特殊性地段1～2个断面,每断面3～5个钻孔	0.1mm	同地表沉降要求			
4	围岩压力	各种类型岩土压力盒	每个代表性或特殊性地段1～2个断面,每断面3～7个测点	0.01MPa	1～2次/d	1次/2d	1～2次/周	1～3次/月
5	两层支护间压力	各种类型岩土压力盒	每个代表性或特殊性地段1～2个断面,每断面3～7个测点	0.01MPa	1～2次/d	1次/2d	1～2次/周	1～3次/月
6	锚杆轴力	钢筋计、锚杆测力计	每个代表性或特殊性地段1～2个断面,每断面3～7根锚杆（索）,每根锚杆2～4测点	0.01MPa	1～2次/d	1次/2d	1～2次/周	1～3次/月
7	衬砌内力	混凝土应变计、钢筋计	每个代表性或特殊性地段1～2个断面,每断面3～7个测点	0.01MPa	1～2次/d	1次/2d	1～2次/周	1～3次/月
8	围岩弹性波速度	各种声波仪及配套探头	在有每个代表性或特殊性地段设置	—				
9	爆破震动	测振及配套传感器	邻近建（构）筑物	—	随爆破进行			
10	渗水压力、水流量	渗压计、流量计	—	0.01MPa	—			
11	地表沉降	水准测量的方法,水准仪和钢钢尺,全站仪等	洞口段、浅埋段（$h_0 > 2B$）	0.5mm	开挖面距量测断面前后小于$2B$时,1～2次/d;开挖面距量测断面前后小于$5B$时,1次/2～3d;开挖面距量测断面前后大于$5B$时,1次/3～7d			

注: 1. 钢筋计包括钢筋应力计和钢筋应变计;

2. B—隧道开挖宽度;

3. h_0—隧道埋深。

3. 测点、测线的布置

（1）洞周收敛位移及拱顶下沉测点、测线的布置

测点布置方案的合理确定与施工方法、地质条件、洞形及隧道埋深等有关。通常每个量测断面设置3～6对收敛位移测线,测桩分别布置在拱顶及断面两侧。埋设测点时,可先在测点处用小型钻机在待测部位钻孔,然后将带膨胀管的收敛预埋件敲入,并旋上收敛钩。

（2）地表下沉测点布置

典型地表下沉测点布设方案如图 10.1-8 所示。

(3) 围岩内部位移的测点布置

该类监控量测一般根据不良地质、土水和洞口浅埋等环境条件，在认为有必要监控的地段设置量测断面。每个断面在侧壁和拱顶设置 3～5 个测孔，每个测孔布置 3～5 个测点。

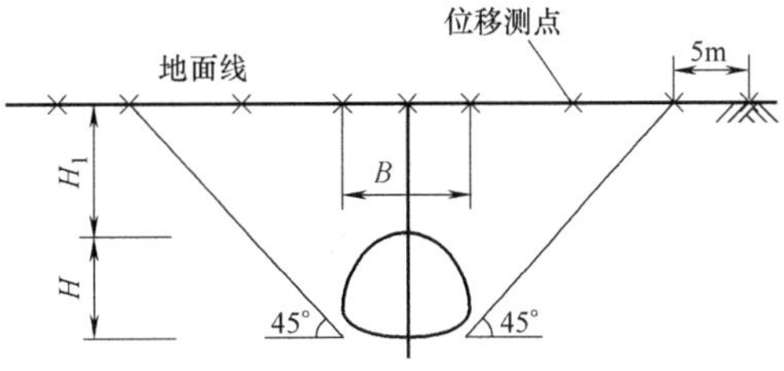

(4) 锚杆轴力的测点布置

图 10.1-8　地表下沉测点布置示意图[8]

对该类测点，监控量测断面的设置位置与围岩内部位移监测相同。通常每个断面在侧壁和拱顶设置 3～5 个测孔，每个测孔内布置 3～5 个测点。典型测点布置图如图 10.1-9。

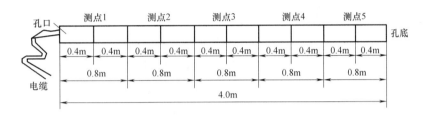

图 10.1-9　量测锚杆示意图[8]

(5) 喷射混凝土应力、围岩压力和钢拱架应力的测点布置

该三项监测断面均与围岩内部位移量测相同。

10.1.3　应用实例

10.1.3.1　盾构隧道工程案例

1. 工程概况

黄浦江复兴东路双线越江隧道，距延安东路隧道约 1.6km，距南浦大桥约 2km，全长 2580m，其中隧道段长 1215m，两岸为暗埋段、敞开段。隧道外径 11000mm，内径 10040mm，采用泥水平衡式盾构进行掘进施工。隧道工程的地质平面及剖面图见图 10.1-10。

隧道衬砌结构为管片拼装结构，且为国内第一个双层管片衬砌结构。每环由封顶块 F（1 块）、邻接块 L（2 块：L1、L2）及标准块 B（5 块：B1、B2、B3、B4、B5）共八块管片，环宽 1500±33.0mm，厚度为 480mm。

2. 监测项目及方案

根据复兴东路双线越江盾构隧道的工程特点、地质条件及本项目的要求，开展的监测内容为：深层土体位移和分层沉降、北线隧道三维位移、北线隧道圆周变形和管片接缝宽度、作用在隧道上的水土压力和两隧道间超孔隙水压力监测，见表 10.1-9，各监测项目布置情况如图 10.1-11～图 10.1-15 所示。

3. 监测成果及分析

(1) 深层土体沉降

由图 10.1-16 可见，深层土体沉降有两个极大区，其一位于深度为 5～9m 的区域，

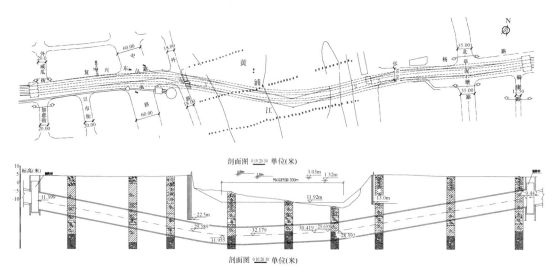

图 10.1-10　隧道地质平面及剖面图

其最大值为 25mm；另一个位于 15~20m 的区域，最大值为 15mm。第　个极大区主要为淤泥质粉砂层，容易受到扰动，扰动后超孔隙水压力的产生和消散都强于周围土层，所以其固结沉降很快；第二个极大区位于盾构断面的深度范围内，受其扰动最强，受到的卸荷作用也最强，其沉降也较大。

监测项目统计表　　　　　　　　　　　　　　　　　表 10.1-9

监测项目	传感器数量
深层沉降(测斜管内)	15 孔,每孔 10 个测点
深层水平位移(测斜管)	15 孔
北线隧道三维位移	18 点
北线隧道圆周变形	18 个断面
北线隧道管片接缝宽度	18 个断面
隧道上的接触压力	8 只×5 个断面
两隧道间超孔隙水压力	14 只

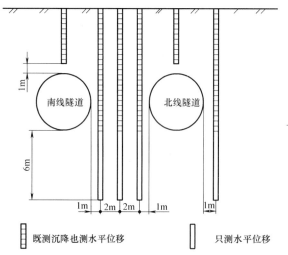

图 10.1-11　深层土体沉降和水平位移监测布置图

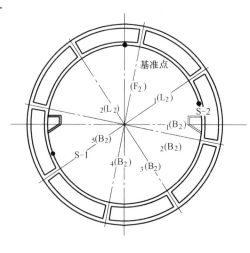

图 10.1-12　隧道管片三维位移监测图

（2）深层土体水平位移

深层土体水平位移如图 10.1-17 所示。

由图 10.1-18、图 10.1-19 可以看出，X9 测斜孔在深度为 20～24m 处的平行于隧道轴线方向的水平位移最大，为 11.5mm，垂直于隧道轴线方向的水平位移最大为 10mm，与平行于隧道轴线方向的水平位移最大位置处相近。

两隧道间的土体受北、南线隧道先后影响后，又回复到初始位置。由于土体位移反映了土体的受力情况，可以看出北线隧道在南线隧道的推进过程中也经受了相同的受力过程。

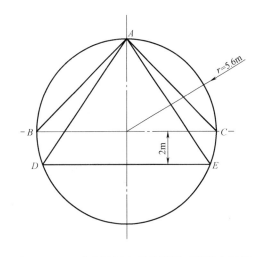

图 10.1-13　隧道圆周变形监测断面侧线布置图

 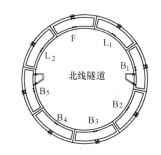

图 10.1-14　土压力盒布置图

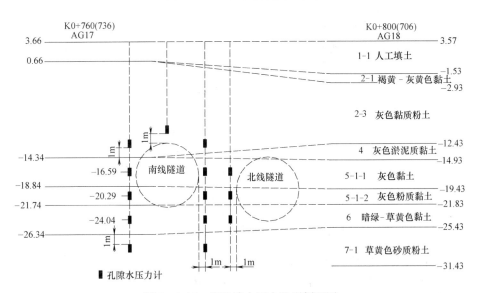

图 10.1-15　超孔隙水压力监测剖面图

（3）三维位移

由图 10.1-20 可见，位于江中段的北线隧道管片环受南线隧道施工影响很大。各基准点均位于北线隧道顶部内侧，各测点的变化规律基本一致。在江中段，南线盾构通过测量

313

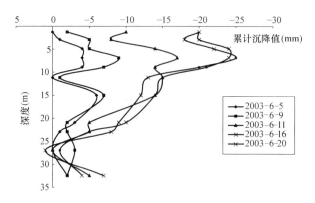

图 10.1-16　测斜孔分层沉降数据随时间变化图

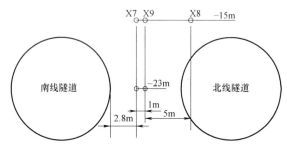

图 10.1-17　X7、X8、X9 号测斜孔测点布置示意图

断面时，北线隧道在水平方向上被南线盾构挤开，垂直轴线被推开 10mm 以上；平行轴线向后移动了 12mm 左右。北线隧道北侧位移略大于南侧。在南线盾构通过以后，北线隧道停止向外移动，有些地方有少量回弹。

在垂直位移上，在南线盾构通过测量断面的过程中，开始北线隧道也发生小于 10mm 的沉降，沉降时间大

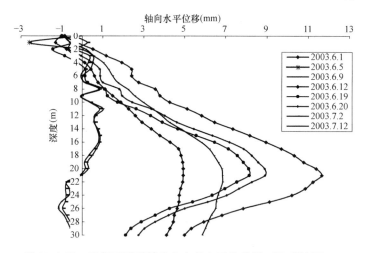

图 10.1-18　平行于隧道轴线方向的水平位移图（X9 测斜孔）

约 6d；但是随着南线盾构面的逐渐远离，北线隧道停止沉降，开始抬升，其值在 30～50mm 左右，在抬升 12d 后，趋于稳定。另外由图 10.1-20 可见，在江中段，南线盾构施工对北线隧道远近两侧的沉降影响相差很小。

（4）圆周变形

采取收敛位移监测圆周变形，北线隧道受南线盾构推进影响，圆周变形相对于隧道的位移量值较小。从图 10.1-21 可见，管片环的收敛变形一般不超过 10mm，小于管径的

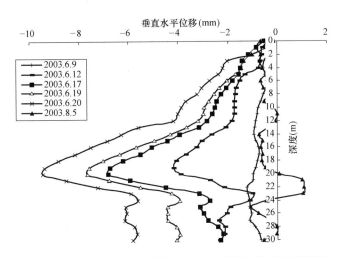

图 10.1-19 垂直于隧道轴线方向的水平位移图（X9 测斜孔）

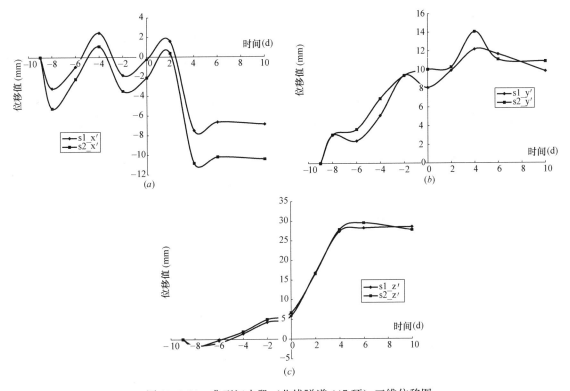

图 10.1-20 典型江中段（北线隧道 447 环）三维位移图

0.9‰。其规律是管片环水平直径方向比较明显的增长（BC、DE）；而垂直直径以减小为主。

（5）接缝宽度

管片环之间的接缝宽度受其位移和圆周变形影响。从图 10.1-22、图 10.1-23 可见，南线盾构于 6 月 12 日通过北线隧道第 180 环断面，北线隧道被其挤开，导致北线隧道靠近南线隧道一侧管片宽度增大，远侧减小，约 0.6mm；随着南线盾构的远离，北线隧道

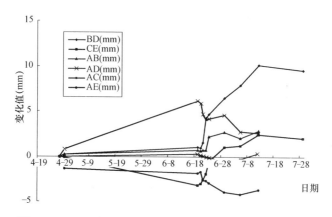

图 10.1-21　北线隧道第 229 环收敛监测数据随时间变化图

向南线隧道移动，导致管片宽度也回复到初始状态。

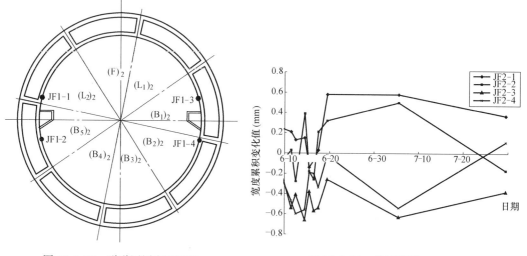

图 10.1-22　隧道圆周变形监测
断面侧线布置图

图 10.1-23　北线隧道 180-181
环接缝宽度变化值时间变化图

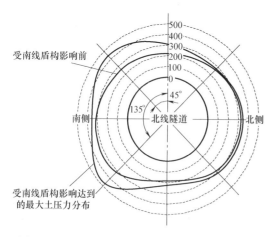

图 10.1-24　北线隧道 237 环土压力分布曲线（kPa）

（6）作用于先建隧道上的水土压力

南线盾构推进对北线先建隧道土压力的影响分布如图 10.1-24 所示。土压力增加最大的是靠南线隧道的北线隧道 45°和 135°范围附近。

（7）超孔隙水压力

停工阶段孔隙水压力随时间变化曲线如图 10.1-25 所示。北线隧道先推造成土体扰动和固结沉降，超孔隙水压力逐渐消散。5 月 11 日南线隧道推到 58 环，孔隙水压力迅速升高，这种升高趋势维持到南线盾构 5 月 13 日停工，由于停工孔隙水压力下降，但是在南线盾构 5 月 21 日复工后，孔隙水压力再次升高，并且大于前一次的极大值，在盾尾量测断面后，孔隙水压力迅速下降，并逐渐趋于一种缓慢消散趋势。

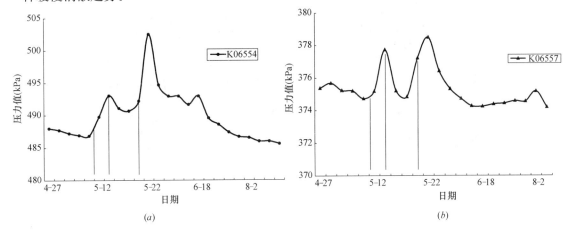

(a)   (b)

图 10.1-25　停工阶段孔隙水压力随时间变化曲线

正常施工阶段孔隙水压力随时间变化曲线如图 10.1-26 所示，在南线盾构未到之前，受北线盾构推进扰动影响，土体处在固结状态，超孔隙水压力逐渐消散；在距离南线盾构开挖面 20～30m 时，超孔隙水压力迅速升高，增加值最大为 45kPa，约 10％；在南线盾构盾尾通过以后，超孔隙水压力又迅速降低，并逐渐趋于一种缓慢消散状态。

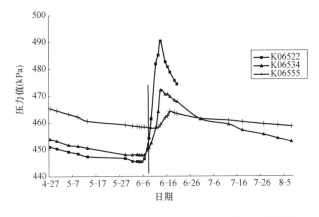

图 10.1-26　正常施工阶段孔隙水压力随时间变化曲线

10.1.3.2　山岭隧道工程案例

1. 工程概况

工程区位于贵州高原南部斜坡向广西丘陵盆地的过渡地段，受溶蚀-侵蚀影响，地形条件较为复杂。隧道穿越一山体，为一分水岭，场区地形标高介于 919.2～1149.3m，相对高差约 230.1m，左幅段的地面高程为 943.2～1142.0m 之间，相对高差 198.8m；右幅通过段的地面高程为 945.2～1139.7m 之间，相对高差 194.5m。

隧道进口自然坡度 10°～18°，进口端植被不发育，基岩零星出露，隧道进口如图 10.1-27 所示。

图 10.1-27　罗汉坡隧道进口

2. 监测项目及方案

根据公路隧道施工规范的基本要求，针对罗汉坡隧道的结构特点、施工工艺及地质条件，在 Ⅳ、Ⅴ 级围岩中各设 1 个代表性监测断面和若干个一般性辅助监测断面 YK4＋889、YK4＋934。具体监测项目见表 10.1-10，代表性监测断面测点布置情况如图 10.1-28 所示。

科研监测断面监测项目统计表　　　　　　　　　　　　　表 10.1-10

序号	隧道名称	监测断面里程	围岩级别	支护类型	监测项目				
					锚杆内力	衬砌背后压力		钢架应力	沉降和收敛
						围岩压力	二衬压力		
1	罗汉坡隧道	YK4＋889	Ⅳ	原设计	√	√	√	√	√
2	罗汉坡隧道	YK4＋934	Ⅴ	原设计	√	√	√	√	√

3. 监测成果及分析

（1）YK4＋889 断面

该断面出露为中风化中厚层状泥岩，且局部伴随少量泥质或硅质夹层。岩质较软，岩体较破碎，构造层理、节理裂隙发育，呈松散及碎裂结构；掌子面较湿润；围岩自稳能力较差，易发生掉块。

① 围岩压力分析

围岩压力变化规律如图 10.1-29 所示。

对围岩压力监测数据分析可知：上台阶开挖初期，围岩压力数值波动较大，10d（掌子面每天开挖 2～2.5m）后左右拱脚达到初期稳定，而拱顶和左右拱腰围岩压力数值在不断浮动，总体呈上升趋势；下台阶开挖后，所有土压力都有增长并在 5d 后达到稳定。

Ⅳ 级围岩断面按照原设计参数，其围岩压力的上台阶释放量占最终值的比例，拱顶和拱腰大于 80％，而拱脚处为 75％左右。根据表 10.1-11 数据，绘制出围岩压力稳定值分

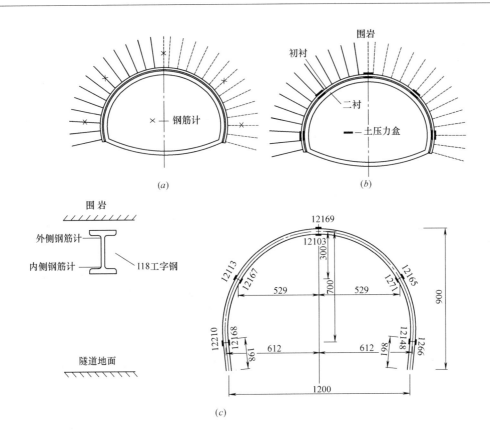

图 10.1-28　代表性监测断面测点布置图
(*a*) 锚杆轴力测孔布置；(*b*) 围岩压力测点布置；(*c*) 钢筋计布设示意图

布如图 10.1-30 所示。

由图 10.1-30 可以明显看出：隧道围岩压力呈左右对称状分布，因掌子面岩体节理大致呈左右对称，且地形条件对称。右拱腰的处围岩压力最大，为 91.5kPa，其次为左拱腰 86.7kPa 和拱顶 66.1kPa，左右拱脚的围岩压力相对较小，只有 21kPa 和 18.6kPa。

② 锚杆轴力分析

锚杆轴力变化规律如图 10.1-31 所示。

依据图 10.1-31 中的隧道断面锚杆轴

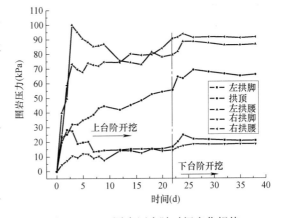

图 10.1-29　围岩压力随时间变化规律

力变化曲线分析可见，上台阶开挖后在第 10d 左右基本进入稳定阶段；在下台阶开挖后各锚杆轴力数值大小都有所增加，并在 5d 左右进入稳定阶段。

根据表 10.1-12 可知，左右拱脚与拱顶的部分锚杆处于受拉状态，而左右拱腰的锚杆整体处于受压状态，未能起到正常的悬吊与挤压加固作用。计算最大轴力对应的拉应力为

$\sigma = \dfrac{F}{A} = \dfrac{F}{\pi/4 \times d^2} = \dfrac{4 \times 19.7 \times 1000}{3.1416 \times 18^2} = 77.42\text{MPa}$，远小于锚杆的设计承载力（235MPa），锚杆具有较大的安全储备图 10.1-32。

围岩压力稳定值（单位：kPa）　　　　　　　　　　　表 10.1-11

	左拱脚	左拱腰	拱顶	右拱腰	右拱脚
上台阶增量	15.5	78.1	54.5	80.1	14.0
最终值	21.0	86.7	66.1	91.5	18.6
上台阶释放量占比（%）	73.8	90.1	82.5	87.5	75.3

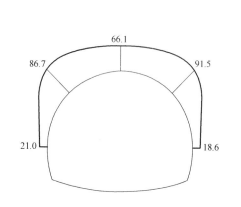

图 10.1-30　围岩压力分布图
（单位：kPa）

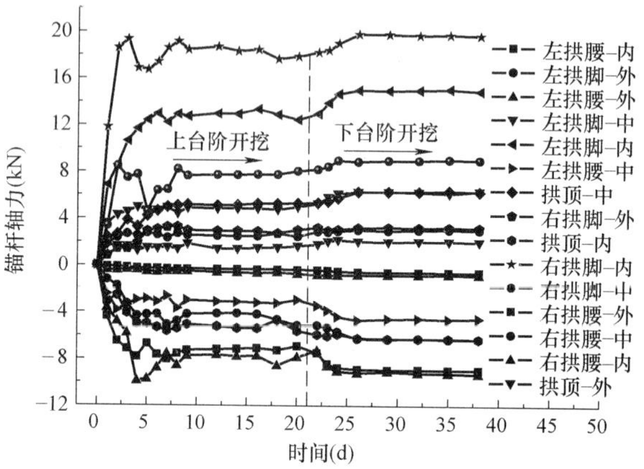

图 10.1-31　锚杆轴力随时间变化规律

锚杆轴力最终稳定值（单位：kN）　　　　　　　　　　表 10.1-12

	左拱脚	左拱腰	拱顶	右拱腰	右拱脚
外部	3.0	−0.8	0.2	−0.6	3.2
中部	6.4	−4.5	6.3	−9.3	9.0
内部	14.9	−9.0	−6.3	−6.3	19.7

注：正为受拉，负为受压。

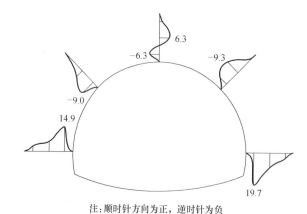

注：顺时针方向为正，逆时针为负

图 10.1-32　Ⅳ级围岩优化后断面锚杆轴力

③ 钢拱架内力分析

根据现场监测数据换算出钢拱架应力变化规律如图 10.1-33 所示。

由图 10.1-33 可见，上台阶开挖后，拱腰及以上部位的钢架内力快速增加，并在 10d 左右后稳定；在下台阶开挖时，钢拱架的内力出现小幅度的下降，这是由于钢拱架脚部土体的开挖导致的应力释放。由于拱架下台阶接腿及时，故钢架的应力很快恢复并进一步增加，并在 4～5d 后稳定。钢拱架拱脚部位的应力值一直变化较小，只有在上下台阶开挖后 1～2d 内有细微的变化。

钢拱架应力稳定值（单位：MPa）　　　　　　表 10.1-13

	左拱脚	左拱腰	拱顶	右拱腰	右拱脚
外部	1.4	6.8	15.7	9.3	1.0
内部	2.0	8.1	20.6	12.9	2.9

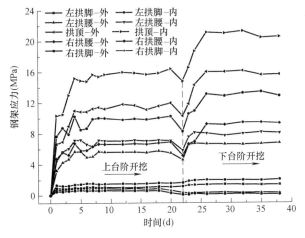

图 10.1-33　钢拱架应力随时间变化规律　　　　　图 10.1-34　钢拱架应力（单位：MPa）

由图 10.1-34 可以看出，钢拱架应力拱部大于下部，最大值出现在拱顶的内翼缘处。钢架整体上内翼缘应力大于外翼缘，且都是处于受压状态。钢架应力拱顶大于拱腰，拱脚处应力最小。钢拱架应力呈左右对称分布，这与断面的近水平节理为优势节理之一有关。换算得到钢拱架的内力，绘制轴力、弯矩变化曲线，如图 10.1-35～图 10.1-38 所示。

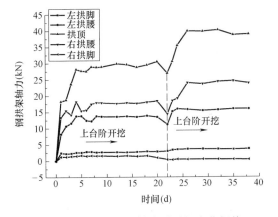
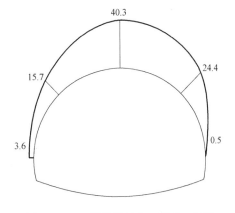

图 10.1-35　钢拱架轴力随时间变化规律　　　　　图 10.1-36　钢拱架轴力（单位：kN）

分析钢架的轴力和弯矩图发现：轴力和应力的变化趋势基本一致。而钢架的弯矩值波动性较大，但数值较小，绝对值最大为拱顶处为 -0.29kN·m，其次为右拱腰 -0.21kN·m 和左拱腰 -0.08kN·m，拱脚的弯矩最小，只有 -0.04kN·m 和 -0.01kN·m。

④ 二衬压力分析

二衬压力变化曲线如图 10.1-39 所示，由图可以看出，二衬压力在施做二衬的初期出现急速增长，这是由于浇注二衬使用较大的压力，混凝土浇注完成后，数据渐渐回落，到拆模时二衬压力基本已经稳定。图 10.1-40 所示，二衬接触压力稳定值拱顶处最大为 33.1kPa，其次为右拱脚 28.8kPa 和左拱腰 28.6kPa，右拱腰相对右拱脚较小，为 13.7kPa，最小二衬压力出现在左拱脚 9.3kPa。

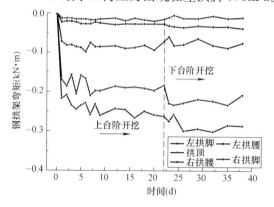

图 10.1-37　钢拱架弯矩随时间变化规律

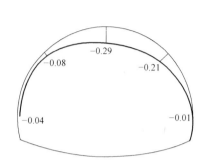

图 10.1-38　钢拱架内力
（单位：kN·ⅲ）

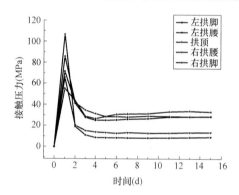

图 10.1-39　二衬压力随时间变化规律

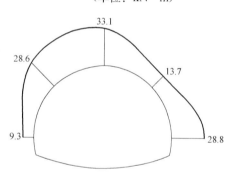

图 10.1-40　二衬压力（单位：kPa）

⑤ 断面变形分析

拱顶位移如图 10.1-41 所示，其净空收敛变化曲线如图 10.1-42 所示。对 YK4＋889 断面变形进行分析，隧道拱顶沉降与收敛变形随着时间的增加而增大，20d 后变形注浆趋于稳定，隧道拱顶沉降最大约 7.5mm，隧道收敛最大值为 9.5mm。

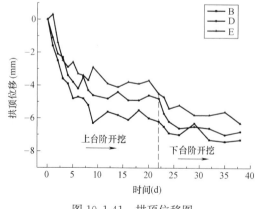

图 10.1-41　拱顶位移图

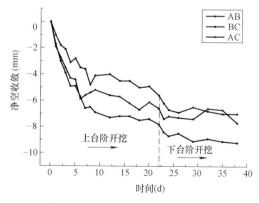

图 10.1-42　净空收敛变化曲线

（2）YK4+934 断面

掌子面揭露为强中风化粉质砂岩及薄层炭质泥岩，局部含泥质夹层，其中炭质泥岩遇水易软化、失水易崩解，属于较软岩；围岩节理、裂隙等结构面较明显发育，岩体较破碎，主要呈碎裂镶嵌状结构，围岩的自稳性及完整性差，不及时支护容易局部掉块、坍塌；围岩地下水较发育，围岩较湿润，多为渗透状出水。

① 围岩压力分析

图 10.1-43 为围岩压力监测数据，分析可知：上台阶开挖初期，围岩压

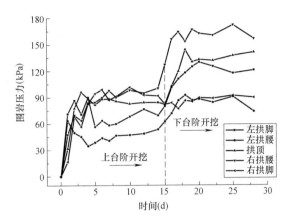

图 10.1-43　围岩压力随时间变化规律

力数值波动较大，9～10d 后左右相对稳定；下台阶开挖后，围岩压力得到进一步的释放，除了右拱脚其他位置围岩压力都有较大的增长并在 7～10d 后达到相对稳定。

不同部位围岩压力稳定值（单位：kPa）　　表 10.1-14

	左拱脚	左拱腰	拱顶	右拱腰	右拱脚
上台阶增量	59.8	46.6	85.6	90.1	91.0
最终值	125.2	84.1	131.8	160.4	88.7
上台阶释放量占比(%)	47.8	55.4	65.0	56.2	—

由表 10.1-14 数据绘制出不同部位围岩压力稳定值分布见图 10.1-44，可以看出隧道围岩压力隧道右侧部分大于左侧，这和优势结构面的倾向和倾角等有关。右拱腰的围岩压力最大为 160.4kPa，其次为拱顶 131.8kPa 和左拱脚 125.2kPa，右拱脚为 88.7kPa，左拱腰最小为 84.1kPa。

② 锚杆轴力分析

依据图 10.1-45 中的隧道断面锚杆轴力变化规律可知，上台阶开挖后在第 5～7d 左右基本进入稳定阶段；在下台阶开挖后各个锚杆轴力数值都有增加，并在 5d 左右进入稳定阶段，下台阶开挖锚杆轴力的增量较小。

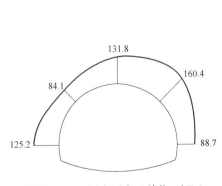

图 10.1-44　围岩压力（单位：kPa）

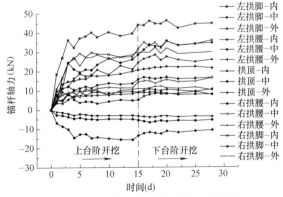

图 10.1-45　锚杆轴力随时间变化规律

锚杆轴力稳定值（单位：kN） 表 10.1-15

	左拱脚	左拱腰	拱顶	右拱腰	右拱脚
外部	7.8	11.9	21.5	10.2	29.6
中部	16.6	-10.7	-5.5	16.4	44.9
内部	8.0	-3.6	25.9	34.8	36.1

据表 10.1-15 绘制图 10.1-46 所示的锚杆轴力分布曲线。左右拱脚与右拱腰部分锚杆处于受拉状态，而左拱腰和拱顶锚杆局部处于受压状态，未能起到正常的悬吊作用。

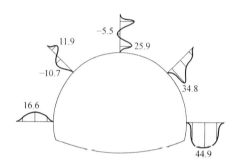

图 10.1-46　锚杆轴力最终稳定值（单位：kN）

锚杆受拉最大值出现在右拱脚的中部，为 44.9kN，其次为右拱腰的锚杆的内部为 34.8kN。拱脚处的锚杆和右拱腰锚杆皆处于受拉状态，较好实现锚杆的预期效果。

③ 钢拱架应力分析

上台阶开挖后，拱腰及以上部位的钢架内力快速增加，并在 10d 增长速度降低，但仍在缓慢增加；在下台阶开挖时，钢拱架的内力出现小幅度的下降，这是由于钢拱架脚部土体的开挖导致的应力释放。由于拱架下台阶接腿后，2~3d 后钢架的应力恢复并进一步增加。至采集时间结束钢架应力仍在缓慢增长。

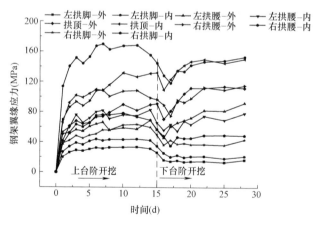

图 10.1-47　钢架应力随时间变化规律

拱架应力变化曲线（单位：MPa） 表 10.1-16

	左拱脚	左拱腰	拱顶	右拱腰	右拱脚
外部	16.5	91.9	111.7	115.1	43.4
内部	21.2	78.2	150.5	153.2	48.8

从图 10.1-48 可以看出，钢拱架应力最大值出现在右拱腰的内翼缘处。钢架除左拱腰部分外其他部位的内翼缘应力大于外翼缘，且都是处于受压状态。拱顶钢架应力略大于左

拱腰，左右拱脚的钢架应力较小。换算得到钢拱架
的内力，绘制轴力、弯矩变化曲线，如图 10.1-49～
图 10.1-52 所示。

钢架轴力的最大值为右拱腰处，为 412.6kN，
其次为拱顶 403.2kN，左拱腰的轴力为 261.6kN，
左右拱脚的轴力较小，分别为 57.9kN 和 141.8kN。

钢架的弯矩值波动性较大，在上台阶开挖时基
本处于负弯矩，下台阶开挖后左拱腰由负弯矩转变
为正弯矩。左拱腰出现正弯矩 1.43kN·m；负弯矩
最大值位于左拱脚，为 0.49kN·m，其次拱顶为
0.41kN·m，右拱腰为 0.40kN·m，拱脚处的弯矩−0.06 最小。

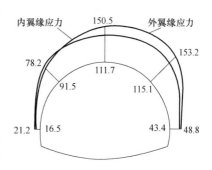

图 10.1-48　拱架应力（单位：MPa）

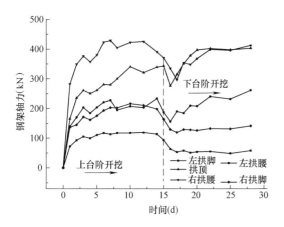

图 10.1-49　钢拱架轴力随时间变化规律

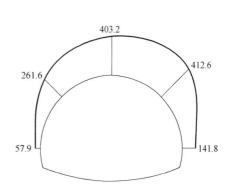

图 10.1-50　钢拱架轴力稳
定值（单位：kN）

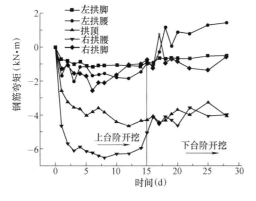

图 10.1-51　钢拱架弯矩随时间变化规律

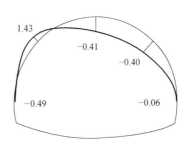

图 10.1-52　钢拱架弯矩
分布图（单位：kN·m）

④ 二衬压力分析

二衬压力监测变化规律如图 10.1-53 所示。

从图 10.1-53 可以看出，二衬压力在施做二衬的初期出现急速增长并在 4～6d 后进入相对稳定状态。由图 10.1-54 所示，二衬接触压力稳定值右拱腰处最大为 47.5kPa，其次为左拱腰 30.0kPa，拱顶和左拱脚部位数值接近，分别为 25.7kPa，18.7kPa，右拱脚最小，为 9.1kPa。

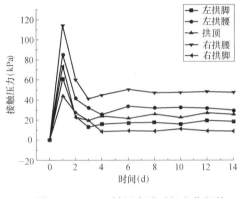

图 10.1-53　二衬压力随时间变化规律

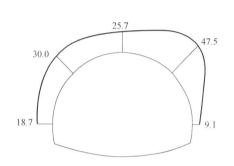

图 10.1-54　二衬压力（单位：kPa）

⑤ 断面变形收敛（图 10.1-55、图 10.1-56）

对 YK4＋934 断面变形进行分析，隧道拱顶沉降最大约 12mm，隧道整体呈现沉降趋势，隧道最大收敛值与沉降值接近，为 11.3mm。

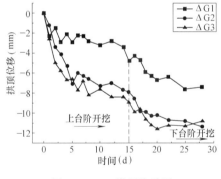

图 10.1-55　拱顶位移图

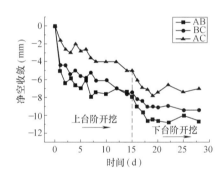

图 10.1-56　净空收敛图

10.2　隧道监测新技术

10.2.1　概述

随着光纤技术、数据库技术和物联网技术的发展，使得监测工作能够实现隧道监测数据与成果存储和网络共享，及时快速掌握隧道监测工作进展状态，提供数据录入、查询、分析等功能，并根据设定的预测方法和预测模型，必要时预测预警，更好地服务于隧道建设[12]。

当施工进度以及特殊施工环境对监控量测的信息反馈提出更高的要求，或者隧道工程进入运营期后，需要在线监测掌控养护业务的开展情况。人工监测受到天气、时间、位置、通车等因素的制约，无法做到实时数据采集，而自动化采集保证了数据的原始性、真实性。

远程自动监控系统的总体构架包括：采集工作站与传感器、监测数据采集模块、GPRS 数传模块、GPRS 通信网络自成系统。实时自动采集系统，通过监测数据采集模块获取传感器的数据，然后通过 GPRS 模块传输至采集工作站，采集工作站把采集数据写入数据库。应用服务器实时检测写入数据库中的监测数据是否超过设定的预警指标，如果超过预警指标，应用服务器更新数据库中的预警记录，同时通知所有连线的用户终端，对于有预警信息的情况下，用户终端控件可以实时进行醒目的提示。用户管理终端在进行数据浏览时，能够从数据库中获得最新的监测数据以及预警信息。

10.2.2　监测内容和方法

隧道监测新技术与隧道传统监测技术的监测对象一致，监测新技术主要体现在监测手段的新颖性和监测数据采集的实时性，具有自动传输、分析和处理的功能。盾构隧道与公路隧道监测项目的仪器具体见表 10.2-1、表 10.2-2[13~15]。

盾构隧道施工监测项目和仪器　　　　　　　　　表 10.2-1

序号	监测类型	监测项目	监测元件	精度要求
1	隧道结构变形	(1)隧道结构沉降	静力水准仪	0.1mm
2		(2)净空收敛	摄像机	0.25mm
3		(3)管片接缝张开度	测缝计	≤0.1%F·S
4	隧道结构受力	(4)管片结构内力	钢筋计传感器	≤0.5%F·S
5		(5)螺栓锚固力、管片接缝法向接触力	轴力传感器	≤1.0%F·S
6		(6)管片土压力	柔压计传感器	≤1.5%F·S

公路隧道施工监测项目和仪器　　　　　　　　　表 10.2-2

序号	监测类型	监测项目	监测元件	精度要求
1	隧道结构变形	(1)隧道拱顶沉降	静力水准仪	0.1mm
2		(2)净空收敛	摄像机	0.25mm
3		(3)隧道裂缝宽度	测缝计	≤0.1%F·S
4	隧道结构受力	(4)钢拱架内力	钢筋计传感器	≤0.5%F·S
5		(5)锚杆轴力	轴力传感器	≤0.5%F·S
6		(6)围岩和初衬间接触压力 初衬和二衬间接触压力	压力传感器	≤1.0%F·S
7		(7)衬砌内力	钢筋计传感器	≤1.0%F·S

10.2.2.1　结构沉降

1. 监测原理

静力水准沉降监测系统是基于连通管原理设计而成，通过埋设在结构上的静力水准仪与布设的基准点可分析各点相对变化情况，适用于测量多点相对沉降。

通过埋设在结构上的静力水准分析测点与基准点的相对变化，每台仪器均采用液、气管互连，容器内安装有非接触的高精度液位计，见图 10.2-1。一旦某待测点发生沉降，即可引起容器内的液位变化，并由液位计测量，可以分辨到 0.01mm 的垂直变化。在多点沉降系统中，所有传感器的垂直位移（沉降量）均是相对于其中的一点，一般称为参照器（带储液箱），该点是沉降监测的起算点，安排在监测区域的端点，传感器的保护固定需选用配套的固定底板和保护罩部件见图 10.2-2。

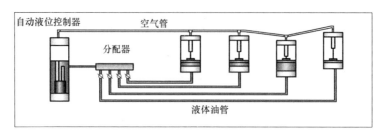

图 10.2-1　静力水准沉降测量系统的组成和原理

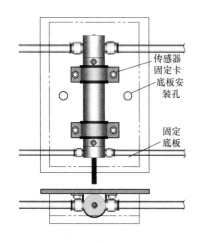

图 10.2-2　静力水准部件

2. 监测技术

常用沉降监测技术见表 10.2-3。

3. 测点安装

盾构隧道与公路隧道净空收敛监测方法类似，以压差式为例：压差式静力水准系统采用高精度微压传感器来测量被监测点沉降变化，系统包含多支精密沉降传感器并由通液管和通气管连接在一起，通液管的一端与储油箱相连，通气管由干燥管与储油箱连接形成内压自平衡系统，可有效消除大气压力对系统产生的影响，传感器内置温度传感器，可用来监测环境温度，系统组成见图 10.2-3。

静力水准为每个断面布设一个测点，通过支架将静力水准与结构进行固定，静力水准仪安装见图 10.2-4。

隧道沉降监测仪器比选　　　　　　　　　　　　　表 10.2-3

型号	仪器特征	适用性
压差式静力水准仪	数据稳定、量程大、成本低 安装方便	适用潮湿腐蚀等恶劣环境 可长距离传输
光纤光栅式静力水准仪	数据稳定、量程小、成本适中 精度高、安装要求高	适用潮湿腐蚀等恶劣环境 可长距离传输
振弦式静力水准仪	数据稳定、精度高、安装方便 成本高昂、量程小	适用电磁潮、水下等恶劣环境 可长距离传输、
GPS	安装方便	可长距离传输、受障碍物、天气 等影响
合成孔径干涉雷达	安装方便	可长距离传输、受障碍物、天气 等影响

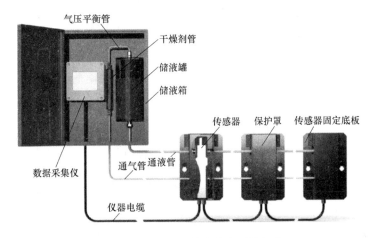

图 10.2-3　压差式静力水准系统组成

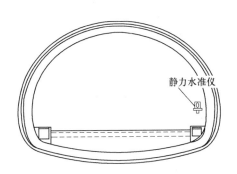
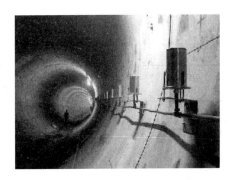

图 10.2-4　静力水准仪安装示意

10. 2. 2. 2　净空收敛

1. 监测原理

在隧道内安装数字摄像机以及标识牌，摄像机对标识牌进行自动定时拍照，提取标识牌定位信息，转换为隧道沉降及水平位移。同时，在数字摄像机固定位置安装校准标识点，对摄像机本身的旋转变形进行补偿校正。

由数字影像或数字化影像出发，通过计算机对这种数字影像信息进行处理和加工，以获取所需要的图形和数字信息称之为数字摄影测量。

2. 基于视频图像隧道变形监测技术

基于图像分析的隧道变形在线监测技术，运用标识点、网络摄像机和控制电脑，实现隧道掌子面变形的实时分析与自动监测。在拍照前，首先在隧道横断面布设标识点，作为照片的控制点，网络摄像机安装于不会随断面变形的固定位置上，通过网络与远程控制电脑连接，控制程序远程控制摄像机拍照，并对照片进行实时分析，实现隧道断面变形的自动监测与预警。

常用断面变形监测技术见表 10.2-4。

对于城市道路隧道断面净空收敛变形，推荐选择基于视频图像的在线变形监测装置。前端图像采集模块包含监测断面标志点、采集视频摄像机及配套的高精度云台、LED 补光灯等设备。图 10.2-5 为高清网络摄像机示意图，高清网络摄像机技术参数见表 10.2-5。

断面监测设备比选表　　　　　　　　　　　　　　　　表 10.2-4

型号	设备特征
视频图像监测设备	自动化程度高、人工干预少、精度适中、测量范围广 对环境要求较高,干燥、少灰尘 可长距离传输 抗干扰能力适中 受电参数影响小 安装方便、成本适中
激光测距仪	对环境适应能力强、精度低、测量范围有限 可长距离传输 安装要求高、存活率相对低 成本高昂
全站仪	精度高、测量范围大、性能稳定 抗干扰能力强 人工手段耗时费力,自动化成本高
收敛计	精度适中、人工监测、自动化水平低

高清网络摄像机的技术参数　　　　　　　　　　　　表 10.2-5

类别	参数
有效像素	约 330 万像素
最低照度	0.02lux/F1.6(彩色),0.002lux/F1.6(黑白)
信噪比	大于 55dB
水平视角	2.11°～58.9°
焦距	4.5～135mm,30 倍光学
工作温度和湿度	−40℃～70℃(室外),湿度小于 90%
防护等级	IP66(室外球)
重量	6kg

选用标志板大小 6cm×6cm,12cm×12cm,18cm×18cm,黑白方块相间,见图 10.2-6。

图 10.2-5　高清网络摄像机图

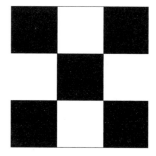

图 10.2-6　标识牌

3. 测点安装

以盾构隧道为例：本监测方法主要包括摄像机安装和标识牌安装两部分，安装原则是尽量确保摄像机和标识牌没有较大位移。

通过在道床或者隧道结构侧壁制作膨胀螺栓将摄像机通过自身携带的固定件进行固定，保证摄像机能拍摄到同一断面上的标识牌。摄像机安装实际情况及测线分布见图10.2-7、图10.2-8。

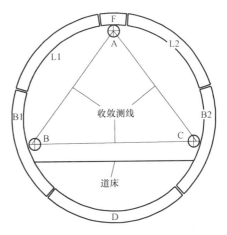

图 10.2-7　摄像机实际安装情况　　　　图 10.2-8　同断面标识牌分布

以公路隧道为例：在线变形监测技术的实施，首先应进行标志点的布设。将多个标志点粘贴于不稳定围岩的初期支护上，网络摄像机带云台安装于已经稳定的隧道围岩内壁或二衬台架上，见图10.2-9。

图 10.2-9　标志点及摄像机布设示意图

摄像机安装位置可根据实际情况确定，确保摄像机能拍摄到同一断面上的各标识牌，在保证拍摄距离的同时需注意摄像机不得超过隧道建筑界限。监测断面共放三个标志点，分别位于拱顶和两边拱脚处。为避免拍摄角度过大导致精度降低，网络摄像机中轴线应垂直于标志点安装断面，并配备高精度云台、LED白光补光灯，实现远程操控、灯光补充。

设备安装过程中，必须保持摄像机和监测断面之间10～100m的合适摄影距离，摄像

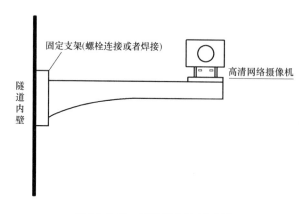

图 10.2-10　摄像机安装示意图

机通过网络线路与工控机连接，具体要求：

摄像机需要安装在稳定且不受施工影响的区域，安装示意见图 10.2-10。

10.2.2.3　隧道接缝张开度

1. 监测原理

隧道接缝监测采用接缝测量传感器，通过隧道接缝采集仪进行采集，测量传感器与接缝采集仪由专用通信线缆连接，通过分析位移计的伸缩变化来监测接缝张开变化情况。

2. 监测技术

常用接缝张开监测技术见表 10.2-6。

接缝张开监测仪器比选　　　　　　　　　　表 10.2-6

型号	仪器特征	适用性
振弦式	数据稳定、精度高 技术成熟、埋设方便 成本适中	适用潮湿腐蚀等恶劣环境 可长距离传输 抗干扰能力良好 受电参数影响小
光纤光栅式	高灵敏度、高分辨率 安装要求高 成本高昂	适用电磁、水下等恶劣环境 可长距离传输
电阻应变式	灵敏度高、性能稳定 测量范围大、成本低	大应变有较大非线性 抗干扰能力差

3. 测点安装

盾构隧道与公路隧道裂缝监测方法类似，以盾构隧道为例：在每个断面布设横向接缝和纵向接缝传感器，通过在管片接头处安装测缝计来实现对接缝张开量的实时监测。在设备安装时，通过膨胀螺栓将裂缝计的两端，分别固定在接缝两侧并与接缝走向垂直，拟布设在高度约 1.5m 处（可调整）。具体安装示意见图 10.2-11。

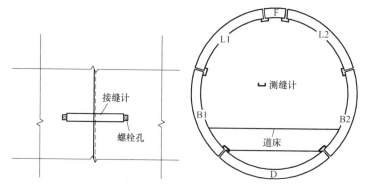

图 10.2-11　测缝计安装示意图

10.2.2.4 管片结构内力

1. 监测原理

假定钢筋计与混凝土之间应变协调,通过监测管片内部钢筋内力的变化来换算管片混凝土内力变化情况。

2. 监测技术

常用钢筋应力监测技术见表 10.2-7。

钢筋应力监测仪器比选 表 10.2-7

型号	设备特征	适用性
振弦式	数据稳定、精度高 抗干扰能力良好 埋设方便、成本适中	适用潮湿腐蚀等恶劣环境 可长距离传输 受电参数影响小
光纤光栅式	高灵敏度、高分辨率 安装要求高、成本高昂	适用电磁、水下等恶劣环境 可长距离传输 存活率相对低
电阻应变式	灵敏度高、性能稳定 测量范围大、成本低	大应变有较大非线性 抗干扰能力差

3. 测点安装

以振弦式钢筋计为例说明测点安装方法,振弦式钢筋计包括一段高强度钢体,焊接在钢筋混凝土结构的待测钢筋断面之间,电缆通过压紧接头从应变计中引出,均耐用、可靠、易于安装读数,且不受潮湿、电缆长度和接触电阻影响。

钢筋笼制作时,钢筋计与钢筋采用对焊连接,中心线需对正,之后采用对接法把仪器两端的连接杆(长度不宜超过 10cm)分别与钢筋焊接在一起,钢筋计直径与钢筋直径保持一致,在钢筋计焊接过程应避免高温引起钢筋计损坏,钢筋计见图 10.2-12。钢筋计安装定位后应及时测量仪器初始值,根据仪器编号和设计编号做好记录并存档,将线缆引出至地面,钢筋计安装位置示意见图 10.2-13。

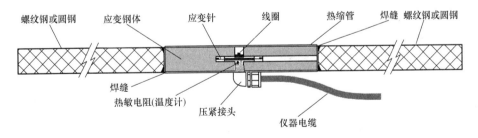

图 10.2-12 振弦式钢筋计示意图

10.2.2.5 螺栓轴力

1. 监测原理

将液压式小型轴力计套在螺栓上,当螺栓轴力发生改变时,轴力计里液体压强发生变化,再通过量测采集装置进行自动化监测。

2. 监测技术

常用螺栓轴力监测技术见表 10.2-8。

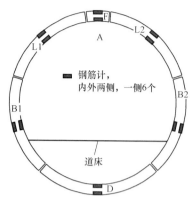

图 10.2-13 钢筋计安装位置示意图

3. 测点安装

以电阻应变式为例：垫圈形电阻应变式轴力计植入或套在螺栓上，两端布设垫片并抹上黄油，传感器见图 10.2-14。当螺栓轴力发生改变时，传感器感应装置受压力作用发生形变，输出信号，并根据相关公式得出螺栓轴力大小。

垫圈形电阻应变式轴力计属于后装式仪器，安装前需做好质量检查，保障仪器存活率；安装中严格执行安装规定，做好保护措施；安装后立即检验仪器完好情况，确定仪器可正常使用。将轴力计直接套在螺栓上，轴力计两端布设垫片并抹上黄油，轴力计在横向上不收约束，纵向螺栓布置设计见图 10.2-15，每个断面测点安装示意见图 10.2-16。

螺栓轴力监测设备比选表　　表 10.2-8

型号	设备特征	适用性
电阻应变式（垫圈式）	灵敏度高、性能稳定 测量范围大 安装简便、成本低	适用潮湿腐蚀等恶劣环境 可长距离传输
光纤光栅式	高灵敏度、高分辨率 安装要求高 成本高昂	适用电磁、水下等恶劣环境 可长距离传输
振弦式	数据稳定、精度高 安装要求高 成本适中	适用潮湿腐蚀等恶劣环境 可长距离传输 抗干扰能力良好 受电参数影响小

图 10.2-14 垫圈形电阻应变式轴力计

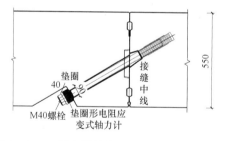

图 10.2-15 纵向螺栓布置设计图（单位：mm）

10.2.2.6 管片土压力

1. 监测原理

通过在埋设在管片外侧的柔压计量测管片外部水土压力变化情况，柔压计主要通过液体传递荷载作用。

土压力计有时也叫总压力计或总应力计，用于测量土体应力或土结构的压力，土压力计不仅反映土体的压力，而且也反映地下水的压力或毛细管的水压，标准术语即总压力或总应力。毛细管水压（μ）可以用渗压计测量。用德泽基（Terzaghi）原理将有效应力（σ）从总应力（σ'）中分离出来：

$$\sigma = \sigma' + \mu$$

这里所说土压力计都是液压式的：两块平板沿其圆周焊到一起，两板中间留出一个很小的间隙，并充以液体，土压力的作用是将两块板压合，这样就使两板间腔体中的液体产生压力，液体压力通过一根连通管与振弦式压力传感器连接，并通过压力传感器将压力转换为电信号经电缆输出到读数设备。

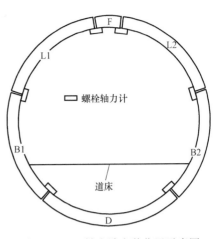

图 10.2-16　轴力计安装位置示意图

2. 监测技术

常用水土压力监测技术见表 10.2-9。

水土压力监测仪器比选　　　　　　　　表 10.2-9

型号	设备特征	适用性
振弦式	数据稳定、精度高 埋设方便、成本适中	适用潮湿腐蚀等恶劣环境 可长距离传输 抗干扰能力良好 受电参数影响小
光纤光栅式	高灵敏度、高分辨率 安装要求高 产品成熟度相对低、存活率低 成本高昂	适用电磁、水下等恶劣环境 可长距离传输
电阻应变式	灵敏度高、性能稳定 测量范围大、成本低	大应变有较大非线性 抗干扰能力差
压电式	高灵敏度、性能稳定 高径比小、成本低、量程大 热电系数大、受温度影响	易受环境影响
压阻式	高灵敏度、稳定、成本低 易受非线性和温度影响	易受环境影响

3. 测点安装

柔压计主要通过液体传递荷载作用，具有二次密封性能，增加了受力面积以消除不均匀受力影响，安装方便。管片浇筑前预埋柔压计，固定于管片钢筋笼上，受压板需与管片外侧表面齐平。在预埋件的板上有 8 根固定螺杆须与钢筋笼上的钢筋焊接牢固，连为一体，防止浇筑混凝土过程中产生错位，埋深最浅的两端距混凝土表面 8～10mm。待管片浸水养护完成后，取下预埋件盖板，放入柔性土压力计，并固定在预埋件骨架上，柔压计尺寸设计见图 10.2-17，安装示意见图 10.2-18。

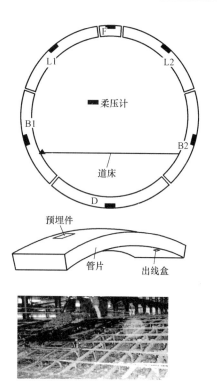

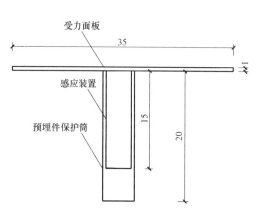

图 10.2-17　柔压计尺寸设计图（单位：cm）

图 10.2-18　柔压计安装位置示意图

10.2.2.7　钢拱架内力

测量钢拱架内力采用钢筋应力监测仪器，监测原理、监测技术与管片结构内力的钢筋计传感器基本一致，安装方法不同。

安装方法：

钢支撑内力采用钢筋计进行量测。沿隧道周边在钢拱架内、外侧对称地设置 5 对钢筋计进行监测。钢筋计分别沿钢架的内外边缘对应布设。安装前，在钢拱架待测部位并联或串联焊接振弦式钢筋计，在焊接过程中注意对钢筋计淋水降温，然后将钢拱架或钢格栅搬至洞内安装或立好，记下钢筋计型号，并将钢筋计编号，用透明胶布将编号纸紧密粘贴在导线上。注意将导线集结成束保护好，避免在洞内外被施工所破坏。对于型钢拱架，用钢表面应变计或钢筋应力计量测，其他与钢格栅钢拱架的钢筋计量测法相同，见图 10.2-19。

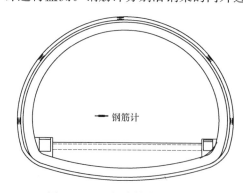

图 10.2-19　钢支撑内力布设图

根据钢筋计的频率-轴力标定曲线可将量测数据换算出相应的应力值，然后根据钢筋混凝土结构有关计算方法可算出钢筋计所在断面的弯矩，并在隧道横断面上按一定的比例把轴力、弯矩值点画在各钢筋计分布位置，并将各点连接形成隧道衬砌轴力及弯矩分布图。

10. 2. 2. 8　锚杆轴力

测量锚杆轴力采用钢筋应力监测仪器，监测原理、监测技术与管片结构内力的钢筋计传感器基本一致，安装方法不同。

安装方法：

在隧道周边按径向钻孔，安设电测式锚杆应力计。在孔内注浆使锚杆轴力计与围岩密贴形成整体以确保锚杆轴力计与围岩共同变形。安设完毕后测读初始读数。注意将导线集结成束保护好，避免被施工所破坏。一般每个断面共布设 15 个测点，每只锚杆设 3 个测点，锚杆内力测孔布置示意见图 10.2-20。

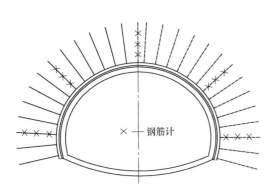

图 10.2-20　锚杆内力测孔布置示意图

10. 2. 2. 9　围岩和初衬、初衬和二衬间接触压力

测量锚杆轴力采用钢筋应力监测仪器，监测原理、监测技术与管片结构内力的钢筋基本一致，安装方法不同。

安装方法：

把测点布设在具有代表性的断面的关键部位上（拱顶、拱腰、边墙、仰拱），每个断面宜为 8 测点，埋设后并对各测点逐一进行编号。其中仰拱部位仅布设二衬压力测点，测点布置见图 10.2-21。

10. 2. 2. 10　衬砌内力

测量锚杆轴力采用钢筋应力监测仪器，监测原理、监测技术与管片结构内力的钢筋计基本一致，安装方法不同。

安装方法：

把测点布设在具有代表性的断面的关键

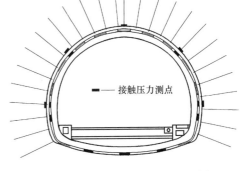

图 10.2-21　初支围岩压力及二衬
压力测点布置图

部位上（如拱顶、拱腰、边墙、仰拱等），每个断面设置 8 组钢筋计，每组安设 2 个传感器进行监测，测点布置见图 10.2-22。

10.2.3　监测频率与周期

测点安装后没有电信信号期间，可人工采集数据，现场安装后一周内，每天可采集一

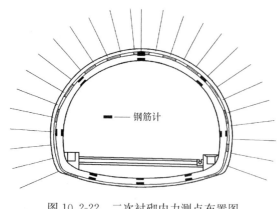

图 10.2-22　二次衬砌内力测点布置图

次；一周之后可每周采集一次数据，人工采集直至隧道有通信信号可以实现自动化采集停止。

调试后可实现自动化采集数据开始，可平均每 4h 采集一次数据，遇到数据变化异常或病害出现期间，调制每 1h 采集一次数据。

监测周期可根据监测设备的使用年限、隧道地质条件、安全等级要求以及隧道建设、运营预算费用等相关因素综合确定。

10.2.4　采集监测设备

10.2.4.1　监测数据采集设备

常用监测数据采集设备见表 10.2-10。

主要采集设备比选　　　　　表 10.2-10

编号	设备仪器	功能	型号
1	压差式采集仪	静力水准数据采集	压差式、16 通道、自动
2	振弦式采集仪	振弦/电压式传感器数据采集	振弦式、40 通道、自动
			振弦式、32 通道、自动
3	压差式采集仪	静力水准数据采集	压差式、手持式
4	振弦式采集仪	振弦式传感器数据采集	振弦式、手持式
5	电压式采集仪	轴力计数据采集	电压式、手持式

注：振弦式采集仪配转换模块，实现电压电流等数字信号的采集。

10.2.4.2　监测数据传输设备

常用监测数据传输设备见表 10.2-11。

主要传输设备清单　　　　　表 10.2-11

序号	设备仪器	功能	型号	单位
1	主光缆	光纤环网	8 芯	m
2	服务器	数据监控中心	2U/640G	台
3	UPS 冗余电源		4.2kW/6W、160～280V	台
4	显示器		21.5 英寸	台
5	工业交换机	光网数据转换	2 光 8 电口	台
6	光端机		双端 ST4 电口	对
7	法兰盘	光纤熔接、光电转换	ST-ST	个
8	光纤终端盒		双进 16 口	个
9	光纤通信模块		8 电口	个
10	熔接管		单根套管	包

序号	设备仪器	功能	型号	单位
11	尾纤	光纤熔接、光电转换		个
12	熔接		纤芯式	点
13	光纤跳线		ST	个
14	网络跳线		超六类	根
15	蓄电池		20AH	台
16	屏蔽电缆线		3芯	m
17	控制开关、电源适配及配套保护		定制	套
18	机柜	保护套装	42U	个
19	通信箱		高80cm	个
20	镀锌保护软管		直径32mm	m
21			直径50mm	m

10.2.5　远程自动化监测技术

10.2.5.1　数字化监测系统平台

采集工作站与传感器、监测数据采集模块、GPRS数传模块、GPRS通信网络自成系统，采集工作站可以实时采集传感器信号，同时在采集传感器本地存储，存储缓冲时间可以根据采集传感器存储空间设定环形缓冲。可以通过采集工作站设定传感器采集参数，控制传感器采集数据，定时通信以诊断传感器工作状态。采集工作站在数据采集工作进程出现故障时能够自动切换到重启进程或自动重启系统。对于实时自动采集系统，监测数据采集模块采集传感器的数据，然后通过GPRS数传模块传输至采集工作站，采集工作站把采集的数据写入数据库。

10.2.5.2　监测数据自动采集技术

数据采集与通信模块由分布在管廊内部的多个数据采集仪、串口服务器、光电转换器、工业交换机组成。通过管廊南、北两岸服务器对所有的采集仪和传感器进行监控与数据采集。

数据采集系统一般应满足以下功能需求：

（1）系统具有与其安装位置、功能和预期寿命相适应的质量和标准。通信协议、电气、机械、安装规范采用相应国家标准或兼容规范；

（2）系统能在无人值守条件下连续运行，采集得到的数据可供远程传输和共享，采样参数可远程在线设置；

（3）数据采集服务器能24h连续采样，在报警状态下（台风、地震、洪水等）能够进行特殊采样和人工干预采样；

（4）数据采集软件具有数据采集和缓存管理功能，并能对现场数据进行基本的统计运算，以便显示相应信息；

（5）对每个传感器信号提供在线预览、滤波、变换和同步统计处理功能，以便根据实际传感器信号的时域、频域性质合理设置采样参数；

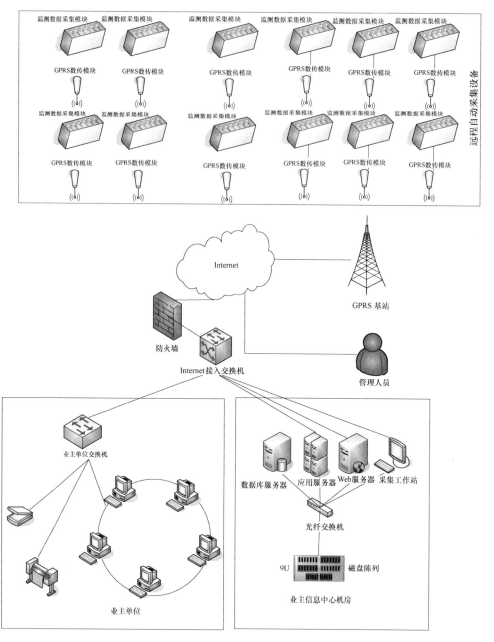

图 10.2-23　远程自动监控系统构架

（6）所有用于数据采集的参数均由一个标签数据库控制。系统里的所有传感器均有一个唯一的标签，该标签包含了传感器所有有关数据采集设置的信息；

（7）标签编辑器能对所有的标签信息和数据库参数进行编辑，并将编辑结果存储在配置文件里。系统通过标签搜索引擎读入配置文件，并根据其中定义的各种参数对数据采集站的采集工作进行设置；

（8）系统管理员可以在数据处理与控制服务器上运行标签编辑器，在其编辑环境下通过菜单或其他人机友好界面对所有信号的采样频率、触发阈值、时间间隔等参数进行调整。

1. 模拟信号数据采集

此种模式用于压力计、钢筋计、测缝计监测数据的采集，此类传感器输出为振弦信号，需要连接采集仪转换成数字信号，采集仪输出为 RS232 信号，经串口服务器转以太网接入光电转换器，光电转换器连接服务器形成光纤环网。采集仪自带时钟，并能定期与监测系统时钟服务器进行时钟同步，时钟的累积漂移量≤5 秒/天。采集仪可以通过服务器进行远程管理，断电后自动重启恢复。平均无故障时间 MTBF≥100000h。

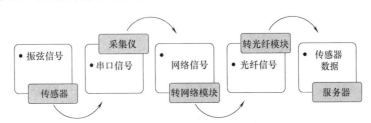

图 10.2-24　振弦式传感器数据采集模式

2. 数字信号数据采集

此种模式适用于静力水准仪、螺栓轴力计监测数据的采集，此类传感采用 RS485 数字接口，传感器采用 RS-485 数字接口输出为 RS485 的串口信号，经串口服务器转以太网接入光电转换器，光电转换器连接服务器形成光纤环网。

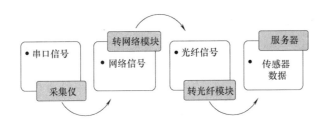

图 10.2-25　压差式/电压式传感器数据采集

3. 数据采集系统

采用振弦信号采集模块及其扩展模块（图 10.2-26）。可通过扩展模块扩展为 48 路和 64 路，传感器类型可以混合使用；多个振弦信号采集模块之间还可以用 RS485 串行通信接口组网连接，最多可组网 32 台采集器。

图 10.2-26　振弦信号采集模块

10.2.5.3　监测数据自动传输技术

1. 自动传输技术

搭建隧道长期健康监测系统平台，实现各监测项目的自动化采集。数据采集系统由采集传感器、自动采集仪器、监测数据采集模块、有线通信网络组成，见图 10.2-27。采集仪器可以实时采集传感器信号，同时本地存储，存储缓冲时间可以根据采集仪存储空间设定环形缓冲。可以通过采集仪设定传感器（或采集仪器）的采集参数，控制采集数据，定时通信以诊断传感器工作状态。

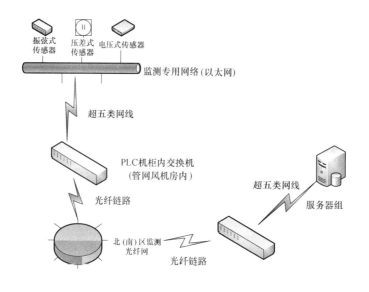

图 10.2-27　长期健康监测系统示意图

　　一台采集仪可连接多个同类型的传感器（比如振弦式传感器）由数据采集系统存储入数据库，并将各信号通道进行标识；通过有线网络发送至数字化平台；由数字化平台对数据进行异常分析，对由于环境等外界原因引起的异常数据，自动进行判别，自动激发重新采集数据等操作。数据确认无异常后由数字化平台进行抽取分类，按照各数据采集系统的标识情况存入相应数据库，由数字化监测管理系统实时调用，真正实现全天候 24h 自动实时监测。

　　所有设备的供电均使用普通市电，在管廊总配电箱预留一组空气开关供长期健康监测设备供电使用，供电线路沿管廊内强电桥架敷设。

　　根据结构健康监测系统的总体设计，管片拼装完成后，沿管廊全线敷设一套光纤网络，供健康监测系统使用，采用单模光缆将不同采集仪接入监测光纤环网，传输数据至南北两岸监控中心的专用服务器，见图 10.2-28。

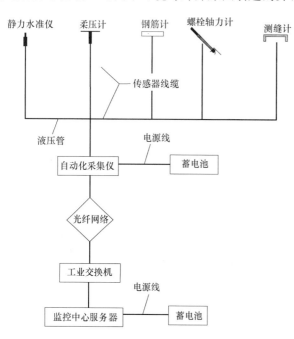

图 10.2-28　健康监测数据传输示意图

根据结构健康监测系统的总体设计，管片拼装完成后，沿管廊全线敷设一套光纤网络，供健康监测系统使用，采用单模光缆将不同采集仪接入监控光纤环网，传输数据至南北两岸监控中心的专用服务器，见图 10.2-28。

2. 传输系统

数据采集器的输出数据通过 IR-1801 型串口-以太网接口转换器，完成 RS-232/422/485 到 TCP/IP 之间的数据转换，通过本地以太网便可传输到主机数据存储与处理系统，使系统经由 Internet 进行简便且快速的远程管理，为监测提供了可靠稳定的操作平台。

GPRS 是通过分组交换来实现高速率的数据传输，是在 GSM 中实现高速数据传输的手段，目的是为 GSM 用户提供分组形式的数据业务。

图 10.2-29　GPRS 工业数传终端

图 10.2-30　GPRS 安装图

10.2.5.4　监测数据的自动分析与处理技术

1. 数据库管理

数据库系统要求能够保障数据存储安全，系统能够长期不间断稳定工作，能够同时处理结构化及非结构化数据，能够完成数据的高速查询及视图的快速生成，支持网络分布式数据管理，支持 WEB 数据访问，满足开放式数据库协议等。

（1）数据库逻辑设计

根据用户的使用要求及数据库设计理论，确定整个数据逻辑结构，在关系数据环境下，确定整个数据由哪些关系模式构成，每个关系模式又由哪些字段及关键字组成。通过对管廊进行详细调研以及数据的需求分析、筛选、合并，最终确定系统的库、库文件以及字段数量。子模式是根据不同用户的不同应用要求而构成的逻辑模式，模式是在各子模式的基础上，经过数据分类，合并而构成的数据存贮逻辑模型。

（2）数据库物理设计

物理设计指对数据结构中有关数据的存贮要求、访问方法、存取物理关系（索引、顺序文件等）及保密处理方式等的具体物理确定。数据库的一个基本特点是采用代码进行信息处理、存贮和传输。数据库设计与编码标准设计：结合管廊综合管理系统管理需要。没有编码标准的要参照国内外相关标准并结合管廊实际情况，制定相应标准。

（3）数据库特性

综合性：系统涵盖了隧道工程基本数据、技术指标、评价分析、各类专业知识数据库等多专业、多学科的综合信息数据，并通过不同的分析为管理工作提供决策支持。

动态性：隧道结构在使用过程中受到自然侵蚀、灾害、人为破坏、工程施工等因素的影响，结构状态在不断变化，因此数据也在随时间变化。

复杂性：由于管理工作涉及面广，且相互间具有连动关系，在数据库建立时要考虑实体的一对多、多对多的关系。这就需要在建立数据库时予以考虑，以确保数据库设计时建立良好的数据模式，保证数据的一致性。

（4）建立数据库的主要技术

编码技术：编码是代表客观存在实体或属性的符号，一套科学、合理的编码，可使计算机对数据的分类、校对、统计、查询等处理变得简单快捷。编码设计的原则是：编码要具有唯一性、可扩展性、标准化、方便稳定、结构尽量简单、长度尽可能短等特点。

网络数据库设计技术：具有较强的数据管理和处理能力。在客户/服务器结构中，客户端的用户请求被传送到数据库服务器，数据库服务器进行处理后，只将结果返回给用户，从而显著减少了网络上的数据传输量，提高系统的性能、吞吐量和负载能力。

2. 工程信息可视化

工程信息可视化主要包括工程基本信息、相关地质资料（钻孔地层）、结构设计文件、施工阶段实时数据的录入及可视化查询、管理，见图 10.2-31、图 10.2-32。

图 10.2-31　管廊线位与周边环境可视化

3. 隧道监测管理

(1) 监测管理

提供数据的采集和实时展示的功能，通过接受数据采集和传输子系统上送的数据，实时解算并进行初步分析，对处理结果进行预警，预警可以进行查询，方便用户查看。实现监测断面、测点分布查询（图 10.2-33）、监测数据曲线实时查看（图 10.2-34）、历史查询、空间上横向数据统计对比、时间上纵向数据分析、监测报警提示等功能。

图 10.2-32　管片设计数据查询管理

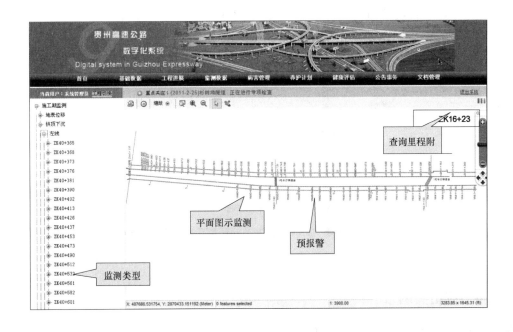

图 10.2-33　监测断面查询

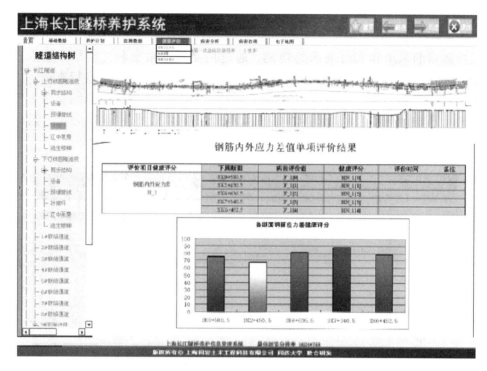

图 10.2-34　监测数据曲线实时查看

（2）监测数据预测分析

系统通过相应的传感器采集到结构变形信息后，实时上传到服务器，通过系统可以在线对结构变形情况进行查看，并根据历史监测数据，预测结构外部荷载、钢筋应力、螺栓内力、接缝张开等监测项目发展趋势，见图 10.2-35。

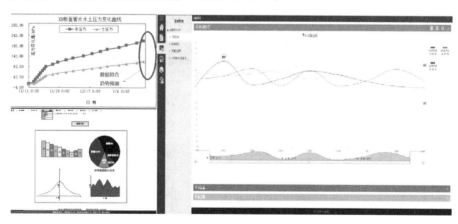

图 10.2-35　监测数据分析预测

10.2.6　应用实例

10.2.6.1　工程概况

井冈山特长隧道东连井冈山市厦坪镇，西接井冈山市鹅岭乡，是江西在建最长公路隧道，也是全省首座采用同位双斜井的隧道。井冈山特长隧道全长 6850m，最大埋置深度超过 750m，Ⅳ、Ⅴ级围岩比例达到 40% 以上。井冈山厦坪至睦村（赣湘界）高速公路建成通车后，对发展井冈山红色旅游产业，完善赣西地区交通布局，促进赣西区域经济的发展，都具有十分重要意义。

图 10.2-36　井冈山隧道

10.2.6.2　监测内容及测点布置

根据隧道的地质情况，同时考虑到隧道运营期存在的养护要点，共选取了 12 个长期监测断面，见表 10.2-12。

长期健康监测断面及监测项目　　　　　表 10.2-12

断面编号	桩号里程	围岩级别	接触压力	水压力	钢支撑内力	二衬内力
1	ZK5+260	Ⅴ级	√	√	√	√
2	ZK5+270	Ⅴ级	√	√	√	√
3	ZK6+150	Ⅴ级	√	√	√	√
4	ZK8+100	Ⅳ级	√		√	√
5	ZK8+912	Ⅳ级	√	√	√	√
6	ZK10+475	Ⅳ级		√	√	√
7	YK6+150	Ⅴ级	√	√	√	√
8	YK5+270	Ⅴ级	√	√	√	√
9	YK5+280	Ⅴ级	√	√	√	√
10	YK8+175	Ⅳ级			√	√
11	YK8+900	Ⅳ级	√	√		√
12	YK10+550	Ⅳ级	√	√	√	√

针对不同的围岩级别，对所选取的监测断面进行接触压力、水压力、钢支撑内力和二衬内力的长期健康监测，现场监测情况见图 10.2-37。

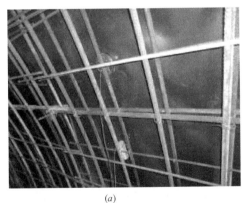

(a)

(b)

图 10.2-37　井冈山隧道监测安装示意图

(a) 初支围岩压力；(b) 水压力测点

(c) (d)

图 10.2-37   井冈山隧道监测安装示意图（续）

（c）钢支撑内力；（d）二次衬砌内力

10.2.6.3   长期监测系统

采用远程自动化监测技术对井冈山隧道进行长期监测，配套系统包含自动监测和人工监测两部分。其中，在自动监测部分，可以选择监测断面，查看不同监测项目以及不同测点对应的累计变化量、变化速率、测量值、测点数据等信息。图 10.2-38 为 ZK5＋280 断

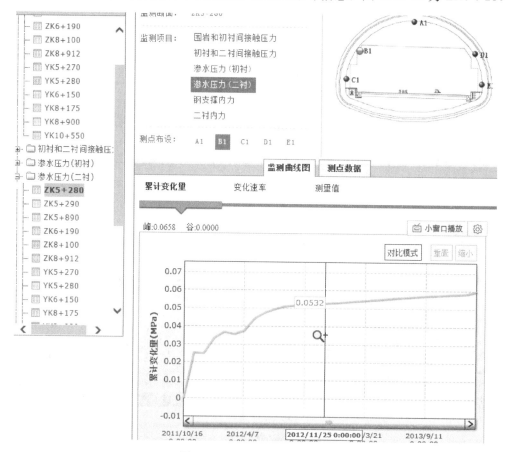

图 10.2-38   自动监测示意图

面测点 B1，即左拱腰处渗水压力累计变化量曲线，二维、三维交互见图 10.2-39。自动监测部分同时可以实现报警值设置，监测点设计一级报警值和二级报警值，每级报警都需要设置相应的上限和下限，见图 10.2-40。

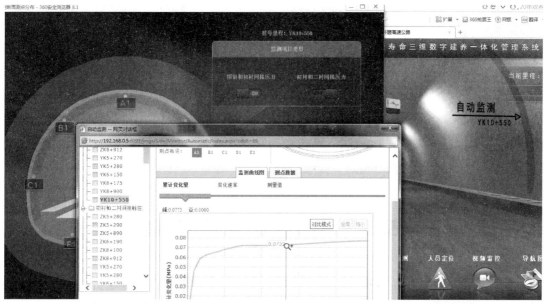

图 10.2-39　监测数据二维、三维交互示意

图 10.2-40　测点报警示意图

在人工监测部分，用户可以上传、查看、编辑、删除监测报告，根据监测周期、报表标题、发表人进行检索，见图 10.2-41。

10.2.6.4　监测结果与分析

自 2012 年安装监测仪器以来，系统已对井冈山隧道 12 个监测断面、420 个测点开展

图 10.2-41　监测报告查看示意图

了长期监测工作，收集了大量的监测数据。以 V 级围岩 YK5＋270 断面为例，分析衬砌背后围岩压力及结构内力变化情况，该断面监测数据见图 10.2-42、图 10.2-43。

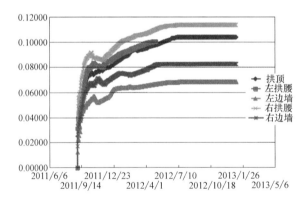

图 10.2-42　YK5＋270 断面围岩压力监测曲线

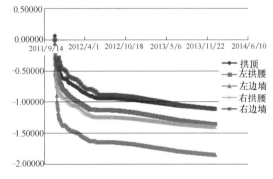

图 10.2-43　YK5＋270 断面二衬内力（钢筋应力）监测曲线

其他代表性监测断面围岩压力数据见图 10.2-44。

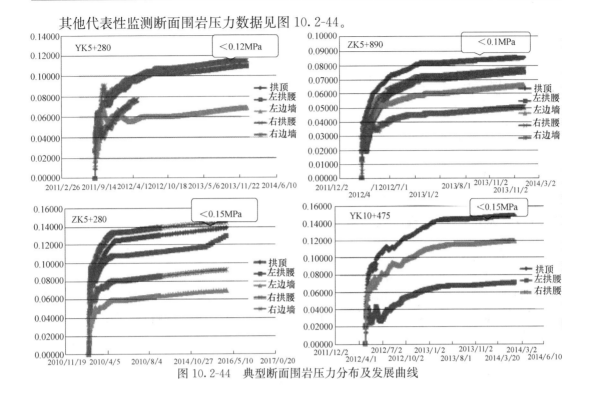

图 10.2-44　典型断面围岩压力分布及发展曲线

参考文献

［1］ 夏才初，潘国荣. 岩土与地下工程监测［M］. 北京：中国建筑工业出版社，2016

［2］ Pantet A，Kastner R，Piraud J. In situ measurement and calculation of displacement field above slurry shields［A］. In Burger H. ed. Options for Tunneling［C］. New York，Elsevier Science Publishers，1993，443-450

［3］ 黄宏伟，张冬梅. 盾构隧道施工引起的地表沉降及现场监控［J］. 岩石力学与工程学报，2001，10（增刊）：1814-1820

［4］ 夏才初，潘国荣. 土木工程监测技术［M］. 北京：中国建筑工业出版社，2001

［5］ 城市轨道交通工程监测技术规范 GB 50911—2013［S］. 北京：中国建筑工业出版社，2013

［6］ 胡承军. 软土隧道施工的自动监测数据动态分析与安全状态评估方法的研究［D］. 上海：同济大学，2007

［7］ 地铁工程监控量测技术规程 DB 11/490—2007［S］. 北京：北京市建设委员会、北京市质量技术监督局，2007

［8］ 郑颖人，朱合华，方正昌，刘怀恒. 地下工程围岩稳定分析与设计理论［M］. 北京：人民交通出版社，2012

［9］ 蔡美峰，何满潮，刘东燕. 岩石力学与工程（第二版）［M］. 北京：科学出版社，2013

［10］ 《工程地质手册》编委会. 工程地质手册（第四版）［M］. 北京：中国建筑工业出版社，1992

［11］ 公路隧道施工技术规范 JTG F60—2009［S］. 北京：人民交通出版社，2009

［12］ 廖朝华，郭小红. 公路隧道设计手册［K］. 北京：人民交通出版社，2012

［13］ 任建喜，年廷凯. 岩土工程测试技术［M］. 武汉：武汉理工大学出版社，2009

［14］ 城市轨道交通工程监测技术规范 GB 50911—2013［S］，北京：中国建筑工业出版社，2013

［15］ 夏才初，李永盛. 地下工程测试理论与监测技术［M］. 上海：同济大学出版社，1999

11 基坑工程监测

11.1 引言

11.1.1 基坑工程监测目的与意义

基坑监测的作用是：

（1）保证基坑周边建（构）筑物、地下管线、道路的安全和正常使用；

（2）保证主体地下结构的施工空间。基坑工程一般包括支护与开挖两大系统，包括岩土工程勘察、支护结构设计、支护结构施工、土方开挖、工程监测和环境保护等诸多内容，共同形成一个涉及时间、空间、环境等的复杂体系。基坑的稳定是基坑工程的首要控制目标，但基坑的变形也往往由于工程的需求成为主控目标。

基坑工程属于临时性工程，设计安全储备小、风险性较大；同时，基坑的尺寸效应与形状效应、岩土环境复杂性与区域性强、周围环境条件与自然条件带来的复杂影响、土方开挖导致土性及支护体系工况在时空上的变化等，这些众多、复杂且很难量化的因素，在目前理论尚不完善的基坑设计体系上很难得到周全、精准的考虑，因此在建筑基坑施工及使用期限内对建筑基坑及周边环境实施的检查、监控工作，即基坑工程监测，自然就成为设计的眼睛、施工的指导、基坑安全的保障。基坑工程监测的目的意义有：

1. 信息化施工的依据。提供连续的监测信息，方便各方了解基坑工程施工质量、及时掌握基坑所处状态，以此达到信息化施工的目的。

2. 基坑安全预警。对可能危及基坑工程安全的隐患进行及时预报，确保基坑结构和相邻环境的安全。

3. 为优化设计提供依据。基坑工程监测是验证基坑工程设计的重要方法，设计计算中未曾考虑或考虑不周的各种复杂因素，可以通过对现场监测结果的分析、研究，加以局部的修改、补充和完善，因此基坑工程监测可以为动态设计和优化设计提供重要依据。

4. 发展基坑工程设计理论的重要手段。通过监测数据与设计预估值的比较和分析，检验工程设计所采取的各种假设和参数的正确性，做到基坑工程的优化设计，为今后的基坑工程设计提供基础数据。

11.1.2 监测总体要求

1. 应综合考虑基坑工程设计方案、建设场地的工程地质和水文地质条件、周边环境条件、施工方案、工期等因素，制定合理的监测方案，做到安全适用、技术先进、经济合理。

2. 精心组织和实施监测，保证监测质量，为优化设计、指导施工提供可靠依据，确保基坑安全和保护基坑周边环境。

3. 对于冻土、膨胀土、湿陷性黄土、老黏土等其他特殊岩土和侵蚀性环境的基坑及周边环境监测，还应充分考虑当地工程经验。

11.1.3　监测对象

《建筑基坑工程监测技术规范》GB 50497—2009 规定："开挖深度大于等于 5m 或开挖深度小于 5m，但现场地质情况和周围环境较复杂的基坑工程及其他需要监测的基坑工程均应实施基坑工程监测。"

基坑工程现场监测的对象分为七大类。包括：

（1）支护结构：包括支护墙体、支撑或锚杆、立柱、冠梁和围檩等；

（2）地下水状况：包括基坑内外原有水位、承压水状况、降水或回灌后水位；

（3）基坑底部及周边土体：包括基坑开挖影响范围内的坑内、坑外土体；

（4）周边建筑：在基坑开挖影响范围之内的建筑物、构筑物；

（5）周边管线及设施：主要包括供水管道、排污管道、通信、电缆、煤气管道、人防、地铁、隧道等；

（6）周边重要的道路：是指基坑开挖影响范围之内的高速公路、国道、城市主要干道和桥梁等；

（7）由设计和有关单位共同确定其他应监测的对象。

11.1.4　监测工作程序

监测工作的程序，应按下列步骤进行：（1）接受委托；（2）现场踏勘，收集资料；（3）制定监测方案，并报委托方及相关单位认可；（4）展开前期准备工作，设置监测点、校验设备、仪器；（5）设备、仪器、元件和监测点验收；（6）现场监测；（7）监测数据的计算、整理、分析及信息反馈；（8）提交阶段性监测结果和报告；（9）现场监测工作结束后，提交完整的监测资料。

11.1.5　监测质量控制

为确保监测工作质量，达到信息化施工和施工安全控制服务的目的，应从以下几方面对监测质量进行重点控制：

（1）建筑基坑工程设计阶段应由设计方根据工程现场及基坑设计的具体情况，提出基坑工程监测的技术要求，主要包括监测项目、测点位置、监测频率和监测报警值等。

（2）基坑工程施工前，应由建设方委托具备相应资质的第三方对基坑工程实施现场监测，承担监测工作的观测人员必须是有相当工程经验，监测分析人员应具有岩土工程与结构工程的综合知识，具有设计、施工、测量等工程实践经验，具有较高的综合分析能力，做到正确判断、准确表达，及时提供高质量的综合分析报告。

（3）监测单位应当根据勘察报告、设计文件和施工组织设计等有关监测要求，制定科学合理、安全可靠的监测方案，监测方案应经建设、设计、监理等单位认可，必要时还需与市政道路、地下管线、人防等有关部门协商一致后方可实施。当基坑工程设计或施工有重大变更时，监测单位应及时调整监测方案，新的监测方案须经审定后方可实施。

（4）现场监测必须严格按照监测方案实施。

测点应有建设方和监测方等相关责任人签字的验收记录。

监测仪器、设备和监测元件应符合：①满足观测精度和量程的要求；②具有良好的稳定性和可靠性；③在规定的校准有效期内；④监测期间对监测仪器设备及时维护与检测、对监测元件定期检查、对监测仪标加强保护。

监测项目初始值应为事前至少连续观测 3 次的稳定值的平均值。对同一监测项目数据采集时宜遵循：①采用相同的观测路线和观测方法；②使用同一监测仪器和设备、固定观测人员；③在基本相同的环境和条件下工作的原则。在发现量测数据异常时，应及时复测并加密观测次数，防止对可能出现的危险情况先兆的误报和漏报。

在监测工期内，每天应由有经验监测人员对基坑工程进行巡视检查，并做好信息保存与反馈。

采用专用表格做好数据记录和整理，保留原始资料。

（5）监测数据应及时分析、处理，并将监测结果和评价及时向委托方及相关单位作信息反馈。当监测数据达到监测报警值时必须立即通报委托方及相关单位。

（6）现场测试人员应对监测数据的真实性负责，监测分析人员应对监测报告的可靠性负责，监测单位应对整个项目监测质量负责。

（7）基坑工程监测不应影响监测对象的结构安全，妨碍其正常使用。

（8）监测单位在监测结束阶段应向建设方提供监测竣工资料。

11.2　监测准备

监测实施前，监测单位应进行现场踏勘，搜集、分析和利用已有资料，了解委托方和相关单位对监测工作的要求，熟悉设计方根据基坑设计及工程现场情况提出的基坑工程监测技术要求，在基坑工程施工前制定合理的监测方案，为监测实施做好准备工作。

11.2.1　现场踏勘及资料收集

现场踏勘、收集合格资料，是监测准备阶段的首项重要工作，主要包含以下工作内容：

（1）资料收集：①收集工程的岩土工程勘察资料；②气象资料；③地下结构和基坑工程的设计资料；④基坑工程影响范围内的道路、地下管线、地下设施及周边建筑物的有关资料；⑤施工组织设计（或项目管理规划）和相关施工情况；⑥收集周围建筑物、道路及地下设施、地下管线的原始和使用现状等资料。必要时应采用拍照或录像等方法保存有关资料。

（2）现场踏勘：①进一步了解委托方和相关单位的具体要求；②了解相关资料与现场状况的对应关系，确定拟监测项目现场实施的可行性；③必要时，了解相邻工程的设计和施工情况，比如相邻工程的打桩、基坑支护与降水、土方开挖情况和施工进度计划等，避免相互干扰与影响。

11.2.2 监测方法与监测项目

1. 监测方法及选用

在基坑施工过程中,基坑工程的现场监测有仪器监测与巡视检查两种方法。仪器监测是指借助仪器设备,对基坑本体和相邻环境的内力、变形、位移、损伤等以及对土体的内力、变形、地下水位、孔隙水压力等的动态变化进行的综合监测,可以取得定量的数据,用于定量分析。巡视检查是目测为主的检查方法,可辅以锤、钎、尺、放大镜、影像等简单工器具,对监测对象进行定性描述,检查速度快、周期短,可以弥补仪器监测的不足;尤其对无法采用仪器监测或仪器监测未覆盖的对象,巡视检查是极为重要的补充监测手段。

监测方法选用原则:

(1) 应根据基坑等级、精度要求、设计要求、场地条件、地区经验和方法适用性等因素综合确定,监测方法应合理易行;

(2) 仪器监测与巡视检查两种监测方法结合进行,定量、定性结合才能更加全面地分析基坑的工作状态。

2. 监测项目及选用

基坑监测对象包括基坑及支护结构监测、周边环境监测,可采用仪器监测与巡查两种方法,监测项目也据此分为仪器监测项目与巡查内容两大类。

基坑工程的监测项目选用原则:

(1) 与设计方案与施工工况匹配原则:监测项目应根据基坑工程等级、支护结构方式、挖土方案、基础施工、周围环境要求等选用并与之匹配,例如一级或二级基坑应强调以仪器监测为主,以确保监测结果的客观性。

(2) 系统性原则:基坑工程监测是一个系统,系统内的各项目监测有着必然的、内在的联系。基坑在开挖过程中,其力学效应是从各个方面同时展现出来的,例如支护结构的挠曲、支撑轴力、地表位移之间存在着相互间的必然联系,它们共存于同一个基坑工程内。限于测试手段、精度及现场条件,某一单项的监测结果往往不能全面揭示和反映基坑工程的整体情况,必须形成一个有效的、完整的、与设计、施工工况相适应的监测系统并跟踪监测,才能提供完整、系统的测试数据和资料,从而通过监测项目之间的内在联系做出准确的分析、判断,为信息化施工和优化设计提供可靠的依据。

(3) 关联性原则:对于同一个监测对象的受力和变形这两个指标,有着内在的必然联系,相辅相成,配套监测,可以帮助判断数据的真伪,做到去伪存真。各巡视检查项目之间大多存在着内在的联系。

(4) 抓关键抓重点原则:选择监测项目还必须注意控制费用,在保证监测质量和基坑工程安全的前提下,通过周密地考虑,去除不必要的监测项目,抓住关键部位,做到重点量测、项目配套。

(5) 无妨碍原则:基坑工程监测不应影响监测对象的结构安全、妨碍其正常使用。

3. 仪器监测项目

根据国家标准《建筑基坑工程监测技术规范》GB 50497—2009,基坑工程的监测项目应参照表 11.2-1 进行选择。

建筑基坑工程仪器监测项目表 表 11. 2-1

监测项目 \ 基坑类别	一级	二级	三级
围护墙(坡)顶水平位移	应测	应测	应测
围护墙(坡)顶竖向位移	应测	应测	应测
深层水平位移	应测	应测	宜测
立柱竖向位移	应测	宜测	宜测
围护墙内力	宜测	可测	可测
支撑内力	应测	宜测	可测
立柱内力	可测	可测	可测
锚杆内力	应测	宜测	可测
土钉内力	宜测	可测	可测
坑底隆起(回弹)	宜测	可测	可测
围护墙侧向土压力	宜测	可测	可测
孔隙水压力	宜测	可测	可测
地下水位	应测	应测	应测
土层分层竖向位移	宜测	可测	可测
周边地表竖向位移	应测	应测	宜测
周围建筑 竖向位移	应测	应测	应测
周围建筑 倾斜	应测	宜测	可测
周围建筑 水平位移	应测	宜测	可测
周边建筑、地表裂缝	应测	应测	应测
周围管线变形	应测	应测	应测

基坑类别的划分按照国家标准《建筑地基基础工程施工质量验收规范》GB 50202—2013 执行，见表 11.2-2。

基坑工程等级 表 11. 2-2

	分类标准
一级	1. 重要工程或支护结构做主体结构的一部分； 2. 开挖深度大于 10m； 3. 与邻近建筑物、重要设施的距离在开挖深度以内的基坑； 4. 基坑范围内有历史文物、近代优秀建筑、重要管线等需严加保护的基坑
二级	除一级和三级外的基坑属二级基坑
三级	开挖深度小于 7m，且周围环境无特别要求时的基坑

当基坑周围有地铁、隧道或其他对位移（沉降）有特殊要求的建（构）筑物及设施时，具体监测项目应与有关部门或单位协商确定。

4. 巡查内容

基坑工程施工期间的各种变化具有时效性和突发性，加强巡视检查是预防基坑工程事故非常简便、经济而又有效的方法。基坑工程巡视检查包括支护结构、施工工况、周边环境、监测设施、根据设计要求或当地经验确定的其他巡视检查内容五方面的内容。

11.2.3 测点布置

测点布置包含测点位置设定、测点数量确定两方面。

1. 布置要求

（1）基坑工程应最大程度地反映监测对象的实际状态及其变化趋势，并应满足监控要求；

（2）监测点应布置在内力及变形的关键特征点上。在监测对象内力和变形变化大的代表性部位及周边重点监护部位，监测点应适当加密；

（3）基坑工程监测点的布置应不妨碍监测对象的正常工作，并尽量减少对施工作业的不利影响；

（4）监测标志应稳固、明显、结构合理，监测点的位置应避开障碍物，便于观测；

（5）应加强对监测点的保护，必要时应设置监测点的保护装置或保护设施。

2. 支护结构位移测点布置

（1）基坑边坡顶部的水平位移和竖向位移监测点应沿基坑周边布置，基坑周边中部、阳角处应布置监测点。监测点间距不宜大于20m，每边监测点数目不应少于3个。监测点宜设置在基坑边坡坡顶上。

（2）围护墙顶部的水平位移和竖向位移监测点应沿围护墙的周边布置，围护墙周边中部、阳角处应布置监测点。监测点间距不宜大于20m，每边监测点数目不应少于3个。监测点宜设置在冠梁上。

（3）深层水平位移监测孔宜布置在基坑边坡、围护墙周边的中部、阳角处及有代表性的部位，监测点的水平间距宜为20～50m，每边至少应设1个监测孔。

当用测斜仪观测深层水平位移时，设置在围护墙内的测斜管深度不宜小于围护墙的入土深度；设置在土体内的测斜管应保证有足够的入土深度，不宜小于基坑开挖深度的1.5倍，保证管底嵌入到稳定的土体中。

（4）立柱的竖向位移监测点宜布置在基坑中部、多根支撑交汇处、施工栈桥下、地质条件复杂处的立柱上，监测点不宜少于立柱总根数的5%，逆作法施工的基坑不宜少于10%，且均不应少于3根。

3. 支护结构内力测点布置

（1）围护墙内力监测点应布置在受力、变形较大且有代表性的部位，监测点数量和水平间距视具体情况而定，但每边至少应设1处监测点。竖直方向监测点应布置在弯矩较大处，竖向间距宜为2～4m。

（2）支撑内力监测点的布置应符合下列要求：

① 监测点宜设置在支撑内力较大或在整个支撑系统中起关键作用的杆件上；

② 每道支撑的内力监测点不应少于3个，各道支撑的监测点位置宜在竖向保持一致；

③ 钢支撑的监测截面根据测试仪器宜布置在两支点间1/3部位或支撑的端头；混凝土支撑的监测截面宜布置在两支点间1/3部位，并避开节点位置；

④ 每个监测点截面内传感器的设置数量及布置应满足不同传感器的测试要求。

（3）立柱的内力监测点宜布置在受力较大的立柱上，位置宜设在坑底以上各立柱下部的 1/3 部位。

4. 锚杆、土钉内力测点布置

（1）锚杆的内力监测点应选择在受力较大且有代表性的位置，基坑每边中部、阳角处和地质条件复杂的区段宜布置监测点。每层锚杆的内力监测点数量应为该层锚杆总数的 1%～3%，并不应少于 3 根。每层监测点在竖向上的位置宜保持一致。每根杆体上的测试点应设置在锚头附近位置。

（2）土钉的内力监测点应选择在受力较大且有代表性的位置，基坑每边中部、阳角处和地质条件复杂的区段宜布置监测点。监测点数量和间距应视具体情况而定，各层监测点在竖向上的位置宜保持一致。每根杆体上的测试点应设置在受力、变形有代表性的位置。

5. 坑底部隆起监测点布置

监测点宜按纵向或横向剖面布置，剖面应选择在基坑的中央以及其他能反映变形特征的位置，剖面数量不应少于 2 个。同一剖面上监测点横向间距宜为 10～30m，数量不应少于 3 个。

6. 土压力监测点布置

监测点应布置在受力、土质条件变化较大或其他有代表性的部位，平面布置上基坑每边不宜少于 2 个测点，竖向布置上，测点间距宜为 2～5m，下部宜加密。当按土层分布情况布设时，每层应至少布设 1 个测点，且布置在各层土的中部。土压力盒应紧贴围护墙布置，宜预设在围护墙的迎土面一侧。

7. 孔隙水压力测点布置

孔隙水压力监测点宜布置在基坑受力、变形较大或有代表性的部位。监测点竖向布置宜在水压力变化影响深度范围内按土层分布情况布设，竖向间距宜为 2～5m，且不宜少于 3 个。

8. 地下水位测点布置

（1）基坑内地下水位当采用深井降水时，水位监测点宜布置在基坑中央和两相邻降水井的中间部位；当采用轻型井点、喷射井点降水时，水位监测点宜布置在基坑中央和周边拐角处，监测点数量视具体情况确定。

（2）基坑外地下水位监测点应沿基坑周边、被保护对象的周边或在两者之间布置，监测点间距宜为 20～50m。相邻建（构）筑物、重要的管线或管线密集处应布置水位监测点；如有止水帷幕，宜布置在止水帷幕的外侧约 2m 处。

（3）水位监测管的管底埋置深度应在最低设计水位或最低允许地下水位之下 3～5m。承压水水位监测管的滤管应埋置在所测的承压含水层中。

（4）回灌井点观测井应设置在回灌井点与被保护对象之间。

9. 周边环境

从基坑边缘以外 1～3 倍开挖深度范围内需要保护的建（构）筑物、地下管线等均应作为监控对象。必要时，尚应扩大监控范围。位于重要保护对象安全保护区范围内的监测点的布置，尚应满足相关部门的技术要求。

（1）建（构）筑监测点布置要求

竖向位移监测点：应布置在建（构）筑物四角、沿外墙每 10～15m 处或每隔 2～3 根柱基上，且每边不少于 3 个监测点；不同地基或基础的分界处；不同结构的分界处；变形缝、防震缝或严重开裂处的两侧；新、旧建筑物或高、低建筑物交接处的两侧；高耸构筑物基础轴线的对称部位，每一构筑物不得少于 4 点。

水平位移监测点：应布置在建筑物的外墙墙角、外墙中间部位的墙上或柱上、裂缝两侧以及其他有代表性的部位，监测点间距视具体情况而定，一侧墙体的监测点不宜少于3 点。

倾斜监测点：宜布置在建（构）筑物角点、变形缝两侧的承重柱或墙上；监测点应沿主体顶部、底部对应布设，上、下监测点应布置在同一竖直线上；当采用铅锤观测法、激光铅直仪观测法时，应保证上、下测点之间具有一定的通视条件。

裂缝监测点：应选择有代表性的裂缝进行布置，当发现新裂缝或原有裂缝有增大趋势时，应及时增设监测点。对需要观测的裂缝，每条裂缝的测点至少设 2 个，且宜设在裂缝的最宽处及裂缝末端。

（2）管线监测点布置要求

① 应根据管线修建年份、类型、材料、尺寸及现状等情况，确定监测点设置；

② 监测点宜布置在管线的节点、转角点和变形曲率较大的部位，监测点平面间距宜为 15～25m，并宜延伸至基坑边缘以外 1～3 倍基坑开挖深度范围内的管线；

③ 供水、煤气、暖气等压力管线宜设置直接监测点，在无法埋设直接监测点的部位，可设间接监测点。

（3）周边土体位移监测点布置要求

基坑周边地表竖向位移：监测点宜按监测剖面宜设在坑边中部或其他有代表性的部位，监测剖面应与坑边垂直，数量视具体情况确定。每个监测剖面上的监测点数量不宜少于 5 个。

土体分层竖向位移：监测孔应布置在靠近被保护对象且有代表性的部位，数量视具体情况确定。在竖向布置上测点宜设置在各层土的界面上，也可等间距设置。测点深度、数量应视具体情况确定。

11.2.4 监测频率

1. 基本原则

（1）基坑工程监测频率应以能系统反映监测对象所测项目的重要变化过程，而又不遗漏其变化时刻为原则。

（2）监测项目的监测频率确定，应考虑基坑工程等级、基坑及地下工程的不同施工阶段以及周边环境、自然条件的变化。

（3）基坑工程的监测频率不是一成不变的，应根据基坑开挖及地下工程的施工进程、施工工况以及其他外部环境影响因素的变化及时地做出调整。一般在基坑开挖期间，地基土处于卸荷阶段，支护体系处于逐渐加荷状态，应适当加密监测；当基坑开挖完后一段时间，监测值相对稳定时，可适当降低监测频率。当出现异常现象和数据，或临近报警状态时，应提高监测频率，甚至连续监测。

（4）基坑工程监测工作应贯穿于基坑工程和地下工程施工全过程。监测工作一般应从基坑工程施工前开始，直至地下工程完成为止。对有特殊要求的周边环境的监测应根据需要延续至变形趋于稳定后方可结束。

（5）对基坑工程的位移、支撑内力、土压力、孔隙水压力等可以实施自动化的监测项目，可以获得连续的实时监测数据，应积极推进自动化监测的应用。

2. 仪器监测频率

在无数据异常和事故征兆的情况下，开挖后仪器监测应测项目频率的确定可参照表11.2-3。

现场仪器监测的监测频率 表 11.2-3

基坑类别	施工进程		基坑设计开挖深度(m)			
			≤5	5～10	10～15	＞15
一级	开挖深度（m）	≤5	1次/1d	1次/2d	1次2d	1次/2d
		5～10	—	1次/1d	1次/1d	1次/1d
		＞10	—	—	2次/1d	2次/1d
	底板浇筑后时间（d）	≤7	1次/1d	1次/1d	2次/1d	2次/1d
		7～14	1次/3d	1次/2d	1次/1d	1次/1d
		14～28	1次/5d	1次/3d	1次/2d	1次/1d
		＞28	1次/7d	1次/5d	1次/3d	1次/3d
二级	开挖深度（m）	≤5	1次/2d	1次/2d	—	—
		5～10	—	1次/1d	—	—
	底板浇筑后时间（d）	≤7	1次/2d	1次/2d	—	—
		7～14	1次/3d	1次/3d	—	—
		14～28	1次/7d	1次/5d	—	—
		＞28	1次/10d	1次/10d	—	—

注：1. 有支撑的支护结构各道支撑开始拆除到拆除完成后3d内监测频率应为1次/1d；
　　2. 基坑工程施工至开挖前的监测频率视具体情况确定；
　　3. 当基坑类别为三级时，监测频率可视具体情况适当降低；
　　4. 宜测、可测项目的仪器监测频率可视具体情况适当降低。

3. 监测频率提高

当出现下列情况之一时，应加强监测，提高监测频率，并及时向委托方及相关单位报告监测结果：

（1）监测数据达到报警值；

（2）监测数据变化量较大或者速率加快；

（3）存在勘察中未发现的不良地质；

（4）超深、超长开挖或未及时加撑等违反设计工况施工；

（5）基坑及周边大量积水、长时间连续降雨、市政管道出现泄漏；

（6）基坑附近地面荷载突然增大或超过设计限值；

（7）支护结构出现开裂；

（8）周边地面出现突然较大沉降或出现严重开裂；

（9）邻近的建（构）筑物突发较大沉降、不均匀沉降或出现严重开裂；

（10）基坑底部、侧壁出现管涌、渗漏或流砂等现象；

（11）基坑工程发生事故后重新组织施工；

（12）出现其他影响基坑及周边环境安全的异常情况。

当有危险事故征兆时，应实时跟踪监测。

11.2.5 监测报警值

监测报警值是监测工作的实施前提，是监测期间对基坑工程正常、异常和危险三种状态进行判断的重要依据，因此基坑工程监测必须确定监测报警值。

基坑工程报警值是基坑工程设计方在监测工作实施前，根据基坑工程的设计计算结果以及周边环境中被保护对象的控制要求等而设定的各项监测指标的预估最大值。监测报警值应符合基坑工程设计的限值、地下主体结构设计要求以及监测对象的控制要求。

基坑工程监测报警值应由监测项目的累计变化量和变化速率共同控制。累计变化量反映的是监测对象即时状态与危险状态的关系，而变化速率反映的是监测对象发展变化的快慢。当监测数据超过其中之一时，即进入异常或危险状态，监测人员应结合观察到的结构、地层和周围环境状况等综合因素，做出判定和预警。此外，合理限定的基坑工程监测报警值，可作为判断位移或受力状况是否会超过允许的范围、工程施工是否安全可靠，以及是否需调整施工步序或优化原设计方案的重要依据。

1. 监测报警值确定原则

（1）监测报警值必须在监测工作实施前，由设计单位确定，必要时可由建设单位会同设计、施工、监测、管线等相关单位共同商定；

（2）有关结构安全的监测报警值，应小于或等于计算值；

（3）监测报警值应满足现行的相关规范标准的规定值以及有关部门的规定；

（4）对无法明确规定报警值的监测项目，可参考已建类似工程项目的受力和变形规律提出本基坑的报警值；

（5）周围环境报警值应确保被保护对象的安全和正常使用的要求；

（6）监测过程中当某一量测值超过报警值时，设计部门可在确认基坑及环境安全前提下，综合考虑工程质量、施工进度、技术措施和经济等因素，对报警值进行必要调整。

2. 基坑及支护结构监测报警值

基坑及支护结构监测报警值应根据监测项目、支护结构的特点和基坑等级确定：

（1）当基坑开挖影响范围内有建筑物时，支护结构水平位移控制值、建筑物的沉降控制值应按不影响其正常使用的要求确定，并应符合现行国家标准《建筑地基基础设计规范》GB 50007 中对地基变形允许值的规定；当基坑开挖影响范围内有地下管线、地下构筑物、道路时，支护结构水平位移控制值、地面沉降控制值应按不影响其正常使用的要求确定，并应符合现行相关规范对其允许变形的规定。

（2）当支护结构构件同时用作主体地下结构构件时，支护结构水平位移控制值不应大于主体结构设计对其变形的限值。

（3）当无本条第 1 款、第 2 款情况时，支护结构水平位移控制值应根据地区经验按工程的具体条件确定。

（4）基坑及支护结构监测报警值，可参考表 11.2-4。

基坑及支护结构监测报警值

表 11.2-4

序号	监测项目	支护结构类型	一级 累计值 绝对值(mm)	一级 累计值 相对基坑深度 h 控制值	一级 变化速率(mm/d)	二级 累计值 绝对值(mm)	二级 相对基坑深度 h 控制值	二级 变化速率(mm/d)	三级 累计值 绝对值(mm)	三级 相对基坑深度 h 控制值	三级 变化速率(mm/d)
1	围护墙(边坡)顶部水平位移	放坡、土钉墙、喷锚支护、水泥土墙	30~35	0.3%~0.4%	5~10	50~60	0.6%~0.8%	10~15	70~80	0.8%~1.0%	15~20
		钢板桩、灌注桩、型钢水泥土墙、地下连续墙	25~30	0.2%~0.3%	2~3	40~50	0.5%~0.7%	4~6	60~70	0.6%~0.8%	8~10
2	围护墙(边坡)顶部竖向位移	放坡、土钉墙、喷锚支护、水泥土墙	20~40	0.3%~0.4%	3~5	50~60	0.6%~0.8%	5~8	70~80	0.8%~1.0%	8~10
		钢板桩、灌注桩、型钢水泥土墙、地下连续墙	10~20	0.1%~0.2%	2~3	25~30	0.3%~0.5%	3~4	35~40	0.5%~0.6%	4~5
3	深层水平位移	水泥土墙	30~35	0.3%~0.4%	5~10	50~60	0.6%~0.8%	10~15	70~80	0.8%~1.0%	15~20
		钢板桩	50~60	0.6%~0.7%	2~3	80~85	0.7%~0.8%	4~6	90~100	0.9%~1.0%	8~10
		型钢水泥土墙	50~55	0.5%~0.6%	2~3	75~80	0.7%~0.8%	4~6	80~90	0.9%~1.0%	8~10
		灌注桩	45~50	0.4%~0.5%	2~3	70~75	0.6%~0.7%		70~80	0.8%~0.9%	
		地下连续墙	40~50	0.4%~0.5%	2~3	70~75	0.7%~0.8%		80~90	0.9%~1.0%	
4	立柱竖向位移		25~35	—	2~3	35~45	—	4~6	55~65		8~10
5	基坑周边地表竖向位移		25~35	—	2~3	50~60	—	4~6	60~80		8~10
6	坑底隆起(回弹)		25~35	—	2~3	50~60	—	4~6	60~80		8~10
7	土压力		$(60\%\sim70\%)f_1$			$(70\%\sim83\%)f_1$			$(70\%\sim80\%)f_1$		
8	孔隙水压力										
9	支撑内力		$(60\%\sim70\%)f_2$			$(70\%\sim80\%)f_2$			$(70\%\sim80\%)f_2$		
10	围护墙内力										
11	立柱内力										
12	锚杆内力										

注：1. h 为基坑设计开挖深度；f_1 为荷载设计值，f_2 为构件承载能力设计值，f_2 为构件两者的小值；
2. 累计值取绝对值和相对基坑深度 h 控制值两者的小值；
3. 当监测项目的变化速率达到表中规定值或连续 3d 超过该值的 70%，应报警；
4. 嵌岩的灌注桩或地下连续墙位移报警值按表中数值的 50%取用。

3. 基坑内、外地层位移控制值

因围护墙施工、基坑开挖以及降水引起的基坑内、外地层位移，应按下列条件控制：

（1）不得导致基坑的失稳；

（2）不得影响地下结构的尺寸、形状和地下工程的正常施工；

（3）对周边已有建筑引起的变形不得超过相关技术规范的要求或影响其正常使用；

（4）不得影响周边道路、管线、设施等正常使用；

（5）满足特殊环境的技术要求。

4. 基坑支护周围环境报警值

周边建（构）筑物报警值应结合建（构）筑物裂缝观测确定，并应考虑建（构）筑物原有变形与基坑开挖造成的附加变形的叠加。

周边环境监测报警值的限值应根据主管部门的要求确定。如无具体规定，可参考表11.2-5确定。

建筑基坑工程周边环境监测报警值

表 11.2-5

监测对象	项目		累计值(mm)	变化速率(mm/d)	备注
1	地下水位变化		1000	500	—
2	管线位移	刚性管道 压力	10～30	1～3	直接观察点数据
		刚性管道 非压力	10～40	3～5	
		柔性管线	10～40	3～5	—
3	邻近建筑位移		10～60	1～3	—
4	裂缝宽度	建筑	1.5～3	持续发展	—
		地表	10～15	持续发展	—

注：建筑整体倾斜度累计值达到2/1000或倾斜速率连续3d大于 $0.0001H/d$ （H 为建筑承重结构高度）时应报警。

5. 报警处置

当出现下列情况之一时，必须立即报警，并应对基坑支护结构和周边环境中的保护对象采取应急措施：

（1）监测数据达到报警值的累计值；

（2）基坑支护结构或周边土体的位移值突然明显增大或基坑出现流沙、管涌、隆起、陷落或较严重的渗漏等；

（3）基坑支护结构的支撑或锚杆体系出现过大变形、压屈、断裂、松弛或拔出的迹象；

（4）周边建筑的结构部分、周边地面出现较严重的突发裂缝或危害结构的变形裂缝；

（5）周边管线变形突然明显增长或出现裂缝、泄漏等；

（6）根据当地工程经验判断，出现其他必须报警的情况。

若情况比较严重，应立即停止施工，并对基坑支护结构和周边的保护对象采取应急措施。工程实践中，由于疏忽大意未能及时报警或报警后未引起各方足够重视，贻误排险或抢险时机，从而造成工程事故的例子很多，我们应吸取这些深刻教训。

11.2.6 监测方案编制

监测方案是监测工作实施的指导性文件。监测单位在通过现场踏勘，收集、分析和利用已有资料，充分了解委托方和相关单位对监测工作的要求后，编制合理的监测方案，并经建设、设计、监理等单位认可，必要时还需与市政道路、地下管线、人防等有关部门协商一致后实施。

监测方案应包括工程概况、监测依据、监测目的、监测项目、测点布置、监测方法及精度、监测人员及主要仪器设备、监测频率、监测报警值、异常情况下的监测措施、监测数据的记录制度和处理方法、工序管理及信息反馈制度等。监测方案的编制依据有：国家现行规定、规范、条例以及工程合同、工程基础资料、设计资料、施工方案等。监测项目、测点位置、监测频率和监测报警值等基坑工程监测的技术要求，在基坑工程设计阶段由设计方根据基坑具体情况提供。监测设备、监测方法及精度等监测实施技术，监测单位应根据相关规范并结合监测对象的特性进行精心配备。人员安排、工序管理、信息反馈等涉及监测管理的方案内容，除应符合相关法律法规外，还应得到建设、监理等相关单位的认可。

下列基坑工程的监测方案还应进行专门论证：

（1）地质和环境条件很复杂的基坑工程；

（2）邻近重要建（构）筑物和管线，以及历史文物、近代优秀建筑、地铁、隧道等破坏后果很严重的基坑工程；

（3）已发生严重事故，重新组织实施的基坑工程；

（4）采用新技术、新工艺、新料的一、二级基坑工程；

（5）其他必须论证的基坑工程。

当基坑工程设计或施工有重大变更时，监测单位应及时调整监测方案。

11.3 监测实施

11.3.1 水平位移监测

1. 水平位移监测及精度确定方法

测定特定方向上的水平位移时可采用视准线法、小角度法、投点法等；测定监测点任意方向的水平位移时可视监测点的分布情况，采用前方交会法、自由设站法、极坐标法等；当基准点距基坑较远时，可采用 GPS 测量法或三角、三边、边角测量与基准线法相结合的综合测量方法。

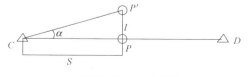

图 11.3-1　小角度法

小角度法是应用较为广泛的水平位移监测方法（如图 11.3-1），其原理是在视准线法的基础上改进，先布设一基准线（CD），然后利用测角仪器，测定出待测点与该基准线之间所夹的微小角度（α），并测定出该点在基准线上的投影点与架站点之间的距离（S），进而计算出待测点相对于基准线的偏移值（I）：

偏移值 I 为：
$$I_i \approx \frac{\alpha_i}{\rho}S_i$$

小角度法测水平位移的误差为：$m_i \approx \frac{m_{\alpha i}}{\rho}S_i$，$\rho = 360/2\pi = 206265''$，$\alpha$ 偏离视准线的角度不应超过 $30'$。

小角度法应垂直于所测位移方向布设视准线，并应以工作基点作为测站点。由小角度法的工作原理可知，测距误差的影响可以忽略不计，主要影响因素是测小角度的观测精度。所以，采用该方法进行水平位移监测时，应通过使用较高精度的仪器以提高成果精度。

极坐标法（如图 11.3-2）可以根据已知点 A 和 B 的坐标直接测算出待测点 P 的坐标值，进而算出该点的偏移量。

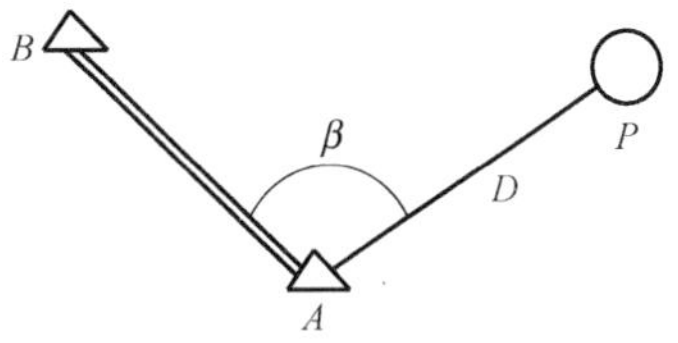

根据其原理可以求得 P 点的坐标为：

图 11.3-2 极坐标法

$$X_p = X_A + D \cdot \cos(\alpha_{A-B} + \beta)$$
$$Y_p = Y_A + D \cdot \sin(\alpha_{A-B} + \beta)$$

其中 α_{A-B} 为 AB 的方位角，则极坐标法测水平位移的误差公式为：

$$m_{\Delta X_p} = \sqrt{2} \cdot \sqrt{m_D^2 \cos^2(\alpha_{A-B} + \beta) + \sin^2(\alpha_{A-B} + \beta) \cdot D^2 m_\beta^2/\rho''^2}$$
$$m_{\Delta Y_p} = \sqrt{2} \cdot \sqrt{m_D^2 \sin^2(\alpha_{A-B} + \beta) + \cos^2(\alpha_{A-B} + \beta) \cdot D^2 m_\beta^2/\rho''^2}$$

水平位移监测基准点应埋设在基坑开挖深度 3 倍范围以外不受施工影响的稳定区域，或利用已有稳定的施工控制点，不应埋设在低洼积水、湿陷、冻胀、胀缩等影响范围内；基准点的埋设应按有关测量规范、规程执行。宜设置有强制对中的观测墩；采用精密的光学对中装置，对中误差不宜大于 $0.5mm$。

水平位移监测精度确定时，应考虑以下几方面因素：一是监测精度应能满足位移变化速率及监测报警值监测的要求；二是监测精度要求宜与现有测量规范规定的测量等级相一致；三是在控制监测成本的前提下适当提高精度要求。

2. 墙顶（桩顶）水平位移监测

墙顶（桩顶）水平位移是基坑工程中最直接的监测指标，对确保支护结构和周围环境安全都有重要意义，同时墙顶（桩顶）位移也是墙体（桩体）测斜数据计算的起始依据。为便于监测，水平位移观测点宜同时作为垂直位移的观测点。

墙顶（桩顶）位移观测点应设置在基坑混凝土冠梁上，打入钢钉或钻孔埋设膨胀螺栓、涂上红漆作为标识，有利于观测点的保护和提高观测精度。

围护墙（坡）顶水平位移监测精度应根据《建筑基坑工程监测技术规范》GB 50497—2009 确定，如表 11.3-1 确定。

水平位移监测精度要求（mm）　　　　　　　　　表 11.3-1

水平位移报警值	累计值 D(mm)	$D<20$	$20 \leqslant D<40$	$40 \leqslant D<60$	$D>60$
	变化速率 v_D(mm/d)	$v_D<2$	$2 \leqslant v_D<4$	$4 \leqslant v_D \leqslant 6$	$v_D>6$
监测点坐标中误差		$\leqslant 0.3$	$\leqslant 1.0$	$\leqslant 1.5$	$\leqslant 3.0$

注：1. 监测点坐标中误差，系指监测点相对测站点（如工作基点等）的坐标中误差，为点位中误差的 $1/\sqrt{2}$。
　　2. 当根据累计值和变化速率选择的精度要求不一致时，水平位移监测精度优先按变化速率报警值的要求确定。
　　3. 本表以中误差作为衡量精度的标准。

11.3.2 深层水平位移监测

1. 深层水平位移监测原理

围护桩墙或周围土体深层水平位移的监测，是保证基坑围护结构及周围环境安全的最重要观测手段，通常采用测斜手段进行观测。

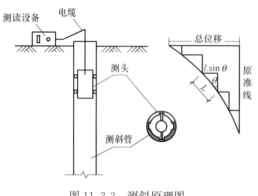

图 11.3-3 测斜原理图

测斜的工作原理是利用重力摆锤始终保持铅直方向的性质，测得仪器中轴线与摆锤垂直线的倾角，倾角的变化导致电信号的变化，经转化输出并在仪器上显示，从而可以知道被测体的位移变化值。实际量测时，将测头插入测斜管内，并沿管内导槽缓慢下滑，按设定的间距逐段测定各位置处管道与铅直线的相对倾角，假设桩墙（土体）与测斜管挠曲协调，就能得到被测体的深层水平位移，只要量测点间距足够小（通常为 0.5m），就能良好反映被测体的水平位移。如图 11.3-3 所示。

用测头连续在任一深度 i 点上测试的总位移：

$$\delta = \sum \Delta i = \sum_{i=1}^{n} L\sin\theta_i$$

式中　δ——任一点水平位移（mm）；

　　　L——量测点的分段长度（mm）；

　　　θ_i——量测管轴线与铅垂线夹角（°）。

2. 测斜仪的选用

测斜仪的综合精度主要由四方面控制，在测头的灵敏度、接收仪精度、电缆性能固定时，测斜仪的精度要求不宜小于表 11.3-2 的规定。

测斜仪精度　　　　　　　　　　　　　　　　表 11.3-2

基坑类别	一级	二级和三级
系统精度（mm/m）	0.10	0.25
分辨率（mm/500mm）	0.02	0.02

3. 测斜管的选用及埋设技术

测斜管的性能及安装埋设质量是影响测斜精度的主要因素。测斜管必须顺直，有一定刚度，能承受较高的周围压力，同时也应有一定的柔性，能适应地基变形。

测斜管埋设方式主要由钻孔埋设、绑扎埋设两种，如图 11.3-4 所示。一般测围护桩墙挠曲时采用绑扎

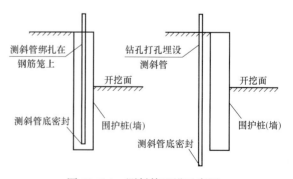

图 11.3-4 测斜管埋设示意图

埋设和预制埋设，测土体深层位移时采用钻孔埋设。

对于预钻孔埋管，成孔后应尽快埋入，向钻孔内逐节加长直至设计深度，同时向测斜管中注水，一则减少管内外压差避免泥浆进入；二则增加重量易于沉管；三则减少弯曲扭转。安装时尽可能使一组导槽垂直可能变形方向。然后，在测斜管和钻孔孔隙内回填砂，使导管和周围土体耦合良好，使量测的变形能够真正反映土体变形。对于埋设在混凝土灌注桩中的测斜管，测斜管应与钢筋笼捆绑结实，以减小混凝土浇筑时的影响，并尽量保持测斜管顺直，使一组导槽垂直可能变形方向。

测斜管应在正式测读前一周以前安装完毕，并在此期间重复测量 3 次以上，判明测斜管处于稳定状态后方可开始正式测量工作。测斜管接口应处理得当并密封严实，以免泥砂进入，粘附导槽影响精度，严重者导致堵塞，测头无法通过，使观测中断。因此应注重密封工作，提高测斜管的埋设成功率。

4. 测斜测读方法

（1）参考点的选取。由位移公式知 i 点的位移可以由上而下累加或由下而上累加，因此理论上可以选取管口或管底作为参考点。但是对于深厚软土层中的基坑开挖或桩基工程，即使测斜管深度达 $2\sim2.5$ 倍基坑开挖深度，测斜管孔底位移也是实际存在的。对于桩基施工工程更是如此。如果假定孔底不动，量测结果将偏小。因此鉴于测斜管孔底位移的实际存在和无法精确量测，必须以测斜管口作为基准点进行修正，采用自上而下累加计算不同深度每个测点的绝对位移。在基坑开挖监测或桩基工程施工监测中观测测斜管孔口的平面位移一般可采用小角度法和视准线法。

（2）正反测读法。测斜仪在相反 180° 的读数之和理论上应为 0，但由于仪器及导管等因素影响，实际加数并不等于 0。因此对每个测孔都需进行正反 180° 测两次，以消除加速度计固有偏差 K_0 的影响。以正反两次读数差计算水平位移，这样可消除仪器固有误差。

（3）初始值测量。为保证初始值的正确性，应进行两组测量（每组正反 180° 测两次），取其均值作为初始值。

（4）测点间距。测斜原理是测定测头上下导轮间的斜率，以此来代表被测段测斜管的斜率，并以此计算各段的水平位移。一般测量中采用的测头导轮间距为 500mm、测点间距也采用 500mm，从而测量值的连续完整；在实际工程中有时采取 1m 测一次，即测点间距取 1m，这样被测段的斜率就延伸为 1m 内测斜管的斜率。如果测斜管是单向倾斜的，造成的误差尚小。若测斜管在 1m 内有突变或反弯点则造成的误差较大。因此，量测时测点间距尽量等于测头导轮间距。

（5）测点的深度位置。测点的深度位置是否每次固定对精度的影响很大，深度稍有不同、水平位移值相差很大，尤其是在位移变化较大处。因此要做到每次量测要固定在测斜管的同一深度位置上，测头要准确到位，减小数据离散性。

11.3.3 竖向位移监测

1. 竖向位移监测方法

竖向位移监测可采用几何水准或液体静力水准等方法。各等级几何水准法观测时的技术要求宜符合表 11.3-3 的要求。水准基准点数量不应少于 3 点。各监测点与水准基准点或工作基点应组成闭合环路或附合水准路线。

几何水准观测的技术要求　　　　　　　　　　表 11.3-3

基坑类别	使用仪器、观测方法及要求
一级基坑	DS05 级别水准仪，因瓦合金标尺，按光学测微法观测，宜按国家二等水准测量的技术要求施测
二级基坑	DS1 级别及以上水准仪，因瓦合金标尺，按光学测微法观测，宜按国家二等水准测量的技术要求施测
三级基坑	DS3 或更高级别及以上的水准仪，宜按国家二等水准测量的技术要求施测

2. 竖向位移监测精度

（1）基坑围护墙（坡）顶、立柱、基坑周边地表、管线和临近建筑的竖向位移监测精度应根据其竖向位移报警值按表 11.3-4 确定。

基坑结构及周围环境竖向位移监测精度（mm）　　　　表 11.3-4

竖向位移报警值	累计值 S(mm)	$S<20$	$20{\leqslant}S<40$	$40{\leqslant}S{\leqslant}60$	$S>60$
	变化速率 v_s(mm/d)	$v_s<2$	$2{\leqslant}v_s<4$	$4{\leqslant}v_s{\leqslant}6$	$v_s>6$
监测点测站高差中误差		${\leqslant}0.15$	${\leqslant}0.3$	${\leqslant}0.5$	${\leqslant}1.5$

注：监测点测站高差中误差系指相应精度与视距的几何水准测量单程一测站的高差中误差。

（2）坑底隆起（回弹）监测的精度应符合表 11.3-5 的要求。

坑底隆起（回弹）监测的精度要求（mm）　　　　表 11.3-5

坑底回弹(隆起)报警值	${\leqslant}40$	$40\sim60$	$60\sim80$
监测点测站高差中误差	${\leqslant}1.0$	${\leqslant}2.0$	${\leqslant}3.0$

3. 围护墙（坡）顶、立柱竖向位移

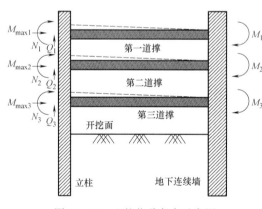

图 11.3-5　立柱位移危害示意图

支撑跨度较大的基坑，一般需采用立柱承担支撑结构的重量。立柱的不均匀位移会引起支撑体系各点在垂直面上与水平面上的差异位移，最终导致支撑结构产生较大的次应力（次应力在支撑结构设计时一般无法考虑）。若立柱间或立柱与围护墙间有较大的沉降差（图 11.3-5），则将导致支撑体系偏心受压甚至失稳，从而引发工程事故，因此对于支撑体系应加强立柱的位移监测。

在影响立柱竖向位移的所有因素中，基坑坑底隆起与竖向荷载是最主要的两个方面。基坑内土方开挖会引起坑内土层隆起，进而引起立柱桩上浮；支撑结构重量作用在立柱上会引起立柱桩下沉。故立柱位移与施工、土层性状、设计等因素有关，通过数值计算定量预测立柱变形比较困难，只能通过实时监测控制与调整。

4. 坑底隆起

基坑坑底隆起，主要原因有两方面：一是坑内土层卸荷引起的土体回弹；二是坑外一定范围内土体向坑内挤压。通过设置回弹观测标和深层沉降标，采用几何水准并配合传递高程的辅助设备进行监测，传递高程的金属杆或钢尺等应进行温度、尺长和拉力等项修正。

坑底隆起测量示意图见图 11.3-6，隆起典型曲线见图 11.3-7。

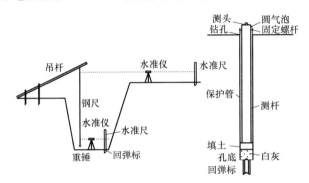

图 11.3-6　坑底隆起测量示意图

图 11.3-7　坑底隆起曲线

5. 管线

基坑开挖会引起埋设于地下的周围管线位移，在基坑工程施工中，应根据地层条件和既有管线种类、形式机器使用年限，制定合理的控制标准，以保证施工影响范围内既有管线的安全和正常使用。管线监测可采用直接法和间接法两种方法。

直接法就是直接对管线进行监测，可采用图 11.3-8 方法设置监测测点。

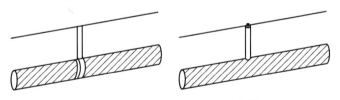

图 11.3-8　管线直接监测法监测测点

间接法就是不直接观测管线本身，而是通过观测管线周围的土体变形从而间接分析管线的变形，间接法常用的测点设置方法有：

(1) 观测底面

将测点设在靠近管线底面的土体中，观测底面的土体位移。此法常用于分析管道纵向弯曲受力状态或跟踪纵向差异沉降。

(2) 观测顶面

将测点设在管线轴线相对应的地表或管线的井盖上观测。由于测点与管线本身存在介质，因而观测精度较差，但可避免破土开挖，只有在设防标准较低的场合采用，一般情况下不宜采用。

管线的破坏模式一般情况有两种：一种是管段在附加拉应力作用下出现裂缝，甚至发生破裂而丧失工作能力；二是管段完好，但管段接头转角过大，接头不能保持封闭状态而发生渗漏。地下管线应按柔性管和刚性管分别进行考虑。

由于大多数重要管线特别是刚性管线对变形比较敏感，报警值比较小（10～40mm），破坏后影响范围大，因此宜采用高精度观测，并与一等水平位移量测的精度要求相对应，监测精度宜不低于1.5mm；而对监测报警值大于30mm的变形敏感性较低的管线，可将监测精度调整为"不宜低于3.0mm"，与二等水平位移量测的精度要求相对应。

6. 周围建筑物竖向位移

基坑工程的施工会引起周围土层沉降，从而导致地面建（构）筑物的沉降或不均匀沉降。根据规范，建筑物变形监测需进行沉降、倾斜和裂缝三种监测。监测范围宜从基坑边起至1～3倍开挖深度的距离。

（1）在建筑物变形观测前，必须收集和掌握以下资料：①建筑物结构和基础设计资料，如受力体系、基础类型、基础尺寸和埋深、结构物平面布置等；②地质勘测资料；③基坑工程围护设计方案、施工计划、坑内外降水方案等。

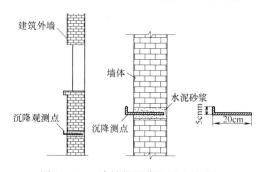

图11.3-9　建筑物沉降监测点示意图

（2）监测点设置：在建筑物外侧墙体上打孔，并将膨胀螺栓或道钉打入，或利用其原有沉降监测点。沉降监测点布置图见图11.3-9。

（3）监测方法：采用精密水准仪监测，测量测点高程，本次高程与前次高程的差值为本次沉降量，本次高程与初始高程差值为累计沉降量。

7. 土体分层竖向位移

（1）土体分层竖向位移可通过埋设分层磁环式深层沉降标，采用分层沉降仪进行量测；或者通过埋设深层沉降标，采用水准测量方法进行量测。

（2）磁环式分层沉降标或深层沉降标应在基坑开挖前至少1周埋设。采用磁环式深层沉降标时，应保证沉降管安置到位后与土层密贴牢固。

（3）土体分层竖向位移的初始值应在磁环式分层沉降标或深层沉降标埋设稳定后量测，稳定时间不应少于1周并获得稳定的初始值。

（4）采用分层沉降仪量测时，每次测量应重复2次并取平均值作为测量结果，沉降仪的系统精度不宜低于1.5mm；采用深层沉降标结合水准测量时，水准监测精度宜参照表11.3-5。

（5）采用磁环式分层沉降标或深层沉降标监测时，每次监测应测定管口高程的变化，然后换算出测管内各监测点的高程。

11.3.4　倾斜监测

1. 建筑物倾斜监测应测定监测对象顶部相对于底部的水平位移和高差，分别记录并计算监测对象的倾斜度、倾斜方向和倾斜速率。应根据不同的现场观测条件和要求，选用投点法、激光铅直仪法、前方交会法、垂吊法、倾斜仪法和差异沉降法等。

2. 建筑物倾斜监测精度应符合《工程测量规范》GB 50026 及《建筑变形测量规程》JGJ 8 的有关规定。

11.3.5　裂缝监测

1. 裂缝监测可采用以下方法：

（1）对裂缝宽度监测，可在裂缝两侧贴石膏饼、画平行线或贴埋金属标志等，采用千分尺或游标卡尺等直接量测的方法；也可采用裂缝计、粘贴安装千分表法、摄影量测等方法。

（2）裂缝长度监测，宜采用直接量测法。

（3）对裂缝深度量测，当裂缝深度较小时宜采用凿出法和单面接触超声波法监测；深度较大裂缝宜采用超声波法监测。

2. 应在基坑开挖前记录监测对象已有裂缝的分布位置和数量，测定其走向、长度、宽度和深度等情况，标志应具有可供量测的明晰端面或中心。

3. 裂缝宽度监测精度不宜低于 0.1mm，长度和深度监测精度不宜低于 1mm。

11.3.6　支护结构内力监测

1. 内力监测方法及精度要求

基坑开挖过程中，支护结构内力监测是防止基坑支护结构发生强度破坏的一种较为可靠的监控措施，支护结构内力变化可通过在结构内部或表面安装应变计或应力计进行量测。对于钢筋混凝土支撑，宜采用钢筋应力计（钢筋计）或混凝土应变计进行量测；对于钢结构支撑，宜采用轴力计进行量测。支护结构内力监测值应考虑温度变化的影响，对钢筋混凝土支撑尚应考虑混凝土收缩、徐变以及裂缝开展的影响。

应力计或应变计的量程宜为设计值的两倍，分辨率不宜低于 0.2%F·S，精度不宜低于 0.5%F·S。围护墙（桩）及支撑结构等的内力监测元件宜在相应工序施工时埋设并在开挖前取得稳定初始值。

2. 量测元器件设置安装

（1）围护墙（桩）

围护墙、桩等内力宜在围护墙、桩钢筋制作时，在主筋上焊接钢筋应力计的预埋方法进行量测。

采用钢筋混凝土材料制作的围护桩，其内力通常是通过测定构件受力钢筋的应力或混凝土的应变，然后根据钢筋与混凝土共同作用、变形协调条件反算得到，钢构件可采用轴力计或应变计等量测。内力监测值宜考虑温度变化等因素的影响。

钢筋计量测混凝土围护结构弯矩和内力的安装示意图见图 11.3-10。

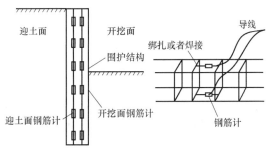

图 11.3-10　钢筋计量测围护结构
弯矩和内力安装示意图

当绑扎完钢筋笼后，将钢筋应力计焊接到受力主筋上，并将导线导出地表。钢筋笼下沉前应对所有钢筋计编号、焊接位置、成活率进行复核，合格无误后方可施工。钢筋计的水平连接应与基坑边线垂直，并保持下沉过程中不发生扭曲。钢筋笼焊接时，要对测量电缆遮盖保护。浇捣混凝土时，应避免导管上下时损伤传感器和电缆。

钢筋应力计具体的安装步骤：（1）确定安装位置。钢筋笼组装完毕后，在安装钢筋计的位置标记；（2）安装钢筋计。截断主筋，焊接钢筋计代替主筋；（3）配线。将导线绑扎在钢筋上沿钢筋轴向导出；（4）安装质量复核。混凝土浇筑前后全数测定检查。

（2）平面支撑结构

平面支撑内力的监测应根据支撑杆件采用的不同材料，选择不同的监测方法和监测传感器。对于混凝土支撑杆件，目前主采用钢筋应力计或混凝土应变计；对于钢支撑杆件，多采用轴力计或表面应变计。支撑轴力安装示意图见图 11.3-11 和图 11.3-12。

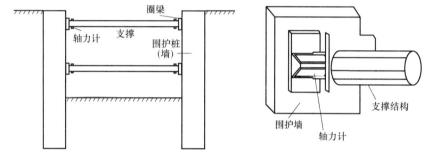

图 11.3-11 钢支撑轴力计安装

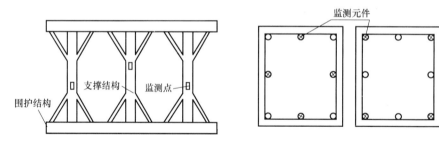

图 11.3-12 混凝土支撑轴力计安装方法

支撑的内力不仅与监测计安装的截面位置有关，而且与所监测截面内的监测计的布置有关，支撑轴力由各测点应力平均后与支撑杆件截面相乘计算，它反映的仅是所监测截面的平均应力。

施工过程中，实测的支撑轴力时程曲线与挖土工况应具有相关性，也与围护墙、其他相邻支撑杆及立柱之间具有力学上的耦合作用，一旦这种关联性或耦合性出现聚变或出现异常现象时，应及时分析原因，综合判断。此外，支撑内力极其复杂，支撑杆的截面有轴力与弯矩，而且可随开挖工况改变而改变，如果布置的监测截面和监测点数量较少或位置不正确，实测的内力将不能真实反映支撑体系的受力情况，甚至会导致错误判断。

（3）内力计算方法

量测弯矩时，对称安装的钢筋应力计一侧受拉、一侧受压。量测钢筋轴力时，对称安装的钢筋应力计均轴向受拉或受压。由标定的钢筋应变值得出应力值，再计算整个混凝土构件所受的弯矩或轴力。

弯矩：

$$M = \frac{E_c}{E_s} \times \frac{I_c}{d} \times (\sigma_1 - \sigma_2) \times 10^{-5}$$

轴力：

$$N = K \times \frac{\varepsilon_1 + \varepsilon_2}{2} \times 10^{-3} = \frac{A_c}{A_s} \times \frac{E_c}{E_s} \times K_1 \times \frac{\varepsilon_1 + \varepsilon_2}{2} \times 10^{-3}$$

式中　M——弯矩（kN·m）；

　　　N——轴力（kN）；

　σ_1、σ_2——开挖面、迎土面钢筋计应力（kN/m²）；

　　　I_c——结构断面惯性矩（m⁴）；

　　　d——开挖面、迎土面钢筋计之间的中心距离（m）；

　ε_1、ε_2——上下端钢筋计应变（$\mu\varepsilon$）；

　　　K_1——钢筋计标定系数（kN/$\mu\varepsilon$）；

　E_c、A_c——混凝土结构的弹性模量（kN/m²）、断面面积（m²）；

　E_s、A_s——钢筋计的弹性模量（kN/m²）、断面面积（m²）。

围护墙内力监测点应考虑围护墙内力计算图形，布置在围护墙出现弯矩极值的部位，监测点数量和横向间距视具体情况而定。平面上宜选择在围护墙相邻两支撑的跨中部位、开挖深度较大以及地面堆载较大的部位；竖直方向（监测断面）上监测点宜布置支撑处和相邻两层支撑的中间部位，间距宜为 2～4m。

11.3.7　锚杆及土钉内力监测

通过锚杆及土钉内力监测，可实时确认其工作性能。锚杆拉力量测宜采用专用的锚杆轴力计，钢筋锚杆可采用钢筋应力计或应变计，当使用钢筋束时，应分别监测每根钢筋的受力。锚杆轴力安装如图 11.3-13 所示。

预应力锚杆应在施加前安装并取得初始值。根据相关规定，锚杆或土钉锚固体未达到足够强度不得进行下一层土方的开挖，为此一般应保证锚固体有 3d 的养护时间后才能进行下一层土方开挖，应在下一层土方开挖前连续 2d 获得的稳定测试数据的平均值作为初始值。

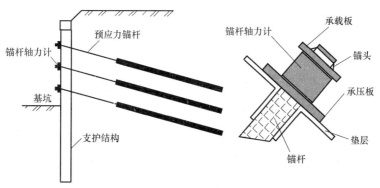

图 11.3-13　锚杆轴力安装示意图

锚杆及土钉专用测力计、钢筋应力计和应变计的量程宜为对应设计值的两倍，分辨率不宜低于 0.2%F.S.，精度不宜低于 0.5%F.S.。

锚杆轴力计算式如下：

$$P = k(f_i^2 + f_0^2)$$

式中　P——锚杆轴力（kN）；

　　　k——标定系数（kN/Hz²）；

　　　f_i——测试频率；

　　　f_0——初始频率。

11.3.8　土压力监测

围护墙侧向土压力是基坑支护结构周围的土体传递给挡土构筑物的压力，通常采用在量测位置上埋设压力传感器来进行。土压力传感器常用的土压力传感器有钢弦式和电阻式等。由于土压力传感器的结构形式和埋设部位不同，埋设方法很多，例如挂布法、顶入法、弹入法、钻孔法等。土压力传感器受力面应与所需监测的压力方向垂直并紧贴被监测对象；埋设过程中应有土压力膜保护措施；同时，应做好完整的埋设记录。土压力传感器埋设在围护墙施工期间或完成后均可进行。在围护墙完成后安装，由于土压力传感器无法紧贴围护墙埋设，因而所测数据与围护墙上实际作用的土压力有一定差别。与围护墙施工同期进行，则需解决好土压力传感器在围护墙迎土面上的安装问题。在水下浇筑混凝土过程中，要防止混凝土将面向土层的土压力传感器表面钢膜包裹。图 11.3-14、图 11.3-15 分别为顶入法和弹入法土压力传感器设置原理图。图 11.3-16 为钻孔法进行土压

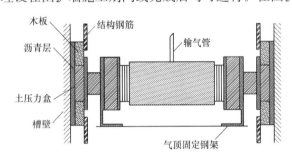

图 11.3-14　顶入法进行土压力传感器设置

力测试时的仪器布置图。

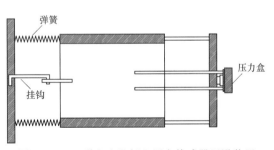

图 11.3-15　弹入法进行土压力传感器埋设装置

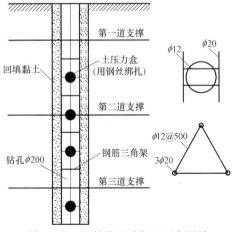

图 11.3-16　钻孔法进行土压力测量

围护墙侧向土压力监测点的布置应选择在受力、土质条件变化较大的部位，在平面上宜与深层水平位移监测点、围护墙内力监测点位置等匹配，这样监测数据之间可以相互验

证，便于对监测项目的综合分析。在竖直方向（监测断面）上监测点应考虑土压力的计算图形、土层的分布以及与围护墙内力监测点位置的匹配。土压力计的量程应满足被测压力的要求，其上限可取设计压力的两倍，精度不宜低于 0.5%F.S，分辨率不宜低于 0.2%F.S。

（1）土压力盒的量程与精度

土压力盒的量程应满足下式要求：

$$P = P_O + P_g + P_p + P_s$$

式中　P——选择的土压力盒量程；

　　　P_O——理论静止土压力；

　　　P_g——打（压）入或夯土填实引起的挤压力；

　　　P_p——支护结构位移引起的被动土压力增量；

　　　P_s——施工工艺引起的附加应力增量。

土压力盒精度应小于 1%。

（2）土压力盒的选用

选用构造合理的土压力盒。受压板直径 D 与板中心变形 δ 之比要大，以减小压力集中的影响。根据研究：D/δ 的下限，对土中土压力盒为 2000，对接触式土压力盒为 1000。测量土中土压力，应采用直径与厚度之比较大的双膜土压力盒；测量接触面压力，可采用直径与厚度之比较小的单膜土压力盒。

（3）压力膜的施工保护

为避免颗粒粗、硬度高的回填材料对压力膜的直接冲击，而且使压力膜均匀受力，常用的最好措施是沥青囊间接传力结构。沥青囊大小，视围护结构的形式、回填材料的组成及回填工艺确定，挡土压力盒承压膜直径 d 为 100mm 时，采用（4~5）d 的边长。对于降水基坑，间接传力膜的设置也可采用细粒材料。无论采用哪一种材料的间接传力介质，都必须密实。在使用过程中，不允许挤出或流失。

（4）测试数据处理

土压力计算式如下：$P = k(f_i^2 + f_0^2)$

式中　P——土压力（kPa）；

　　　k——标定系数（kPa/Hz²）；

　　　f_i——测试频率；

　　　f_0——初始频率。

11.3.9　地下水位监测

深基坑工程地下水位和水头监测包括坑内、坑外水位和水头监测。通过水位观测可以控制基坑工程施工过程中周围地下水位下降的影响范围和程度，防止基坑周边水土流失；另外，还可以检验降水井的降水效果，观测降水对周边环境的影响。当有多层含水层时，必须设置分层监测孔，对每层水的动态进行监测。

地下水位和水头监测宜通过孔内设置水位管，采用水位计等方法进行测量。潜水水位管应在基坑施工前埋设，滤管长度应满足测量要求；承压水头监测时被测含水层与其他含水层之间应采取有效的隔水措施。水位管宜在基坑开始降水前至少 1 周埋设，且应逐日连续观测水位并取得稳定初始值。地下水位量测精度不宜低于 10mm。

水位监测布置示意图见图 11.3-17。

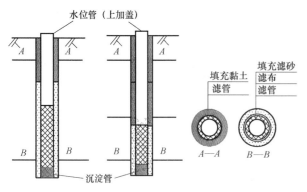

图 11.3-17　潜水水位与承压水水头监测示意图

11.3.10　孔隙水压力监测

目前，主要采用孔隙水压力计和频率仪进行孔隙水压力的监测。孔隙水压力计的探头分为钢弦式、应变式两种类型，探头均由金属壳体和多孔元件（如透水石）组成。其工作原理是把多孔元件放置在土中，使土中水通过多孔元件的孔隙，把土体颗粒隔离在元件外面而只让水进入有感应膜的容器内，再测量容器中的水压力，即可测出孔隙水压力。

孔隙水压力探头埋设有压入法和钻孔法两种。压入法适用于软土土质，是将孔隙水压力计直接压入埋设深度；若有困难，可先钻孔至埋设深度以上 1m 处，再将孔隙水压力压至埋设深度，用黏土球封孔至孔口。钻孔法是在埋设点采用钻机钻孔，钻孔直径宜为 110～130mm，不宜使用泥浆护壁成孔，钻孔应圆直、干净。达到要求的深度或标高后，先在孔底填入部分干净的砂，然后将探头放入，再在探头周围填砂，最后采用膨胀性黏土或干燥黏土球将钻孔上部封好，使得探头测得的是该标高土层的孔隙水压力。图 11.3-18 为孔隙水压力探头在土中的埋设情况，其技术关键在于保证探头周围垫砂渗水流畅，其次是断绝钻孔上部的向下渗漏。原则上一个钻孔只能埋设一个探头，但为了节省钻孔费用，也有在同一钻孔

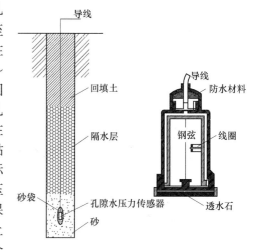

图 11.3-18　孔隙水压力探头及埋设示意图

中不同标高处埋设多个孔隙水压力探头。在这种情况下，需要采用干土球或膨胀性黏土将各个探头进行严格相互隔离，否则达不到测定各土层孔隙水压力变化的作用。

孔隙水压力计应在事前 2～3 周埋设，埋设前应符合下列要求：① 孔隙水压力计应浸泡饱和，排除透水石中的气泡；② 检查率定资料，记录探头编号，测读初始读数。

孔隙水压力计埋设后应测量初始值，且宜逐日量测 1 周以上并取得稳定初始值。应在孔隙水压力监测的同时，测量孔隙水压力计埋设位置附近的地下水位。

11.3.11　现场巡查

基坑工程整个施工期内，每天均应有专人进行巡视检查。

基坑工程巡视检查应包括以下主要内容：

（1）支护结构

① 支护结构成型质量；

② 冠梁、支撑、围檩有无裂缝出现；

③ 支撑、立柱有无较大变形；

④ 止水帷幕有无开裂、渗漏；

⑤ 墙后土体有无沉陷、裂缝及滑移；

⑥ 基坑有无涌土、流沙、管涌。

（2）施工工况

① 开挖后暴露的土质情况与岩土勘察报告有无差异；

② 基坑开挖分段长度及分层厚度及支锚设置是否与设计要求一致；

③ 场地地表水、地下水排放状况是否正常，基坑降水、回灌设施是否运转正常；

④ 基坑周围地面有无超载。

（3）基坑周边环境

① 周边管道有无破损、泄露情况；

② 周边建（构）筑物有无裂缝出现；

③ 周边道路（地面）有无裂缝、沉陷；

④ 邻近基坑及建（构）筑物的施工变化情况。

（4）监测设施

① 基准点、监测点完好状况；

② 有无影响观测工作的障碍物；

③ 监测元件的完好及保护情况。

（5）根据设计要求或当地经验确定的其他巡视检查内容

巡视检查的检查方法以目测为主，可辅以锤、钎、量尺、放大镜等工器具以及摄像、摄影等设备进行。

巡视检查应对自然条件、支护结构、施工工况、周边环境、监测设施等的检查情况进行详细记录。检查记录应及时整理，并与仪器监测数据综合分析。

巡视检查如发现异常和危险情况，应及时通知建设方及其他相关单位。

11.4 监测成果及应用

11.4.1 监测数据处理与分析

基坑工程监测所得的大量数据，必须对它们进行整理、去伪、分类、制图（表）、关联，形成便于使用的成果，从而清晰反映位移场和应力场的变化规律。为此应对监测资料进行处理：

（1）检查收集的资料是否完整；

（2）对原始观测资料进行可靠性检验和误差分析，评判原始观测资料的可靠性，分析误差的大小、来源和类型；

（3）数据转换计算，必要时对需要修正的资料进行计算修正；

（4）可疑数据查证，原因分析；

（5）基坑状态初步评估。

基坑工程监测是一个系统，系统内的各项目监测有着必然的、内在的联系。某一单项的监测结果往往不能揭示和反映整体情况，必须结合相关项目的监测数据和自然环境、施工工况等情况以及以往数据进行分析，才能通过相互印证、去伪存真，正确地把握基坑及周边环境的真实状态，提供出高质量的综合分析报告。相关项目的监测数据和自然环境、施工工况等情况以及以往数据进行综合分析，为基坑风险评估、信息化施工及优化设计提供依据。

1. 数据可靠性及误差分析

基坑工程监测数据可采用比对法进行可靠性及误差分析。

一方面，一致性比对分析。比对某一时间段上连续监测的数据的变化趋势是否一致。如任一点本次测值与前一次或前几次观测值的变化关系，或连续量测值的差值的变化规律等。

另一方面，关联性比对分析。某一空间点（或邻近点）布设一些有内在物理或力学关系的监测项目，比对其量值之间的关联性。如比对某点或邻近点的相关监测项目实测值，是否符合其应有的物理力学关系，或者分析原始测值变化和基坑的特点是否相适应。

比对方法是以仪器量测值的相互关系为基础的逻辑分析方法，可以初步筛选数据、分析误差，此后还需使用数理统计方法对数据的误差类型、来源、大小等进行深入检验与处理。

2. 数据成果统计及分析

可采用统计检验法进行，一般包括数据整理、数据方差分析、数据曲线拟合和插值法四方面。

由于监测数据需要保存的时间长、数据量大，监测数据整理和管理应采用计算机辅助计算或应用数据库管理系统进行。

由于各种可预见或不可预见的原因，现场监测所得的原始数据具有一定的离散性，需对深基坑工程各项监测数据进行综合性的定性和定量分析，找出其变化规律及发展趋势，以实现对基坑的工作状态做出评估、判断和预测，达到安全监测的目的，同时为进行科学研究、验证和提高深基坑工程设计理论和施工技术提供重要依据，这个阶段的工作可分为：

（1）成因分析（定性分析）。对工程本身（内因）与作用的荷载（外因）以及监测本身，加以分析、总结，确定监测值变化的原因和规律性。

（2）统计分析。根据成因分析，对实测数据进行统计分析，从中寻找规律，并导出监测值与引起变化因素之间的函数关系。

（3）对监测数据安全性趋势的判断。在成因分析和统计分析的基础上，可根据求得的监测值与引起变化因素之间的函数关系，预报未来监测值的范围和判断基坑工程的安全程度。

11.4.2　成果反馈

监测成果反馈形式包括当日报表、阶段性报告、总结报告。报表应按时报送，监测成果宜用表格和变化曲线或图形反映。

当日报表是信息化施工的重要依据，当日报表强调及时性和准确性，对监测项目应有正常、异常和危险的判断性结论。当日报表应包括下列内容：

(1) 当日的天气情况和施工现场的工况；

(2) 仪器监测项目各监测点的本次测试值、单次变化值、变化速率以及累计值等，必要时绘制有关曲线图；

(3) 巡视检查的记录；

(4) 对监测项目应有正常或异常的判断性结论；

(5) 对达到或超过监测报警值的监测点应有报警标示，并有原因分析及建议；

(6) 对巡视检查发现的异常情况应有详细描述，危险情况应有报警标示，并有原因分析及建议；

(7) 其他相关说明。

阶段性监测报告是经过一段时间的监测后，监测单位通过对以往监测数据和相关资料、工况的综合分析，总结出的各监测项目以及整个监测系统的变化规律、发展趋势及其评价，用于总结经验、优化设计和指导下一步的施工。阶段性监测报告可以是周报、旬报、月报或根据工程的需要不定期的报告。报告的形式采用文字叙述和图形曲线相结合，对于监测项目监测值的变化过程和发展趋势尤以过程曲线表示为好。阶段性监测报告强调分析和预测的科学性、准确性，报告的结论要依据充分。阶段性监测报告应包括下列内容：

(1) 该监测期相应的工程、气象及周边环境概况；

(2) 该监测期的监测项目及测点的布置图；

(3) 各项监测数据的整理、统计及监测成果的过程曲线；

(4) 各监测项目监测值的变化分析、评价及发展预测；

(5) 相关的设计和施工建议。

基坑工程监测总结报告是基坑工程监测工作全部完成后监测单位提交给委托单位的竣工报告。总结报告一是要提供完整的监测资料；二是要总结工程的经验与教训，为以后的基坑工程设计、施工和监测提供参考。基坑工程监测总结报告的内容应包括：工程概况；监测依据；监测项目；测点布置；监测设备和监测方法；监测频率；监测报警值；各监测项目全过程的发展变化分析及整体评述；监测工作结论与建议。

11.4.3 基坑风险评估

对深基坑的风险评估，有采用单一参数评估与多参数评估方法。

1. 单参数评估方法

就是对监测参数设置某一限值，设定的限值被认为是安全转折点，超出限值即报警。这种方法忽视了各参数之间存在的复杂物理力学关系，一方面导致某些基坑监测数据虽未达到报警值，但是已经有潜在的风险产生的情况；另一方面导致基坑频繁报警，但基坑其他监测指标远未达到报警值、减弱了监测的意义。

2. 多参数评估方法

基坑工程复杂性要求我们对基坑风险的评估方法必须全面，考虑基坑的力学特性、结合基坑的变形特点、对数据的经验统计分析可以对基坑进行全面的健康评估，可以弥补单参数评估方法所遗漏的风险，表 11.4-1 总结了多参数评估时数据的表现与对应的风险源。

多参数评估方法中数据表现与风险源

表 11. 4-1

编号	危险源	基坑监测数据表现
1	降水引发地表沉降	地表最大沉降大于围护结构最大位移
2	地表超载引发地层扰动	地表沉降槽体积和墙厚损失槽体积相差过大
3	坑外水位下降	
4	坑底异常隆起	
5	地表超载引发地层不均匀沉降	
6	局部支撑失效	支撑轴力和支撑压缩量不匹配
7	支撑失稳	立柱桩隆沉产生的附加挠度不满足要求

基坑监测参数之间的力学相关性是单参数评估方法容易忽视的，但这些关系又从不同方面反映了基坑的内在隐患，是显示深基坑健康状况的重要依据，在单参数评判方法的基础上，根据基坑监测参数之间的力学相关性以及对数据的统计分析，提出多参数风险评估方法，具体评判标准如下，可做参考。

（1）基坑最大地表沉降值 H 和围护结构最大侧移值 M，当 $H > M$ 时，基坑可能发生局部破坏、墙体渗漏、地表超载等风险。延伸到变化速率方面，当 $\Delta H > 1.0 \Delta M$、$\Delta H > 0.7 \times 20\% \Delta M_{max}$ 或者 $\Delta M < 20\% \Delta M_{max}$、$\Delta H > 0.7 \times 20\% \Delta M_{max}$，此时基坑的地表沉降率和围护结构的侧移变化率不匹配，可能存在土体扰动或者坑底隆起异常的风险。

（2）对于基坑连续墙后损失槽体积和地表沉降槽体积 V_s，当 V_s 介于 $0.5 \sim 1.5 V_w$ 之间时，认为安全；超出范围则认为地下水出现异常下降、基坑地表超载或者坑底隆起异常等，需要及时对风险源进行判定并采取相关措施。

（3）基坑的支撑轴力和支撑压缩量必须满足一定的关系，支撑压缩量通过支撑构件两端部差值代替，通过式 $K = \dfrac{EA\Delta\delta}{\Delta F_N L}$，其中 F_N 为支撑轴力，E 为支撑弹性模量，δ 为支撑压缩量，A 为支撑横截面积，L 为支撑长度。计算支撑轴力和围护结构侧移值的比例系数，K 值在 $0.5 \sim 2$ 之间认为安全，否则认为支撑有危险。

（4）通过计算基坑立柱桩隆沉对支撑作用产生的附加挠度 Δ，体现立柱桩的隆沉和地墙竖向位移的关系，再结合支撑的长度，按照相关规范要求，超出规范值则认为支撑有失稳的风险。

11.4.4 信息化施工与动态设计

信息化施工是指充分利用前期基坑开挖监测到的岩土及结构体变位、行为等大量信息，通过与勘察、设计的比较与分析，在判断前期设计与施工合理的基础上，反馈分析与修正岩土力学参数，预测后续工程可能出现新行为与新动态，进行施工设计与施工组织再优化，以指导后续施工方案、方法和过程。

动态设计是指利用现场监测资料的相关信息，借助反分析等研究手段，尽量真实的、动态的模拟岩土体和基坑结构的信息，并将这些信息反馈于设计和施工，以逐步调整设计参数和施工工艺，从而保证基坑的安全。

动态设计与信息化施工是相辅相成不可分割的整体，在设计方案的优化后，通过动态计算模型，按施工过程对围护结构进行逐次分析，预测围护结构在施工过程中的性状，例如位移、沉降、土压力、孔隙水压力、结构内力等，在施工过程中注意采集相应的信息，经处理后与预测结构比较，从而做出决策，修改原设计中不符合实际的部分。将所采集的信息作为已知量，通过反分析推求较符合实际的土质参数，并利用所推求的较符合实际的土质参数再次预测下一施工阶段围护结构及土体的性状，又采集下一施工阶段的相应信息。这样反复循环，不断采集信息，不断修改设计并指导施工，将设计置于动态过程中。通过分析预测指导施工，通过施工信息反馈修改设计，使设计及施工逐渐逼近实际。

反分析法其模型多种多样，鉴于基坑工程的时效性，施工中的基坑工程建议采用简单的、快速的、直观的反分析方法，比如监测曲线形态判断法和回归曲线法。

1. 曲线形态判断法

监测过程中及时绘制监测对象的效应量（如位移、应变等监测值）随时间变化的曲线。当某段曲线接近水平时，说明该监测对象在该段时间内处于稳定或基本稳定状态；若曲线逐渐向上抬起或向下弯曲，则说明监测对象有所变化，而且曲线变化越陡表示变化越剧烈。如果曲线发生突然变化，那么这一现象有可能是危险预兆。另外也借助于曲线的斜率（即变化速率）及其变化趋势来进行预测。当多个测点的监测效应量绘制在同一图上时，可判断它们之间的变化规律是否相似，是否存在明显的不协调或异常状况；当不同监测效应量随时间的变化线绘制在同一图上时，还可判断这些效应量之间是否存在相互关系，以及相互关系的紧密程度。以上就是根据效应量与时间关系曲线进行监测信息分析和发展趋势的曲线形态判断法。如图 11.4-1 所示，根据经验左边为正常的变化曲线，右边为反常的曲线，回执的监测曲线图中，如果出现拐点，就需要提高警觉，及时向有关部门汇报，以便采取措施。

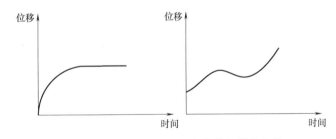

图 11.4-1　监测点变形正常曲线与异常曲线

2. 回归分析法

在对监测对象长期监测所获得的大量数据中，隐含着监测对象本身发生、发展的规律以及与外界因素之间的相互关系。如果曲线形态判断法这种简单的定性方法无法达到判别目的时，为了深化对监测数据规律性的认识，还可通过数据处理的方法寻找监测对象变化的定量规律或与外因的定量关系。回归分析就是用数理统计的方法，找出这种变量之间的相关关系的数学表达式，利用这些数学表达式以及对这些表达式的精度估计，可以对未知变量做出预测或检测其变化，或采取适当的对策。基坑工程中监测值的变化一般是由内外因素引起的，可以在大量的监测数据的基础上，通过回归分析的方法找出变量之间的内部规律，即统计上的回归关系。

11.5 工程实例

11.5.1 工程实例1：××基坑工程监测总结报告

1. 工程概况

××基坑工程：呈长方形，东西向长约327m，南北向宽约226m，周长约1106m，基坑面积约72625m²，地下二层、开挖深度约10.0m，基坑安全等级为一级。

支护方式：采用排桩结合一道内支撑，支护桩采用ϕ850～1000mm钻孔灌注桩单排布置，设计桩长17.65～24.15m，局部设有锚杆加固。坑周局部区域采用水泥搅拌桩作为止水帷幕。

周边环境：基坑北侧为48m宽城市主干道，与基坑平行，间距约15m，地下含各类管线，西侧为场地道路、25m外为深度超过4m的河流，东、南两侧为正在开挖的深度6m基坑，两基坑的围护桩与本基坑围护桩最大间距3m左右，南侧以栈桥形式连接，周边环境极为复杂。

基坑工程主要特点：

（1）基坑面积大、开挖深度深，土方量达88万 m³；

（2）该基坑为软土地区开挖深度约10.0m的深大基坑，但由于场地环境原因，仅能设置一道对称支撑结构，成功经验很少；

（3）由于基坑东南两侧为正在开挖的相邻基坑，时空上完全重叠，会导致开挖时南北、东西对称方向土压力不平衡；更重要的是平面支撑结构在基坑中间的节点，开挖中由于杆件两端位移差导致杆件内部次应力产生，设计中又无法考虑，会是巨大安全隐患；

（4）周围环境极为复杂，管线、河道、相邻基坑等，正常使用与安全均需严格保证。

2. 工程地质概况

根据场地的岩土工程勘察报告，基坑开挖影响范围内土层物理力学指标见表11.5-1。

工程地质概况

表 11.5-1

层号	岩土名称	层厚(m)	天然重度(kN/m³)	含水率 w(%)	渗透系数 （×10⁻⁶cm/s）		直剪固快	
					竖向 K_v	水平 K_h	内聚力 c(kPa)	内摩擦角 φ(°)
①₂	黏土	0.3～2.8	19.1	0.89	0.299	0.410	26.1	13.5
②₁	淤泥质黏土	0.2～4.8	17.5	1.32	0.066	0.091	12.1	8.5
②₂	黏土	0.4～2.3	18.2	1.12	0.141	0.200	19.0	9.7
②₃	淤泥质黏土	7.9～15.2	17.3	1.36	0.079	0.105	12.6	8.5
③₁	粉砂	0.2～6.5	19.7*		90*	90*	1.8*	27.0*
③₂	粉质黏土	1.0～8.4	19.0	0.89	8*	8*	13.5	15.0

注：抗剪强度为峰值强度，* 为经验值。

3. 监测依据

（1）《建筑基坑工程监测技术规范》GB 50497—2009；

（2）《建筑基坑支护技术规程》JGJ 120—2012；

（3）《工程测量规范》GB 50026—2007；

（4）《建筑变形测量规范》JGJ 8—2016；

（5）本基坑设计文件、图纸、项目周边地下管线平面图；

（6）本工程岩土工程勘察报告。

4. 监测目的

（1）异常情况提前预警，确保支护结构的稳定和安全，确保周边环境和安全正常使用；

（2）根据监测数据有效控制施工进度、调整施工工艺，实行动态设计与信息化施工；

（3）检验施工质量。

5. 监测项目

根据工程等级、支护结构方式、挖土方案、基础施工、周围环境要求等，本基坑工程监测项目包括仪器监测及现场巡查项目如下。

（1）仪器监测

①桩顶水平位移监测；②桩顶竖向位移监测；③深层水平位移监测；④周边地表竖向位移监测；⑤支撑轴力监测。

（2）现场巡查

巡查内容包括支护结构、施工工况、周边环境、监测设施等。

6. 基准点、监测点布设及保护

各监测项目的监测点布设依据：基坑围护设计图纸、现场实际情况布置、布设位置不妨碍监测对象的正常工作、尽量减少对施工作业的不利影响、易于监测点的保护。

根据本基坑工程周围环境时刻变化、挖土又随时受限于出土路径等多种不利因素，监测单位在监测前与设计、施工等相关单位多次研讨，共同对原基坑监测技术方案进行了多次优化，尤其是测点布置方法，加大对监测项目间可比性的关注，使得基坑风险评估时可采用多参数评估法。测点优化布置原则：同一种监测项目对称布置，同一类监测项目临近或共点布置，力学性质关联监测项目在关联部位布置，可靠性差的与高的监测项目配对布置，最先开挖部位的，或使用时间较长的，或内力较大的，或计算无法覆盖的支撑结构加大测点布置，周围环境加大巡视监测密度。

（1）基准点布设

工程南侧两个规划部门提供的宁波市独立坐标基准点，作为本工程监测的原始基准点；基坑西侧增设一个基准点，经闭合平差得到测点宁波市独立坐标系的坐标值。三个基准点离基坑均超过 5 倍基坑深度距离，可认为三个基准点均不受基坑开挖的影响。

在基坑的东北角、西北角、西南角各布置一个工作基点，工作基点到基坑边的距离约为基坑深度的 1～2 倍，使用中随时复核工作基点的坐标。

以上三个基准点及一个工作基点构成基坑监测的控制网。

（2）监测点布设

① 桩顶水平位移监测

基坑周边布置间距为 15～20m，共 54 个水平位移监测点（H1～H54）。基坑中部、多根支撑交汇处、施工栈桥下等部位的立柱共布置 143 个水平位移监测点（L1～L143）。在混凝土中埋设钢钉或埋设沉降标作为观测标识。

② 桩顶竖向位移监测

基坑周边布置间距为 15～20m，共布置 54 个竖向位移监测点（H1～H54，与水平位移同点位），在基坑中部、多根支撑交汇处、施工栈桥下等部位的立柱共布置 143 个竖向位移监测点（L1～L143，与立柱水平位移同点位）。

③ 深层水平位移监测

在代表性部位布置 34 个深层土体监测孔（C1～C34），孔深均为 26m。

④ 周边地表竖向位移监测

基坑西侧及北侧地面上共设置 40 个竖向位移监测点（D1～D40），监测剖面与坑边垂直，每个监测剖面数量为 3～8 个监测点不等。在地面埋设钢钉或埋设沉降标作为观测标识。

⑤ 支撑轴力监测

在支撑内力较大或在整个支撑系统中起关键作用的杆件上共设置 34 组钢筋应力计（Y1～Y34），以监测对应支撑梁所受轴力。角撑上每组均为两只钢筋应力计，对撑上每组均为四只钢筋应力计，应力计对称分布在梁的侧面。埋设时截断梁侧面的主筋，以应力计代替主筋，应力计与主筋采用单面搭接焊。

具体各监测点的位置详见图 11.5-1。

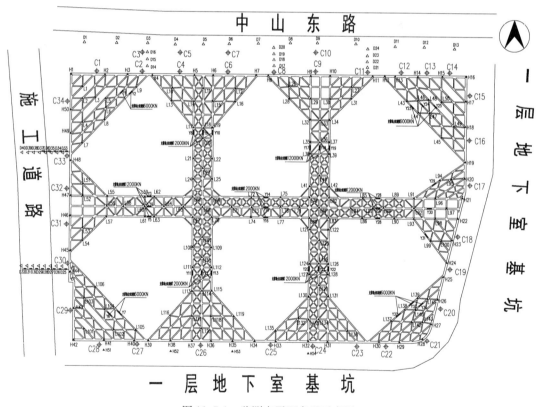

图 11.5-1 监测点平面布置示意图

(3) 监测点保护措施

① 监测点设置明显的警示标识，如涂红油漆、设警戒线、红色保护管等；

② 应力计缆线外套塑料保护管，以防浇筑混凝土时被破坏；

③ 测斜管、水位管采用砌墩等方式保护且明显标识，以避免人员、机械碰撞；

④ 与施工现象相关单位的协调沟通，文明施工，共同加强测点保护。

7. 监测方法、监测仪器及精度

本基坑采用的监测方法、监测仪器及精度见表 11.5-2。

基坑监测方法与仪器量程精度 表 11.5-2

序号	监测项目	监测方法	仪器名称型号	分辨率/精度
1	桩顶水平位移	极坐标法	GTS-102N 全站仪	测角精度：±2″/5″ 测距精度：±(2mm＋2ppm×D)
2	桩(柱)顶竖向位移	三等水准测量	DS05 高精度水准仪	中误差：0.5mm/km
3	深层土体位移	测斜	CX801d 测斜仪	分辨率：0.01mm/500mm 精度：±2mm/25m
4	周边地表竖向位移	三等水准测量	DS05 高精度水准仪	中误差：0.5mm/km
5	支撑轴力	钢筋应力计法	609 频率读数仪	分辨率：0.1Hz 精度：0.01％

8. 监测周期及频率

监测周期：自土方开挖环梁施工至地下室顶板施工完成。

监测频率：开挖期间及底板浇筑 7d 内 1 次/1d，底板浇筑 7d 后 1 次/(3～7)d；当监测值变形速率超过警戒值时和拆撑期间，适当加密监测。

9. 监测报警

根据设计图纸，各监测项目的报警值设置如表 11.5-3。

基坑监测项目及报警值 表 11.5-3

序号	监测项目	累计值 mm	变化速度(连续 3d)mm/d	备注
1	围护墙顶部(立柱)水平位移监测	40	4	
2	围护墙顶部竖向位移监测	30	3	
3	深层土体位移监测	50	4	
4	周边地表竖向位移监测	35	3	
5	支撑轴力监测	角撑 6000kN，对撑 12000kN		

当出现下列情况之一时，必须立即报警；若情况比较严重，应立即停止施工，并对基坑支护结构和周边的保护对象采取应急措施。

(1) 当监测数据达到报警值；

(2) 基坑支护结构或周边土体的位移出现异常情况或基坑出现渗漏、隆起等；

(3) 基坑支护结构的支撑或锚杆体系出现过大变形、压屈、断裂、松弛或拔出的迹象；

(4) 周边建(构)筑物、周边地面出现可能发展的变形裂缝或较严重的突发裂缝；

(5) 根据本地工程经验判断，出现其他必须报警的情况。

10. 监测人员配备

本基坑监测项目设立项目监测组，人员配备如下（略）。

11. 监测实施

(1) 仪器监测

① 水平位移观测

采用全站仪极坐标法测量，对中误差不大于 0.5mm，水平位移中误差不超过 1.5mm。测量后直接计算监测点的宁波市独立坐标系坐标值，与初始坐标值比较，得出该点的累计位移，进而求得本次位移及位移速率。

②竖向位移观测

环梁及支撑在混凝土中埋设钢钉、地面在土中埋设位移标或在硬化地面埋设钢钉、管线在地表露头处或工作井内、道路在边沿等，按监测方案设置观测标识点。每个测斜管附近设置一个地表水平及竖向位移观测点，确保管口水平位移、竖向位移、深层土体位移相互印证。

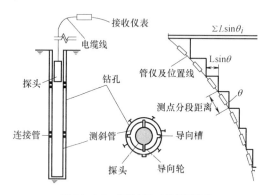

图 11.5-2　测斜仪工作原理图

采用三等水准测量，当地面下沉时沉降标跟着下沉。通过每次测量沉降标的高程，并与初始高程相比较，得出本次累计竖向位移，与前一次测量高程相比从而得出本次竖向位移。

③深层水平位移

测斜管埋设：应在基坑开挖一周前埋设完成。在预定的测点位置钻孔至设计深度，将测斜管逐节放入孔中，测斜管连接时应保证上、下管段的导槽相互对准顺畅，保持竖直无扭转，其中一组导槽方向应与所需测量的方向一致，接头处应密封处理，管底密封、孔口封盖。测斜管与钻孔之间孔隙应密实填充，填充固定完毕后，用清水将测斜管内冲洗干净，将探头模型放入测斜管内，沿导槽上下滑行一遍，以检查导槽是否畅通无阻，滚轮是否有滑出导槽的现象。

工作原理：当深层土体发生位移时，带动测斜管一起侧移，测斜管底部埋置于不受基坑开挖影响的相对稳定土层或非变形土层，可视为位移零点。测量时，测斜仪探头由下往上每 0.5m 逐段移动，由测斜仪测出每段的微小角度变化，进而算出每段的上下点位移差，最后把所有的位移逐段叠加，算出每隔 0.5m 点的位移，制成图表即可直观地反映出深层土体的位移情况。测斜仪工作原理见图 11.5-2。

$$\Delta i = L\sin\theta_i$$

式中　L——探头轮距，一般为 0.5m；

θ_i——某一深度倾斜角。

当测斜管管底位移视为 0 时，管口的水平位移值 S_n 即为各分段位移增量的总和：

$$S_n = \sum_{i=1}^{n} L\sin\theta_i$$

当测斜管上下两端有水平位移时，就需实测管口的水平位移 S_n，并向下推算各测点的水平位移值。

$$S_m = S_n - \sum_{i=m+1}^{n} L\sin\theta_i$$

测量的结果整理成各种曲线，可反映土体不同时期的水平位移情况。

④ 支撑轴力监测

采用振弦式钢筋应力计。钢筋应力计工作段长度大约为 200mm，内部有一根钢弦，独立的端部焊接在已切断的主筋上。钢筋计工作原理是：当传感器受拉（压）力后，钢弦的自振频率会发生相应的变化，电脉冲信号通过传感器内的激振线圈产生电磁力，激发钢弦作正弦机械振动，该振动使钢弦一侧的拾振线圈感应出同频的正弦电信号，通过导线传输到频率读数仪，显示出振动频率值。按照预先标定的力～频率关系曲线，即可得出作用在钢筋计上的拉（压）力，进而求得钢筋应变。根据钢筋混凝土构件受力时钢筋与混凝土同步变形原理，计算支撑混凝土受力。最后，将所有钢筋受力与混凝土受力相加，得出梁内轴力。

（2）现场巡查

监测期间，由专人每日现场巡视检查。现场巡查以目测为主，必要时辅量尺、放大镜等工器具。巡查内容包括自然条件、支护结构、施工工况、周边环境、监测设施等，及时做好检查记录必要时拍摄留存，并与仪器监测数据进行综合分析。

（3）监测组织

在基本相同的环境条件下，固定的观测人员采用相同的观测方法和观测路线，使用同一监测仪器和设备进行同一项目监测。

12. 监测成果

（1）仪器监测

① 水平位移

54 个冠梁顶水平位移监测点中有 16 个监测点的累计水平位移曾超过报警值；143 个立柱水平位移监测点均未超过报警值。选取部分典型的冠梁顶及立柱顶的水平位移量随时间的发展变化曲线见图 11.5-3～图 11.5-5。

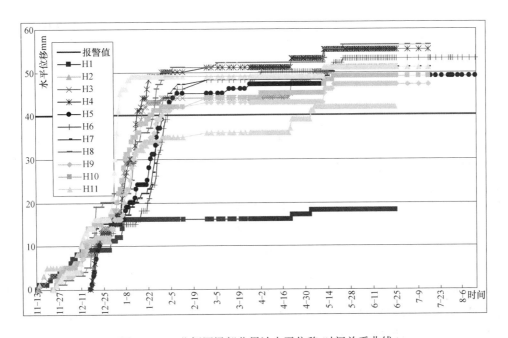

图 11.5-3　北侧冠梁部分累计水平位移-时间关系曲线

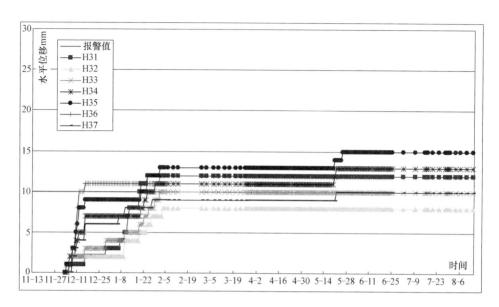

图 11.5-4　南侧冠梁部分累计水平位移-时间关系曲线

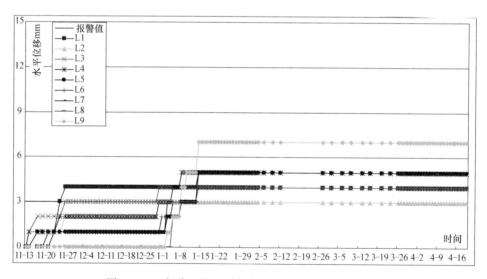

图 11.5-5　部分立柱监测点水平位移累计值-时间曲线

所有监测点水平位移发展规律及拐点位置，均与土体开挖进度对应。在开挖过程中快速加大、开挖停止后快速趋稳，从图 11.5-3～图 11.5-5 中可见在挖土完成后，位移逐渐稳定甚至部分恢复，形成曲线上的第一个平台；拆除支撑时产生第二次位移，曲线反映第二次位移均较小。换撑带及底板完成后，位移很快趋于稳定。

从累计水平位移量值看，在南北同一线上的监测点，北侧向南侧的水平位移量远远大于南侧向北侧的水平位移，但中间立柱位移并不大，导致支撑结构部分中间节点在水平位移尚未达到报警值时，因次应力集中而出现裂缝。由于事前已充分考虑到基坑可能出现的风险，采用了科学合理的测点布置，在监测数据未达到报警值前通过多参数风险评估，做出及时预警，施工方即刻调整挖土方案，北侧停止挖土、南侧加快加深挖土，通过调整使得支护结构同一线上的水平位移趋于一致，裂缝发展得到有效控制。

② 结构竖向位移

54 个冠梁顶竖向位移监测点和 143 个立柱桩顶竖向位移监测点均未超过报警值。部分冠梁顶及立柱顶的竖向位移量随时间的发展变化见图 11.5-6～图 11.5-8。

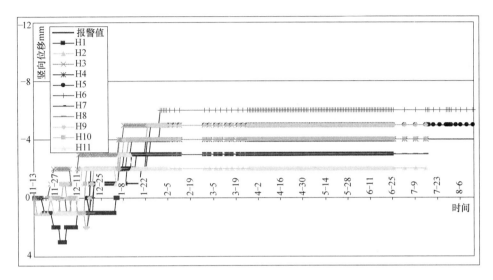

图 11.5-6　北侧冠梁部分监测点竖向位移累计值-时间曲线

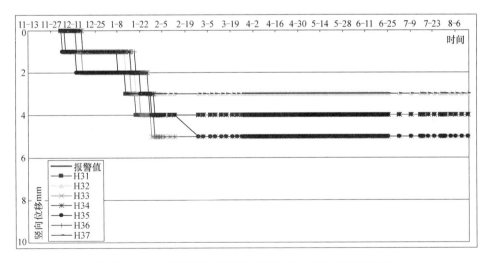

图 11.5-7　南侧冠梁部分监测点竖向位移累计值-时间曲线

所有监测点竖向位移均变化较小，从图中可见在挖土结束后，位移缓慢且逐渐处于稳定，甚至部分恢复。

③ 周边地表竖向位移

40 个周边地表竖向位移监测点中有 19 个监测点的竖向位移量超过报警值。部分周边地表竖向位移监测点的竖向位移量随时间的发展变化见图 11.5-9、图 11.5-10。

所有监测点竖向位移发展规律，也均与土体开挖进度对应。从累计竖向位移～时间关系曲线看：第一个阶段是第一层土挖除到支撑做好，是地面沉降由快速到趋缓的第一过

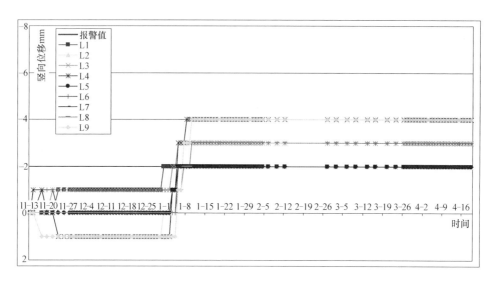

图 11.5-8 部分立柱监测点竖向位移累计值-时间曲线

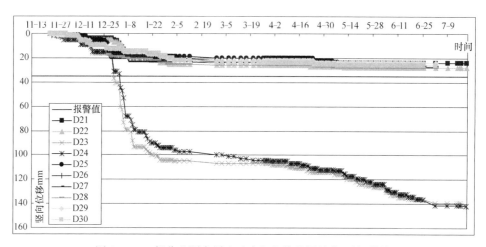

图 11.5-9 部分监测点周边地表竖向位移累计值-时间曲线

程；第二个阶段是支撑下挖土到底板浇筑完成，地面再次经历由快速下沉到缓慢下沉的第二过程；第三个阶段是拆除支撑后，地面处于持续缓慢下沉直至稳定的第三过程，这个过程较为漫长，部分监测点甚至在基坑工程监测结束时还未达到稳定。

尤其是基坑北侧临近城市主干道，基坑内侧由于开挖导致应力持续下降，基坑外侧由于大量车辆尤其是本工程及相邻工程的土方车辆带来的重载持续上升，地表沉降大、地面裂缝发展，基坑北侧所有地表监测点的竖向位移均非常大，最小的累计竖向位移为143mm，最大的达到200mm，达到报警值的 4～6 倍，深大基坑开挖对周围环境的影响极大。

④ 深层水平位移

34 个深层土体位移监测孔中有 20 个监测孔累计位移曾超过报警值，其中 C12 测斜管的位移最大，最大累计位移达到 147.84mm。各测斜孔的最大位移量及其对应的深度见表 11.5-4，部分测斜孔的深层土体累计位移随时间的变化关系绘制成图 11.5-11。

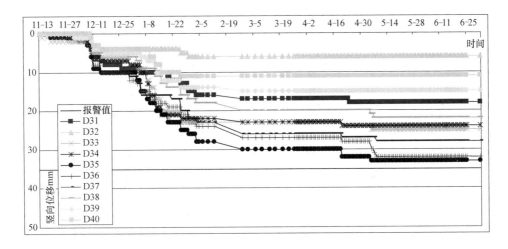

图 11.5-10　部分监测点周边地表竖向位移累计值-时间曲线

各测斜孔的最大位移量及其对应的深度　　　　　　表 11.5-4

孔号	C1	C2	C3	C4	C5	C6	C7	C8	C9	C10	C11	C12
最大累计位移(mm)	122.52	144.14	127.07	127.92	128.10	101.92	114.99	120.05	131.89	134.84	112.21	147.84
对应深度(m)	10.5	11.5	12.0	11.0	11.0	10.0	10.5	10.5	8.5	9.0	11.5	9.5
孔号	C13	C14	C15	C16	C17	C18	C19	C20	C21	C22	C23	C24
最大累计位移(mm)	130.40	132.42	28.18	17.48	20.79	17.91	18.67	23.89	28.91	10.15	17.20	44.94
对应深度(m)	11.5	9.0	4.5	6.5	6.5	8.0	6.0	7.0	6.0	12.5	9.0	10.0
孔号	C25	C26	C27	C28	C29	C30	C31	C32	C33	C34		
最大累计位移(mm)	6.42	—	—	—	70.36	86.07	105.26	105.26	84.43	80.02		
对应深度(m)	12.5	—	—	—	10.0	8.5	10.0	9.0	10.5	10.5		

a. 从深层水平位移曲线可看出，土体的位移明显分为两个阶段。第一个阶段是基坑内土体开挖，深层土体经历了一次加速位移到稳定的过程。第二个阶段是拆除支撑时，深层土体位移上部变化较明显，换撑结束后深层土体位移缓慢趋于稳定。

b. 深层土体位移量随深度的增加而先增大后减小，曲线大都呈半橄榄形。

c. 围护桩设计桩长为 17.65～24.15m，从深层土体变形曲线上看，在该深度处的深层土体均存在一定的变形，表明围护桩桩底也存在变形，侧面反映出桩底嵌固长度的不足。各测斜孔对应支护桩桩长及桩底处累计位移见表 11.5-5，这些数据可作为今后基坑设计理论发展的基础资料。

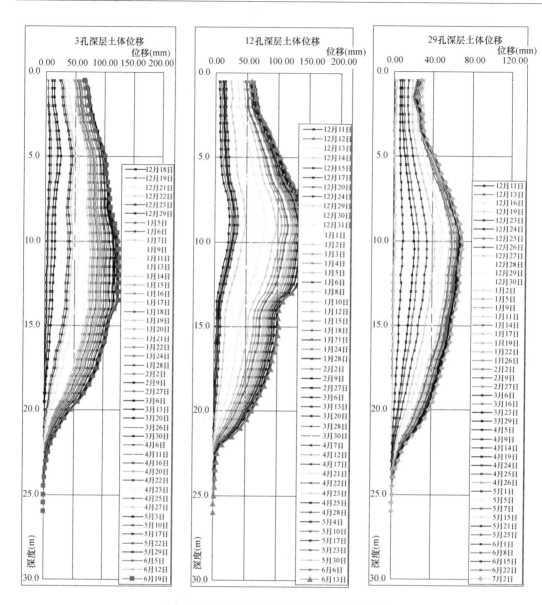

图 11.5-11　部分监测孔深层水平位移曲线

各监测孔处支护桩桩长及桩底位移量

表 11.5-5

孔号	C1	C2	C3	C4	C5	C6	C7	C8	C9	C10	C11	C12
支护桩长 （m）	22.65	24.15	24.15	22.65	22.65	22.65	22.65	22.65	22.65	22.65	22.65	22.65
桩底处累计 位移（mm）	13.39	6.32	0.83	22.74	12.41	4.63	7.86	15.10	7.99	9.22	11.76	6.04
孔号	C13	C14	C15	C16	C17	C18	C19	C20	C21	C22	C23	C24
支护桩长 （m）	22.65	22.65	20.15	20.15	20.15	17.65	17.65	17.65	17.65	20.65	20.65	20.65
桩底处累计 位移（mm）	9.58	4.34	0.92	3.64	3.12	0.95	5.87	2.32	6.99	2.03	0.51	5.07

孔号	C25	C26	C27	C28	C29	C30	C31	C32	C33	C34		
支护桩长（m）	20.65	—	—	—	21.65	21.65	21.65	21.65	22.65	22.65		
桩底处累计位移(mm)	1.15	—	—	—	20.91	28.68	32.34	25.47	11.39	12.81		

由表 11.5-5 可见，34 个测斜孔在围护桩桩底处一般有 0.51～32.34mm 左右的位移。

d. 由于宁波地区深厚软土地层，本质上决定了深层土体位移的蠕变性，在底板混凝土浇筑前，深层土体一直处于缓慢的位移中，时间越长深层土体的位移也越大。

⑤ 支撑轴力监测

34 个支撑轴力监测点中有 10 个监测点超过报警值。将部分支撑轴力随时间的发展变化整理成图表，见图 11.5-12、图 11.5-13。

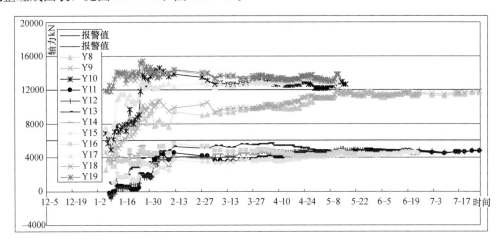

图 11.5-12　部分支撑轴力-时间曲线图

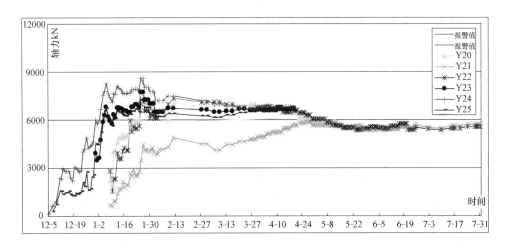

图 11.5-13　部分支撑轴力-时间曲线图

轴力的变化规律,一方面与挖土深度有关,另一方面还与挖土平面顺序有关。该工程由于基坑周围环境原因,对称开挖并不能保证基坑周围土压力平衡,所以挖土必须在结构水平位移监测数据、支护结构轴力监测数据的反馈下,按照位移均衡、内力最小原则调整挖土方案,基坑监测指导基坑施工,动态设计、信息化施工在本工程中充分应用。

(2) 现场巡查

本工程典型的现场巡查报表如表 11.5-6 所示。

巡视监测日报表

表 11.5-6

工程名称:××工程　　　　　　　　　　　　观测日期:

分类	巡视检查内容	巡视检查结果	备注
自然条件	天气	晴	
	气温	17/27℃	
	雨量	无	
	风级	2～3 级	
支护结构	支护结构成型质量	混凝土质量良好,但部分构件尺寸偏差	
	坡面及围护梁裂缝情况	东北角坡面有上宽度 3mm 左右、长 2～3m 裂缝未扩大。 西北角环梁与支撑梁交界处多道裂缝未进一步发展。 预估安全风险较小	
	基坑涌土、流砂、管涌、渗漏等	无	
	土体沉陷、裂缝及滑移	北侧 117 号围护桩 50cm 左右长、1～2mm 宽斜裂缝稍有增大。软弱土体从围护桩桩间隙挤进现象较普遍 预估安全风险较小	
施工工况	土质情况	上部约 1.2m 褐色可塑黏土,下部灰色流塑淤泥质黏土	
	基坑开挖分段长度及分层厚度	基坑二层地下室顶板施工,局部二层顶板完成,东南角浇筑二层顶板;西南角、西北角、东北角暂停拆除角撑	
	地表水、地下水状况	无	
	基坑周边地面堆载情况	西侧、北侧坡面堆放钢筋、木料,最大荷载小于 10kPa	
周边环境	地下管道破损、泄漏情况	无	
	周边建(构)筑物裂缝	北侧桥头搭板沉降导致的最大裂缝宽度 27mm,比上次增大 2mm,预估安全风险较小	
	周边道路(地面)裂缝、沉陷	北侧人行道路、机动车道裂缝 机动车道最大裂缝已达 28mm,预估安全风险较小,但已影响正常使用,应督促修复	已拍照 已落实
	邻近施工情况	东侧地下室施工,南侧主体施工,基坑仍未回填	
监测设施	基准点、测点完好状况	C26～C28 测斜孔上部孔口,因夜间土方施工破坏	正处理
	观测工作条件	良好	

附件：
北侧路面　北－11号裂缝

审核：　　　　　　　　　　观测：

13. 成果反馈与总结

本次基坑监测成果反馈与总结如下：

（1）本基坑为挖深约10m的一级基坑、仅为一道支撑结构，从基坑运行情况来看，基坑支护体系工作性状良好，安全性状优良；周围环境尤其基坑北侧位移量较大，局部如桥头的正常使用性能受到影响，但安全性状尚属良好。

（2）监测点布置科学、合理。根据一致性与关联性原则布置测点，在支撑结构中部立柱位移尚未达到报警值前，巡视监测发现中部节点出现裂缝且为45°压剪裂缝，仪器监测发现对应杆件两端水平位移严重差异，深层水平位移监测发现基坑对应两侧后的深层土体变形量也存在严重差异，通过多参数基坑风险评估发现，混凝土杆件在节点端处应存很大的次应力，如不及时处置安全风险会快速上升，故及时预警、动态改进挖土设计方案，信息化前提下继续施工，保证了基坑支护结构的安全。

（3）监测项目的先后性与敏感性、可靠性与重要性应充分考虑。如土体深层水平位移先于地表位移，土体位移先于结构位移，结构内力先于结构位移，先表现出的监测项目可视为敏感性监测项目，应充分重视。同样，可靠性越高的项目，其重要性也越高，本工程在多参数基坑风险评估中极为重视这两点。

（4）注重基坑的时空效应。本基坑属超大基坑，开挖时间长、开挖方量大，从深层土体位移、地表沉降等土体变形参数看，土体位移变形时间长、趋稳时间长、导致累计变形很大。

（5）本次监测的所有测斜孔，在围护桩桩底深度处监测到较大的水平位移，说明围护桩嵌固深度普遍不足。本次监测提供的实测资料，可为宁波软土地区围护桩设计理论提供宝贵的实测资料，起到完善设计理论的作用。

11.5.2　工程实例2：××基坑工程监测总结报告

1. 工程概况

××地下室基坑工程：基本呈长方形，东北角略凸。南北向宽约123m，东西向长度约246m，周长约742m，基坑总面积约为30345m²。地下二层、开挖深度约8.9～10.9m，局部电梯井深约 16.9m，基坑安全等级为一级。

支护形式：采用排桩结合两道内支撑结构形式。支护桩采用 $\phi800\sim1000$mm 钻孔灌注桩单排布置，设计桩长为 21.0～25.5m；上、下两道支撑竖向间距为 4.6m，支护桩冠梁顶面设置在地面下约 0.5m，第一道内支撑顶面设置在冠梁顶下 0.9m，西侧冠梁上砌砖挡墙，挡墙顶与地面平，挡墙外地面填平并硬化。北侧地面下挖至冠梁面，并浇钢筋混凝土栈道板，板厚约 200mm，栈道板与冠梁整体浇筑。支撑结构实景图见图 11.5-14，现场航拍实景见图 11.5-15。

图 11.5-14　支撑结构实景

图 11.5-15　现场航拍实景

周边环境：基坑东侧为正在施工的主干道、距基坑约 15m；北侧为正在施工的 9 号地块；西侧为主干道，人行道距基坑约 15m；南侧为正在施工的 11 号地块基坑工程，两基坑边距离约 40m。周边环境极为复杂。

2. 工程地质概况

根据场地的岩土工程勘察报告，基坑开挖影响范围内土层物理力学指标见表 11.5-7。

3. 监测依据

略。

4. 监测目的

略。

工程地质概况 表 11.5-7

层次	土层名称	层厚(m)	f_{ak}(kPa)	E_s(MPa)	C(kPa)	$\varphi(°)$	q_{sa}(kPa)	q_{pa}(kPa)
S	素填土	0.3~2.5						
1	黏土	0.4~2.0	75	4.69	26.9	13.0	13	
2a'	泥炭质土	0.1~0.7	30	0.94				
2a	淤泥	0.7~2.6	50	2.28	10.2	7.6	5.5	
2b	黏土	0.5~1.4	60	3.42	21.6	11.8	9	
2c	淤泥	5.8~8.5	55	2.24	10.5	7.6	6.5	
2d	淤泥质粉质黏土	3.3~6.8	70	3.50	12.0	10.5	10	
3	淤泥质粉质黏土夹粉砂	1.3~4.3	90	7.52	10.7	20.9	16	

5. 监测项目

根据工程等级、支护结构方式、挖土方案、基础施工、周围环境要求等，本基坑工程监测项目包括仪器监测及现场巡查项目如下。

（1）仪器监测：①冠梁顶水平位移监测；②冠梁顶竖向位移监测；③立柱竖向位移监测；④深层土体水平位移监测；⑤周边地面及管线竖向位移监测；⑥周边地面及管线水平位移监测；⑦支撑轴力监测。

（2）现场巡查：巡查内容包括支护结构、施工工况、周边环境、监测设施等。

6. 基准点、监测点布设及保护

本基坑工程共布设 37 个冠梁顶水平位移及竖向位移监测点（H1～H37）、22 个立柱竖向位移监测点（L1～L22）、7 个周边地面及管线的水平位移及竖向位移观测点（D1～D7）、18 个深层土体水平位移监测孔（C1～C18）及上、下两道支撑共设置 24 组钢筋应力计（ⅠY1～ⅠY12、ⅡY1～ⅡY12）。具体位置详见图 11.5-16。

7. 监测方法、监测仪器及精度

本基坑采用的监测方法、监测仪器及精度见表 11.5-8。

基坑监测方法与仪器量程精度表 表 11.5-8

序号	监测项目	监测方法	仪器名称型号	分辨率/精度
1	冠梁顶水平位移 周边地表水平位移	极坐标法	GTS-102N 全站仪	测角精度：±2″/5″ 测距精度：±（2mm+2ppm×D）
2	冠梁(立柱)顶竖向位移	三等水准测量	DS05 高精度水准仪	中误差：0.5mm/km
3	深层土体水平位移	测斜	CX801d 测斜仪	分辨率：0.01mm/500mm 精度：±2mm/25m
4	周边地表竖向位移	三等水准测量	DS05 高精度水准仪	中误差：0.5mm/km
5	支撑轴力	钢筋应力计法	609 频率读数仪	分辨率：0.1Hz 精度：0.01%

8. 监测频率

在基坑开挖以前，观测二三次，其观测结果的平均值作为周期观测的初始值。根据挖土的进度及基坑的变形情况决定监测的频率：

（1）开挖至设计标高前：每1天1次；

（2）浇底板后7d内：每1天1次；

（3）浇底板后第8～14d内：每2天1次；

（4）浇底板后第15～28d内：每3天1次；

（5）浇底板后第28d后：每5天1次；

（6）拆撑时加密监测。

（7）当达到监测报警值时，立即报警，并根据情况加密监测。

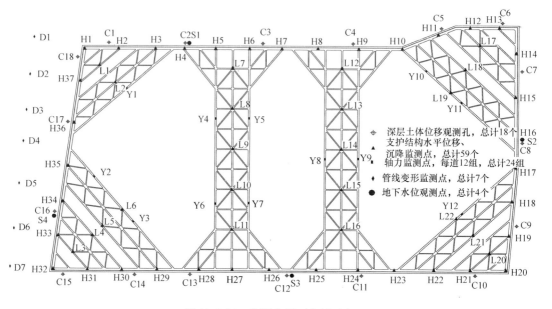

图 11.5-16　监测点平面布置示意

9. 监测报警值

本基坑监测的内容及报警值见表 11.5-9。

基坑监测项目及报警值

表 11.5-9

序号	监测内容	监测报警值		
1	冠梁顶水平位移	累计位移大于 30mm，或连续三天的位移速率大于 3mm/d		
2	冠梁顶竖向位移	累计位移大于 20mm，或连续三天的位移速率大于 3mm/d		
3	立柱竖向位移	累计位移大于 30mm，或连续三天的位移速率大于 3mm/d		
4	周边地面及管线竖向位移	累计沉降大于 30mm，或连续三天的沉降速率大于 3mm/d		
5	周边地面及管线水平位移	累计位移大于 40mm，或连续三天的位移速率大于 3mm/d		
6	深层土体水平位移	深层土体位移达到 50mm，或位移速率连续三天大于 3mm/d		
7	支撑轴力		角撑	对撑
		第一道	5000kN	8000kN
		第二道	8000kN	11500kN

10. 监测人员配备

略。

11. 监测实施

略。

12. 监测成果

本基坑工程由于监测点众多、数据量较大，选取具有代表性曲线、图表进行说明。

（1）冠梁顶水平位移

冠梁顶水平位移监测点的按日期排列的监测结果（累计位移）见冠梁顶各水平位移监测点水平位移量随时间的发展变化如图 11.5-17、图 11.5-18 所示。

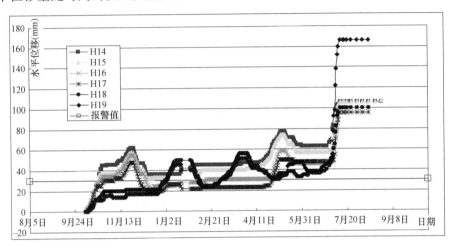

图 11.5-17　H14-H19 点水平位移量-时间关系曲线

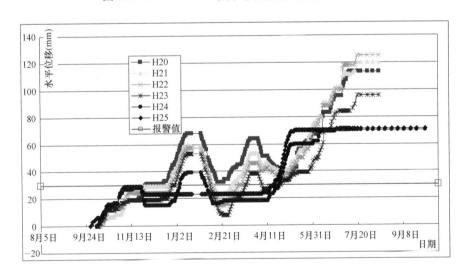

图 11.5-18　H20-H25 点水平位移量-时间关系曲线

从图 11.5-17、图 11.5-18 可以看出，各监测点在基坑开挖至第二道支撑前位移快速增大，此工况完成后各测点位移变化趋于平缓，此阶段冠梁产生的位移约占总位移的1/3～1/2，而在没有挖土影响时，位移发展缓慢且逐渐处于稳定，甚至较多测点出现位移回弹现象。

在第二道支撑以下至设计坑底标高土体挖除时，冠梁水平位移第二次快速增大。此工况完成时各测点的最大位移均超过前一峰值。

在拆除第一道支撑时会产生第三次快速或突然的位移。拆除第一道支撑后，在两道换撑的支撑下，冠梁很快趋于稳定。监测结果表明，水平支撑拆除时对支护结构来说处于最不利状态，成为悬臂桩，对冠梁的水平位移产生显著的影响，应加强重视。

（2）冠梁顶竖向位移

冠梁顶各竖向位移监测点竖向位移量随时间的发展变化见图 11.5-19、图 11.5-20。

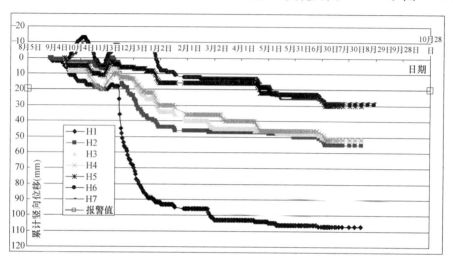

图 11.5-19　H1-H7 点竖向位移累计值-时间曲线

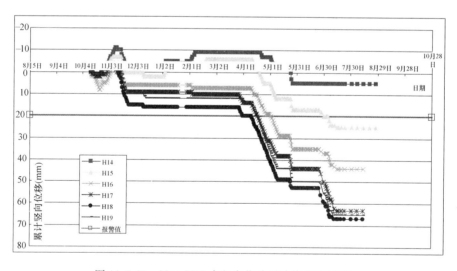

图 11.5-20　H14-H19 点竖向位移累计值-时间曲线

从图 11.5-19、图 11.5-20 可以看出，少数监测点在基坑开挖至第二道支撑前数据有所上浮；第二道支撑以下挖土后，冠梁产生较大的竖向位移，大部分监测点的竖向位移超过报警值，最大下沉 107mm，超过报警值的 5 倍，位于基坑西北角的角点上。

（3）立柱竖向位移

立柱的竖向位移累计值随时间的发展变化情况汇总于图 11.5-21、图 11.5-22。

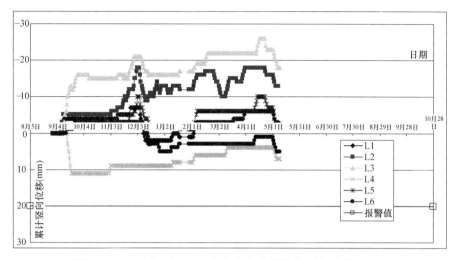

图 11.5-21 立柱顶 L1-L6 点竖向位移累计值-时间曲线

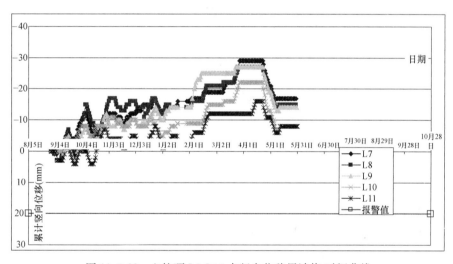

图 11.5-22 立柱顶 L7-L11 点竖向位移累计值-时间曲线

由图 11.5-21、图 11.5-22 可见，除有些立柱最初挖土时有所下沉外，所有的立柱在挖土后开始回弹上浮，挖土完成后不久即能趋于稳定。立柱的回弹在第二道支撑以下土体挖除时较明显。

（4）周边地面及管线水平位移

周边地面及管线的累计水平位移与时间、位置的关系见图 11.5-23。

由图 11.5-23 可看出，西侧主干道地面及管线在第二道支撑以上土体挖除土时，位移快速增大，第二道支撑施工后，即趋于稳定；第二道支撑以下土体挖除后，西侧主干道地面及管线出现了较大而持续的水平位移，浇筑底板后趋于稳定；拆除支撑后，地面及管线水平位移持续发展。

（5）周边地面及管线竖向位移

监测点位置、时间、沉降关系曲线见图 11.5-24。

由图 11.5-24 可见，在整个基坑开挖过程中，周边的地面一直处于沉降过程中，直至

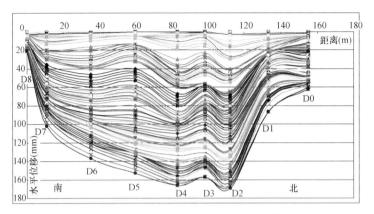

图 11.5-23　周边地面及管线（D1-D7）点水平位移累计值-日期-位置关系曲线

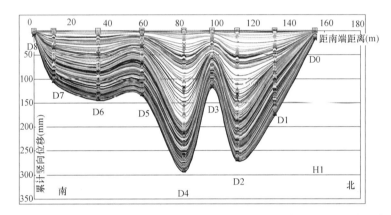

图 11.5-24　周边地面及管线（D1-D7）点竖向位移累计值-日期-位置关系曲线

监测结束尚未达到稳定。第二道支撑以上挖土时，沉降速率较快，且在挖土后的二个月内持续沉降。第二道支撑下挖土时地面再次出现快速下沉，此阶段沉降速率达到峰值，持续时间约为 20d，拆除支撑前基本达到相对稳定。拆除支撑后，地面在快速下沉一段时间后，沉降变形趋缓，但直至地下室外回填结束后，地面沉降依旧未稳定。挖土完成后，地面沉降约为总沉降的 2/3～3/4。另外，地面沉降相对挖土及拆除支撑有明显的滞后现象。

（6）深层水平位移

C13 孔与 C16 孔深层水平位移如图 11.5-25 所示。

①本基坑围护桩桩长在 21.0～25.5m 左右，从深层土体变形曲线上看，在该深度处，深层土体均存在一定的变形，表明围护桩桩底也存在相应的位移量。见表 11.5-10。

各监测孔处支护桩桩长及桩底位移量　　　　　　　　　　表 11.5-10

孔　　号	C1	C2	C3	C4	C5	C6	C7	C8	C9
支护桩长(m)	22.0	21.0	21.0	21.0	22.0	22.0	22.0	21.0	21.0
桩底处累计位移(mm)	31.16	23.77	33.47	72.43	47.24	8.20	26.73	14.67	20.59
孔　　号	C10	C11	C12	C13	C14	C15	C16	C17	C18
支护桩长(m)	21.5	21.5	21.5	21.5	24.0	24.0	25.5	22.5	22.5
桩底处累计位移(mm)	11.18	20.76	65.39	61.81	28.35	24.34	8.95	88.53	12.87

由表 11.5-10 可见，18 个测斜孔在围护桩桩底处一般有 10~30mm 的位移。但 C4、C12、C13、C17 等孔在设计桩底处的位移很大，均超过 50mm 的报警值。

② 从图 11.5-25 可以看出，土体的位移明显分为两个阶段。第一个阶段是该处基坑内土体由第一道支撑或原地面挖到第二道支撑。此次挖土深度约 6~7m，深层土体经历了一次加速位移到稳定的过程，最大位移的深度在 7m 左右。第二个阶段是由第二道支撑挖土到设计基底标高。此次挖土深度约 3m，深层土体再次经历了一次加速位移到稳定的过程，但最大位移的深度移到 10m 左右。第三个阶段是拆除两道支撑时，上部土体位移也较明显，但在二道换撑的作用下，深层土体位移较快趋于稳定。

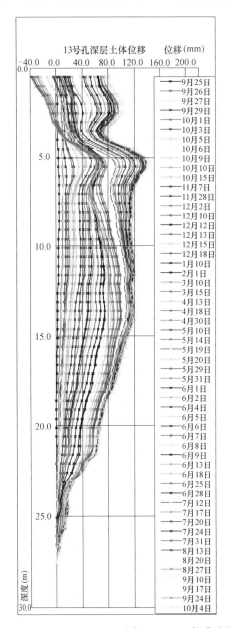
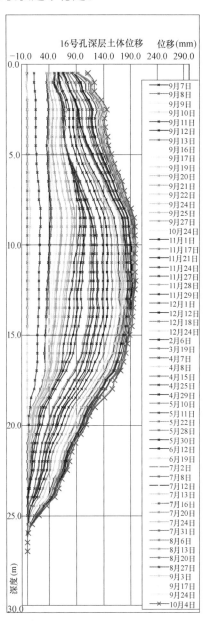

图 11.5-25　部分监测孔深层水平位移曲线

③ 排桩支护体系的深层土体位移量随深度的增加而先增大后减小，曲线大都呈半橄榄型。

④ 由于宁波地区淤泥质软土地层的存在，本质上决定了深层土体位移的蠕变性，没浇混凝土底板前，深层土体一直处于缓慢的位移中，时间越长，深层土体的位移也越大。

（7）支撑轴力

各支撑轴力随时间的发展变化整理成图表，见图 11.5-26、图 11.5-27。

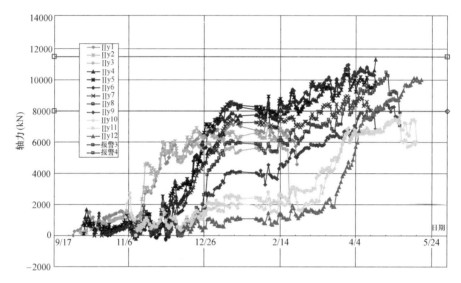

图 11.5-26　第一道支撑轴力（ⅠY1～ⅠY12）随时间变化图

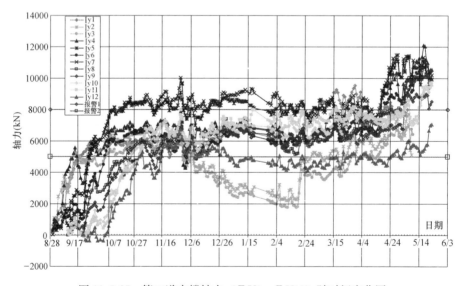

图 11.5-27　第二道支撑轴力（ⅡY1～ⅡY12）随时间变化图

由图 11.5-26、图 11.5-27 可见，对于第一道支撑的轴力，在第二道支撑浇筑前后达到最大值，第一道支撑有 8 个轴力点超过报警值。第二道支撑下土体开挖后，第二道支撑开始发挥作用，第一道支撑轴力反而下降。后来，底板浇好第二道支撑破除后，第一道支撑的轴力又上升，使所有点的轴力均超过报警值。其中，轴力最大的是ⅠY4，超过

12000kN，超过报警值的 1.5 倍。

第二道支撑。在下面土体开挖后，支撑中仅 IIY12 的轴力达到报警值，其他第二道支撑均未超过报警值。

13. 成果反馈

本基坑为挖深为 10m 之内的一级基坑，从基坑运行情况来看，总体上基坑围护墙及周边环境变形较大，尤其是对基坑西侧的周边地面及管线的影响较大，基坑变形大可能有以下原因：

（1）围护桩向基坑内变形大，深层土体位移大，这是周边环境地面及管线下沉严重的主要原因。

（2）西侧主干道车流量大，强大的动荷载是造成西侧冠梁及深层土体位移大，及地面沉降大的另一重要原因。

（3）由于各种原因施工周期长，施工垫层及底板滞后，基坑挖土后较长时间暴露，增加了基坑的变形。挖土过程中还因外部卸土地点等客观原因，中途停工。

（4）围护监测期间发现，有围护桩向内位移及淤泥质软弱土体浇过桩端或桩间隙挤进基坑的现象。

（5）宁波地区深厚的淤泥质软土是基坑变形大的根本原因。整个地下室甚至围护桩通长均处于极软弱的淤泥质软土中，淤泥质软土具有高触变性及蠕变性，施工的扰动严重降低了土体的工程性质，使围护桩受到较大的土体压力，再加上土体的缓慢蠕变作用，从而造成深层土体的较大位移。

深层土体变形大、基坑变形大、周边地面沉降大，这是宁波地区深基坑设计施工的通病。在施工单位及各方的努力下，最终整个基坑还是运行下来。从总体上看，本基坑的支护体系是比较经济的。

参考文献

[1] 龚晓南主编. 深基坑工程设计施工手册 [M]. 中国建筑工业出版社，1998

[2] 陈祖煜，李广信，龚晓南. 深基坑支护技术指南 [M]. 北京：中国建筑工业出版社，2012

[3] 刘俊岩主编. 建筑基坑工程监测技术规范实施手册 [M]. 北京：中国建筑工业出版社，2010

[4] 刘国彬，王卫东. 基坑工程手册（第二版）[M]. 北京：中国建筑工业出版社，2009

[5] 林鸣，徐伟主编. 深基坑工程信息化施工技术 [M]. 北京：中国建筑工业出版社，2006

[6] 侯建国，王腾军主编. 变形监测理论与应用 [M]. 北京：测绘出版社，2008

[7] 蒋宿平. 基坑监测技术的研究与应用 [D]. 中南大学，2010

[8] 张营. 深基坑监测方法与精度要求研究及其工程应用 [D]. 山东大学，2012

[9] 陈金培. 基于现场监测数据的深基坑施工期风险评估 [D]. 武汉理工大学，2014

[10] 建筑基坑工程监测技术规范 GB 50497—2009 [S]. 北京：中国计划出版社，2009

[11] 建筑基坑支护技术规程 JGJ 120—2012 [S]. 北京：中国建筑工业出版社，2012

[12] 建筑变形测量规范 JGJ 8—2016 [S]. 北京：中国建筑工业出版社，2016

12 城市轨道交通工程监测技术

12.1 概述

城市轨道交通工程一般穿行于城市交通要道和人口密集地区，线长、面广，沿线水文地质与工程地质条件复杂，常遇到承压水、富水砂层、深厚软土、砂砾石、破碎岩体、岩溶等不良地质体；周边环境也复杂，常有建筑物、道路、桥梁、隧道、管线、铁路、江河、堤塘等设施，不可预见因素多，易引发质量安全事故，造成不良影响。

城市轨道交通中的基坑工程、盾构隧道工程、矿产法隧道工程及联络通道工程等均属于岩土工程，安全隐患多、风险大，其自身安全稳定将直接影响工程正常施工和安全运营，也间接影响周边环境的日常使用，而且地铁保护区范围内工程建设同样对其安全稳定和运营产生较大影响。这些可能会造成人员财产的损失，甚至导致社会性灾难。

由于其地质条件复杂多变，在勘测设计阶段准确无误地查清岩土体的基本状况并预测在施工、运行过程中的变化，目前还很难做到。因此，岩土工程的安全不仅取决于合理的设计、施工、运行，而且取决于贯穿在工程设计、施工和运行始终的安全监测。安全监测已成为城市轨道交通工程勘测、设计、施工和运行过程中不可缺少的重要手段，被视为工程设计效果、施工和运行安全的"眼睛"。安全监测成果将为修改设计、指导施工提供可靠依据，也为提高岩土工程技术水平积累丰富的经验。

轨道交通工程安全监测包括监测方案设计、施工监测、第三方监测与管理、安全风险评估与预警等。监测方法一般为人工巡视和仪器监测。为了达到监测目的，需要结合工程实际状况和周边环境情况，开展监测项目确定、监测方法选取、测点布设、仪器设备选型、仪器设备与测点安装埋设、现场观测与数据整理、成果分析与安全评估等相关工作。

近年来，随着轨道交通工程在全国各地如火如荼开展，针对各类不同地质、不同周边环境的工程建设，相关轨道交通监测技术及对应管理机制也取得了长足的进步，并通过广大工程技术人员的不断总结，形成了一整套较为有效地适应于轨道交通工程建设的相关经验、技术手段、管理体系，对于有效降低工程施工风险，减少对周边环境的影响，起到了重要的作用。2010年1月8日住房和城乡建设部出台了《城市轨道交通工程安全质量管理暂行办法》（建质〔2010〕5号），该《办法》针对城市轨道交通工程监测安全质量管理现状和存在的问题，详细明确了建设、施工、监理及第三方监测等单位在监测方案的编制及审查，监测点的埋设及验收，监测过程质量控制及信息反馈，监测预警及响应等方面各方的职责，使监测工作的质量管理更有法可依。由政府统一领导、部门依法监管、企业全面负责的城市轨道交通建设工程安全质量管理体制已经建立；建设、设计、施工、监理及第三方监测等单位各负其责的城市轨道交通建设安全质量监督管理的基本责任体系已经形成；各地建立的"建设单位组织、施工单位和第三方监测单位自查、监理单位检查、政府程序监督"的城市轨道交通工程安全生产监督管理机制已基本形成。

城市轨道交通工程中的岩土工程安全监测技术在《城市轨道交通工程监测技术规范》（GB 50911）中已有明确、详细的规定，但在实际实施过程中仍存在不少问题，如监测范围合理划定、监测项目合理选择、测点合理布设、监测仪器与监测方法合适选用、预警指标合理取值以及监测数据及时反馈等等，均需要进一步探索与完善。本章结合城市轨道交通工程安全监测实践，提出了相关监测工作要求，介绍了监测信息管理平台，提供了若干工程实例，供岩土工程师们参考使用。

12.2　工程监测要求

城市轨道交通地下工程监测主要是为评价工程结构自身和周边环境安全提供必需的监测资料，应依据国家有关法律法规和工程技术标准，通过采用测量测试仪器、设备，对工程支护结构和施工影响范围内的岩土体、地下水及周边环境等的变化情况（如变形、应力等）进行量测和巡视检查，依据准确、详实的监测资料，研究、分析、评价工程结构和周边环境的安全状态，预测工程风险发生的可能性，判断设计、施工、环境保护等方案的合理性，为设计、施工相关参数的调整提供依据。

12.2.1　工程影响区及监测范围的划分

城市轨道交通工程影响分区可根据基坑工程和隧道工程等施工对周围岩土体扰动和周边环境影响的程度及范围划分，一般分为主要、次要和可能三个工程影响分区。基坑工程影响分区按表 12.2-1 的规定进行划分，盾构法、矿产法、顶管法、冻结法等方法施工的隧道工程影响分区按表 12.2-2 的规定进行划分。

基坑工程影响分区　　　　　　　　　　　　　　　　表 12.2-1

基坑工程影响区	范　　围
主要影响区（Ⅰ）	基坑周边 $0.7H$ 或 $H \cdot \tan(45° - \varphi/2)$ 范围内
次要影响区（Ⅱ）	基坑周边 $0.7H \sim 3.0H$ 或 $H \cdot \tan(45° - \varphi/2) \sim 3.0H$ 范围内
可能影响区（Ⅲ）	基坑周边 $3.0H$ 范围外

注：1. H—基坑开挖深度，φ—内摩擦角；
　　2. 基坑开挖范围内存在较完整的基岩时，H 可为覆盖土层厚度；
　　3. 工程影响分区取表中 $0.7H$ 或 $H \cdot \tan(45° - \varphi/2)$ 的较小值进行划分。

隧道工程影响分区　　　　　　　　　　　　　　　　表 12.2-2

隧道工程影响区	范　　围
主要影响区（Ⅰ）	隧道正上方及沉降曲线反弯点范围内
次要影响区（Ⅱ）	隧道沉降曲线反弯点至沉降曲线边缘 $2.5i$ 处
可能影响区（Ⅲ）	隧道沉降曲线边缘 $2.5i$ 外

注：i——隧道地表沉降曲线 Peck 计算公式中的沉降槽宽度系数。

工程影响分区的划分界线还应根据地质条件、施工方法及措施特点，结合当地的工程经验进行调整，必要时采用数值模拟方法综合分析确定。当遇到下列情况时，应调整工程影响分区界线：

（1）基坑、隧道、打入桩周边土体以淤泥、淤泥质土或其他高压缩性土为主时，应增大工程主要影响区和次要影响区；

（2）基坑处于或隧道穿越断裂破碎带、岩溶、土洞、强风化岩或残积土等对不良地质体或特殊性岩土发育区域，应根据其分布和对工程的危害程度调整工程影响分区界线；

（3）采用锚杆支护、注浆加固、水泥搅拌、高压旋喷等工程措施时，应根据其对岩土体的扰动程度和影响范围调整工程影响分区界线；

（4）采用施工降水措施时，应根据降水影响范围和预计的地面沉降大小调整工程影响分区界线；

（5）施工期间出现严重的涌砂、涌土或管涌以及较严重渗漏水、支护结构过大变形、周边建（构）筑物或地下管线严重变形等异常情况时，宜根据工程实际增大工程主要影响区和次要影响区。

工程监测范围应根据基坑设计深度、隧道埋深和断面尺寸、支护结构形式、地质条件、周边环境条件及施工方法等综合确定，并应包括主要影响区和次要影响区。采用爆破开挖岩土体的地下工程，爆破振动的监测范围应根据工程实际情况通过爆破试验确定。

12.2.2　工程监测等级划分

工程监测等级宜根据基坑、隧道工程的安全等级、周边环境风险等级和地质条件复杂程度进行划分。基坑工程安全等级宜根据基坑设计深度按表 12.2-3 划分。

基坑工程安全等级 表 12.2-3

工程安全等级	等级划分标准
一级	基坑设计深度大于或等于 20m
二级	基坑设计深度大于或等于 10m，且小于 20m
三级	基坑设计深度小于 10m

隧道工程安全等级宜根据隧道的结构变形或破坏、周围岩土体失稳等后果的严重程度、隧道埋深和断面尺寸按表 12.2-4 划分。

隧道安全等级 表 12.2-4

工程安全等级	等级划分标准
一级	支护结构过大变形或破坏、周围岩土体失稳等对周边环境及支护结构施工影响很严重；超浅埋隧道；超大断面隧道等
二级	支护结构过大变形或破坏、周围岩土体失稳等对周边环境及支护结构施工影响一般；浅埋隧道；大断面隧道等
三级	支护结构过大变形或破坏、周围岩土体失稳等对周边环境及支护结构施工影响不严重；深埋隧道；一般断面隧道等

注：1. 超大断面隧道是指开挖面积大于 100m² 的隧道；大断面隧道是指开挖面积在 50～100m² 的隧道；一般断面隧道是指开挖面积在 10～50m² 的隧道。

2. 符合条件之一即为对应的工程安全等级，从一级至三级推定，以最先满足的为准。

　　周边环境风险等级宜根据周边环境类型、重要性、与工程的空间位置关系和对工程的危害性按表 12.2-5 划分。

周边环境风险等级 　　　　　　　　　　　　　　　　　　表 12.2-5

周边环境风险等级	等级划分标准
一级	主要影响区存在既有地下工程、重要建(构)筑物、重要桥梁、河流或湖泊
二级	主要影响区内存在一般建(构)筑物、一般桥梁、高速公路、重要管线； 次要影响区内存在既有地下工程、重要建(构)筑物、重要桥梁、河流或湖泊
三级	主要影响区内存在城市重要道路、一般地下管线或一般市政设施； 次要影响区存在一般建(构)筑物、一般桥梁、高速公路或重要地下管线
四级	次要影响区内存在城市重要道路、一般地下管线或一般市政设施

　　地质条件复杂程度宜根据场地地形地貌、工程地质条件和水文地质条件按表 12.2-6 划分。

地质条件复杂程度 　　　　　　　　　　　　　　　　　　表 12.2-6

地质条件复杂程度	等级划分标准
复杂	地形地貌复杂；不良地质作用强烈发育；特殊性岩土需要专门处理；地基、围岩和边坡的岩土性质较差；地下水对工程的影响较大需要进行专门研究和治理
中等	地形地貌较复杂；不良地质作用一般发育；特殊性岩土不需要专门处理；地基、围岩和边坡的岩土性质一般；地下水对工程的影响较小
简单	地形地貌简单；不良地质作用不发育；地基、围岩和边坡的岩土性质较好；地下水对工程无影响

　　注：符合条件之一即为对应的地质条件复杂程度，从复杂开始，向中等、简单推定，以最先满足的为准。

　　工程监测等级宜按表 12.2-7 划分，并应根据地质条件复杂程度进行调整。

工程监测等级 　　　　　　　　　　　　　　　　　　表 12.2-7

工程监测等级／工程安全等级 ＼ 周边环境风险等级	一级	二级	三级	四级
一级	一级	一级	二级	二级
二级	一级	二级	二级	三级
三级	二级	二级	三级	三级

12.2.3　仪器监测项目要求

　　明(盖)挖法基坑围护结构和周围岩土体仪器监测项目应根据表 12.2-8 选择，盾构法和顶管法隧道管片结构和周围岩土体仪器监测项目应根据表 12.2-9 选择，矿山法隧道支护结构和周围岩土体仪器监测项目应根据表 12.2-10 选择，冷冻法联络通道周边隧道结构和周围岩土体仪器监测项目应根据表 12.2-11 选择，周边环境仪器监测项目应根据表 12.2-12 选择。

明（盖）挖法基坑围护结构和周围岩土体仪器监测项目　　表 12.2-8

监　测　项　目	工程监测等级		
	一级	二级	三级
围护桩（墙）、边坡顶部水平位移	√	√	√
围护桩（墙）、边坡顶部竖向位移	√	√	√
围护桩（墙）水平位移	√	√	√
地表竖向位移	√	√	√
土体深层水平位移	√	√	√
地下水位	√	√	√
竖井初期支护井壁净空收敛	√	√	√
立柱结构竖向位移	√	√	○
支撑轴力	√	√	○
锚杆、锚索拉力	√	○	○
围护桩（墙）结构应力	○	○	○
立柱结构应力	○	○	○
顶板应力	○	○	○
土钉拉力	○	○	○
土体分层竖向位移	○	○	○
坑底隆起（回弹）	○	○	○
围护墙侧向土压力	○	○	○
孔隙水压力	○	○	○

注：√——应测项目，○——选测项目。

盾构法隧道管片结构和周围岩土体仪器监测项目　　表 12.2-9

监　测　项　目	工程监测等级		
	一级	二级	三级
管片结构净空收敛	√	√	√
地表竖向位移	√	√	√
管片结构竖向位移	√	√	○
管片结构水平位移	√	√	○
管片结构应力	○	○	○
土体深层水平位移	○	○	○
土体分层竖向位移	○	○	○
地层与管片的接触压力	○	○	○

注：√——应测项目，○——选测项目。

矿山法隧道支护结构和周围岩土体仪器监测项目　　表 12.2-10

监　测　项　目	工程监测等级		
	一级	二级	三级
初支结构拱顶沉降	√	√	√
初支结构底板隆起	√	√	√
初支结构净空收敛	√	√	√

监 测 项 目	工程监测等级		
	一级	二级	三级
中柱结构竖向位移	√	√	√
地表竖向位移	√	√	√
地下水位	√	√	√
中柱结构应力	○	○	○
初支结构应力	○	○	○
土体深层水平位移	○	○	○
土体分层竖向位移	○	○	○
围岩压力	○	○	○

注：√——应测项目，○——选测项目。

冷冻法联络通道、周边隧道结构和周围岩土体仪器监测项目　　　　表 12.2-11

监 测 项 目	工程监测等级		
	一级	二级	三级
联络通道、盾构隧道结构竖向位移	√	√	√
联络通道、盾构隧道结构净空收敛	√	√	√
土体冻结温度	√	√	√
地表沉降	√	√	√
联络通道、盾构隧道结构水平位移	√	○	○
土体深层水平位移	○	○	○
土体分层竖向位移	○	○	○
孔隙水压力	○	○	○

注：√——应测项目，○——选测项目。

周边环境仪器监测项目　　　　表 12.2-12

监测对象	监 测 项 目	工程影响分区	
		强烈影响区	一般影响区
建(构)筑物	竖向位移	√	√
	倾斜	√	○
	裂缝	√	○
	水平位移	○	○
地下管线	竖向位移	√	√
	水平位移	√	○
	差异沉降	√	○
高速公路与城市道路	路面竖向位移	√	○
	路基竖向位移	√	○
	挡墙竖向位移	√	○
	挡墙倾斜	√	○

续表

监测对象	监测项目	工程影响分区	
		强烈影响区	一般影响区
桥梁	桥梁墩台竖向位移	√	√
	桥梁墩台差异沉降	√	○
	墩柱倾斜	√	○
	裂缝	√	○
	梁板应力	○	○
既有城市轨道交通	隧道结构竖向位移	√	√
	隧道结构水平位移	√	√
	隧道结构变形缝差异沉降	√	√
	隧道结构变形缝开合度	√	√
	轨道结构(道床)竖向位移	√	√
	轨道静态几何形位(轨距、轨向、高低、水平)	√	√
	隧道、轨道结构裂缝	√	○
既有铁路	路基竖向位移	√	√
	轨道静态几何形位(轨距、轨向、高低、水平)	√	√
重要的建(构)筑物、桥梁等	爆破振速	√	√

注：1. √——应测项目，○——选测项目；
　　2. 对高层、高耸建(构)筑物应进行倾斜监测，对临近基坑、隧道的建(构)筑物、城市桥梁宜进行水平位移监测；
　　3. 当围(支)护结构体系发生较大变形或土体出现坍塌、地面出现裂缝迹象，并对地下管线产生危害时，宜对地下管线进行水平位移监测；
　　4. 桥梁自身安全状态差、桥梁墩台差异沉降大或设计需要时，应进行梁板结构应力监测；
　　5. 既有城市轨道交通地面线的监测项目可按照既有铁路地面线的监测项目选择，高架线的监测项目可按照桥梁的监测项目选择。

12.2.4　现场巡视内容要求

1. 基坑施工现场巡视

（1）施工工况包括：①开挖面岩土体的类型、特征、自稳性，渗漏水及发展情况；②开挖长度、分层厚度及坡度，开挖面暴露时间；③地表积水及截排水措施；④地下水降低、止水、回灌效果及设施运转情况；⑤围护桩(墙)后土体有无裂缝、沉陷，基坑有无涌土、流砂、管涌；⑥坑边超载情况。

（2）围护结构体系包括：①冠梁、围檩、支撑有无过大变形或裂缝；②支撑、立柱是否及时架设；③盖挖法顶板变形，楼板与立柱、墙体的连接和裂缝状况；④止水帷幕有无开裂、渗漏。

2. 盾构法隧道施工现场巡视

内容包括：①盾构机掘进位置、出土情况；②停机、开仓等的时间和位置；③管片破损、开裂、错台、渗漏水情况。

3. 矿山法隧道施工现场巡视

（1）施工工况包括：①开挖步序、步长等情况；②开挖面岩土体的类型、特征、自稳性，渗漏水及发展情况；③开挖面岩土体有无坍塌及坍塌的位置、规模；④地下水降低、止水效果及设施运转情况。

（2）支护结构体系包括：①初期支护结构渗漏水情况；②初期支护结构开裂、剥离、掉块情况；③临时支撑有无变位等。

4. 冷冻法联络通道施工现场巡视

（1）冷冻站应有运转记录，包括：①冷冻机及其辅助设备中的温度、压力、流盘、液位、电流、电压等，每次制冷剂充量及冷冻润滑油加油量；②冷媒泵压力、流盘、冷媒箱水位及温度；③配集液管冷媒温度，冻结器头部冷媒温度，以及冻结器头部胶管结霜情况；④补充水及循环水水泵班运转日志，补充水的流量及水温，冷凝器进、出水温度及流量。

（2）施工工况包括：①开挖步序、步长等情况；②开挖面土体的类型、特征、自稳性，渗漏水及发展情况；③开挖面土体有无冻融坍塌及其位置、规模。

5. 周边环境现场巡视

内容包括：①建（构）筑物的裂缝宽度、位置及数量，地下构筑物渗水情况，设施能否正常使用；②城市桥梁墩台或梁体的裂缝宽度、位置、数量，混凝土剥落位置、大小和数量；③既有轨道交通结构的裂缝宽度、位置、数量和渗水情况；④城市道路或地表的裂缝宽度、位置、深度、数量，地面沉陷深度、隆起高度及面积、位置，地面冒浆位置、范围等；⑤河流湖泊的水面有无出现漩涡、气泡及其位置、范围，水位变化情况，堤坡裂缝宽度、深度、数量及发展趋势等。

6. 基准点、监测点、监测元器件的完好状况和保护情况等。

12.2.5 监测点布设要求

1. 基坑工程施工监测

（1）围护桩（墙）、边坡顶部水平位移和竖向位移监测点布设

① 监测点沿基坑周边布设。监测等级为一级、二级时，布设间距 10～20m；监测等级为三级时，布设间距 20～30m。

② 基坑各边中间部位、阳角部位、深度变化部位、邻近建（构）筑物及地下管线等重要环节部位、地质条件复杂部位等，要布设监测点。

（2）围护桩（墙）或岩土体深层水平位移监测点布设

① 监测点沿基坑周边布设。监测等级为一级、二级时，布设间距 20～40m；监测等级为三级时，布设间距 40～50m。

② 基坑各边中间部位、阳角部位或其他代表性部位的桩（墙）或岩土体要布设监测点。

③ 监测点的布设位置宜与围护桩（墙）顶部水平位移和竖向位移监测点处于同一断面。

（3）基坑周边地表沉降监测断面及监测点布设

① 沿平行基坑周边边线布设的地表沉降点不少于 2 排，排距 3～8m，第一排监测点距基坑边缘不大于 2m，每排监测点间距 10～20m。

② 选择有代表性的部位布设垂直于基坑边线的横向监测断面，每个横向监测断面监

测点数量和布设位置要满足对基坑工程主要影响区和次要影响区的控制，每个横向监测断面上的监测点数量不少于 5 个。

③ 监测点及监测断面的布设位置宜与周边环境监测点布设相结合。

（4）地下水位观测孔布设

① 地下水位观测孔布设要根据水文地质条件的复杂程度、降水深度、降水影响范围和周边环境保护要求，在降水区域及影响范围内分别布设地下水位观测孔，观测孔数量要满足掌握降水区域和影响范围内的地下水位动态变化的要求。

② 基坑内地下水位当采用深井降水时，水位监测点布设在基坑中央和两相邻降水井的中间部位；当采用轻型井点、喷射井点降水时，水位监测点布设在基坑中央和周边拐角处，监测点数量应视具体情况确定。

③ 基坑外地下水位监测点沿基坑、被保护对象的周边或基坑与被保护对象之间布设，监测点间距 20～50m。当有止水帷幕时，布设在止水帷幕的外侧约 2m 处。

④ 回灌井点观测井设置在回灌井点与被保护对象之间。

⑤ 承压水位的监测点布设在基坑外侧；当有 2 层及以上承压水层时，要分层布设地下水监测孔。

⑥ 水位监测管的管底埋置深度要在最低设计水位或最低允许地下水位之下 3～5m。承压水水位监测管的滤管要埋置在所测的承压水层中。

（5）支撑轴力监测断面及监测点布设

① 支撑轴力监测点选择基坑中部、阳角部位、深度变化部位、围护结构受力条件复杂部位及在支撑体系中起控制作用的支撑。

② 支撑轴力监测沿竖向布设监测断面，每层支撑均应布设监测点。

③ 每层支撑的监测数量不少于每层支撑数量的 10%，且不少于 3 个监测点。

④ 监测断面的布设位置与围护桩（墙）水平位移监测点共同组成监测断面。

⑤ 采用轴力计监测时，监测点布设在支撑的端部，每个监测点应设置 1 只传感器；采用钢筋计或应变计监测时，可布设在支撑中部、两支点间 1/3 部位，当支撑长度较大时也可布设在 1/4 点处，每个监测点在支撑内部或外表面均匀布设 4 支传感器。

2. 盾构隧道施工监测

（1）盾构管片结构竖向位移、水平位移和净空收敛监测断面及监测点布设

① 在盾构始发与接收段、联络通道附近、左右线交叠或邻近段、小半径曲线段等区段应布设监测断面。

② 存在地层偏压、围岩软硬不均、地下水位较高等地质条件复杂区段应布设监测断面。

③ 下穿或邻近重要建（构）筑物、地下管线、河流湖泊等周边环境条件复杂区段应布设监测断面。

④ 每个监测断面在拱顶、拱底、两侧拱腰处布设管片结构净空收敛监测点，拱顶、拱底的净空收敛监测点可兼作竖向位移监测点，两侧拱腰处的净空收敛监测点可兼作水平位移监测点。

（2）盾构管片结构应力、管片围岩压力、管片连接螺栓应力监测点布设

① 管片结构应力、管片围岩压力、管片连接螺栓应力监测点布设垂直于隧道轴线的

监测断面，监测断面布设在存在地层偏压、围岩软硬不均、地下水位较高等地质或环境条件复杂地段，并应与管片结构竖向位移和净空收敛监测断面处于同一位置。

② 每个监测项目在每个监测断面的监测点数量不少于5个。

（3）盾构隧道的周边地表沉降监测断面及监测点布设

① 监测点沿盾构隧道轴线上方地表布设。监测等级为一级时，监测点间距5～10m；监测等级为二级、三级时，间距10～30m；始发和接收段应适当增加监测点。

② 根据周边环境和地质条件布设垂直于隧道轴线的横向监测断面。监测等级为一级时，监测点间距50～100m；监测等级为二级、三级时，间距100～150m。

在始发和接收段、联络通道等部位及地质条件不良易产生开挖面坍塌和地表过大变形的部位，应布设横向控制监测断面。

横向监测断面的监测点数量7～11个，主要影响区的监测点间距3～5m，次要影响区的监测点间距5～10m。

（4）盾构隧道的周边土体深层水平位移和分层竖向位移测孔及监测点布设

① 地层疏松、土洞、溶洞、破碎带等地质条件复杂地段，软土等特殊性岩土地段，工程施工对岩土体扰动较大或邻近重要建（构）筑物、地下管线等地段布设监测孔及监测点。

② 监测孔的位置和深度应根据工程需要确定，并应避免管片背后注浆对监测孔的影响。

③ 土体分层竖向位移监测点布设在各层土的中部或界面，也可等间距布设。

（5）孔隙水压力监测点布设

① 孔隙水压力监测选择在隧道管片结构受力和变形较大、存在饱和软土和易产生液化的粉细砂土层等代表性的部位进行布设。

② 竖向监测点在水压力变化影响深度范围内按土层分布情况布设，竖向监测点间距2～5m，且数量不少于3个。

3. 矿产法隧道施工监测

（1）初期支护结构拱顶沉降、净空收敛监测断面及监测点布设

① 初期支护结构拱顶沉降、净空收敛监测应布设垂直于隧道轴线的横向监测断面。监测等级为一级时，断面间距5～10m；监测等级为二级时，断面间距10～20m；监测等级为三级时，布设间距20～40m。

② 各种开挖方式的隧道应布设横向监测断面。监测点在隧道拱顶、两侧拱脚处（全断面开挖时）或拱腰处（半断面开挖时）布设，拱顶的沉降监测点可兼作净空收敛监测点，净空收敛测线宜按图12.2-1选择。

（2）初期支护结构底板竖向位移监测点布设在底板的中部或两侧，而且与拱顶沉降监测点对应布设。

（3）在隧道周围岩土体存在软弱土层时，应布设隧道拱脚竖向位移监测点，而且与初期支护结构拱顶沉降点组成监测断面。

（4）围岩压力、初期支护结构应力、二次衬砌应力监测断面及监测点布设

① 在地质条件复杂或应力变化较大的部位布设监测断面时，应力监测断面与净空收敛监测断面处于同一位置。

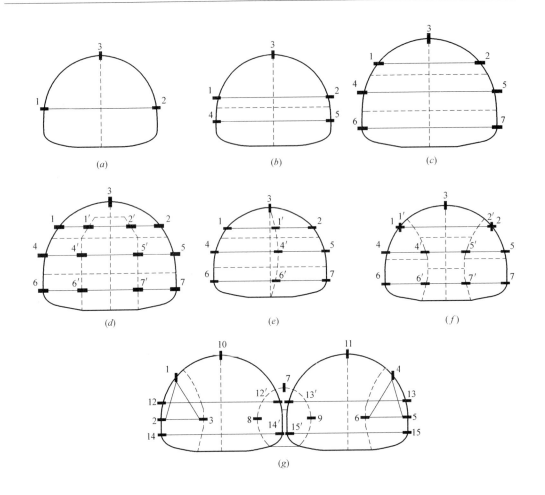

图 12.2-1 净空收敛测线

(a) 全断面开挖；(b) 二台阶开挖；(c) 三台阶开挖；(d) 三台阶留核心土开挖；

(e) 中隔壁法开挖；(f) 双侧壁导坑法开挖；(g) 连拱隧道开挖

② 监测点布设在拱顶、拱脚、墙中、墙脚、仰拱中部等关键部位，监测断面上每个监测项目不少于 5 个监测点。

(5) 周边地表沉降和地表水平位移监测断面及监测点布设

① 地表沉降和地表水平位移监测点应沿隧道轴线上方地表布设，监测点间距按表 12.2-13 中的断面间距选取，监测点布设如图 12.2-2 所示。

地表沉降和地表水平位移监测点纵向测点间距　　　　　　表 12.2-13

埋深与开挖宽度	纵向测点间距(m)
$H_0 \leqslant B$	5～10
$B < H_0 \leqslant 2B$	10～20
$B_2 < H_0 \leqslant 2.5B$	20～50

注：H_0——隧道埋深；B——隧道最大开挖宽度。

② 根据周边环境和地质条件布设横向监测断面，监测点布设范围和间距根据影响区

划分确定，一般间距 2～5m，每个断面的监测点数量不少于 7 个，周边环境条件复杂时应适当加密监测点，监测点布设如图 12.2-2 所示。

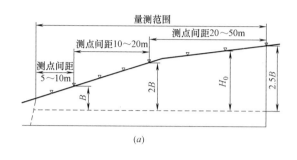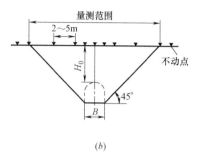

图 12.2-2 地表沉降和地表水平位移监测点布设
(a) 纵向布设；(b) 横向布设

（6）周边土体深层水平位移和分层竖向位移测孔及监测点布设

① 地层疏松、土洞、溶洞、破碎带等地质条件复杂，或具有明显滑移面边坡，或邻近重要建（构）筑物、地下管线等，或隧道存在严重偏压等区段，应布设监测孔及监测点。

② 监测孔的位置和深度应根据工程需要确定，并应避免管棚法加固等对监测孔的影响。

③ 土体分层竖向位移监测点布设在各层土的中部或界面，也可等间距布设。

（7）地下水位观测孔布设

① 地下水位观测孔应根据水文地质条件的复杂程度和周边环境保护要求，在影响范围内布设地下水位观测孔，观测孔数量根据工程需要确定。

② 必要时布设地下水压力和渗漏量等监测点或断面。

（8）在隧道开挖面距测点前后各 5 倍洞径及埋深之和布设爆破振速监测点，工程周围存在敏感或有特殊要求的建（构）筑物等环境对象时应适当加大监测范围。

4. 冷冻法联络通道施工监测

（1）温度测孔布设

① 温度测孔布置在冻结孔间距较大的冻结壁界面或预计冻结薄弱处。

② 检测冻结壁厚度的温度测孔不少于 2 个，在冻结壁内、外设计边界上均要布置温度测孔，温度测孔深度不少于 2m。

③ 检测冻结壁平均温度的温度测孔不少于 4 个，在冻结壁内、外设计边界上均应布设 1 个以上温度测孔，深度不小于 2m。

④ 在集水井中部布置 1 个以上温度测孔，深度应与附近的冻结孔深度一致。

检测冻结壁与隧道管片界面温度的测温孔深度应进入地层不小于 0.1m。

（2）测温点布设

① 测点的布置应满足判断冻结壁形成质量的要求。

② 在冻结壁最薄弱的部位应有测点。

在测定冻结壁与隧道管片界面温度时，应在界面外两侧各布置 1 个测温点，通过插值方法确定界面处温度。

（3）泄压孔布设

① 在与旁通道相接的隧道管片上均布置两个以上的泄压孔。

② 泄压孔布置在开挖区非冻土内，泄压孔贯通开挖区内的透水地层，并深入地层0.3m以上。

12.2.6　工程监测仪器设备要求

一般来说，针对轨道交通工程监测实施应根据其工程特点选择相应的仪器设备，主要的原则如下：

（1）根据相关监测项目选择监测仪器；

（2）所选择仪器的精度和量程应满足具体工程的要求，因此首先应预测对应工程所有测项可能的最大和最小值；

（3）仪器应该可靠、坚固耐用，能适应轨道交通工程潮湿、涌水、振动、粉尘等不利环境下的工作；

（4）所选用仪器需成熟可靠，数量满足相关监测要求，具有检定合格证书，且在有效期内；

（5）现场仪器安装完毕，应对仪器设备进行测试，记录初始状态并在日常加强保护，确保工程监测期间的仪器有效性。

1. 仪器选用原则

针对轨道交通工程监测实施，一般按如下原则进行选用：

（1）根据确定监测项目选用相应的仪器，仪器数量宜少而精；

（2）监测仪器的精度和量程应该满足具体工程的要求，应根据计算值或模拟试验等所预测的最大和最小值确定仪器的精度和量程；

（3）所选用仪器应轻便，布置简单，埋设安装快速，操作读数方便等特点；

（4）现场所使用的检查设备必须成熟、可靠，数量满足监测工作的相关要求；所使用的仪器需要具有有效的检定合格证书，仪器的使用必须在有效期内；

（5）现场监测仪器安装完毕，应对仪器设备进行测试，率定和校正，并记录其观测系统的各个仪器在工作状态下的初始设置。所有监测仪器、设备应定期进行检验和维护，确保处于良好的工作状态。

2. 常用监测仪器

表12.2-14～表12.2-17列出了针对轨道交通工程监测实施，各监测项目所选用的主要仪器及精度要求。

<table>
<tr><td colspan="5" align="center">明挖法常用监测元器件与仪器　　　　　　　　　　　表12.2-14</td></tr>
<tr><td>序号</td><td>监测对象</td><td>监测项目</td><td>主要监测元件与仪器</td><td>精度要求</td></tr>
<tr><td rowspan="4">1</td><td rowspan="4">围护桩墙</td><td>桩（墙）、边坡坡顶水平位移</td><td>全站仪</td><td>≤1″，1mm+1ppm</td></tr>
<tr><td>桩（墙）顶竖向位移</td><td>水准仪</td><td>≤0.3mm/km</td></tr>
<tr><td>桩（墙）体水平位移</td><td>测斜仪</td><td>≤±0.25mm/m</td></tr>
<tr><td>桩（墙）结构应力</td><td>钢筋应力计、频率读数仪</td><td>≤0.25%F·S</td></tr>
</table>

续表

序号	监测对象	监测项目	主要监测元件与仪器	精度要求
2	立柱	立柱结构竖向位移	水准仪	≤0.3mm/km
		立柱结构水平位移	全站仪	≤1″,1mm+1ppm
		立柱结构倾斜	全站仪	≤1″,1mm+1ppm
		立柱结构应力	表面应力计、频率读数仪	≤0.25%F·S
3	支撑	混凝土支撑轴力	混凝土应力计、频率读数仪	≤1.0%F·S
		钢支撑轴力	钢筋应力计、频率读数仪	≤1.0%F·S
4	周边岩土土体	土体深层水平位移	测斜仪	≤±0.25mm/m
		地表沉降	水准仪	≤0.3mm/km
		土体分层竖向位移	分层沉降仪	≤1mm
		围护墙侧向土压力	土压力盒、频率仪	≤0.15%F·S
5	地下水	地下水位	水位计	≤5mm
6	竖井井壁	净空收敛	收敛计	≤0.01mm
7	锚杆、锚索	锚杆、锚索拉力	频率读数仪	≤0.5%F·S
8	坑底	坑底隆起	水准仪	≤0.3mm/km

矿山法常用监测元器件与仪器   表 12.2-15

序号	监测对象	监测项目	主要监测元件与仪器	精度要求
1	支护结构	拱顶沉降	水准仪	≤0.3mm/km
		净空收敛	收敛计	≤0.01mm
		围岩压力及支护间接接触应力	土压力盒、频率读数仪	≤0.15%F·S
		初期支护、二次衬砌应力	钢筋应力计、频率读数仪	≤0.15%F·S
		钢管柱内力	表面应力计、频率读数仪	≤0.25%F·S
2	隧道周边岩土体	地表沉降	水准仪	≤0.4mm/km
		土体分层沉降	分层沉降仪	≤1.0mm
		土体深层水平位移	测斜仪	≤±0.25mm/m
		地下水位	水位计	≤5mm

盾构法常用监测元器件与仪器   表 12.2-16

序号	监测对象	监测项目	主要监测元件与仪器	精度要求
1	管片结构	管片结构竖向位移	全站仪	≤1″,1mm+1ppm
		管片结构水平位移	全站仪	≤1″,1mm+1ppm
		管片结构净空收敛	收敛计	≤0.01mm
		管片结构应力	钢筋应力计、频率读数仪	≤0.15%F·S
		管片连接螺栓应力	螺栓应力计、频率读数仪	≤0.5MPa
2	隧道周边岩土体	地表沉降	水准仪	≤0.3mm/km
		土体分层沉降	分层沉降仪	≤1.0mm
		土体深层水平位移	测斜仪	≤±0.25mm/m
		地下水位	水位计	≤5mm

周边环境常用监测元器件与仪器 表 12.2-17

序号	监测对象	监测项目	主要监测元件与仪器	精度要求
1	建筑物	建筑物沉降	水准仪	≤0.3mm/km
		建筑物倾斜	全站仪	≤1″、1mm+1ppm
		建筑物裂缝	游标卡尺	≤0.2mm
		爆破振动监测	爆破振动仪	≤0.01mm/s
2	地下管线	地下管线沉降	水准仪	≤0.3mm/km
		爆破振动监测	爆破振动仪	≤0.01mm/s
3	桥梁	墩台沉降	水准仪	≤0.3mm/km
		墩柱倾斜	全站仪	≤1″、1mm+1ppm
4	高速公路	路基沉降	水准仪	≤0.3mm/km
		挡墙倾斜	全站仪	≤1″、1mm+1ppm
5	既有轨道交通	隧道结构竖向位移	全站仪	≤1″、1mm+1ppm
		隧道结构水平位移	全站仪	≤1″、1mm+1ppm
		隧道结构净空收敛	收敛计	≤0.01mm
		道床沉降	水准仪	≤0.3mm/km
		结构裂缝	裂缝计、游标卡尺、全站仪	裂缝计、游标卡尺：±0.1mm；全站仪：±0.5″，±(1mm+1ppm)

12.2.7 监测设施安装埋设要求

1. 深埋钢管水准基点标石的埋设

如图 12.2-3 所示，保护井壁采用砖砌，井壁厚度 240mm，井底垫圈宽度 370mm，井深 1000mm；井盖采用钢质材料，井盖直径 800mm；井口标高与地面标高相同。基准点分为内管和外管，外管直径 75mm，内管直径 30mm，基准点顶部距离井盖顶 300mm，井底垫圈面距基准点顶部高度 700mm。基准点采用钻机钻孔埋设，基准点底部埋设深度至相对稳定的土层，钻孔底封堵厚度 360mm，基点底靴厚度 1000mm。

2. 平面基准点标石的埋设

如图 12.2-4 所示，保护井壁采用钢质材料，井壁厚度 10mm，井底垫圈宽度 50mm，井深 200～300mm；井盖采用钢质材料，井盖直径 200mm，井口标高与地面标高相同；平面基准点标志采用加工成"L"形的钢筋置入混凝土基石中，钢筋直径 25mm，顶部刻划成"十"字或镶嵌直径 1mm 的铜芯；混凝土基石上部直径 100mm，下部直径 300mm，基准点顶部距离井盖顶 50mm；平面基准点采用人工开挖或钻机钻孔的方式埋设，基准点底部埋设深度至相对稳定的土层。

3. 支护桩（墙）顶部水平位移监测点的埋设

如图 12.2-5 所示，支护桩（墙）顶水平位移监测点采用在基坑冠梁上设置强制对中的观测标志的形式，双侧装置宜用连接杆件与冠梁上埋设的固定螺栓连接，连接杆件尺寸与固定螺栓规格可根据采用的测量装置尺寸要求加工。

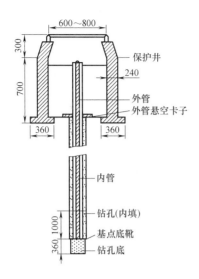

图 12.2-3 深埋钢管水准
基点标石（单位：mm）

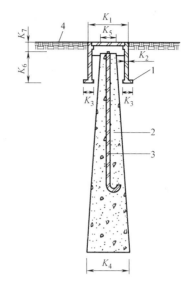

图 12.2-4 平面基准点标石（单位：mm）
1—保护井；2—混凝土底座；3—钢标志点；
4—地面；K_1—井盖直径；K_2—井
壁厚度；K_3—井底垫圈宽度；K_4—混
凝土基石底直径；K_5—混凝土基石顶直径；
K_6—井底垫圈面距监测点顶部高度；
K_7—基准点顶部距井盖顶高度

4. 地下管线监测点的埋设

如图 12.2-6 所示，地下管线管顶竖向位移监测点采用测杆形式埋设于管线顶部结构上，测杆底端采用混凝土与管线结构或周边土体固定，测杆外加保护管，保护管外侧回填密实。保护井壁采用钢质材料，井壁厚度 10mm，井底垫圈宽度 50mm，井深 200～300mm；井盖采用钢质材料，井盖直径 150mm，井口标高与地面标高相同。

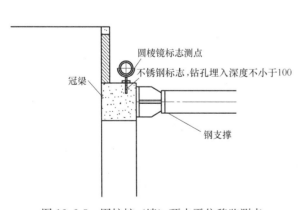

图 12.2-5 围护桩（墙）顶水平位移监测点

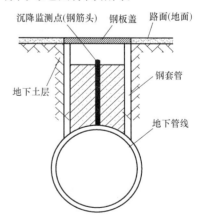

图 12.2-6 地下管线监测点

5. 支护桩（墙）体水平位移监测点的埋设

如图 12.2-7 所示，支护桩（墙）体水平位移监测点采用埋设测斜管的形式，测斜管内径 59mm，外径 71mm，埋置深度至桩（墙）底部，测斜管管口部位采用钢套管保护，管底应进行封堵。测斜管在钢筋笼吊装前采用分段连接绑扎形式，并每 1m 绑扎一次，埋设时应保证测斜管的一对导槽垂直于基坑边线。

6. 土体水平位移监测点的埋设

如图 12.2-8 所示，在土层中钻孔，钻机成孔直径 110mm，钻孔深度至稳定土层；然后，将在地面连接好的测斜管放入孔内，校准测斜管方位，保证有一对凹槽与基坑边缘垂直；测斜管与钻孔之间的空隙回填细砂或水泥与膨润土拌合的灰浆；孔口周围采用水泥抹平，砖砌回形围挡；在孔口段加钢管保护管并加盖钢板盖保护管口。

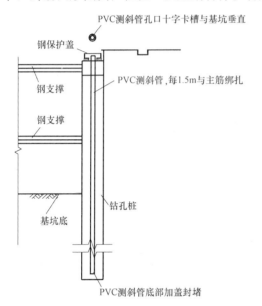

图 12.2-7　支护桩（墙）体水平位移监测点

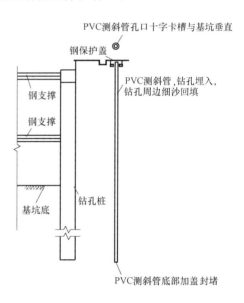

图 12.2-8　土体水平位移监测点

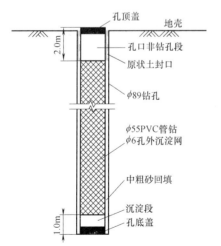

图 12.2-9　水位管量测水位的监测点

7. 水位监测点的埋设

如图 12.2-9 所示，采用水位管量测水位时，水位管底部 2m 长范围内每隔 20cm 打一小孔，共三排，便于地下水进出管中；同时用纱布包裹该段管子以免管外土粒进入管中。安装埋设时，水位管逐根下放并对接，水位管底端要密封；水位管外侧用中粗砂封孔，地表下 2m 长范围内管外孔隙用黏性土封堵，以免地表水流入管中。

8. 轴力监测点的埋设

如图 12.2-10 所示，钢筋混凝土支撑内力采用钢筋应力计等应力应变传感器进行测试，在绑扎支撑受力主筋的同时将支撑四边中间位置处的主筋切断并将钢筋应力计焊接在切断部位以代替相应受力主筋，在浇筑支撑混凝土的同时将应力计上的电线引出至合适位置。

如图 12.2-11 所示，钢支撑轴力采用反力计或表面应变计等传感器进行测试，安装反

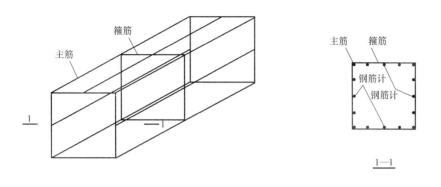

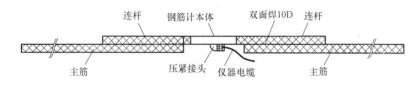

图 12.2-10 混凝土支撑监测点

力计时，各接触面要平整，钢支撑受力状态通过反力计能正常传递到支护结构上，且须保证反力计和钢支撑轴线在一条直线上。

9. 收敛变形监测点的埋设

如图 12.2-12 所示，隧道内空收敛监测点对称布置在隧道两腰，先在测点位置用冲击钻打一个稍大于膨胀螺栓直径的孔，然后将顶端加工有螺孔的膨胀螺栓拧紧，再把用不锈钢制作的挂钩一端拧进膨胀螺栓即可。

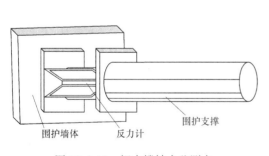

图 12.2-11 钢支撑轴力监测点

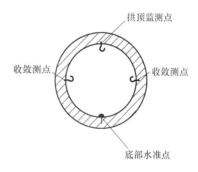

图 12.2-12 收敛变形监测点

12. 2. 8 监测频次要求

基坑工程施工中围护结构、周围岩土体和周边环境应同时段监测，监测频次可按表 12.2-18 确定。

盾构法隧道工程施工中管片结构、周围岩土体和周边环境的监测频次可按表 12.2-19 确定。

矿产法隧道工程施工中隧道初期支护结构、周围岩土体和周边环境的监测频次可按表 12.2-20 确定。

基坑工程监测频次   表 12.2-18

监测等级	施工进程		基坑设计深度(m)		
			≤10	10～20	＞20
一级	开挖深度 (m)	≤10	1次/1d	1次/1d	1次/2d
		10～20	—	1次/1d	1次/1d
		＞20	—	—	2次/1d
	底板浇筑后 时间(d)	≤7	1次/1d	1次/1d	2次/1d
		7～14	1次/3d	1次/2d	1次/1d
		＞14	1次/7d	1次/3d	1次/2d
二级	开挖深度 (m)	≤10	1次/1d	1次/2d	—
		10～20	—	1次/1d	—
		＞20	—	—	—
	底板浇筑后 时间(d)	≤7	1次/1d	1次/1d	—
		7～14	1次/3d	1次/3d	—
		＞14	1次/7d	1次/7d	—
三级	开挖深度 (m)	≤10	1次/1d	—	—
		10～20	—	—	—
		＞20	—	—	—
	底板浇筑后 时间(d)	≤7	1次/1d	—	—
		7～14	1次/3d	—	—
		＞14	1次/7d	—	—

注：1. 对于分区或分期开挖的基坑，应根据施工的影响程度，调整监测频次；
　　2. 基坑工程施工至开挖前的监测频次视具体情况确定；
　　3. 选测项目的监测频次可视具体情况确定。

盾构法隧道工程监测频次   表 12.2-19

监测部位	监测对象	基本稳定后	监测频次
开挖面前方	周围岩土体和周边环境	$5D<L≤8D$	1次/(3～5)d
		$3D<L≤5D$	1次/2d
		$L<3D$	1次/1d
开挖面后方	管片结构、周围岩土 体和周边环境	$L≤3D$	(1～2)次/1d
		$3D<L≤8D$	1次/(1～2)d
		$L>8D$	1次/(3～7)d

注：1. D——盾构法隧道开挖直径(m)，L——开挖面与监测点或监测断面的水平距离(m)；
　　2. 管片结构位移、净空收敛宜在衬砌环脱出盾尾且能通视时进行监测；
　　3. 监测数据趋于稳定后，监测频次宜为1次/(15～30)d。

冷冻法联络通道施工期，在开始冻结前应测量原始地温；从开始冻结至试挖，所有测点温度每隔12～24h观测一次以上；在开挖和结构施工期间，所有测点每隔4～12h观测一次以上；停冻后至冻结壁全部融化期间宜每隔1～3d测量一次；冻结壁全部化冻后可停止温度监测。冻结站运转前期，应每隔12～24h观测一次地层水压。水压开始上涨后，应每隔6～12h测量一次以上。周边环境的监测频次1～2次/d。现场巡查每天不少于一次。

矿山法隧道工程监测频次			表 12.2-20
监测部位	监测对象	开挖面至监测点或监测断面的距离	监测频次
开挖面前方	周围岩土体和周边环境	$2B<L\leqslant5B$	1 次/2d
		$L\leqslant2B$	1 次/1d
开挖面后方	初期支护结构、周围岩土体和周边环境	$L\leqslant1B$	1 次/1d
		$1B<L\leqslant2B$	1 次/1d
		$2B<L\leqslant5B$	1 次/2d
		$L>5B$	1 次/(3～7)d

注：1. B——矿产法隧道或导洞开挖宽度（m），L——开挖面至监测点或监测断面的水平距离（m）；

2. 当拆除临时支撑时应增加监测频次；

3. 监测数据趋于稳定后，监测频次宜为 1 次/(15～30)d。

12.2.9 监测控制值要求

城市轨道交通工程在建设过程中，经常发生结构垮塌、周围岩土体坍塌以及建（构）筑物、地下管线等周边环境对象过大变形或破坏等安全风险，因此，在地下工程施工过程中若出现监测数据异常变化，应及时分析、预报并采取预防和处置措施，确保工程安全施工。目前，由于各地的建设管理水平、施工队伍的素质和施工经验，以及工程地质条件和施工环境不同，针对各类监测项目的控制值一般由施工图设计文件中给出，由设计单位经过综合计算与分析确定，满足保护工程支护结构及保护周边环境的要求。在实际操作过程中，基于变形累计控制值及速率控制值进行综合判断。针对设计文件未给定控制值情况，以及控制值不明确的情况，可参考相对应规程规范中的有关要求，部分监测项目相关控制值各类规范要求汇总在表 12.2-21～表 12.2-24 中供参考使用。

1. 基坑工程

（1）地表及围护桩（墙）顶沉降控制值

围护桩（墙）顶沉降限值					表 12.2-21
规范名称	监测项目及位置及基坑监测等级		允许位移控制值 U_0(mm)	位移平均速率(7d)	位移最大速率(1d)
《上海市基坑工程施工监测规程》DG/TJ 08—2001—2006	地面或墙顶沉降	一级工程	25～30mm	—	2～3mm/d
		二级工程	50～60mm	—	3～5mm/d
		三级工程	宜按二级基坑的标准控制，当条件许可时可适度放宽		
《北京市地铁工程监控量测技术规程》DB 11/490—2007	地表沉降	一级基坑	$\leqslant0.15\%H$ 且 $\leqslant30$，两者取小值	2mm/d	2mm/d
		二级基坑	$\leqslant0.2\%H$ 且 $\leqslant40$，两者取小值		
		三级基坑	$\leqslant0.3\%H$ 且 $\leqslant50$，两者取小值		
	围护桩（墙）顶沉降		$\leqslant10$mm	1mm/d	1mm/d

续表

规范名称	监测项目及位置及基坑监测等级		允许位移控制值 U_0(mm)	位移平均速率(7d)	位移最大速率(1d)
《建筑基坑工程监测技术规范》GB 50497—2009	放坡、土钉墙、喷锚支护、水泥土墙	一级基坑	$20 \sim 40mm$ 且 $0.3\% \sim 0.4\%H$	—	3～5mm/d
		二级基坑	$50 \sim 60mm$ 且 $0.6\% \sim 0.8\%H$	—	5～8mm/d
		三级基坑	$70 \sim 80mm$ 且 $0.8\% \sim 1.0\%H$	—	8～10mm/d
	钢板桩、灌注桩、型钢水泥土墙、地下连续墙	一级基坑	$10 \sim 20mm$ 且 $0.1\% \sim 0.2\%H$	—	2～3mm/d
		二级基坑	$25 \sim 30mm$ 且 $0.3\% \sim 0.5\%H$	—	3～4mm/d
		三级基坑	$35 \sim 40mm$ 且 $0.5\% \sim 0.6\%H$	—	4～5mm/d
	立柱沉降	一级基坑	35～45mm	—	2～3mm/d
		二级基坑	55～65mm	—	4～6mm/d
		二级基坑	—	—	8～10mm/d
《城市轨道交通工程监测技术规范》GB 50911—2013	墙顶竖向位移	监测等级一级	10～25 且 0.1%～0.15%	2～3mm/d	—
		监测等级二级	20～30 且 0.15%～0.3%	3～4mm/d	—
		监测等级三级	20～30 且 0.15%～0.3%	3～4mm/d	—

注：1. H——基坑开挖深度；
　　2. 本表中区间隧道跨度为<8m；车站跨度为>16m 和≤25m。

（2）引发地表沉降控制值

地面及围护桩（墙）顶沉降限值　　　　　　　　　　表 12.2-22

规范名称	监测项目及位置及基坑监测等级		允许位移控制值 U_0(mm)	位移平均速率(7d)	位移最大速率(1d)
《上海市基坑工程施工监测规程》DG/T J08—2001—2006	地面或墙顶沉降	一级工程	25～30mm	—	2～3mm/d
		二级工程	50～60mm	—	3～5mm/d
		三级工程	宜按二级基坑的标准控制，当条件许可时可适度放宽		
《北京市地铁工程监控量测技术规程》DB 11/490—2007	地表沉降	一级基坑	≤0.15%H 且≤30，两者取小值	2mm/d	2mm/d
		二级基坑	≤0.2%H 且≤40，两者取小值		
		三级基坑	≤0.3%H 且≤50，两者取小值		
《建筑基坑工程监测技术规范》GB 50497—2009	放坡、土钉墙、喷锚支护、水泥土墙	一级基坑	$20 \sim 40mm$ 且 $0.3\% \sim 0.4\%H$	—	3～5mm/d
		二级基坑	$50 \sim 60mm$ 且 $0.6\% \sim 0.8\%H$	—	5～8mm/d
		三级基坑	$70 \sim 80mm$ 且 $0.8\% \sim 1.0\%H$	—	8～10mm/d

规范名称	监测项目及位置及基坑监测等级		允许位移控制值 U_0(mm)	位移平均速率(7d)	位移最大速率(1d)
《建筑基坑工程监测技术规范》GB 50497—2009	钢板桩、灌注桩、型钢水泥土墙、地下连续墙	一级基坑	10～20mm 且 0.1%～0.2%H	—	2～3mm/d
		二级基坑	25～30mm 且 0.3%～0.5%H	—	3～4mm/d
		三级基坑	35～40mm 且 0.5%～0.6%H	—	4～5mm/d
	立柱沉降	一级基坑	35～45mm	—	2～3mm/d
		二级基坑	55～65mm	—	4～6mm/d
		三级基坑	—	—	8～10mm/d
《城市轨道交通工程监测技术规范》GB 50911—2013	地表沉降	坚硬～中硬土	监测等级一级 20～30mm且0.15%～0.2%	2～4mm/d	—
			监测等级二级 25～35mm且0.2%～0.3%	2～4mm/d	—
			监测等级三级 30～40mm且0.3%～0.4%	2～4mm/d	—
		中软～软弱土	监测等级一级 20～40mm且0.2%～0.3%	2～4mm/d	—
			监测等级二级 30～50mm且0.3%～0.5%	3～5mm/d	—
			监测等级三级 40～60mm且0.4%～0.6%	4～6mm/d	—
	立柱结构竖向位移	监测等级一级	10～20mm	2～3mm/d	—
		监测等级二级	10～20mm	2～3mm/d	—
		监测等级三级	10～20mm	2～3mm/d	—

（3）桩（墙）体水平位移控制值

桩（墙）体水平位移限值 　　　　　表 12.2-23

规范名称	监测或安全等级	桩（墙）体水平位移控制指标		
		墙体最大位移(mm)或相对基坑深度 H 的位移	变化速率(7d平均)	位移最大速率(任意1d)
《北京市地铁工程监控量测技术规程》DB 11/490—2007	一级基坑	≤0.15%H 或≤30mm,两者取小值	2mm/d	3mm/d
	二级基坑	≤0.20%H 或≤40mm,两者取小值		
	三级基坑	≤0.30%H 或≤50mm,两者取小值		
	竖井井壁净空	50mm	2mm/d	5mm/d
《天津地铁二期工程施工监测技术规定》	一级基坑	0.0014H	—	—
	二级基坑	0.0030H	—	—
《上海市基坑工程施工监测规程》DG/T J08—2001—2006	一级基坑	45～50mm	2～3mm/d	
	二级基坑	65～80mm	3～5mm/d	
	三级基坑	宜按二级基坑的标准控制,当条件许可时可适度放宽		
《上海市地铁基坑工程施工规程》SZ—08—2000	一级基坑	≤0.14%H		
	二级基坑	≤0.30%H		
	三级基坑	≤0.70%H		

规范名称		监测或安全等级	桩(墙)体水平位移控制指标		
			墙体最大位移(mm)或相对基坑深度 H 的位移	变化速率(7d平均)	位移最大速率(任意1d)
深圳	排桩、地下连续墙、土钉墙	一级	$0.0025H$	—	
		二级	$0.0050H$	—	
		三级	$0.0100H$	—	
	钢板桩、深层搅拌桩	一级	—		
		二级	$0.0100H$		
		三级	$0.0200H$		
《建筑基坑工程技术规范》(YB 9258—97)(冶金规范)(18m以内的基坑)			支护破坏后影响严重或很严重,滑移面内有重要建(构)筑物 $H/300$	—	
			支护破坏后影响较严重,滑移面内有重要建(构)筑物 $H/200$		
			支护破坏后影响一般或轻微,周边15m以外有主要建(构)筑物 $H/150$	—	
《建筑基坑工程监测技术规范》GB 50497—2009	水泥土墙	一级	$30\sim35$mm 或 $0.3\%\sim0.4\%H$		$5\sim10$mm/d
		二级	$50\sim60$mm 或 $0.6\%\sim0.8\%H$		$10\sim15$mm/d
		三级	$70\sim80$mm 或 $0.8\%\sim1.0\%H$		$15\sim20$mm/d
	钢板桩	一级	$50\sim60$mm 或 $0.6\%\sim0.7\%H$		$2\sim3$mm/d
		二级	$80\sim85$mm 或 $0.7\%\sim0.8\%H$		$4\sim6$mm/d
		三级	$90\sim100$mm 或 $0.9\%\sim1.0\%H$		$8\sim10$mm/d
	型钢水泥土墙	一级	$50\sim55$mm 或 $0.5\%\sim0.6\%H$		$2\sim3$mm/d
		二级	$75\sim80$mm 或 $0.7\%\sim0.8\%H$		$4\sim6$mm/d
		三级	$80\sim90$mm 或 $0.9\%\sim1.0\%H$		$8\sim10$mm/d
	灌注桩	一级	$45\sim50$mm 或 $0.4\%\sim0.5\%H$		$2\sim3$mm/d
		二级	$70\sim75$mm 或 $0.6\%\sim0.7\%H$		$4\sim6$mm/d
		三级	$70\sim80$mm 或 $0.8\%\sim0.9\%H$		$8\sim10$mm/d
	地下连续墙	一级	$40\sim50$mm 或 $0.4\%\sim0.5\%H$		$2\sim3$mm/d
		二级	$70\sim75$mm 或 $0.7\%\sim0.8\%H$		$4\sim6$mm/d
		三级	$80\sim90$mm 或 $0.9\%\sim1.0\%H$		$8\sim10$mm/d
《城市轨道交通工程监测技术规范》GB 50911—2013	型钢水泥土墙 坚硬～中硬土	监测等级一级	—		—
		监测等级二级	—		
		监测等级三级	$40\sim50$mm 且 0.4%		6mm/d
	型钢水泥土墙 中软～软弱土	监测等级一级	—		
		监测等级二级	—		
		监测等级三级	$50\sim70$mm 且 0.7%		6mm/d
	灌注桩、地下连续墙 坚硬～中硬土	监测等级一级	$20\sim30$mm 且 $0.15\%\sim0.2\%$		$2\sim3$mm/d
		监测等级二级	$30\sim40$mm 且 $0.3\%\sim0.5\%$		$3\%\sim5\%$
		监测等级三级	$30\sim40$mm 且 $0.2\%\sim0.4\%$		$4\%\sim5\%$
	灌注桩、地下连续墙 中软～软弱土	监测等级一级	$30\sim50$mm 且 $0.2\%\sim0.3\%$		$2\sim4$mm/d
		监测等级二级	$40\sim60$mm 且 $0.3\%\sim0.5\%$		$3\sim5$mm/d
		监测等级三级	$50\sim70$mm 且 $0.5\%\sim0.7\%$		$4\sim6$mm/d

（4）支护结构受力控制指标

支护结构受力控制值 表 12.2-24

规范名称	安全等级		土压力	孔隙水压力	支撑内力	锚杆内力	立柱内力	围护墙内力
《上海市基坑工程施工监测规程》DG/T J08—2001—2006			$(60\%\sim80\%)f$					
《上海市基坑工程设计规程》DB J08—61—2010			—	—	$80\%f_2$	—	—	—
《建筑基坑工程监测技术规范》GB 50497—2009	一级		$(60\%\sim70\%)f_1$		$(60\%\sim70\%)f_2$			
	二级		$(70\%\sim80\%)f_1$		$(70\%\sim80\%)f_2$			
	三级		$(70\%\sim80\%)f_1$		$(70\%\sim80\%)f_2$			
《城市轨道交通工程监测技术规范》GB 50911—2013	支护墙结构应力/立柱结构应力	监测等级一级	$(60\%\sim70\%)f$					
		监测等级二级	$(70\%\sim80\%)f$					
		监测等级三级	$(70\%\sim80\%)f$					
	支撑轴力锚杆拉力	监测等级一级	最大值$(60\%\sim70\%)f$/最小值$(80\%\sim100\%)f_y$					
		监测等级二级	最大值$(70\%\sim80\%)f$/最小值$(80\%\sim100\%)f_y$					
		监测等级三级	最大值$(70\%\sim80\%)f$/最小值$(80\%\sim100\%)f_y$					

注：f_1——荷载设计值；f_2——构件承载能力设计值；f——构件的承载能力设计值；f_y——支撑、锚杆的预应力设计值。

2. 盾构工程

当前，地铁区间段隧洞多采用盾构法或浅埋暗挖法施工，考虑地区特殊的地质条件，为控制变形，基本采用盾构法施工。盾构法施工隧道支护结构本体的监控项目主要包括：沿线地面隆沉、管线变形、建筑差异沉降、倾斜和隧洞拱顶沉降、净空收敛等（表 12.2-25）。

地表沉降、拱顶沉降、地表隆起控制值 表 12.2-25

规范名称	监测等级或监控位置及范围(m)		地表沉降(mm)	地表隆起(mm)	拱顶沉降(管片结构沉降)(mm)	管片结构差异沉降	管片结构净空收敛
《上海市地铁工程盾构法隧道施工技术规程》STBDQ-010001—2007)	盾构顶部覆土厚度	4	30	10	—	—	—
		8	19	6.3	—	—	—
		12	14	4.7	—	—	—
		16	11	3.7	—	—	—
		20	9	3	—	—	—
《上海市地铁隧道工程盾构施工技术规范》DG/T J08—2041—2008	同《上海市地铁工程盾构法隧道施工技术规程》STBDQ-010001—2007					—	—

续表

规范名称	监测等级或监控位置及范围(m)	地表沉降(mm)	地表隆起(mm)	拱顶沉降(管片结构沉降)(mm)	管片结构差异沉降	管片结构净空收敛
《北京地铁工程监控量测技术规程》DB 11/490—2007	允许沉降	—	10	20	—	—
	沉降速率(7d平均)	—	1mm/d	1mm/d		
	最大沉降速率(任意1d)		3mm/d	3mm/d		
《上海市地基基础设计规范》DGJ 08-11—2010	—					—
《城市轨道交通工程监测技术规范》GB 50911—2013	监测等级一级	坚硬~中硬土:10~20mm 速率:3mm/d 中软~软弱土:15~25mm 速率:3mm/d	10mm; 3mm/d		0.04%L_3	0.2%D 3mm/d
	监测等级二级	坚硬~中硬土:20~30mm 速率:4mm/d 中软~软弱土:25~35mm 速率:4mm/d	10mm; 3mm/d	坚硬~中硬土:10~20mm 速率:2mm/d 中软~软弱土:20~30mm 速率:3mm/d		
	监测等级三级	坚硬~中硬土:30~40mm 速率:4mm/d 中软~软弱土:35~45mm 速率:5mm/d	10mm; 3mm/d			

12.2.10 监测管理要求

1. 监测管理机构及其主要职责

轨道交通工程监测监控管理实行分级管理,即指挥层、监测监控管理中心、现场监测监控分中心。工程处监测监控科负责对监测监控管理中心日常工作统筹管理。监理单位负责现场监测监控分中心日常管理工作。其管理机构如图12.2-13所示。

(1)建设单位职责主要包括:①体系建设;②审查与备案;③组织交底;④方案评审;⑤监督及考核;⑥预消警。

(2)工点设计单位职责主要包括:①参加方案评审,汇报监测设计意图,确认监测控制指标;②参加黄色、橙色、红色预警分析会,对警情原因的分析并提出预警建议措施。

(3)监理单位职责主要包括:①审核监测方案;②参加交底会;③组织监测点验收,审查初始值成果;④监测数据及工况图表审查,督促施工单位落实对异常数据签署的应对措施;⑤巡检;⑥组织现场监测监控周例会;⑦预消警管理;⑧信息上传与查阅。

(4)第三方监测单位职责主要包括:①第三方监测方案交底与报审备案;②审核施工监测;③测点验收及初始值采集;④监测抽检及数据上传;⑤监测数据辨伪;⑥巡视检查;⑦安全状态评估;⑧预、消警管理工;⑨停测管理。

（5）施工单位职责主要包括：①参加交底会；②施工监测单位报审备案；③监测监控分中心组建；④静态风险评估；⑤监测方案评审；⑥方案、工况图表上传；⑦测点验收与初始值采集；⑧监测数据审查；⑨巡检；⑩预、消警管理。

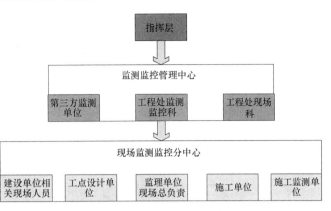

图 12.2-13　监测管理机构

（6）施工监测单位主要职责包括：①施工监测单位报审备案；②施工监测方案编制与备审；③测点验收与初始值采集；④监测数据上传及监测报告反馈；⑤现场巡视检查；⑥预警监测应对等。

2. 第三方监测管理

第三方监测管理的目的主要有：①对施工监测进行监督、检验，避免少报、瞒报现象的发生；②提供独立、客观、公正的监测数据，若在施工影响区内发生环境破坏的投诉事件时，作为有关机构评定和界定相关单位责任的依据；③分析监测数据、评估安全状况，

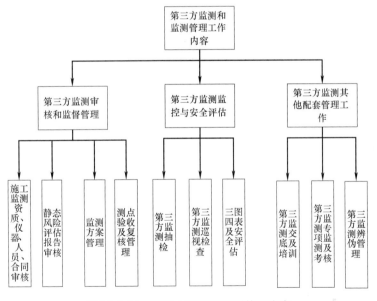

图 12.2-14　第三方监测和监测管理内容

成为工程决策机构的"眼睛"；④积累量测数据，检验设计理论的正确性，为今后类似工程设计与施工提供工程参考数据。

如图 12.2-14，第三方监测管理内容主要包括：组织审查施工监测实施大纲及方案；抽查监测项目、测点保护、仪器设备及监测人员；对比施工监测和第三方监测数据，分析施工监测数据的准确性和真实性，如发现数据造假问题，及时上报；对监测数据进行评估，发现异常及时按程序处理并上报；督促施工方及时上传监测数据；对施工方进行日常

考核，提出整改措施并落实；组织监测培训、交流监测技术；每天分析施工监测数据、第三方监测数据、现场巡检情况和现场工况，判断工点的安全状态；编制各阶段安全风险监控与管理报告，如安全风险监控与管理工作周报、月报、半年报和年报，安全风险监控与管理工作总结以及安全风险业务范围内的专项报告等。

3. 监测预警及报警管理

轨道交通工程监测预警是整个监测工作的核心，通过监测预警能够使相关单位对异常情况作出及时反应，采取措施，控制安全事故。工程建设过程中，主要通过分层级预报警响应进行有效管控。安全风险预警、消警及其信息报送一般实行三层次管理机制，即由决策指挥层、中间管理层和现场监控实施层组成，如图12.2-15所示。

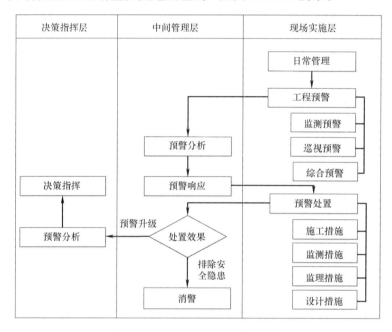

图 12.2-15 三层次预报警机制

施工单位、监理单位与施工监测单位在工程现场安全风险管理过程中，通过监测、现场巡查、视频监控等手段，对数据异常及工程存在一定安全隐患时，根据单项预警指标发布单项预警事件，现场实施层及时响应单项预警流程，参与警情分析，提出并落实控制措施。当工程出现可能对工程安全造成较大影响的安全隐患时，由监控中心通过现场核查、数据分析及专家咨询等手段对警情进行分析判断，发布综合预警，并召开现场会议，确定风险处置与控制措施，必要时，启动应急处置流程。当现场监测数据经分析判断趋于稳定，对应预警或报警工点，由施工单位提出消警，并提交消警报告。

工程监测预警及报警需要制定相应标准及等级。其标准由设计确定，或参考第12.2.9节取监测控制值。预警等级的划分要与工程建设城市的工程特点、施工经验等相适应，具体的预警等级可根据工程实际需要确定，一般分黄色预警、橙色预警和红色预警，其标准分别为：①黄色预警——变形监测的绝对值和速率值双控指标均达到控制值的70%；或双控指标之一达到控制值的85%；②橙色预警——变形监测的绝对值和速率值双控指标均达到控制值的85%；或双控指标之一达到控制值红色预警变形监测的绝对值和速率值双控指标均达到控制值；③红色报警——变形监测的绝对值和速率值双控指标均达到控制值。预警级别的最终判定应同时考虑监测数据变化、现场施工技术水平、管理水平以及可能对现场造成的风险程度等综合因素。对于两次发出预警的同一工程部位，数据在一定时间内未收敛，并有继续增大的趋势时，应将当前预警级别予以升级。

12.2.11 运营阶段监测要求

运营阶段监测对象主要为线路结构和重要周边环境，且主要针对以下情况进行运营阶段监测：①不良地质作用对城市轨道交通线路有较大影响的区段；②软土地基或因地基变形、局部失稳而产生裂缝的结构；③地震、列车振动等外力作用对线路产生较大影响的地段；④采用新的施工技术、基础形式或设计方法的结构；⑤既有线路保护区范围内有工程建设施工的地段。

隧道结构监测项目主要为沉降、水平位移、收敛变形、变形缝张开量及裂缝、隧道断面尺寸、道床与轨道变形、结构倾斜、错台及渗漏水等。其监测点或断面的布设要求为：①在直线地段宜每100m布设1个监测点；②曲线地段在直缓、缓圆、曲线中点、圆缓、缓直等布设1个监测点，曲线较长时应适当增加监测点，宜每50m布设1个监测点；③道岔部分，在道岔理论中心、道岔前端、道岔后端、辙叉理论中心等结构部位各设1个监测点，道岔前后线路适当加密监测点；④车站与区间衔接处、区间联络通道附近衔接处应有监测点或监测断面控制；⑤隧道、高架桥与路基的过渡段应有监测点或监测断面控制；⑥进行地基岩土加固的轨道交通主体结构及附属结构应有监测点或监测断面控制；⑦结构或路基处在病害地段、软土区域根据实际情况适当加密监测点。

监测点应充分利用施工阶段的监测点，并应检查监测点的可靠性。基准点宜利用施工阶段布设的基准点，也可在远离变形区的出入口、联络通道、通风竖井和车站、区间隧道等稳定的结构上埋设新的基准点。

一般情况下的监测频次要求为：①新建线路运营初期第一年内3个月监测1次；②第二年6个月监测1次；③以后根据变形情况，每年监测1~2次。

在特殊地段（如病害严重地段、保护区有其他地下工程施工地段等）应采用自动化监测＋人工监测复核的手段，以确保运营过程车站及隧道工程整体结构安全。自动化监测系统一般由传感、数据采集、通信和数据处理等部分组成。常用传感装置由全站仪（测量机器人）、静力水准仪、激光测距仪、光电位移计、裂缝计、三维激光扫描仪等。

12.3 轨道交通工程安全监测与风险管理平台

城市轨道交通工程建设的特点是施工现场点多线长、参建方多、数据量大，数据与现场信息的分析与预警及时性较差及专家对风险的评判与建议范围有限等。使得工程施工现场的安全风险管理通过信息系统来处理现场庞大的数据量并实现有限专家资源的整合，以保障轨道交通工程建设安全风险管理的顺利进行。目前，随着网络化和信息化的加速推进以及BIM技术的广泛应用，针对轨道交通工程复杂多变的周边环境、大量的从业人员、建设规模的不断扩大，工程安全风险管理与远程监控信息系统平台以其高效的信息传递效率及实时信息共享，极大地提升了轨道交通工程的风险控制水平。近年来，北京、上海、南京、杭州等地的专业化监测监控与风险管理企业开发了相应的视频监控、安全监测、风险管理及隐患排查等远程监控系统平台。编者结合中国电建集团华东勘测设计研究院有限公司开发并已在十多个轨道交通城市广泛应用的风险管理及远程监控系统，就主要功能作简要介绍。

12.3.1 首页界面

该模块综合展示项目线路走向（概况）、工点安全状况，预报警信息及最新安全报告和通告。通过文字描述并结合 GIS 技术，实现了集图形与文字一体，动态展示工点工程进度、安全状况等信息（图 12.3-1）。

图 12.3-1　首页界面

12.3.2 监测管理

该模块提供监测单位监测数据采集的报送窗口，并根据各方的要求进行汇总统计，实现数据查询，第三方监测与施工监测数据比对。同时，可以根据不同用户的需求进行个性化定制过程线和分布线的图形绘制模板。

（1）数据采集和汇总

系统提供用户多种录入方式，实现手动录入，Excel 表格与半自动导入及自动化采集输入等，数据录入完成后，根据用户的个性化需求进行数据汇总模板的设置并统计展示（图 12.3-2）。

（2）数据比对

实现同点同时段或不同时段施工监测数据与第三方监测数据的比对分析，实现监测测点的数据比对以及监测测点的图形比对（图 12.3-3）。

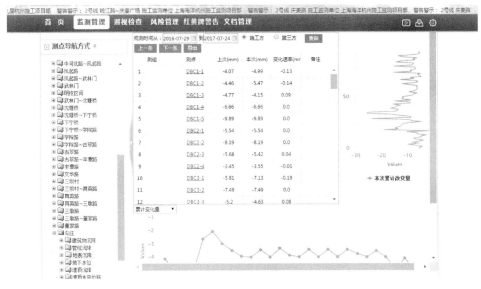

图 12.3-2　数据采集及汇总展示

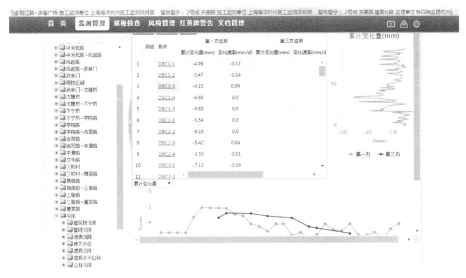

图 12.3-3　数据对比展示

（3）图形绘制

根据用户个性化定制需求，系统预设各个监测项目的过程线及分布线的图形绘制模板，数据录入后自动进行图形绘制。实现图形绘制和用户的交互，用户可以根据需要在列表和图形之间进行操作（图 12.3-4）。

12.3.3　风险管理

（1）风险源管理

系统详实记录了工程初步设计阶段、施工图阶段、施工准备阶段、施工过程中及试运营阶段各个工点的风险源处置情况。在工程施工阶段，系统可以根据工程的实际施工进度

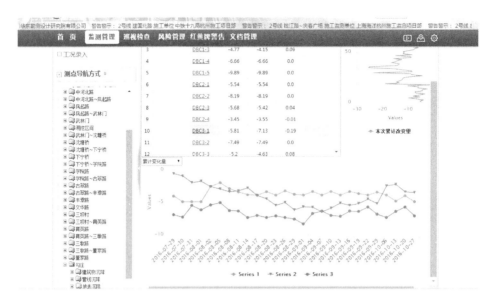

图 12.3-4　图形绘制展示

标记风险源的影响范围、跟踪并记录其处置情况（图 12.3-5）。

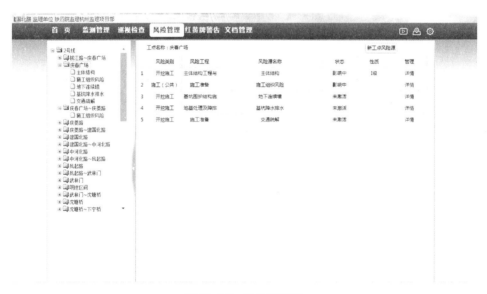

图 12.3-5　风险源管理

（2）安全评估

结合监测数据、工程进度及风险跟踪相关情况自动生成安全评估报告。同时，在人工干预的情况下以短信形式发送风险提示（图 12.3-6）。

（3）预报警

系统嵌入建设单位预报警及消警管理体系，根据预警类型及级别的不同，启动相关预警报告机制，并根据不同预警类型和级别进行短信及自媒体的相关信息推送。预警后，系统可以根据预警处置的情况进行跟踪和预警级别的调整（图 12.3-7）。

图 12.3-6 安全评估界面

图 12.3-7 预报警界面

12.3.4 隐患排查

系统嵌入了城市轨道交通建设工程质量安全事故隐患排查的运作体系（排查、整改、验收及闭合），实现各参建单位职责分工、隐患分类、隐患分级、隐患治理、隐患上报及隐患验收等功能。

（1）隐患库

根据住房和城乡建设部《城市轨道交通工程质量安全检查指南》（2016）173 号文，并结合城市轨道交通工程相关施工等验收规范，综合考虑《安全生产事故隐患排查治理暂行规定》（安监督局令【2007】16 号）整体上将城市轨道交通工程隐患分为两个大类，三个级别，共 1600 个检查要点（图 12.3-8）。

图 12.3-8　隐患库界面

(2) 隐患排查

系统可以根据用户的需求进行个性化定制，可以实现系统自动推送、定期分派、管理员分派隐患排查任务。用户接受任务后按照隐患的内容和级别进行现场的实际摸排，填写相关排查信息（图 12.3-9）。

图 12.3-9　隐患排查界面

(3) 隐患整改

系统嵌入建设单位关于隐患排查、整改、验收及闭合的响应程序，根据隐患的不同级别，推送相关级别的响应、整改、验收及闭合人员，实现隐患整改的可追溯（图 12.3-10）。

图 12.3-10 隐患整改界面

12.3.5 文档管理

系统根据工程实际，将工程安全管理文档预设为工程资料、工程报告以及通知、公告和纪要等类型，且可以根据用户的需要进行文档分类管理的个性化定制，实现工程安全管理文档电子化（图 12.3-11）。

图 12.3-11 文档管理展示

12.3.6 视频监控

系统采用先进的计算机网络通信技术、视频数字压缩处理技术及视频监控技术，加强现场的安全防护管理，实时监测现场安全生产措施的落实情况，对施工操作工作面上的各安全要素等实施有效监控，同时消除工作安全隐患，加强安全质量管理，第一时间掌握工作现场动态和进度（图 12.3-12～图 12.3-14）。

图 12.3-12　视频监控展示

图 12.3-13　高清视频监控效果　　　　图 12.3-14　红外线视频监控效果图监控效果

12.3.7　GIS 地图

基于 GIS 地图功能，实现 GIS 地图的线路走向、工程安全状态以及预报警展示等功能，用户可以方便地通过 GIS 地图界面快速切换到系统的其他模块，实现通过 GIS 地图可以更为方便和直观地展示工程安全状态（图 12.3-15）。

12.3.8　手持智能终端

手持智能终端实现 web 端的基本功能，使得更方便、快捷地了解工程安全风险管控状态。手持智能终端在现场巡视检查模块和隐患排查治理模块中，实现信息上传、隐患排查上报、整改及统计分析等功能（图 12.3-16）。

图 12.3-15　GIS 界面

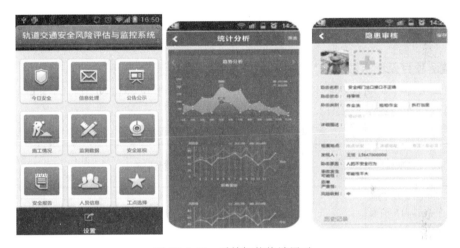

图 12.3-16　手持智能终端展示

12.4　基坑工程变形自动化监测实例

12.4.1　工程概况

本车站为地下二层结构，车站净长 223m，基坑净宽 24.3～25.3m，南北端头井基坑深分别为 17.97m、18.42m；标准段基坑深约 16.18～16.53m。围护结构采用 800mm 厚地连墙，钢筋混凝土＋钢管内支撑体系。场地所见土层自上而下依次为①$_{1-1}$杂填土，①$_2$黏土，①$_3$淤泥质黏土，②$_1$黏土，②$_2$淤泥质黏土，③$_1$含黏性土粉砂、黏质粉土，③$_2$粉质黏土夹粉砂，④$_1$淤泥质粉质黏土，④$_2$黏土，⑤$_1$黏土，⑤$_{1T}$黏质粉土，⑤$_2$粉质黏土，⑤$_4$粉质黏土，⑥$_1$黏土，⑥$_2$黏土，⑥$_3$黏土，⑦$_1$黏土，⑧$_1$粉砂、中砂，⑧$_3$砾砂、圆砾，⑧$_{3T}$粉质黏土，⑨$_1$粉砂，⑨$_{1T}$粉砂，⑨$_2$粉质黏土，⑨$_{2T}$粉砂。

车站主体基坑坑底土层：南、北端头井均位于④$_1$淤泥质粉质黏土层；标准段位于

441

③₂ 粉质黏土夹粉砂与④₁ 淤泥质粉质黏土层。典型地质剖面见图 12.4-1。

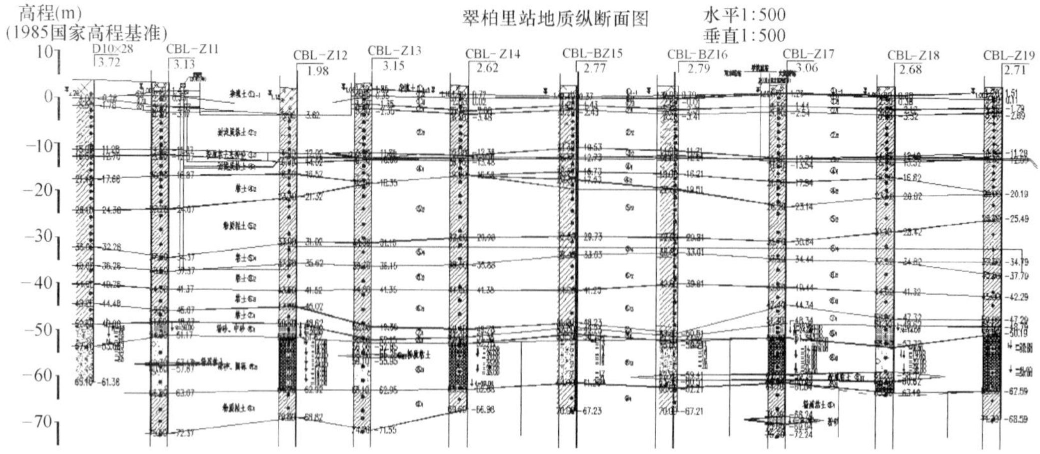

图 12.4-1　典型地质剖面

12.4.2　监测方案

1. 监测项目及测点数量

本项目实施涉及墙顶水平位移、沉降和深层土体水平位移自动化监测项目。监测项目、监测点布置与数量见表 12.4-1 和图 12.4-1。

监测项目及测点工作量汇总表　　　　表 12.4-1

序号	监测项目	单位	编号	数量	位置及监测对象	初始值采集时间节点	初始值确认办法
1	围护墙墙顶水平位移和垂直位移（人工）	点	Qwc	10	围护结构上端部	基坑开挖前一周	各项监测点（孔）初始值连续采集至少3次，将合格的初始值取平均值作为初始值成果
2	围护墙墙顶水平位移和垂直位移（自动化）	点	DQwc	10			
3	深层土体水平位移（人工）	孔	CX	3	土体	基坑开挖前一周	
4	深层土体水平位移（自动化）	孔	DCX	3			

2. 监测仪器及其精度

仪器设备及其精度见表 12.4-2 和图 12.4-2。

3. 基准点布设

在垂直基坑端头部位，沿地墙方向，在墙外 30m 位置处布设一个观测墩，安装一个激光发射器，并在观测墩顶部架设对中装置，作为水平位移的校核点和人工观测的架站点；在观测墩侧面布设"L"形水准标准，作为高程校核点。

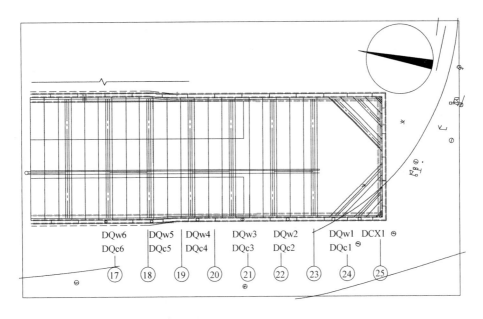

图 12.4-2　自动化监测试验段监测点平面布置图

仪器设备及其精度　　　　　　　　　　　表 12.4-2

序号	监测项目	测点布置	仪器	仪器精度	备注
1	围护墙墙顶水平位移和垂直位移（自动化）	在基坑东侧每隔 20m 布置一个点	光电式双向位移计、光电式解调仪	0.5mm	
2	深层土体水平位移（自动化）	基坑东侧中部每隔 20m 布置一个观测断面	光纤光栅网络一体解调仪、光纤光栅便携式解调仪、光纤光栅智能测斜管	0.1nm/m	

12.4.3　监测实施

1. 墙顶水平位移和沉降监测

（1）监测仪器设备

采用拥有自主知识产权的 JPLD-1000 光电式双向位移计对墙顶水平位移和沉降进行同时监测。光电式双向位移监测系统是由激光发射器、二维图像传感器和光电式解调仪组成，如图 12.4-3 所示。

（2）测点安装及保护

在试验段 100m 地墙范围内每隔 10m，并与人工监测相对应的位置，在地连墙墙顶均匀布设 10 组 JPLD-1000 光电式双向位移计，其安装示意图见图 12.4-4。

（3）数据计算处理

如图 12.4-5 所示，设 xy 为成像靶面局部坐标系，且初始激光光斑在靶面上成像的中心点坐标为 $(x_0，y_0)$，变形后激光光斑在靶面上成像的中心点坐标为 $(x'，y')$。则激光

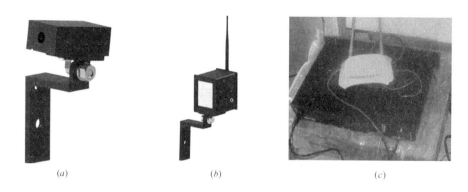

图 12.4-3　JPLD-1000 光电式双向位移监测系统
（a）激光发射器；（b）二维图像传感器；（c）光电式解调仪

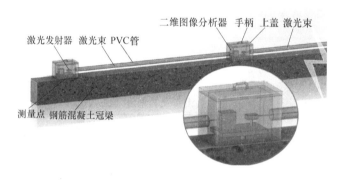

图 12.4-4　测点安装示意图

发射器和图像传感器的水平错动距离为 $x'-x_0$，沉降差为 $y'-y_0$。

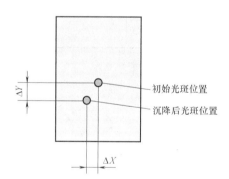

图 12.4-5　光电式双向位移计成像示意图

2. 深层土体水平位移

（1）监测仪器设备

采用拥有自主知识产权的光纤光栅智能测斜管进行监测。智能测斜管监测系统由 PVC 测斜管、光纤光栅串、光纤光栅解调网络一体机与计算软件构成，见图 12.4-6。

（2）监测原理

光纤布拉格光栅测试位移量是通过对测斜管的应变进行监测后计算得出的。用光纤光栅解调仪对事先安装在测斜管壁的光栅进行监测，测斜管变形后光栅的中心波长会发生偏移，根据光纤光栅应变测量原理计算出各测点的应变，根据位移与应变的关系式，就可得到测斜管的变形量。

光纤光栅的应变变化与其波长变化呈线性关系，通过粘贴在 PVC 测斜管上的光纤光栅串获得其应变变化量，根据多项式积分，可得到从固定端到自由端的位移变化量。水平位移与各监测点光纤光栅应变的关系见式（12.4-1）。

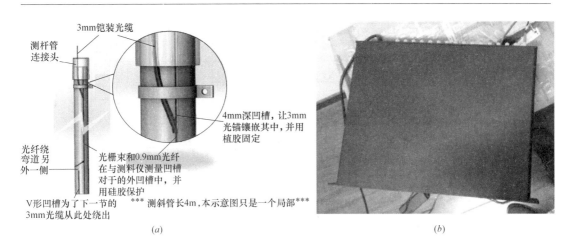

图 12.4-6 智能测斜管监测系统

（a）光纤光栅智能测斜管；（b）光纤光栅解调网络一体机

$$\begin{Bmatrix} f_1 \\ f_2 \\ \cdots \\ f_n \end{Bmatrix} = \frac{h^2}{R} \begin{bmatrix} 1 & 0 & \cdots & \cdots & 0 \\ 2 & 1 & 0 & \cdots & 0 \\ 3 & 2 & 1 & \cdots & 0 \\ \cdots & \cdots & \cdots & \cdots & 0 \\ n & n-1 & n-2 & \cdots & 1 \end{bmatrix} \begin{Bmatrix} \varepsilon_1 \\ \varepsilon_2 \\ \cdots \\ \varepsilon_n \end{Bmatrix} \qquad (12.4\text{-}1)$$

12.4.4 监测成果

1. 基坑工程开挖施工情况

基坑开挖于 2016 年 9 月 11 日开始，2016 年 11 月 10 日结束。根据现场施工进度同步开展人工、自动化监测工作。自动化监测工作从 9 月 25 日开始，DCX2 所在的 21 轴现场施工工况见表 12.4-3。

DCX2 测斜管（21 轴）附近现场施工工况 　　　　表 12.4-3

时间	施工工况
2016 年 9 月 11 日	21 轴第一层土方开挖
2016 年 9 月 25 日	21 轴第二层土方开挖
2016 年 9 月 27 日	第二道钢支撑架设
2016 年 10 月 3 日	21 轴第三层土方开挖
2016 年 10 月 4 日	第三道钢支撑架设
2016 年 10 月 6 日	21 轴第四层土方开挖
2016 年 10 月 8 日	第四道钢支撑架设
2016 年 11 月 5 日	21 轴第五层土方开挖
2016 年 11 月 10 日	21 轴垫层浇筑

2. 墙顶水平位移和沉降监测

如图 12.4-7 和图 12.4-8，墙顶沉降和水平位移变化规律基本一致，沉降和水平位移夜间变化较平缓，白天变化较大，与气温基本成正相关关系，且最大值在中午 12：00～

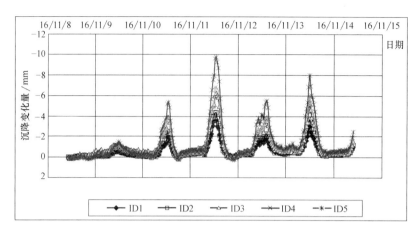

图 12.4-7 墙顶沉降时程曲线

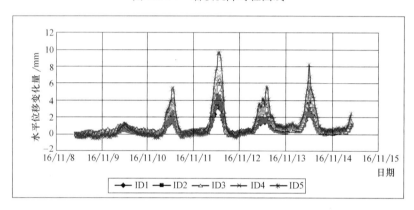

图 12.4-8 墙顶水平位移时程曲线

14：00 之间。墙顶沉降随气温升高而上抬，随气温下降而下沉；墙顶水平位移随气温升高而向基坑内变形增大，随气温下降而向基坑内变形减小。

3. 深层水平位移

各施工工况下，DCX2 测孔及其各监测点的最大累计水平位移见表 12.4-4，随着基坑开挖并完成支撑架设，深层水平位移最大值出现先增大后减小的特征，最大水平位移发生位置随开挖深度增大而往下发展，当垫层完成浇筑后，深层最大水平位移逐渐收敛。

表 12.4-4

DCX2 最大累计水平位移统计表

人工监测		自动化监测			
最大水平位移量（mm）	对应深度（m）	最大水平位移量（mm）	对应深度（m）	产生日期	附近相应工况
0	0	0.00	0	9 月 25 日	第二层土方开挖
2.7	20m	1.39	8	9 月 27 日	第二道支撑架设
4.54	20m	4.22	4.5	9 月 28 日	
4.62	19.5m	5.61	4.5	9 月 29 日	
6.6	19.5m	5.35	8.5	9 月 30 日	
8	20m	6.02	8.5	10 月 2 日	

人工监测		自动化监测		产生日期	附近相应工况
最大水平位移量（mm）	对应深度（m）	最大水平位移量（mm）	对应深度（m）		
9.86	14	6.82	8.5	10月3日	第三层土方开挖
—	—	8.39	8.5	10月4日	第三道支撑架设
—	—	6.74	13.5	10月6日	第四层土方开挖
9.86	14	9.14	13.5	10月7日	
—	—	10.50	13	10月8日	第四道支撑架设
10.55	14	17.31	13	10月11日	
15.97	14.5	20.42	13	10月14日	
15.17	14.5	19.78	13	10月15日	
15.31	14.5	18.92	13	10月16日	
15.31	14.5	15.15	13.5	10月17日	
16.47	14.5	14.41	14	10月18日	
15.73	14.5	14.76	14	10月19日	
15.66	14.5	15.06	13.5	10月20日	
15.96	14.5	14.71	14	10月21日	
15.96	14.5	15.64	14	10月22日	
15.83	14.5	15.34	14	10月23日	
16.45	14.5	15.45	13.5	10月24日	
16.34	14.5	15.88	14	10月25日	
16.55	14.5	16.03	13.5	10月26日	
16.29	14.5	16.69	14	10月27日	
16.89	14.5	16.40	14	10月28日	
17.06	14.5	17.18	14	10月29日	
17.5	14.5	17.12	13	10月30日	
17.81	14.5	17.11	14	10月31日	
17.61	14.5	17.40	13	11月1日	
18.03	14.5	18.46	13.5	11月2日	
18.25	14.5	19.14	13	11月3日	
18.68	14.5	18.92	13	11月4日	
18.91	14.5	16.67	14	11月5日	第五层土方开挖
19.27	14.5	16.59	15	11月6日	
20.11	16.5	27.53	13.5	11月7日	
21.09	16.5	28.75	15.5	11月8日	
21.01	16.5	33.17	15.5	11月9日	垫层浇筑
21.54	16.5	34.82	16	11月10日	
21.67	16.5	35.73	16.5	11月11日	
22.35	16.5	35.97	16.5	11月12日	

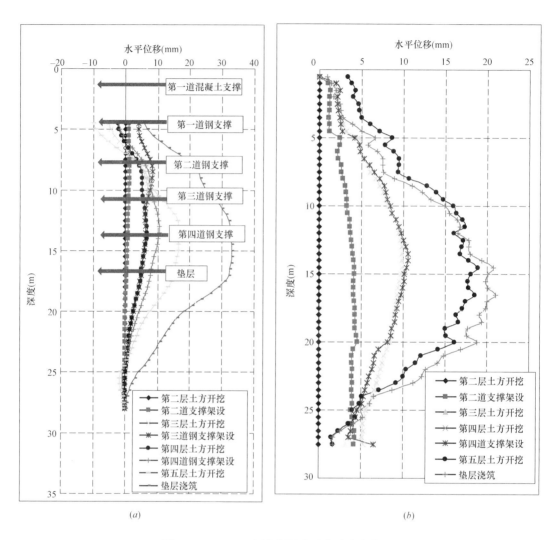

图 12.4-9 DCX2 测孔深层水平位移分布曲线

（*a*）自动化；（*b*）人工

如图 12.4-9，八种工况下的自动化监测数据曲线在第二层开挖完成并施加钢支撑后，连续墙上部的位移偏向基坑的外侧，随着开挖的持续进行，墙顶位移有逐渐向坑内发展的趋势。且随着基坑开挖深度的加大，主动土压力表现十分显著。当开挖到底，四层钢支撑都施加上以后，墙顶向基坑内侧位移得到控制。随着基坑开挖的进行，连续墙墙身水平位移值不断增大。产生最大的深度随着开挖加深逐步下移；已加支撑处的变形小；开挖时变形速率增大，有支撑时，侧向变形速率小或保持稳定不变。

如图 12.4-10，随开挖进行，支撑架设位置水平位移向基坑内侧逐渐发展，当支撑架设完成后，水平位移出现先增大后减小的趋势，且自动化监测数据能更好地反映此规律。

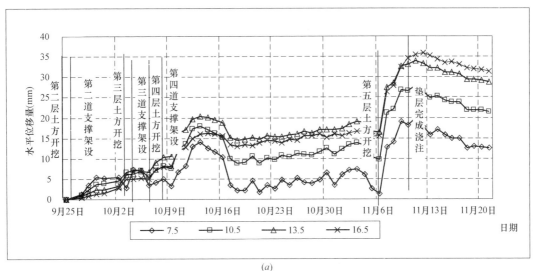

(a)

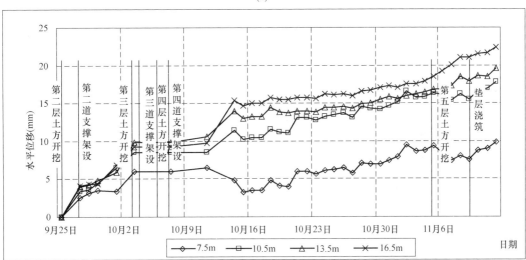

图 12.4-10 测孔典型位置深层水平位移时程曲线
(a) 自动化监测；(b) 人工监测

12.5 联络通道安全监测实例

12.5.1 工程概况

该联络通道位于主干道路下方，沿道路两侧敷设有大量的城市管线，同时在交叉路口还有大量的横跨线路的管线，主要有自来水管、污水管、雨水管、煤气管、电力、通信电缆、光纤、交警信号线等，埋置深度在 0.45~5.02m。

本联络通道中心间距为 35.1m，隧顶埋深 22m。联络通道衬砌采用二次衬砌方式，所有临时支护层厚度均为 300mm；二次衬砌为现浇钢筋混凝土结构，临时支护层和结构层之间安装防水。为确保施工安全，采用冻结法进行加固止水。

本联络通道范围内主要岩土层有①₂素填土，③₁粉质黏土，③₂细砂，③₃中砂，③₄粗砂，③₅砾砂，③₆圆砾，⑤₃粉砂质泥岩，⑤₃₋₁强风化粉砂质泥岩，⑤₃₋₂中风化粉砂质泥岩。场地地下水类型分为上层滞水、松散岩类孔隙水、红色碎屑岩类裂隙溶隙水三种类型。上层滞水主要赋存于浅部素填土层之中，无上覆隔水层，下部粉质黏土层为其隔水底板。水位及富水性随气候变化大，无连续的水位面，呈局部分布，主要受大气降水补给，排泄于场地周边沟渠。场地浅部素填土以砂性土为主，局部夹有块石、碎砖、碎砼等，渗透性较好，当久雨或暴雨时，上层滞水将比较丰富。四系松散岩类孔隙水主要赋存于上更新统（Q^{3al}）冲积砂砾卵石层中，为潜水，地下水位埋深17.80~20.90m，标高2.380~4.740m。由于场地下黏性土层很厚，地表水与地下水无直接联系，勘察场地地下水的补给主要为侧向补给，次为入渗补给；迁流、排泄方式主要受人工开采影响，集中迁流、排泄于南钢水降落漏斗。本联络通道施工深度范围内的土层主要为③₆圆砾。如图12.5-1。

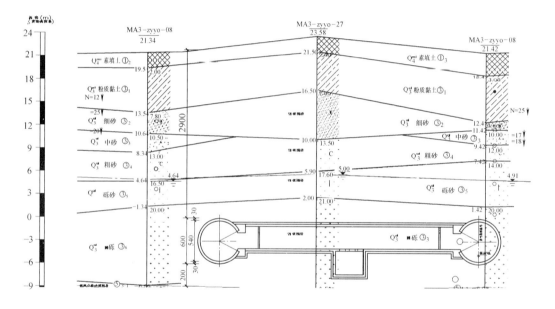

图 12.5-1 联络通道及废水泵房地质剖面图

12.5.2 监测方案

1. 监测项目及监测点数量

本联络通道冻结工程主要监测项目有：①冻结器去、回路盐水温度和流量监测；②冷却水循环进出温度监测；③冷却机吸排气温度监测；④制冷系统冷凝压力、汽化压力和盐水泵工作压力监测；⑤冻结帷幕监测；⑥开挖掌子面温度监测；⑦地面沉降监测、周边环境监测、隧道沉降监测、隧道收敛监测、联络通道结构沉降监测。各监测项目及其监测点数量见表12.5-1，监测点布置见图12.5-2~图12.5-5。

2. 监测仪器、量测频率及控制值

主要监测项目、监测仪器、量测频率及控制值见表12.5-2。

监测项目及测点工作量汇总表   表 12.5-1

序号	监测项目	单位	数量	位置及监测对象	初始值采集时间节点	初始值确认办法
1	冻结器去、回路盐水温度	点	2	冻结器去路出口及回路出口	冻结管路接好，冻结盐水循环初始前	重复读数程序两次，三次读数差不应大于0.5℃的精度范围。取三次读数的平均值作为初始值
2	冻结器去、回路盐水流量	点	2			
3	冷却水循环进出温度	点	2	冷却循环管路进、出口	冷却循环初始前	
4	冷却机吸排气温度	点	2	冷却机吸排气进、出口	冷却循环初始前	
5	制冷系统冷凝压力、汽化压力和盐水泵工作压力	点	3	各系统自带	冷却循环初始前	
6	测温孔	孔	11	冻结壁内、外设计边界	冷却循环初始前	各项监测点初始值连续采集至少3次，将合格的初始值取平均值作为初始值成果
7	拱顶下沉	点	35	隧道顶部	联络通道施工影响前1周	
8	隧道收敛	点	35	隧道两侧		
9	地表沉降	点	45	联络通道投影面地表（周边35m范围内）		

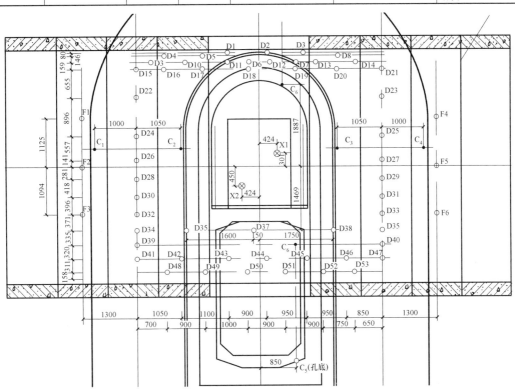

图 12.5-2 下行线冻结孔布置及尺寸图

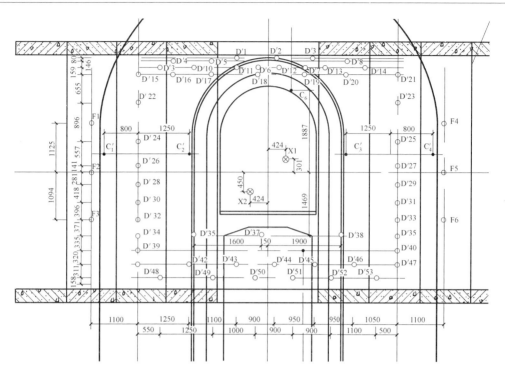

图 12.5-3 上行线冻结孔布置及尺寸图

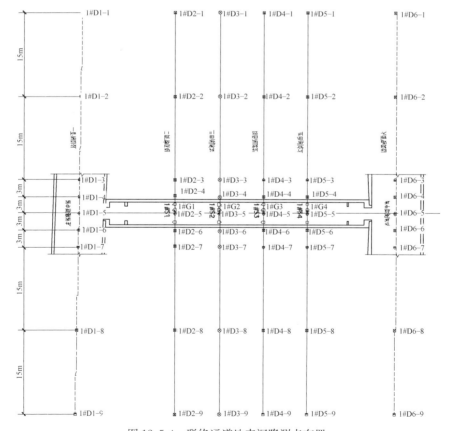

图 12.5-4 联络通道地表沉降测点布置

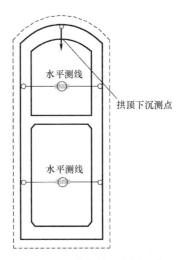

图 12.5-5 隧道断面监测点布置

监测项目、监测仪器、量测频率及控制值   表 12.5-2

序号	量测项目	方法及工具	量测频率			控制值
			1~15d	16~30d	30~90d	
1	地质及支护观察	观察、描绘	每次开挖后			—
2	周边位移	收敛计	2次/d	1次/2d	2次/周	15mm
3	拱顶下沉	水准仪、水准尺、钢尺				10mm
						一般＋10～－30mm，重要管沟构筑物上方 10mm
4	地表沉降	水准仪、水准尺、钢尺				

注：量测频率为正常情况下的固定频率，当出现异常情况，将根据现场实际情况增加观测频率。

12.5.3 监测实施

1. 冻结系统监测

采用在去、回路盐水干管上安装热电偶传感器实施，测量盐水温度，在去路盐水干管上安装流量计测量总盐水流量，测量冻结器回路的盐水流量。另外，在关键冻结器设计测温口，安装热电偶传感器测量盐水回路温度。冻结系统总流量在开冻时量测，其他温度与流量测量同时量测，在盐水箱中安装液面测量装置，防止盐水流失。

2. 冻结帷幕温度场监测

通过测温孔监测冻土帷幕温度，不同时间冻结壁的发展速度及冻结壁不同位置的平均温度监测，冻结孔间距较大处温度监测，隧道管片冻结壁交界面温度监测，开挖面暴露冻结壁温度监测，强制解冻冻结壁温度监测。

3. 冻结帷幕冻胀力及冻结壁变形监测

采用在泄压口安装压力表测量未冻土孔隙水压力变化。泄压孔水压力监测，开挖面冻结壁收敛变形监测。

4. 开挖掌子面温度监测

主要监测开挖面冻结壁表面温度，分别在开挖面的顶部，侧面及底部布置测点，及时监测其温度。

5. 隧道结构变形监测

冻结施工影响期间应监测隧道管片变形、地面及周围管线、建构筑物变形。

6. 冻结孔实施要点

确定冻结孔开孔位置，冻结孔开孔位置误差不大于 100mm；冻结孔最大允许偏斜 150mm（冻结孔成孔轨迹与设计轨迹之间的距离）；冻结管管头碰到冻结站对侧隧道管片的冻结孔，不能循环盐水的管头长度不得大于 150mm；冻结管耐压不低于 0.8MPa，并且不低于冻结工作且盐水压力的 1.5 倍。

7. 监测注意事项

（1）应对联络通道地表沉降周边 35m 范围内实施监测，施工过程中需密切关注监测结果，发现异常及时反馈；

（2）加强隧道开挖期间及之后的盾构隧道变形监测，监测断面为 2 环一组；

（3）出现险情或者控制值超限立即上报项目部，启动必要的应急预案。

（4）地面沉陷塌方：当隧道附近地面发生坍塌时，在没有人员伤亡的情况下，立即用低标号的混凝土进行灌注，并在塌方处及周围加密布置监测点，加强监测。如灌注完混凝土后地面沉降仍然显著，则要及时在地面进行钻孔注浆，同时隧道内也要加强支护强度。

（5）道路、建筑物出现较大沉降、倾斜等情况后，首先进行地面交通疏导，隔离事故现场，并通知相关产权单位，并及时向上级报告事故情况；在建筑物对应位置进行联络通道隧道内注浆并加强支撑支护，控制地层变形，从而控制沉降；根据监测情况，必要时在地面对建筑物进行实时跟踪注浆；根据监测情况，若沉降过大时在地面设警戒线，相应应急物质、设备、人员就位，防止次生事故的发生。

12.5.4 监测成果

1. 施工情况

联络通道采用"隧道内水平冻结加固土体、隧道内矿山法开挖构筑"的全隧道内施工方案。即：在隧道内利用水平孔和部分倾斜孔冻结加固地层，使联络通道外围土体冻结，形成强度高，封闭性好的冻结帷幕。在冻土中采用矿山法进行联络通道的开挖构筑施工，地层冻结和开挖构筑施工均在区间隧道内进行。冻结施工参数见表 12.5-3。

冻结施工参数

表 12.5-3

序号	参数名称	单位	数量	实际参数	备注
1	冻结帷幕设计厚度	m	2.2	4.042	
2	冻结帷幕平均温度	℃	<−10	−11.3	
3	冻结孔个数	个	118	118	
4	测温孔个数	个	11	11	
5	卸压孔数	个	4	4	
6	冻结管实际施工总长度	m	1872.4	1990	
7	冻结管规格	mm	$\phi 89 \times 8$		20 号低碳钢无缝管
8	测温管及卸压管规格	mm	$\phi 89 \times 8$ 和 $\phi 32 \times 3$		无缝钢管
9	设计盐水温度	℃	−28℃以下	−28.6	积极冻结期
10	设计盐水温度	℃	−28～30℃		维护冻结期
11	防护门安装	个	试压合格		
12	预应力支架	榀	8	8	合格

该联络通道为隧道内双侧钻孔，钻孔施工于 2013 年 5 月 1 日开始，于 2013 年 6 月 2 日完工。在下、上行线两条隧道区间隧道内各布置一个冻结站，冻结站于 4 月 22 日开始安装，至 6 月 17 日安装完毕，开始积极冻结，6 月 27 日下行、上行线单面同时开启 2 台冷冻机进行冻结；8 月 9 日下、上行线冻结站改为 1 台冷冻机运转进行冻结。下行线安全应急门于 2013 年 7 月 20 日开始安装，上行线安全应急门于 2013 年 7 月 28 日开始安装，8 月 10 日进行了气密性试验，试验结果合格。2013 年 7 月 18 日上行线隧道预应力支架和开挖平台安装完毕，2013 年 7 月 24 日下行线隧道预应力支架和开挖平台安装完毕。8 月 17 日进行标准段开挖，9 月 4 日贯通，随后进行防水层施工，9 月 28 日二次衬砌完成。10 月 15 日进行泵房开挖，至 10 月 24 日泵房二次衬砌完成。随后开始割除冻结管，拆除冻结站，进入自然解冻阶段。

2. 盐水温度变化分析

该隧道联络通道冻结工程于 2013 年 6 月 17 日开始冻结，6 月 23 日上、下行线盐水温度去、回路温度就已达到 $-10℃$ 以下，下行去路为 $-13.3℃$，回路为 $-10.6℃$，上行去路为 $-12.5℃$，回路为 $-10.0℃$；8 到 8 月 1 日右线盐水去路温度达到设计值为 $-28.1℃$，8 月 9 日下行线盐水温度达到设计值 $-28.3℃$；开挖阶段，盐水温度在 $-28℃$ 左右。盐水去回路温度变化曲线见图 12.5-6 和图 12.5-7，冻结初期去回路温差较大，最初达 $3.2℃$，随着热负荷的不断减小，去回路温差稳步缩小。至开挖之日（2013 年 8 月 17 日），盐水去回路温差已降至 $1℃$ 以内，说明土体冻结效果良好。

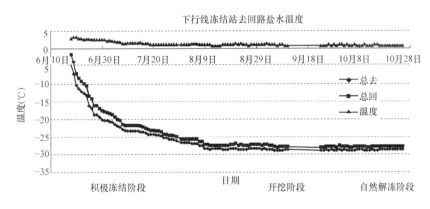

图 12.5-6　下行线冻结站去回路盐水温度变化曲线（左线）

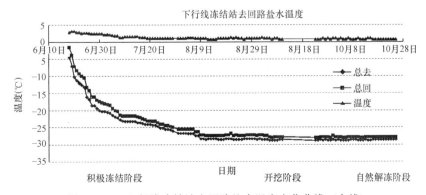

图 12.5-7　上行线冻结站去回路盐水温度变化曲线（右线）

3. 泄压孔压力分析

从 2013 年 6 月 18 日开始记录，压力为 0MPa，到 2013 年 7 月 10 日开始左线卸压孔的压力出现急剧上升，压力为 0.5MPa；右线卸压孔的压力于 7 月 12 日也开始急剧上升，到 7 月 14 日压力达到 0.3MPa，泄压孔内冻胀力突然增大，且在持续液压的情况下，压力数据仍持续增大，说明冻结壁已交圈。为了防止冻胀力过大对管片造成损伤，7 月 10 日开始对其进行由间断到持续泄压。从卸压孔的压力变化分析，冻土帷幕已形成封闭体，具有承受其所处位置的水土压力的能力；至 8 月 15 日，卸压孔孔无泥水涌出，说明冻结帷幕内土体具有一定的自立性。泄压孔压力变化曲线见图 12.5-8。

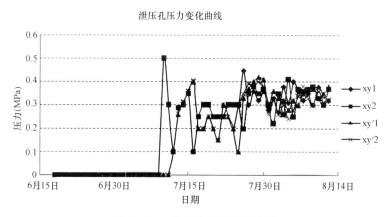

图 12.5-8　泄压孔压力变化曲线

4. 冻结发展速度分析

截至 8 月 15 日已积极冻结 60d，根据测点温度到达 0℃ 的时间，推算冻土平均发展速度，从而获得冻土帷幕扩展范围。从表 12.5-4、表 12.5-5 中数据可以看出，距离冻结管较近的测点温度最低达−25℃ 左右，个别距离冻土帷幕外围较远的点在−8.6℃。从计算所得冻土发展速度可以看出，距离冻结管较近的土体冻土发展速度很快。

下行线测温孔冻结发展速度一览表　　　　　　　　　　　　　　　　　　　表 12.5-4

孔号	距最近冻结孔距离(mm)	降到 0℃ 日期	降到 0℃ 天数 (d)	发展速度 (mm/d)	备注
C1	800	7 月 2 日	15	53.3	
C2	1250	7 月 9 日	24	52.08	
C3	1250	7 月 10 日	25	52.08	
C4	800	7 月 2 日	15	53.3	
C5	500	6 月 29 日	12	41.6	
C6	550	6 月 30 日	13	42.3	

如图 12.5-2 所示，下行线 C1 及 C4 的冻结孔位于冻结帷幕外侧，可推得冻结帷幕平均向外发展速度为 53.3mm/d，而 C2 和 C3 测温孔位于冻结帷幕内侧，可推得冻结帷幕平均向内发展速度为 52.08mm/d，两者相差不多。如图 12.5-3，上行线 C′1、C′2、C′3、C′4 测孔温度变化分析，发展速率略大，最慢为 58.81mm/d。总体来看，砂层中冻结的效果较好，冻结帷幕发展迅速。

上行线测温孔冻结发展速度一览表　　　　　　表 12.5-5

孔号	距最近冻结孔距离(mm)	降到0℃日期	降到0℃天数(d)	发展速度(mm/d)	备注
C'1	800	6月27日	11	72.72	
C'2	1250	7月9日	20	62.50	
C'3	1250	7月8日	22	58.81	
C'4	800	6月28日	12	66.66	
C'5	500	7月1日	15	33.3	

5. 冻结帷幕厚度分析

如表 12.5-3 和表 12.5-4 所示，冻土最慢发展速度为 52.08mm/d，计算到 8 月 15 日的冻土发展半径为 1830mm，则按冻结发展半径 1830mm 作图，获得通道部位冻结帷幕厚度最薄为 4.04m；喇叭口部位冻结帷幕厚度最薄为 3.22m。

6. 冻土平均温度

根据公式法计算：

$$t = t_b \left[1.135 - 0.352\sqrt{l} - 0.875\frac{l}{\sqrt[3]{E}} + 0.266\sqrt{\frac{l}{E}} \right] - 0.466 + 0.25t_B = -11.3℃$$

式中　　t——冻土平均温度（℃）；

t_b——盐水温度，−28.6℃；

l——孔间距，1.35m；

E——冻土厚度，3.2m；

t_B——井帮温度，−8.8℃。

根据以上分析，通道冻结壁有效厚度约于 4.0m，喇叭口约 3.2m，冻土平均温度−11.3℃，符合设计要求，满足施工需要。

12.5.5　监测工作小结

（1）本区间冻结系统运转过程中供冷量充分，盐水系统运行正常，盐水的降温速度满足设计要求。各冻结孔支路的去回路温差比较均匀，干路盐水去回路温差开挖时（8 月 17日）不大于 1℃，盐水的液位在冻结过程中未出现液面下降的情况，盐水液面比较稳定，单孔盐水流量满足设计要求。

（2）测温孔内各测点的位置不同，其温度的变化趋势也不尽相同。位于冻结孔外侧的测点，由于受地温传热影响，温度下降较慢，而位于内侧的测温点，由当冻结帷幕形成后，隔绝了地温传热影响，因此冻结速率稍快。而在开挖过程中，盐水温度一直保持在−28℃以下，开挖面热对流影响范围有限，冻结帷幕中心各测温点温度基本保持不变，说明只要保证开挖期的盐水循环及持续冻结，开挖时冻结壁将处于安全可控状态，无失稳风险。

（3）测温孔温度、卸压孔状况及探孔温度有效地反映了冻结帷幕发展状况和土体的冻结效果。

（4）冻结过程中上、下行线隧道结构均有不同程度的沉降，上行线至 11 月 18 日，隧道最大累计沉降－3.2mm（1 号 D6-3 测点），下行线至 11 月 18 日，隧道最大累计沉降量－8.3mm（1 号 D1-5 测点），均小于累计沉降报警值 30mm。

12.6　隧道近距离穿越运营盾构隧道工程自动化监测实例

12.6.1　工程概况

杭州地铁中～凤区间盾构下穿 1 号线工程包括中河路站～凤起路站区间位于凤起路下，上行线隧道设计起止里程为：SDK22＋614.394～SDK23＋419.002，长度为804.608m；下行线隧道设计起止里程为：XDK22＋614.394～XDK23＋419.002，长度为802.172m，区间设有 1 座联络通道。区间隧道最小埋深 9.6m，最大埋深 17.6m。2 号线隧道与 1 号线隧道立体近垂直交叉，下穿处 2 号线与 1 号线竖向最小净距仅 2.46m，盾构先后两次下穿既有地铁 1 号线，下穿顺序为：下行线始发，从凤起路站由东向西掘进下穿1 号线，上行线始发，从中河北路站由西向东掘进下穿 1 号线。地铁 1 号线已经进入运营阶段，两区间隧道立体关系见图 12.6-1。

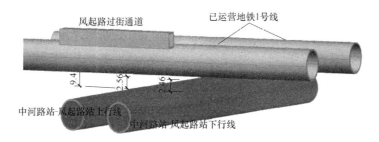

图 12.6-1　中～凤盾构区间与 1 号线凤～武区间立体关系图

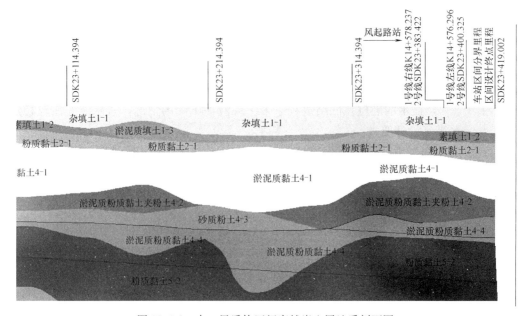

图 12.6-2　中～凤盾构区间穿越岩土层地质剖面图

中～凤区间盾构穿越地层主要为：淤泥质或粉质黏土；中～凤区间与 1 号线凤～武区间之间所夹土层主要为淤泥质粉质黏土层和粉土层；1 号线隧道下卧层或持力层均为软弱黏性土，隧道运行期间，软弱黏性土在长期动荷载的作用下，土体易发生较大的次固结变形，引起隧道长期沉降；物理力学性质较差，地质条件较复杂。土层分布见图 12.6-2，其地质特性及参数见表 12.6-1。

<table>
<tr><td colspan="7" align="center">穿越土层地质特性及参数表　　　　　　　　　　表 12.6-1</td></tr>
<tr><th>层号</th><th>土层名称</th><th>高程(m)</th><th>层厚(m)</th><th>含水量</th><th>饱和度</th><th>塑限</th></tr>
<tr><td>①₁</td><td>杂填土</td><td>7.66～8.22</td><td>1.60～6.10</td><td>—</td><td>—</td><td>—</td></tr>
<tr><td>①₂</td><td>素填土</td><td>4.37～6.24</td><td>0.60～2.40</td><td>—</td><td>—</td><td>—</td></tr>
<tr><td>①₃</td><td>淤泥质填土</td><td>4.08～6.34</td><td>0.90～4.30</td><td>33.4</td><td>93.7</td><td>23.7</td></tr>
<tr><td>②₁</td><td>粉质黏土</td><td>1.80～4.80</td><td>0.30～3.10</td><td>31.8</td><td>96.3</td><td>24.3</td></tr>
<tr><td>④₁</td><td>淤泥质黏土</td><td>0.18～3.84</td><td>2.60～9.00</td><td>50.8</td><td>98.1</td><td>30.4</td></tr>
<tr><td>④₂</td><td>淤泥质粉质黏土夹粉土</td><td>−5.43～−1.63</td><td>1.20～6.20</td><td>34.5</td><td>95.6</td><td>21.4</td></tr>
<tr><td>④₃</td><td>砂质粉土</td><td>−7.56～−5.08</td><td>1.00～3.30</td><td>29.3</td><td>95.2</td><td>—</td></tr>
<tr><td>④₄</td><td>淤泥质粉质黏土</td><td>−8.92～−6.71</td><td>0.30～8.50</td><td>41.3</td><td>93.4</td><td>25.5</td></tr>
<tr><td>⑤₂</td><td>粉质黏土</td><td>−12.83～−8.00</td><td>3.50～10.40</td><td>31.2</td><td>96.8</td><td>25.2</td></tr>
<tr><td>⑥₂</td><td>粉质黏土</td><td>−18.41～−15.04</td><td>0.90～3.90</td><td>34.3</td><td>98.4</td><td>22.9</td></tr>
<tr><td>⑦₂</td><td>粉质黏土</td><td>−21.21～−12.36</td><td>1.80～13.00</td><td>30.3</td><td>98.3</td><td>24.2</td></tr>
<tr><td>⑧₂</td><td>黏土</td><td>−24.32～−19.70</td><td>1.60～8.30</td><td>36.0</td><td>98.5</td><td>23.6</td></tr>
</table>

12.6.2　监测方案

1. 监测项目及监测点布置

根据运管方要求，结合有关规范相关规定，确定本工程地铁保护监测包含地铁隧道水平位移、垂直位移、隧道管径收敛、道床差异沉降以及车站道床沉降。

盾构区间在隧道及通道投影位置向两端各延伸 50m 范围内进行保护监测，2 号线中凤区间隧道在 1 号线垂直投影影区按 1 断面/3 环（3.6m）布设，施工影响核心区外（投影区外 30m 范围）按 1 断面/5 环（6m）布设，30-50m 延伸区按 1 断面/10 环（12m）布设。1 号线凤起路车站按 1 断面/6m 布设。监测项目和监测点布置见表 12.6-2 和图 12.6-3。

<table>
<tr><td colspan="6" align="center">监测项目、测点布置、仪器设备及其精度　　　　　　　　　　表 12.6-2</td></tr>
<tr><th>序号</th><th>监测项目</th><th>测点布置</th><th>仪器设备</th><th>仪器精度</th><th>备注</th></tr>
<tr><td>1</td><td>地铁隧道管片垂直位移</td><td>盾构区间向地铁隧道的垂直投影影区按 1 断面/3 环（3.6m）布设，施工影响核心区（投影区外 30m 范围）按 1 断面/5 环（6m）布设，30～50m 延伸区按 1 断面/10 环（12m）布设。车站按 1 断面/6m 布设</td><td>自动化：Leica TS50 全站仪；人工：Trimble Di-Ni03</td><td>测角：0.5″
测距：0.6mm+1ppm；0.3mm/km</td><td></td></tr>
</table>

续表

序号	监测项目	测点布置	仪器设备	仪器精度	备注
2	地铁隧道管片水平位移	盾构区间向地铁隧道的垂直投影影区按1断面/3环(3.6m)布设(共设8个断面),施工影响核心区(投影区外30m范围)按1断面/5环(6m)布设,30-50m延伸区按1断面/10环(12m)布设	自动化:Leica TS50全站仪	测角:0.5″;测距:0.6mm+1ppm	
3	地铁盾构管片水平向收敛	盾构区间向地铁隧道的垂直投影区按1断面/3环(3.6m)布设(共设8个断面),施工影响核心区(投影区外30m范围)按1断面/5环(6m)布设,30~50m延伸区按1断面/10环(12m)布设	自动化:Leica TS50全站仪;人工:徕卡PD42手持测距仪	测角:0.5″;测距:0.6mm+1ppm;测距:±1mm	
4	道床沉降	盾构区间向地铁隧道的垂直投影区按1断面/3环(3.6m)布设(共设8个断面),施工影响核心区(投影区外30m范围)按1断面/5环(6m)布设,30~50m延伸区按1断面/10环(12m)布设	自动化:Leica TS50全站仪;Trimble DiNi03	测角:0.5″;测距:0.6mm+1ppm;0.3mm/km	

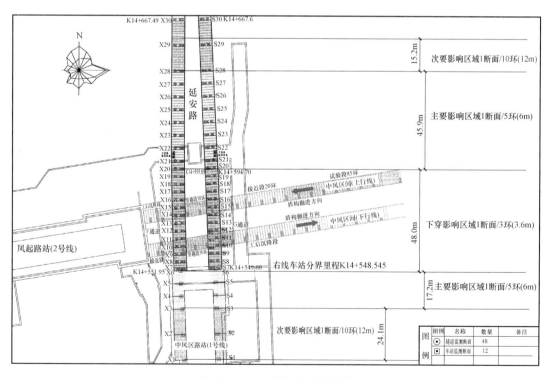

图12.6-3 监测点平面布置图

2. 监测仪器及其精度

监测仪器及其精度见表 12.6-2。

3. 监测频率与周期

（1）监测频率

地铁保护监测在下行线盾构出发前启动，施工前对垂直位移、管径收敛及水平位移等进行初始值采集，水平位移、沉降及管径收敛初始值至少独立测三次且误差不超过 1.0mm，取三次均值为初始值。

盾构机在接近 1 号线 50m 范围线以内后按 1 次/4h 的监测频率进行自动化监测，穿越 1 号线隧道期间：备用机对主要监测项目（隧道沉降、水平位移）按 1 次/5～10min 频率进行监测，并及时出实时监测报表，主机对全部监测项目全线按 1 次/1h 的监测频率进行自动化监测；穿越过后如变形稳定按 1 次/4h 的监测频率进行自动化监测直至盾构机驶离 1 号线 50m 保护区范围。正常情况下穿越期间按 1 次/天频率进行沉降及收敛人工复测，按 1 次/d 频率进行巡视巡查。当监测项目累计变化量达到控制值 80% 或变形速率过快（有明显的不良发展趋势）时，立即与建设单位、地铁运营管理部门及工程设计、施工、监理单位会商后进行加密监测及巡视。如施工监测中出现变形或位移趋势突变、变化速率突增、报警等情况或发现有地表大范围沉陷、裂缝、盾构内部严重渗漏等情况立即与建设单位、地铁运营管理部门及工程设计、施工、监理单位会商后进行加密监测及巡视。

（2）监测周期

地铁保护监测工作于 2 号线盾构出发启动，监测服务期至中凤区间盾构施工完毕且数据稳定后提交最终监测成果报告并报地铁运营管理机构完成备案为止。如施工期间地铁隧道受施工影响发生较大位移或变形，地铁运营管理机构认为有必要延长监测的，监测方应与建设方协商后延长监测服务期，直至地铁变形或位移稳定为止。

4. 监测控制指标

隧道各监测数据项目变形控制指标为：道床沉降值±5mm，水平收敛值±10mm，管片接缝张开量±2mm。

12.6.3 监测实施

1. 基准点埋设

本工程为全自动化监测系统，依托基准点建立并维持相对独立平高控制基准。基准点原则上应在施工影响区域外（盾构 5 倍埋深以外）具有稳定基础的结构上埋设（本工程基准点选择在凤起路车站及凤武区间隧道内）。基准点设置如图 12.6-4。

图 12.6-4 基准点设置（固定棱镜）

图 12.6-5　架设于隧道侧壁
的强制归心观测墩

仪器设站位置选择在穿越区北侧 20 环外隧道侧壁上，采用安装强制归心观测墩的方法布设，如图 12.6-5。

2. 控制网精度

基准网是变形点水平位移监测的基础和参照，每条隧道由 8 个基准点构成参考基准。采用相对独立平面坐标系及高程系统，后方交会计算测站坐标，测站坐标在每次定向点测量完成后自动更新。平面基准网执行一级平面控制网规范标准，主要技术要求见表 12.6-3。

一级平面控制网主要技术要求 表 12.6-3

级别	平均边长	角度中误差	边长中误差	最弱边边长相对中误差
一级	200m	±1.0″	±1.0mm	1∶200000

3. 自动化监测注意要点

（1）对使用的全站仪、棱镜应在项目开始前和结束后进行检验，项目进行中也应定期进行检验，尤其是照准部水准管及电子气泡补偿的检验与校正；

（2）观测应做到三固定，即固定人员、固定仪器、固定测站；

（3）仪器、棱镜应安置稳固严格对中整平；

（4）在目标成像清晰稳定的条件下进行观测；

（5）仪器温度与外界温度一致时才能开始观测；

（6）应尽量避免受外界干扰影响观测精度，严格按精度要求控制各项限差。

4. 人工复核要点

沉降监测人工复测测点布设原则与自动化监测点位布设相同，并与自动化监测点尽可能一一对应。垂直位移监测点布设于道床中间（利用长期运营监测点），如图 12.6-6。

5. 数据核查及共享

进行监测资料整理分析时，要结合人工巡视资料和工程工况等对观测资料进行综合分

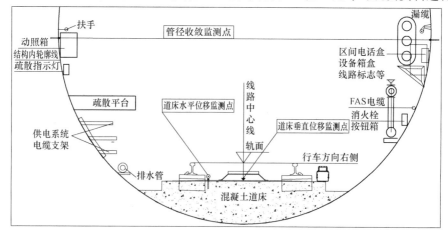

图 12.6-6　垂直位移监测点埋设示意图

析，并做好以下工作：

（1）在资料整理分析过程中，首先应对原始观测资料进行可靠性检验和误差分析，若发现当日原始观测数据存在粗大误差，则应立即重测，并在履行必要审批手续后更正原始观测数据。

（2）及时对粗大误差进行有效判断，将以往的观测数据带到现场，在观测时进行现场随时校核、计算观测数据；或绘制观测数据过程曲线，确定哪些点是粗差点，以及时更正。

（3）结合施工监测及其巡视情况综合分析，尤其重视施工监测中地铁隧道方向沿线地表沉降监测数据的分析。地铁保护监测与基坑及周边环境监测同步开展，二者要相互比对互为验证的特性。

（4）实施过程中应加强与施工监测数据共享，由施工监测单位及时将监测成果报表抄送地铁保护监测单位，地铁保护监测单位应对基坑及隧道变形进行综合分析。

（5）1号线保护监测与2号线中凤区间第三方监测、施工监测相关数据共享、监测工作有机结合，利用远程监控中心平台实现隧道监测数据与基坑监测联动，根据监测数据优化调整施工工序与参数。

6. 应急监测要点

（1）配备全套备用仪器设备

为防止仪器故障、数据通信链路故障及项目部网络故障，下穿期间使用全套备用监测设备，形成"双保险"系统以确保自动化监测系统可靠、准确、稳定，备用仪器设备配置。同时，下穿期间敏感时段还应加强人工巡视，确保隧道监测元器件完好。

（2）高频率自动化监测

为确保穿越施工期间1号线状态实时受控，穿越1号线隧道期间的最高监测频率设定为：备用机对主要监测项目（隧道沉降、水平位移）按1次/5～10min频率进行监测，并及时出实时监测报表；主机对全部监测项目全线按1次/1h的监测频率进行自动化监测。设备、人员及值班场所按上述频次目标配置，确保监测信息反映及时、可靠、准确。

（3）高频次人工复核及巡视

为确保穿越期及时掌握1号线结构状态，穿越期间按1次/d频率进行巡视巡查，主要针对穿越区盾构管片外观进行巡视；为确保自动化监测数据准确可靠，穿越期间按1次/d频率进行沉降及收敛人工复测，对发现的系统性偏差及时进行修正，确保监测数据准确。

（4）应急处置措施

工程出现紧急情况或监测数据超过预警值时，应结合应急预案要求开展应急状态下的安全监测。

12.6.4 监测成果

1. 隧道施工情况

中～凤区间位于凤起路站东端头井处，盾构进、出洞上方设计有F过街通道（横穿，盖挖法施工），过街通道西侧利用车站地墙为围护结构、东侧设计采用600mm厚地连墙；地墙底标高与盾构进、出洞加固底标高一致，地墙钢筋笼底部标高高于盾构顶标高2m设置，同时，钢筋笼底以下部分地墙采用 C15 混凝土灌注。

上行线盾构从中河路站西端头始发，到达凤起路站前须下穿地铁运营 1 号线后，紧接着穿越 600mm 厚 C15 素混凝土地墙与加固区，到达凤起路站东端头井接收。

下行线盾构从凤起路站东端头始发，在加固区内车站外侧地墙 2.2m 位置处，有一根原商海天桥 $\phi1200mm$ 桩基础（桩长约 28m，主筋直径为 25mm），该桩基础外边缘与区间南侧管片外边缘刚好相遇；因此，盾构刀盘须磨去该桩基础宽度约 70mm 后才能通过（盾构机直径为 6340mm、管片外径为 6200mm）。

刀盘距离 1 号线下行线较远时，土仓压力控制在 $0.15\sim0.2MPa$，当刀盘靠近地铁隧道影响范围后为控制后期沉降过大，加大了土仓压力 $0.2\sim0.3MPa$，并加大了注浆量（之前为 $2m^3$，后来为 $3.5m^3$），使隧道隆起并控制在范围内。由于之后累积隆起量超过 10mm，并有滴水出现，从 14 环开始减小了土仓压力，隆起量开始变小，当完全穿越下行线后，即将穿越上行线时，19 环又提高了土仓压力至 0.35MPa，隆起量显著增大，隧道轨道有明显变化，漏水现象明显，因此 20 环掘进时降低了土仓压力至 $0.2\sim0.25MPa$ 之间，土体沉隆现象趋于正常。

2. 隧道沉降

2 号线中～凤区间下行线盾构下穿地铁 1 号线施工过程中，各重要施工参数及 1 号线隧道沉降量数据见表 12.6-4；总推力、注浆量和 2 号线下行线沉降量变化见图 12.6-7 和图 12.6-8。

施工参数及沉降数据表　　　　　　　　　表 12.6-4

刀盘位置/环号	总推力（kN）	土压力（MPa）	凤～武区间下行线累积最大沉降量（mm）	注浆量（m³）
7	14460	0.25	−3.4	
8	17160	0.29	−4.0	
9	16878	0.30	−3.6	1.6
10	16631	0.29	−3.3	1.8
11	17613	0.29	−3.0	2.0
12	16704	0.29	−2.8	2.5
13	14604	0.31	−2.7	2.5
14	16277	0.31	−3.0	3.0
15	15268	0.32	−3.0	3.2
16	14288	0.30	−2.8	3.2
17	12819	0.29	−2.5	3.2
18	14570	0.30	3.3	3.0
19	14100	0.31	6.4	2.7
20	11897	0.25	8.1	2.7
21	18613	0.23	8.5	3.0
22	17592	0.23	9.5	2.5
23	12860	0.35	9.6	

续表

刀盘位置/环号	总推力（kN）	土压力（MPa）	凤~武区间下行线累积最大沉降量（mm）	注浆量（m³）
24	12300	0.34	16.8	
25	13080	0.24	15.4	
26	13670	0.22	14.2	
27	13886	0.24	13.2	
28	12842	0.27	13.0	
29	13561	0.21	8.69	
30	12577	0.21	9.6	
31	13866	0.22	9.4	
32	13570	0.22	11.1	
33	13110	0.22	10.9	
34	12750	0.22	10.3	
35	13400	0.23	10.4	
36	13278	0.20	10.0	
37	13444	0.22	10.5	
38	13525	0.22	8.77	
39	13131	0.21	9.6	
40	14036	0.20	9.4	

从图 12.6-7 可知，盾构施工在 I 阶段之前时，盾构未进入下穿区域，此时总推力在 17000kN 左右；I～II 阶段盾构进入 2 号线下行线下穿区域，为控制掘进速度防止由于土体扰动过大而引起的隧道沉降量过大开始减小总推力，均值保持在 14000kN 左右；II～III 阶段盾构远离下穿区域，总推力较快恢复到掘进设定值；II～IV 阶段盾构即将进入 2 号线上行线下穿区域而迅速减小总推力；IV 之后维持 13000kN 左右的总推力以控制下穿时隧道沉降量。

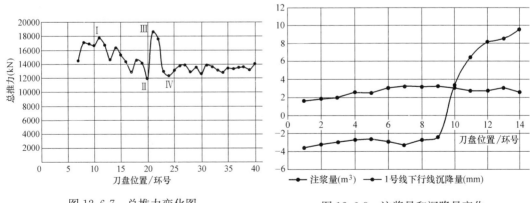

图 12.6-7 总推力变化图

图 12.6-8 注浆量和沉降量变化

从图 12.5-8 可知，中～凤区间下行线盾构下穿 1 号线下行线施工过程中，在进入下穿区域施工时，下行线注浆量有所增加以防止 1 号线隧道工后出现较大沉降。随着注浆量增加的同时，下行线隧道发生隆起，隆起值超过1cm，运营隧道因隆起管片间间隙扩大引起顶部漏水。为控制隆起量，开始减少注浆量，以缓解隆起量加大。

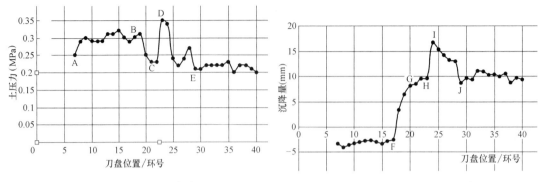

图 12.6-9　土压力变化　　　　　图 12.6-10　凤~武区间隧道沉降量变化

中~凤区间下行线盾构下穿1号线过程土压力变化图及中~凤区间整个下穿过程凤~武区间隧道沉降量变化关系见图 12.6-10。从图 12.6-9 和图 12.6-10 可知，A~B 阶段，盾构机土压力设定值保持在 0.3MPa 左右，但此阶段后段进行下穿掘进时，F~H 阶段可知隧道开始隆起并逐渐增大，为控制隧道隆起，除减小注浆量外，B~C 阶段减小土压力以控制隆起。C~D 阶段盾构远离下穿区域开始恢复土压，最大值为 0.35MPa，相对应 H~Ⅰ阶段隆起量迅速增加，最大隆起量为 16.8mm。D~E 阶段开始进入下穿上行线区域，并为控制隧道隆起量而减小土压力，E 阶段后保持土压于 0.20~0.23MPa 之间，相对应 Ⅰ~J 阶段隆起量迅速减小，并在 J 阶段之后隆起量保持在 10mm 左右。

综上分析，凤~武区间隧道沉降量变化与盾构施工参数如千斤顶推力、土压力、注浆量等关系密切，盾构施工进入下穿区域时，应在保持适当隆起量的情况下，严格控制施工参数，以防止隆起量过大，防止工后沉降过大。

12.6.5　监测工作小结

（1）盾构穿越过程中土仓压力控制是控制穿越期影响效果的关键，实践表明监测数据需要与盾构控制平台密切关联，实时根据变形数据调整盾构施工参数，确保盾构施工数据稳定保护既有地铁隧道运行安全。

（2）盾构外壁注浆对既有隧道影响显著，隧道反应快，速率及总体变形幅度都较大，主要是隧道沉降，其次是隧道收敛，需要严格控制注浆压力和注浆量。

（3）工后沉降治理以局部注浆为主，必须坚持少量多次原则进行，对隧道沉降变形过大有较好改善，但隧道收敛变形无法从外部整治，且有持续缓慢累计趋势。

（4）2号线下行线管棚施工过程中：1号线隧道上行线沉降变化趋势较缓慢，累计变化-2.8mm；隧道下行线在工后有缓慢下沉趋势累计变化－5.5mm；隧道水平位移无显著变化趋势，累积量小于±2mm内；盾构管径收敛无显著变化趋势，累计量小于±2mm内。

（5）2号线下行线盾构施工过程中：1号线隧道上行线沉降有明显上升，4月30日2号线下行盾构穿过1号线隧道影响区，紧接着5月1日～8日开始2号线上行线管棚施工，造成2号线下行盾构施工后1号线上行线核心区个别点上升较快5月2日上行线606

环累计变化 10.5mm；隧道下行线在盾构推进过程中 4 月 24 日下行 623 环累计变化 11.4mm；隧道水平位移变化趋势较缓慢，累积量小于±3mm 内；盾构管径收敛上行线无显著变化趋势，累积量小于±2mm 内，下行线在盾构推进过程中有较显著变化趋势 4 月 24 日下行线 620 环累计变化 3.5mm。

（6）2 号线上行线管棚施工过程中：1 号线隧道上行线沉降有较显著变化趋势，5 月 5 日管棚施工过程中上行 606 环累计变化 10.3mm；隧道下行线在工后有缓慢下沉趋势累计变化-5.9mm；隧道水平位移变化趋势较缓慢，累积量小于±3mm 内；盾构管径收敛上行无显著变化趋势，累积量小于±2mm 内，下行收敛有显著变化，累计变化量 6.3mm。

（7）2 号线上行线盾构施工过程中：1 号线隧道上行线沉降有显著下沉，6 月 5 日上行线 603 环累计变化－9.7mm；隧道下行线变化趋势较缓慢，累计变化－7.5mm；隧道水平位移变化趋势较缓慢，累积量小于±3.5mm 内；盾构管径收敛上行线无显著变化趋势，累积量小于±2mm 内，下行线在盾构推进过程中有较显著变化趋势 5 月 24 日下行线 608 环累计变化 9.4mm，目前下行线 608 环累计变化 8.0mm。

12.7 地铁保护区基坑开挖对运营盾构隧道影响的监测实例

12.7.1 工程概况

地下室基坑挖土面积 5368m² 左右，支护结构延长米约为 390m，基坑周边开挖深度为 5.30～6.70m。其中基坑采用 SMW 工法桩加一道钢筋混凝土水平内支撑的支护形式，围护桩端全部进入第 4-1 层粉质黏土一定深度，SMW 工法采用 φ650@450 三轴搅拌桩，内插 H 型钢（500mm×300mm×11mm×18mm），型钢采用 Q235B 钢。南侧坑内被动区采用三轴水泥搅拌桩加固，减少围护结构变形，增加围护桩整体稳定性，确保南侧区间隧道安全。电梯井坑中坑最大高差 2.15m，采用三轴水泥搅拌桩挡墙二次支护措施。其与盾构隧道相对位置关系见图 12.7-1。

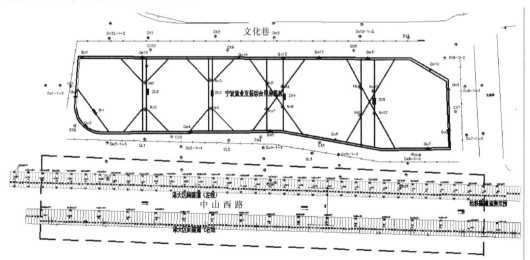

图 12.7-1 基坑与区间盾构隧道位置关系平面位置图

工程区域内土层为第①-1层杂填土（Qml）、第①-2黏土（Q43h+1）、第②-1层黏土（Q42m）、第②-2层黏土（Q42m）、第②-3层淤泥质粉质黏土（Q42m）、第④-1层粉质黏土（Q41m）、第④-2层黏土（Q41m）、第⑤-1层粉质黏土（Q32al+l）；地下室基坑开挖的土层为：①-1层杂填土（Qml）、②-1层黏土（Q42m）、②-1层黏土（Q42m）、②-2层黏土（Q42m）、②-3层淤泥质粉质黏土（Q42m）。各土层地质参数见表12.7-1。

各土层地质参数

表 12.7-1

层号	土层名称	重度 γ	黏聚力 c(kPa)	内摩擦角（φ）
①-1	素填土	18.50	5.00	15.00
①-2	黏土	17.93	25.60	12.20
②-1	淤泥质黏土	17.04	11.10	8.50
②-1	黏土	17.75	19.90	10.60
②-3	淤泥质粉质黏土	17.45	12.60	11.30(9.61)
④-1	粉质黏土	18.19	13.90	12.90
④-2	黏土	17.50	20.30	11.30
⑤	粉质黏土	19.36	45.00	17.50

地下室基坑周边环境为：①东侧——地下室基础外边线距离用地红线最近4.97m左右，红线外有城市主要道路、高压电缆线、电线综合管线；南侧——地下室基础外边线距离用地红线最近4.84m，红线外有城市主干道，主干道下分布有轨道交通1号线区间隧道（顶部埋深15.0～16.5m），隧道最外边距离地下室基础外边线最近约15.2m，主干道上分布有高压电缆线、电信综合管线、雨水管线等；西侧——地下室基础外边线距离用地红线最近约4.61m，红线外有已建居民楼（14层，桩基础）、雨水管线、污水管线；北侧——地下室基础外边线距离用地红线最近4.61m，红线外有城市巷路、在建小区、雨水管线、电信综合管线。

12.7.2 监测方案

1. 监测项目及监测点数量

隧道监测项目、测点数量详见表12.7-2。其中靠近基坑的（左线）采用自动化监测，远离基坑的右线采用人工监测。

隧道各监测项目及测点数量

表 12.7-2

序号	项目	单位	编号	测点数量
1	隧道拱底沉降	点	St、Xt	左线35个监测点 右线17个监测点
2	隧道道床沉降	点	Sd、Xd	左线35个监测点 右线17个监测点
3	隧道水平收敛	点	So、Xo	左线35个监测点 右线17个监测点
4	隧道水平位移	点	Sow、Xow	左线35个监测点 右线17个监测点

2. 监测仪器及精度

监测仪器设备及其精度见表 12.7-3。

仪器设备及其精度表 表 12.7-3

序号	监测项目	测点布置	仪器	仪器精度	备注
1	桩顶水平位移	沿区间纵向约 15m 布设一个测点,关键部位宜适当加密,且每侧边监测点不少于 3 个	TCR1201＋R400 全站仪	1mm＋1.5ppm	
2	深层土体水平位移	沿着区间纵向约 15m 布设一个,且每边监测点数量不应少于 1 孔	北京智利 CX－08A 型钻孔测斜仪	系统误差优于 0.25mm/m	
3	支撑轴力	每层(道)支撑的监测点不应少于 3 个	608A 型振弦式钢筋测力计	0.2%F・S	
4	立柱、管线及地表沉降	监测剖面与坑边垂直,剖面设置在坑边中部或其他有代表性的部位	天宝 DINI03 水准仪	每千米往返测高差中误差 0.3mm	
5	道床沉降	与基坑平行段的左线隧道区间内每隔 5 环各布设一测点,右线隧道区间内每隔 10 环布设一测点	天宝 DINI03 水准仪	每千米往返测高差中误差 0.3mm	
6	隧道收敛	与道床沉降同一监测断面	徕卡 PD42 手持测距仪	测程为 200m,精度为 ±1mm	
7	隧道水平位移	隧道上行线与地下室相邻部位及向两边各延伸 10 环,约 192m(1160 环)	TCR1201＋R400 全站仪	距离测量精度: 1mm＋1.5ppm 角度测量精度:1″	
8	隧道自动化监测	与渔业互保基坑相邻部位(160 环)每隔 5 环布置 1 个监测断面,共布置 35 个监测断面	TCR1201＋R400 全站仪	距离测量精度: 1mm＋1.5ppm 角度测量精度:1″	

3. 监测频率与周期

监测频率见表 12.7-4,监测周期从地下室基坑围护施工到地下室基坑结构施工完成且监测数据稳定。

4. 监测报警值

根据相关规范及设计文件要求,本工程影响盾构隧道监测报警值设置如下:

(1) 当监测到盾构隧道的变形量达到 5mm 时,应及时报警;

监测频率   表 12.7-4

施工状况	第三方监测人工抽检频率		隧道人工监测	自动化监测	备注
	隧道项目	基坑项目			
围护桩施工前	采取初值	采取初值	采取初值	1次/d	
基坑开挖期间	1次/7d	1次/7d	1次/7d	1次/4h	
基坑开挖间歇期	1次/7~15d	根据现场需要	1次/7d	1次/6h	根据变化速率调整
底板完成	1次/7d	1次/15d	1次/7d	1次/6h	
顶板完成	停止监测	停止监测	1次/15d	1次/d	

注：当监测数据出现异常（其中包括监测数据报警或地下室基坑监测数据与第三方数据存在较大差异的情况），应提高监测频率。

（2）当监测到盾构隧道的变形量达到10mm时，应立即停止施工，采取相应措施；

（3）当监测到盾构隧道的变形速率达到3mm/d时。详见表12.7-5。

隧道结构监测报警值   表 12.7-5

序号	监测项目	预警值		报警值	
		累计量	变化速率	累积量	变化速率
1	拱顶隆沉	±5mm	±2mm/d，连续2d以上	±7mm	±2mm/d，连续2d以上
2	道床隆沉	±5mm	±2mm/d，连续2d以上	±7mm	±2mm/d，连续2d以上
3	收敛	±5mm	±2mm/d，连续2d以上	±7mm	±2mm/d，连续2d以上
4	水平位移	±5mm	±2mm/d，连续2d以上	7mm	±2mm/d，连续2d以上

12.7.3　监测实施

1. 隧道拱底（道床）隆沉监测

与基坑平行段的左线隧道区间内每隔5环各布设一测点，右线隧道区间内每隔10环布设一测点。左线布设35个测点，右线布设17个测点。测点编号为：XD（或SD）＋环号。采用水准仪进行监测。

2. 隧道收敛监测

如图12.7-2，每个监测断面布设四个监测点，分别布设在两侧腰部（其中90°、270°监测点为收敛监测点）。采用激光测距仪进行监测。

3. 隧道水平位移

盾构区间被监测对象为隧道上行线与地下室相邻部位及向两边各延伸10环，约192m（1160环）。每10环布置1个监测断面，上行线共布置17个监测断面。在隧道侧壁安装反光片法布置监测点，采用全站仪用小角法进行监测。

4. 下行线隧道自动化监测

盾构区间被监测对象为隧道左线与基坑相邻部位135环及向东侧延伸10环，向西侧延伸15环，左线监测范围约192m（160环），每5环布置1个监测断面，共布置35个监测断面。每个断面设立2块棱镜，分别位于管片中腰两侧。各监测点棱镜沿全站仪视线方向错开，且镜面垂直于全站仪视线。各点位布设见图12.7-3。

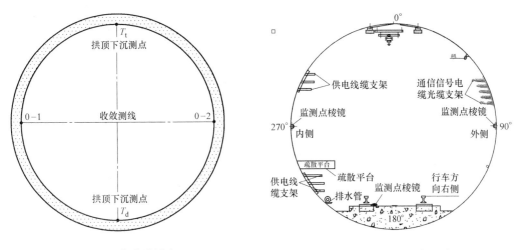

图 12.7-2　收敛监测点　　　　　图 12.7-3　隧道监测断面布设

自动化监测控制网由基准点和工作基点（测站点）组成，并与人工监测工作基点设置位置相近。盾构下行线区间和上行线区间基准点分别为四组共 8 个棱镜，分别设置监测区域两端隧道管壁的两侧，离开变形影响区不少于 50m，基准点与工作基点布设应满足限界要求。

12.7.4　监测成果

1. 下行线道床隆沉监测成果分析

如图 12.7-4～图 12.7-7，地下室基坑在 2014 年 12 月 5 日开挖至 2015 年 2 月 5 日底板结构浇筑期间，由于受土体卸载及土体扰动影响，引起土压力平衡状态重新进行调整，从而使基坑保护区范围内（420～590 环）隧道结构产生轻微上抬，最大的上浮量为 2.90mm。其中西端头与东端头施工期间，引起隧道结构上浮较明显，而中部区域施工对隧道结构的影响较小。在后续结构施工时间，隧道的道床隆沉变形速率较小，至地下室结构封顶后逐渐稳定。

下行线各道床隆沉测点最终累计沉降总量为 −1.00～0.90mm，低于标准值要求；道床隆沉的变形速率在 −2.50～2.30mm/d 范围内，变形速率呈现较大的波动现象。最大、最小值虽超过预警值，但未出现连续 2d 速率超限情况，故每日的变形速率在可控范围内；道床隆沉的最大累计值在 −2.10～2.90mm，亦小于 ±5mm 的标准值。综合分析整个地下室基坑施工期间，对下行线隧道道床隆沉影响较小。

2. 上行线道床隆沉监测成果分析

如图 12.7-8～图 12.7-11，从 2014 年 12 月 5 日至 2015 年 2 月 5 日地下室施工基坑期间，上行线隧道道床隆沉基本未受到基坑施工的影响，与下行线隧道相比，在基坑西端头、东端头、中部区域施工期间，道床沉降均未出现有规则的变化特征。而在后续结构施工阶段，上行线隧道的道床隆沉变形较稳定，平均变形速率在 −0.22～0.16mm/d 范围，平均值为 −0.02mm/d，说明上行线隧道在地下室基坑开挖与结构施工阶段，道床隆沉变化均较为稳定。

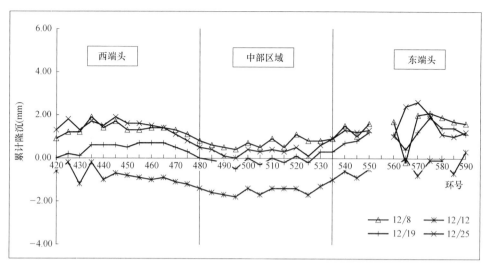

图 12.7-4　基坑西端头施工期间下行线道床隆沉累积量变化曲线

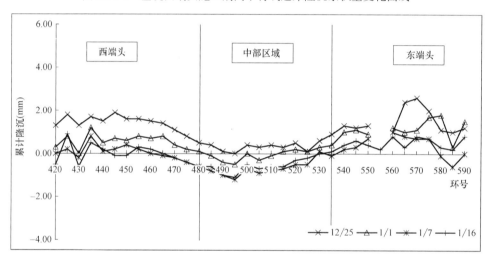

图 12.7-5　基坑东端头施工期间下行线道床隆沉累积量变化曲线

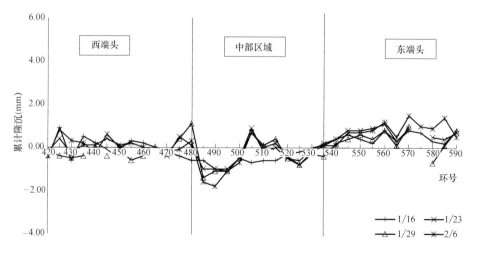

图 12.7-6　基坑中部区域施工期间下行线道床隆沉累积量变化曲线

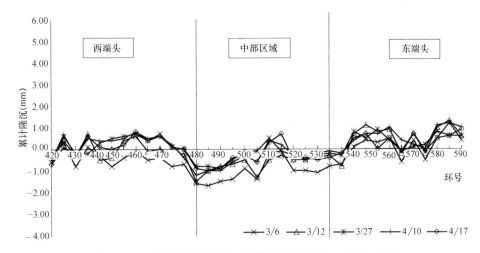

图 12.7-7   底板完成后阶段下行线道床隆沉累积量变化曲线

上行线各道床隆沉测点最终累计沉降总量为－2.19～0.26mm，低于±5mm 标准值要求；道床隆沉的平均变形速率在－0.23～0.52mm/d 范围内，远低于±2.00mm/d 预警值，平均变形速率在可控范围内；道床隆沉的最大累计值在－2.41～2.95mm，亦小于标准值。综上分析，整个地下室基坑施工期间，对上行线隧道道床隆沉影响较小。

3. 隧道拱顶隆沉监测成果分析

如图 12.7-12，拱顶隆沉在基坑各部位施工阶段的变化情况与下行线道床隆起的变化情况基本一致，西端头、东端头对应区域的隧道拱顶出现轻微的上浮情况，最大的上浮量为 2.39mm；而中部区域施工对拱顶隆沉的影响较小。而在结构完成后全结构封顶阶段，拱顶隆沉变化逐渐稳定，平均变化范围在－0.22～0.20mm/d，平均值为－0.01mm/d。

如图 12.7-13，上行线的拱顶隆沉最终累计量在－2.24～0.71mm 范围内，远小于预警值要求；基坑施工期间，拱顶隆沉最大的平均变形速率在－0.27～0.33mm/d 范围，远低于±2mm/d 的技术要求，说明上行线隧道拱顶结构隆沉受地下室基坑施工影响较小。

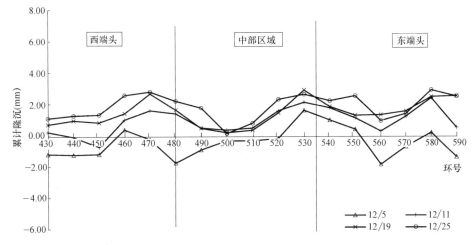

图 12.7-8   基坑西端头施工期间上行线道床隆沉累积量变化曲线

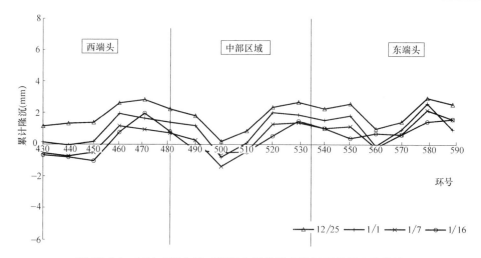

图 12.7-9　基坑东端头施工期间上行线道床隆沉累积量变化曲线

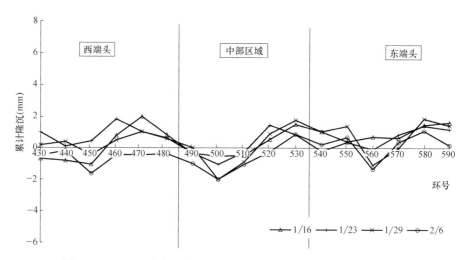

图 12.7-10　基坑中部区域施工期间上行线道床隆沉累积量变化曲线

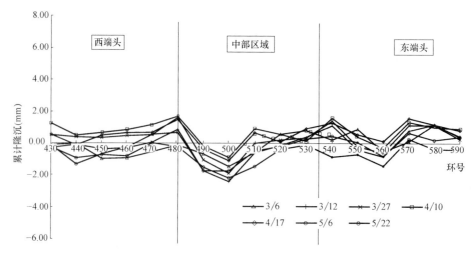

图 12.7-11　底板完成后阶段上行线道床隆沉累积量变化曲线

从上行线拱顶隆沉累积量曲线图可以大致看出，拱顶隆沉在基坑施工期间的变化情况与上行线隧道道床结构变化情况基本一致，基坑不同部位的施工阶段拱顶隆沉未呈现出明显规律的变化特征。

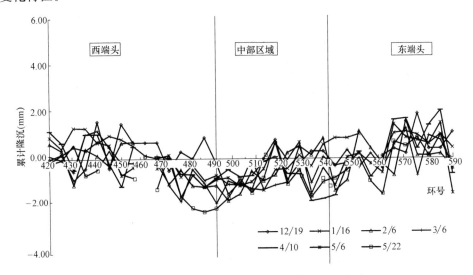

图 12.7-12　下行线隧道拱顶隆沉累积量变化曲线

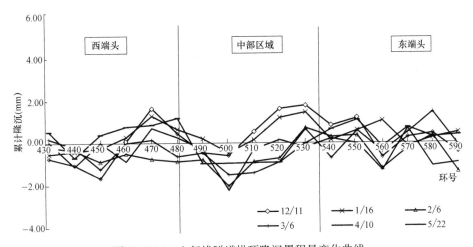

图 12.7-13　上行线隧道拱顶隆沉累积量变化曲线

4. 隧道收敛监测成果分析

如图 12.7-14，下行线各收敛监测断面最终累计收敛总量为 $-0.6 \sim 1.8$mm，基坑各部位开挖施工对保护区内的隧道收敛的影响较小。如图 12.7-15，上行线各收敛监测断面最终累计收敛总量为 $-0.7 \sim 1.3$mm，上行线隧道收敛变化与下行线隧道变化情况基本一致，基坑施工对保护区内的隧道收敛的影响较小。基坑施工过程中，上、下行线隧道收敛未出现累计值或者收敛速率超出控制标准。

5. 隧道水平位移监测成果分析

如图 12.7-16～图 12.7-19，基坑施工开挖过程中，隧道内各水平位移测点的水平位移主要发生在所对应基坑部位挖土阶段，与东、西端头区域相比，地下室基坑中部区域施

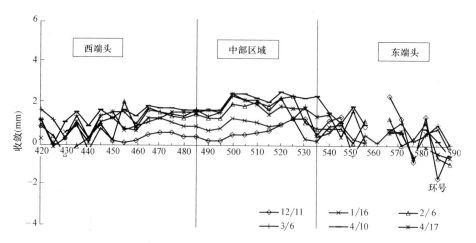

图 12.7-14　下行线隧道收敛变形曲线

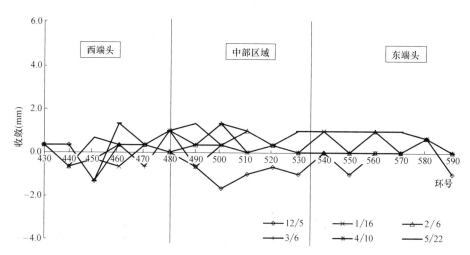

图 12.7-15　下行线隧道收敛变形曲线

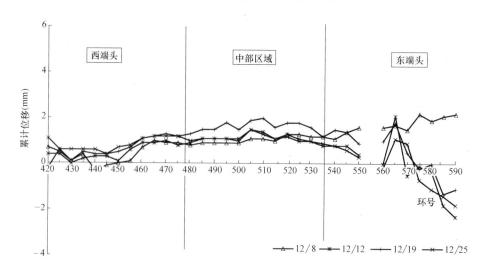

图 12.7-16　基坑西端头施工期间下行线水平位移变化曲线

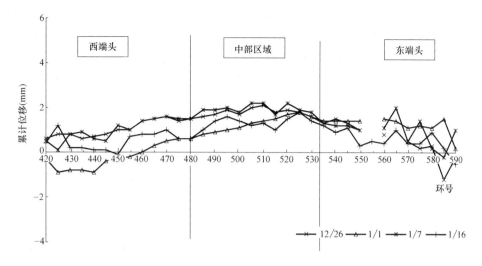

图 12.7-17　基坑东端头施工期间下行线水平位移变化曲线

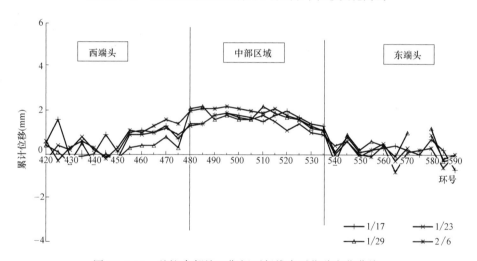

图 12.7-18　基坑中部施工期间下行线水平位移变化曲线

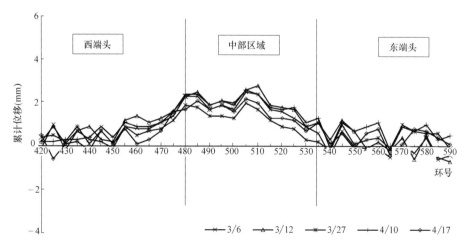

图 12.7-19　底板完成后阶段下行线水平位移变化曲线

工时附近的土体水平向变形较大，隧道中部区域（对应 480～535 环）水平位移变化趋势较明显，其中最大的位移量为 2.8mm，位于 510 环。隧道两端管片水平位移呈现波动变化情况，且位移变化量较小。至监测结束，各测点最终位移量在－0.60～2.20mm 之间，位移方向朝向地下室基坑开挖的卸载部位。整个施工过程中，隧道收敛未出现累计值或者收敛速率超出控制标准。

12.7.5 监测工作小结

在地下室基坑整个施工过程中，通过现场巡视工作，基坑围护结构、周边地表、管线等无异常情况出现。轨道交通保护区隧道结构、盾构管片、道床亦未出现明显异常情况，说明地下室基坑施工期间，轨道交通保护区隧道范围均处于安全状态，基坑施工暂未对保护区隧道产生明显不利影响。

综合各项监测数据及分析，表明拱顶、道床隆沉、隧道收敛、水平位移变化主要与地下室基坑工程施工方法、持续时间有关，主要表现在基坑不同区域的土方开挖卸载过程中，隧道结构出现微小上浮，开挖及支护结构完成后开始下沉；但整个监测过程中各测点日变形量未连续性出现超出控制标准的突变现象，所监测隧道未出现异常情况，说明地下室基坑施工对地铁区间上、下行线盾构隧道均未产生明显影响。

13 边坡工程监测技术

13.1 边坡工程监测概论

边坡工程监测是防止滑坡灾害发生的一个重要环节。地质条件复杂多变，依据地质调查和勘察，要准确无误地预测岩土体的性状及其稳定性变化是十分困难的。边坡工程监测既是保障边坡安全的重要手段也是深化边坡物理力学特性认识的有效途径。对边坡状态及其稳定性进行监测，可以为边坡安全措施的合理确定提供科学依据，监测成果还将为提高边坡稳定性分析水平积累经验。

13.1.1 监测内容与监测方法

边坡监测按监测内容可分为变形监测、压力监测、水位和流量监测等。变形监测：对边坡的变形监测包括表面位移监测和深部位移监测，目的是测量坡体的水平位移和垂向位移，掌握边坡的动态变化规律，研究边坡是否有变形发展和滑坡的可能性。压力监测：边坡的压力（应力）监测主要包括：支挡混凝土结构应力监测；土压力监测；孔隙水压力监测；锚杆拉力监测等。水位监测和流量监测：水位监测分地表水位监测和地下水位监测两部分，流量监测也分地表水流量监测和地下水流量监测。

边坡的现场监测方法，因边坡的重要性程度、地质环境条件不同而各有特点。概括起来主要包括简易监测法、设站监测法、仪器仪表监测法和远程监测法四种基本类型。

简易监测法是通过人工监测岩土体地表裂缝、地面鼓胀、沉降、坍塌、建筑物变形特征（发生和发展的位置、规模、形态、时间等）及地下水位变化、地温变化等现象，对边坡宏观变形迹象和与其有关的各种异常现象进行定期的监测、记录，以便从宏观上掌握边坡的变形动态和发展趋势。

设站监测法是指在充分了解边坡工程地质背景的基础上，在坡面上设立变形监测点（呈线状、格网状等），在变形区影响范围之外的稳定地点设置固定监测站，用测量仪器（经纬仪、水准仪、测距仪、摄影仪及全站仪、GPS接收机等）定期监测变形区内网点的三维（X，Y，Z）位移变化的一种行之有效的监测方法。此法主要指大地测量、近景摄影测量及GPS测量与全站仪设站监测坡面三维位移的方法。

仪表监测法是指用精密仪器仪表对边坡岩土体进行表面及深部的位移、倾斜（沉降）动态，裂缝相对张、闭、沉、错变化及地声、应力应变等物理参数与环境影响因素进行监测。目前，监测仪器的类型，一般可分为位移监测、倾斜监测、应力测试和环境监测四大类。按所采用的仪表可分为机械式仪表监测法（简称机测法）和电子仪表监测法（简称电测法）。

远程监测法是基于传输网络将前端传感器获得的数据回传到监测中心。伴随着电子技术及计算机技术的发展，各种先进的自动遥控监测系统相继问世，为边坡的自动化连续遥测创造了有利条件，电子仪表监测的内容，基本上能实现连续监测，自动采集、存储、打印和显示监测数据。远距离无线传输是该方法最基本的特点，由于其自动化程度高，可全天候连续监测，故省时、省力和安全，是当前和今后一个时期边坡安全监测发展的方向。

13.1.2 监测设计基本要求

合理的边坡监测设计是做好监测工作的基础，应按照地质体的稳定性特征、潜在变形破坏方式确定基本监测工作，并根据永久性和临时性，分级别和环境条件等，确定监测设计原则和应采用的标准。

监测设计的目的必须根据工程地质条件确定。一般情况下，边坡监测设计均以地质环境条件分析为基础，以环境安全为目的。此外还包括：边坡治理施工控制、诊断不利事件的特性、检验地质灾害治理设计的合理程度、证明施工技术的适应程度、检验治理工程的长期优良性能等。在进行了现场资料分析和实地调查、确定边坡地质环境条件、确定监测目的和监测项目、监测变量选择、监测仪器选择等工作之后，即可进行监测系统设计。监测系统设计的主要项目有：

① 监测系统的土建工程设计，包括钻孔、标点、台架、保护设施、地面地下监测站、电缆敷设等与仪器安装埋设有关的工程设计；

② 仪器设备布置设计，电缆走线设计；

③ 编制仪器安装程序，包括：从仪器安装埋设时机，到仪器监测的全部工作程序设计，同时应包括关于影响仪器监测数据因素的记录编制要求和确保测读准确的程序，提出简单直观的误差检查、备用系统、周期性校准维修和自检装置的设置等设计；

④ 提出编制安装埋设施工规程的纲要，编制施工规程是承包商的任务，但设计者应提出为确保设计目标实现的技术要求和标准。

设计者应向运行人员提出关于仪器标准与维护、数据收集与处理、资料分析的要求，提出监测数据资料的提交方式，所有部门要做好解决监测中出现问题的方法。

13.1.2.1 监测变量

在边坡动态监测时，应关注成因变量和效应变量。引起边坡变形破坏的原因或环境参量，即成因变量，它们的变化引起地质环境条件的变化和坡体性态的变化；效应变量（或结果参量），边坡对原因变量变化而产生的响应。

在具体工程问题监测时，监测变量的选择应在分析地质环境条件和工程建筑特性的基础上，针对所关注的问题合理确定。

(1) 成因变量

边坡是处于一个变化的地质环境条件中，这种变化对一般稳定性好的边坡可能影响不大，但对某些安全余度较低的边坡，可能因为某些环境因素的变化而产生灾难性后果。引起边坡稳定性变化的主要成因变量有：

① 气候条件：温度、湿度变化等；

② 降水量和水文地质条件：降水量大小、降水过程特征、地表径流量、地下水位变化、泉点流量等；

③ 地震参数：位移、速度、加速度、动孔隙水压力、动应变、动应力；

④ 地壳变形：地壳表面的升降、断层的相对位移等；

⑤ 人类工程活动影响：机械和爆破振动、工程开挖与加载的过程等。

（2）效应变量

当地质环境中的成因变量发生变化时，处于其环境中的边坡也必然会引起相应的变化。体现这种变化的物理量称为效应变量，主要有：

① 位移：包括表面位移和内部位移，水平位移、垂直位移、转动位移、相对位移等；

② 应变：岩土体应变、结构材料应变；

③ 地面变形：地表沉陷和隆起，裂缝张开、闭合、错动；

④ 压力（应力）变化：土压力变化、岩体应力变化、支护结构应力变化、锚杆应力变化、孔隙水压力变化等；

⑤ 岩土体及材料物理力学特性变化：岩土体松动、塑性变形等。

13.1.2.2　监测仪器选择原则

工程监测是一项长期和连续的工作，量测元件和仪器选用是否得当是做好监测工作的重要环节。由于监测元件和仪器的工作环境大多是在室外甚至地下，而且埋设好的元件不能置换。因此，如果元件和仪器选用不当，不仅造成人力、物力的浪费，还会因监测数据的失真，导致对工程状态的错误判断，引起不堪设想的后果。监测元件和仪器的选用可从可靠性、坚固性、通用性、经济性、测量原理和方法等几方面进行考虑。

可靠性是指元件、仪器在按设计规定的工作条件下和工作时间内，保持原有的技术性能的程度，可靠性包括耐久、坚固和易于检修三个方面。它是评价元件、仪器性能的首要因素。

坚固性通常是指元件、仪器在运输、埋设过程中承受外荷载的能力，包括道路颠簸、搬运冲击等的承受能力。精密的测量元件和仪表一经损坏，在现场条件下常常难以修复，因此坚固性是选用元件和仪表时考虑的重要因素之一。

通用性是指元件和仪表是否可以相互兼用。监测仪器和量测元件必须配套使用，如果在同一工程中使用不同厂家的量测元件，必须相应配置不同厂家的监测仪表，这样必然会增加投资费用，并给日后的使用和管理带来不便。因此合理的方法是选用通用性较强的元件和仪表。

经济性决定了监测系统的建设和运营成本。选用可靠的、具有足够精度的监测元件和仪器是实现预期监测目标的首要条件，在保证这一条件下，进行技术经济比较，选择性能价格比较高的仪器设备，也是一项必不可少的工作。

测量原理和方法应坚持简单、直观的原则。一般认为，采用简单机械原理的仪器比电测仪器测试来得直观、可靠。同样，简单的直接测量法比复杂的间接测量法有更高的可信度。

精度和量程决定了监测系统是否满足工程要求。监测元件和仪器选用时，测量精度必须满足监测精度的要求，这是进行测试的必要条件，否则数据失真会导致错误的结论。但选择过高精度的元件和仪器，不仅会造成资金的浪费，带来不必要的工作量，而且提供的信息也不会有更高的实用价值。量程和灵敏度是相互制约的两个指标，一般是量程大，灵敏度较低；灵敏度高，则量程小。通常是优先满足测量对量程的要求。

13.1.2.3　监测系统布置

一个完整的监测系统布置，需分析和确定以下几方面：

① 根据调查分析确定表征边坡安全的要素；

② 确定对边坡整体安全起调节作用的单元；

③ 确定能够最好地描述边坡动态的物理量；

④ 选择监测这些物理量的仪器及其安装方式、工艺要求；

⑤ 选择仪器放置位置，确定仪器的数量、密度和分布；

⑥ 确定监测频率。

在具体进行监测系统布置时应考虑下述原则：

① 测点类型和数量的确定应综合考虑工作性质、地质条件、设计要求、施工特点、监测费用等因素；

② 仪器位置的选择，应能反映出预测的运行情况，特别是关键部位和环境条件变化影响的情况，如为验证设计数据而设的测点应布置在设计中的最不利位置和断面处；

③ 表面变形测点的位置既要考虑反映监测对象的变形特征，又要便于监测，还要有利于测点的保护；

④ 深埋测点不能影响和妨碍结构的正常受力，不能削弱结构的变形刚度和强度；

⑤ 在实施多项内容测试时，各类测点的布置在时间和空间上应有机结合，力求使同一监测部位能同时反映不同的物理变化量，以便找出其内在联系和变化规律；监测仪器不宜在较大的区域内分散布置，而要集中布置；

⑥ 深层测点的埋设应有一定的提前时间，以便监测工作开始时，测量元件已进入稳定的工作状态；

⑦ 在可能的情况下，宜用几种仪器监测同一个参量，以利于验证和核查，对于控制性监测的物理量和对工程安全十分重要的参量，至少应采用两种不同形式的监测系统同时进行监测；

⑧ 测点在施工过程中若遭破坏，应尽快在原来位置或尽量靠近原来位置补设测点，以保证该点监测数据的连续性。

边坡监测断面可以按照以下原则选择：

① 边坡的监测常按断面（或剖面）布置。监测断面通常选在地质条件差、变形大、可能破坏的部位，如有断层、裂隙、危岩体存在部位；或边坡坡度高、稳定性差的部位；或结构上有代表性的部位；或者作过模型试验、分析计算的典型部位等。

② 当监测断面需布置多个时，断面宜有主要断面和次要断面之分。主次可分成 2～3 级不等。主次根据地质条件的好坏、边坡坡度的高低、结构上的代表性等选定。

③ 重要断面布置的监测项目和仪器应比次要断面多，自动化程度比次要断面高，且同一监测项目宜平行布置，如大地测量和钻孔倾斜仪、多点位移计同时布置，以保证成果的可靠性和相互印证。

④ 按断面布置的监测，以监控边坡的整体稳定性为主，兼顾局部的稳定性。

13.1.2.4 边坡安全监测分级

边坡安全监测应进行分级，依据稳定性现状、潜在破坏的可能性、失稳后果的严重性、地质环境条件的复杂性等因素综合考虑，并确保分级在实际工作中易于把握使用，一般可以把边坡安全监测分为四级：存在重大安全隐患边坡；存在一般安全隐患边坡；无明显安全隐患的重要边坡；无明显安全隐患的一般边坡。

安全性和重要性不同的边坡，应采用不同的边坡安全监测方案。依据当前边坡安全监测技术的现状和经济发展水平，可采用表 13.1-1 所示的边坡监测分级方案。

边坡安全监测推荐分级方案　　　　　　　　　　　　表 13.1-1

监测级别	边坡安全性类型	监测方案	边坡特征描述
I	存在重大安全隐患边坡	定期人工现场巡视，系统的定量自动监测，辅助定量人工监测	大型滑坡灾害点；目前有较大变形或开裂的边坡；潜在破坏可能性且失稳后果严重的边坡；开挖高度大于 50m 的边坡；开挖线以上斜坡高度大于 30m，且自然坡度大于 30°；潜在破坏方量＞1 万 m^3
II	存在一般安全隐患边坡	定期人工现场巡视，系统的定量人工监测	边坡变形不明显但地质条件比较差；有一定潜在破坏可能性，且失稳后果较严重的边坡；开挖高度大于 20～50m 的边坡；开挖线以上斜坡高度 10～30m 或自然坡度 15°～30°；潜在破坏方量 0.1 万～1 万 m^3
III	无明显安全隐患的重要边坡	定期人工现场巡视，辅助定量人工监测	边坡无明显变形现象，且地质条件好，潜在破坏可能性小，但失稳后果较严重的边坡
IV	明显安全隐患的一般边坡	定期人工现场巡视	边坡无明显变形现象，且地质条件好；边坡高度小于 20m，且潜在破坏可能性小的边坡

13.1.3　巡视检查

采用仪器进行边坡安全监测常常是不可缺少的重要手段，但由于仪器监测毕竟有限，不可能覆盖整个边坡面，同时仪器本身也存在可靠性问题，作为补充，进行地表人工巡视检查是十分必要的。

巡视检查是监测人员到边坡现场察看，参加巡视的人员应有一定的专业经验。巡视检查分日常巡查和年度巡查，日常巡查一般每 2 个月 1 次，年度巡查一般在每年汛期、汛后全面地进行。检查内容包括：边坡地表或排水隧洞有无新裂缝、坍塌发生，原有裂缝有无扩大、延伸；地表有无隆起或下陷，滑坡后缘有无新的拉裂缝，前缘有无剪出口出现，局部楔形体有无滑动现象；排水沟、截水沟是否通畅、排水孔是否正常；是否有新的地下水露头、原有的渗水量和水质有无变化；安全监测设施有无损坏等。

巡视检查应有完整的记录并及时编写巡视检查报告。每次巡视检查都应有记录，记录内容包括巡视检查日期、参加人员、巡视检查内容、检查中发现的情况，记录方式采取文字、表格、照相等。

13.2　监测工作实施

13.2.1　边坡表面变形监测

边坡岩土体的破坏，一般不是突然发生的，破坏前总是有较长时间的变形发展期。通过对边坡岩土体的变形量测，不但可以预测预报边坡的失稳滑动，同时可运用变形的动态变化规律检验边坡的处治设计的正确性。边坡变形监测包括地表大地变形监测、地表裂缝位错位移监测、地面倾斜监测、裂缝多点位移监测、边坡深部位移监测等项目内容。对于具体边坡的监测安排，应根据边坡具体情况设计位移监测项目和测点。

13.2.1.1　地表变形监测

地表变形监测是边坡监测中常用的方法。在被测量的地段上设置若干个监测点（监测标桩）或设置有传感器的监测点，用仪器定期监测测点和基准点的位移变化或用无线边坡监测系统进行监测。

地表位移监测通常应用的仪器有两类：一是大地测量（精度高的）仪器，如全站仪和GPS、红外仪、经纬仪、水准仪等，这类仪器一般只能定期的监测地表位移。当地表明显出现裂隙及地表位移速度加快时，使用大地测量仪器定期测量显然满足不了工程需要，这时应采用能连续监测的设备，如全自动全天候的无线边坡监测系统等；二是专门用于边坡变形监测的设备：如裂缝计、地表位移伸长计和全自动无线边坡监测系统等。

测量的内容包括坡体水平位移、垂直位移以及变化速率。点位误差一般要求不超过

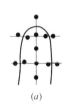 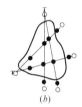 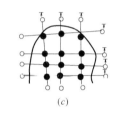

(a)　　　　　*(b)*　　　　　*(c)*

图 13.2-1　边坡表面位移观测网

5mm，水准测量每公里误差增加不超过 1mm。对于土质边坡，精度可适当降低，但要求水准测量每公里中误差增加不超过 3mm。边坡地表变形监测通常可以采用十字交叉网法。如图 13.2-1 *(a)* 所示，适用于滑体小、窄而长，滑动主轴位置明显的滑坡；放射状网法，如图 13.2-1 *(b)* 所示，适用于比较开阔、范围不大，在边坡两侧或上、下方有突出的山包能使测站通视全网的地形；任意监测网法，如图 13.2-1 *(c)* 所示，用于地形复杂的大型边坡。

监测网点布置埋设应满足与坡体同步变形的要求。监测网点（或基点）是高程变化、水平位移和垂直位移监测的工作基点，因此监测网点应嵌入坡体中。监测网点一般采用钢筋混凝土监测墩。监测墩基础力求稳固，若基础为基岩，则可除去表面风化层使监测墩浇筑在新鲜基岩上；若地表覆盖层较厚，则应开挖出一个基坑，深度一般不少于 0.5m，同时在底部打入钢筋。监测网点的数量在满足控制整个边坡范围的条件下不宜过多，但不得少于 3 个。

13.2.1.2　边坡表面裂缝量测

边坡表面张性裂缝的出现和发展，往往是边坡岩土体即将失稳破坏的前兆讯号，因此这种裂缝一旦出现，必须对其进行监测。监测的内容包括裂缝的拉开速度和两端扩展情况，如果速度突然增大或裂缝外侧岩土体出现显著的垂直下降位移或转动，预示着边坡即将失稳破坏。

地表裂缝监测可采用测缝计或在裂缝两边设标点量测。通过监测获得裂缝扩展随时间变化过程曲线。

13.2.2　坡体深部位移监测

边坡深部位移监测是监测边坡体整体变形的重要方法，将指导防治工程的实施和效果检验。传统的地表测量具有范围大、精度高等优点；裂缝测量也因其直观性强，方便适用等特点而广泛使用，但它们都有一个无法克服的弱点，即它们不能监测到边坡岩土体内部

的变化，因而无法预知滑动控制面。而深部位移测量能弥补这一缺陷，它可以了解边坡深部，特别是滑带的位移情况。

边坡岩土体内部位移监测手段较多，目前使用较多的主要为钻孔多点位移计和钻孔倾斜仪两大类。深部位移钻孔倾斜仪监测一般采用活动式钻孔测斜仪进行监测，也有采用固定式测斜仪进行坡体内部变形量自动监测。测斜仪是通过测量测斜管轴线与铅锤线之间的夹角变化量，来监测土、岩石、建筑物的侧向位移的高精度仪器。钻孔测斜仪作为深部位移监测的手段，有其他仪器很难替代的优点，它不仅能及时发现岩土体滑动的发生、发展和准确位置，而且具有量测成果丰富和不受外界环境影响（如天阴、下雨也都可施测）的特点，这正是它目前被国内外广泛用于边坡监测的原因。如图 13.2-2 为采用钻孔倾斜仪测得不同深度滑坡体的水平位移量，它反映了不同时间滑坡深部的位移特征，而且也清晰地反映了滑面

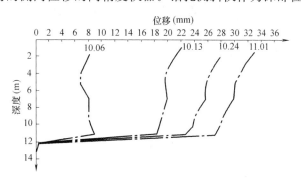

图 13.2-2　测斜孔水平位移监测结果

的位置。边坡深部位移监测的主要缺点是需要钻孔，监测成本较高。

13.2.3　支护结构受力监测

某些具有滑动危险和已经失稳的边坡须采取适当的支护措施，且在支护工程施工和运营时对支护结构进行监测。常用的支护结构有土钉、锚杆、预应力锚杆、抗滑桩、挡土墙等。

13.2.3.1　锚杆、土钉轴力的量测

锚杆、土钉轴力量测的目的在于了解锚杆实际工作状态，结合位移量测，修正锚杆、土钉的设计参数。量测锚杆传感器主要有差动电阻式锚杆测力计、钢弦式锚杆测力计和电阻应变片式锚杆测力计。用作监测的每根锚杆或土钉一般宜布置 3～5 个测点，监测锚杆受力状态和加固效果，了解应力沿杆体的分布规律。土钉或锚杆上安装应力计时应符合安装技术要求。应力计采用螺纹或对焊和杆体连接。需要对焊的应力计，应在冷却下进行对焊，应力计与锚杆保持同轴。应力计安装前须进行标定。对锚杆应力监测，其目的是分析锚杆的受力状态、锚固效果，通过监控锚杆应力变化可以了解被加固边坡的变形与稳定状况及锚杆是否处于合理受力状态。

13.2.3.2　预应力锚索监测

对预应力锚索应力监测，其目的是为了分析锚索的受力状态、锚固效果及预应力损失情况，因预应力的变化受到边坡变形和内在荷载变化的影响，通过监控锚固体系的预应力变化可以了解被加固边坡的变形与稳定状况。监测设备一般采用圆环形测力计（液压式或钢弦式）或电阻应变式压力传感器。

锚索测力计的安装是在锚杆施工前期工作中进行的，其安装全过程包括：测力计室内检定、现场安装、锚杆张拉、孔口保护和建立监测站等。锚索测力计的安装示意图如图 13.2-3 所示。

13.2.3.3　抗滑桩监测

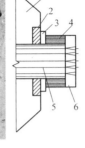

抗滑桩是承受侧向荷载用以处治滑坡的支撑结构物。它穿过滑体在滑床的一定深度处锚固，起抵抗滑坡推力的作用。

抗滑桩监测主要有两个内容：一是监测抗滑桩的加固效果和受力状态；二是监测抗滑桩正面边坡坡体的下滑力和背面边坡坡体的抗滑力。

监测抗滑桩的受力状态常采用钢筋计和混凝土应力计。钢筋计应布置在受力最大、最复杂的主滑动面附

图 13.2-3　锚索测力计现场安装与安装结构示意图
1—混凝土墩；2—垫板；3—测力计垫板；
4—测力计；5—锚索；6—锚具

近。监测边坡下滑力及其分布可以在桩的正面和背面受力边界及桩的不同高度布置土压力计。

在施工期和运营期，可利用全站仪监测抗滑桩的桩顶位移变化，也可在抗滑桩上设置测斜管，利用测斜仪监测抗滑桩的侧向位移，进行抗滑桩受力特性分析。

13.2.3.4　挡土墙监测

挡土墙是支承边坡土体，防止土体变形失稳的构造物。受土压力的作用，挡土墙破坏的主要表现形式是倾覆或墙体自身破坏。因此对挡土墙的监测，主要监测墙背土压力的变化以及挡土墙的位移。监测挡土墙的位移可以采用精密水准仪、经纬仪等。

挡土墙墙背土压力计埋设时首先在埋设位置按要求制备基面，用水泥砂浆或中细砂浆将基面垫平，放置土压力计，密贴定位后，周围用中细砂压实，回填土方。

13.2.4　边坡地下水监测

地下水位变化是边坡失稳的主要诱发因素，对边坡工程而言，地下水动态监测也是一项重要的监测内容，特别是对于地下水丰富的边坡，应引起重视。地下水动态监测以了解地下水位为主，根据工程要求，可进行地下水孔隙水压力、扬压力、动水压力监测等。地下水位监测常用的仪器设备有电测水位计和遥测水位计。

在边坡工程中的孔隙水压力是评价和预测边坡稳定性的一个重要因素，因此需要在现场埋设仪器进行监测。目前监测孔隙水压力主要采用孔隙水压力仪。孔隙水压力仪主要有四类：液压式孔隙水压力仪、电气式孔隙水压力仪、气压式孔隙水压力仪和钢弦式孔隙水压力仪。

孔隙水压力监测点的布置视边坡工程具体情况确定。一般原则是将多个仪器分别埋于不同监测点的不同深度处，形成一个监测剖面，以监测孔隙水压力的空间分布。

埋设仪器可采用钻孔法或压入法，并以钻孔法为主，压入法只适用于软土地层。采用钻孔法时，先于孔底填少量砂，置入测头之后再在其周围和上部填砂，最后用膨胀黏土球将钻孔全部严密封好。由于两种方法都不可避免地会改变土体中的应力和孔隙水压力的平衡条件，需要一定时间才能使这种改变恢复到原始状态，所以应提前埋设仪器。

13.3 监测资料整理与分析

监测资料整理分析和反馈是边坡监测工作中必不可少和不可分割的组成部分，也是满足诊断、预测和研究方面的需求。监测资料整理分析主要包括以下内容：对监测数据和资料的整理、分析和解释；对边坡的安全稳定状态进行评估、预测和预报，以确认边坡是否安全，避免各种失稳安全事故发生；依据监测资料的整理分析和安全稳定性评估，反馈指导设计、施工和运行方案的修改和优化；校验设计理论、物理力学模型和分析方法，为边坡防灾评价、改进设计施工方法和运行管理提供科学依据。

13.3.1 监测资料的收集与整理

13.3.1.1 监测资料的提供

监测资料主要有两种提供方式：一是表格形式，按统一的表格在现场填写、记录，或在室内整理形成便于分析的表格；二是绘制成各种变化曲线图，能够直观地反映监测物理量随时间、深度等的变化关系。各种表格和变化曲线图应在电脑上生成，以便于后期分析和处理。

13.3.1.2 原始监测资料的检验

由于来自人员、仪器设备和各种外界因素影响等原因，各种效应量的原始监测值不可避免地存在着误差。因此，在监测资料整理分析过程中，首先应对原始监测资料进行可靠性检验和误差分析，评判原始监测资料的可靠性，分析误差的大小、来源和类型，以采取合理的方法对其进行处理和修正。

原始监测资料应进行可靠性检验。可靠性检验的主要内容是采用逻辑分析方法，进行下列检验：作业方法是否符合规定；监测仪器性能是否稳定、正常；各项测量数据物理意义是否合理，是否超过实际物理限值和仪器限值，检验结果是否在有限差以内；是否符合一致性、相关性、连续性、对称性等原则。

13.3.1.3 监测数据误差分析

监测数据误差主要有系统误差、过失误差和偶然误差三种。

① 过失误差。它是一种错误数据，一般是监测人员过失引起的。这种误差往往在数据上反映出很大的异常，甚至与物理意义明显相悖，在资料整理时（在相应过程线和其他图表中）比较容易发现。过失误差可直接将其剔除，再根据历史和相邻资料进行补差。

② 偶然误差（随机误差）。它是由于人为不易控制的互相独立的偶然因素作用而引起的。这种误差是随机性的，客观上难以避免，在整体上服从正态分布规律，可采用常规误差分析理论进行分析处理。

③ 系统误差。它与偶然误差相反，是由监测母体的变化所引起的误差。所谓母体变化就是监测条件的变化，是由于仪器结构和环境所造成的。这种误差明显的特点是它使得监测值总是向一个方向偏离，总是偏大或偏小。系统误差产生的原因很多，有来自人员、仪器、环境、监测方法等多方面，应根据具体情况进行具体分析和处理。

误差分析通常采用人工判断和计算机分析相结合的方法，通过对比检验和统计检验两种手段相结合的方法进行监测数据的检验。

对比检验方法是以仪器量测值的相互关系为基础的传统逻辑分析方法，进行一致性分析和相关性分析。一致性分析是从时间角度作检验，分析同一测点本次实测值与前次监测值的关系；相关性分析是从空间的角度作判断，分析同一测次中该点与前、后、左、右、上、下邻近测点监测值的关系，然后使用数理统计方法对数据的误差类型作检验，并进行误差分析处理。

统计检验包括：数据整理、方差分析、曲线拟合和插值法分析等。数据整理是把原始数据通过一定的方法，如按大小的排序，用频率分布的形式把一组数据的分布情况显示出来，进行数据的数字特征计算、离散数据的取舍；数据的方差分析，对被测物理量按随机规律受到一种或几种不同因素的影响，通过方差分析的方法处理数据，确定哪些因素或哪种因素对被测物理量的影响最显著；数据拟合是根据实测的一系列数据，寻找一种能够较好反映数据变化规律和趋势的函数关系式，通常使用最小二乘法进行拟合；插值法是推求数据规律的函数近似表达式的一种方法，它是在实测数据的基础上，采用函数近似的方法，求得符合测量规律而又未实测到的数据。

13.3.1.4 物理量计算

经检验合格的监测数据，应换算成监测物理量，如位移、水位埋深等。当存在多余监测数据时，应先作平差处理，再换算成物理量。换算公式可参见生产厂家说明书或有关资料。一般仪器生产厂家提供的产品说明书中都注明了该仪器的物理量计算公式及各种参数测试表。如无此资料，可向厂家索取。

物理量换算的一个重要前提条件是首先确定一个合理可靠的基准值。一般确定基准值时，必须注意不要选择由于监测误差而引起突变的监测值。基准值的确定有三种情况：以初始值为基准值，如建筑物水平位移等；取首次监测值为基准值；以某次监测值为基准值，如差动电阻式应变计、钢筋计等。

部分监测量存在丢失初值问题，如边坡开挖后的坡面位移，仪器埋设和测读初始值时，已发生相当大的变形。"丢失初值"需要根据计算、试验或工程类比法确定其大小。一般情况下，只有在对丢失初值估算后重新修正的监测数据和物理量才具有实际比较意义，并可参加资料分析和反馈。

13.3.2 各种监测物理量表达方式

边坡动态变化要通过监测物理量的空间分布和随时间的变化进行考察，常常以图表的方式反映监测结果。即通过整理各种物理量沿不同深度、不同方向的分布曲线和物理量随时间而变化的图表反映。

13.3.2.1 位移曲线

边坡破坏的主要形式是变形，所以位移监测是边坡监测中最重要的监测项目。需要整理的位移曲线较多。如图 13.3-1 和图 13.3-2 所示，为测点累积位移随时间变化过程曲线，是最常用和最直观的边坡变形动态曲线表达形式。

常用的边坡表面变形曲线还有 GPS 监测曲线、裂缝宽度随时间发展变化曲线等。

边坡深部变形的测斜仪监测结果，一般用"位移—深度曲线"和"位移—时间过程曲线"等进行表达。

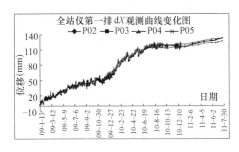

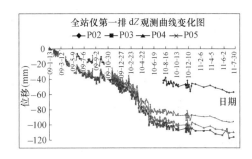

图 13.3-1　边坡测点水平位移随时间变化过程曲线　　图 13.3-2　边坡测点垂直沉降位移随时间变化过程曲线

位移—深度曲线反映位移随深度的变化（分布）。位移又有累计位移与相对位移之分。累计位移，即计算相对孔底不动点的位移。根据测斜仪的原理，将每次的测量值由孔底至计算点逐段累计得出，所以称为累计位移（图 13.3-3）。相对位移，指计算点每次相对该点的初始值的位移变化值，从相对位移—深度曲线上很容易发现滑动面的位置；相对位移没有做逐段累计计算，因此包含较少的系统误差。

利用边坡深部变形的测斜仪监测累计位移，作出距地表不同深度的累积位移—时间过程曲线，反映边坡不同深度位移发展趋势，可以用于分析边坡的变形特征，分析环境因素对边坡变形的影响方式。

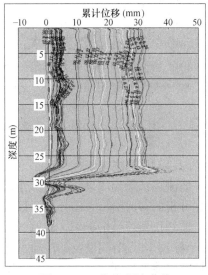

图 13.3-3　位移-深度曲线

13.3.2.2 锚索预应力的长期变化规律

锚索预应力变化通常分为短期变化和长期变化两个过程。短期变化一般指锁定变化，而长期变化则是指岩体蠕变、钢材长期松弛等引起的预应力变化。由图 13.3-4 可看出，锚索体预应力变化具有一个共同特征，即锚索预应力变化发展自张拉初期开始，均经历预应力快速下降、稳步下降阶段和逐步稳定三个阶段。

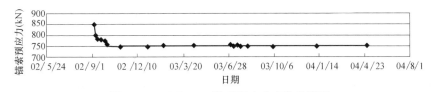

图 13.3-4　BZ16-23 锚索预应力变化曲线图

第一阶段，在锚索体张拉锁定后的 1～5d 以内，锚索预应力快速下降。该阶段完成的时间较短，主要由于锚具、坡体压密、孔道摩阻、施加预应力大小等因素的影响，对于坚硬完整岩体，锚索预应力快速下降阶段相对历时较短，造成的预应力损失值较小；而对于较为软弱的岩体，或结构面十分发育的碎裂结构岩体，锚索预应力快速下降阶段历时相对较长，造成的预应力损失值也相对较大。

第二阶段是预应力的稳步下降阶段，一般在锚索锁定后的 30d 以内，在这段时间里，锚索的预应力呈稳步下降，中间受天气和降雨的影响，有所起伏。这是由于在预应力的作用下，岩体产生压缩，岩体中的节理被压密或产生剪切变形，岩体产生蠕变造成预应力损失。

第三阶段是锚索预应力的基本稳定阶段，虽然随着时间的推移，锚索的预应力继续呈现平稳变化，中间仍然有所下降，但是下降的幅度已经变得很小。统计锚索预应力损失值，可以用于锚固效果的评价。

13.3.2.3　水文地质监测曲线

降雨量、钻孔水位的变化过程曲线，对于分析边坡的位移、地下水压力变化十分重要。

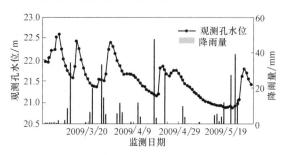

图 13.3-5　地下水位与日降雨量图

常用降雨量的表达方式有：日或月降雨量直方图、累计降雨量曲线图和既反映日降雨量又反映累计降雨量的累计降雨量直方图等。钻孔水位变化过程曲线的常见形式为埋深变化或高程变化。为了表达钻孔水位受降雨影响的变化过程，也常常把地下水位变化与日降雨量绘制在同一图上，如图 13.3-5 所示，实现降雨影响地下水位变化的直观分析。

13.3.2.4　监测成果表

监测成果除用成果曲线表示外，还常常用表格形式给出（表 13.3-1）。表格形式，可根据分析的需要给出。按分析的目的和需要可整理出各种成果表。

监测仪器埋设情况表。包括仪器名称、生产厂家、仪器（或测点）编号、测点位置（或坐标）、埋设时间以及备注等。对同一类监测器可按不同测孔（测点）列出，也可以把不同类仪器列在同一个表上。当仪器种类测点（孔）多的时候，可采用前一种形式；当同一种仪器较少时，可采用后者。

锚索长度 40m 的岩石破碎区锚索初期预应力损失值　　　　　　　　　　表 13.3-1

锚索编号	张拉 1d 后损失值（kN）	占锁定值的 %	张拉 7d 后损失值（kN）	占锁定值的 %	张拉 15d 后损失值（kN）	占锁定值的 %
Bz15-29	35.68	4.47	40.55	5.08	46.05	5.77
Bz15-18	82.16	9.91	89.65	10.80	98.32	11.85
Bz14-23	17.40	2.16	49.23	6.13	52.51	6.54
B7-16	83.10	10.24	100.87	12.44	98.84	12.18
Bz14-23	51.47	6.20	62.86	7.57	60.58	7.29
Bz14-6	45.33	5.28	81.84	9.53	93.99	10.95

监测成果统计表和分析表。当同一类仪器同一测点（孔）成果较多，像钻孔测斜仪那样，则可以给出一定时候内测值的最大值或变化幅度。有时按不同高程、不同监测断面给出监测成果，从中可以得出不同高程、不同断面岩体的稳定性。监测成果表的最大优势是给出的信息量大和定量化程度高。

13.3.3　监测资料分析方法

监测资料分析，首先是进行初步分析，重点判识有无异常监测值；然后根据特定重点监测时段的工作需要，开展较为系统全面的综合分析。分析工作的成果将作为安全预报、安全评估和对施工或运行的反馈和技术决策的基本依据。

监测资料的分析方法可分为以下几类：

① 定性的常规分析方法。如比较法、作图法、特征值统计法和测值影响因素分析法等。

② 定量的数值分析方法。如统计分析模型、有限元分析法、反分析方法等。

③ 数学物理模型分析方法。如统计分析模型、确定性模型和混合性模型等。

④ 应用某一领域专业知识和理论的专门性理论方法。如滑坡失稳时间预报的灰色理论、边坡变形动态的时间序列分析等。

13.3.3.1 监测资料分析的常规方法

监测资料分析的常规方法可分为比较法、作图法、特征值统计法和测值影响因素分析法四类。

通过对比分析检验监测物理量量值的大小及其变化规律是否合理，或建筑物和构筑物所处的状态是否稳定的方法称为比较法。比较法通常有：监测值与技术警戒值相比较；监测物理量的相互对比；监测成果与理论的或试验的成果相对照。工程实践中则常与作图法、特征值统计法和回归分析法等配合使用。

根据分析的要求，画出相应的过程线图、相关图、分布图以及综合过程线图等进行分析的方法称为作图法。由图可直观地了解和分析监测值的变化大小及其发展规律，影响监测值的因素和其对监测值的影响程度，监测值有无异常等。

可用于揭示监测物理量变化规律特点的数值称为特征值，借助对特征值的统计和监测物理量变化规律是否合理而得到结论的方法称为特征值统计法。边坡监测统计中常用的特征值一般是监测物理量的最大值和最小值、变化趋势和变幅、地层变形趋于稳定所需的时间以及出现最大值和最小值的工况、部位和方向。

测值影响因素分析法。如将边坡位移监测成果曲线归类为：稳定位移、滑动位移和岩体整体位移、水影响、爆破影响、岩体松散、钻孔埋深不足、周期性变化等多种类型，有利于在边坡监测资料分析中分清情况，查明问题，进行深入分析。

13.3.3.2 数值分析方法

数值分析方法主要有统计分析法、有限元法和反分析法。

统计分析方法就是采用概率论、数理统计、随机过程等统计分析技术，把监测数据作为随机变量进行分析的数值计算方法。在边坡监测资料分析中所引进的统计分析方法有统计回归、方差分析、时序分析、模糊数学、灰色系统、神经元网络等。统计回归分析是目前边坡中应用最多的一种数值计算分析方法，它的主要功能是：分析研究各种监测数据与其他监测量、环境量、荷载量以及其他因素的相关关系，给出它们之间的定量相关表达式；对给出的相关关系表达式的可信度进行检验；判别影响监测数据各种相关因素的显著性，区分影响程度的主次和大小；利用所求得的相关表达式判断工程的安全稳定状况，确定安全监控指标，进行安全监控和安全预报，预测未来变化范围及可能测值等。常用的统计回归分析方法有多元回归、逐步回归和差值回归分析。

在边坡监测资料分析中，有限元方法主要应用于：对所研究工程的工作状态、物理力学机理和工程特性的深入分析；对监测资料作全面系统的对比研究；作为反分析方法和对施工设计反馈计算的核心和基础算法；为确定性模型和混合性模型提供有关确定性因子的计算方法。

反分析方法的基本思想是根据现场监测资料，采用与传统力学计算方法相反的途径，将原计算中假定为已知的物理力学参数作为未知量反解求出。这一方法将具有宏观和全局效应的变形等监测资料作为物性参数选择和判断标准，较为有效地克服了已有方法和手段（包括室内试验和野外现场测试）因所测取的岩土材料物理力学参数一般受局部点位影响较大，无法正确在有限元计算中采用的困难。反分析方法在边坡监测资料分析反馈中的主要作用有：求解岩土介质物理力学参数；分析岩土体变形破坏模式；用于安全预报和对施工、设计、运行和加固处理的反馈计算分析中。

13.3.4 监测成果解释

根据监测资料进行边坡稳定性的分析是一个十分复杂的问题，它涉及多方面的因素，如边坡的地形、工程地质及水文地质方面的历史和现状；天然（如降雨、地震）和人为活动（如施工开挖、建房加载、水库蓄水和泄流放水）等的影响。稳定性分析的方法也包括地质分析、模型试验、数值计算及图解法等多种。

当位移—时间过程曲线没有明显的位移持续增长，只随时间起伏变化时，应考虑为边坡处于相对稳定状态；当滑动面或地表处的位移—时间过程表现为持续增长，看相对位移是急剧变化还是缓慢变化，判断潜在滑坡是蠕滑变形还是临滑破坏。

影响因素分析。经常遇到的影响因素：自然滑坡，在某种情况下（如雨季或蓄水）位移明显增大，甚至出现滑动面，但随后（如雨季一过），位移又趋于稳定甚至递减，且往往呈周期起伏状态；人工边坡，由于施工开挖，可能导致滑动面的出现，一旦施工完成，位移即趋稳定。对于这两种情况反映的客观现象，在采用深部位移曲线来判识边（滑）坡体稳定性时，一定要综合考虑地质、水文及人为活动等因素的影响，避免因出现偶然的（或暂时的）现象而作出关于边（滑）坡体失稳的错误判断。在比较深刻地掌握了边（滑）坡体各种综合信息的基础上，应用位移曲线来对其判断才是比较合情合理的、切实可行的。

如果滑动面位移持续增长，相对位移和位移方向急剧变化，则应根据实测位移用其他方法进行安全预测预报工作。

允许临界位移（或速率）值的确定。滑动面位移（或速率）多大属安全？这个允许临界值很难规定，对各种各样的边（滑）坡和挡墙不能一概而论。监测过程中，前面已经达到（发生）过且表现为相对稳定状态的位移（和速率）量，一般可以借鉴作为后来（未来）允许达到的安全界限。用这种办法，不断修正，所提出的允许值可与其他工程，或其他统计办法得出的结果相互印证。当然，以上因素应当在其他条件大致相同、没有明显变化的条件下加以考虑。

位移反分析。反分析方法的基本思想是根据现场监测资料，通过严格的力学分析计算，对所采用的基本物理力学参数进行调整修改，使之更符合具体工程实际。反分析方法是建立确定性和混合性模型的基础性工作，也是有效的安全预测和反馈分析的前提条件。有条件时可以用位移监测资料对边坡稳定性进行位移反分析研究。

13.4 边坡监测应用工程案例

随着山区高速公路、水利水电等工程建设的快速发展，开挖形成了大量的深挖路堑与高边坡，导致大量滑坡发生。造成边坡工程失效的可能诱发因素很多，但对边坡地质条件认识不清常常是最主要的因素，实际工程中经常会出现勘探资料与实际地质资料不相符的情况，甚至提供错误的信息资料，开展边坡监测就成为保证边坡工程建设安全的重要手段，对可能发生的滑坡灾害进行监测是实现及时有效治理的基础，对防止工程建设过程中产生灾难性后果十分重要。红岩滑坡处置过程就充分体现了边坡工程监测的重要性。

13.4.1 红岩滑坡概况

红岩滑坡就是由于坡脚公路建造过程中对坡体进行小规模开挖而诱发的。由于本路段工程建设，对地质环境条件的改变轻微，初始设计路堑边坡开挖高度不到10m，也正是工程建设不涉及大规模土石方开挖，因此在工程的勘察设计阶段，没有进行地质勘探，仅进行了简单的地面地质调查。但实际上，本路段边坡地质结构复杂，岩体破碎，在工程建设过程中诱发了大型滑坡。

2005年8月，在坡脚处开挖出一个30～40m宽的施工平台（图13.4-1），开挖边坡最大高度仅6m，为临时性边坡。2005年11月9日至14日连续降雨，至11月16日下午2时许，发生长约75m、宽约80m的滑坡（HP1），滑体体积约5万 m^3，滑坡后壁最大高度12m。

随后对HP1滑坡进行了工程处置。首先在HP1后缘设置两排抗滑桩加固，防止滑坡区域进一步的扩展，然后削坡清除

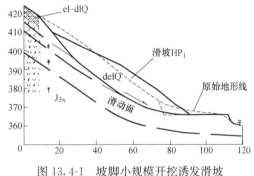

图13.4-1 坡脚小规模开挖诱发滑坡

HP1表部破碎岩体，但在削坡清除HP1的过程中出现了更大范围的变形破坏现象。

在上述所有工程活动过程中，没有进行系统的边坡监测，始终未能明确潜在滑坡的范围，工程处置措施带有很大的盲目性。为了正确分析边坡的变形破坏机理，确保边坡安全稳定，2009年初开始对边坡进行系统的监测，包括坡面位移监测和深部变形钻孔测斜仪监测，最终确定了边坡潜在的变形破坏范围，认识到了已有加固工程中存在的问题，于2009年9月确定了最终的边坡加固处置方案，并进行了加固工程的有效性监测。

13.4.2 边坡工程地质条件

边坡工程区地处深切峡谷地区，自然斜坡地形坡度25°～40°。坡脚附近有完整性好的基岩露头，其他坡面分布残坡积土。坡面植被茂盛，沟谷水流湍急。

13.4.2.1 地层岩性

地层岩性主要有两类，分别是坡体表部的第四系松散堆积土（el-dlQ）和坡体下部的上侏罗统凝灰岩（ J_{3x} ）。

第四系松散堆积土（el-dlQ）包括含碎石黏质黏土和含黏性土碎石。含碎石黏质黏土

呈灰黄色，碎石含量 10％～20％，粒径 2.0～12.0cm，棱角状，成分为晶屑凝灰岩。含黏性土碎石呈灰黄色，稍密～中密状，碎石含量 50％～60％，一般粒径 2.0～15.0cm，棱角状，成分为晶屑凝灰岩，期间夹有直径 20～200cm 的块石，块石含量约 5％～15％，其余为黏性土。松散堆积土层厚 3～8m。

上侏罗统凝灰岩（J_{3x}）风化程度不一。强风化晶屑凝灰岩呈灰色，节理裂隙发育，岩体完整性差，裂隙面有铁锰质渲染，层厚 3～10m。弱风化晶屑凝灰岩，灰色，岩体完整性差，节理裂隙较发育，局部裂隙充填方解石脉，大多呈闭合状，层厚约 10.0～13.0m。微风化晶屑凝灰岩：灰色，岩体完整性较好。

13.4.2.2　岩体结构面发育特征

工程区未发现大的断裂构造，但边坡区岩体破碎，节理裂隙发育，主要为陡倾结构面，且一般不构成直接的滑动面。

工程地质勘查中未发现有控制边坡破坏的较大规模的结构面，给判断边坡变形破坏方式带来了困难，工程上很难依据地质勘查资料分析潜在滑坡的范围和边界。

13.4.2.3　水文地质

边坡表层松散堆积土的透水性较好。基岩上部风化、构造裂隙很发育，含浅层裂隙潜水。从边坡的表部向深部，岩土的渗透性总体上呈现逐渐减小的特性，但微风化晶屑凝灰岩的渗透性很弱，起到隔水边界的作用。

地下水主要接受大气降水补给，由于上部土体及强风化岩层厚度大，结构较松散，孔隙度较大，渗透性好，大气降水能快速向下渗流，补给基岩裂隙水。从坡脚地下水出露情况看，地下水主要沿强风化基岩面渗流。

13.4.3　HP1 滑坡处置过程的边坡变形

虽然边坡区所在山体坡度达 25°～40°，地形陡峭，但一直到山顶位置，坡面上残坡积碎石土厚度仍较大，平均厚度约 3～8m。由于 HP1 滑坡后缘山体表层松散残坡积土层厚度较大，进行 HP1 滑坡开挖处置过程中，可能引起后缘山体更大范围的滑坡，但边坡不存在明显的潜在滑动面，给潜在滑坡灾害的范围判断造成困难。工程上以下伏基岩面为潜在滑坡的下边界，据此判断潜在滑坡的体积约 17 万 m³。对边坡的这一认识成为工程治理的设计依据。事实上，本路段边坡表层残坡积土与下伏风化基岩没有明确的界线，而是渐变过渡的，而且风化基岩的完整性差。虽然从地表基岩露头的结构面统计结果没有发现明显的不利于边坡稳定性的结构面组合，但还是存在倾向坡外的断续分布的结构面。从后期的边坡变形破坏发展结果，表明先期的地质勘查和分析判断结论是错误的。

13.4.3.1　HP1 滑坡治理工程

根据 HP1 滑坡发生后的工程地质勘查结论，对该边坡进行了工程治理。针对滑坡的诱发因素，结合路堑边坡工程条件，采用了以抗滑加固与削坡为主要手段的工程措施，具体治理方案见图 13.4-2。

边坡按七级开挖，坡面挂网喷浆。每级坡面布置 2～3 排深 5m 的平孔排水，间距 3m×3m。通过削坡，基本清除滑坡 HP1 的松散物。在削坡前首先设置抗滑桩，防止削坡过程中引起后缘坡体产生新的滑坡，并在潜在滑坡区周界外围设置截水沟。

2006 年 12 月，坡顶抗滑桩完成。2007 年 7 月开始削坡清除 HP1。应该说 HP1 治理方案基本考虑了相关的影响因素，但没有充分认识到更大范围的开挖可能影响的边坡深度范围会大幅增加。因此，在完成如图 13.4-2 所示的边坡开挖后，就发现边坡后缘出现了多条裂缝，其中开挖坡面以上见有 2 处规模较大的裂缝。在山坡标高约 510m 处出现一条横向贯穿整个潜在滑坡区的裂缝 L2，具有明显的拉张特

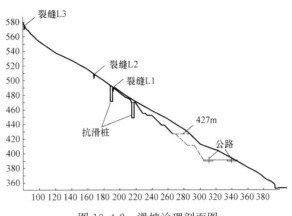

图 13.4-2　滑坡治理剖面图

性，最大宽度达 18cm。在坡面标高约 575m 高程处出现一条延伸长约 40m 的裂缝 L3，裂缝呈现中部高、两端低的弧形状特征，宽 1～6cm。通过现场裂缝监测，发现两条裂缝都有扩大趋势。裂缝 L2 和 L3 的出现，而且有增大增长趋势，说明边坡出现了更大范围的变形和破坏，因此被迫停止了坡面开挖施工。

13.4.3.2　边坡变形监测分析

边坡在完成原定加固措施（后缘抗滑桩＋削坡）的条件下，仍出现了多处地表裂缝，说明边坡的变形在继续发展，为此暂停了边坡开挖工程，并开展了边坡变形破坏特征的系统监测工作。

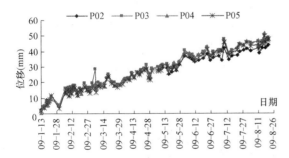

图 13.4-3　开挖边坡顶部台阶测点水平位移变化曲线图

边坡表面位移监测结果表明，从 2009 年 1 月到 2009 年 8 月底的 8 个月监测期内，边坡一直处于蠕变状态，坡面各测点均有位移增量，一般位移增量达 40～50mm，平均位移速率为 0.1～0.2mm/d。从各监测点的位移情况看，边坡各部位的变形趋势具有总体一致性，表明边坡具有整体往外位移的特征。典型监测曲线如图 13.4-3 所示，累计位移量表现为近线性增长，表明潜在滑坡近于等速蠕变发展。

钻孔深部位移监测结果表明，深部存在明显的剪切滑动面，如图 13.4-4 所示为 C03 测斜孔的变形监测结果，深部位移所反映的潜在滑面位置在埋深 30m 左右，正好对应地质勘探揭示的深部破碎带位置（此前该破碎带未得到重视）。把剖面上多个测斜孔的监测结果投影到剖面上，得到图 13.4-4 所示的结果，清晰地表明了边坡存在一个深层滑动面，潜在滑坡达到 55 万 m³。而且这个深层滑动面位于开挖边坡后缘抗滑桩嵌入深度以下，因此先前施工完成的两排抗滑桩加固工程全部失效。因此，不得不对边坡的加固工程进行重新设计，在坡脚增加两排抗滑桩。

13.4.4　坡脚抗滑桩施工过程的边坡变形监测

针对边坡的实际条件，在滑坡的前缘增加设置 A、B 两排抗滑桩来进行加固（图 13.4-4），

虽然 A 排抗滑桩的施工平台已经具备，但 B 排抗滑桩需要下挖 8m 形成施工平台才能进行抗滑桩施工。由于该边坡处于蠕滑状态，且其稳定性对坡脚开挖十分敏感，而坡脚抗滑桩施工又必须进行必要的坡脚开挖，因此抗滑桩施工期间边坡的安全问题就成为需要探讨的重要问题。这也是大部分边坡抗滑桩加固面临的共性问题。为了应对施工期面临的滑坡稳定性问题，开展了边坡施工期的安全监测和预报工作。

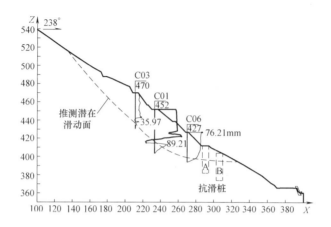

图 13.4-4　测斜孔位移监测结果及推测潜在变形边界

13.4.4.1　A 排抗滑桩施工期间边坡位移监测结果

2009 年 9 月进行 A 排抗滑桩施工，到 2009 年 11 月完成，采用跳挖法施工，分批开挖施工浇筑。在 A 排抗滑桩施工期间，边坡区没有明显的降雨过程，边坡没有加速变形，而且随着完成的抗滑桩数量不断增加，边坡变形有一定的减缓趋势，代表性监测点的位移监测结果见图 13.4-5。深部测斜孔监测结果也反映了与边坡表面监测结果相似。

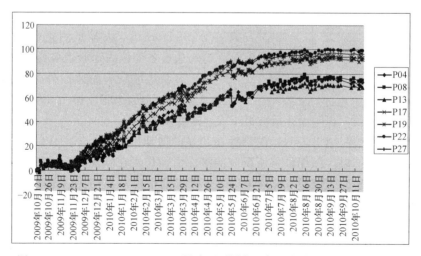

图 13.4-5　2009.9~2010.10.11 距路面不同高程各测点位移随时间变化曲线

13.4.4.2　B 排抗滑桩施工期间边坡位移监测结果

2009 年 11 月 21 日~27 日，坡脚 B 排抗滑桩施工平台开挖，卸载开挖深度是 8m。由于边坡稳定性受坡脚开挖影响敏感，且边坡处于蠕滑状态，安全余度极低。边坡表面各监测点的位移变化过程见图 13.4-6，可见坡脚 B 排抗滑桩平台施工过程中，边坡变形明显加速。

深部位移监测结果反映了与边坡表面监测相同的位移增长规律，测斜孔的孔口位移和潜在滑动面附近位移量接近，说明滑坡具有整体滑动的变形规律。

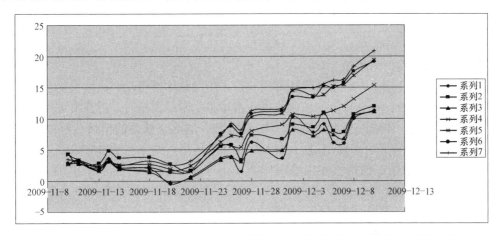

图 13.4-6　2009.11.10～2009.12.10 距路面不同高程各测点位移随时间变化曲线

13.4.5　施工期间滑坡可能失稳时间的 Verhulst 模型预报

坡脚 A、B 排抗滑桩施工开挖期间，引起滑坡变形的加速，威胁施工安全。为了防止滑坡启动造成安全事故，在施工期间，除加强现场监测，及时发现边坡变形出现的各种灾害迹象的同时，还采用了 Verhulst 模型等多种滑坡失稳时间预报模型，进行滑坡可能失稳时间预报。

13.4.5.1　滑坡失稳时间预报的 Verhulst 模型

Verhulst 模型是德国生物学家费尔哈斯特（Verhulst）于 1837 年提出的一种用于描述生物生长的数学模型。他认为生物繁殖、生长、成熟、消亡的过程可以用该模型进行描述和预测。与生物的生长过程相似，边坡也有一个变形发生、发展、极限平衡和破坏的过程。因此，可借用 Verhulst 模型描述边坡变形破坏过程。

设有原始非等间隔时序数据经等间隔化后的监测数据序列

$$X^{(0)}(t) = \{X^{(0)}(1), X^{(0)}(2), \cdots, X^{(0)}(n)\}$$

对 $X^{(0)}(t)$ 作一次累加变换，得

$$X^{(1)}(t) = \{X^{(1)}(1), X^{(1)}(2), \cdots, X^{(1)}(n)\}$$

以 $X^{(1)}(t)$ 拟合成 Verhulst 一阶白化非线性微分方程

$$\frac{dX^{(1)}(t)}{dt} = aX^{(1)}(t) - b\left[X^{(1)}(t)\right]^2 \tag{13.4-1}$$

式中　a、b——待定系数，可用最小二乘法求取。

将求得的待定系数代入式（13.4-1）求出非线性微分方程的解

$$\hat{X}^{(1)}(t) = \frac{a/b}{1 + \left(\dfrac{a}{b}\dfrac{1}{X^{(0)}(t)} - 1\right)e^{-a(t-t_0)}} \tag{13.4-2}$$

即为所建立的边坡失稳时间 Verhulst 非线性微分动态预报模型。其中，t_0 为初始时刻。

由于边坡失稳的演变过程极其类似于生物从繁殖到消亡的过程。因此，可以将生物从成熟向消亡转化的临界值 $\frac{a}{2b}$ 作为边坡失稳的临界位移值。这样将 $\frac{a}{2b}$ 替代式（13.4-2）中的 $\hat{X}^{(1)}(t)$ 即可解出边坡失稳的时间 t

$$t = \frac{1}{a} \ln \left(\frac{a}{bX^{(0)}(t)} - 1 \right) + t_0 \qquad (13.4\text{-}3)$$

13.4.5.2 滑坡失稳时间预报

所研究边坡的变形主要表现为沿深部滑移面产生的整体性滑动，边坡表面各监测点的位移特征具有相似性，在选择不同监测点进行滑坡失稳时间预报时，潜在滑坡失稳时间的预报结果比较接近，不失一般性，选择边坡表面 P03 监测点获得的滑坡位移随时间变化的数据系列，采用 Verhulst 模型进行滑坡失稳时间预报，结果见表 13.4-1。基于 2009-11-15 以前的监测数据，预报潜在失稳时间为 2010-6-11。但 10d 后，基于 2009-11-25 的监测数据，预报潜在失稳时间为 2010-6-28。其后的监测预报滑坡失稳时间逐步延后，到 2010-2-15，预报潜在失稳时间已经延后到 2010-11-12。说明在抗滑桩施工逐步完成后的滑坡稳定性也逐步得到恢复。

潜在滑坡失稳时间 Verhulst 模型预报结果   表 13.4-1

监测日期	累计位移(mm)	预报失稳日期	监测日期	累计位移(mm)	预报失稳日期
2009-11-15	49.0	2010-6-11	2010-1-5	64.7	2010-9-4
2009-11-25	50.2	2010-6-28	2010-1-15	66.9	2010-9-21
2009-12-5	55.8	2010-7-14	2010-1-26	73.9	2010-10-9
2009-12-16	59.6	2010-8-2	2010-2-7	82.1	2010-10-29
2009-12-25	65.5	2010-8-17	2010-2-15	83.1	2010-11-12

考虑到坡脚的 A 排和 B 排抗滑桩能够在 2010 年 2 月 10 日前完成施工，而预报的滑坡潜在失稳时间均在抗滑桩完成施工的 4 个月以后。因此，坡脚抗滑桩将可以在滑坡可能失稳前形成抗滑力，从而确保边坡的安全。

13.4.6 抗滑桩系统承载过程及边坡稳定性

13.4.6.1 完成坡脚抗滑桩加固后的边坡变形特征

在监测的初期，各监测点有向坡外位移的趋势，特别是在边坡坡脚开挖后和抗滑桩施工开挖期间，各监测点位移明显增大，随着抗滑桩施工完成，边坡的位移速率逐渐减小，并趋于稳定状态（图 13.4-5）。2009 年 11 月 21 日至 27 日，由于坡脚 B 排抗滑桩施工平台开挖，及其后的路基边坡开挖，边坡的变形速率明显增大。2010 年 4 月以后，坡体变形速率明显变小，说明抗滑桩开始发挥抗滑作用。2010 年 6 月以来的监测数据变化量明显变小，2010 年 9 月到 2011 年 1 月，各全站仪监测点的监测数据呈现波动变化特征，总变形增量不大，表明坡体逐步趋于稳定。测斜孔内的深部位移监测结果也获得与坡面位移监测相同的结果。

根据边坡监测资料分析，在完成边坡加固工程后，边坡位移速率逐渐减小，并于 2010 年底前后，各监测点的位移基本上不再发展，边坡治理措施发挥了作用，边坡逐渐趋于基本稳定状态，这个过程经历了约 5 个月时间。

13.4.6.2 抗滑桩受力过程

抗滑桩的桩顶位移是易于获得的参数，为了检验抗滑桩的受力发展过程，对大部分抗滑桩进行了桩顶位移监测，代表性位移监测结果见图 13.4-7。由图可见抗滑桩承载需要一个变形发展过程。

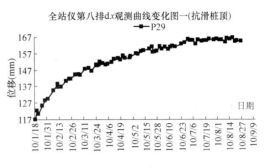

图 13.4-7 抗滑桩桩顶位移曲线

抗滑桩钢筋应力监测的采用钢筋计（钢筋应力计），焊接在混凝土受力钢筋上，用来监测钢筋的受力情况。采用 JTM-V1000D 型振弦式钢筋测力计监测，分别布设于 4 根抗滑桩内。取混凝土浇筑之前的几次钢筋计读数平均值作为初值，当混凝土浇筑之后，将各次钢筋计测量读数与初值相减，就得到抗滑桩内钢筋的真实受力变化情况。图 13.4-8 为不同深度处的钢筋轴力变化图。通过钢筋轴力变化图可以看出，钢筋计初期读数受混凝土浇筑和自身硬化收缩变形影响较大，不能反映出抗滑桩钢筋的受力状况。后期随着混凝土硬化的完成，抗滑桩钢筋的受力改变状况则完全是由于坡体变形所致。

2009 年 11 月末开始，钢筋轴力发生明显变化，尤其是 20m 附近轴力变化幅度最大。2010 年 4 月份以来，这种变化趋于平缓，2010 年 8 月份开始，各钢筋计监测结果趋于平稳，各监测量值的变化不大，说明边坡逐步趋于稳定。

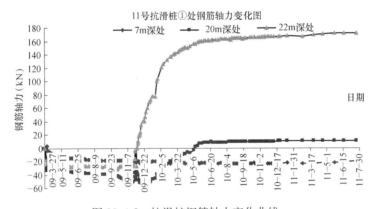

图 13.4-8 抗滑桩钢筋轴力变化曲线

13.4.7 边坡监测基本认识

边坡地质环境条件复杂，潜在变形破坏方式判断困难时，应该开展系统的边坡监测。虽然本工程对边坡变形开展系统监测有些滞后，但最终还是很好地为确定边坡潜在的变形破坏范围提供了可靠的依据，为最终的边坡加固处置方案确定提供了保证，确保了边坡的安全稳定。

潜在滑坡失稳时间模型预报可以作为边坡加固施工期安全保障的辅助措施。大量滑坡的治理工程实施过程中，潜在滑坡往往处于变形发展阶段，施工开挖期间涉及安全问题。为了防止滑坡启动造成安全事故，及时发现因边坡变形而出现的各种灾害迹象的同时，采用滑坡失稳时间预报模型，进行滑坡可能失稳时间预报，能够为滑坡治理工程安全施工提供指导。

抗滑桩的抗滑力发挥需要经历一个较长的时间。处于蠕滑状态的潜在滑坡对坡脚开挖反应敏感，应注意施工方案的合理安排。在边坡坡脚开挖后和抗滑桩施工开挖期间，边坡位移速率明显增大，随着边坡治理工程的完工，边坡的位移速率逐渐减小。

参考文献

［1］ 王立忠编著．岩土工程现场监测技术及其应用．杭州：浙江大学出版社．2000

［2］ 杨航宇，颜志平，朱赞凌，罗志聪编著．公路边坡防护与治理．北京：人民交通出版社．2002

［3］ 二滩水电开发有限责任公司．岩土工程安全监测手册．北京：中国水利电力出版社．1999

［4］ 赵明阶，何光春，王多垠．边坡工程处治技术．北京：人民交通出版社．2003

［5］ 张倬元 等著．工程地质分析原理．北京：地质出版社，2016

［6］ Sun，Hong-yue；Zhao，Yu；Shang，Yue-quan；Zhong，Jie. Field measurement and failure forecast during the remediation of a failed cut slope. Environmental Earth Sciences，69（7）：2179-2187，2013

14 桩基完整性测试中的若干疑难问题研究与分析

14.1 概述

桩基础广泛应用于高层建筑、公路桥梁、铁路桥梁等基础工程中，已成为我国工程建设当中最重要的一种基础形式。我国每年用桩量超过千万数量级，桩基工程质量极大地决定了上部结构的安全性，同时也关系到人们的生命财产安全和社会经济效益。然而，桩基工程是地下隐蔽工程，工程质量受多因素影响，具有施工隐蔽性高，质量隐患概率大，发现质量问题难等特点，所以桩身质量的相关检测十分重要。

目前，国内外较为普遍的桩基检测技术主要有声波透射法、静载荷试验法、高应变动力试桩法、低应变反射法等几种。其中低应变反射法由于其具有基本原理较为简单、检测快速且无损、资料判读直观、准确度相对较高等优点，在桩基质量检测中应用最为广泛。

经过国内外学者数十年的研究和探索，低应变反射法检测技术的理论基础已经十分完善。王奎华等[1][2][6]研究了有限长桩的受迫振动问题的解析解，变截面阻抗桩受迫振动问题解析解并利用广义 Voigt 地基模型对黏弹性桩的纵向振动进行了详细的分析。陈凡等[4]研究了基桩的尺寸效应对低应变反射法测桩的影响。王腾[3]等给出了任意段变截面桩纵向振动的半解析解及其应用。刘东甲等[5]提出在 Winkler 模型基础上，用有限差分法研究桩基的纵向振动问题。张献民等[7]研究了桩基缺陷与传递波能量之间的关系。杨冬英等[8]用平面应变模型研究了复杂非均质土中的桩基纵向振动问题。

在实际工程问题中，由于桩型复杂、缺陷种类多，采用低应变反射法对桩基完整性进行检测时，会遇到很多疑难问题，如不同的桩身长径比、桩头尺寸、桩身阻抗、桩身缺陷的纵向长度、桩尖几何形状以及管桩焊缝、激振频率等因素都会影响低应变检测分析结果的准确性，特殊情况下会导致误判，导致工程成本增加或带来极大的安全隐患。因此本文将针对上述具体疑难问题，采用理论和试验相结合的形式进行分析探索，以期对检测工作进行指导，降低误判风险，以保障工程质量。

14.2 桩土模型

低应变反射法检测桩基完整性时，通过在桩顶施加冲击锤击脉冲，产生的弹性波在桩身内传播时，由于波阻抗会发生变化，会发生波反射现象，桩顶的传感器接受反射波，即得到时程曲线，进而对桩基完整性做出判断。由于桩身长度一般都远大于桩径，因此基本可以忽略三维因素的干扰，将其看作一维波动问题。

另一方面，桩土之间的相互作用会导致波能量逐渐减少，直接影响到反射波的接受情况，在分析桩基纵向振动问题时不可忽略。而桩土之间的作用难以准确模拟，从当前研究成果来看，较实用的桩土作用的理论模型主要有 Voigt 模型和平面应变模型。

14.2.1 Voigt 土体模型

在桩土系统中，将土层对桩体的作用效果通过 Voigt 模型来进行模拟，这已经成为目前对桩土振动进行研究的常用近似方法，该模型虽然相对简单，但是依然因为其良好的工程实用性和直观的原理而得到广泛的应用。

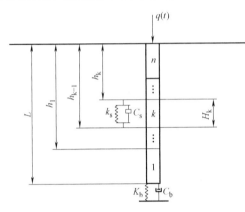

图 14.2-1　Voigt 模型计算简图

基本假定：1）桩为变截面均质杆，桩长 L，桩身密度为 ρ_p，杨氏模量为 E，桩身根据桩径不同分为 n 段，自下而上记面积分别为 $S_1 \sim S_n$，周长为 $C_1 \sim C_n$，每层高度为 $H_1 \sim H_n$，第 i 段桩顶面到桩顶的距离为 h_i。2）桩周土体对桩的作用简化为一个与位移成正比的弹性力，和一个与振速成正比的阻尼力，即等效为在桩身周围布置连续分布且相互独立的线性弹簧 K_s 和线性阻尼器 C_s。3）桩底土对桩的作用简化线性弹簧 K_b 和线性阻尼器 C_b 并联的形式。4）假设桩土系统振动为小变形。基本计算模型如图 14.2-1。

对第 k 段桩身作动力学分析，建立微分方程

$$c^2 \frac{\partial^2 u_k}{\partial x^2} - A_k \frac{\partial u_k}{\partial t} - B_k u_k = \frac{\partial^2 u_k}{\partial t^2} \tag{14.2-1}$$

式中，$A_k = \dfrac{c_s C_k}{\rho_p S_k}$，$B_k = \dfrac{k_s C_k}{\rho_p S_k}$，$c = \sqrt{\dfrac{E}{\rho_p}}$；$u_k = u_k(x, t)$ 表示第 k 段桩身的 x 位置处 t 时刻的位移量。

具体地，对第一段桩，上截面处边界条件为

$$\frac{\partial u_1}{\partial x}\Big|_{x=h_1} = \frac{-f_1(t)}{ES_1} \tag{14.2-2}$$

$f_1(t)$ 表示第二段桩对第一段桩的作用。下截面处边界条件为

$$\frac{k_b}{ES_1} u_1 + \frac{c_b}{E} \frac{\partial u_1}{\partial t} + \frac{\partial u_1}{\partial x}\Big|_{x=L} = 0 \tag{14.2-3}$$

对上式进行拉普拉斯变换，变换过程如下

$$U_k(x,s) = \int_0^\infty u_k(x,t)\mathrm{e}^{-st}\mathrm{d}t, \quad F_k(x,s) = \int_0^\infty f_k(x,t)\mathrm{e}^{-st}\mathrm{d}t,$$

其中 s 为拉氏变换中的复变量，得到

$$c^2 \frac{\mathrm{d}^2 U_1}{\mathrm{d}x^2} = (s^2 + A_1 s + B_1) U_1 \tag{14.2-4}$$

$$\frac{\mathrm{d}U_1}{\mathrm{d}x}\Big|_{x=h_1} = -\frac{F_1(s)}{ES_1} \tag{14.2-5}$$

$$\frac{\mathrm{d}U_1}{\mathrm{d}x} + \left(s \frac{c_b}{E} + \frac{k_b}{ES_1}\right) U_1\Big|_{x=L} = 0 \tag{14.2-6}$$

式中，并令 $\lambda_1^2 = -(s^2 + A_1 s + B_1)$，求解得到 $x = h_1$ 处的截面阻抗函数

$$Z_1(s) = \frac{F_1(s)}{U_1(x,s)} = -\frac{ES_1}{L} \overline{\lambda_1} \tan(\overline{h_1 \lambda_1} - \beta_1) \tag{14.2-7}$$

式中$\overline{\lambda_1} = \lambda_1 \cdot T_c$，$T_c = \frac{L}{c}$；$\overline{h_1} = \frac{h_1}{L}$；$\beta_1 = \arctan\left(\frac{k_b L/ES_1 + sc_b L/E}{\overline{\lambda_1}}\right)$。

再以第 2 段桩为研究对象，上截面边界条件为

$$\frac{\partial u_2}{\partial x}\Big|_{x=h_2} = \frac{-f_2(t)}{ES_2} \tag{14.2-8}$$

$f_2(t)$ 为第二段和第三段桩身之间的相互作用。下截面边界条件为

$$\frac{\partial u_2}{\partial x}\Big|_{x=h_1} = \frac{-f_1(t)}{ES_2} \tag{14.2-9}$$

对上述方程进行拉普拉斯变换，得到

$$c^2 \frac{\mathrm{d}^2 U_2}{\mathrm{d}x^2} = (s^2 + A_2 s + B_2) U_2 \tag{14.2-10}$$

$$\frac{\mathrm{d}U_2}{\mathrm{d}x}\Big|_{x=h_2} = -\frac{F_2(s)}{ES_2} \tag{14.2-11}$$

$$\frac{ES_2 \frac{\mathrm{d}U_2}{\mathrm{d}x}}{U_2}\Big|_{x=h_1} = -Z_1(s) \tag{14.2-12}$$

并令 $\lambda_2^2 = -(s^2 + A_2 s + B_2)$ 求解得到 $x = h_2$ 处的截面阻抗函数

$$Z_2(s) = -\frac{ES_2}{L} \overline{\lambda_2} \tan(\overline{h_2 \lambda_2} - \beta_2) \tag{14.2-13}$$

式中$\overline{\lambda_2} = \lambda_2 \cdot T_c$；$\overline{h_2} = \frac{h_2}{L}$；$\beta_2 = \arctan\left(\frac{Z_1 c}{ES_2 \lambda_2}\right)$。

依次递推至桩顶 $x = 0$ 处截面阻抗函数

$$Z_n(s) = -\frac{ES_n}{L} \overline{\lambda_n} \tan(\overline{h_n \lambda_n} - \beta_n) \tag{14.2-14}$$

式中，$\overline{\lambda_n} = \lambda_n \cdot T_c$，$\lambda_n^2 = -(s^2 + A_n s + B_n)$，$\overline{h_n} = \frac{h_n}{L}$，$\beta_n = \arctan\left(\frac{Z_{n-1} c}{ES_n \lambda_n}\right)$。

继而得到桩顶速度频率响应函数 $H_v(w)$ 和桩顶响应的频域曲线 $G(w)$

$$H_v(w) = \frac{iw}{Z_n(iw)}, \quad G(w) = Q(iw) \cdot H_v(iw) \tag{14.2-15}$$

时程曲线 $g(t)$ 为频域曲线的傅里叶逆变换，结果如下

$$g(t) = IFT[Q(iw) \cdot H_v(iw)] \tag{14.2-16}$$

其中 $Q(iw)$ 为桩顶激励 $q(t)$ 的傅里叶变换，本章中桩顶输入半正弦脉冲激励 $q(t)$，

$$q(t) = \begin{cases} \sin\frac{\pi}{T}t; t \in [0, T] \\ 0; \quad t > T \end{cases}$$

14.2.2 平面应变土体模型

由于 Voigt 地基模型无法考虑到土体变形的连续性，存在明显的不足。因此理论研究时又常采用另一种模型，即平面应变模型，该模型考虑了土体的连续性，通过先求解土体的振动方程以及桩土相互作用关系，继而再求解桩体纵向振动情况。

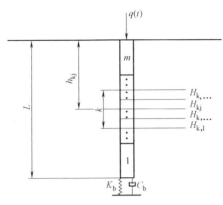

图 14.2-2　平面应变模型计算简图

基本假设：1）土体采用平面应变模型，由桩体振动引起的土体径向位移忽略不计。2）桩体假设为一维弹性杆件。3）假设桩土系统振动为小变形。

桩土系统模型如图 14.2-2 所示，图中根据桩材料性质、截面尺寸的变化将桩分为 m 段，其中每一桩段桩的桩周土根据性质分为 n 层，自下而上进行编号。如此操作后，每一层土可用 (i, j) 表示，i 取 1，2，3…m，j 取 1，2，3…n，例如图 14.2-2 中 $(1, 1)$ 表示第一桩段的第一层土。

假设桩长为 L，半径为 r_0，用 E_P、ρ_p、S_p、c 分别表示桩体材料弹性模量、密度、截面面积和桩体中一维纵波速；用 G_s、ρ_s、V_s 分别表示土体剪切模量、土体密度和土的剪切波速。图 14.2-2 中 K_b 表示桩底的支撑刚度，C_b 表示桩底的阻尼，采用 Lysme 等的模拟公式进行计算

$$K_b=\frac{4\rho_s(V_s)^2r_0^2}{1-\nu}, \quad C_b=\frac{3.4\rho_sV_sr_0^2}{1-\nu} \tag{14.2-17}$$

式中　ν——桩底土的泊松比。

在平面应变模型中，先求解土体振动问题。土体径向振动位移忽略不计，其动态方程的微分形式为

$$r^2\frac{\mathrm{d}^2u_{i,j}}{\mathrm{d}r^2}+r\frac{\mathrm{d}u_{i,j}}{\mathrm{d}r}-s_{i,j}^2r^2u_{i,j}=0 \tag{14.2-18}$$

式中　r——土体位置到桩体中心的距离；

$s_{i,j}=iw/\sqrt{V_{i,j}^S\ (1+iD_{i,j}^S)}$；

$V_{i,j}^S$——第 (i, j) 层土的剪切波速；

$D_{i,j}^S$——土体的材料阻尼。

上述方程为第二类修正贝塞尔方程，且根据边界条件，$u_{i,j}|_{r\to\infty}=0$，所以解得

$$u_{i,j}=A_{i,j}K_0(s_{i,j}r) \tag{14.2-19}$$

式中　$K_0(s_{i,j}r)$——零阶第二类修正贝塞尔函数。继而可得桩土接触面上竖向剪应力 $\tau_{i,j}$ 和桩周土竖向剪切刚度 $K_{i,j}$，

$$\tau_{i,j}=G_{i,j}^{*s}\frac{\mathrm{d}u_{i,j}}{\mathrm{d}r}=-G_{i,j}^{*s}s_{i,j}A_{i,j}K_1(s_{i,j}r) \tag{14.2-20}$$

$$K_{i,j}=\frac{-2\pi r\tau_{i,j}}{u_{i,j}}=\frac{2\pi rG_{i,j}^{*s}s_{i,j}K_1(s_{i,j}r)}{K_0(s_{i,j}r)} \tag{14.2-21}$$

式中　$K_1(s_{i,j}r)$ 表示一阶第二类修正贝塞尔函数，$G_{i,j}^{*s}=G_{i,j}^s(1+iD_{i,j}^s)$。

在此基础上求解桩体动力方程。与第 (i, j) 层土对应的桩身动力平衡方程为

$$E_{i,j}^PA_{i,j}^P\frac{\partial^2w_{i,j}}{\partial z^2}-K_{i,j}(r_0)w_{i,j}(t)=\rho_{i,j}^PA_{i,j}^P\frac{\partial^2w_{i,j}}{\partial t^2} \tag{14.2-22}$$

$w_{i,j}(z, t)$ 表示 z 深处桩身 t 时刻的位移。具体地，对于第 1 段桩身单元，边界条

件为：

$$\left(E_{1,1}^{\mathrm{P}}A_{1,1}^{\mathrm{P}}\frac{\partial w_{1,1}}{\partial z}+C^{\mathrm{b}}\frac{\partial w_{1,1}}{\partial t}+K^{\mathrm{b}}w_{1,1}\right)\Big|_{z=h_{1,0}}=0 \tag{14.2-23}$$

对上式进行拉普拉斯变换，变换过程为 $W_{i,j}(z,\xi)=\int_0^{+\infty}w_{i,j}(z,t)e^{-\xi t}\mathrm{d}t$，$\xi$ 为拉氏变换中的复变量。求解得到（1，1）处截面的阻抗函数

$$Z_{1,1}=\eta_{1,1}\frac{\zeta_{1,1}\exp(-2\lambda_{1,1})-1}{\zeta_{1,1}\exp(-2\lambda_{1,1})+1} \tag{14.2-24}$$

式中，$\eta_{1,1}=\dfrac{\lambda_{1,1}E_{1,1}^{\mathrm{P}}A_{1,1}^{\mathrm{P}}}{H_{1,1}}$，$\lambda_{1,1}=t_{1,1}\sqrt{\xi^2+\dfrac{K_{1,1}}{\rho_{1,1}^{\mathrm{P}}A_{1,1}^{\mathrm{P}}}}$，$t_{1,1}=\dfrac{H_{1,1}}{c}$，$\zeta_{1,1}=\dfrac{\eta_{1,1}+Z_0}{\eta_{1,1}-Z_0}$，$Z_0=-(C_{\mathrm{b}}\xi+K_{\mathrm{b}})$。

根据同一截面处阻抗相等的原则，可通过阻抗传递得到第（i,j）层桩顶面的阻抗函数

$$Z_{i,j}=\eta_{i,j}\frac{\zeta_{i,j}\exp(-2\lambda_{i,j})-1}{\zeta_{i,j}\exp(-2\lambda_{i,j})+1} \tag{14.2-25}$$

式中，$\lambda_{i,j}=t_{i,j}\sqrt{\xi^2+\dfrac{K_{i,j}}{\rho_{i,j}^{\mathrm{P}}A_{i,j}^{\mathrm{P}}}}$，$t_{i,j}=\dfrac{H_{i,j}}{c}$，$\eta_{i,j}=\dfrac{\lambda_{i,j}E_{i,j}^{\mathrm{P}}A_{i,j}^{\mathrm{P}}}{H_{i,j}}$，$\zeta_{i,j}=\dfrac{\eta_{i,j}+Z_{(i,j)-1}}{\eta_{i,j}-Z_{(i,j)-1}}$，$Z_{(i,j)-1}$ 表示前一截面的阻抗函数。

依次递推至桩顶（$x=0$）处截面阻抗函数为

$$Z_{\mathrm{m,n}}=\eta_{\mathrm{m,n}}\frac{\zeta_{\mathrm{m,n}}\exp(-2\lambda_{\mathrm{m,n}})-1}{\zeta_{\mathrm{m,n}}\exp(-2\lambda_{\mathrm{m,n}})+1} \tag{14.2-26}$$

继而得到桩顶速度频率响应函数 $H_{\mathrm{v}}(w)$ 和频域曲线 $G(w)$ 分别为

$$H_{\mathrm{v}}(w)=\frac{iw}{Z_{\mathrm{m,n}}(iw)},\quad G(w)=Q(iw)\cdot H_{\mathrm{v}}(iw) \tag{14.2.27}$$

继而通过傅里叶逆变换得到时程曲线 $g(t)$

$$g(t)=IFT[Q(iw)\cdot H_{\mathrm{v}}(iw)] \tag{14.2.28}$$

式中 $Q(iw)$ 为桩顶激励 $q(t)$ 的傅里叶变换，本章中桩顶输入半正弦脉冲激励

$$q(t)=\begin{cases}\sin\dfrac{\pi}{T}t\,;t\in[0,T]\\[2mm]0;\quad\quad t\notin[0,T]\end{cases}$$

14.2.3　管桩焊缝模型

常见焊缝形状如图 14.2-3 所示。

这里采用两种思路来建立焊缝模型：

1）采用比较直观的想法，将焊缝看成一段桩（以下简称为桩段模型），材料为钢，密度、纵向波速、弹性模量等参数均采用钢的参数，将整根桩视为一变截面桩，进行模型分析，得到相应的桩顶速度时域响应。

2）第二种如王宁[11]在《预应力管桩焊接缝对桩基完整性检测的影响》中所描述的，将焊缝简化成如图 14.2-3（c）所示的弹簧组（以下简称弹簧模型），总刚度为 K，假设为焊缝截面的等效刚度，由刚度的定义得

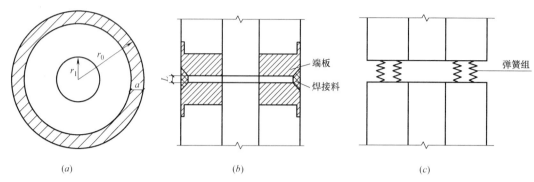

图 14.2-3　常见焊缝形状

(a) 焊缝的横向剖面图；(b) 焊缝的纵向剖面图；(c) 焊缝的弹簧简化模型

$$K=EA/L, A=\pi r_0^2-\pi (r_0-a)^2 \qquad (14.2\text{-}29)$$

在计算时，假设焊缝顶面的复刚度与焊缝等效刚度形成串联形式，通过串联方程得到焊缝底面的复刚度

$$Z_i=\frac{Z_{i+1}K}{Z_{i+1}+K} \qquad (14.2\text{-}30)$$

式中　Z_{i+1}——某段桩桩底的复刚度；

　　　　Z_i——下一段桩桩顶的复刚度。

对采用这两种弹簧模型时的桩底时域速度响应进行对比，分析两种模型下的响应曲线是否存在明显差异。

此处桩体及土层数据取值如下：管桩长 20m，桩身分 2 段，各长 10m，外半径 $r_0=$ 400mm，内半径 $r_1=$200mm，按照规范混凝土强度等级取 C80，桩身密度取 2400kg/m³，纵波波速取 4000m/s，桩底土和桩侧土土质均相同，取土体密度为 1700kg/m³，剪切波速为 100m/s，两段桩之间采用焊接连接，土模型采用平面应变模型。根据实际经验，焊缝的深度和高度对桩顶时域速度响应曲线影响较大，因此比较不同焊缝深度 a 和高度 b 时，两种焊缝模型下的响应曲线。

取焊缝高度 $b=2$mm，焊缝深度 a 分别为 0mm、2mm、5mm 及焊缝深度 $a=5$mm，焊缝高度 b 分别为 1mm、5mm、10mm 共 6 种工况进行对比分析，结果如图 14.2-4 所示。

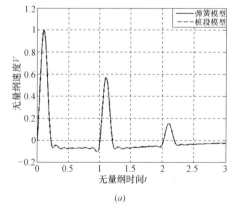
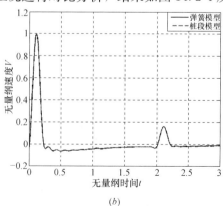

图 14.2-4　工况对比

(a) $b=2$mm、$a=0$mm 时的双模型时程曲线；(b) $a=5$mm、$b=1$mm 时的双模型时程曲线

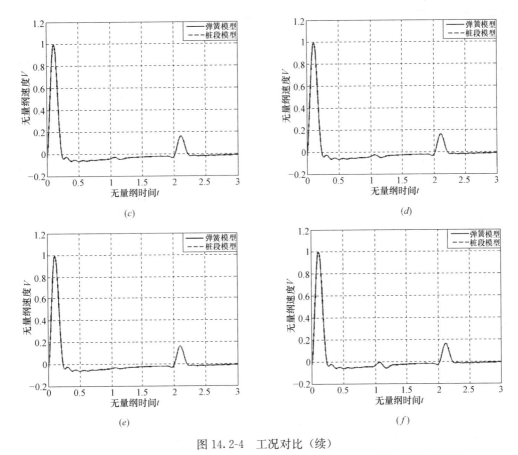

图 14.2-4 工况对比（续）

（c）$b=2$mm、$a=2$mm 时的双模型时程曲线；（d）$a=5$mm、$b=5$mm 时的双模型时程曲线；
（e）$b=2$mm、$a=5$mm 时的双模型时程曲线；（f）$a=5$mm、$b=10$mm 时的双模型时程曲线

通过比较发现，无论是焊缝高度还是焊缝深度取不同时，通过两种模型计算得到的桩顶时域速度响应曲线基本重合。因此在后续的研究中，将不再对这两种模型分别讨论，以下的讨论分析将只针对弹簧模型展开。

14.3 分析与讨论

考虑到平面应变土体模型参数能直观体现土体和桩的参数，本文以下仅采用平面应变土体模型进行建模和分析讨论。

14.3.1 桩基尺寸效应及几何形状效应

本节中，对于具体的建模参数，设置激振波波速在桩身内的一维纵速度为 $c=4000$m/s，桩身密度为 $\rho_p=2500$kg/m^3，土体的剪切速度为 $V_s=300$m/s，土体密度为 $\rho_s=1700$kg/m^3。桩长 L、桩径 D，后续讨论涉及具体桩身尺寸的改变，不做特定设置。

在实际工程中，由于各种因素的影响，导致实际桩形态与设计尺寸出现差异。常见的基桩尺寸和几何形状异常有若干种情况，比如桩头尺寸过大/过小、桩身阻抗渐变/突变、

桩身缩径缺陷、桩尖几何形状异常等，以下便对这几种工况进行分别讨论。

1. 长径比效应

激振波在桩身内传播时，能量主要消散于桩土间的相互作用，而随着桩径和桩长的变化，桩土相互作用对激振波传递的影响不同，反映在时程曲线中的波峰位置和高度不同。

首先设置桩长 $L=10\text{m}$，分别设置桩径 $D=0.4\text{m}$、0.6m、0.8m、1.0m，相应的长径比 (L/D) 为 25、17、13、10，通过理论计算得到时程曲线。为了更好地观察长径比 (L/D) 对时程曲线的影响，再固定桩径 $D=0.6\text{m}$，桩长分别设置为 $L=6\text{m}$、9m、12m、15m，相应的长径比 (L/D) 为 10、15、20、25，通过理论模型计算得到时程曲线，如图 14.3-1、图 14.3-2 所示。

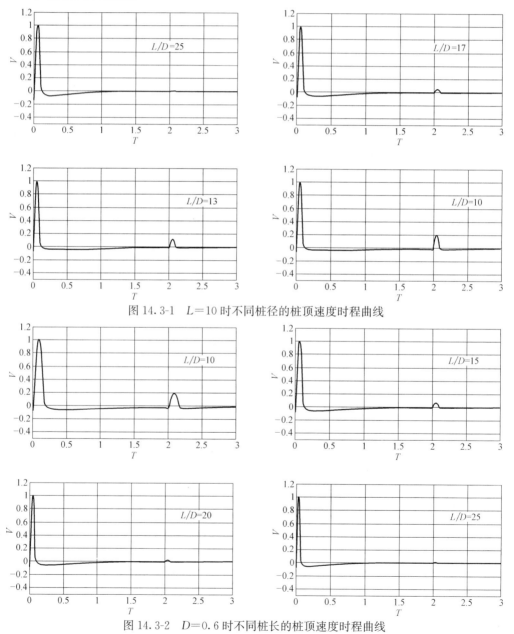

图 14.3-1　$L=10$ 时不同桩径的桩顶速度时程曲线

图 14.3-2　$D=0.6$ 时不同桩长的桩顶速度时程曲线

由图可知，无论是改变桩径还是改变桩长，长径比对反射波时程曲线的影响是相同的，即随着长径比的增大，桩底反射峰的强度降低，这是由于土阻尼作用更加明显，弹性波的能量损耗增加。在前文土质条件下，当基桩的长径比（L/D）大于 20 时，桩底反射已经难以观察到。

2. 桩头尺寸效应

由于地质条件及施工不规范等原因，桩头尺寸往往与设计桩身尺寸存在偏差，这些偏差通常在时程曲线上有所影响，导致判读不准确。因此有必要对桩头尺寸效应进行相关讨论。当工程中的基桩发生桩头尺寸异常时，多为渐变形式，因此，在建模分析过程中，做以下设定。

设置桩长 $L = 10\text{m}$，根据桩径分为两段，下半段桩长 $L_1 = 9.5\text{m}$，固定桩径 $D_1 = 0.8\text{m}$，上半段桩长 $L_2 = 0.5\text{m}$，该段中桩径线性渐变，桩段底部直径为 0.8m，桩段顶部的面积一次设置为底部的 1/4、1/3、1/2、2、3、4 倍等，对应的桩段上部直径 D_u 分别为 0.400m、0.462m、0.566m、1.131m、1.386m、1.600m，以更好的研究桩头尺寸效应，理论所得时程曲线如图 14.3-3。

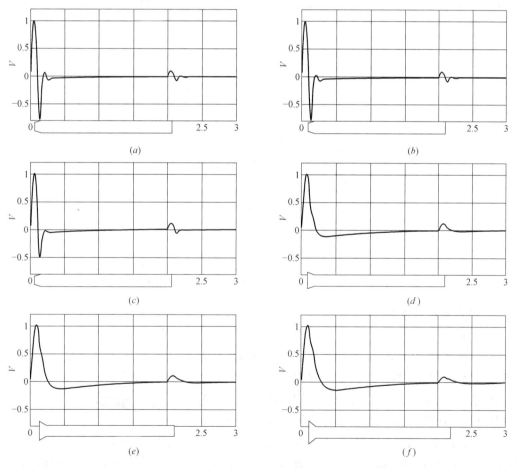

图 14.3-3　理论所得时程曲线

(a) $D_\text{u} = 0.400\text{m}$ 的桩顶速度时程曲线；(b) $D_\text{u} = 0.462\text{m}$ 的桩顶速度时程曲线；(c) $D_\text{u} = 0.566\text{m}$ 的桩顶速度时程曲线；
(d) $D_\text{u} = 1.131\text{m}$ 的桩顶速度时程曲线；(e) $D_\text{u} = 1.386\text{m}$ 的桩顶速度时程曲线；(f) $D_\text{u} = 1.600\text{m}$ 的桩顶速度时程曲线

由图可知，随着桩头尺寸变化，反射波的时程曲线会受到较大的影响。

对于浅部变截面桩段，当顶部桩径小于设计桩径时，时程曲线上会出现类似扩径桩的表现，即在初始激振峰之后有一个明显的反向峰，桩底反射信号明显，时程曲线的其他位置比较平稳。随着顶部桩径增大，第一个反冲信号逐渐减弱，直至出现完整桩的时程曲线。而实际上，下部桩径符合设计要求，上部桩径小于设计桩径，在承担上部荷载时可能会出现承载力下降的情况，存在安全隐患。

反之，当顶部桩径大于设计桩径时，会出现与激振信号同向的反射信号，由于激振方式限制，脉冲宽度约束，激振信号和反射信号重合，在时程曲线上表现为一个较宽的初始信号峰，随着桩顶桩径的进一步增大，测试曲线上初始峰逐渐变宽。在高频激振下，易出现显著的同向反射峰，在判读上，易判断桩身存在缩径缺陷，而实际上，桩身整体的桩径都不小于设计桩径，符合承载和沉降的要求，若因判断错误而进行重新挖桩、打桩等工作，则会增加工程成本。

为验证上述理论的正确性，取杭州某工程桩基，通过低应变检测获得时程曲线如图14.3-4，并附以理论计算的时程曲线，二者基本一致，理论可以反映事实。从图中看，容易错误判断桩基存在缩径缺陷，实则是桩头尺寸过大，整体桩身仍满足设计要求，足够承载上部荷载。

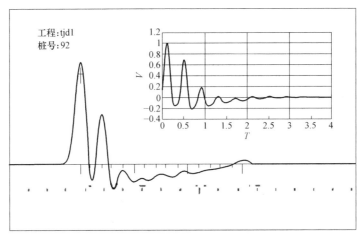

图14.3-4 桩头尺寸过大的实测和理论曲线对比

3. 桩身阻抗渐变效应

工程实践中，地基土情况复杂、施工质量难以保证，导致桩径会出现偏差，灌注混凝土过程中也会出现离析、夹泥等情况引起的截面波阻抗变化。对于挤扩支盘桩，桩身阻抗本身也会有变化，实际上，此类情况中，截面波阻抗可能呈现渐变形式。

理论中，当波在一维杆件中传播时，波阻抗定义为 $Z = \rho A c$，因此在研究截面阻抗渐变对时程曲线的影响时，都将阻抗变化等效为桩身截面积的变化。

参数设定中，基本设置桩长 $L = 10\text{m}$，桩径 $D = 0.6\text{m}$，设置桩径线性渐变，且变化范围为 $0.6 \sim 1.2\text{m}$，自上而下递增，形成圆台状，此处引入桩身渐变角 β，表示圆台部分母线与竖直方向的夹角，用以描述桩径渐变程度，β 越大，则桩径变化越开，越接近突变形状。具体桩身形态和理论得到的时程曲线如图14.3-5。

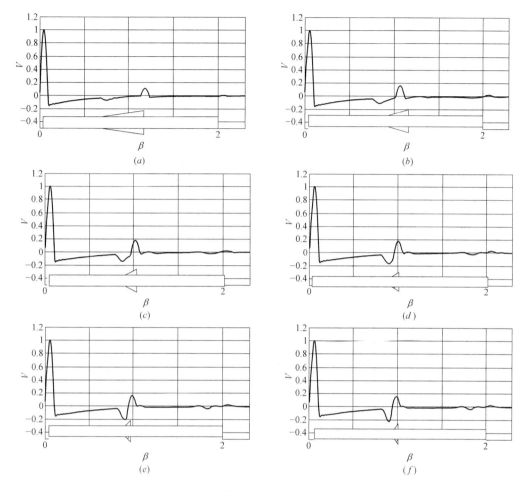

图 14.3-5 具体桩身形态和理论得到的时程曲线

（a）$\beta=5°$ 时的桩顶速度时程曲线图；（b）$\beta=10°$ 时的桩顶速度时程曲线；

（c）$\beta=15°$ 时的桩顶速度时程曲线图；（d）$\beta=20°$ 时的桩顶速度时程曲线；

（e）$\beta=25°$ 时的桩顶速度时程曲线图；（f）$\beta=30°$ 时的桩顶速度时程曲线

由图可知，渐变程度如图 14.3-5（f）所示时，相邻截面间的阻抗差较大，在时程曲线上既可以观察到反向反射峰，也能观察到同向反射峰。随着桩径渐变段的桩身越来越长，相邻截面间的阻抗差变小，使得反向反射峰的高度不断降低，并逐渐趋向于零，而同向反射峰的变化趋势一致，表现为波峰逐渐减小，在桩底反射位置因叠加而增大。

在此类桩基形态的反射波时程曲线中，易被判读为存在缩径缺陷，而实际上桩径仍不小于设计桩径，符合使用要求，错误的判断将会带来更高的工程成本。特别对于挤扩支盘桩的检测，判断时应注意此类问题，防止误判。

为验证上述理论的正确性，取杭州某工程桩基，通过低应变检测获得时程曲线如图 14.3-6，并附以理论计算的时程曲线，二者基本一致，理论可以反映事实。从图中看，判断桩基存在缩径缺陷，实则是桩身尺寸渐变，整体桩身尺寸仍满足设计要求，足够承载上部荷载。

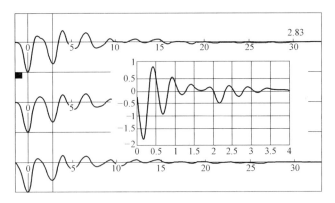

图 14.3-6　桩头尺寸渐变的实测和理论曲线对比

4. 桩身缺陷纵向长度效应

根据现有理论和工程经验，可知运用低应变反射法可检测桩身缺陷，在桩身截面变化处（如缩颈、扩颈）、断桩处等缺陷位置会出现异常的反射。但是在检测过程中发现，当桩身缺陷纵向长度过小时，将无法观测到明显的反射，针对这一问题，后续内容将就此进行分析讨论。

此处采用的模型桩长为 10m，桩身半径为 0.3m，其他桩土参数均与前述模型中采用的参数相同。采用控制变量法，在各缺陷面积下，比较分析缺陷长度为总桩长的 0.1%（0.01m）、0.5%（0.05m）、1%（0.1m）、5%（0.5m）、10%（1m）的桩顶时域速度响应曲线。为了使分析更全面，取不同的缺陷程度进行研究，如缩颈时，分别取缺陷截面半径为 0.27m、0.24m、0.18m，即缺陷处横截面积为正常截面的 81%、64%、36%；扩颈时，分别取缺陷截面半径为 0.36m、0.39m、0.42m，即缺陷处横截面积为正常截面的 144%、169%、196%。具体结果如图 14.3-7。

结合上述各工况下的桩顶时域速度曲线图，可发现缺陷的纵向长度会对缺陷处的反射产生较为明显的影响。当缺陷程度较小（$r=0.27m$，$r=0.36m$）时，缺陷的纵向长度较小时，如当缺陷长度为桩长的 0.1%、0.5% 时，几乎无法看到缺陷处的反射现象，只有当缺陷长度增大到一定程度，如桩长的 1% 时，才会有隐约的反射现象，而后随着缺陷长度的不断增加，缺陷处的反射将愈加明显；当缺陷程度较大（$r=0.18m$，$r=0.42m$）时，缺陷的纵向长度较小时，即使为桩长的 0.5%，也可以看到较为明显的反射现象，后随着缺陷长度的不断增加，缺陷处的反射将愈加明显。

因此可以说，桩身缺陷处的反射现象受缺陷纵向长度的影响，总体来讲，缺陷处的反射现象随着缺陷纵向长度的增大会变得愈发明显，而缺陷纵向长度较小的时候，往往无法观察到缺陷处的反射现象。关于这一性质，我们可以定性地进行描述，但是进行定量描述还存在一定困难，因为桩身缺陷处的反射现象还明显受到缺陷程度（如缺陷截面积的大小）的影响：当缺陷截面积与正常截面积差距较大（即缺陷较严重）时，在桩身缺陷纵向长度较小（如桩长的 0.5%）时，也可明显观察到缺陷位置的反射，随着缺陷截面积与正常截面积差距变小，可能只有当桩身缺陷纵向长度较大（如桩长的 1%，甚至更大）时，才能观察到缺陷处的反射现象。但是，一般情况下，当桩身缺陷纵向长度大约为桩长的 1% 时，我们均能看到缺陷处的反射现象。

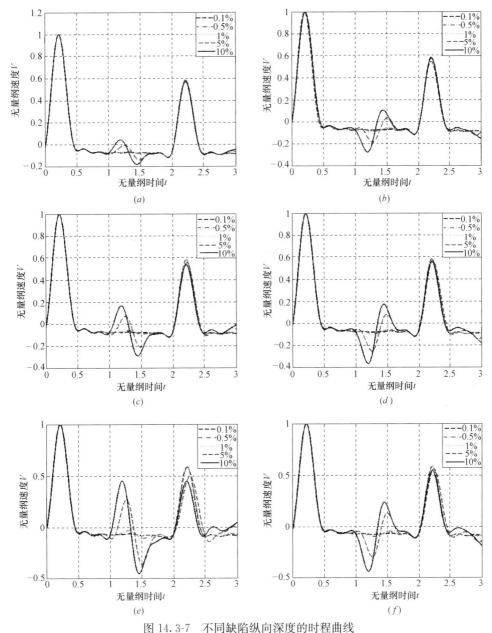

图 14.3-7　不同缺陷纵向深度的时程曲线

（*a*）*r*=0.27m；（*b*）*r*=0.36m；（*c*）*r*=0.24m；（*d*）*r*=0.39m；（*e*）*r*=0.18m；（*f*）*r*=0.42m

5. 桩尖几何形状效应

在灌注桩的施工过程中，易出现离析、夹泥等情况，造成桩身阻抗变化，且此类变化往往是渐变的。我们把桩身阻抗变化等效为桩身截面积的变化，如果当桩径渐变出现在桩底位置时，在桩顶则难以接收到桩底反射信号。

方便起见，在建模分析时，假设桩尖桩径呈线性渐变，且渐变段最大直径为设计桩径，桩尖最小直径为 0。同时引入桩尖角 2α，表示桩尖圆锥母线的最大夹角，用以表示桩尖几何异常程度。在对分析过程中，设置 2α＝160°、120°、80°、40°，理论得到的时程曲线如图 14.3-8 所示。

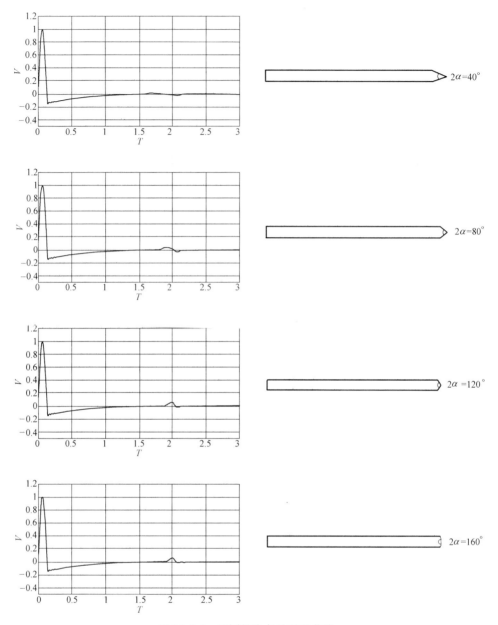

图 14.3-8　不同桩尖角的时程曲线

由图可知，桩尖角的变化影响到时程曲线的形状。当桩尖角较大时（$2\alpha = 160°$），桩底反射明显，随着桩尖角变小（$2\alpha = 120°$、$80°$），桩底反射峰逐渐平缓，且显示位置向左平移，反映信息不准确，当桩尖角较小时（$2\alpha = 40°$），桩底反射几乎无法分辨。

实际工程中，若出现此类桩基形态，则难以从时程曲线中获得准确信息，更无从判断桩基的完整性以及桩端持力层的情况。

14.3.2　焊缝质量

对前述理论模型进行数值分析，桩体及土层参数取值和 14.2.3 中采用的相同，即管桩长 20m，桩身分 2 段，各长 10m，外半径 $r_0＝400mm$，内半径 $r_1＝200mm$，按照规范混凝土强度等级取 C80，桩身密度取 $2400kg/m^3$，纵波波速取 4000m/s，桩底土和桩侧土土质均相同，取土体密度为 $1700kg/m^3$，剪切波速为 100m/s，两段桩之间采用焊接连接。

影响因素分析，根据实际工程经验，影响焊接质量的因素较多，一般通过焊缝深度 a 和焊缝高度 b 这两方面来体现，比如桩头的平整度以及桩端夹带的颗粒杂质会影响焊缝高度 b，焊渣、预留坡口、焊接后的冷却时间等因素会影响焊缝深度 a，焊接工人的操作水平也在影响着 a 和 b 的实际值。

本文就将针对焊缝深度 a 和焊缝高度 b，利用平面应变土模型、弹簧焊缝模型的模型组合进行分析。通过研究不同焊缝深度和焊缝高度对桩顶响应的影响，根据数值分析的结果来进行相应的模型桩的试验，结合实测数据进行分析总结。

1. 焊缝深度对桩顶响应的影响

实际工程资料显示，焊缝深度约在 8～12mm，但由于焊渣等因素的影响，焊缝深度一般会在 5～10mm，10mm 的焊缝深度表明焊接良好，随着焊缝深度减小，焊接质量逐渐下降，当焊缝深度为 0 时，说明出现了断桩的情况。此处采用控制变量法，取焊缝高度为 2mm，对焊缝深度分别为 0mm、1mm、2mm、5mm、10mm 5 种工况进行分析，结果如图 14.3-9。

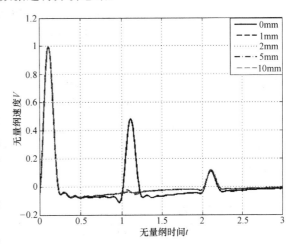

图 14.3-9　不同焊缝深度的时程曲线（焊缝高度 2mm）

利用上述模型组合进行计算，得到相应反射信号。考虑实际工程情况，这里取焊缝高度为 2mm，由图可见当焊缝深度为 0mm 时（相当于是断桩），在焊缝处可以看到明显的同向反射，符合理论计算和实际工程情况。

随着焊缝深度逐渐增大，焊缝处的反射信号逐渐减弱，当焊缝深度为 1mm、2mm 时，可以见到焊缝处有明显的反射信号，当焊缝深度为 5mm 时，只能隐约见到焊缝处有较小的反射信号，而当焊缝深度继续增加的时候，已无肉眼可见的反射信号。

根据不同焊缝深度的桩顶速度时域反射曲线，可以总结得出，当焊接质量明显不好，或者出现明显裂缝（焊缝深度＜3mm），甚至是断桩（焊缝深度为 0mm）时，焊缝处将出现非常明显的反射信号，而当焊接质量较差（焊缝深度在 5mm 左右）时，焊缝处将出现隐约的反射信号，但是已接近肉眼不可见，当焊缝质量较好（焊缝深度在 10mm 左右）时，焊缝处已无法观察到反射信号。

2. 焊缝高度对桩顶响应的影响

根据经验，除了焊缝深度，焊缝高度也会对桩顶时域速度响应产生一定影响，在此进行分析研究。依旧采取控制变量法，取焊缝深度为 2mm 和 5mm，在这两种焊缝深度下，分别取焊缝高度为 0mm、1mm、2mm、5mm、10mm 各 5 种工况进行对比分析。比较情况如图 14.3-10。

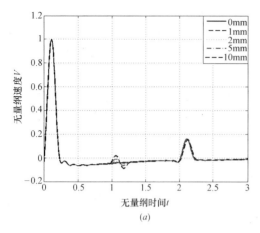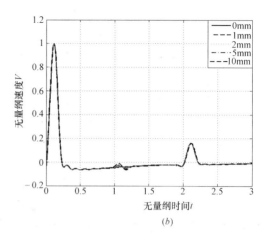

图 14.3-10　不同焊缝高度的时程曲线

(a) 焊缝宽 2mm；(b) 焊缝宽 5mm

上述比较图可以发现，在焊缝高度为 0mm 时（上下桩段完全接触），焊缝处不会出现反射信号；当焊缝高度在 0～5mm 区间变化时（焊缝接口略有高差，但平整度较好），焊缝处的反射信号随着焊缝高度增加愈发显著，但是变化较小；当焊缝高度为 10mm 时（接口高差较大），焊缝处的反射信号变化比较明显，而在实际工程操作中，焊缝高度为 10mm 的工况基本不会出现，因此，可以说与焊缝深度相比，焊缝高度对桩顶时域速度响应影响较小。

3. 焊缝试验分析

（1）试验准备

由于焊接深度比较难定量控制，因此通过控制焊缝的周长来控制焊缝的截面积，并引用相对焊接率 ψ 进行描述。令 $\psi = \dfrac{A_n}{A_s}$，其中，A_n 是拟合的焊缝的截面积，A_s 是按照规范设计的焊缝的截面积。

采用 PHC 管桩（图 14.3-11），总桩长为 9m，桩径为 500mm，壁厚为 100mm，进行两组试验：第一组两根桩配置情况为 6m（上）+3m（下），分别进行编号，编号为 HF_{11} 和 HF_{12}，其中 HF_{11} 桩焊 1/2 周长，HF_{12} 桩焊整周长；第二组两根桩配置情况为 4m（上）+5m（下），分别进行编号，编号为 HF_{21} 和 HF_{22}，其中 HF_{21} 桩焊 1/3 周长，HF_{22} 桩焊 3/4 周长，具体可见表 14.3-1。

根据要求，焊缝深度一般需达到 10～12mm，这里以焊缝深度为 10mm 进行计算，则设计的焊缝的截面积 A_s 为 31101.76mm^2。根据实际的焊缝深度和焊缝周长，分别计算各桩的相对焊接率。

（2）结果分析

对各焊接模型桩进行低应变反射波法测试，得到各桩桩顶时域速度响应曲线，并用理论模型进行对比。得到各桩的实测曲线与理论曲线，如图 14.3-12 所示。

进行低应变反射波法测试时，由于敲击时作用力难以保证为半正弦单位激振力，得到的实测曲线与理论曲线形状会略有差异，因此我们只关注焊缝位置（图中红色虚线框内）的反射波形，其他位置的波形并不对我们的分析产生影响。

图 14.3-11　试验用管桩

试验用管桩　　　　　　　　　　　　　　　　　　　　　表 14.3-1

桩型	编号	桩径(mm)	壁厚(mm)	桩长(mm)	配置情况	焊缝情况	相对焊接率 ψ
PHC500(100)	HF_{11}	500	100	9	3m+6m	1/2 周长	50%
PHC500(100)	HF_{12}	500	100	9	3m+6m	满焊	100%
PHC500(100)	HF_{21}	500	100	9	4m+5m	1/3 周长	33.30%
PHC500(100)	HF_{22}	500	100	9	4m+5m	3/4 周长	75%

　　在利用理论模型进行拟合时，发现若取焊缝深度为 10mm，则即使将焊缝周长取至 1/3，也将无法在焊缝位置看到反射波形。因此，取焊缝深度为 5mm 进行拟合，此时 HF_{11} 理论截面积为 $A_n=\left[\pi\times500^2-\pi\times(500-5)^2\right]\times\dfrac{1}{2}=7814.71\ \text{mm}^2$，$\psi=\dfrac{A_n}{A_s}=\dfrac{7814.71}{31101.76}=25.13\%$。同理 HF_{12} 的相对焊接率 $\psi=50.26\%$；HF_{21} 的相对焊接率 $\psi=16.75\%$；HF_{22} 的相对焊接率 $\psi=37.50\%$。

　　比较 HF_{11} 与 HF_{12}、HF_{21} 与 HF_{22} 两组实测曲线可以发现，当 ψ 较低（焊接质量较差）时，焊缝处的反射会相对较为明显（如 HF_{11} 实测曲线相较于 HF_{12} 实测曲线于焊缝处反射幅值更大，HF_{21} 实测曲线相较于 HF_{22} 实测曲线于焊缝处反射幅值更大）。因此我们可以定性地根据焊缝处的反射幅值大小来对焊接质量进行评判。

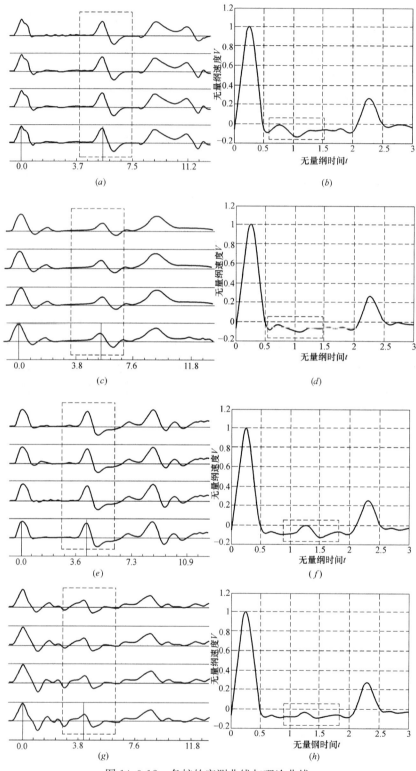

图 14.3-12　各桩的实测曲线与理论曲线

(a) HF$_{11}$实测；(b) HF$_{11}$理论；(c) HF$_{12}$实测；(d) HF$_{12}$理论；

(e) HF$_{21}$实测；(f) HF$_{21}$理论；(g) HF$_{22}$实测；(h) HF$_{22}$理论

再将理论模型得到的拟合曲线与实测曲线进行对比分析，可发现，理论模型可以较为明显地反映焊接质量与焊缝处反射幅值的关系，即 ψ 越小（焊接质量越差），焊缝处的反射幅值越大（如 HF_{11} 理论曲线相较于 HF_{12} 理论曲线于焊缝处反射幅值更大，HF_{21} 理论曲线相较于 HF_{22} 理论曲线于焊缝处反射幅值更大），幅值随着 ψ 的变大逐渐变小，当 ψ 增大到一定值时，焊缝处将无肉眼可见的反射。如图 14.3-13 所示。

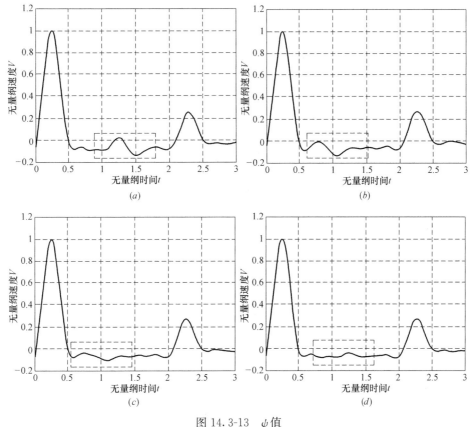

图 14.3-13　ψ 值

(a) $\psi=15\%$；(b) $\psi=25\%$；(c) $\psi=50\%$；(d) $\psi=75\%$

理论模型可以较为明显地反映焊接质量与焊缝处反射幅值的关系，可以通过焊缝处的反射幅值来定性地评价焊缝质量的好坏。但是分析后发现，模型在反映实际工程数据时还存在一定的误差。比如上述的当用理论模型去拟合 HF_{11} 实测曲线时，只有当模型的 $\psi=25\%$ 时才较为接近实测曲线，而实际上的 $\psi=50\%$，HF_{12}、HF_{21}、HF_{22} 三组桩在实测和拟合过程中也均有此问题。因此，利用现有的模型去定量地评价焊缝的质量存在着较大的误差。

14.3.3　激振频率对检测结果的影响分析

1. 对不同长度缺陷段识别的影响

根据理论知识可知，桩身缺陷的纵向长度的尺寸效应不仅与缺陷本身的纵向长度和缺陷程度有关，而且与桩顶激振力的周期有关，这是由低应变反射波法本身的原理所决定的。在实际操作中，我们一般用钢锤或者尼龙锤施加桩顶激振力，钢锤的激振周期大约为 0.8～1.0ms，尼龙锤的激振周期大约为 1.0～1.5ms。因此，将在 0.8～1.5ms 的激振周期范围内，讨论激振周期对桩身缺陷处反射现象的影响。

此处选取四组缺陷组合，分别是①缺陷长度为 0.5m，缺陷处截面半径为 0.42m；②缺陷长度为 0.5m，缺陷处截面半径为 0.27m；③缺陷长度 0.1m，缺陷处截面半径为 0.42m；④缺陷长度 0.1m，缺陷处截面半径为 0.36m；具体结果如图 14.3-14 所示。

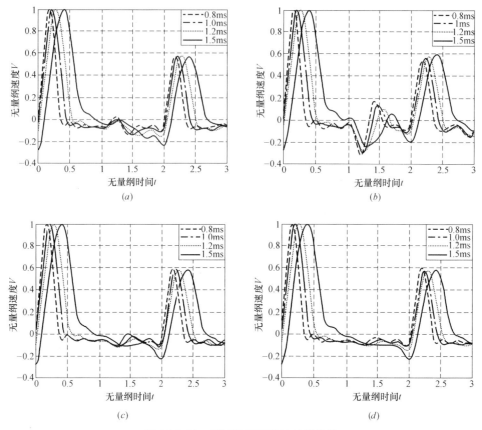

图 14.3-14　不同激振周期的时程曲线

(*a*) $r=0.42$m，$L=0.5$m；(*b*) $r=0.27$m，$L=0.5$m；(*c*) $r=0.42$m，$L=0.1$m；(*d*) $r=0.36$m，$L=0.1$m

上述分析选取了四组不同的缺陷组合，①是缺陷程度较大，缺陷纵向尺寸较大的工况，在这一工况下，比较激振周期分别为 0.8ms、1.0ms、1.2ms、1.5ms 下的桩顶时域速度响应曲线，可发现，激振周期越小，在缺陷位置处的两次反射现象越明显，而当激振周期增大到 1.5ms 时，基本上无法从响应曲线中区分出两次反射；②③分别是缺陷程度较小、缺陷纵向尺寸较大和缺陷程度较大、缺陷纵向尺寸较小的工况，在这类工况下，也可以得到观察到类似工况①的现象，激振周期越小，曲线中的反射现象越明显；④是缺陷程度较小、缺陷纵向尺寸较小的工况，在这一工况下，响应曲线中的反射现象已经非常微弱，基本无法观测到，因此即使不断减小激振周期，也无法看到明显的反射现象。

经过上述分析，可以得到激振周期也将在一定程度上影响桩身缺陷的纵向尺寸效应，因此在面对小缺陷、缺陷纵向尺寸较小时，建议实际操作中选用激振周期较小的激振材料（即材质较硬的材料，如钢锤），有利于去分析区别响应曲线中的反射段。

2. 对浅部缺陷的影响

当前低应变反射法检测桩基完整性有广泛的应用，且普遍认为对于高频激振波和低频激振波分别适用于不同桩基深度的缺陷检测。由于浅部桩基完整性对承载力极为重要，因而该特性对于浅部缺陷尤为重要。

为此，在研究激振频率对检测效果的影响时，本章节设定桩长 $L=10\text{m}$，设下部桩径 $D_\text{d}=0.6\text{m}$，在桩基 1m 深处设置缩径缺陷，由上部桩径控制，为更深入地进行研究，设置上部桩径 $D_\text{u}=0.8\text{m}$、1.2m，再分别采用激振脉冲宽度 $T=0.3\text{ms}$、0.5ms、1ms、2ms，通过理论计算得到理论曲线如图 14.3-15 所示。

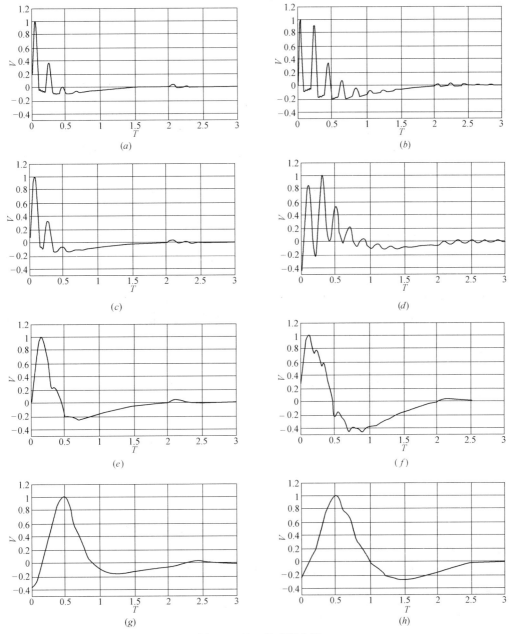

图 14.3-15　各时程曲线

(a) $D_\text{u}=0.8\text{m}$、$T=0.3\text{ms}$；(b) $D_\text{u}=1.2\text{m}$、$T=0.3\text{ms}$；(c) $D_\text{u}=0.8\text{m}$、$T=0.5\text{ms}$；(d) $D_\text{u}=1.2\text{m}$、$T=0.5\text{ms}$；
(e) $D_\text{u}=0.8\text{m}$、$T=1\text{ms}$；(f) $D_\text{u}=1.2\text{m}$、$T=1\text{ms}$；(g) $D_\text{u}=0.8\text{m}$、$T=2\text{ms}$；(h) $D_\text{u}=1.2\text{m}$、$T=2\text{ms}$

由图可知，对相同的缩径缺陷，在小激振脉宽（$T=0.3\text{ms}$），激振波的波长较短，缺陷处反射峰与激振波峰同向，显示位置准确，且在不断振荡中波峰逐渐降低，意味着能量的损耗。随着激振脉宽增大（$T=0.5\text{ms}$、1ms），激振波波长增大，激振波和反射波的波峰变宽，位置向右平移，显示位置基本准确。当激振脉宽较大时（$T=2\text{ms}$），激振波波长变大，以至于在时程曲线上，激振波和第一次反射波的波峰以及后续相邻反射波都发生了重叠，难以辨认。加之实际检测中辅以滤波等手段，时程曲线愈加光滑，判读时易将桩基判断为完整桩，而忽略缺陷的存在，为工程带来极大的安全隐患。

14.4　结论

1）本章基于平面应变土体模型，对桩基完整性测试中的若干疑难问题进行了研究与分析，主要包括桩基长径比、桩头尺寸、桩身阻抗、桩身缺陷纵向长度、桩尖尺寸、管桩焊缝以及激振频率等对桩顶速度时程曲线的影响，并引入两个工程实例以及实验验证，与理论曲线比较。研究表明，本章节的基本理论合理准确，基桩尺寸及几何效应对检测曲线有较大的影响。

2）对完整桩而言，桩基长径比会影响桩土相互作用，继而影响桩底反射峰的强度，当长径比（L/D）越大时，桩底反射越难以分辨。

3）由于地基土和施工质量的影响，桩头尺寸易发生偏大或偏小的异常。当桩头尺寸偏大时，从时程曲线上易误判为缩径缺陷，当桩头尺寸偏小时，将判读为存在扩径缺陷。上述情况导致的误判，可能会增加工程成本或带来安全隐患。

4）桩身阻抗渐变的桩基形态中，若相邻截面的阻抗差很小，则难以在时程曲线中显示出来，而仅会判读出突变截面的位置，此时若不考虑渐变段的截面、刚度变化，则会导致相应的误判，增加工程成本或带来安全隐患。

5）桩身缺陷纵向长度尺寸会影响缺陷位置的反射，当缺陷纵向尺寸较小时，无法在缺陷位置观察到明显的反射现象，一般情况下，当桩身缺陷纵向长度大约为桩长的1%（或者更大）时，我们均能看到缺陷处的反射现象，而对一般浅层缺陷，往往难以发现。

6）桩尖尺寸的异常会极大地影响桩底反射峰的形态。当桩基深部的桩径呈线性渐变状，一般情况下，桩尖角较小时，桩顶难以接收到桩底的反射，当桩尖角较大时，有利于得到明显的桩底反射。

7）焊缝深度对桩顶速度时域响应曲线影响较大，当焊接质量明显不好，或出现明显裂缝（焊缝深度$<3\text{mm}$），甚至是断桩（焊缝深度为0mm）时，焊缝处将出现非常明显的反射信号，而当焊接质量较差（焊缝深度在5mm左右）时，焊缝处将出现隐约的反射信号，但是已接近肉眼不可见，当焊缝质量较好（焊缝深度在10mm左右）时，焊缝处已无法观察到信号的波动。相较于焊缝深度，焊缝高度对桩顶速度时域响应曲线影响较小。

8）浅部缺陷检测中，设定频率的情况下，缺陷越大，反射峰越大；对同一具有浅部缺陷的桩基而言，高频下容易分辨反射峰，低频下入射峰和反射峰易叠加，难以辨认，存在一个临界激振频率使得反射信号完全不能判读，此临界频率与桩基尺寸、缺陷程度相关。

参考文献

[1] 王奎华，谢康和．有限长桩受迫振动问题解析解及其应用［J］．岩土工程学报，1997，19（yt）：27-35

[2] 王奎华，谢康和，曾国熙．变截面阻抗桩受迫振动问题解析解及应用［J］．土木工程学报，1998（6）：56-67

[3] 王腾，王奎华，谢康和．任意段变截面桩纵向振动的半解析解及应用［J］．岩土工程学报，2000，22（6）：654-658

[4] 陈凡，王仁军．尺寸效应对基桩低应变完整性检测的影响［J］．岩土工程学报，1998，20（yt）：92-96

[5] 刘东甲．完整桩瞬态纵向振动的模拟计算［J］．合肥工业大学学报：自然科学版，2000，23（5）：683-687

[6] 王奎华．成层广义 Voigt 地基中粘弹性桩纵向振动分析与应用［J］．浙江大学学报（工学版），2002，36（5）：565-571

[7] 张献民，蔡靖，王建华．基桩缺陷逐步能量恢复递推定量分析［J］．岩土力学，2003（s2）：481-484

[8] 杨冬英．复杂非均质土中桩土竖向振动理论研究［D］．浙江大学，2009

[9] 王奎华，杨冬英，张智卿．简化平面应变土体模型的精度研究及适用性分析［J］．计算力学学报，2010，27（3）：496-499

[10] 周满兵．桩基低应变检测资料的定量分析［D］．合肥工业大学，2010

[11] 王奎华，王宁，吴文兵．预应力管桩焊接缝对桩基完整性检测的影响［J］．浙江大学学报（工学版），2012，46（9）：1625-1632

[12] 王奎华．成层广义 Voigt 地基中粘弹性桩纵向振动分析与应用［J］．浙江大学学报，2002